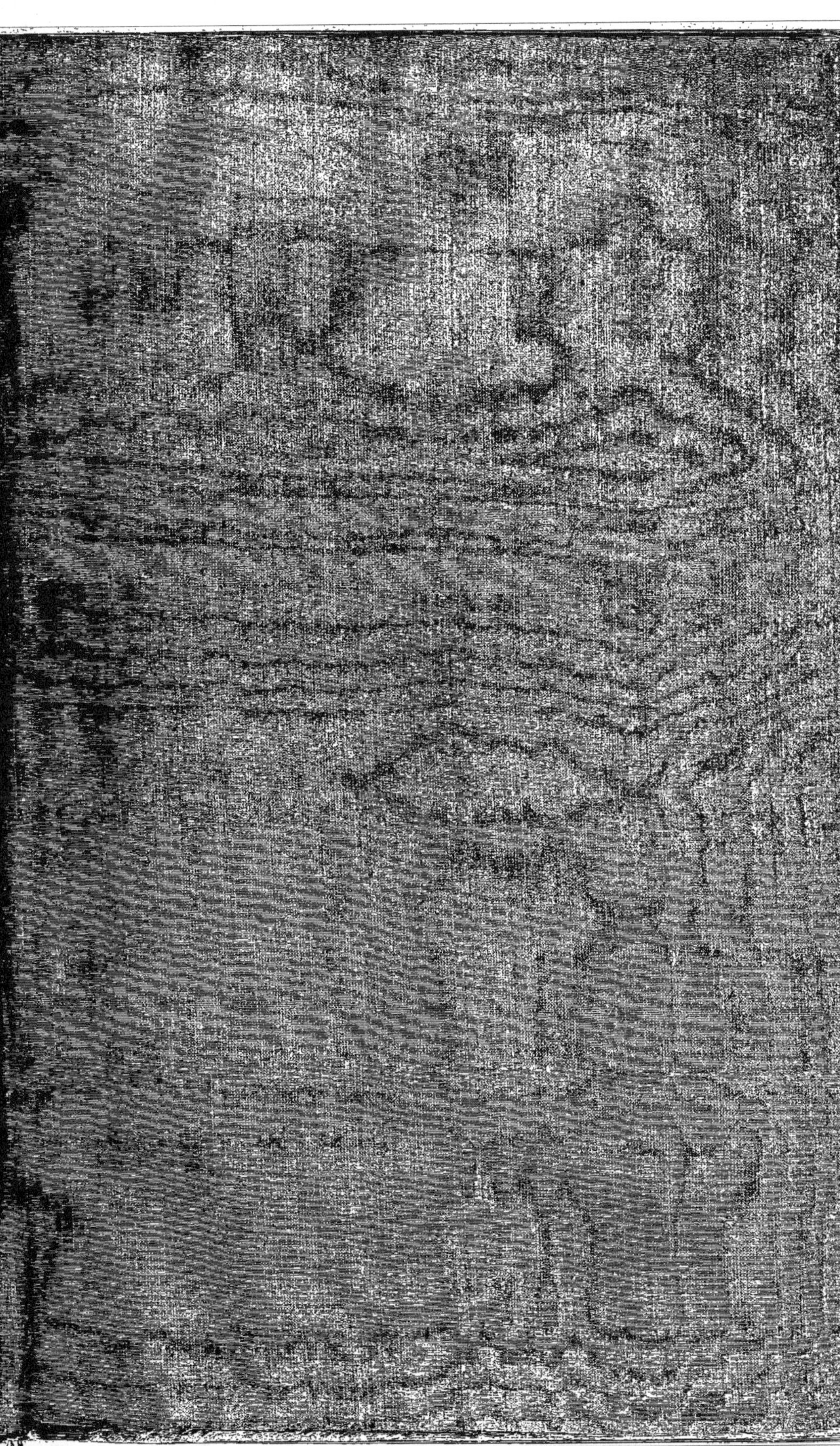

L'USAGE DES GLOBES CÉLESTE ET TERRESTRE, ET DES SPHERES SUIVANT LES DIFFÉRENS SYSTÊMES DU MONDE.

Précédé d'un Traité de Cosmographie,

Où est expliqué avec ordre tout ce qu'il y a de plus curieux dans la description de l'Univers, suivant les Mémoires & Observations des plus habiles Astronomes & Géographes.

ACCOMPAGNÉ DES FIGURES NECESSAIRES.

DEDIE' AU ROY.

Sixiéme Edition, revûe, & corrigée.

Par le Sieur N. BION, *Ingénieur du Roi pour les Instrumens de Mathématique, sur le Quai de l'Horloge du Palais, au Soleil d'or, où l'on trouve des Spheres & des Globes de toutes façons.*

A PARIS,

Chez { JACQUES GUERIN, Imprimeur de Mesdames, rue du Foin.
Et NYON fils, à l'Occasion, Quai des Augustins.

M. DCC. LI.

Avec Approbation & Privilége du Roy.

AU ROY,

IRE,

Cet Ouvrage Vous fut d'abord préſenté, lorſque Vous étiez dans un âge deſtiné à l'étude des Sciences ; & même après avoir pris l'adminiſtration de Votre Royaume, VOTRE MAJESTE'

daigna l'agréer de nouveau. La protection qu'Elle continue d'accorder particulierement à l'Astronomie, aussi-bien qu'à la Géographie, me donne la confiance de Lui offrir encore cette sixiéme & nouvelle Edition. En Vous l'offrant, SIRE, *c'est un fils qui renouvelle à* VOTRE MAJESTÉ *l'hommage que le pere Lui a rendu, & qui forme les mêmes vœux pour la conservation d'un Prince d'autant plus cher à ses Sujets, que toutes ses vûes ne tendent qu'à faire leur bonheur. Je suis avec un très-profond respect,*

SIRE,

De VOTRE MAJESTÉ,

Le très-humble, très-obéissant & très-fidéle Serviteur & Sujet
N. BION.

AVERTISSEMENT

Sur cette nouvelle Edition.

JE ne puis me dispenser de prévenir ici le reproche que le Public pourroit me faire de lui avoir fait attendre trop long-tems la réimpression de cet Ouvrage, dont l'édition manque depuis plusieurs années. Mais je pourrois peut-être dire que c'est mon zéle même qui m'a rendu coupable. J'avois formé le dessein de rendre ce Livre encore plus utile au Public, en le travaillant avec une nouvelle application, pour en donner une édition considérablement augmentée, sous un autre caractere d'impression, & dans une forme différente : j'avois même commencé l'exécution de ce projet. Diverses circonstances ont retardé la suite de cette entreprise ; & je me suis vû obligé de donner encore une fois cet Ouvrage à peu près tel qu'il étoit dans les précédentes éditions, afin de satisfaire, autant qu'il est en moi, aux desirs du Public, & de me procurer le tems nécessaire pour conduire à une fin plus parfaite l'édition plus ample que je me propose de donner le plutôt qu'il me sera possible.

Je rappellerai ici ce que mon pere exposoit dans la Préface de la précédente édition, où il marquoit l'origine & les divers accroissemens de cet Ouvrage. Après qu'il eut construit & fait graver plusieurs sortes de Spheres, pour expliquer les différens systêmes du Monde, & des Globes célestes & terrestres de différentes grosseurs, dont les principaux points ont été placés suivant les Observations & les Mémoires de Messieurs de l'Académie Royale des Sciences ; la plûpart de ceux à qui il les vendoit lui demandoient des Livres qui expliquassent l'usage de ces Instrumens qu'ils envoyoient dans les Provinces de France, & dans les Pays étrangers. Comme il ne s'en trouvoit point d'écrit en notre Langue qui les pût pleinement satisfaire, & particulierement en l'explication du Systême de Copernic, qui pour sa simplicité peut passer pour le plus beau de tous, il composa cet Ouvrage ; & avant que de le donner au Public, il consulta les plus habiles Astronomes & Géographes, qui prirent la peine de l'examiner d'un bout à l'autre, & d'y ajoûter quelque partie de leurs Observations.

Pour expliquer l'usage de ces Instrumens, il étoit nécessaire de commencer par un Traité qui en fît connoître le rapport avec les parties de l'Univers qu'ils représentent; c'est ce qu'il a fait le plus briévement & le plus nettement qu'il lui a été possible, expliquant dans le premier Livre de cet Ouvrage tout ce qui appartient aux Corps célestes; sçavoir, leurs nombres, leurs dispositions, leurs figures, leurs mouvemens, leurs distances de la Terre, leurs grosseurs, & généralement toutes leurs propriétés & accidens, suivant les différens Systêmes. Il s'est un peu étendu sur celui de Copernic, comme étant le plus propre pour expliquer facilement toutes les apparences des mouvemens célestes. Il termine ce premier Livre par l'explication des principaux Phénomenes de la Nature qui ont rapport à ce Traité, & entr'autres du Flux & Reflux de la Mer, & des Météores, qui semblent être un peu hors du sujet; mais ç'a été pour répondre à la curiosité de plusieurs personnes, & particulierement des Dames, dont la conversation roule souvent sur ces matieres, & qui ne veulent point s'attacher à lire des Traités de Physique où ces choses sont expliquées plus au long.

Il avoit déja successivement retouché & corrigé dans les quatre premieres Editions plusieurs endroits qui ne lui sembloient pas assez bien expliqués; & plusieurs choses y avoient été ajoûtées. Mais en revoyant son Ouvrage pour la cinquiéme Edition, il trouva encore lieu à de nouvelles corrections & augmentations; par exemple, dans ce premier Livre, outre une relation fort détaillée de l'Eclipse du 3. Mai 1715. il ajoûta un Discours & une Planche sur les Cercles de longitude, de latitude, d'ascension & de déclinaison des Astres.

Le second Livre contient tout ce qui peut appartenir à la description de la Terre & de l'Eau, par rapport à la Géographie; & les principaux termes de cette Science y sont expliqués d'une maniere si intelligible qu'on ne peut manquer de les comprendre. De plus on y trouve plusieurs Méthodes curieuses pour parvenir à la connoissance des longitudes des Villes, comme aussi la maniere de mesurer la circonférence de la Terre. Enfin il y donne une Description historique des principaux Pays qui couvrent la surface du Globe terrestre ; & cet Article, quoique fort abrégé, ne laisse pas de donner une idée assez juste des Etats qui composent les quatre Parties du Monde. La cinquiéme Edition n'ajoûta à ce second Livre que plusieurs Cartes de Géographie qui manquoient aux Editions précédentes.

Dans le troisiéme & dernier Livre on trouvera d'abord la maniere de tracer les fuseaux pour la construction des Globes céleste & terrestre, & les Cartes de Géographie tant universelles que particulieres. Ensuite il y rapporte plus de cent Usages différens, les plus beaux & les plus utiles qui puissent s'appliquer aux Spheres, & aux Globes, tant céleste que terrestre, comme aussi la Description de la Sphere de Copernic, & les Usages qui expliquent les trois mouvemens que cet Astronome attribuë à la Terre. Enfin il y parle d'un Globe céleste dont l'usage est perpétuel. Ce que la cinquiéme Edition ajoûta à ce troisiéme Livre, fut principalement une Table fort curieuse, où l'on voit d'un coup d'œil tout ce qui appartient au mouvement du Soleil & des autres Planetes suivant le Systême de Copernic ; il y joignit aussi un Discours & une Planche sur les Taches du Soleil. Enfin tout l'Ouvrage est terminé par un Chapitre sur la distribution du Tems & du Calendrier, & par quelques Tables qui y ont rapport. De sorte que ce Traité peut servir comme d'introduction à l'Astronomie & à la Géographie, pour ceux qui auront le dessein & la commodité d'approfondir ces matieres, & de lire les excellens Ouvrages que les Maîtres de ces Sciences ont donnés au Public.

Enfin il enrichit encore cette cinquiéme Edition de plusieurs choses curieuses répandues dans le corps de l'Ouvrage, & de plusieurs Planches nouvelles, pour mieux expliquer ce qui est traité dans ce Livre.

J'ai fidélement suivi cette cinquiéme Edition dans la sixiéme que je donne aujourd'hui : j'ai seulement retouché le paragraphe qui concerne le Barometre & le Thermometre, la partie qui contient la description géographique & historique des quatre parties du Monde, & le Chapitre qui traite du Calendrier. Les Barometres & Thermometres se perfectionnent de jour en jour par de nouvelles Observations. Le grand théâtre de l'Univers a changé de face en plusieurs endroits dans l'intervalle des vingt-trois années qui se sont écoulées depuis la cinquiéme Edition donnée en 1728. il étoit donc, ce semble, nécessaire de retoucher toute la partie historique de la Géographie. Les problêmes qui regardent le Calendrier étoient relatifs aux années 1699. 1700. & autres du commencement de ce siécle : ils deviendront sans doute plus intéressans en les rapprochant du tems où nous sommes. Le renouvellement de ces trois fragmens auroit peut-être exigé une réforme de style dans les autres endroits où mon pere s'exprime en son nom : mais comme je m'étois déterminé à une simple réimpression, j'ai respecté ces anciens vestiges, qui deviendront ainsi un gage de la fidélité avec laquelle j'ai suivi la précédente Edition. Je crois qu'il suffira d'avertir ici le Lecteur, que, excepté les trois fragmens que je viens d'indiquer, dans tout le reste de l'Ouvrage, c'est toujours mon pere qui parle.

Je sens que le Public attend aussi de moi une nouvelle Edition du Traité de la Construction & des Usages des Instrumens de Mathématique ; j'espere la faire paroître incessamment.

TRAITÉ

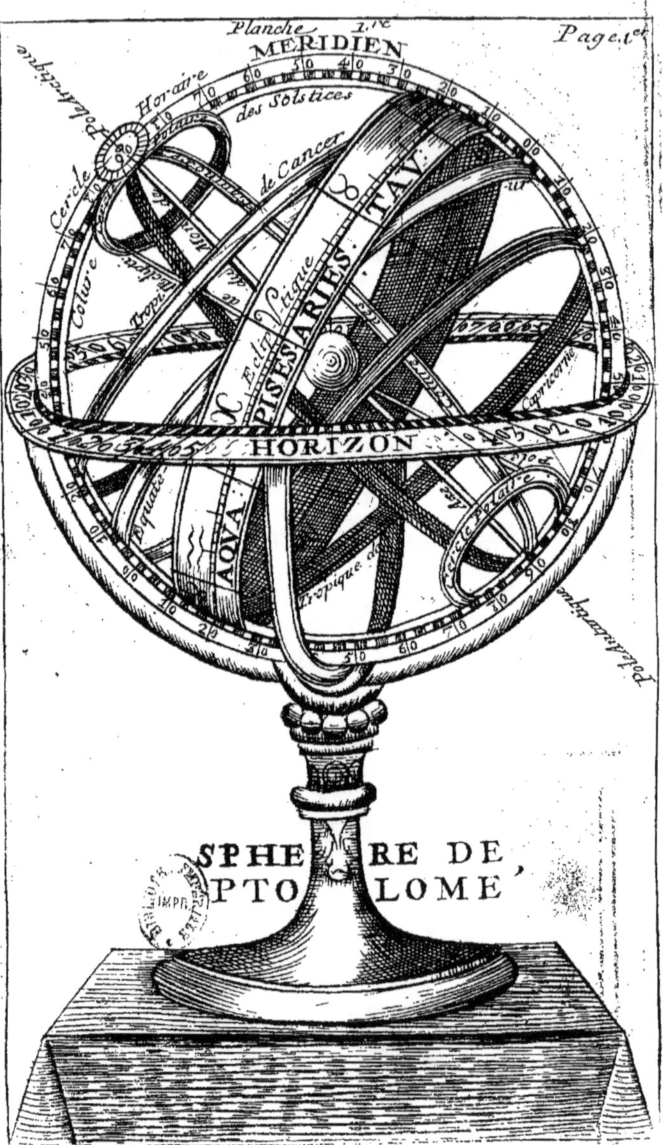

SPHERE DE PTOLOME

TRAITÉ DE COSMOGRAPHIE.

LIVRE PREMIER.

De la Sphere du Monde.

Définitions nécessaires à ce Traité.

1. A Sphere que l'on appelle aussi Globe ou Boule, est une figure solide comprise d'une seule superficie courbe, en laquelle toutes les lignes droites menées du centre à la superficie, sont égales entr'elles.

2. Le centre de la Sphere est ce même point duquel toutes les lignes tirées à la superficie sont égales entr'elles.

3. Le diametre de la Sphere est une ligne droite qui passe par le centre, & se termine de part & d'autre à la superficie.

4. L'axe ou l'essieu de la Sphere est l'un de ses diametres sur lequel elle tourne.

EXPLICATION.

Si ayant percé une orange avec une longue éguille, laquelle passe par le milieu, on la fait tourner autour de cette éguille, elle pourra être nommée son axe.

5. Les poles de la Sphere sont deux points opposés en sa superficie, & qui sont à l'extrémité de l'axe.

6. Le cercle en la Sphere eſt une ſuperficie qui ſe fait quand on la coupe en quelque endroit que ce ſoit.

EXPLICATION.

Si on coupe une orange bien ronde en quelque maniere que ce ſoit, on verra que la ſurface plate produite par la coupure, eſt un cercle dont la circonférence eſt dans la ſurface de l'orange.

On conſidere en la Sphere deux ſortes de cercles, ſçavoir les grands & les petits.

7. Les grands cercles ſont ceux qui paſſent par le centre de la Sphere, & la coupent en deux parties égales, ce qui fait qu'ils ſont tous égaux entr'eux.

EXPLICATION.

Ayant coupé une orange par le milieu, les deux ſuperficies ou plans circulaires, qui termineront d'une part les deux parties de l'orange coupée, ſeront de grands cercles.

8. Les petits cercles ſont ceux qui ne paſſent pas par le centre de la Sphere, & ne la coupent pas en deux parties égales; ce qui ſera aiſé à comprendre, ſi on coupe une orange en deux portions inégales.

Tous les cercles de la Sphere grands & petits ſe diviſent ordinairement en 360. parties égales, que l'on appelle degrés : chaque degré ſe ſubdiviſe en 60. minutes, chaque minute en 60. ſecondes, & chaque ſeconde en 60. tierces, &c.

Les minutes ſe marquent par un petit trait au-deſſus du chiffre, les ſecondes par deux traits, les tierces par trois, & ainſi du reſte, comme ici, $15^{d}. 10'. 20''. 30'''.$ &c.

9. L'axe d'un cercle eſt un des diametres de la Sphere tombant perpendiculairement ſur le centre du cercle.

10. Les poles d'un cercle ſont deux points oppoſés en la ſuperficie de la Sphere à l'extremité de l'axe du cercle.

REMARQUE.

Les poles d'un grand cercle ſont également éloignés, & diſtans de 90. degrés de tous les points de la circonférence du même cercle.

11. Les cercles paralleles ſont ceux qui ſont décrits d'un même point pris comme pole dans la ſuperficie de la Sphere. Le plus grand de tous ces paralleles eſt un grand cercle, & plus ils ſont près d'un de leurs poles, plus ils ſont petits. Tout cela eſt facile à entendre.

12. L'angle ſphérique eſt formé par deux arcs de grand cercle ſe rencontrant en un point. Sa meſure eſt l'arc d'un grand cercle décrit du ſommet de l'angle comme pole, & diſtant de 90. degrés du même pole.

13. L'hemiſphere eſt la moitié d'une Sphere.

14. Le ſegment d'une Sphere eſt une des parties de la Sphere coupée en deux inégalement.

15. La zone d'une Sphere eſt une partie de ſa ſuperficie, comme feroit la peau d'une tranche d'orange. Ce mot de zone en ſon étymologie ſignifie ceinture.

16. Orbe eſt un corps ſolide contenu ſous deux ſuperficies ſphériques, l'une convexe, l'autre concave; c'eſt une boule creuſe, comme l'écorce entiere d'une orange qu'on auroit vuidée.

17. Orbes concentriques ſont ceux qui ſont les uns dans les autres, ayant un même centre également éloigné de chacune de leurs ſuperficies.

18. Orbes excentriques ſont ceux qui ſont renfermés les uns dans les autres, ayant chacun leurs centres particuliers, l'un hors de l'autre.

CHAPITRE PREMIER.

Du Monde en général, & de ſes principales parties.

LE Monde ou l'Univers eſt l'aſſemblage de tous les corps que Dieu a créés, dont les principaux ſont le Ciel, les Aſtres, & la Terre, avec les animaux qui l'habitent.

La ſcience qui enſeigne la diſpoſition & l'aſſemblage de toutes les parties de l'Univers, ſe nomme Coſmographie, c'eſt-à-dire, deſcription du Monde.

La plus commune opinion eſt, que ſa figure eſt ſphérique ou ronde, étant la plus reguliere & la plus parfaite de toutes celles que le ſouverain Créateur ait voulu donner à ſon ouvrage.

Les phénomenes ou apparences prouvent fort bien cette hypotheſe, comme on pourra facilement le reconnoître par la lecture de ce Traité.

Le Ciel eſt un corps d'une immenſe étenduë & d'une matiere très-liquide, tranſparente & extrémement ſubtile, donnant un libre paſſage à la lumiere & aux mouvemens des Aſtres.

Les Aſtres ſe diſtinguent en Etoiles fixes & en Etoiles errantes, que l'on appelle Planetes. Pour ce qui regarde les Etoiles fixes, l'opinion la plus reçûë, eſt que ce ſont des corps qui brillent par leur propre lumiere; de ſorte que l'on peut dire qu'elles ſont à notre égard autant de petits Soleils qui rempliſſent le Ciel de leur éclat pendant la nuit: elles ſont appellées fixes, non pas qu'elles ſoient en repos & ſans mouvement, car elles en ont deux; un qui eſt commun à tout le Ciel, ou à toute la matiere celeſte, qui ſe fait en vingt-quatre heures d'Orient en Occident ſur les poles du monde, & qui emporte ou entraîne tous les Astres, & même les Cometes quand il y en a. L'autre mouvement qu'elles font au contraire d'Occident en Orient sur les poles de l'Ecliptique, est très-lent & incomparablement plus que celui des Planetes, puisqu'elles n'achévent leur révolution, selon Ticho-Brahé Astronome célebre, qu'en 25816. ans. Mais on les nomme Etoiles fixes, à cause qu'elles gardent toûjours une même distance entr'elles sans jamais s'écarter les unes des autres dans leurs mouvemens. Elles sont divisées en plusieurs constellations ou astérismes, qui sont des assemblages d'étoiles, faisant quelque configuration entr'elles, & qui forment chacune un corps particulier qui les fait reconnoître & distinguer les unes des autres, comme il sera dit en son lieu.

La région du Ciel où elles sont posées s'appelle Firmament : il est à croire qu'elles ne sont pas toutes renfermées dans une même superficie sphérique ; mais qu'il y en a quelques-unes plus hautes, & d'autres plus basses ; c'est-à-dire, qui sont plus ou moins éloignées du centre du Monde.

Quant à leur distance, on peut assurer qu'elles sont bien plus éloignées de la terre que tous les autres Astres, puisqu'on ne leur trouve point de parallaxe ou diversité d'aspect, & qu'elles n'ont jamais éclipsé aucune Planete.

Mais pour les Planetes, on peut dire que ce sont des corps errans, comme leur nom le signifie, puisque leurs seconds ou propres mouvemens qu'elles font d'Occident en Orient sur les poles du Zodiaque, ne sont pas reguliers comme ceux des étoiles, & ne conservent pas toûjours comme elles une même distance. Cela fait qu'elles s'approchent & s'éloignent les unes des autres; qu'elles sont tantôt conjointes, étant vûës sous un même point du Ciel, & quelquefois opposées, en étant éloignées de la moitié.

Il n'y a que le Soleil entre les Planetes qui ait de la lumiere de lui-même ; c'est lui qui les éclaire, & qui est la cause de leurs jours qu'elles ont aussi-bien que la Terre. Il y en a quelques-unes qui tournent sur leur axe ou essieu en divers tems : & ces Planetes, que l'on pourroit concevoir être à peu près comme des terres semblables à la nôtre, sont des corps opaques qui reçoivent de même qu'elle successivement la lumiere du Soleil, & la réflechissent. Elles sont plus basses que les Etoiles fixes, puisqu'elles les éclipsent & nous cachent leur lumiere pendant quelque tems, en passant au-dessous d'elles. Il y a bien de la diversité dans leur lumiere ou dans leur couleur. Le Soleil paroît de couleur d'or, la Lune de couleur d'argent, Venus paroît blanche, fort lumineuse & très-brillante, Jupiter un peu moins blanc & moins éclatant que Venus. Pour Saturne, il est d'une couleur plombée & fort pâle, & il ne brille point. Mars au contraire étincelle beaucoup, & paroît comme de feu par sa rougeur. A l'égard de Mercure, c'est une Planete qu'on ne voit pas souvent dans nos climats à cause de l'obliquité de la Sphere, & parce que ne s'éloignant gueres du Soleil, il est presque toûjours plongé dans ses rayons, ou dans les vapeurs de l'Horison. Il paroît de couleur de vif argent, & a quelque brillement ; on le voit dans la Zone torride avec plus de facilité, à cause que la Sphere y est d'une position droite, ou bien moins oblique que la nôtre.

On distingue les Planetes en grandes & en petites. Les grandes sont au nombre de sept, dont voici les noms & les caracteres.

Saturne,	Jupiter,	Mars,	le Soleil,	Venus,	Mercure,	la Lune.
♄	♃	♂	☉	♀	☿	☽

Les petites sont au nombre de neuf, quatre qui tournent autour de Jupiter, que l'on appelle ses Satellites, & cinq autres qui font leurs révolutions autour de Saturne, dont les trois qui sont les plus proches de son corps, & la cinquiéme ont été découvertes par M. Cassini le Pere, & la quatriéme avoit été trouvée un peu auparavant par M. Huguens.

Quant à l'ordre ou à la disposition que les Astres ou Corps celestes conservent tant entr'eux qu'avec la Terre, il y a sur ce sujet trois opinions considérables, qui sont celles de Ptolomée, de Copernic, & de Tycho-Brahé, ausquelles on peut ajoûter une quatriéme, qui est comme composée des trois autres : on les appelle systêmes, qui veut dire arrangement ou disposition d'une chose composée de plusieurs parties. Tous ces différens systêmes seront expliqués dans la suite.

La Terre, qui est une des principales parties du monde à notre égard, fait avec l'eau qui couvre partie de sa surface, un globe ou corps de figure sphérique comme tout l'Univers. Elle contient en sa superficie toutes les Regions & Etats du Monde ; elle renferme aussi dans son sein les Plantes, les Metaux, les Minéraux, les Pierres précieuses & les communes, &c.

Aux environs du Globe terrestre est la Region de l'air, qui est composée de parties plus subtiles que celles de la terre & de l'eau. Ce Globe se soûtient au milieu de l'air sans aucun appui qui le retienne à l'endroit où il est, & son lieu est seulement determiné par l'égalité des pressemens de cette matiere fluide qui l'environne.

Voilà donc une idée générale du Monde, qui est, comme nous avons dit, l'objet de la Cosmographie, laquelle se divise en deux principales parties ; sçavoir l'Astronomie, qui traite de tout ce qui appartient au Ciel & aux Astres ; & la Géographie, qui fait connoître tout ce qui regarde la terre & l'eau.

Ce qu'il y a de plus curieux & de plus facile à entendre dans l'Astronomie, sera expliqué dans ce premier Livre, & la Geographie sera le sujet du second.

CHAPITRE II.

Du systême de Ptolomée.

SUivant ce systême, le Globe de la terre & de l'eau est au centre de l'Univers. Autour du Globe terrestre est la Region de l'air. Ensuite, & toûjours autour de la terre comme centre, sont décrits les cercles des mouvemens des Planetes en cet ordre, à sçavoir, ceux de la Lune, de Mercure, de Venus, du Soleil, de Mars, de Jupiter & de Saturne.

Au-dessus des Planetes est la Sphere des Etoiles fixes, que l'on nomme Firmament, ou huitiéme Sphere.

Quelques Astronomes ont ajoûté trois autres Spheres au-dessus du Firmament, sçavoir deux qu'ils ont nommées Cristallines, & la derniere qui envelope toutes les autres a été appellée premier Mobile, parce qu'étant au-dessus des dix Spheres celestes, il les emporte toutes autour de la terre en 24. heures par la rapidité de son mouvement.

Suivant ce systême l'on compte onze Cieux mobiles, ausquels ajoûtant celui que l'on nomme Empirée par excellence, qui est le Trône de Dieu & le séjour des Saints, il y a douze Cieux dans toute l'étenduë de l'Univers, comme ils sont marqués en la figure de ce systême, *Planche 2. fig. 1.*

Les Etoiles fixes & les Planetes sont toutes emportées par le mouvement du premier Mobile, de même que les Cometes & autres Phénomenes extraordinaires, quand il en paroît; & c'est là le premier mouvement.

Outre ce premier mouvement commun à tous les Astres, les Etoiles fixes & les Planetes ont un mouvement qui leur est propre & particulier, à sçavoir d'Occident en Orient sur l'axe & sur les poles du Zodiaque en divers tems, selon qu'ils sont plus ou moins éloignés de la terre; & c'est ce qui fait leur second mouvement ou leur mouvement propre.

Ainsi les Etoiles fixes étant très-éloignées de la terre font la periode de leur second mouvement en 25816. années, Saturne en 30. ans, Jupiter en 12. Mars en 2. le Soleil en un an, Venus & Mercure en même tems, selon l'ancien systême; mais dans le nouveau réformé, dont il sera parlé ci-après au Chapitre 5. Venus fait sa révolution en sept mois & demi, & Mercure en trois mois; la Lune acheve son cours en un mois. L'on donne ici ces révolutions à peu près convenables à un systême qui considere les choses en général: mais dans la suite de cet ouvrage je donnerai ces révolutions plus justes.

Remarques sur ce systême.

COmme le second mouvement des Etoiles fixes est fort lent; les premiers Astronomes ne purent s'en appercevoir, c'est pourquoi ils n'attribuoient au Firmament que le seul mouvement journalier, & le prenoient pour premier mobile.

Ceux qui sont venus ensuite ayant comparé leurs observations avec celles des anciens, ont reconnu que la Sphere des Etoiles fixes avoit un autre mouvement, par lequel elle s'avançoit d'Occident vers l'Orient autour des poles du Zodiaque; c'est pourquoi jugeant qu'un même corps ne peut avoir naturellement qu'un seul mouvement qui lui soit propre, ils ont attribué ce second mouvement au Firmament, & pour expliquer le mouvement journalier, ils ont imaginé un autre Ciel supérieur qu'ils ont nommé premier mobile.

Ceux qui ont examiné la durée de la periode de ce mouvement propre du Firmament, l'ont trouvée bien différente en différens tems. Ptolomée estima que ce mouvement étoit d'un degré en 100. ans, & par conséquent la periode entiere de 36000. ans. D'autres ont crû cette periode de 49000. ans, & les Astronomes de ces derniers tems l'estiment de 25816. ans: ce qui a fait dire à quelques-uns que le mouvement propre des Etoiles fixes étoit plus lent en certain tems, & plus vîte en d'autres; cela fait que pour l'expliquer ils ont imaginé un autre Ciel, qu'ils ont appellé Cristallin entre le Firmament & le premier Mobile, auquel ils ont attribué un mouvement de trépidation, par lequel il balance tantôt du côté d'Orient, & tantôt du côté d'Occident d'un degré, & quelques minutes. Ainsi ce Ciel communiquant son mouvement au Firmament, & à tous les Cieux inférieurs, lorsqu'il balance d'Occident en Orient, il aide le mouvement propre du Firmament, qui se fait du même côté, & par conséquent il doit pour lors paroître plus vîte: au contraire lorsqu'il balance d'Orient en Occident, il est contraire au mouvement propre du Firmament, c'est pourquoi il paroît alors plus lent. Cependant comme ce mouvement de trépidation est plus tardif que celui du Firmament, il ne doit jamais paroître rétrograder, c'est-à-dire que le mouvement propre des Etoiles fixes doit toûjours paroître d'Occident en Orient.

Ceux qui ont observé la plus grande obliquité de l'Ecliptique, ou sa plus grande distance de l'Equateur, en différens siecles, ne l'ont pas toûjours trouvée la même. Les anciens Astronomes la trouverent de 23. deg. 52. min. Copernic l'a observée de son tems de 23. deg. 28. min. & présentement elle est de 23. deg. 29.

min. Ainſi la variation ou changement de cette obliquité ſeroit de 24. min. Pour expliquer cette variation apparente dans ce ſyſtême, il a fallu imaginer encore un ſecond Criſtallin, dont le mouvement propre fût de balancer pendant quelque tems du Midi au Septentrion, & puis enſuite du Septentrion au Midi, en ſorte que les termes de ce balancement ſoient de 24. min. Ainſi ce Ciel communiquant ſon mouvement au Firmament & à tous les Cieux inferieurs, eſt cauſe que leurs Ecliptiques font avec le plan de l'Equateur du Monde, ou du premier Mobile, des angles tantôt plus grands, & tantôt plus petits, & qu'ainſi leur obliquité varie.

Voilà donc les raiſons qui ont porté quelques Aſtronomes à imaginer ces trois Cieux inviſibles au-deſſus du Firmament : ſçavoir le premier Mobile & deux Criſtallins, ainſi nommés, parce qu'ils ont crû la matiere des Cieux ſolide & tranſparente comme le criſtal.

Les Aſtronomes ont encore remarqué pluſieurs irrégularités dans les mouvemens propres & particuliers de chaque Planete ; les voyant quelquefois plus près de la terre, & d'autres fois plus éloignées ; paroiſſant quelquefois avec un mouvement plus vîte qu'à l'ordinaire tourner d'Occident en Orient, ſuivant l'ordre des Signes, puis s'arrêter pendant quelque tems, comme ſi elles étoient ſans mouvement propre, & enſuite rétrograder, c'eſt-à-dire tourner d'Orient en Occident contre l'ordre des Signes. Pour expliquer toutes ces irrégularités apparentes, ils ont diviſé le Ciel ou orbe de chaque Planete en trois parties, ſçavoir un Excentrique & deux Concentriques en partie, ainſi nommés parce qu'ils ſont d'inégale épaiſſeur, comme on les a repréſentés en la *fig.* 2. *Pl.* 2. où les deux Concentriques ſont ombrés, & par ce moyen l'Excentrique, qui eſt l'orbe blanc terminé par deux circonférences paralleles, ſe trouve formé. Ils ont encore imaginé dans les Excentriques de toutes les Planetes, excepté le Soleil, un autre petit cercle nommé Epicycle, en la circonférence duquel tourne chaque Planete en des tems différens, pendant que le centre de l'Epicycle fait ſa révolution dans l'Excentrique ; le tout comme il ſera expliqué plus amplement ci-après en la Section 1. du Chap. 12. qui traite des ſeconds mouvemens des Planetes.

C'eſt en cette maniere qu'on a expoſé les divers mouvemens des Aſtres juſqu'à Copernic & Tycho, leſquels ont remarqué par des obſervations exactes que Mars eſt quelquefois plus près de la terre que le Soleil, & que Venus & Mercure paroiſſent de tems en tems au-deſſus du Soleil, tournans autour de lui, ce qui ne peut s'expliquer par le ſyſtême de Ptolomée ; & l'on a été obligé d'abandonner l'opinion ancienne de la ſolidité des Cieux, & d'admettre à leur place un ſeul Ciel liquide & fluide, qui donne un

Planche 2e. Page 8e.

Systême de Empyrée Ptolomée

fig. 1ere

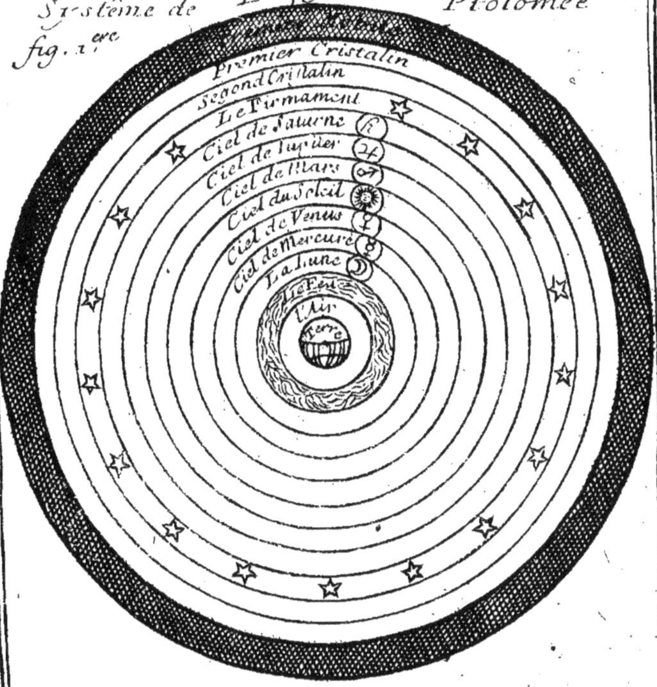

Premier Cristalin
Segond Cristalin
Le Firmament
Ciel de Saturne
Ciel de Iupiter
Ciel de Mars
Ciel du Soleil
Ciel de Venus
Ciel de Mercure
La Lune
Le Feu
l'Air
Terre

Planche 2. Page 8.

fig. 2.

Apo gée
Epicycle
Excentrique
Excentrique
Terre
peri gée

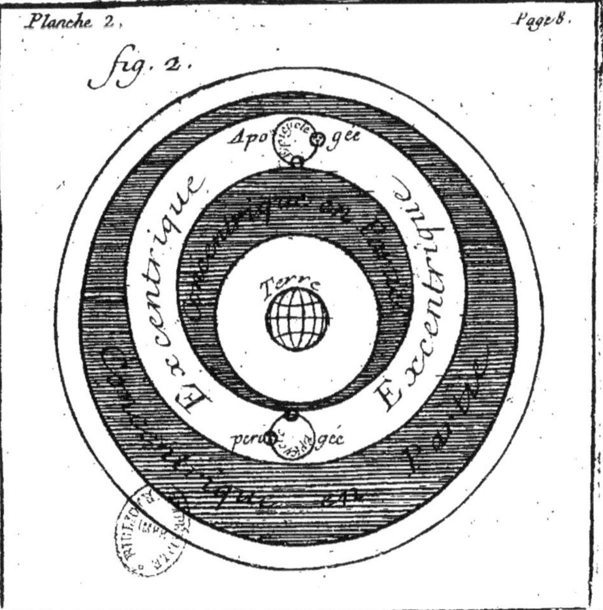

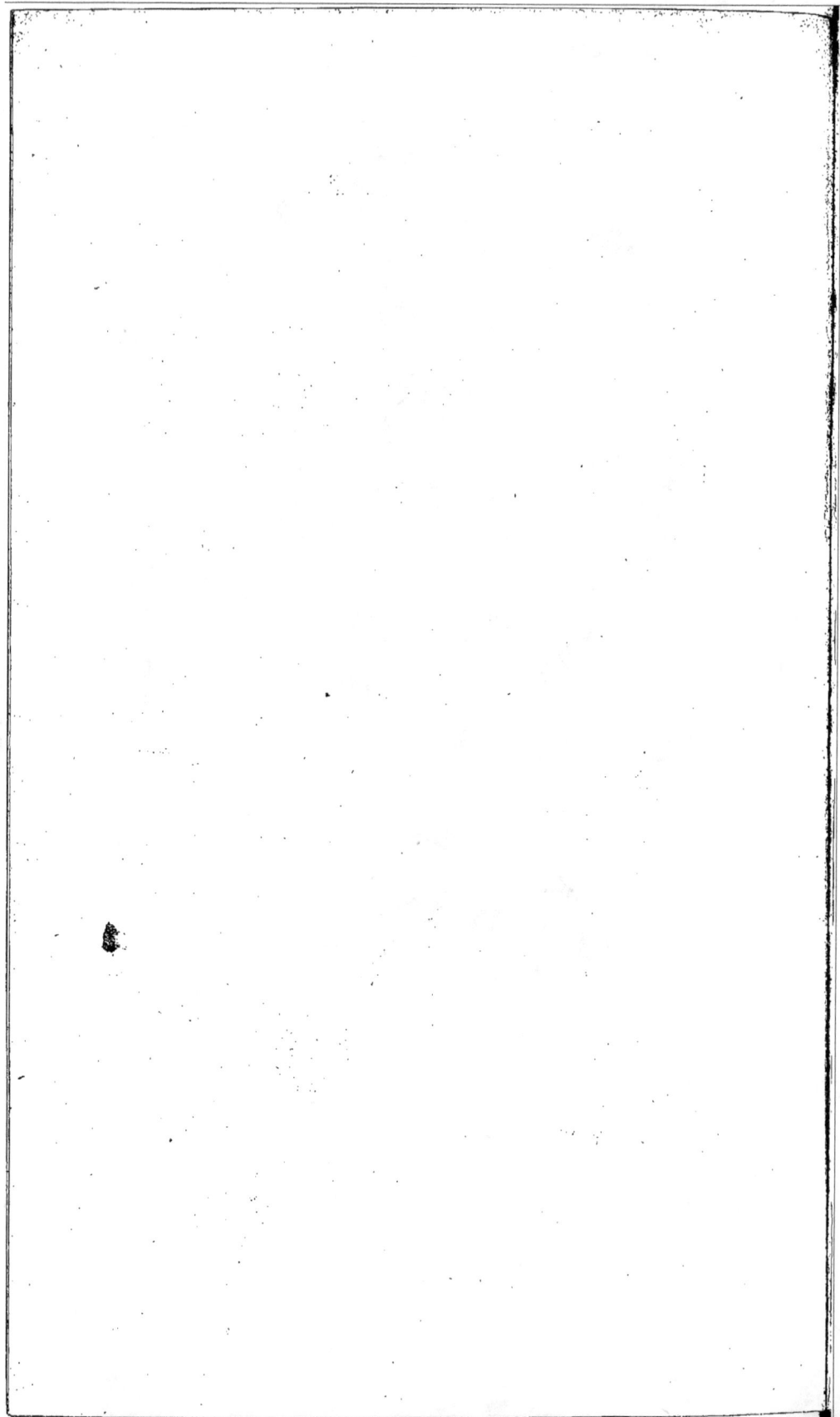

libre passage aux Astres ; en sorte que Mars peut quelquefois aller au-dessous de la Sphere du Soleil, & Venus & Mercure au-dessus ; ce qui n'auroit jamais pû se faire par la solidité des Cieux, sans que l'un passât au travers de l'autre, & le pénetrât, ce qui est difficile à croire, joint à cela que Galilée a remarqué par le moyen du Telescope, ou grande Lunette d'approche, qu'il y a quatre petites Planetes qui font leur cours autour de Jupiter, allant tantôt au-dessus, & quelquefois au-dessous de lui, ce qui détruit la solidité des Cieux ; & c'est aussi pourquoi on ne représente plus aujourd'hui les mouvemens des Astres que par de simples cercles.

CHAPITRE III.

Du systême de Copernic.

COpernic n'est pas le premier qui a eu la pensée de faire tourner toutes les Planetes autour du Soleil, & de donner du mouvement à la terre, il n'a fait que perfectionner par ses observations & ses reflexions ce qu'Aristarque Samien, Philolaüs Pythagoricien, & autres anciens avoient imaginé long-tems avant lui ; de sorte que l'hypothese de Copernic n'est qu'une ancienne opinion rétablie & renouvellée, mais éclaircie & enrichie par tant d'observations nouvelles, & par des remarques si particulieres en faveur de ce systême, qu'il en peut passer pour l'inventeur même.

Il pose le Soleil immobile au centre de l'Univers comme un grand flambeau qui l'éclaire & le vivifie, après lequel il pose Mercure, Venus, puis la Terre, autour de laquelle, comme centre, la Lune tourne ; ensuite Mars, Jupiter & Saturne : enfin il établit le lieu des Etoiles fixes si éloigné du Soleil, que la distance de Saturne au Soleil n'est rien en comparaison.

Autour des Planetes de Jupiter & de Saturne, sont marqués les cercles des mouvemens de leurs satellites ; sçavoir, quatre autour de Jupiter, & cinq aux environs de Saturne, comme on le voit en la figure de ce systême, *Planche 3. fig. 1.*

Remarques sur ce systême.

LE Soleil est dégagé par ce systême des mouvemens annuel & journalier. Mais les Astronomes de ces derniers tems ont remarqué sur son Disque plusieurs taches de figures fort irrégulieres & changeantes, lesquelles paroissent se mouvoir toutes ensemble d'Orient vers l'Occident en l'espace de 27. jours ; le mouvement de ces taches leur a donné lieu de dire que le Globe du Soleil se meut sur son Axe en 27. jours d'Occident en Orient.

Pour observer les taches du Soleil, on ferme exactement tous les volets d'une chambre ; à celui qui est le plus exposé au Soleil, on fait un trou de la grandeur d'un écu, où l'on met un verre convexe, & vis-à-vis une carte blanche ; de sorte que le Soleil envoyant ses rayons à travers le verre, se peint sur cette carte, comme il est, c'est-à-dire, avec ses taches, s'il en a pour lors.

Mercure, qui est le plus près du Soleil, fait sa révolution en trois mois, & Venus en sept & demi.

La Terre fait la sienne en un an d'Occident en Orient dans un grand Orbe excentrique, c'est-à-dire, dont le Soleil n'est pas précisément le centre ; elle a de plus un autre mouvement du même sens sur son Axe en 24. heures, qui est cause de tous les changemens du jour & de la nuit, & qui fait que tout le Ciel nous paroît tourner chaque jour d'Orient en Occident.

Le mouvement annuel de la Terre se fait de maniere que son Axe est toûjours dans une même disposition au regard d'une même partie du Ciel, c'est-à-dire qu'il est toûjours parallele à lui-même : de là vient la diversité & l'inégalité des jours & des nuits, & autres choses que l'on voit arriver pendant le cours de l'année.

Outre le mouvement annuel du centre de la Terre autour du Soleil, & le mouvement journalier du Globe terrestre autour de son Axe, on lui attribuë encore un troisiéme mouvement, par lequel son Axe décrit en 25200. ans un cercle d'Orient en Occident autour des Poles de l'Ecliptique ; ce qui fait que les Etoiles fixes, que l'on suppose immobiles dans cette hypothese, paroissent se mouvoir d'Occident en Orient, & faire une révolution pendant ce même nombre d'années.

Ainsi l'on peut expliquer par ce systême toutes les apparences des mouvemens celestes, sans avoir besoin de premier Mobile, ni de Cristallins : car s'il s'agit d'expliquer l'irrégularité apparente du mouvement des Etoiles fixes, & la variation de l'obliquité de l'Ecliptique, Copernic le fait facilement, en supposant que l'inclination de l'Axe de la Terre avec le plan de l'Ecliptique varie de tems en tems par une espece de balancement vers différens endroits. Mais comme on doute de la vérité de ces diverses anomalies du mouvement des Etoiles, & que plusieurs Astronomes les rejettent, croyant qu'elles proviennent de quelques erreurs glissées dans les observations des Anciens, cela fait que l'on peut fort bien rejetter l'irrégularité de ce dernier mouvement, & ne garder que le mouvement moyen & égal.

Par le mouvement annuel de la Terre, on voit l'apparence du mouvement du Soleil en l'Ecliptique, & ſon paſſage par les douze Signes du Zodiaque en une année.

Par ce même mouvement de la Terre autour du Soleil, on explique toutes les diverſités apparentes du ſecond mouvement des Planetes plus ſimplement & plus facilement que par le ſyſtême de Ptolomée, qui ſuppoſe à chaque Planete un Excentrique & un Epicycle, au lieu qu'il ne faut ici qu'un ſeul Excentrique par lequel chaque Planete a ſon mouvement ſimple autour du Soleil, ſans avoir aucune relation à la Terre que par accident, toutes les variétés & différences que l'on remarque dans leur mouvement, ne venant que du ſeul mouvement annuel de la Terre, qui fait qu'elle voit ces mêmes Planetes en différens aſpects du Soleil; ce qui ſera plus particulierement expliqué ci-après au Chapitre 15.

Le Globe de la Lune tourne en un mois à l'entour de la Terre, pendant que la Terre tourne elle-même autour du Soleil en l'eſpace d'une année; ce qui fait que la Lune eſt auſſi portée dans le même tems autour du Soleil.

Les quatre Satellites de Jupiter & les cinq de Saturne tournent à l'entour des Globes de ces deux Planetes, chacun en des tems différens & convenables à l'inégalité de leurs diſtances.

Saturne, Jupiter, Mars & Venus ſe meuvent autour de leur axe, de même que la Terre. Selon les Obſervations de M. Caſſini, Jupiter fait cette révolution en près de dix heures, Mars en 25. & Venus en 23. on n'eſt pas encore bien aſſûré du tems de celle de Saturne. Pour la Lune, elle ne fait pas un circuit entier autour de ſon eſſieu; car elle n'a qu'un mouvement de libration, par lequel ſes taches paroiſſent quelquefois s'éloigner & s'approcher de ſes bords. A l'égard de Mercure, on n'a point encore obſervé qu'il ſe meuve autour de ſon axe.

Enfin le Ciel des Etoiles fixes, qui termine le Monde viſible, eſt immobile à l'extrémité de l'Univers, & dans une diſtance immenſe du Soleil, qui eſt au centre.

CHAPITRE IV.

Du ſyſtême de Tycho-Brahé.

TYcho-Brahé Gentilhomme Danois, approuvant tout le ſyſtême de Copernic, excepté les mouvemens de la Terre, en a compoſé un autre fort ingenieux.

Au centre du Monde il met la Terre, autour de laquelle il fait tourner la Lune ſelon la maniere ordinaire; puis du même centre,

& dans une diſtance aſſez grande, il décrit le cercle du mouvement du Soleil, qu'il nomme l'orbe annuel, ou le grand orbe; enſuite du centre du Soleil, il décrit les cercles des cinq Planetes, ſçavoir celui de Mercure le premier & le plus près du Soleil, puis celui de Venus d'une diſtance un peu plus grande que celle de Mercure, enſuite il marque ceux de Mars, de Jupiter & de Saturne, le plus éloigné de tous, en ſorte que celui de Mars coupe celui du Soleil en deux points, ce qui fait qu'une partie du cercle de Mars eſt plus près de la Terre que celui du Soleil, d'où s'enſuit que Mars en eſt quelquefois moins éloigné que le Soleil; enfin de la Terre, comme centre, il décrit le cercle de la révolution des Etoiles fixes, le faiſant paſſer au-deſſus de Saturne. Ainſi voilà trois cercles, ſçavoir celui de la Lune, du Soleil & des Etoiles, qui ont la Terre en leur centre; & cinq autres, ſçavoir ceux de Mercure, de Venus, de Mars, de Jupiter & de Saturne, qui y ont le Soleil. On décrit auſſi des centres de Jupiter & de Saturne, les cercles des mouvemens des petites Planetes qui les accompagnent comme dans le ſyſtême de Copernic. Voyez la figure de ce ſyſtême, *Planche 3. fig. 2.*

Remarques ſur ce ſyſtême.

TOute la matiere céleſte eſt parfaitement fluide & liquide; elle emporte les Aſtres d'Orient en Occident dans l'eſpace d'un jour.

Les Planetes font leurs révolutions dans cette matiere, ſans trouver d'obſtacle qui les arrête; ce qui fait que Mars peut quelquefois deſcendre au-deſſous du Soleil, & Venus & Mercure monter quelquefois au-deſſus, comme on voit dans la fig. du même ſyſtême.

La Lune, le Soleil & les Etoiles font leurs mouvemens dans les mêmes eſpaces de tems marqués dans le ſyſtême de Ptolomée.

Saturne, Jupiter, Mars, Venus & Mercure ſe meuvent en des excentriques autour du Soleil, accompliſſant leurs periodes dans les tems déterminés au ſyſtême de Copernic.

Venus & Mercure montans au-deſſus du Soleil, paroiſſent bien plus éloignés de la Terre que le Soleil même, & deſcendans au-deſſous s'en approchent beaucoup plus.

Cette hypotheſe débaraſſe le mouvement des Planetes d'Epicycles, & ſans eux on peut rendre raiſon de toutes les apparences du ſecond mouvement des Planetes, mais non pas avec tant de facilité qu'en celle de Copernic; car quoique les Planetes ſoient ſans Epicycle, cela ne la rend pas plus ſimple que celle de Ptolomée, parce que les mouvemens de ce ſyſtême ſont composés de

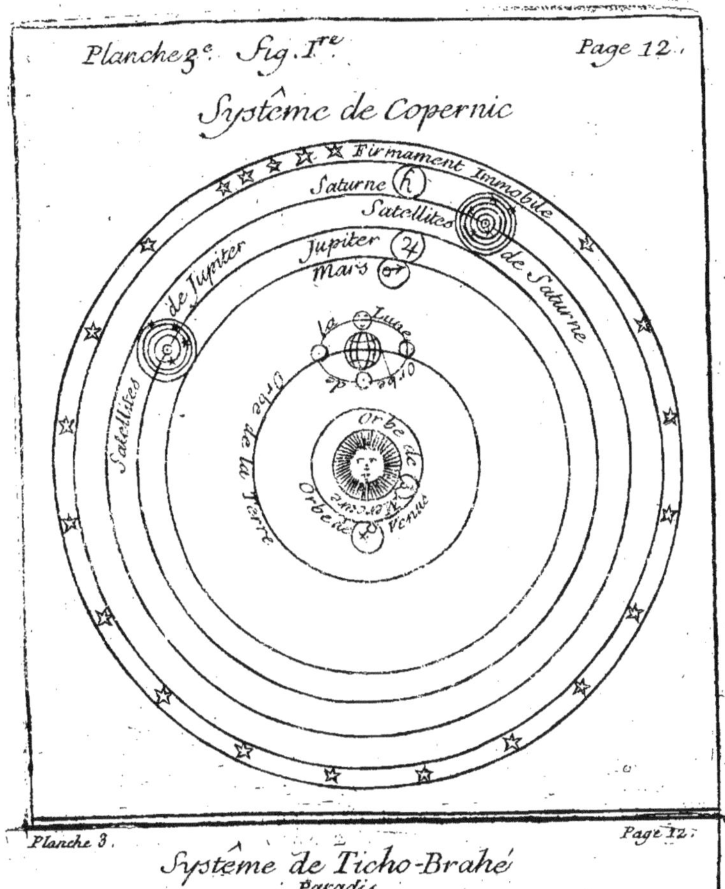
Planche 3e. Fig. Ire
Page 12.
Systême de Copernic
Firmament Immobile
Saturne
Satellites de Saturne
Jupiter
Satellites de Jupiter
Mars
La Lune
Orbe de
Orbe de la Terre
Orbe de
Mercure
Orbe de Venus

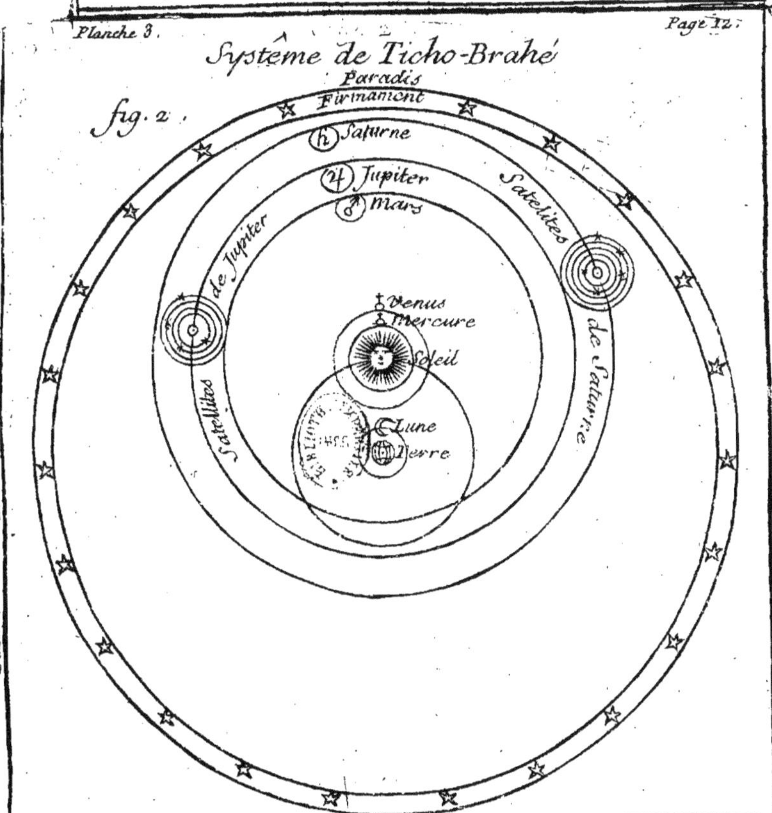
Planche 3.
Page 12.
Systême de Ticho-Brahé
Paradis
Firmament
fig. 2.
Saturne
Jupiter
Mars
Satellites de Saturne
Satellites de Jupiter
Venus
Mercure
Soleil
Lune
Terre

deux mouvemens, à sçavoir de celui du Soleil autour de la Terre & de celui des Planetes autour du Soleil, de même que ceux du systême de Ptolomée sont aussi composés de deux mouvemens, qui sont ceux du centre de l'Epicycle autour de la Terre, & ceux des Planetes en la circonférence de leur Epicycle.

Il faut sçavoir aussi que dans l'hypothese de Tycho, & dans celle qui suit, quelques-uns font mouvoir la Terre sur son axe, ou sur celui du Monde, qui est le même, en 24. heures d'Occident en Orient, pour sauver le mouvement journalier ou diurne de tout le Ciel d'Orient en Occident, si violent & si rapide, principalement vers l'Equateur de la region des Etoiles fixes; de sorte que les Astres n'ont que leur mouvement propre & naturel, sçavoir la Lune, le Soleil, & les Etoiles autour de la Terre, & les cinq autres Planetes autour du Soleil.

CHAPITRE V.

Du systême composé.

CE systême n'est qu'un mélange ou composition de ceux de Ptolomée & de Tycho, inventé pas Martianus Capella, que l'on nomme aussi systême commun, à cause qu'il est suivi par la plûpart des Modernes.

Dans ce systême, la Terre est au milieu ou au centre du Monde, autour de laquelle tournent la Lune, le Soleil & les Etoiles fixes, comme selon Tycho & Ptolomée : les trois Planetes superieures, Saturne, Jupiter & Mars font leurs révolutions excentriques autour de la Terre, emportant les centres de leur Epicycle, autour desquels ces trois Planetes roulent comme dans le systême de Ptolomée.

Mais pour les deux Planetes inferieures Venus & Mercure, elles tournent autour du Soleil dans de petits cercles excentriques comme selon Tycho. Voyez la figure de ce systême. *Planche 4. figure 1.*

En finissant ce Chapitre & l'explication des differens systêmes du Monde, il faut avertir ceux qui aiment l'Astronomie de ne pas trop s'embarasser à déterminer quel est le véritable : car quoique les systêmes de Copernic, de Tycho & de Martianus Capella different entr'eux, ils s'accordent néanmoins en ce qu'ils donnent tous la même solution, c'est-à-dire qu'ils expliquent parfaitement bien les phénomenes ou apparences tant du premier que du second mouvement des Astres, quoiqu'il y en ait qui les démontrent plus facilement les uns que les autres, comme eſt celui de Copernic; c'eſt juſqu'où la connoiſſance humaine peut aller : car il eſt impoſſible de découvrir & de montrer de quelle maniere le Créateur du Monde a fait mouvoir les Aſtres quand il les a tirés du néant, & quel eſt l'ordre & la diſpoſition qu'il leur a donnée dans le ſyſtême qu'il en a fait, pouvant diverſifier en une infinité de manieres ; il eſt impoſſible, dis-je, de ſçavoir lequel eſt celui qui eſt en uſage dans la nature ; cela fait qu'il faut ſe contenter de ce que l'on en peut ſçavoir, & entre ces ſyſtêmes chacun peut choiſir celui qui lui revient le mieux : & même plaçant immobile au centre du Monde telle Planete qu'on voudra ſuppoſer, & faiſant tourner toutes les autres autour d'elle, on fera autant de ſyſtêmes qu'il y a de Planetes différentes, leſquels quoique fort diſſemblables, pourroient tous donner le même lieu des Planetes dans le Ciel, & expliquer également bien toutes les apparences des mouvemens céleſtes.

CHAPITRE VI.

Des Points, Lignes & Cercles que l'on imagine dans la Sphere du Monde.

IL y a pluſieurs Points, Lignes & Cercles que l'on ſuppoſe être dans la ſuperficie concave ſphérique qui termine le Monde, le nombre deſquels eſt indéterminé ; car on en conçoit autant qu'il eſt néceſſaire pour avoir l'intelligence parfaite tant du premier que du ſecond mouvement des Aſtres. Mais entre tous ces Points, Lignes & Cercles, il y en a quelques-uns principaux que l'on a marqués dans l'Inſtrument Aſtronomique que l'on nomme Sphere artificielle, à cauſe qu'elle repréſente d'une maniere fort naturelle & ſenſible le mouvement du Ciel & des Aſtres. Elle ſe fait de cuivre, de bois, carton, ou autre matiere ſolide, comme elle eſt repréſentée à peu près en la Pl. 1ere. C'eſt en cette Sphere que l'on repréſente principalement huit Points, deux Lignes & dix Cercles que nous allons expliquer ſelon l'opinion commune, qui ſuppoſe la Terre immobile au centre de l'Univers.

Les huits points principaux ſont les deux poles du Monde, les deux poles du Zodiaque ou de l'Ecliptique, les deux points de l'Orient & de l'Occident, & les deux du Zenit & du Nadir.

Les deux Lignes ſont l'axe du Monde, & l'axe du Zodiaque, ou de l'Ecliptique.

Les dix Cercles ſe diſtinguent en ſix grands & quatre petits. Les six grands sont l'Equinoxial ou l'Equateur, le Zodiaque, le Colure des Equinoxes, le Colure des Solstices, l'Horison & le Meridien. Les quatre petits sont le Tropique du Cancer, le Tropique du Capricorne, le cercle du pole Arctique, & le Cercle du pole Antarctique.

On met au milieu de la Sphere un Globe qui représente la Terre, & au-dedans des Cercles dont on vient de parler on en met deux autres, sçavoir ceux du Soleil & de la Lune, pour représenter à peu près leurs mouvemens & leurs Eclipses.

Outre la Sphere artificielle, on peut avoir le Globe céleste, sur la superficie duquel sont représentées les Etoiles fixes, avec leurs différentes constellations ou asterismes, & conjointement avec les dix Cercles de la Sphere, l'Axe & les deux poles du Monde.

Il y a aussi le Globe terrestre avec les mêmes Cercles, dont on parlera dans la Geographie, lequel représente la Terre avec ses principales Regions, & l'eau qui l'environne, avec ses différentes mers, golfes, lacs, &c.

CHAPITRE VII.

De la description particuliere des Points & des Lignes.

SECTION I.

Des Points.

LEs poles du Monde sont les deux seuls points immobiles de l'Univers qui terminent l'axe du Monde. L'un d'eux est nommé Arctique, à cause de la constellation de l'Ourse nommé en Grec *Arctos*, dont il est fort proche ; il est aussi appellé Septentrional & Boreal. L'autre est nommé Antarctique, à cause qu'il est opposé à l'Arctique. On le nomme aussi Meridional & Austral.

Les deux Poles du Zodiaque sont deux autres points qui sont à l'extrémité de l'axe du Zodiaque. Ils sont nommés comme les deux Poles du Monde, à cause qu'ils en sont voisins, n'en étant éloignés que de 23. degrés 29. minutes. Ces points sont mobiles, & font une révolution autour des Poles du Monde, avec toute la Sphere.

Dans la Sphere naturelle les poles du Monde se peuvent remarquer par des Etoiles qui en sont proches. Celui qui est élevé sur notre hemisphere, & qui nous paroît toûjours, se remarque par une étoile, qui en l'année 1700. n'en étoit éloignée que de 2. deg. 17. min. C'eſt l'Etoile que l'on nomme Polaire, qui eſt à l'extrémité de la queuë de la petite Ourſe. Le pole Antarctique eſt plus difficile à appercevoir ; car il eſt éloigné de la conſtellation, que l'on nomme la Croix, d'environ 12. ou 15. deg. On voit auſſi deux nuages, dont le plus petit eſt à 12. deg. du pole. On pourra voir en la *Planche* 4. *figure* 2. l'arrangement des étoiles voiſines du pole Arctique, qui eſt celui qu'on voit en Europe, afin de le pouvoir reconnoître.

Les points de l'Orient & de l'Occident ſont ceux qui marquent les points du lever & du coucher du Soleil aux jours des Equinoxes, quand les jours ſont égaux aux nuits. On peut remarquer ces mêmes points dans la Sphere artificielle, aux deux endroits où l'Horiſon & l'Equateur ſe coupent.

Pour le Zenit & le Nadir, ce ſont deux points dont l'un répond directement au-deſſus de notre tête, & l'autre au-deſſous. Ces deux mêmes points ſont les poles de l'Horiſon.

Si on imagine une ligne droite tirée par ces deux points oppoſés, elle paſſera par le centre de la Terre, & traverſera perpendiculairement le plan de l'Horiſon. Cette même ligne eſt nommée Ligne verticale ; elle eſt l'axe de l'Horiſon.

SECTION II.

Des Lignes.

L'Axe du Monde eſt un des diametres de la Sphere, & ſeul immobile ſur lequel tout l'Univers, ou toute la Sphere du Monde fait une révolution en 24. heures d'Orient en Occident, qui eſt le premier mouvement des Aſtres. Ce même axe paſſe par le centre de la Terre, qui eſt le centre de la Sphere, & va ſe terminer dans la ſuperficie ſphérique, où ſont les limites du Monde, & aux deux poles.

Ce même axe eſt repréſenté dans la Sphere artificielle par deux morceaux de fil de fer, ou de cuivre, ſur leſquels toute la Sphere tourne. Ces deux morceaux doivent être imaginés comme un ſeul, continué d'un Pole à l'autre; mais on en a retranché une partie, afin que les cercles du Soleil & de la Lune ſe pûſſent mouvoir ſéparément ſur l'axe du Zodiaque, où ſont attachés les ſuſdits cercles du Soleil & de la Lune, lequel axe étant continué paſſeroit par le centre de la Terre, & iroit rencontrer l'autre pole du Zodiaque où il ſe termineroit.

L'axe du Zodiaque eſt un des diametres de la Sphere, autour duquel les Aſtres ſont leur ſecond mouvement d'Occident en Orient.

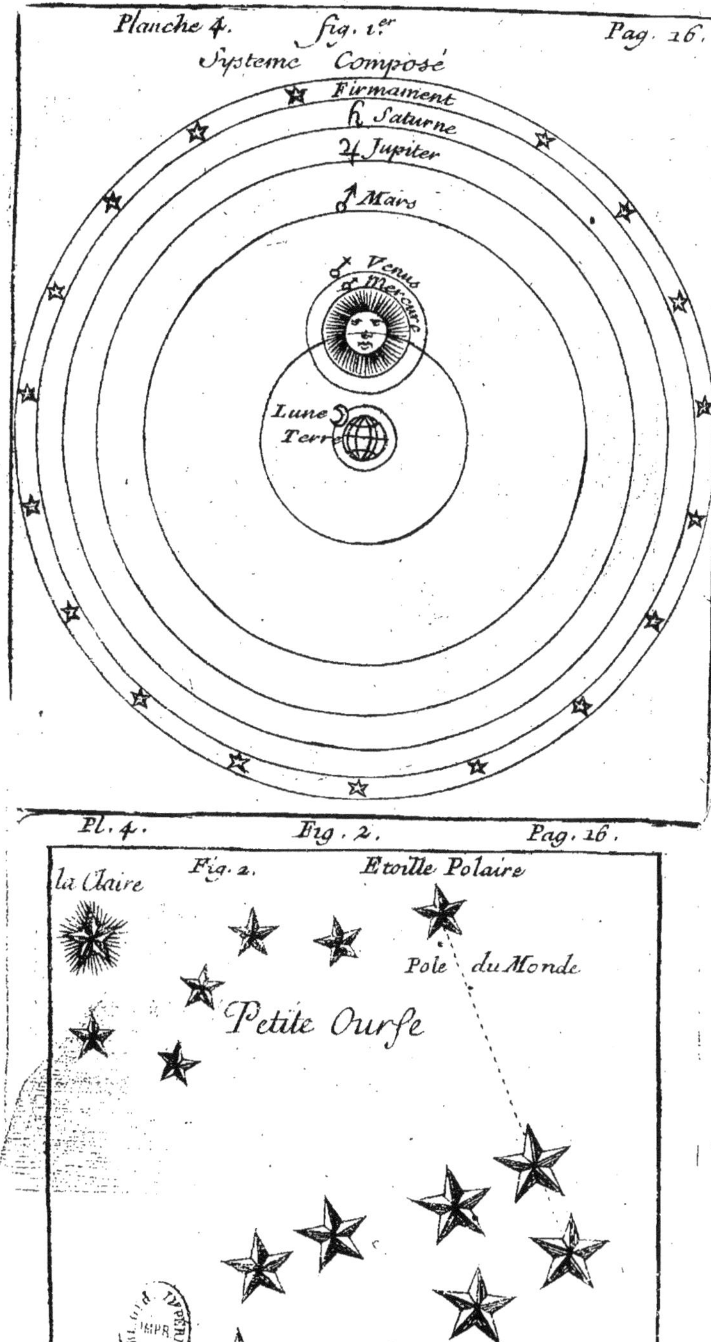
Planche 4.
Fig. 1.er
Pag. 16.
Systeme Composé
Firmament
Saturne
Jupiter
Mars
Venus
Mercure
Lune
Terre
Pl. 4.
Fig. 2.
Pag. 16.
Fig. 2.
la Claire
Etoille Polaire
Pole du Monde
Petite Ourse
Grande Ourse

CHAPITRE VIII.

De la description des six grands Cercles de la Sphere.

SECTION I.

De l'Equinoxial.

L'Equinoxial, ou l'Equateur, est le premier de tous les grands Cercles de la Sphere, également distant des deux Poles du Monde. On le peut connoître dans la Sphere artificielle, puisqu'il est le plus grand, & au milieu des cinq Cercles paralleles qui y sont décrits des deux poles du Monde. On le peut aussi facilement remarquer dans la Sphere naturelle, en observant le cours journalier du Soleil au tems des deux Equinoxes, qui arrivent environ le 20. Mars, & le 23. de Septembre ; car alors le Soleil est dans le plan de ce cercle, qu'il parcourt en un jour ; & c'est au sujet des Equinoxes qu'il est nommé Equinoxial, parce que le Soleil étant dans ce même cercle, fait les jours égaux aux nuits par toute la Terre.

On a imaginé ce cercle pour servir à connoître le milieu du Monde à l'égard de son mouvement diurne, & pour mesurer le tems, qui n'est autre chose que la durée du mouvement du Ciel, laquelle a été divisée en années, mois, jours, heures, &c. Ces parties du tems se distinguent par le moyen de l'Equateur, à cause que son mouvement se faisant sur l'axe & sur les poles du Monde, qui sont aussi les siens, cela fait qu'il est regulier & uniforme, & qu'il parcourt en tems égaux des arcs égaux de son cercle, d'où s'en suit que quand quinze deg. de l'Equateur montent au-dessus de l'Horison, dans le même espace de tems quinze autres deg. descendent au-dessous. C'est pourquoi on connoît par son moyen l'irrégularité ou inégalité du mouvement de l'Ecliptique à l'entour des poles du Monde.

C'est sur ce même cercle que l'on compte les ascensions droites & obliques des Astres, & les longitudes des lieux de la Terre.

C'est lui qui est le terme des déclinaisons des Astres & des latitudes des Villes, qui ne sont l'un & l'autre que l'arc d'un grand cercle passant par les poles du Monde, compris depuis l'Equateur jusqu'à l'Astre, ou jusqu'au lieu de la Terre proposé.

Il divise le Monde en deux parties égales, sçavoir en Septentrionale & Meridionale. La partie Septentrionale s'étend depuis l'Equateur jusqu'au pole Arctique ; la partie Meridionale depuis le même cercle jusqu'au pole Antarctique.

Les points de commune section de ce cercle & de l'Horison sont les points du vrai Orient & Occident : de sorte qu'avec ces deux points & les deux poles du Monde on a les quatre points cardinaux, qui sont l'Orient & l'Occident, le Septentrion & le Midi.

L'Equateur est fort utile dans la Gnomonique; car il est le principe & le fondement de la construction des Quadrans solaires, dans lesquels il est toûjours marqué en ligne droite, de même que tous les autres grands cercles de la Sphere ; c'est pourquoi aux jours de l'équinoxe, on voit l'ombre du stile marcher au long de cette ligne droite nommée Equinoxiale. Les Geographes & les Pilotes l'appellent simplement Ligne, à cause que ce cercle est représenté en ligne droite dans les Mappemondes & Cartes hydrographiques ordinaires.

SECTION II.

Du Zodiaque & de l'Ecliptique.

LE Zodiaque est un grand cercle qui coupe l'Equateur par la moitié, en faisant deux angles obliques, chacun de 23. deg. 29. min. qui marquent la plus grande obliquité de l'Ecliptique, ou sa plus grande distance de l'Equateur.

Ce cercle est inégalement éloigné des poles du Monde, & ses poles en sont distans de 23. deg. 29. min. C'est pourquoi ils se meuvent avec le reste de la Sphere, & font une révolution autour des Poles du Monde en 24. heures.

Il n'y a en la Sphere que ce seul cercle qui ait de la largeur: car il est comme une ceinture large d'environ 16. deg.

Dans son milieu est la circonférence d'un grand cercle nommé Ecliptique, à cause que c'est sous ce même cercle que se font les éclipses du Soleil & de la Lune, dont on fera une explication particuliere.

Le Zodiaque se connoît aisément dans la Sphere artificielle, parce que c'est une bande de carton, ou autre matiere, qui traverse obliquement les autres cercles. L'Equateur le coupant aux premiers points du Belier & de la Balance, le divise en deux parties égales, dont l'une est Septentrionale & l'autre Meridionale.

Il est aussi divisé en douze Signes, chacun contenant 30. deg. dont il y en a six qui sont vers le Septentrion, & six vers le Midi.

Les six Septentrionaux avec leurs caracteres sont

Aries, ou le Belier. . . . . . . ♈
Taurus, ou le Taureau. . . . . . . ♉
Gemini, ou les Gemeaux. . . . . . ♊

Cancer, ou l'Ecreviſſe. . . . . . . ♋
Leo, ou le Lion. . . . . ♌
Virgo, ou la Vierge. . . . . . . ♍

Les ſix Meridionaux ſont

Libra, ou la Balance. . . . . . . ♎
Scorpius, ou le Scorpion. . . . . . ♏
Sagittarius, ou le Sagittaire. . . . . ♐
Capricornus, ou le Capricorne. . . . . ♑
Aquarius, ou le Verſeau. . . . . . ♒
Piſces, ou les Poiſſons. . . . . . . ♓

On le diviſe encore en deux autres parties, ſçavoir en aſcendante & en deſcendante. La partie aſcendante, pour ceux qui demeurent dans l'Hemiſphere Septentrional, contient les ſix Signes qui ſont depuis le Capricorne par Aries juſqu'à Cancer; & la partie deſcendante renferme ceux qui ſont depuis Cancer par Libra juſqu'au Capricorne. Il faut entendre le contraire pour les habitans de l'Hemiſphere Meridional.

La partie aſcendante eſt auſſi la partie du Ciel, par laquelle le Soleil & les autres Planetes montent du point du Ciel le plus éloigné de notre Zenit à celui qui en eſt le plus proche, ou qui montent à notre égard de la partie Meridionale dans la Septentrionale.

Ce cercle eſt nommé Zodiaque, du mot Grec *zodion*, qui veut dire vie, à cauſe que le Soleil le parcourant dans l'eſpace d'une année, entretient, nourrit & vivifie par ſa chaleur tout ce qui eſt ſur la Terre.

L'Ecliptique qui eſt au milieu du Zodiaque, marque le cours annuel du Soleil, & le chemin qu'il fait par ſon mouvement particulier, dont il ne s'écarte jamais de côté ou d'autre. Pour les autres Planetes, elles s'en éloignent tantôt vers le Septentrion & quelquefois vers le Midi. Cette diſtance ou éloignement eſt nommé Latitude, laquelle eſt Septentrionale ou Meridionale, & ſe meſure par l'arc d'un grand cercle qui paſſe par les poles de l'Ecliptique; elle ſe compte depuis la même Ecliptique juſqu'au lieu de la Planete; & c'eſt ce qui fait que les mouvemens propres des Planetes, qui ſe font ſur de grands cercles ou orbites, coupent l'Ecliptique en deux parties égales, & en deux points oppoſés, que l'on appelle Nœuds, dont l'un eſt Septentrional, par lequel la Planete paſſe de la Latitude Meridionale en celle qui eſt Septentrionale. L'autre eſt Meridional, par lequel elle paſſe de ſa Latitude Septentrionale dans l'autre partie du Ciel où elle devient Meridionale.

Le Zodiaque eſt la régle & la meſure des ſeconds mouvemens des Aſtres d'Occident en Orient qu'ils font au-deſſous de lui ſur ſon axe & ſur ſes poles, comme l'Equateur l'eſt au regard du premier mouvement d'Orient en Occident ſur l'axe & ſur les poles du Monde.

Toute ſa largeur eſt de 16. deg. ſçavoir 8. deg. de chaque côté de l'Ecliptique, afin de pouvoir renfermer les plus grandes Latitudes des Planetes, & la partie du Ciel où elles ſe meuvent.

C'eſt ſur l'Ecliptique que ſe comptent les longitudes des Planetes, ou leurs lieux dans le Ciel, ſelon l'ordre des Signes, en commençant du premier point d'Aries.

L'Ecliptique eſt le terme des latitudes des Aſtres, puiſque c'eſt d'elle que l'on commence à les compter vers l'un de ſes poles ſur l'arc d'un grand cercle paſſant par les mêmes poles.

L'obliquité de l'Ecliptique cauſe la variété des ſaiſons de l'année, l'inégalité des jours & des nuits, de même que pluſieurs autres choſes dont il ſera traité ci-après.

SECTION III.

Des deux Colures.

LEs Colures ſont deux grands cercles qui s'entrecoupent à angles droits aux poles du Monde.

Ils ſont nommés Colures, qui veut dire retranché & imparfait, à cauſe que les habitans de la Sphere oblique, qui ont l'un des poles du Monde élevé ſur l'Horiſon, ne voyent jamais ces cercles entiers dans la révolution de la Sphere en 24. heures, y en ayant toûjours une partie cachée plus ou moins, ſelon que le pole eſt plus ou moins élevé ſur l'Horiſon.

L'un d'eux eſt nommé Colure des Equinoxes, à cauſe qu'il paſſe par les deux ſections ou entrecoupures de l'Equateur & de l'Ecliptique, qui marquent les deux points de l'Equinoxe, où le Soleil étant, rend le jour égal à la nuit par toute la Terre, excepté les deux lieux qui ſont ſous les poles du Monde. L'Equinoxe du Printems arrive environ le 20. de Mars, & celui d'Automne le 23. Septembre.

L'autre eſt nommé Colure des Solſtices, parce qu'il montre les deux points de l'Ecliptique où ſe font les ſolſtices, leſquels ſont le premier point de Cancer, où le Soleil ſe trouve environ le 21. jour de Juin, & le premier point de Capricorne, où il ſe trouve le 22. Décembre.

Ces deux points ſont nommés Solſtices, d'autant que quand le Soleil y eſt, il ſemble s'arrêter & demeurer en une même place, ſans continuer ſon mouvement particulier, en ſorte que pendant quelque tems on ne voit aucune augmentation ni diminution ſenſible en la longueur des jours & des nuits, de même qu'en ſa déclinaiſon, en ſa hauteur meridienne, & aux autres apparences de ſon mouvement propre.

C'eſt dans le Colure des ſolſtices que ſont les poles de l'Ecliptique, éloignés des Poles du Monde de 23. deg. 29. min. & que l'on y compte la plus grande déclinaiſon du Soleil d'autant de degrés & minutes, comme auſſi la plus grande déclinaiſon des Etoiles.

Les deux Colures enſemble déterminent quatre points conſidérables, ſçavoir les deux équinoxes & les deux ſolſtices, comme on a dit. De plus ils diviſent le Ciel en quatre parties, & l'année en quatre ſaiſons. Les ſignes de ♈ ♉ ♊ ſont pour le Printems, ♋ ♌ ♍ pour l'Eté, ceux de ♎ ♏ ♐ pour l'Automne, & ceux de ♑ ♒ ♓ pour l'Hyver.

Il faut obſerver que dans la Sphere artificielle, l'Equateur, le Zodiaque, & les deux Colures ſont tous de même grandeur, & ſont enchaſſés les uns dans les autres, en ſorte qu'ils forment une Sphere, laquelle tourne librement au-dedans du cercle du Meridien, que l'on a fait pour cela un peu plus grand & plus large, pour y attacher le corps de la Sphere par ſes poles, avec un fil de fer ou de cuivre, & l'Horiſon a été fait encore plus grand & auſſi plus large, avec des entailles à y faire entrer le Meridien; de ſorte que dans la Sphere artificielle, l'Horiſon & le Meridien ſont cercles fixes, & les autres qui forment le corps de la Sphere ſont mobiles à l'entour des Poles de la Sphere qui repréſentent ceux du Monde. On peut concevoir la même choſe, ſi on veut, dans la Sphere naturelle, ou bien concevoir les cercles égaux, cela n'importe & ne fait rien à la ſcience des propriétés de ces mêmes cercles.

SECTION IV.

De l'Horiſon, & des différentes poſitions de la Sphere.

L'Horiſon eſt un grand cercle qui diviſe le Monde en deux parties égales, ou en deux Hemiſpheres, dont l'un eſt ſuperieur & viſible, & l'autre inferieur & inviſible.

On le remarque facilement entre tous ceux de la Sphere artificielle, étant le plus large de tous, & dans lequel le Meridien eſt enclos avec tout le reſte de la Sphere. De plus il eſt immobile, & ſur ſa circonférence ſont marqués les 12. Signes du Zodiaque, les jours des 12. mois de l'année, & les 32. Vents, pour ſervir à l'uſage de la Sphere & des Globes.

Ce cercle ſe peut auſſi facilement remarquer dans la Sphere naturelle. Car lorſqu'on eſt en quelque lieu tout-à-fait découvert, & que la vûe n'eſt point empêchée, ſi on regarde autour de ſoi, on voit un grand cercle qui ſemble joindre la Terre ou la Mer avec le Ciel, & qui borne & limite la vûe.

Au regard de chaque lieu particulier, l'Horiſon eſt un cercle fixe & immobile ; car on voit toûjours d'un même lieu les mêmes apparences céleſtes. Mais comme il y a dans l'Univers une infinité de lieux, cela fait qu'il ſe multiplie à l'infini, puiſqu'à chaque pas que l'on fait en marchant, on change d'Horiſon, de ſorte que chacun eſt toûjours au centre de ſon Horiſon.

Les poles de ce cercle ſont nommés en Arabe Zenit & Nadir. Le Zenit que l'on nomme auſſi point vertical, eſt celui qui eſt droit au-deſſus de notre tête, & le Nadir lui eſt diametralement opposé ; de ſorte que comme il y a une infinité d'Horiſons, il y a auſſi une infinité de Zenits & de Nadirs, tous ces Horiſons ne pouvant pas être conçûs ſans ces deux mêmes points qui ſont leurs poles.

L'Horiſon eſt diviſé en rationel & ſenſible. L'Horiſon rationel ou vrai, eſt celui que l'on conçoit être un grand cercle paſſant par le centre de la Terre, & par conſéquent diviſant tout le monde en deux parties égales, l'une ſuperieure & l'autre inferieure, ſelon qu'il a été défini ci-deſſus. On le nomme rationel, à cauſe qu'il eſt ſeulement conçu par l'entendement.

Mais l'Horiſon ſenſible eſt un petit cercle parallele à l'Horiſon rationel qui touche la ſuperficie de la Terre en un point qui eſt celui où ſont nos pieds ; ce qui fait qu'il ne diviſe pas le Ciel en deux parties égales, comme le rationel : mais la différence de ces deux Horiſons eſt inſenſible, n'étant cauſée que par le demi-diametre de la Terre, qui n'eſt qu'un point, comparé à l'étenduë immenſe du Firmament, puiſque l'on voit la moitié du Ciel de deſſus la ſuperficie de la Terre, de même que ſi on étoit à ſon centre.

Ainſi l'Horiſon ſenſible peut paſſer pour l'Horiſon rationel, & ces deux ſortes d'Horiſons pour un ſeul & même Horiſon, comme on le peut voir par la *fig.* 1. de la *Pl.* 5. où DBG eſt le diametre de l'Horiſon rationel, paſſant par le point B, centre de la Terre. CAH, eſt le diametre de l'Horiſon ſenſible parallele à l'Horiſon rationel & touchant la ſurface de la Terre au point A : on voit d'abord que ce même Horiſon eſt un petit cercle qui ne diviſe pas le Ciel en deux parties égales, & que AB demi-diametre de la Terre eſt la diſtance de ces deux Horiſons ; ſi DZG eſt le Firmament, la diſtance CD ou GH égale à AB, y renferme un eſpace ſi petit, qu'il peut paſſer pour un point, eu égard à la grande diſtance de la Terre au Firmament ; de ſorte qu'une Etoile étant veritablement dans l'Horiſon rationel en D, paroîtra être dans le même point à celui qui la regardera du point A ſur la ſurface de la Terre, puiſque le point D, qui termine le vrai Horiſon, n'eſt pas ſenſiblement différent du point C qui termine l'Horiſon ſenſible, & que ces deux points ne paroiſſent que comme un ſeul; ce qui fait que les Etoiles fixes n'ont point de parallaxe ou diverſité d'aſpect.

Il n'en eſt pas de même du cercle du mouvement de la Lune; car comme de tous les corps céleſtes elle eſt la plus proche de nous, la Terre a quelque groſſeur ſenſible à ſon égard, qui fait que l'on peut obſerver de la différence entre l'Horiſon rationel & le ſenſible, & qu'il y a de la parallaxe ou diverſité d'aſpect entre ſon vrai lieu & ſon lieu apparent. Car la Lune étant au point L de ſon orbite O L P, coupant l'Horiſon ſenſible au point L, l'œil qui ſera ſur la ſurface de la Terre en A, la verra dans l'immenſe étenduë du Firmament au point C, ſelon le rayon viſuel A L C; mais celui qui ſeroit au centre de la Terre B, la verroit en F par le rayon viſuel BLF au-deſſus de C; de ſorte que l'Arc CF pris dans le Firmament, ſera la parallaxe de la Lune conſidérée des deux endroits A & B, comme on l'expliquera ci-après au diſcours des parallaxes.

On peut encore conſiderer l'Horiſon ſenſible d'une autre maniere, en le prenant pour toute l'étenduë de la ſurface du Globe terreſtre que l'œil peut découvrir ſelon l'élévation où il ſe trouve; de ſorte que l'œil pouvant être plus ou moins élevé, cela rend l'Horiſon ſenſible pris de cette façon plus ou moins étendu. Ce que l'œil peut découvrir de la ſuperficie de la Terre à la hauteur de cinq pieds, quand il n'y a aucun empêchement, eſt d'environ deux lieuës & demie communes, leſquelles déterminent le demi-diametre de l'Horiſon ſenſible à cette même hauteur.

L'Horiſon rationel (qui eſt celui dont l'on entendra toûjours parler dans la ſuite) faiſant divers angles avec l'Equateur, ſelon la poſition des lieux où l'on eſt, a auſſi divers noms, & la Sphere diverſes poſitions; car étant ſous l'Equateur, & y ayant ſon Zenit, on a l'Horiſon droit & la Sphere droite, à cauſe que l'Horiſon paſſant par les poles du Monde, coupe l'Equateur à angles droits, & que toutes les révolutions du premier mouvement ſe font à angles droits à l'Horiſon.

Mais quand on eſt entre l'Equateur & les poles, on a l'Horiſon & la Sphere obliques, à cauſe que l'Equateur & l'Horiſon ſe coupent à angles obliques en faiſant un angle obtus d'un côté & un aigu de l'autre; ce qui fait que les révolutions du premier mouvement ſe font obliquement à l'Horiſon.

Et quand on a ſon Zenit ſous l'un des Poles du Monde, on a l'Horiſon parallele & la Sphere de même, parce que l'Equateur & l'Horiſon ſont alors unis enſemble, ne faiſant qu'un même cercle; ce qui fait que toutes les révolutions du mouvement diurne ou journalier se font paralleles à l'Horison. Voyez les *fig.* des différentes positions, *Pl.* 5. *fig.* 2.

Principales propriétés de ces trois différentes positions de la Sphere.

DAns la 1ere fig. qui représente la position de la Sphere droite, on voit comme l'Equateur passe par le Zenit ou le point vertical, & coupe perpendiculairement l'Horison qui passe par les Poles du Monde ; ce qui fait que toutes les révolutions diurnes se font à angles droits à l'Horison.

Tous les paralleles à l'Equateur, comme les Tropiques, les Cercles Polaires & autres, dans lesquels le Soleil & les autres Astres font leur mouvement diurne, sont tous coupés par l'Horison en deux parties égales. De sorte que le Soleil y fait un perpétuel Equinoxe, & les autres Astres sont toûjours 12. heures au-dessus de l'Horison, & 12. heures au-dessous.

Il est vrai que la Lune, à cause de la vitesse de son second mouvement, est un peu plus de 12. heures sur l'Horison de la Sphere droite ; mais cela n'empêche pas que le tems qu'elle demeure au-dessus, ne soit égal à celui qu'elle est au-dessous.

Il n'y a aucune partie du Ciel qui ne soit visible ; c'est pourquoi on y voit successivement toutes les Etoiles. Si on met les poles de la Sphere artificielle dans l'Horison, on concevra parfaitement toutes ces mêmes propriétés de la Sphere droite.

La 2e. fig. qui représente la position de la Sphere oblique, fait voir comme l'Horison & l'Equateur se coupent obliquement, faisant un angle aigu d'un côté & un obtus de l'autre, de sorte que les révolutions diurnes de la Sphere se font à angles obliques à l'Horison.

L'un des poles du Monde est toûjours élevé au-dessus de l'Horison, & toûjours visible ; mais l'autre est perpétuellement au-dessous & invisible, & la hauteur de l'un est toûjours égale à l'abaissement de l'autre.

En cette position de Sphere le Zenit est hors de l'Equateur, étant entre lui & le pole. Il en est de même du Nadir.

La distance du Zenit à l'Equateur est nommée Latitude, & l'éloignement du pole à l'Horison est appellé Elevation ou hauteur du Pole ; & ces deux choses sont égales : car le Zenit ne peut s'éloigner de l'Equateur, qu'en même tems il ne s'approche du pole ; d'où il s'ensuit qu'il faut que le pole s'éloigne autant de l'Horison, que le Zenit s'éloigne de l'Equateur ; ce qui rend l'un égal à l'autre.

Les Tropiques & autres paralleles que le Soleil & les autres Planetes décrivent par leur mouvement journalier, sont tous coupés, excepté l'Equateur, en parties inégales, en ſorte que les parties de ces paralleles, qui ſont apparentes & au-deſſus de l'Horiſon, ſont plus grandes quand ils ſont en-deçà de l'Equateur vers le pole apparent, & plus petites quand ils ſont au-delà de l'Equateur, tirant vers le Pole inviſible. Ainſi ceux qui ont le pole Arctique élevé comme dans cette figure, ont une partie du Tropique de l'Ecreviſſe, & des autres paralleles qui ſont ſur leur Horiſon, plus grande que celle qui eſt au-deſſous. Et au contraire la partie de tous les paralleles qui ſont au-delà de l'Equateur vers le pole Antarctique, & au-deſſus de l'Horiſon, eſt plus petite que celle qui eſt au-deſſous : de-là vient qu'en la Sphere oblique les jours ſont inégaux aux nuits toute l'année, excepté les jours des Equinoxes, où le Soleil étant en l'Equinoxial, fait les jours égaux aux nuits par tout le Monde, à cauſe que l'Horiſon & l'Equinoxial étant des grands cercles, ils ſe coupent en deux parties égales ; de ſorte qu'en quelque Horiſon oblique que ce ſoit, il y a toûjours la moitié de l'Equateur au-deſſus, & l'autre moitié au-deſſous.

Dans la Sphere oblique il y a quelques parties du Ciel toûjours apparentes & viſibles, & d'autres toûjours cachées & inviſibles. Ainſi il y a des Etoiles que l'on voit toûjours, & d'autres que l'on n'apperçoit jamais. Et pour déterminer cette Partie du Ciel, qui eſt toûjours viſible, il faut entendre qu'entre tous les paralleles de l'Equateur, il y en a un qui eſt tout entier au-deſſus de l'Horiſon, le touchant en un point, & qui eſt le plus grand de tous les paralleles qui apparoiſſent; de ſorte que toute la partie du Ciel compriſe entre ce même parallele & le pole apparent, ſera celle que l'on voit toûjours. Ainſi toutes les Etoiles compriſes en cette même partie du Ciel déterminée par ce parallele, ſeront toûjours viſibles, puiſqu'elles ne ſe coucheront jamais, comme il eſt aiſé de s'imaginer. De même à l'oppoſite il y a un autre parallele à l'Equateur le plus grand de tous ceux qui ne paroiſſent jamais, & qui borne toute la partie du Ciel inviſible, & les Etoiles que l'on ne voit jamais. La partie du Ciel viſible & apparente eſt égale à celle qui eſt inviſible & cachée. Les paralleles que l'on voit ponctués, & qui touchent l'Horiſon, déterminent ces deux parties du Ciel, dont l'une eſt toûjours découverte, & l'autre ne paroît jamais. Si on éleve le pole de la Sphere artificielle au-deſſus de l'Horiſon, on connoîtra très-facilement toutes ces mêmes propriétés de la Sphere oblique.

La fig. 3. fait voir que l'Equateur & l'Horiſon ne ſont qu'un même cercle dans la Sphere parallele, que le Zenit & le pole du Monde ne ſont auſſi qu'un ſeul & même point, parce que l'axe du Monde, qui en ce cas eſt le même que celui de l'Horiſon, lui étant perpendiculaire, les poles du Monde, qui ſont à l'extrémité de cet axe, sont les mêmes que le Zenit & le Nadir, qui sont les poles de l'Horison. De-là vient que toute la Sphere fait ses révolutions paralleles à l'Horison.

Dans cette position le pole du Monde est le plus élevé qu'il puisse être, sa hauteur étant de 90. degrés.

Comme l'Equateur tient lieu d'Horison, & qu'il est au milieu de tous les paralleles diurnes que le Soleil décrit en une année, cela fait que la moitié de tous ces mêmes paralleles est toûjours sur l'Horison, & l'autre au-dessous. Et comme le Soleil parcourt la moitié de ces paralleles en six mois, ceux qui sont sous les poles, & qui habitent la Sphere parallele, ont six mois de jour & six mois de nuit, c'est-à-dire, que l'année de ces peuples-là (s'il y en a) n'est composée que d'un jour continuel de six mois, & d'une nuit pareille. Par même raison la Lune est quinze jours au-dessus de leur Horison, & autant au-dessous, Saturne 15. ans, Jupiter 6. ans, & les autres Planetes à proportion du tems de leurs révolutions, eu égard à ce que l'excentricité de leurs cercles peut diminuer ou augmenter de ce tems, selon que leurs apogées ou leurs aphelies sont tournées vers le Septentrion ou vers le Midi. Tout ceci se verra facilement, en mettant le pole de la Sphere artificielle au Zenit.

De tout ce que l'on a dit ci-dessus on peut recueïllir quantité d'usages de l'Horison, dont le premier est, qu'il separe le Monde en deux Hemispheres, dont l'un est celui du jour, & l'autre celui de la nuit; c'est pourquoi l'Horison d'un lieu sert aussi pour celui qui lui est diametralement opposé.

Il montre les points du lever & du coucher du Soleil & des autres Astres, & par conséquent l'heure de leur lever & de leur coucher. Mais en particulier il marque aux endroits où il coupe l'Equateur, les deux points du vrai Orient & Occident, où le Soleil se leve & se couche au tems des Equinoxes, & qu'on appelle le Levant & le Couchant des Equinoxes.

Il détermine les arcs diurnes & nocturnes de la révolution journaliere du Soleil, & par conséquent la longueur des jours & des nuits, & il est une des causes de leur variété, comme on vient de le faire voir.

C'est sur ce même cercle que l'on compte les amplitudes Orientales & Occidentales, lesquelles se prennent depuis le Levant & le Couchant Equinoxial jusqu'au lieu de l'Horison, auquel le Soleil, ou quelqu'autre Astre se trouve à son lever ou à son coucher.

C'est encore de lui que l'on commence à compter la hauteur des Astres sur de grands cercles qui passent par le Zenit, & coupent l'Horison à angles droits, nommés en Arabe *Azimuts*, & vulgairement cercles verticaux ou de hauteur.

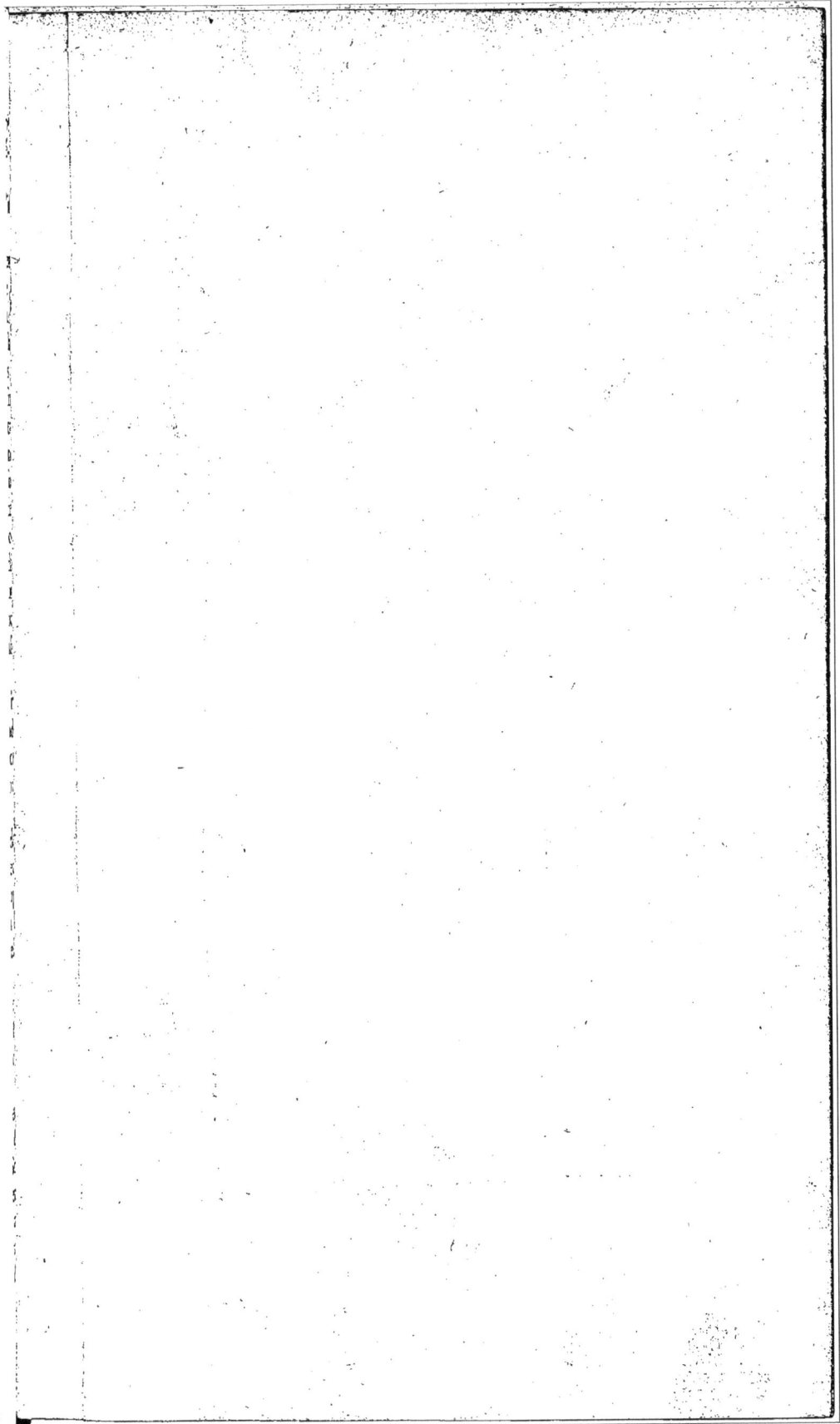

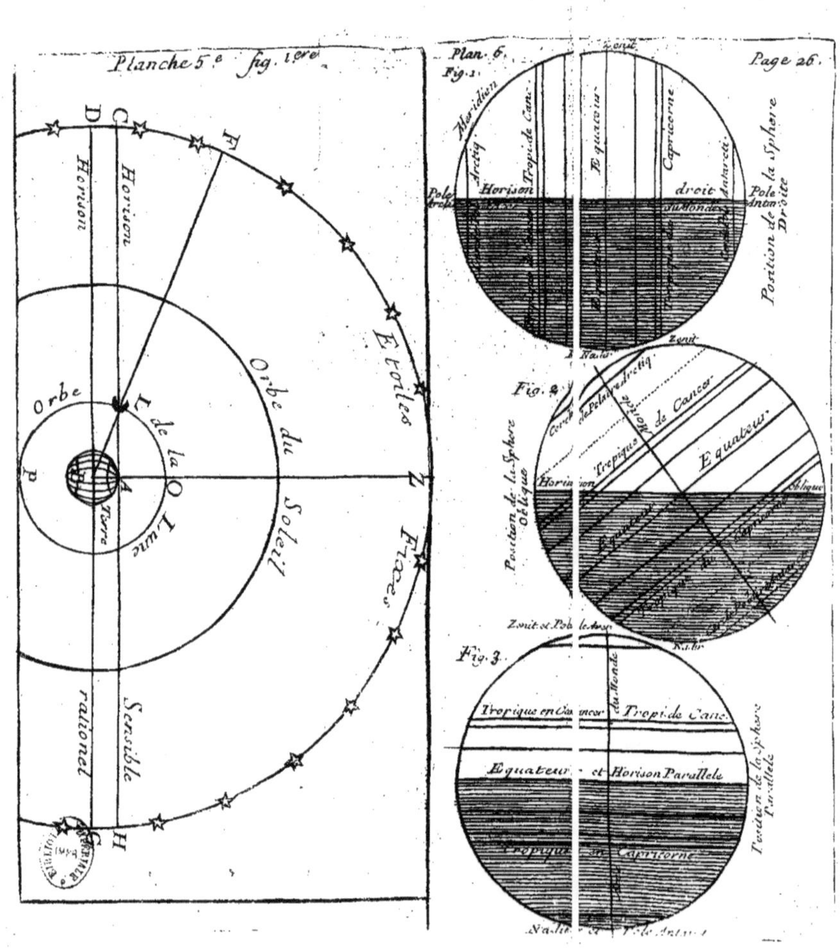

Planche 5e fig. 1ere
Etoiles Fixes
Orbe du Soleil
Orbe de la Lune
Terre
Horison Sensible
Horison rationel
Plan. 6.
Fig. 1.
Page 26.
Position de la Sphere Droite
Meridien
Tropi. de Canc.
Æquateur
Capricorne
Pole Arctiq.
Pole Antarc.
Horison droit
Zenit
Fig. 2.
Position de la Sphere Oblique
Tropique de Cancer
Equateur
Horison Oblique
Fig. 3.
Zenit et Pole Arct.
Tropique en Cancer
Tropi. de Canc.
Equateur et Horison Parallele
Tropique du Capricorne
Position de la Sphere Parallele

Il eſt auſſi le terme des hauteurs du Pole, parce que c'eſt de lui que l'on commence à les compter ſur le Meridien tirant vers le Pole.

Il montre quelles ſont les Etoiles qui ſe levent & ſe couchent avec le Soleil, & le degré de l'Ecliptique, qui ſe leve & ſe couche avec lui.

Il eſt d'un grand uſage dans la navigation, en ce que l'on connoît par l'obſervation des amplitudes Orientales & Occidentales du Soleil, les variations de l'aiguille aimantée, qui décline quelquefois du vrai point du Septentrion ou du Nord vers l'Orient ou l'Occident, & parce qu'étant diviſé en 32. parties égales, il marque tous les vents ou rhumbs dont on uſe en l'art de naviger.

La moitié de l'Horiſon qui paſſe par le vrai point de l'Orient ou Levant Equinoxial, eſt appellée Orientale, & l'autre moitié qui paſſe par le point du vrai Occident ou Couchant de l'Equinoxe, eſt nommée Occidentale.

SECTION V.

Du Meridien.

LE Meridien eſt le dernier grand cercle de la Sphere qui paſſe par les poles du Monde, & par le Zenit & le Nadir du lieu duquel il eſt dit Meridien.

Il coupe l'Horiſon à angles droits aux deux points qui ſont les Poles du premier vertical, ou azimut, qui paſſe par les points du lever & du coucher de l'Equinoxe.

On le connoît en la Sphere artificielle, en ce qu'il eſt moins large que l'Horiſon, & qu'il demeure immobile dans ſes entrecoupures, étant appuyé ſur l'un des deux demi-cercles, qui le ſoûtiennent. C'eſt auſſi à lui que la Sphere eſt attachée, & elle tourne ſur ſes Poles qui repréſentent ceux du Monde.

Pour le connoître dans la Sphere naturelle, on n'a qu'à imaginer la moitié d'un grand cercle paſſant par le centre du Soleil à l'heure de midi, & par le Zenit du lieu où l'on eſt, allant ſe terminer de côté & d'autre dans l'Horiſon. Ce demi-cercle, qui diviſe la moitié viſible du Ciel en deux parties égales, dont l'une eſt Orientale, & l'autre Occidentale, eſt veritablement le Meridien de ce lieu.

Pour l'autre demi-cercle, qui fait un cercle entier avec le premier, dont l'on vient de parler, c'eſt le Meridien des Antipodes, puiſqu'il paſſe par leur Zenit. Ce cercle entier eſt le Meridien de ceux deſquels il marque le midi & la minuit. Ainſi quand le Soleil eſt dans la moitié ſuperieure de ce cercle, il marque le milieu du jour, & il eſt alors dans ſa plus haute élevation ſur l'Horiſon; mais quand il eſt dans la moitié inferieure, il marque le milieu de la nuit, & le point de ſon plus grand abaiſſement ſous le même Horiſon.

On le nomme Meridien, à cauſe qu'il marque la moitié du tems que le Soleil & les autres Aſtres paroiſſent ſur l'Horiſon.

Comme il y a une infinité de Zenits, puiſqu'on en peut concevoir autant qu'il y a de points dans le Ciel, cela fait qu'on peut entendre de même qu'il y a une infinité de Meridiens auſſi-bien que d'Horiſons, & qu'à chaque pas que l'on fait on change d'Horiſon & de Zenit, & par conſéquent de Meridien, ſuppoſé que l'on aille vers l'Orient ou l'Occident; car quand on va en droite ligne du Septentrion au Midi, ou du Midi au Septentrion, on eſt toûjours ſous un même Meridien, quoique l'on change continuellement de Zenit & d'Horiſon.

De ce nombre infini de Meridiens qui vont d'Orient à l'Occident, les Geographes n'en comptent que 360. qu'ils font paſſer par chaque degré de l'Equateur. Mais de ces 360. Meridiens, ils n'en marquent ordinairement que 36. ſur les Globes & ſur les Mappemondes, les éloignant l'un de l'autre de dix degrés de diſtance comptés en l'Equateur.

Pour avoir le compte de tous ces Meridiens, & de la longitude des lieux de la Terre, il a fallu en établir un qui fût comme le principe duquel on compteroit les autres, & qui feroit le premier de tous. Mais comme ce premier Meridien eſt arbitraire, le pouvant prendre indifféremment par tout où l'on voudra, il a plû à Ptolomée, & à ceux qui l'ont ſuivi, de le faire paſſer par l'Iſle de Fer la plus Occidentale des Canaries; & cette poſition a été établie en France le 25. Avril de l'année 1634. par ordre du Roi, après l'avis des plus célebres Mathématiciens de l'Europe. Les Hollandois font paſſer leur prémier Meridien par la célebre Montagne du Pic de Teneriffe, une des Iſles Canaries. D'autres le font traverſer les Iſles de Corvo & de Flores, qui ſont les Iſles Azores, à cauſe qu'ils croyent que l'éguille aimantée n'a aucune déclinaiſon en cet endroit. Quelques autres le poſent en d'autres lieux; entre leſquels il y a celui de la démarquation qui fut faite par les Eſpagnols & par les Portugais après la découverte de l'Amérique, 370. lieuës à l'Occident des Iſles du Cap Verd. Pour les Aſtronomes, ils le prennent ordinairement du lieu où ils font leurs obſervations & compoſent leurs Tables Aſtronomiques, comme Ptolomée à Alexandrie, & Tycho-Brahé à Uranibourg dans une petite Iſle de Danemarck, où ce grand Aſtronome a heureuſement rétabli l'Aſtronomie.

Quoiqu'il y ait, comme nous avons dit, une infinité d'Horisons & de Meridiens, néanmoins dans la Sphere & le Globe artificiels, il n'y a qu'un Horison & un Meridien, puisqu'on peut appliquer ces deux cercles à tel lieu que l'on voudra.

Le premier & principal usage du Meridien est, qu'il montre le midi & la minuit au lieu où on l'applique, divisant chacun des deux Hemispheres visible & invisible par la moitié.

Il divise l'Hemisphere visible en deux parties, sçavoir en Orientale & en Occidentale, & les 24. heures du jour astronomique en 12. heures du matin, comptées depuis minuit jusqu'à midi dans la partie Orientale, & 12. heures du soir comptées depuis midi jusqu'à minuit dans la partie Occidentale.

C'est dans ce même cercle que l'on compte la plus grande hauteur ou élevation des Astres sur l'Horison, & que l'on commence à compter les heures astronomiques, sçavoir les Astronomes à midi, & la plûpart des Nations de l'Europe avec Copernic, à minuit.

Il détermine sur l'Equateur les ascensions droites des Astres & la longitude des lieux de la Terre, les uns & les autres n'étant qu'un arc de l'Equateur compté, au regard des Astres, du Colure des Equinoxes ; & au regard des lieux de la Terre, depuis le premier Meridien jusqu'au Meridien du lieu proposé.

C'est aussi sur le même cercle que l'on compte les déclinaisons des Astres & les latitudes des Villes, l'un & l'autre étant un arc du Meridien compté depuis l'Equateur jusqu'à l'Astre ou la Ville proposée. On peut remarquer que ce qu'on appelle déclinaison dans l'Astronomie, est la même chose que ce que l'on nomme Latitude dans la Geographie.

On prend sur lui l'élevation ou la hauteur du Pole, qui est un arc du Meridien, compté depuis l'Horison jusqu'au Pole, laquelle est toûjours égale à la Latitude, dont le complément est la hauteur de l'Equateur sur l'Horison ; car y ayant 90. deg. depuis le Zenit jusqu'à l'Horison, si vous en ôtez la Latitude depuis le Zenit jusqu'à l'Equateur, le reste sera l'élevation de l'Equateur sur l'Horison.

L'Horison & le Meridien pris ensemble divisent le Ciel en quatre parties, dont la premiere est l'Orientale superieure, la seconde l'Occidentale superieure, la troisiéme l'Occidentale inferieure, & la quatriéme l'Orientale inferieure.

Le Meridien est d'un grand usage dans la Gnomonique, puisque par son moyen on rectifie les Cadrans solaires, à cause de la ligne meridienne, qui étant dans le plan de ce cercle, est aussi dans les plans horisontaux, verticaux, & autres plans, de quelque maniere qu'ils soient, sur lesquels on fait des Cadrans.

CHAPITRE IX.

De la description particuliere des quatre petits Cercles.

SECTION I.

Des Tropiques.

APrès avoir expliqué les grands Cercles, il faut maintenant parler des petits, en commençant par les Tropiques.

Les Tropiques sont deux petits cercles paralleles à l'Equateur décrits par les premiers points ou commencemens de Cancer & de Capricorne par la révolution du premier mouvement.

Ces deux cercles sont aisés à distinguer dans la Sphere artificielle ; car ce sont les deux plus grands cercles des quatre qui sont paralleles à l'Equateur, & qui touchent l'Ecliptique au premier degré des Signes de Cancer & de Capricorne. On les peut encore reconnoître en ce qu'ils sont éloignés de l'Equateur de 23. degrés & demi. On pourra les remarquer au Ciel, si on prend garde au mouvement diurne du Soleil environ le 21. de Juin & 22. de Décembre ; car alors le Soleil décrit ces mêmes cercles.

Ils sont nommés Tropiques, c'est-à-dire, conversion ou retour, parce que le Soleil y étant, il commence à retourner vers la partie du Ciel de laquelle il s'étoit éloigné.

L'un est nommé Tropique de Cancer, à cause qu'il est décrit par le premier point de ce Signe. Il est aussi appellé à notre égard cercle du haut Solstice, parce que le Soleil étant parvenu à ce cercle, il est le plus haut & le plus élevé sur l'Horison qu'il puisse être, & le plus près de notre Zenit. On lui donne aussi les noms de Tropique d'Eté & de Tropique Septentrional, puisque le Soleil y étant, nous donne le commencement de l'Eté, & le plus long jour de l'année, étant dans la partie Septentrionale du Monde, & dans la plus grande déclinaison.

L'autre est nommé Tropique du Capricorne, parce qu'il passe par le commencement de ce Signe. Il est encore appellé à notre égard cercle du bas Solstice, parce que le Soleil y est le plus bas qu'il puisse être de toute l'année, & le plus éloigné de notre Zenit. On le nomme aussi Tropique d'Hyver, & Tropique Meridional, le Soleil nous y faisant le commencement de l'Hyver, & le plus court jour, étant dans la partie meridionale du Monde, & dans la plus grande déclinaison.

Les deux Tropiques renferment la voie du mouvement propre du Soleil sous l'Ecliptique ; & ils sont comme les deux barrieres, au-delà desquelles il ne passe jamais.

C'est dans ces mêmes cercles que le Soleil fait le plus long & le plus court jour de l'année, & reciproquement la plus longue & la plus courte nuit.

Ils marquent les lieux de l'Ecliptique où se font les Solstices ausquels le Soleil a sa plus grande déclinaison, & sa plus grande & plus petite hauteur meridienne.

Ils montrent dans l'Horison les plus grandes amplitudes Orientales & Occidentales du Soleil.

Et dans le Meridien, sa plus grande & plus petite distance du Zenit pour les habitans de la Sphere oblique.

Ils renferment l'espace de la Terre que l'on nomme Zone torride ou brûlée, parce que les rayons du Soleil tombant à plomb sur cette Zone, y causent de grandes chaleurs & sécheresses.

Ils marquent sur l'Horison quatre points qu'on nomme Collatéraux, qui sont l'Orient & l'Occident de l'Eté, l'Orient & l'Occident de l'Hyver ; & la distance de ces mêmes points du lever & coucher Equinoxial, marque les plus grandes amplitudes du Soleil, dont on vient de parler.

Ils déterminent les limites de la Zone torride & des tempérées.

Si l'irrégularité de l'obliquité de l'Ecliptique, dont on a parlé aux Remarques sur le Systême de Ptolomée, étoit véritable, comme quelques Auteurs, parmi lesquels se trouve Tycho-Brahé, semblent l'assurer, l'intervalle compris entre les Tropiques seroit tantôt plus grand, & d'autres fois plus petit ; & leur plus grande différence iroit jusqu'à 24. min. Car la plus grande obliquité de l'Ecliptique au tems de la naissance de Notre-Seigneur, comme le croyent ces mêmes Auteurs, étoit de 23. deg. 52. min. & celle qui a été observée par Copernic au commencement du siécle précédent, est de 23. deg. 28. min. d'où s'ensuit la différence de ces Observations de 24. min. laquelle donne toute la variation de l'obliquité de l'Ecliptique. Tycho-Brahé l'a observée de son tems de 23. deg. 31. min. & à présent elle est de 23. deg. 29. min.

SECTION II.

Des Cercles Polaires.

LEs Cercles polaires sont deux petits cercles paralleles à l'Equateur, décrits par les poles de l'Ecliptique à l'entour de ceux du Monde par la révolution du premier mouvement.

Ils sont nommés Cercles polaires à cause qu'ils ont les poles du Zodiaque en leur circonférence, & qu'ils sont voisins des poles du Monde.

L'un d'eux est appellé Cercle arctique, ou Cercle du Pole arctique, à cause qu'il est voisin de ce même pole ; & l'autre Cercle antarctique, ou Cercle polaire antarctique, à cause qu'il est proche du pole antarctique.

Ces deux Cercles sont éloignés de l'Equateur de 66. deg. 31. min. par conséquent leur complément 23. deg. 29. min. sera leur distance du pole voisin, laquelle, comme on a déja dit, est égale à l'obliquité de l'Ecliptique, ou à la plus grande déclinaison du Soleil.

Ils montrent le lieu des poles du Zodiaque à l'endroit où ils coupent le colure des Solstices.

Ils marquent la révolution que font les Poles du Zodiaque à l'entour des poles du Monde, laquelle est causée par celle de la Sphere qui fait le premier mouvement.

Ils déterminent tous les endroits de la Terre en égale distance des poles du Monde, & qui ont un jour astronomique, ou un jour de 24. heures pour le plus long jour d'Eté, & une nuit aussi de 24. heures pour la plus longue nuit d'Hyver. Si on éleve le pole arctique de la Sphere à la hauteur du complément de la plus grande déclinaison du Soleil, à sçavoir de 66. deg. 31. min. on verra que dans cette position de Sphere, le cercle polaire arctique passe par le Zenit, & l'antarctique par le Nadir, & que le Tropique du Cancer est tout-à-fait levé, & au contraire le Tropique du Capricorne tout-à-fait couché ; en sorte que ces deux cercles ne font que toucher l'Horison aux points où le Meridien le coupe ; ce qui fait qu'en cette position le plus long jour y est de 24. heures, & six mois après la plus longue nuit est aussi de 24. heures.

Ils servent de bornes aux Zones froides & tempérées, & renferment l'espace des Zones froides comprises entre ces Cercles & les poles du Monde. Les Zones froides sont ainsi nommées, à cause que le Soleil y envoyant trop obliquement ses rayons, elles n'en peuvent être échauffées que fort peu. Dans les Zones froides il y a plusieurs des paralleles que le Soleil décrit par son mouvement journalier, qui sont tous entiers au-dessus, & d'autres au-dessous de l'Horison ; & le Soleil parcourant les paralleles qui sont au-dessus de l'Horison, il y fait autant de révolutions diurnes, par conséquent autant de jours sans nuits, qu'il y en a entre l'Horison & le Tropique ; & lorsqu'il parcourt les autres paralleles qui sont au-dessous du même Horison, il y fait autant de révolutions nocturnes, & par conséquent autant de nuits sans jour,

jour, y ayant un même nombre de paralleles du Soleil au-dessous de l'Horison, qu'il y en a au-dessus. Mais il faut observer qu'à mesure qu'on ira vers le Pole, ce même Pole sera d'autant plus près du Zenit; de sorte qu'il y aura encore plus de paralleles du Soleil au-dessus & au-dessous de l'Horison; ce qui fait que le plus long jour & la plus longue nuit y sont de plusieurs mois de suite.

Ces deux cercles, avec les deux Tropiques, renferment les Zones que l'on nomme Tempérées, à cause que le Soleil y envoyant ses rayons plus obliquement que dans la Zone Torride, mais moins que dans les Zones froides, elles participent aux qualités de la torride & de la froide; ce qui rend leurs terres bien mieux disposées à la culture & à la nourriture des plantes & des fruits, que celle des Zones torrides & froides.

Ils marquent sur les deux Colures l'intervalle compris entre les Poles du Monde & les Poles de l'Ecliptique, lequel est égal à la plus grande déclinaison du Soleil, c'est-à-dire, de 23. degrés 29. minutes.

Les deux Tropiques & les deux Cercles polaires ensemble divisent le Ciel & la Terre en cinq Zones ou bandes, sçavoir la torride, qui est dans le milieu & comprise entre les deux Tropiques; les deux tempérées renfermées entre les Tropiques & les Cercles Polaires, & les deux froides, qui sont entre les Cercles Polaires & les Poles. L'Equateur fait le milieu de la Zone torride, & les Poles le milieu des Zones froides.

CHAPITRE X.

De quelques autres Cercles de la Sphere.

OUtre les principaux Cercles que l'on vient d'expliquer, & que les Astronomes ont jugé à propos de marquer préférablement en la Sphere artificielle, comme étant les plus considérables, il y en a plusieurs autres qui ne laissent pas d'être de grand usage, que l'on n'y met pas, pour éviter la confusion, & dont nous allons parler en ce Chapitre.

SECTION I.

Des Cercles de longitude des Astres.

CE sont plusieurs grands Cercles qui passent par les poles de l'Ecliptique, & qui par conséquent la coupent à angles droits. Ils déterminent sur l'Ecliptique les longitudes des Astres. Le premier de ces Cercles passe par le premier point d'♈, c'est-à-dire, par la section de l'Ecliptique & de l'Equinoxial, laquelle est le principe des longitudes tant des Planetes que des Etoiles fixes; c'est pourquoi les Etoiles qui sont sous ce premier Cercle n'en ont aucune. Il fait un angle de 23. degrés & demi avec le colure des Equinoxes, dont la mesure est marquée dans le colure des Solstices, laquelle donne aussi la distance des Poles de l'Ecliptique de ceux du Monde.

Ces Cercles se marquent d'Occident en Orient, de même que la longitude sur l'Ecliptique, & selon l'ordre des Signes ♈♉♊♋, & c'est pourquoi on les doit particulierement considerer comme des demi-Cercles qui marquent quelles Etoiles ou Astres ont une même longitude; car l'un de ces demi-Cercles marque la longitude des Astres dans un Hemisphere, & l'autre demi-Cercle, qui accomplit le cercle entier, détermine une longitude opposée dans l'autre Hemisphere.

C'est sur ces mêmes Cercles que l'on mesure les latitudes des Astres que l'on compte depuis l'Ecliptique jusqu'à l'un de ses Poles.

On en peut imaginer autant qu'il y a de degrés dans l'Ecliptique; on en a marqué six sur le Globe céleste qui passent par les divisions des douze Signes du Zodiaque, ou par les commencemens de chaque Signe, & qui divisent le Globe en douze parties faites comme des côtes de Melon; & il n'y a aucune Etoile, ni aucun point du Ciel qui n'y soit renfermé.

SECTION II.

Des Cercles de latitude des Astres.

CE sont plusieurs petits Cercles paralleles à l'Ecliptique, lesquels traversant ceux de longitude, les coupent à angles droits.

Ils déterminent toutes les Etoiles qui ont une même latitude, & qui sont également distantes de l'Ecliptique. On en peut concevoir autant qu'il y a de degrés depuis l'Ecliptique de part & d'autre jusqu'à ses Poles.

C'est sur ces mêmes cercles, de même que sur l'Ecliptique, que l'on mesure les longitudes des Astres, que l'on prend depuis le point où ces paralleles coupent le premier cercle de longitude, parce que ce point répond au premier point d'Aries, qui est le principe des longitudes, & que la circonférence de ces cercles est divisée, comme l'Ecliptique, en 360. degrés, & d'une maniere semblable par les cercles de longitude qui les coupent ; ce que l'on entendra facilement par l'aide du Globe céleste.

On peut donc voir par ce qu'on vient de dire, que les cercles de latitude servent à déterminer les latitudes, & à mesurer les longitudes, en la même maniere que les cercles de longitude servent à déterminer les longitudes & à mesurer les latitudes.

On peut aussi remarquer que le vrai lieu d'un Astre dans son orbite ou sa Sphere, est au point de concours des deux cercles de longitude & de latitude.

SECTION III.

Des Cercles d'ascension droite.

CEs Cercles passent par les Poles du Monde, & coupant l'Equateur à angles droits déterminent l'ascension droite des Astres. On en peut imaginer autant qu'il y a de degrés dans l'Ecliptique.

On les nomme Cercles d'ascension droite, parce que passant par les poles du Monde, ils servent d'horison en la Sphere droite, à laquelle les ascensions droites des Astres se rapportent.

Le premier de ces Cercles est le Colure des Equinoxes, où un Astre se trouvant n'a point d'ascension droite. L'ascension droite est un Arc de l'Equateur compris entre le colure des Equinoxes, qui coupe l'Ecliptique au premier point d'Aries, & un autre cercle d'ascension droite passant par le centre de l'Astre, ou par quelque point de l'Ecliptique.

On peut aussi dire que l'ascension droite d'un Astre, ou d'un degré d'écliptique, est l'Arc de l'Equateur qui se leve avec l'Astre, ou avec le point de l'Ecliptique, dans l'horison de la Sphere droite. Et comme les Meridiens coupant aussi l'Equateur à angles droits, & passant par les poles du Monde, peuvent être pris pour Horisons droits, il s'ensuit que si on les fait passer par chaque degré de l'Ecliptique, ils marqueront dans l'Equateur les points des ascensions droites de ces mêmes degrés de l'Ecliptique, c'est-à-dire, le degré de l'Equateur qui est dans le Meridien avec le degré de l'Ecliptique.

L'ascension droite du Soleil est l'Arc de l'Equateur compris entre le premier point d'Aries & le lieu du Soleil dans l'Ecliptique ; par exemple, l'ascension droite du Soleil étant au premier degré de ♉, est de 27. deg. 54. min. c'est-à-dire, qu'en la Sphere droite le 27. deg. 54. min. de l'Equateur monte sur l'Horison, & s'éleve avec le premier deg. de ♉.

SECTION IV.

Du Cercle d'ascension oblique, & de la différence ascensionelle.

ON a pû s'imaginer une infinité de Cercles d'ascension droite, à cause qu'ils passent tous par les mêmes Poles, qui sont ceux du Monde, & ainsi ils ont pû être pris pour des Meridiens; mais on ne peut concevoir plus d'un cercle d'ascension oblique pour chaque élévation de Pole, puisqu'il n'est autre chose que l'Horison de la Sphere oblique, lequel ne passant pas par les Poles du Monde, & étant déterminé au regard d'une élévation de Pole particuliere, ne peut être que seul; les ascensions & descensions des Astres ou des degrés de l'Ecliptique qui s'y font, sont nommées obliques, à cause qu'elles sont faites en la Sphere oblique, de même que les ascensions droites sont ainsi appellées, à cause qu'elles se font en la Sphere droite ou dans ces cercles qui sont Horisons de la Sphere droite; c'est pourquoi l'Horison dans la Sphere oblique peut être nommé Cercle d'ascension oblique.

L'ascension oblique d'un Astre ou d'un degré de l'Ecliptique est donc l'arc de l'Equateur compris entre le colure des équinoxes, & l'Horison Oriental où se trouve l'Astre ou le degré de l'Ecliptique; ou bien c'est le degré de l'Equateur qui se leve avec l'Astre, ou avec le degré de l'Ecliptique, l'un & l'autre étant dans l'Horison Oriental. Il en est de même de la descension oblique, si on rapporte l'Astre ou le degré de l'Ecliptique à l'Horison Occidental.

L'ascension oblique du Soleil, quand il est, par exemple, au premier degré de ♉, est de 14. deg. 24. min. sur l'Horison de Paris, c'est-à-dire, que tous les 30. degrés du Signe d'♈ montant sur l'Horison de Paris, l'arc de l'Equateur qui monte en même tems sur ledit Horison, n'est que de 14. deg. 24. min. & ledit 14. deg. 24. min. de l'Equateur se leve avec le Soleil quand il est au premier degré de ♉, ce qui provient de l'obliquité de l'Ecliptique avec l'Horison; c'est pourquoi plus le Pole est élevé sur l'Horison, plus petit est l'arc de l'Equateur qui se leve, par exemple, avec le Signe d'♈.

Les parties égales de l'Ecliptique ne se levent & ne se couchent pas en des tems égaux, comme sont les parties égales de l'Equateur, dont le mouvement est régulier & uniforme, faisant en tems égaux des arcs égaux de son cercle.

La différence des ascensions droites & obliques, est appellée différence ascensionelle, qui ne se rencontre que dans la Sphere oblique; ainsi, par exemple, de 27. deg. 54. min. que nous avons dit être l'ascension droite du premier degré de ♉, ôtant 14. deg. 24. min. qui est l'ascension oblique du même degré sur l'Horison de Paris, le reste 13. degrés 30. minutes en est la différence ascensionelle.

Si on réduit en heures & minutes d'heure les degrés & minutes de la différence ascensionelle, on connoît de combien les jours de l'année, ausquels elle répond, different du jour de l'Equinoxe; car ajoûtant le double du tems de cette différence ascensionelle aux 12. heures du jour de l'Equinoxe, on a la durée des longs jours, le Soleil parcourant la moitié de l'Ecliptique qui est du côté du Pole apparent; & si on ôte ce même tems de 12. heures, on aura la longueur des petits jours, qui arrivent quand le Soleil parcourt la moitié de l'Ecliptique, qui est du côté du Pole invisible. Ainsi le double de 13. deg. 30. min. est 27. deg. lesquels réduits en tems, à raison de 4. minutes d'heure pour chaque degré, on aura une heure & 48. min. ce qui fait connoître que le 20. d'Avril, le Soleil étant au premier degré de ♉, le jour est de 13. heures 48. min. sur l'Horison de Paris, & ainsi des autres; ensuite dequoi on connoît facilement l'heure du lever & du coucher du Soleil.

Dans les Signes Septentrionaux les ascensions droites des degrés de l'Ecliptique sont plus grandes que leurs ascensions obliques; mais au contraire aux Signes Meridionaux les ascensions droites des degrés de la même Ecliptique, sont plus petites que leurs ascensions obliques.

SECTION V.

Des cercles de déclinaison.

LEs Cercles de déclinaison sont de petits cercles paralleles à l'Equateur, lesquels sont compris entre l'Equateur & les Poles.

Ces Cercles coupant ceux des ascensions droites, ou des Meridiens à angles droits, déterminent sur les mêmes la quantité de la déclinaison des Astres, ou des degrés de l'Ecliptique; & cette déclinaison est un arc du Meridien, compris depuis l'Equateur jusqu'au lieu de l'Astre posé dans le même cercle. On peut en imaginer autant que l'on voudra.

Les Astres qui sont dans l'Equateur n'ont aucune déclinaison;

elle augmente ou diminue à mesure qu'ils s'approchent ou s'éloignent de l'Equateur par leur mouvement propre. La plus grande du Soleil est lorsqu'il est parvenu aux Tropiques du Cancer & du Capricorne.

Pour les Etoiles fixes, qui conservent toûjours la même latitude dans leur mouvement particulier, elles ont leur plus grande déclinaison quand elles parviennent au colure des Solstices. Il en est de même des Planetes.

L'augmentation & diminution de la déclinaison du Soleil est une des causes des inégalités des jours & des nuits dans la Sphere oblique : car selon qu'il s'éloigne de l'Equateur, il s'approche ou recule du Zenit, ce qui rend les saisons de l'année inégales & dissemblables.

Les différences des déclinaisons des Signes & de chaque degré de l'Ecliptique ne sont pas égales entr'elles, comme le sont les Signes & les degrés, & ces différences sont bien plus grandes vers l'Equateur que vers les Tropiques ; car la différence de déclinaison qui est entre le premier point d'Aries & le premier de Taurus, qui comprend tout le Signe d'♈, est de 11. deg. 30. min. celle qui est entre le premier point de ♉ & celui de ♊, qui fait le Signe entier de ♉, est de 8. deg. 42. min. & celle qui est entre le commencement de ♊ & celui de ♋, qui renferme tout le Signe de ♊, n'est que de 3. deg. 18. min.

Les points de l'Ecliptique, également distans des Solstices & des Equinoxes, ont leur déclinaison égale.

Le point de rencontre des deux cercles de déclinaison, & de l'ascension droite, marque le vrai lieu de l'Astre dans le Ciel, par raport à l'Equateur.

Si on met le Pole au Zenit, les deux colures représenteront deux principaux cercles d'ascension droite, & les deux Tropiques avec les deux cercles polaires, quatre cercles de déclinaison.

La fig. ci-après de la Planche 6. fait voir comment on imagine les cercles de longitude, de latitude, d'ascension & de déclinaison des Astres; il est constant qu'il y a deux déclinaisons, l'une Septentrionale, & l'autre Meridionale, selon que l'Astre est au Septentrion ou au Midi de l'Equateur.

Dans cette figure, A B étant l'Equateur, C le Pole Septentrional du Monde, D le Meridional, C A D B le Colure des Solstices, & C E D le Colure des Equinoxes; les Colures & les cercles CED, CGD, CHD, CID, seront les cercles de déclinaison, & la déclinaison de l'Etoile K sera l'arc HK, comme la déclinaiſon auſtrale de l'Etoile L ſera I L, & de même la déclinaiſon des Points des Solſtices M & N ſera B M du côté du Septentrion, & A N du côté du Midi. Il faut remarquer que l'aſcenſion droite ſe joint avec la déclinaiſon; car on appelle Aſcenſion droite l'arc de l'Equateur qui eſt entre le commencement d'♈, juſqu'au point où le cercle de la déclinaiſon coupe l'Equateur, parce que ce point ſe leve ou monte, ſoit avec le point du Ciel deſigné, ou avec l'aſtre dans l'Horiſon droit. Ainſi l'aſcenſion droite de l'Etoile K ſera l'arc de l'Equateur E H, celle de l'Etoile L, l'arc E I, celle du commencement d'♋ M l'arc EB, à ſçavoir un quart de cercle ou 90. deg. celle du commencement de ♑ N l'arc E B avec tout le reſte de l'Hemiſphere juſqu'à A, ſçavoir trois parties du cercle, ou 270. degrés.

On dit aſcenſion droite, parce que lorſque l'Horiſon eſt oblique, l'aſcenſion eſt auſſi oblique, & ce même point de l'Equateur ne ſe leve plus avec l'Aſtre deſigné, mais avec quelqu'autre point devant ou après; de-là vient que l'arc de l'Equateur qui eſt entre ces deux points, eſt appellée différence aſcenſionelle.

Par exemple, la différence aſcenſionelle des commencemens de ♋ & du ♑, eſt de 30. deg. & parce que le commencement de ♋ ſe leve devant, & celui du ♑ après le point de l'aſcenſion droite, il arrive que l'aſcenſion oblique du commencement de ♋ eſt à Paris de 60. deg. & celle du ♑ de 300. ce qui ſe doit entendre à proportion dans les Etoiles.

Les cercles de latitude étant ceux qui étant tirés par les Poles du Zodiaque ou de l'Ecliptique, coupent l'Ecliptique à angles droits, il eſt évident que la latitude n'eſt autre choſe que l'arc de chacun de ces cercles qui eſt entre l'Ecliptique & l'Aſtre, ou un autre point du Ciel deſigné. Il y a auſſi une latitude Septentrionale & une Meridionale, ſelon que l'Aſtre eſt au Septentrion ou au Midi de l'Ecliptique.

Ainſi dans cette même figure, ſuppoſé que N M ſoit l'Ecliptique, O le Pole Septentrional de l'Ecliptique, P le Pole Meridional, O N P M le Colure des Solſtices; ce Colure & les Cercles ponctués OQP, ORP, OSP, OTP, OVP, ſeront des cercles de latitude; & la latitude Septentrionale de l'Etoile K ſera l'arc VK, comme la latitude Meridionale de l'Etoile L l'arc TL. La longitude ſe joint pareillement ici avec la latitude; car on appelle longitude cette eſpace de l'Ecliptique qui eſt entre le point d'♈ juſqu'au point où le cercle de latitude coupe l'Ecliptique. Ainſi la longitude de l'Etoile K ſera l'arc de l'Ecliptique SV, celle de l'Etoile L l'arc ST, & de même la longitude du Soleil lorſqu'il eſt au premier de ♋, eſt l'arc SM, à ſçavoir un quart de cercle, comme lorſqu'il eſt au premier du ♑, le même arc avec tout le reſte de l'Hemiſphere juſqu'à N ſera ſa longitude, ſçavoir trois parties de cercle ou 270. deg.

Il eſt évident qu'un Signe qui eſt dans l'Equateur n'a aucune déclinaiſon, ni celui qui eſt dans l'Ecliptique aucune latitude; & de plus que ni la déclinaiſon, ni la latitude ne peuvent point excéder 90. deg. parce que l'une & l'autre ſont terminées de part & d'autre aux Poles oppoſés; au lieu que l'aſcenſion droite & la longitude vont juſqu'à 360. deg. ſelon toute la ſuite de l'Equateur & de l'Ecliptique, en commençant du premier d'♈ & retournant au même point.

SECTION VI.

Des Azimuts, où l'on explique la parallaxe & la refraction des Aſtres.

LEs Azimuts, autrement nommés Verticaux, ſont de grands Cercles qui paſſent par les Poles de l'Horiſon, c'eſt-à-dire par le Zenit & le Nadir du lieu, & coupent l'Horiſon à angles droits. On peut en imaginer tant que l'on voudra, à moins que l'on ne veuille ſe borner à 360. en les faiſant paſſer par tous les degrés de l'Horiſon.

Au regard de l'Hemiſphere ſuperieur, on les peut prendre pour des quarts de cercle qui ſe rencontrent aux Poles de l'Horiſon, & y déterminent l'Azimut des Aſtres, lequel eſt un arc du même Horiſon, compris entre le premier de tous les Azimuts, & celui auquel ſe trouve l'Aſtre.

Le premier Azimut eſt celui qui paſſe par le point où l'Equateur coupe l'Horiſon oriental, qui eſt un des Poles du Meridien; ce qui fait qu'il le coupe à angles droits.

On meſure ſur ces mêmes cercles la hauteur & l'abaiſſement des Aſtres depuis l'Horiſon où elle eſt nulle; & cette même hauteur eſt l'arc de l'Azimut, compris entre l'Horiſon & l'Aſtre, & ſon complément eſt la diſtance de l'Aſtre au Zenit.

Le Meridien eſt auſſi du nombre des Azimuts, puiſqu'il paſſe par le Zenit; ainſi le premier vertical & le Meridien, les prenant pour deux demi-cercles ſuperieurs, étant ſur l'Hemiſphere viſible, ſeront les deux principaux Azimuts qui le diviſeront en quatre parties par raport aux quatre points cardinaux.

C'eſt ſur les Azimuts que les Aſtronomes conſiderent la paral-

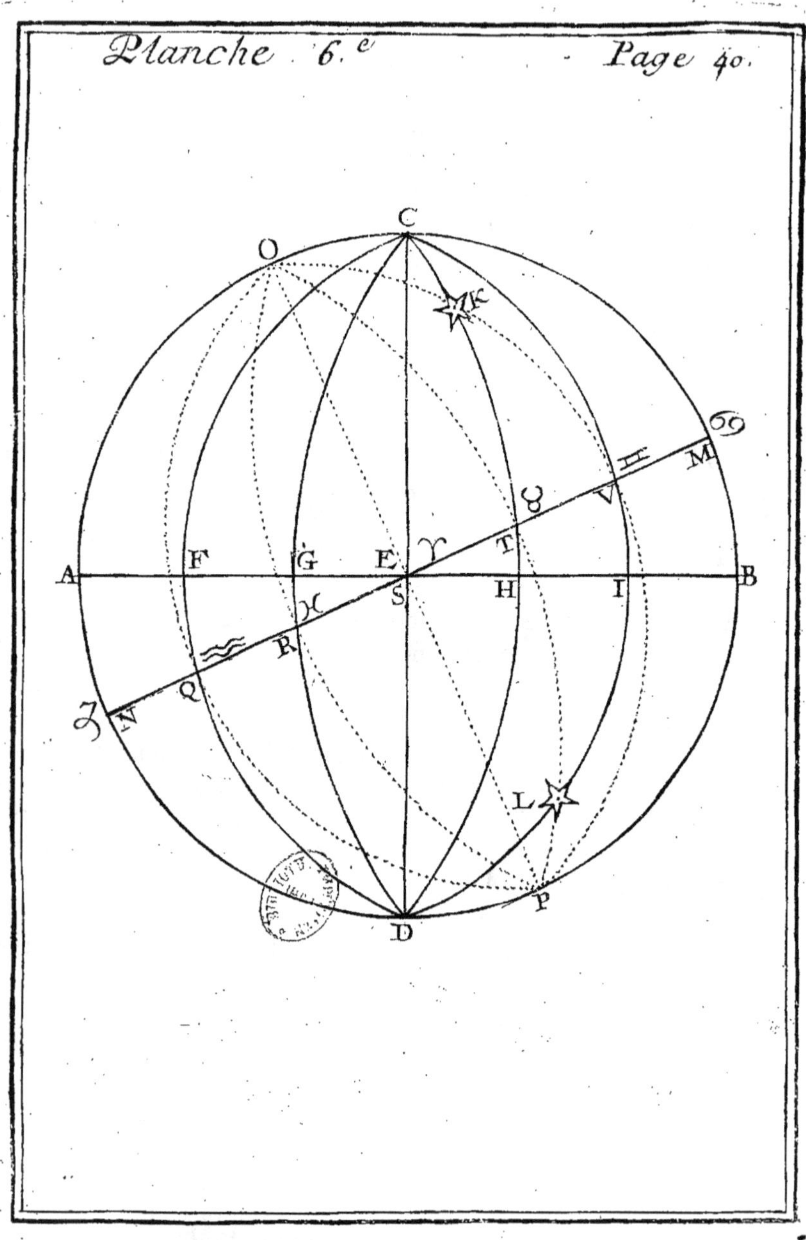
Planche 6.e
Page 40.
C
O
K
M
T
V
A
F
G
E
S
H
I
B
R
Q
N
L
P
D

laxe de hauteur, & la refraction. La parallaxe eſt un arc du vertical, qui marque la différence des hauteurs d'un Aſtre vû de deux endroits, à ſçavoir du centre de la Terre & de ſa ſuperficie. Cette parallaxe fait paroître les Aſtres plus bas qu'ils ne ſont véritablement, comme on l'a déja fait comprendre au diſcours de l'Horiſon ; mais la refraction fait un effet tout contraire, car elle fait paroître les Aſtres plus hauts qu'ils ne ſont effectivement ; elle eſt meſurée par un arc du vertical, qui montre la différence dont la hauteur apparente d'un Aſtre que l'on obſerve ſur la ſuperficie de la Terre avec les inſtrumens Aſtronomiques, eſt plus grande que celle que l'on trouveroit ſans cette même refraction. Ces deux ſujets méritent bien qu'on les explique un peu plus en détail. C'eſt ce que je vais faire en commençant par la parallaxe.

De la Parallaxe.

LA Parallaxe, ou diverſité d'aſpect des Aſtres, vient de ce qu'on les voit en deux endroits différens du Firmament, quand on les conſidere de deux lieux différens, ſçavoir du centre de la Terre, & d'un point de ſa ſurface. Comme dans la *planche 7. fig. 1*, ſi B repréſente le centre de la Terre, A un point de ſa ſurface, duquel Z eſt le Zenit, DFZ un Azimut ou cercle vertical ſur lequel on compte la hauteur des Aſtres, comme SM ou SN, depuis l'Horiſon rationel, SMN eſt le cercle ou orbite de quelque Aſtre, comme du Soleil. On voit qu'étant dans l'Horiſon au point S, les lignes AS, BS, qui paſſent par le centre du Soleil étant prolongées, vont rencontrer la ſuperficie concave du Firmament aux points E & D, dont le premier marque le lieu du Soleil S, vû du point A de la ſurface de la Terre par le rayon viſuel ASE ; & l'autre D montre ſon lieu quand il eſt regardé du centre de la Terre B par le rayon viſuel BSD ; de ſorte que l'arc ED du vertical DZF, meſure la diverſité d'aſpect du Soleil conſidéré de deux lieux différens A & B : ce même arc eſt nommé la parallaxe horiſontale du Soleil, à cauſe qu'on le ſuppoſe dans l'Horiſon ; elle eſt au plus de dix ſecondes. Si le Soleil eſt élevé au-deſſus de l'Horiſon, comme en M, ou en N, les arcs du vertical FG, HI, ſeront la meſure de ſa parallaxe. Ces arcs ne ſont pas égaux ; car l'arc ED, qui eſt la parallaxe horiſontale, eſt le plus grand de tous ; & à meſure que le Soleil s'éleve ſur l'Horiſon, comme en M & en N, cette parallaxe diminuë, l'arc FG eſt plus petit que l'arc DE, & plus grand que l'arc HI. Si le Soleil eſt encore plus vers le Zenit Z, la parallaxe ſera encore plus petite ; & enfin elle ſe réduira à rien, ſi le Soleil parvient juſqu'au Zenit. Pour avoir une raiſon ſenſible de cette inégalité, l'on n'a qu'à conſidérer par l'aſpect de la même figure, qu'à proportion que le Soleil a plus ou moins de hauteur ſur l'Horiſon, les lignes tirées du centre de la Terre B, & du point A de ſa ſuperficie par le centre du Soleil, s'approchent plus ou moins l'une de l'autre ; ce qui fait que ces lignes étant prolongées au-delà du centre du Soleil, font un arc plus ou moins grand dans le Firmament, il en eſt de même de la parallaxe des autres Aſtres, celle du Soleil ayant ſervi d'exemple.

La parallaxe de la Lune eſt bien plus grande que celle du Soleil, comme on le peut voir dans la même figure, où SMN eſt l'orbite du Soleil, & OLP l'orbite de la Lune ; & les ſuppoſant tous deux dans l'Horiſon ſenſible, le Soleil au point R, & la Lune au point L, ils ſeront vûs tous deux de la ſuperficie de la Terre au même point C dans le Firmament. Mais du centre de la Terre le Soleil ſeroit vû en K, & la Lune en T, de ſorte que la parallaxe du Soleil ſera l'arc CK, qui ſera plus petit que l'arc CT, qui eſt la parallaxe de la Lune ; ainſi quoique le lieu apparent de ces deux Planetes ſoit le même en C, leurs vrais lieux ſeront néanmoins différens, celui de la Lune étant en T, & celui du Soleil plus bas en K ; & cela fait voir que quoique ces deux luminaires ſoient conjoints en apparence, ils ne le ſont pas véritablement, puiſque pour l'être de cette derniere maniere, il faudroit qu'ils fuſſent vûs conjoints du centre de la Terre. Ce qui vient d'être dit, ſervira beaucoup à l'explication des Eclipſes, dont on traitera en leur lieu.

Lorſque la Lune eſt dans l'Horiſon rationel, elle a ſa plus grande parallaxe, laquelle a été obſervée de 60. minutes, ou d'un degré.

Les Etoiles fixes n'ayant aucune parallaxe, étant très-éloignées de la Terre, comme il a été dit au Chap. de l'Horiſon, & la Lune au contraire en étant la plus proche, & ayant par conſéquent la plus grande parallaxe, il s'enſuit que les Planetes qui ſont placées dans le ſyſtême du Monde entre la Lune & les Etoiles fixes, en auront moins que la Lune, & plus que les Etoiles.

On voit par cette figure, & par ce qui vient d'être expliqué, que la parallaxe abaiſſe les Aſtres, eu égard à la ſurface de la Terre, d'où on les obſerve, puiſque les points EFH, qui ſont les lieux apparens du Soleil vû du point A de la ſurface de la Terre, ſont plus bas que les points DGI, qui en marquent les vrais lieux vûs du centre de la Terre B.

De la Refraction.

POur entendre ce que c'eſt que Refraction, il faut ſçavoir qu'entre les corps tranſparens, & qui peuvent donner paſſage à la lumiere, il y en a de plus épais les uns que les autres. L'eau, par exemple, eſt plus épaiſſe que l'air, & l'air encore plus que le Ciel.

L'expérience nous apprend que les rayons de lumiere tombant perpendiculairement, traverſent en ligne droite tous les différens milieux tranſparens ſans ſe détourner; mais que les rayons qui paſſent obliquement de l'air ſur la ſurface de l'eau, ou de tout autre corps tranſparent plus épais que l'air, ſe détournent en s'approchant de la perpendiculaire; & au contraire, que ceux qui ayant traverſé l'eau, viennent à rencontrer obliquement la ſurface de l'air, ſe détournent & ſe rompent en s'éloignant de la perpendiculaire.

C'eſt ce détour que l'on appelle Refraction, laquelle, comme nous venons de dire, eſt de deux ſortes.

Ceci s'entendra facilement par la *fig.* 2. *planche* 7. où la ligne DC repréſente un rayon de lumiere, qui ayant traverſé l'eſpace DAC, que je ſuppoſe de l'air, rencontre obliquement au point C la ſurface d'un autre corps plus épais, comme CBE, que je ſuppoſe de l'eau; ce rayon DC ne traverſera pas ce corps par la ligne droite CE, mais il ſe détournera vers F, en s'approchant de la perpendiculaire ACB, tirée du point de rencontre C, du rayon de lumiere DC.

Que ſi nous ſuppoſons un rayon de lumiere FC, ſortant de l'eau, & entrant obliquement dans l'air, au lieu de continuer ſa route en ligne droite vers G, il ſe détournera vers D, en s'éloignant de la perpendiculaire ACB.

Ainſi le rayon DC, qui étoit le rayon direct dans le premier cas de la Refraction, devient le rayon rompu dans le ſecond; & FC, qui dans le premier cas étoit le rayon rompu, devient le rayon direct dans le ſecond; ce qui fait que les angles FCE, GCD ſont égaux entr'eux dans l'un & l'autre cas.

Or c'eſt ce détour CF du rayon de lumiere DC de ſon droit chemin CE, qui ſe nomme Refraction, laquelle eſt meſurée par l'angle FCE, qui pour cet effet eſt nommé Angle de refraction, lequel eſt plus ou moins grand à proportion que les rayons tombent plus ou moins obliquement ſur la ſurface du milieu tranſparent, ou que l'angle ADC, que l'on nomme l'angle d'inclinaiſon du rayon DC, ſera plus ou moins grand. Et puiſque le rayon DC ſe détourne en F, il s'enſuit que ſi l'œil étoit en F, il verroit un objet qui ſeroit en D par le rayon rompu FC, continué en G, de ſorte qu'il verroit ce même objet au point G, & plus haut que D; au contraire, ſi l'œil étoit au point D, & l'objet en F, cet objet lui paroîtroit en E, puiſqu'il ſeroit vû par la ligne viſuelle DCE; ce que l'on peut facilement expérimenter, en mettant une piece de monnoie, ou autre choſe, dans un vaiſſeau plein d'eau, comme en F: car on ne la verra plus par le rayon direct FCG, l'œil étant en G; mais par le rayon rompu DC, l'œil étant en D, lequel verra ce même objet au point E, par la continuation du rayon rompu DC au même point E; & c'eſt la raiſon par laquelle un bâton, dont une partie eſt plongée dans l'eau, paroît rompu: la vûe & l'oüie raportent leurs ſenſations à la ligne droite.

La matiere céleſte étant donc plus déliée & plus ſubtile que celle de l'air ou de l'Atmoſphere céleſte, qui eſt la région des vapeurs, il s'enſuit que les rayons du Soleil ſe rompent & ſouffrent de la refraction en paſſant par l'air, qui eſt plus épais que le Ciel. De-là vient que le Soleil paroît plus élevé qu'il n'eſt en effet; car qu'un rayon de lumiere, comme VFD, *fig.* 2. vienne à rencontrer la ſuperficie extérieure de l'Atmoſphere au point D, ce même rayon, au lieu d'aller droit en H, ſe détourne en ſorte qu'il va droit à l'œil A, poſé ſur la ſuperficie convexe de la Terre; de ſorte que DA eſt le rayon rompu du Soleil qui s'eſt approché de RDB, qui traverſe perpendiculairement les deux milieux, ſans ſouffrir de refraction; & l'angle ADH eſt l'angle de refraction, qui eſt ce qu'on appelle la refraction du Soleil, laquelle eſt meſurée par l'arc SB, faiſant partie du cercle vertical OG, décrit du point A, centre de l'Horiſon ſenſible AG, duquel on obſerve les hauteurs apparentes des Aſtres. Ainſi l'arc GS, ou GF, (on peut prendre l'un ou l'autre; car la différence SF de ces deux arcs eſt comptée pour rien dans l'immenſe étenduë du Ciel, les lignes AS & HF étant ſuppoſées paralleles;) ſeroit la hauteur apparente du Soleil, ou d'un autre Aſtre, s'il n'y avoit point de refraction; mais l'arc GB eſt la hauteur apparente augmentée par la refraction SB. Le Soleil paroît donc en B, à l'œil qui eſt en A, par le rayon rompu AD, prolongé droit en B, & plus haut que F ou S, point qui termine la hauteur apparente qui ſeroit obſervée par les inſtrumens, ſans aucune refraction, ſi l'air n'étoit pas plus épais que la matiere céleſte.

On peut voir par ce qu'on a expliqué, que les refractions ho-

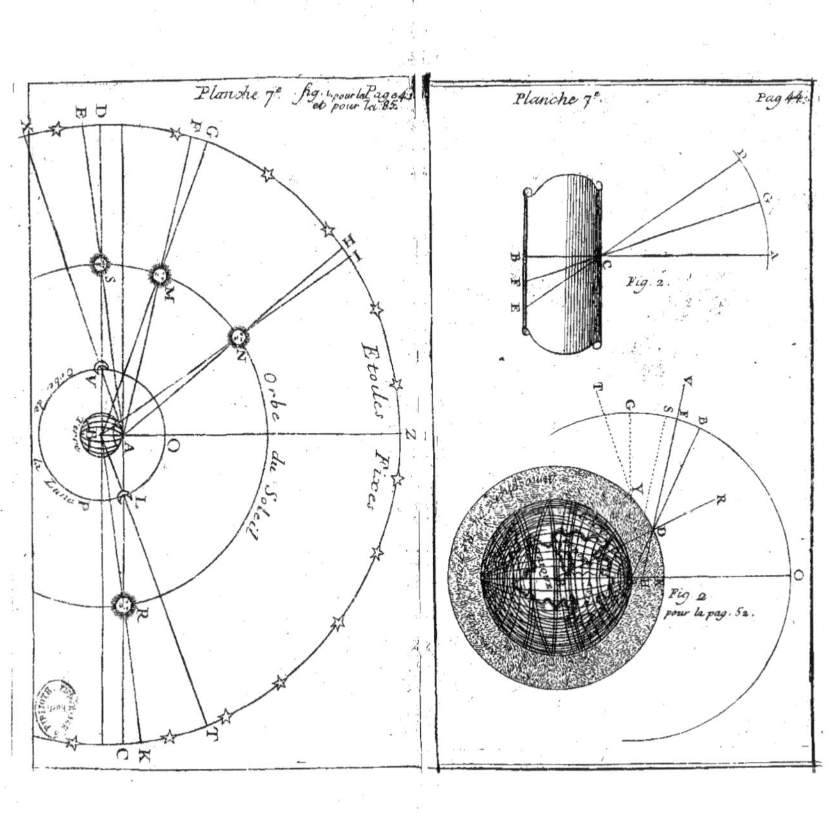
Planche 7e fig. 1 pour la Page 41 et pour la 85
Etoiles Fixes
Orbe du Soleil
Orbe de la Lune
Terre
Planche 7e
Pag 44
Fig. 2
Fig 2
pour la pag. 52

risontales sont les plus grandes, & qu'elles se réduisent à rien quand les Astres viennent au Zenit. La refraction horisontale du Soleil est de 32'. 20''. & sa parallaxe horisontale de 10''. suivant les Observations de M. Cassini.

SECTION VII.

Des Almucantarats.

CE sont des petits cercles paralleles à l'Horison, lesquels traversant les Azimuts, les coupent à angles droits.

On les nomme Almucantarats en Arabe, ce qui veut dire cercle de hauteur, à cause qu'en traversant les Azimuts ils déterminent sur eux les hauteurs des Astres, comme aussi leur distance du Zenit, & tous ceux qui peuvent avoir une égale hauteur sur l'Horison.

On peut aussi compter sur les mêmes cercles les Azimuts des Astres en la même maniere que l'on fait les longitudes des Etoiles sur les cercles de latitude, ou leurs ascensions droites sur les cercles de déclinaison; ce qui fait que ces cercles déterminent les hauteurs des Astres, & mesurent les Azimuts, de même que les Azimuts ou verticaux déterminent leurs Azimuts, & mesurent leurs hauteurs.

Si on éleve le Pole de la Sphere au Zenit, les Tropiques & les cercles polaires représenteront quatre de ces Almucantarats, deux au-dessus, & deux au-dessous de l'Horison. Dans les Astrolabes, qui sont des Planispheres particuliers faits pour différentes hauteurs du Pole, on marque les Azimuts de deux en deux degrés sur l'Horison, & les Almucantarats aussi de deux en deux degrés sur les cercles verticaux. Aux Spheres & aux Globes on peut joindre un Azimut, qui sert pour l'un & l'autre, avec lequel on fait plusieurs opérations dans l'usage de ces instrumens Astronomiques, comme nous dirons dans le troisiéme Livre en parlant des Usages.

SECTION VIII.

Des Cercles Horaires.

LES cercles des heures sont douze grands cercles qui passent par les Poles du Monde, comme les Meridiens, & divisent tout le Globe ou la Sphere en 24. parties égales, qui sont les 24. heures du jour civil ou astronomique.

Ces cercles se coupant l'un l'autre aux Poles du Monde, font des angles de quinze degrés chacun, lesquels se mesurent sur l'Equateur par l'intervalle compris entre deux de ces cercles.

Il faut concevoir ces douze grands cercles immobiles comme le Meridien qui en est un, puisqu'il marque douze heures à midi & à minuit, & considérer que chaque cercle horaire comprend deux demi-cercles qui marquent la même heure, mais differemment; car si le demi-cercle horaire supérieur marque 11. heures du matin, le demi-cercle inférieur marquera 11. heures du soir; ou si le supérieur marque 4. heures après midi, l'inférieur marquera 4. heures après minuit, & ainsi des autres.

Le Soleil dans sa révolution journaliere parcourt dans chaque heure du jour 15. deg. de l'Equateur, & en 24. heures 360. deg. qui font le cercle entier, & qui accomplissent le jour astronomique. Il passe deux fois le jour par ces mêmes cercles, & les 24. heures sont distinguées de telle sorte, qu'il y en a 12. comptées depuis minuit jusqu'à midi, qui donnent les heures du matin, & 12. comptées depuis midi jusqu'à minuit, qui indiquent les heures du soir.

Outre ces douze cercles horaires, il en faut encore imaginer une infinité d'autres, pour déterminer les fractions ou parties des heures, comme les demi-heures, les quarts, les minutes, les secondes, les tierces, &c.

Ces cercles sont propres à ceux qui commencent à compter les heures au Meridien; comme les Astronomes, les François, & presque toutes les nations de l'Europe. Les Astronomes en commencent le compte à midi, & les autres à minuit.

Les Babyloniens & les Italiens commencent à compter les heures de l'Horison; les premiers à l'Orient, ou au lever du Soleil, & les derniers à l'Occident, ou à son coucher.

Pour avoir l'intelligence de ces sortes d'heures, & des cercles qui les déterminent, il faut concevoir deux cercles paralleles à l'Equateur, qui touchent l'Horison sans le couper, & qui sont les plus grands de tous ceux qui paroissent & de ceux qui sont toûjours cachés, desquels on a parlé au discours de l'Horison, & imaginer que ces mêmes cercles sont divisés en 24. parties égales, la division commençant du Meridien, qui est le point où le parallele touche l'Horison, & qu'on fait passer par chaque point de cette division & chaque point de celle de l'Equateur, faite par les cercles horaires précédens d'autres grands cercles, du nombre desquels est l'Horison, dont la partie orientale est pour la 24e heure Babylonique, & la partie occidentale pour la 24e heure

Italique. Or ces derniers cercles déterminent les heures Babyloniques & Italiques, telles qu'on les voit décrites en quelques Cadrans avec les Astronomiques dont on a parlé ci-devant.

Pour se représenter sur la Sphere les cercles des heures Italiques & Babyloniques, disposez la Sphere selon la latitude du lieu, & mettez le degré de l'Ecliptique où se trouve pour lors le Soleil sur le bord oriental de l'Horison; entourez les cercles mobiles de la Sphere d'un fil qui puisse représenter un cercle parallele & concentrique à l'Horison; mettez l'index du cercle horaire sur le point de 12. heures; tournez ensuite la Sphere d'Orient par le Midi vers l'Occident (pour vousr epréſenter le mouvement diurne du Soleil) jusqu'à-ce que l'index marque une heure, la situation du fil mis autour de la Sphere représentera au-dessus de l'Horison le demi-cercle de la premiere heure Babylonique, & la partie du même fil qui est sous l'Horison représentera le demi-cercle de la premiere heure Italique. En continuant de la même maniere le mouvement de la Sphere, de sorte que l'index du cercle horaire marque successivement les autres heures, on verra la position de tous ces cercles.

Pour les peuples qui habitent la Sphere droite, ces cercles sont les mêmes que ceux des heures astronomiques, parce que les deux Poles du Monde touchant leur Horison, tous ces cercles s'y entrecoupent.

Ceux qui habitent entre les Poles & les cercles polaires, ne peuvent faire aucune distinction de ces sortes d'heures, puisque le Soleil y fait plusieurs révolutions diurnes consécutives sur leur Horison sans se coucher.

Les cercles horaires astronomiques divisent les 360. deg. de l'Equateur en 24. parties égales, dont chacune est de 15. deg. Ces 15. deg. font une heure égale, & la 24e. partie du jour civil ou astronomique. L'heure est divisée en 60. minutes, chaque minute en 60. secondes, &c.

De sorte qu'un degré vaut quatre minutes d'heure, une minute de degré quatre secondes d'heure, &c. mais 15. minutes d'un degré répondent à une minute d'heure, & 15. secondes d'un degré à une seconde d'heure, &c.

La division du jour en 24. heures n'a pas été de tout tems; car anciennement on le divisoit en quatre parties ou vigiles, dont la premiere étoit, selon les Juifs, depuis le coucher du Soleil jusqu'à minuit; la seconde depuis minuit jusqu'au lever du Soleil; la troisiéme depuis le lever du Soleil jusqu'à midi; & la quatriéme depuis midi jusqu'à son coucher: les deux veilles du jour depuis le lever du Soleil jusqu'à son coucher, étoient divisées en 12. heures, & celles de la nuit pareillement en 12. autres heures. Ces heures n'étoient égales entr'elles, comme les nôtres, qu'au tems des Equinoxes; mais dans le reste du cours de l'année elles étoient inégales, tantôt plus longues, & tantôt plus courtes, à proportion que leurs jours croissoient ou décroissoient.

Dans le nouveau Testament, au tems des Equinoxes, la troisiéme heure du jour chez les Juifs se rapportoit à nos neuf heures du matin, leur sixiéme heure à notre midi, & leur neuviéme heure à nos trois heures après midi. Ce qu'il est bon de remarquer, pour entendre ce que disent les Evangelistes, en parlant de la Passion de Jesus-Christ, qu'il fut mis en Croix à la sixiéme heure, & qu'il y mourut à la neuviéme.

Cette maniere de compter les heures a donné lieu à l'Eglise de les compter de même, pour marquer le tems de la récitation de son Office, qu'elle a distribué aux divers tems de Prime, Tierce, Sexte, None, Vêpres, & autres semblables, pour accomplir les Offices du jour & de la nuit.

SECTION IX.

Des Cercles diurnes, ou des Jours, & des causes de leurs variétés.

CE sont des cercles paralleles à l'Equateur, passans par chaque degré de l'Ecliptique, que le Soleil parcourt à peu près en un jour par son mouvement particulier.

Ils ne sont pas à la rigueur exactement paralleles à l'Equateur; parce que le Soleil ne demeurant pas toûjours dans un même degré de l'Ecliptique, vû qu'il en fait un par jour à peu près, soit en approchant, soit en reculant du Zenit, cela est cause qu'il fait son mouvement journalier en maniere de ligne spirale, ou bien en vis de limaçon. Ainsi le Soleil avançant tous les jours d'un degré par son mouvement propre, il faut que le cercle diurne, qui part d'un degré de l'Ecliptique où se trouve aujourd'hui le Soleil, aille un peu obliquement pour en rejoindre un autre auquel il doit venir le lendemain par sa révolution journaliere; d'où s'ensuit que ce cercle sera en forme de Spire. Ainsi en est-il de tous les autres, passans par tous les degrés de l'Ecliptique. Il faut donc entendre que comme l'Ecliptique contient 360. deg. il y aura 180. de ces sortes de Spires, chacune passant par deux degrés à peu près d'une même distance des Equinoxes & des Solstices, que l'on appelle, quoiqu'improprement, Cercles des jours civils.

Quand

Quand le Soleil est dans les six signes descendans, la Spire est disposée de maniere que la plus grande hauteur du Soleil est à l'Orient du Méridien ; au contraire quand il est dans les six Signes ascendans, la Spire qu'il décrit est disposée de sorte que la plus grande hauteur est vers l'Occident : ainsi la plus grande hauteur du Soleil n'est pas toûjours précisément à midi ; car dans le premier cas elle est un peu avant midi, & dans le second cas elle est après midi ; mais la différence est si petite, qu'il n'y a que les Astronomes qui s'en puissent appercevoir. Au tems des Solstices les Spires étant comme paralleles à l'Equateur, à cause que la variation de la déclinaison du Soleil est insensible, sa plus grande hauteur est à midi.

Pour bien concevoir ce que c'est que le jour civil, on sçaura que c'est une révolution de tout l'Equateur avec une partie du même Equateur qui répond au degré de l'Ecliptique, que le Soleil a parcouru par son mouvement propre ; de sorte que le jour civil a plus de 24. heures équinoxiales, puisqu'avec la révolution entiere de l'Equateur, il y a encore une petite partie du même cercle de l'Equateur que l'on y ajoûte, qui rend le jour civil plus long que le tems de 24. heures équinoxiales. Mais comme ces petites portions de l'Equateur sont inégales, à cause de l'irrégularité du mouvement de l'Ecliptique, de laquelle tous les degrés ne passent pas sous le Méridien en tems égaux, comme tous ceux de l'Equateur, cela fait que tous les jours de l'année ne sont pas égaux, & ceux qui se servent du petit Livre de la connoissance des tems, y ont pû remarquer que les mois de Novembre & de Décembre, pris ensemble, sont plus longs d'une demi-heure & demi-quart que les mois de Septembre & d'Octobre, quoiqu'il y ait également 61. jours de part & d'autre.

Cette inégalité des jours civils procéde encore d'une autre cause, à sçavoir de l'inégalité du mouvement du Soleil en l'Ecliptique, causée par l'excentricité du cercle qu'il décrit par son mouvement propre. Ainsi les jours civils n'étant pas égaux entr'eux, les heures, qui sont les vingt-quatriémes parties de ces jours, ne seront pas non plus égales entr'elles ; mais cette inégalité, principalement au regard des heures, est si peu de chose, qu'il n'y a que les Astronomes qui puissent en appercevoir la différence.

Le jour civil a deux parties, dont l'une retient le nom de Jour, & l'autre s'appelle Nuit. Le Jour contient l'espace de tems compris depuis le lever du Soleil jusqu'à son coucher, & la Nuit est l'autre partie depuis son coucher jusqu'à son lever.

Mais comme il y a une grande diversité entre les jours & les nuits, à cause des différentes sections des Cercles diurnes faites par l'Horison en la Sphere oblique, lesquels varient encore par les différentes élevations de Pole, qui la rendent plus ou moins oblique, cela fait qu'il faut l'expliquer plus particulierement.

Des causes de la variété de la grandeur des jours.

DAns la Sphere droite, laquelle a le Zenit dans l'Equateur, les jours sont égaux aux nuits pendant toute l'année, à cause que l'Horison de cette Sphere passant par les Poles du Monde, coupe tous les cercles diurnes en deux parties égales; ce qui paroît évident par la Sphere artificielle, si on met les Poles du Monde dans l'Horison; car on verra que tous les cercles des jours sont coupés par l'Horison en deux parties égales.

Dans la Sphere oblique jusqu'aux cercles Polaires les jours sont inégaux aux nuits pendant toute l'année, excepté aux tems des Equinoxes, à cause que l'Horison de cette Sphere coupe tous les cercles diurnes, excepté l'Equateur, en deux parties inégales entr'elles, & d'autant plus inégales, que la latitude ou la hauteur du Pole est grande; car là où le Pole est le plus élevé, les jours d'Eté y sont plus longs, & les nuits plus courtes que là où il est moins élevé; ce qui rend les jours inégaux aux nuits, & toûjours de plus en plus à mesure que le Pole se hausse davantage, jusqu'à ce que sa hauteur étant parvenuë au soixante-sixiéme degré 31'. qui est celle des peuples qui habitent sous les Cercles polaires, le plus long jour d'Eté y est de 24. heures entieres, à cause qu'en cette hauteur de Pole le Tropique d'Eté n'est seulement touché qu'en un point par l'Horison, sans en être coupé. Quand le Soleil est au Tropique d'Hyver, il n'y a point de jour, mais une nuit de 24. heures, parce que ce Tropique est tout entier sous l'Horison, le touchant de même sans le couper.

Il faut ici remarquer que les cercles des jours également éloignés de l'Equateur, ou qui marquent la même déclinaison du Soleil, sont coupés par l'Horison d'une maniere semblable; en sorte que la partie du cercle diurne qui est au-dessus de l'Horison du côté du Septentrion, est égale à la partie du cercle diurne qui est au-dessous du même Horison du côté du Midi; & au contraire la partie du cercle diurne qui est sous l'Horison du côté du Septentrion, est égale à l'autre partie du cercle diurne qui est dessus du côté du Midi; ce qui rend en ces endroits les longs jours d'Eté réciproquement égaux aux longues nuits d'Hyver, & les plus courtes nuits d'Eté égales aux plus courts jours d'Hyver.

On peut encore remarquer que les jours ne croissent ni ne décroissent pas également en tems égaux ; dont la raison se tire de l'inégalité de l'augmentation ou diminution des déclinaisons du Soleil.

Dans la Sphere oblique, comprise depuis les cercles polaires jusqu'aux Poles, comme dans les Zones froides, il y a plusieurs jours sans nuits, & plusieurs nuits sans jours, dont la raison est qu'il y a deux parties de l'Ecliptique qui ne se levent & ne se couchent jamais dans la révolution de la Sphere ; ce qui fait que les cercles diurnes qui passent par les degrés de ces deux parties de l'Ecliptique, sont tout entiers sur l'Horison, & pareillement tout entiers au-dessous, comme on l'a déja expliqué au Discours des Cercles Polaires.

Dans la Sphere parallele, qui a l'un de ses Poles au Zenit, & l'autre au Nadir, il y a six mois de jour & six mois de nuit; de sorte que toute l'année n'y est composée que d'un jour & d'une nuit. La cause de cet effet est, qu'une des moitiés de l'Ecliptique comprise depuis un Equinoxe jusqu'à l'autre, est perpétuellement sur l'Horison, & l'autre toûjours au-dessous, parce que dans cette Sphere parallele, l'Equinoxial servant d'Horison, & coupant l'Ecliptique en deux parties égales aux deux points des Equinoxes, fait que ni l'une ni l'autre de ces deux moitiés de l'Ecliptique ne peuvent monter au-dessus, ni descendre au-dessous de l'Horison ; & comme il y a 90. cercles diurnes dans chacune de ces moitiés de l'Ecliptique passant par deux de ses degrés également distans des Solstices, il est nécessaire que le Soleil parcourant une de ces moitiés de l'Ecliptique par son mouvement propre, décrive aussi par son premier mouvement deux fois ces 90. cercles, une fois en allant d'un Equinoxe à un Solstice, & une autre fois en revenant de ce même Solstice à l'autre Equinoxe ; ainsi la présence du Soleil sera de six mois de suite sous l'un des Poles, & son absence d'autant de tems. Par la même raison la Lune y sera 15. jours dessus & autant au-dessous de l'Horison, Saturne 15. ans, Jupiter 6. & les autres Planetes à proportion du tems de leurs révolutions.

SECTION X.

Du Cercle du Crépuscule.

CE que l'on appelle Crépuscule n'est autre chose que le peu de lumiere ou lueur qui paroît avant le lever du Soleil, que l'on nomme Aurore, & qui reste après son coucher, qui retient le nom de Crépuſcule. Le commencement du Crépuſcule du matin eſt nommé le Point-du-jour, & la fin de celui du ſoir eſt le commencement de la nuit cloſe.

Les Crépuſcules commencent & finiſſent lorſque le Soleil eſt abaiſſé d'environ 18. deg. au-deſſous de l'Horiſon; ces 18. deg. ſe prennent ſur l'arc d'un cercle vertical paſſant par le Nadir du lieu, & imaginant un cercle parallele à l'Horiſon ou un Almucantarat inférieur décrit par le point qui termine ces 18. deg. d'abaiſſement; ce ſera le cercle de Crépuſcule dont on parle, auquel le Soleil venant le matin; le Point-du-jour commencera, & y paſſant le ſoir, le jour finira tout-à-fait.

L'Atmoſphere, c'eſt-à-dire, Sphere fumeuſe, qui eſt la région des vapeurs ou de l'air dont la terre eſt environnée, eſt la cauſe du Crépuſcule; car étant plus élevée que la ſurface de la Terre, & compoſant une plus groſſe Sphere, elle reçoit plutôt qu'elle le matin les rayons du Soleil, & plus tard le ſoir, & après les avoir rompus, elle les conduit vers l'œil; comme on l'a expliqué au diſcours de la Réfraction, & comme on le peut conſidérer plus particulierement à l'occaſion de ce diſcours des Crépuſcules, par le moyen de la *fig.* 2. *Pl.* 7. où on ſuppoſe que TYX eſt un rayon du Soleil quand il eſt abaiſſé de 18. deg. au-deſſous de l'Horiſon, lequel rencontrant l'Atmoſphere au point Y, au lieu de continuer ſon chemin en ligne droite vers X, il ſe détourne vers l'œil A, ſelon les loix de la Réfraction ci-deſſus expliquées. Quand donc le Soleil arrive au cercle du Crépuſcule, on peut appercevoir le Point-du-jour & le commencement de la nuit. Le jour pris en cette maniere, & ſelon l'uſage ordinaire, ſera l'eſpace de tems compris entre le Point-du-jour ou le commencement de l'aurore, & la fin du Crépuſcule du ſoir; alors la vraie nuit ou nuit cloſe ſera le reſte du tems qu'il faut pour accomplir 24. heures. En ce ſens tout le jour ſera compoſé de la vraie lumiere du Soleil & de la lueur du Crépuſcule, & la nuit n'aura que de pures ténebres ſans la moindre apparence de lumiere dans tout le tems qu'elle durera.

La durée des Crépuſcules eſt auſſi variable que celle des jours naturels dans toutes les différentes poſitions de la Sphere, & à peu près pour les mêmes cauſes qui font que le cercle du Crépuſcule coupe en différentes façons les cercles des jours aſtronomiques; car ſous l'Equateur, où le cercle du Crépuſcule coupe, comme l'Horiſon, ces mêmes cercles à angles droits, tous les Crépuſcules ont à peu près une même durée, d'autant que tous les arcs des cercles des jours aſtronomiques qui déterminent la durée des Crépuscules, sont presque semblables entr'eux, & ils sont plus courts qu'en la Sphere oblique, parce que dans la Sphere droite le Soleil monte & descend perpendiculairement au-dessus & au-dessous de l'Horison, au lieu que dans la Sphere oblique il monte & descend obliquement; c'est pourquoi sous l'Equinoxial la durée du Crépuscule n'est que d'une heure 12. min. lorsque le Soleil est au même cercle, & d'une heure 20. min. quand il est aux Tropiques, l'un & l'autre de ces deux tems étant correspondant aux 18. deg. de profondeur ou d'abaissement du Soleil sous l'Horison, établis pour les limites des Crépuscules.

Dans la Sphere oblique la durée des Crépuscules y est bien plus grande, par la raison que l'on vient d'alléguer, & on y rencontre une variété fort irréguliere.

Car lorsque le Soleil est dans les Signes qui sont du côté du Pole apparent, le Crépuscule est le double de celui qui se voit lorsque le Soleil est dans les Signes qui sont vers le Pole caché. De sorte qu'à Paris depuis le 15. Juin jusques environ le 25. du même mois, le Crépuscule est de 4. heures; ce qui fait qu'il n'y a point de nuit, parce qu'avant que celui du soir soit fini, celui du matin recommence, le Soleil ne descendant point alors de 18. deg. au-dessous de l'Horison. Le plus court Crépuscule n'arrive pas au Solstice d'Hyver, mais environ le premier Mars & le douziéme Octobre; ce qui vient de l'obliquité de l'Horison, & de l'inégalité des paralleles.

Dans la Sphere parallele les Crépuscules durent près de deux mois, tant devant le lever du Soleil, qu'après son coucher; car en cette position de Sphere le Soleil fait 52. révolutions diurnes avant que d'être abaissé de 18. deg. sous l'Horison.

CHAPITRE XI.

DES ETOILES FIXES.

Les Etoiles fixes sont celles qui gardent toûjours entr'elles la même situation & la même distance, quoiqu'elles nous paroissent chaque jour tourner autour de la Terre d'Orient en Occident.

SECTION I.

Des Constellations des Etoiles fixes, de leur nombre & de leur division en six grandeurs.

POur mieux connoître les Etoiles, les anciens les ont rangées sous 48. constellations, autrement nommées Asterismes, dont il y en a 12. dans le Zodiaque, 21. dans la partie Septentrionale, & 15. dans la partie Méridionale; mais on en compte aujourd'hui 24. dans la partie Septentrionale, & 30. dans la Méridionale, comme on le peut voir dans les Planispheres ci-après, ce qui fait en tout 66. Constellations.

Les six Signes Septentrionaux du Zodiaque sont :

	Selon Ptolomée.	Selon Kepler.
Le Belier qui a	28 Etoiles, ou	23
Le Taureau . .	44	52
Les Gemeaux .	25	30
L'Ecreviſſe . .	13	17
Le Lion . . .	35	40
La Vierge . .	32	41

Les six Signes Meridionaux sont :

La Balance . .	17	20
Le Scorpion . .	24	27
Le Sagittaire .	31	31
Le Capricorne .	28	28
Le Verseau .	45	45
Les Poissons .	34	42

Les Constellations Septentrionales sont :

	Selon Ptolomée.	Selon Kepler.
La petite Ourse	7	20
La grande Ourse	35	56
Le Dragon	31	32
Cephée	13	12
Le Bouvier	23	29
La Couronne	8	8
Hercules	28	31
La Lyre & le Vautour	10	11
Le Cygne	19	28
Cassiopée	13	45
Persée	29	34
Le Chartier	14	27
Le Serpentaire	29	56
Le Serpent	18	26
La Fleche	5	4
L'Aigle	15	12
Antinoüs	0	7
Le Dauphin	10	10
Le petit Cheval	4	4
Pegase	20	24
Andromede	23	26
Le Triangle	5	5
La Chevelure de Berenice	0	15

A ces 23. Constellations on ajoûte encore celle de la Fleur-de-lys, qui est au Midi du triangle & de la tête de Meduse, contenant quatre Etoiles; ce qui forme le nombre complet des 24. Constellations Septentrionales, comme il a été dit.

Les quinze Constellations Meridionales sont :

	Selon Ptolomée.	Selon Kepler.
La Baleine	22	25
Orion	38	62
Le Fleuve Eridan	34	39
Le Lievre	12	13
Le grand Chien	29	29
Le petit Chien	2	5
Le Centaure	37	37
Le Navire Argo	45	53

Le Loup . . .	19 . . .	19
L'Hydre aquatique	27 . . .	33
La Tasse . . .	7 . . .	8
Le Corbeau . .	7 . . .	7
L'Autel . . .	7 . . .	7
La Couron. Australe	13 . . .	13
Le Poisson Austral	18 . . .	17

Outre toutes ces Constellations connuës des Anciens, il y en a encore quinze autres, qui ont été découvertes par ceux qui ont voyagé vers le Pole Antarctique, sçavoir :

La Gruë qui a . . .	13	Etoiles selon Kepler.
Le Phenix	15	
L'Indien	12	
Le Paon	23	
Apus, Oiseau d'Inde . .	11	
Apis, la Mouche . .	4	
Le Caméleon . . .	10	
Le Triangle Austral . .	5	
Le Poisson volant . .	7	
La Dorade ou Xiphias .	7	
Le Toucan ou Oye d'Amérique	8	
L'Hydre mâle . . .	21	
La Colombe.		
La Croix.		
Le Chêne de Charles II.		

On distingue aussi les Etoiles fixes en six sortes de grandeurs, dont il y en a quinze de la premiere, qui sont

Arcturus dans la Constellation du Bouvier.

La Lyre dans le Vautour.

L'œil du Taureau, dit Aldebaran.

Capella en l'épaule du Chartier.

Le cœur du Lion, dit Regulus.

La queuë du Lion.

L'épy de la Vierge.

Fomahan dans le Verseau.

Le cœur de l'Hydre.

Le cœur du Scorpion, dit Antares.

Le pied gauche d'Orion, dit Rigel.

Acarnar, qui est à l'extrémité du Fleuve Eridan.

Sirius, dans la tête du grand Chien.

Canope, qui est au mast du Navire.

Le pied droit du Centaure.

Nombre des Etoiles des six différentes grandeurs.

	Selon Ptolomée.	Selon Kepler.
De la premiere grandeur il y en a	15	15
De la seconde . . .	45	58
De la troisiéme . . .	208	218
De la quatriéme . . .	474	494
De la cinquiéme . . .	217	354
De la sixiéme . . .	49	240
Des obscures & nébuleuses .	14	13
Somme	1022	1392.

Ce nombre est celui des Etoiles que l'on peut voir sans se servir de lunettes de longue vûe ; car avec ce secours on en apperçoit un si grand nombre, que l'on en compte plus de mille dans la seule constellation d'Orion.

Avec toutes ces Constellations il y a aussi la voie lactée, & deux petites nuées.

La Galaxie que l'on nomme aussi la voie lactée, ou cercle de lait, à cause de sa blancheur, est une grande multitude d'Etoiles que l'on ne peut appercevoir par la simple vûe. On les a découvertes avec les Télescopes en divers endroits du Ciel, & elles sont disposées dans un cercle qui a de la largeur, qui passe par les Constellations de Cassiopée, du Cygne & de l'Aigle, par la fleche du Sagittaire, la queuë du Scorpion, le Centaure, le Navire Argo, les pieds des Gemeaux, le Chartier & Persée.

Les deux petites nuées sont comme deux taches qui paroissent vers le Pole Antarctique, dont la plus grande est vers le Pole de l'Ecliptique.

SECTION II.

Du second mouvement des Etoiles fixes.

LE mouvement propre du Firmament se fait d'Occident en Orient sur les Poles de l'Ecliptique, & s'accomplit selon Tycho & les Tables Rudolphines, en 25816. années, en faisant par chaque année 51. secondes, & en 71. ans & 8. mois un deg. Selon Riccioly, cette période est de 25920. années, & leur mouvement annuel de 50″, faisant en 72. ans 1. deg. M. Cassini prenant un milieu entre toutes les observations & tous les calculs qu'il a pû comparer, détermine le mouvement propre du Firmament à un degré en 70. ans, & par conséquent sa révolution en 25200. ans. Cette période est aussi la même qui a été déterminée par le fameux Ulug-Beigh, petit-fils du grand Tamerlan.

Toutes les Etoiles qui sont dans l'Ecliptique, décrivent les plus grands cercles; & les autres qui en sont plus éloignées, décrivent des cercles paralleles à l'Ecliptique plus ou moins grands, selon qu'elles sont plus ou moins distantes des Poles de l'Ecliptique, & que leur latitude est plus ou moins grande.

Il y a eu plusieurs Astronomes entre les Anciens, qui ont cru de l'irrégularité dans le mouvement des Etoiles fixes, & de la variété dans l'obliquité de l'Ecliptique; mais comme ils négligeoient les Réfractions, & qu'ils faisoient leurs observations avec des instrumens plus petits & moins exacts que ceux dont on se sert à présent, il est à croire que cette irrégularité qu'ils attribuoient au mouvement des Etoiles, venoit du défaut de leurs Observations; & ainsi ils n'ont pû marquer leurs lieux avec assez de justesse pour que l'on puisse en tirer des conséquences assurées; c'est pourquoi la plûpart des Astronomes s'en tiennent à l'opinion la plus vraisemblable de ceux qui admettent la régularité au mouvement des Etoiles fixes, & établissent l'obliquité de l'Ecliptique toûjours de 23. deg. 29. minutes.

Cependant M. le Chevalier de Louville de l'Académie des Sciences, & de la Société Royale d'Angleterre, l'un des plus exacts & des plus célebres Astronomes que nous ayons, a trouvé depuis peu qu'en l'année 1715. l'obliquité de l'Ecliptique n'étoit plus de $23^d\ 29'$; mais de $23^d\ 28'\ 24''$.

Il alla exprès en 1714. à Marseille pour répéter une observation fameuse faite il y a 2000. ans & davantage par un nommé Pytheas; & il trouva une diminution de plus de 20. min. dans l'obliquité de l'Ecliptique; ce qui lui paroît confirmé par l'accord de plusieurs Astronomes des plus fameux tant anciens que modernes; en sorte que suivant cette diminution d'obliquité de 20. minutes en 2000. ans, ou d'une minute en 100. ans, l'axe de la Terre se relevant continuellement sur le plan de l'Ecliptique, un jour viendra que cet axe sera perpendiculaire à ce même plan, & que l'Ecliptique & l'Equateur se confondront ensemble, & ne feront qu'un même cercle; alors les jours & les nuits seront toûjours égaux entr'eux par toute la Terre, il n'y aura plus d'Etés ni d'Hyvers, n'y ayant plus qu'une seule saison qui sera un Printems continuel: c'est ce qu'on pourra voir plus au long dans un sçavant Memoire qu'il a donné à l'Académie Royale des Sciences.

Mais dans le systême de l'obliquité fixe de l'Ecliptique, le mouvement particulier du Firmament étant toûjours parallele à l'Ecliptique, les Etoiles fixes conservent toûjours leur même latitude, & changent toutes également en longitude ; pour les déclinaisons & ascensions droites, elles changent différemment selon leur situation dans le Ciel, quelquefois en augmentant, d'autres fois en diminuant, à raison de l'obliquité que fait l'Ecliptique avec l'Equateur, comme il est aisé de remarquer par le moyen du Globe céleste.

Ce changement de déclinaison est cause que les Etoiles fixes s'approchent quelquefois des Poles de l'Equateur ; & d'autres fois s'en éloignent. De-là vient que l'Etoile Polaire, ainsi nommée parce que de notre tems elle est la plus proche du Pole Septentrional du Monde, s'en approchera encore pendant l'espace de quelques siécles, jusqu'à ce qu'elle soit parvenuë au 90. deg. de sa longitude, c'est-à-dire, au premier deg. de Cancer, auquel tems elle n'en sera éloignée que d'environ 27. minutes ; après quoi elle s'en éloignera peu à peu, de sorte qu'après plusieurs siécles elle ne sera plus nommée Polaire, & d'autres Etoiles lui succéderont, s'approchant à leur tour du Pole du Monde.

Le mouvement propre des Etoiles fixes sert à expliquer comment la Constellation du Belier du Firmament est sortie du Signe du Belier du premier Mobile pour passer sous le Signe du Taureau ; en effet, l'Etoile de la corne du Belier, qui du tems d'Hipparque étoit à l'intersection de l'Equateur & de l'Ecliptique du premier Mobile, où se fait l'Equinoxe du Printems, en est présentement éloignée de près de 30. deg. ce qui a obligé les Astronomes de faire distinction entre les douze Constellations du Zodiaque du Firmament, & les 12. Signes du premier Mobile, sur lesquels se réglent les saisons ; ainsi, par exemple, on dit que l'Equinoxe du Printems arrive lorsque le Soleil est parvenu par son mouvement propre au premier degré du Belier, qui est une des intersections de l'Equateur & de l'Ecliptique du premier Mobile, lesquelles on suppose invariables, quoique ce jour-là le Soleil se leve avec des Etoiles des Poissons éloignées de 29. degrés de la premiere Etoile de la Constellation du Belier.

M. Cassini trouve par son hypothese d'un deg. en 70. ans, que cette premiere Etoile d'Aries a dû être dans l'intersection de l'Ecliptique & de l'Equateur 330. ans avant la venuë de J. C. c'est-à-dire, du tems d'Alexandre le Grand, & qu'elle dut être avancée de 6. deg. 40. min. du tems d'Antonin, ſous lequel vécut Ptolomée, qui lui donne effectivement cette poſition.

SECTION III.

Du lever & coucher des Etoiles, & de la grandeur de leur arc de viſion.

Il y a deux ſortes de lever & coucher des Etoiles. La premiere eſt ſelon les Aſtronomes, & la ſeconde ſelon les Poëtes. Le lever & coucher des Etoiles, ſelon les Aſtronomes, ſe fait quand elles ſont dans l'Horiſon. Mais les Poëtes diſtinguent le lever & coucher des Etoiles en trois manieres, ſçavoir en lever & coucher Coſmique, en lever & coucher Acronyque, & en lever & coucher Héliaque ou apparent.

Le lever Coſmique d'une Etoile ſe fait quand elle ſe leve avec le Soleil ; & ſon coucher Coſmique arrive lorſqu'elle ſe couche quand le Soleil ſe leve.

Le lever Acronyque, ou du ſoir d'une Etoile, ſe fait quand elle ſe leve lorſque le Soleil ſe couche, & elle ſe couche acronyquement quand le Soleil ſe couche avec elle.

Le lever Héliaque ſe fait quand l'Etoile ſortant des rayons du Soleil & en étant un peu éloignée, commence d'être viſible. Et le coucher Héliaque arrive quand une Etoile commence à ſe rendre inviſible à cauſe de ſon approche du Soleil, qui fait qu'elle ſe plonge dans ſes rayons.

L'arc de viſion eſt meſuré par l'arc d'un cercle vertical, qui s'étend depuis l'Horiſon juſqu'au degré du même vertical, qui détermine l'abaiſſement du Soleil ſous l'Horiſon lorſqu'une Etoile ſe leve & ſe couche héliaquement. Or cet arc eſt à l'égard des Etoiles fixes, ſçavoir :

Pour celles de la premiere grandeur, 12. degrés.
De la ſeconde 13
De la troiſiéme 14
De la quatriéme 15
De la cinquiéme 16
De la ſixiéme 17
Et des moindres 18

Mais à l'égard des Planetes il eſt pour ♄ de 11. deg. pour ♃ & ☿ 10. deg. pour ♂ 11. deg. 30. min. & pour ♀ 5. deg.

Ces arcs de viſion ſont tirés des Obſervations de Ptolomée, faites au quatriéme climat. Ils ne laiſſeront pas néanmoins de ſervir, ſans erreur conſidérable, pour celui où nous ſommes.

Ce même arc de vision n'est pas déterminé dans la Lune ; car quelquefois elle paroît le même jour, quelquefois le second, & d'autres fois on ne la voit que le quatriéme. Toutes ces diversités dépendent des différentes obliquités du Zodiaque, eu égard à l'Horison, qui la font remarquer plutôt ou plus tard, selon que l'angle de l'obliquité du Zodiaque où la Lune se trouve, est plus ou moins grand. Elles peuvent encore venir du mouvement de la Lune ; car quand elle marche plus vîte, elle met moins de tems à se dégager des rayons du Soleil après sa conjonction ; ce qui fait qu'on la voit plutôt que lorsqu'elle va plus lentement.

SECTION IV.

De la distance des Etoiles fixes à la terre.

ON ne peut rien dire de certain de la distance des Etoiles fixes à la Terre, puisqu'elles n'ont aucune parallaxe ou diversité d'aspect. Les anciens Astronomes ont cru que leur distance étoit au moins double de celle de Saturne, qui est dix fois plus éloigné de la terre que le Soleil. Mais dans l'hypothese de Copernic, la distance du Soleil aux Etoiles fixes est incomparablement plus grande ; car afin qu'elles n'ayent pas plus de parallaxe dans l'Orbe annuel que sur la terre, il faut que le demi-diametre de l'Orbe annuel soit au demi-diametre de l'Orbe des Etoiles fixes, comme le rayon de la terre est au rayon de l'Orbe annuel ; c'est-à-dire, que comme le rayon de l'Orbe annuel est vingt-deux mille fois plus grand que le rayon de la terre, il faut de même que le demi-diametre de la Sphere des Etoiles fixes soit vingt-deux mille fois plus grand que le demi-diametre de l'Orbe annuel. Ainsi pour avoir la distance des Etoiles fixes, il faut multiplier quarrément la distance du Soleil à la Terre ; c'est-à-dire, qu'il faut multiplier vingt-deux mille demi-diametres de la Terre, qui est la distance du Soleil, par les vingt-deux mille demi-diametres, afin d'avoir au produit de cette multiplication quatre cens quatre-vingt-quatre millions de demi-diametres de la Terre, lesquels multipliés par 1432. lieuës & demie donneront 693,330,000,000 lieuës communes pour la distance du Soleil ou de la Terre aux Etoiles fixes, prenant la distance de l'Orbe annuel presque comme rien, eu égard à la distance immense des Etoiles fixes, quoiqu'elles soient de vingt-deux mille demi-diametres terrestres.

Selon ce prodigieux éloignement des Etoiles de la Terre & du Soleil, on les doit supposer beaucoup plus grandes que dans les antres Syſtêmes ; car comme le Soleil ne nous paroîtroit pas plus grand qu'une Etoile fixe, s'il étoit auſſi éloigné de la Terre, on peut conjecturer que chacune d'elles eſt auſſi grande que le Soleil; mais comme il eſt à croire qu'elles ne ſont pas toutes également éloignées de la Terre, il y a beaucoup d'apparence que celles qui nous paroiſſent plus petites, ſont à proportion plus éloignées que celles qui nous paroiſſent plus grandes. M. Hughens a trouvé par les régles de l'Optique, que ſi le Soleil étoit éloigné de nous 27664 fois plus qu'il n'eſt, il ne nous paroîtroit que comme une des plus grandes Etoiles fixes, & que dans cet éloignement toutes les Planetes deviendroient inviſibles, étant confonduës dans ſes rayons ; par la même raiſon il conclut que les Etoiles ſont éloignées de nous 27664 fois plus que le Soleil.

Si l'on conſidere la groſſeur de ces corps céleſtes dont nous venons de parler, & leur immenſe éloignement par rapport à la Terre, il ne ſe peut que l'on n'en ſoit ſurpris ; ce qui ceſſera bientôt, ſi l'on fait attention à la puiſſance infinie du Créateur qui les a formés, auſſi-bien qu'à la vaſte & indéfinie étenduë qu'il lui a plû donner à l'Univers.

SECTION V.

Des Etoiles nouvelles.

OUtre toutes les Etoiles dont on a fait ci-deſſus le dénombrement, il en eſt encore apparu quelques-unes que l'on n'avoit jamais vûës, & que l'on a ceſſé de voir après avoir duré quelque tems, comme eſt celle qui fut obſervée par Tycho en l'année 1572. en la conſtellation de la Caſſiopée, qui a duré ſeize mois, & qu'il a eſtimé être au-deſſus de Saturne, n'y ayant trouvé aucune parallaxe ſenſible. En l'année 1600. il en parut une autre aux environs du col & de la poitrine du Cygne, qui étoit de la troiſiéme grandeur, & que l'on a vûe pendant cinq années toûjours en une même place. Et quatre ans après, ſçavoir en 1604. on en apperçut une autre dans le pied droit du Serpentaire, laquelle a duré cinq ans, & qui étoit ſemblable à celle de 1572. En 1612. Simon Marius en a obſervé une autre en la ceinture d'Andromede. On en a vû encore beaucoup d'autres depuis, & entr'autres celle de 1638. dans la Baleine, qui a paru & diſparu pluſieurs fois. Depuis M. Caſſini en a auſſi obſervé quelques-unes dans l'Eridan, & entre le grand & le petit Chien. Celle de la Baleine de 1596. ſe voit encore.

On peut voir dans les Cartes du Ciel ci-après l'arrangement des

Etoiles, & les figures des Conſtellations dans les deux Hemiſpheres Planche 8.

Deſcription du Planiſphere céleſte.

CEs deux Hemiſpheres repréſentent le Globe céleſte dans ſa ſurface concave, comme il nous paroît naturellement étant vû de la Terre ; au lieu que les Globes artificiels nous repréſentent le Ciel dans ſa ſuperficie convexe.

Ces figures ou conſtellations contiennent les principales Etoiles fixes. Elles ſont placées dans leurs véritables poſitions pour l'année 1728. & celles qu'on peut obſerver dans ces Pays-ci, ſont marquées ſur les Obſervations les plus exactes. Elles y ſont auſſi poſées ſelon leurs déclinaiſons & ſelon leurs aſcenſions droites. On les a diſtinguées ſuivant leurs différentes grandeurs. Les plus petites n'y ſont point marquées, pour ne point faire de confuſion. Un de ces Hemiſpheres repréſente la partie Septentrionale du Ciel, & a pour centre le Pole du Nord. Cette projection de la Sphere eſt des plus régulieres. Elle eſt faite de maniere que l'œil de l'Obſervateur doit être éloigné de l'extrémité du diametre de la grandeur du ſinus de 45. degrés. L'autre Hemiſphere repréſente la partie Meridionale du Ciel, & a pour centre le Pole du Sud. Les Etoiles y ſont placées ſuivant les Obſervations qui ont été faites dans les Pays Meridionaux avec de bons Inſtrumens, & par d'habiles Aſtronomes.

Les cercles qu'on a coûtume de tracer ſur les Globes céleſtes, y ſont marqués. Le plus grand eſt diviſé en 365. jours pour les 12. mois de l'année. Ils ſont diſtingués par leurs noms & par leurs quantiémes. L'autre cercle qui eſt enſuite, repréſente l'Equateur. Il eſt diviſé en 360. deg. d'aſcenſion droite.

Les autres cercles tracés au-dedans de l'Equateur, ſont des paralleles, dont les tropiques & les cercles polaires ſont partie. Ces paralleles bornent les déclinaiſons des Aſtres, & contiennent leurs arcs diurnes & nocturnes.

Les Méridiens ſont repréſentés en lignes droites tirées du Pole juſqu'à l'Equateur, & ſervent pour diſtinguer les aſcenſions droites des Aſtres. Les Colures ſont auſſi du nombre des Méridiens. La moitié de l'Ecliptique eſt tracée ſur chacun de ces Hemiſpheres, contenant ſix Signes qui ſont diviſés en 30. deg. Les commencemens de ces ſignes ſont diſtingués par des lignes tirées du Pole de l'Ecliptique, pour marquer les longitudes des Aſtres. L'Ecliptique coupe l'Equateur obliquement aux ſections des 360. & 180. deg. d'aſcenſions droites, où ſont les commencemens d'Aries & de Libra. *Voyez Planche* 8.

L'usage du Planisphere céleste est fort curieux. Il doit avoir une soye attachée au centre de chaque hemisphere, laquelle étenduë sur le quantiéme du mois marquera sur l'Equateur les degrés d'ascension droite du Soleil & des autres Astres qui seront dessous, comme aussi le lieu du Soleil, en coupant l'Ecliptique ; & le parallele qui passera par ce degré, marquera sa déclinaison. La soye représentera le Méridien, & le cercle horaire opposé sera celui de minuit. Le quantiéme du mois, ou le degré d'ascension droite du Soleil, qui représente le midi, étant en haut, la minuit sera en bas, & toutes les Etoiles de la Planche du Nord qui sont à main droite, sont du côté de l'Orient, & passent après midi au Méridien ; & celles de la gauche sont vers l'Occident, & passent au Méridien après minuit autant d'heures qu'il y a de fois 15. deg. & autant de fois 4. minutes d'heures qu'il y a de degrés. Et dans la Planche du Sud, le Midi étant en haut, les Etoiles de la gauche seront du côté de l'Est, & passeront au Meridien après midi, & celles de la droite seront vers l'Ouest, & passeront au Méridien après minuit.

Par exemple, le fil étant bandé sur le 10. Janvier, montrera sur l'Equateur 291. deg. 40. min. d'ascension droite du Soleil, & sur l'Ecliptique 20. deg. du Capricorne pour la longitude, & le parallele du Soleil qui passe par ce degré montrera 22. deg. de déclinaison Sud.

Pour trouver l'heure du passage d'une Etoile au Méridien ce même jour, comme par exemple, la Queuë de la Baleine, il faut mettre une épingle sur le Midi, 291. deg. 40. min. d'ascension droite du Soleil, une autre épingle sur la Minuit ; & une sur l'ascension droite de l'Etoile 7. deg. 10. min. laquelle étant 75. deg. 30. min. vers l'Est, qui sont à 15. deg. pour une heure 5. heures & 2. min. qu'elle passera après midi, on trouveroit de même que le cœur de l'Hydre passera au méridien à une heure 46. min. après minuit. Si c'étoit pour des Etoiles de la partie du Nord, il faudroit marquer par des épingles le midi & la minuit, & ces Etoiles dans l'Hémisphere Septentrional, & opérer comme on vient de dire.

Pour connoître les Etoiles par le moyen du Planisphere, il faut remarquer sur la figure de la Constellation proposée combien il y aura d'Etoiles principales, & l'arrangement qu'elles font entr'elles, & les confronter avec celles du Ciel. Exemple. Pour connoître la grande Ourse, nommée quelquefois le grand Chariot, l'on remarquera à l'Hemisphere Boréal que cette Constellation n'est pas éloignée du Pole du Nord, & qu'il y a sept Etoiles de la seconde grandeur, dont quatre qui sont sur le corps de la grande Ourse, font une espece de quarré long, & les trois autres sont le long de sa queuë

queuë, & ayant ainsi l'idée de la figure que font ces sept Etoiles, on les reconnoîtra aussi-tôt dans le Ciel en regardant vers le Pole du Nord; cette Constellation étant comme seule, & séparée des autres.

On peut aussi connoître les autres Constellations par le moyen de cette premiere, en remarquant, par exemple, que la Cassiopée, qui a cinq principales Etoiles, est de l'autre côté du Pole opposé aux Etoiles de la queuë de la grande Ourse; en sorte que quand le derriere de l'Ourse sera au Meridien au-dessus du Pole, la Cassiopée sera au Meridien au-dessous; & quand l'une sera à l'Orient, l'autre sera à l'Occident.

L'Etoile du Nord, qui est au bout de la queuë de la petite Ourse, n'est éloignée du Pole que de 2. deg. 12. min. On la reconnoît en concevant une ligne tirée des deux dernieres Etoiles du quarré de la grande Ourse, celle qu'on rencontre de la même grandeur est l'Etoile Polaire.

La Claire des gardes, qui est dans l'épaule de la petite Ourse, est presque entre l'Etoile du Nord & celle du bout de la queuë de la grande Ourse; mais elle a un peu plus d'ascension droite, ou est plus à l'Est que la queuë de la grande Ourse.

Tirant une ligne de la Claire des gardes par l'Etoile du Pole, elle passera par la Claire du côté de Persée, & ensuite par la Claire de la machoire de la Baleine, qui est dans la partie du Sud.

La Constellation d'Orion est facile à remarquer, à cause des trois belles Etoiles qui sont en ligne droite dans sa ceinture, appellée communément les trois Rois. Il y en a deux autres grandes dans ses deux épaules, qui sont dans la partie du Nord; & deux autres dans ses deux pieds, qui sont dans la partie du Sud.

Le Taureau est un peu plus occidental qu'Orion; il y a six petites Etoiles proche l'une de l'autre, appellées les Pleyades. La belle & grande Etoile de l'œil du Taureau est entre les Pleyades & la ceinture d'Orion. La brillante Etoile nommée Capella, qui est dans la Chevre du Chartier, est entre l'Etoile du Nord & Orion.

La ligne qui passe de l'Etoile du Nord entre Capella & la grande Ourse, passe entre les deux têtes des Gemeaux, & ensuite par la Claire du petit Chien appellé Procion.

Imaginant une ligne tirée de la Claire des gardes de la petite Ourse par le milieu du quarré de la grande Ourse, elle passera par la belle Etoile du cœur du Lion appellée Regulus.

La ligne tirée de l'Etoile du Nord par celle de la cuisse de la grande Ourse, ira passer par la grande Etoile de la queuë du Lion.

Tirant une ligne par l'Etoile Polaire, & par celle du milieu de la queuë de la grande Ourſe, elle ira paſſer par la Claire de l'Epy de la Vierge. Cette Etoile eſt dans la partie du Sud.

La ligne tirée de l'Etoile du Nord, paſſant entre la Claire des Gardes & celle du bout de la queuë de la grande Ourſe, va paſſer par celle du Dragon la plus proche de ſon dernier nœud, & enſuite par la Claire appellée Arcturus, dans le bas de la robe du Bouvier.

La ligne tirée de Capella par l'Etoile du Nord va paſſer de l'autre côté du Pole par le troiſiéme nœud du Dragon, par Hercule & par le Serpentaire.

La ligne tirée par l'Etoile du quarré de la grande Ourſe, la plus proche de ſa tête, & par la Claire des Gardes, va paſſer par la Conſtellation du Cygne & par celle du Dauphin. Les Etoiles des aîles du Cygne, celle de la queuë, & la petite qui eſt à ſon bec, font une eſpece de croix, & les quatre petites du Dauphin font une eſpece de lozange.

Un peu plus à l'Occident que le Dauphin, il y a trois Etoiles aſſez remarquables, en ce qu'elles ſont en ligne droite. Elles ſont dans le col de l'Aigle.

Il y a une belle Etoile appellée la Claire de la Lyre, qui eſt proche du Cygne, & un peu plus à l'Occident.

La ligne tirée de l'Etoile de la croupe de la grande Ourſe, qui paſſe entre l'Etoile du Nord & la Claire des Gardes, va paſſer par la Conſtellation de Cephée, qui eſt aſſez proche du Pole, & par celle du devant du cheval Pegaſe.

La ligne tirée de l'Etoile du Nord, par la plus occidentale de la Caſſiopée, va paſſer par celle de la tête d'Andromede, & par celle du bout de l'aîle de Pegaſe.

Les quatre Etoiles, ſçavoir celle de la tête d'Andromede, celle du bout de l'aîle de Pegaſe, celle du maniment de la même aîle, & celle de ſon épaule, forment enſemble un quarré très-facile à remarquer.

La ligne tirée de l'Etoile du Nord, paſſant entre la Caſſiopée & Perſée, va paſſer par les trois petites Etoiles qui forment le triangle, & par la Claire du front d'Aries.

La ligne tirée des Pleyades par les trois de la ceinture d'Orion, va paſſer par la belle Etoile du grand Chien, appellée Sirius, dans la partie du Sud.

La Voie Lactée eſt une multitude d'Etoiles qui produiſent la blancheur de cette partie du Ciel. Elle eſt marquée dans le Planiſphere par de petits points, qui la bornent d'un côté & de l'autre.

Il ſera facile de tirer dans le Ciel des lignes droites de l'Etoile du Nord par toutes les autres que l'on connoît, en expoſant une lon-

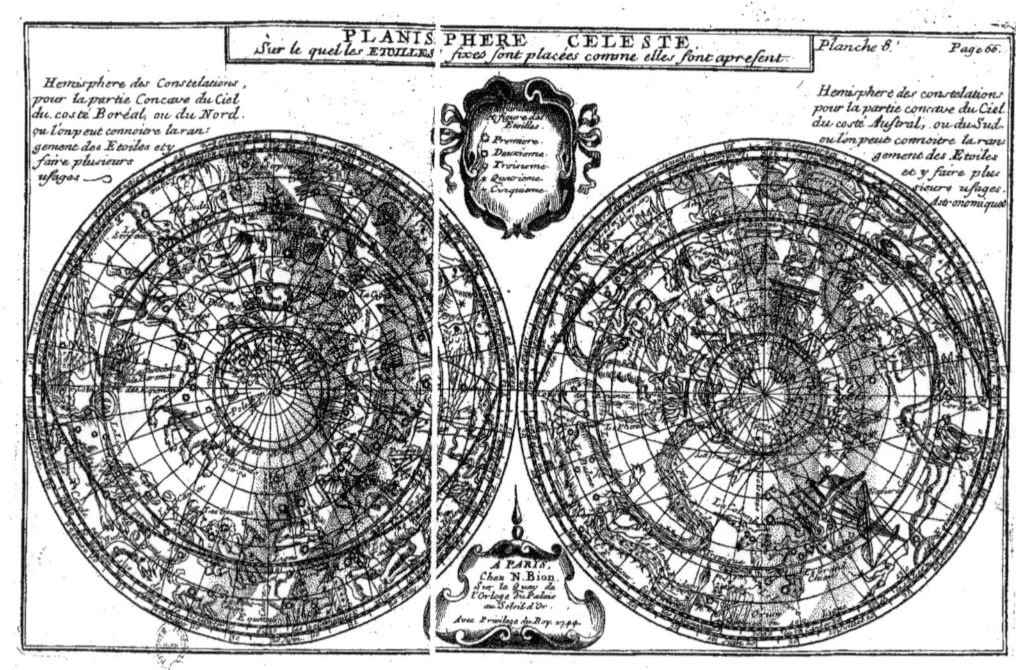
PLANISPHERE CELESTE
Sur le quel les ETOILLES fixes sont placées comme elles sont apresent.
Planche 8.
Page 66.
Hemisphere des Constelations, pour la partie Concave du Ciel du costé Boréal, ou du Nord. ou l'on peut connoitre la rangement des Etoiles et y faire plusieurs usages
Hemisphere des constelations pour la partie concave du Ciel du costé Austral, ou du Sud. ou l'on peut connoitre la rangement des Etoiles et y faire plusieurs usages Astronomiques
Premiere
Deuxieme
Troisieme
Quatrieme
Cinquieme
A PARIS.
Chez N. Bion.
Sur le Quay de l'Orloge du Palais au Soleil d'Or.
Avec Privilege du Roy. 1744.

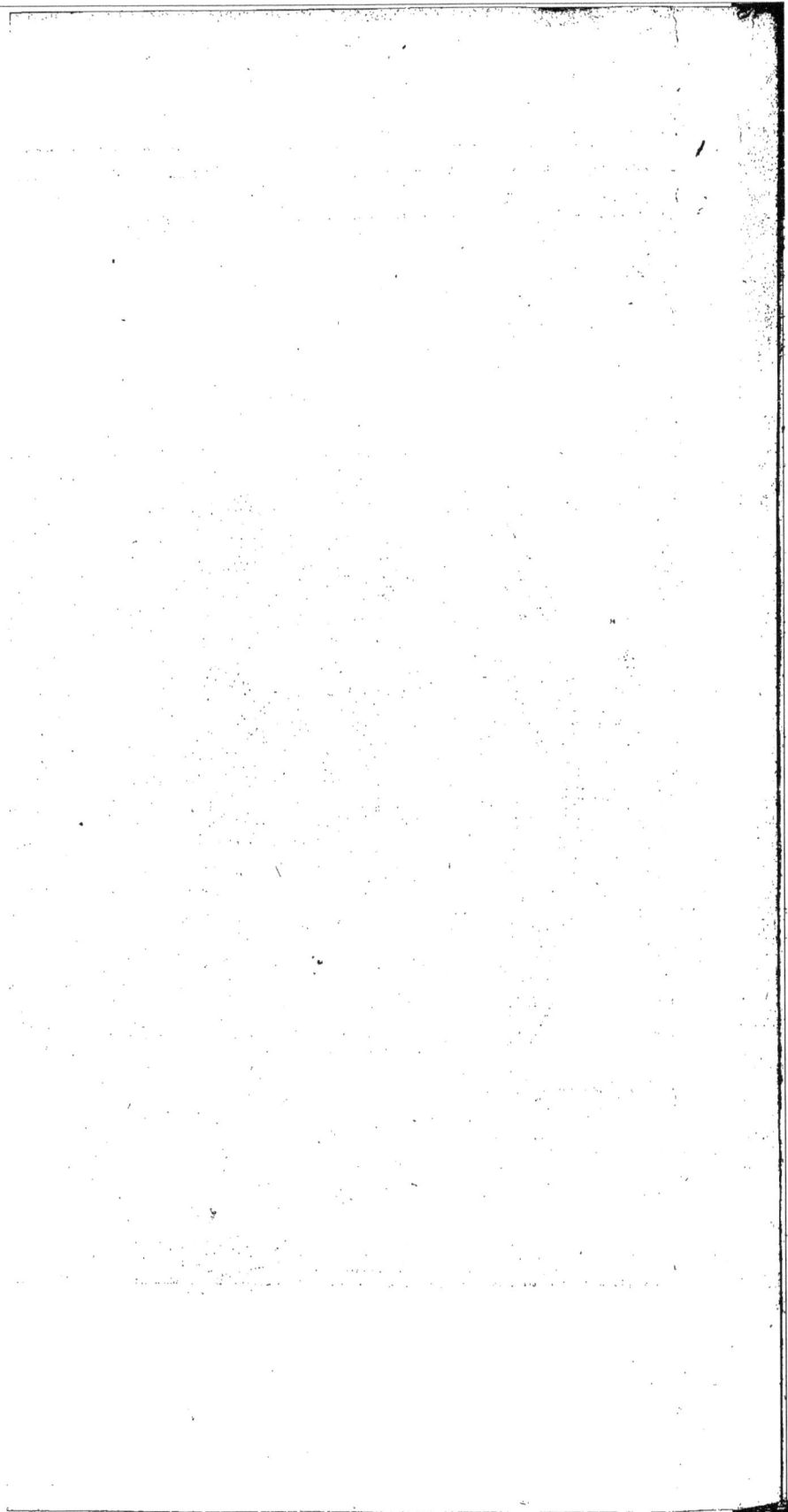

gue regle entre l'œil & ces Etoiles ; & comme l'on voit par ce Planisphere l'arrangement des Etoiles qui sont en ligne droite avec celle du Nord, il sera facile de les connoître toutes, en comparant celle du Ciel avec celle du Planisphere.

Si l'on expose le Pole d'un de ses Hemispheres vers le Pole du Ciel qui lui convient, & une des Constellations vers celle du Ciel qu'elle représente, toutes les autres Constellations du Planisphere seront aussi tournées vers celles du Ciel, qu'elles représentent.

Voilà la plus facile maniere de connoître les Etoiles.

J'ai dressé, & fait graver depuis peu un Planisphere en grand, dont les usages s'y pratiquent bien plus commodément. Je les ai expliqués dans un petit Livre que j'ai fait imprimer séparément.

CHAPITRE XII.

Des Planetes.

SECTION I.

Des seconds mouvemens des Planetes.

AYant ci-devant exposé le nombre des Planetes & leur disposition suivant les différens Systêmes du Monde, il nous reste présentement à dire quelque chose de leurs seconds mouvemens, suivant l'Hypothese de la Terre immobile au centre du Monde.

Toutes les Planetes ont chacune un mouvement particulier d'Occident en Orient sur l'Axe & sur les Poles du Zodiaque, qu'elles font en divers tems, ayant de plus grands cercles à parcourir à proportion qu'elles sont plus distantes de la Terre.

En observant leurs parallaxes, on a remarqué qu'en certains tems, elles paroissent plus éloignées de la Terre, & en d'autres tems plus proches ; ce qui fait que pour expliquer leurs mouvemens on a imaginé des Excentriques, c'est-à-dire, des Orbes dont le centre est plus ou moins éloigné du centre de la Terre ; la distance entre le centre de la Terre & celui de l'Orbe excentrique de la Planete, se nomme Excentricité; lorsqu'elle est dans la plus haute partie de son Excentrique, elle est la plus éloignée de la Terre qu'elle peut être, c'est-à-dire dans son Apogée ; mais lorsqu'elle est dans la partie de son Excentrique la plus voisine de la Terre, on dit qu'elle est dans son Perigée ; le milieu de sa route entre le Perigée & l'Apogée, est sa moyenne distance de la Terre, comme il est aisé de voir par la Figure ci-après, *Planche 9. fig.* 1ere.

Le Soleil dont le mouvement paroît le moins irrégulier, se meut selon l'ordre des Signes autour de la circonférence de son Excentrique, que l'on nomme aussi son Déférent, sur l'Axe & sur les Poles de l'Ecliptique, dont il ne s'écarte jamais, accomplissant son entiere révolution annuelle en 365. jours 5. heures 48. min. 45. secondes, faisant par jour 59. min. 8. secondes & 14. tierces d'un degré de l'Ecliptique, lorsqu'il est dans les moyennes distances; car étant dans son Apogée, son mouvement diurne paroît un peu plus lent, & dans son Perigée un peu plus vîte. L'Apogée & le Perigée du Soleil ne sont pas fixes aux mêmes points de l'Ecliptique; mais ils se meuvent selon l'ordre des Signes : leur mouvement annuel est environ d'une minute, & selon les Tables Rudolphines, le point de l'Apogée a été l'an 1700. au 7. deg. 25'. 47''. du Cancer, & le Perigée aux mêmes degrés, minutes & secondes du Capricorne.

L'Apogée du Soleil se rencontrant dans la partie Septentrionale, & environ le milieu de cette même partie, cela fait voir que le Soleil employe plusieurs jours davantage à parcourir la moitié de l'Ecliptique Septentrionale que la Méridionale, étant 187. jours pour aller de l'Equinoxe du Printems à celui de l'Automne, & 178. jours pour retourner de l'Equinoxe d'Automne à celui du Printems, lesquels ajoûtés ensemble, font l'année commune de 365. jours. Cela fait aussi que le Soleil est dans sa plus grande distance de la Terre au commencement de l'Eté, & dans sa plus petite au commencement de l'Hyver, auquel tems il est plus proche de nous qu'en Eté de 748. demi-diametres de la Terre ; & comptant $1432\frac{1}{2}$ lieuës communes de France pour chaque demi-diametre, on connoîtra qu'il est plus près de nous de 1071510. lieuës ; néanmoins nous ressentons pour lors le plus grand froid, parce que le Soleil s'élevant moins sur l'Horison, ses rayons viennent à nous plus obliquement, & ne font quasi que glisser sur la surface de notre Climat.

L'Excentricité du Soleil est au rayon de son orbe à peu près comme 1. à 29. & demi, & son diametre apparent occupe environ un demi-degré de son Ciel.

Le Déférent ou Orbe excentrique des autres Planetes est diversement incliné à l'Ecliptique, laquelle en est différemment coupée en deux points qu'on appelle nœuds, dont celui qui est au passage du Midi au Septentrion se nomme Nœud Boreal ou Nœud ascendant, que dans la Lune on appelle Tête de Dragon, & se marque ainsi ☊ ; l'autre qui est au passage du Septentrion au Midi, se nomme Nœud Austral & Nœud descendant, qui dans la Lune s'appelle Queuë de Dragon, que l'on distingue ainsi ☋. Les deux points du Déférent de la Lune les plus éloignés de l'Ecliptique,

que l'on nomme ses Limites, & où étant elle a sa plus grande latitude, s'appelle Ventre de Dragon. Ils sont éloignés des Nœuds de 90. deg. Ces Nœuds ne sont pas fixes en de certains points de l'Ecliptique; mais ils avancent peu à peu contre l'ordre des Signes, sçavoir dans la Lune de 3. min. 11. secondes par jour, achevant leur tour en 18. ans 223. jours 14. heures & 29. min.

Le mouvement de la Lune & des autres Planetes est plus composé que celui du Soleil; car outre l'Excentrique qui leur est commun avec lui, elles ont encore chacune un Epicycle, que les Astronomes ont imaginé pour rendre raison de l'irrégularité apparente de leurs mouvemens.

Lorsque la Lune est dans son Perigée, son mouvement propre est plus vîte que quand elle est dans son Apogée; ce qui fait croire qu'étant dans la partie inférieure de son Epicycle, elle va de même côté que le centre de l'Epicycle, c'est-à-dire, tous deux suivant l'ordre des Signes; au lieu que quand elle est dans la partie supérieure de son Epicycle, elle marche d'un mouvement contraire à celui du centre de l'Epicycle, ce qui retarde son mouvement; cependant elle n'est pas rétrograde, n'allant jamais contre l'ordre des Signes, comme font les autres Planetes, à cause que le mouvement qu'elle fait dans son Epicycle est plus lent que celui du centre de l'Epicycle dans l'Excentrique, la Lune fait une révolution dans son Epicycle en 14. jours 18. heures 22. min. ainsi elle fait deux révolutions en l'espace d'un mois synodique, c'est-à-dire, depuis une conjonction ou nouvelle Lune jusqu'à l'autre.

Quand elle est aux Sizigies, c'est-à-dire, dans ses conjonctions ou oppositions au Soleil, elle est toûjours dans la partie basse de son Epicycle; mais dans ses quadratures elle est dans la partie haute.

A l'égard des autres Planetes, leurs mouvemens paroissent encore plus irréguliers, étant quelquefois directs, c'est-à-dire, allant selon l'ordre des Signes; d'autres fois rétrogrades, ou allant contre l'ordre des Signes; & quelquefois stationaires, c'est-à-dire, qu'elles semblent ne bouger d'une place, & être quelque tems vis-à-vis le même degré du Zodiaque. Toutes ces irrégularités se remarquent depuis une de leurs conjonctions au Soleil jusqu'à l'autre. Supposons, par exemple, une des trois Planetes supérieures, comme Jupiter conjoint avec le Soleil. Jupiter parcourt environ la douziéme partie du Zodiaque, en l'espace d'une année, pendant que le Soleil en fait le tour entier; c'est pourquoi ils se retrouveront encore une fois conjoints au bout d'environ 13. mois, & seront en opposition six mois & demi après leur conjonction. Cette Planete aux environs de sa conjonction avec le Soleil paroît aller d'un mouvement plus vîte que d'ordinaire selon l'ordre des Signes; de sorte que son mouvement est direct l'espace d'environ 8. mois, sçavoir 4. mois avant la conjonction, & 4. mois après; elle paroît ensuite stationaire l'espace d'environ huit jours, après quoi on la voit rétrograder d'environ dix degrés pendant trois ou quatre mois. Dans le milieu de sa rétrogradation, elle se trouve en opposition avec le Soleil; après sa rétrogradation, elle est encore une fois stationaire. Enfin, elle devient directe en se raprochant du Soleil. Les Astronomes ont remarqué que la même situation de Jupiter à l'égard du Soleil, c'est-à-dire, sa conjonction, opposition ou autre aspect, se rencontre aux mêmes degrés du Zodiaque tous les 83. ans.

Quand les trois Planetes supérieures approchent de leur conjonction avec le Soleil, elles paroissent plus petites, ce qui fait juger qu'elles sont pour lors plus éloignées de la Terre; mais quand elles sont opposées au Soleil, elles paroissent plus grandes, & par conséquent plus proches de la Terre, mais particulierement Mars, dont le disque paroît dix fois plus grand, & en même tems moins éloigné que le Soleil.

L'Arc de rétrogradation de Saturne est moindre que celui de Jupiter, & celui de Mars est le plus grand de tous.

A l'égard des deux Planetes inférieures Venus & Mercure, on ne les voit jamais en opposition avec le Soleil, puisque Venus ne s'en éloigne pas de plus de 48. deg. & Mercure de 28. mais en chacune de leurs périodes elles se trouvent deux fois conjointes au Soleil, une fois dans la partie supérieure de leur orbe, & une fois dans la partie inférieure. Lorsque ces deux Planetes approchent de leur conjonction supérieure, leur mouvement est vîte & direct, & continue de même pour Venus jusqu'à ce qu'elle soit éloignée du Soleil de 48. deg. & Mercure de 28. pour lors elles paroissent pendant quelque peu de tems stationaires, ensuite leur mouvement paroît rétrograde en se rapprochant de leur conjonction inférieure avec le Soleil, & continuë de même jusqu'à ce qu'elles en soient éloignées de tout le demi-Diametre de leur Orbe, auquel tems elles paroissent encore une fois stationaires, & redeviennent ensuite directes dans la partie supérieure.

Les Excentriques des deux Planetes inférieures sont les mêmes que l'Excentrique du Soleil, & les Orbes de chacune sont comme leurs Epicycles, dont le Soleil occupe toûjours le Centre, ainsi qu'il est représenté par la figure du Systême composé, décrit ci-devant au Chapitre cinquiéme.

Toutes ces irrégularités apparentes, se peuvent expliquer, en disant que lorsque la Planete marche par la partie supérieure de son

Epicycle, elle paroît vîte & directe, parce que pour lors le mouvement du Centre de l'Epicycle autour de l'Excentrique, & celui de la Planete autour du même Epicycle, concourent d'un même côté, & selon l'ordre des Signes.

Lorsqu'elle marche dans la partie inférieure de son Epicycle, elle paroît rétrograde, parce que le mouvement qu'elle fait en son Epicycle d'un côté, surmonte le mouvement du centre du même Epicycle de l'autre, & ils paroissent aller tous deux en parties contraires & opposées, le Centre de l'Epicycle paroissant aller vers l'Orient pendant que la Planete en son Epicycle semble aller du côté d'Occident. De sorte que le mouvement vers l'Orient du centre de l'Epicycle étant excédé par celui de la Planete en son Epicycle vers l'Occident, cela la fait paroître rétrograde. *Planche 9. fig.* 1e.

Mais si les deux mouvemens de part & d'autre sont égaux, c'est-à-dire, que si le mouvement du Centre de l'Epicycle vers l'Orient est égal à celui de la Planete en son Epicycle vers l'Occident, alors la Planete est stationaire, & semble ne bouger d'une place, ce qui arrive pendant dix jours à Saturne, huit jours à Jupiter, deux jours à Mars, un jour & demi à Venus, & douze heures à Mercure. Ces stations sont doubles : le point de la premiere station est celui par lequel la Planete passe de son mouvement direct au rétrograde, & celui de la seconde station marque l'endroit par lequel elle va de son mouvement rétrograde à celui qui est direct. Le premier est dans la premiere moitié de l'Epicycle qui tend de l'Apogée au Perigée ; & le second est dans la seconde moitié qui tend du Perigée à l'Apogée.

La Lune fait sa révolution sinodique sur des Poles distans de ceux de l'Ecliptique de 5. deg. qui est par conséquent sa plus grande latitude, en 29. jours 12. heures 44. min. son Excentricité est à peu près comme de 1. à 23.

Saturne fait sa révolution sur des Poles distans de ceux de l'Ecliptique de 2. deg. 32′. en 29. ans 155. jours 8. heures ; son Excentricité est comme de 1. à 17.

Jupiter fait sa révolution sur des Poles distans de ceux de l'Ecliptique d'un deg. 20′. en 11. ans 313. jours 17. heures ; son Excentricité est de 1. à 20.

Mars fait sa révolution sur des Poles distans de ceux de l'Ecliptique d'un deg. 50′. en 1. ans 321. jours 22. heures ; son Excentricité est comme de 1. à 11.

Venus fait sa révolution sur des Poles distans de ceux de l'Ecliptique de 3. deg. 22′. en 7. mois & demi ; son Excentricité est comme 1. à 144. & demi.

Mercure fait sa révolution sur des Poles distans de ceux de l'Ecliptique de 7. deg. en 3. mois, & son Excentricité est comme de 1. à 5.

SECTION II.

Des Aspects des Planetes.

LEs Planetes ou Etoiles errantes sont ainsi nommées, à cause qu'elles s'approchent & s'éloignent les unes des autres dans le mouvement particulier qu'elles font d'Occident en Orient sur des Poles qui leur sont propres; & peu éloignés de ceux de l'Ecliptique, ne conservant pas entr'elles une même distance, comme font les Etoiles fixes.

Les Aspects sont certains regards que les Astres ont entr'eux dans la variété de leurs mouvemens. Il y en a de cinq sortes, sçavoir la Conjonction, l'Opposition, le Sextil, le Trine & le Quadrat.

La Conjonction se fait quand deux Planetes se trouvent en un même degré du Zodiaque en longitude; l'Opposition, quand elles se rencontrent en des degrés du Zodiaque opposés l'un à l'autre de six Signes, comme si le Soleil est au premier degré du Taureau, & que Jupiter ou quelqu'autre Planete se trouve au premier degré du Scorpion, alors ces deux Astres auront l'Aspect d'opposition, étant éloignés l'un de l'autre de la moitié du Ciel, ou de 180. degrés.

L'Aspect Sextil se fait quand deux Astres se trouvent éloignés l'un de l'autre de 60. deg. de l'Ecliptique, qui font deux Signes du Zodiaque, ou la sixiéme partie du Ciel; & l'Aspect Trine quand ils sont distans l'un de l'autre de 120. deg. qui font quatre Signes, ou un tiers du Ciel.

Enfin l'Aspect Quarré, ou Quadrat, se fait quand deux Astres sont éloignés l'un de l'autre de 90. deg. c'est-à-dire, de trois Signes, ou du quart du Ciel.

Ces Aspects sont marqués par des caracteres particuliers qui les distinguent l'un de l'autre. Celui de la conjonction est ainsi marqué ☌; celui de l'Opposition a ce caractere ☍; le Sextil a une Etoile, ainsi ✱; le Trine est marqué par un Triangle ▽, & le Quadrat par un quarré □. C'est de cette maniere qu'ils sont marqués dans les Ephémerides, qui sont une espece de Calendrier où sont marqués tous les jours, les vrais lieux des Planetes à l'heure de midi, avec leurs Aspects; la Figure 2. de la Planche 9. fait voir la disposition des Aspects des Planetes.

C'est sur ce principe des Aspects des Planetes, que les Astrologues

Planche 9. Page 72.

Fig. 1.ere

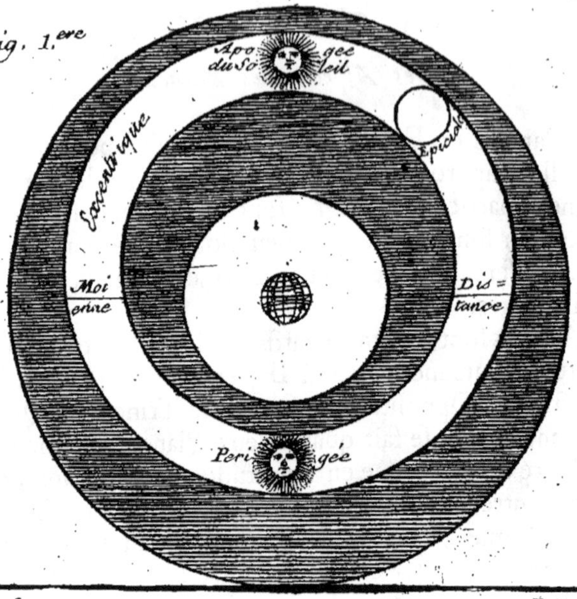

Apogee du Soleil

Excentrique

Epicicle

Moienne Distance

Perigée

Planche 9. Page 72

Fig. 2.

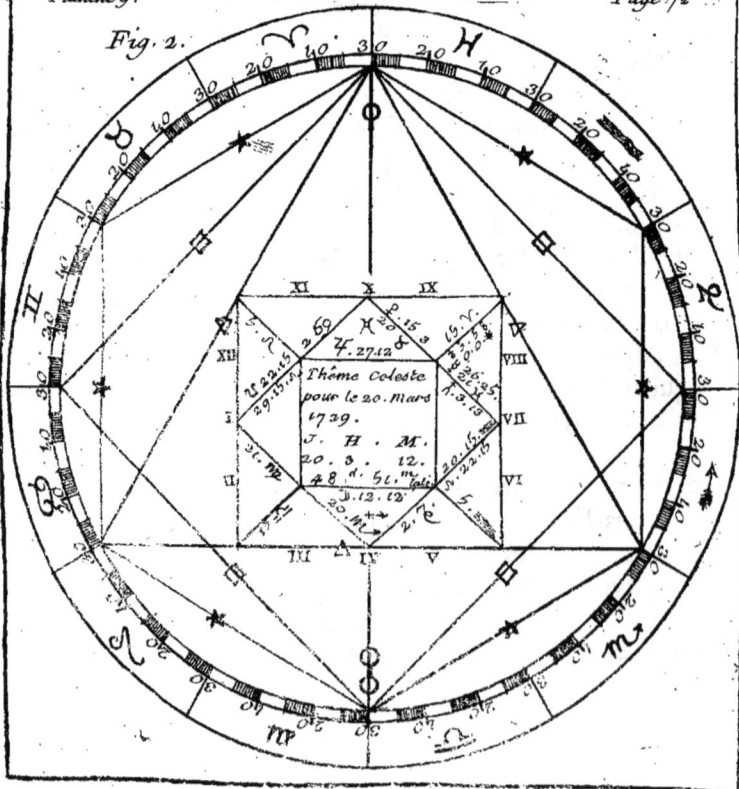

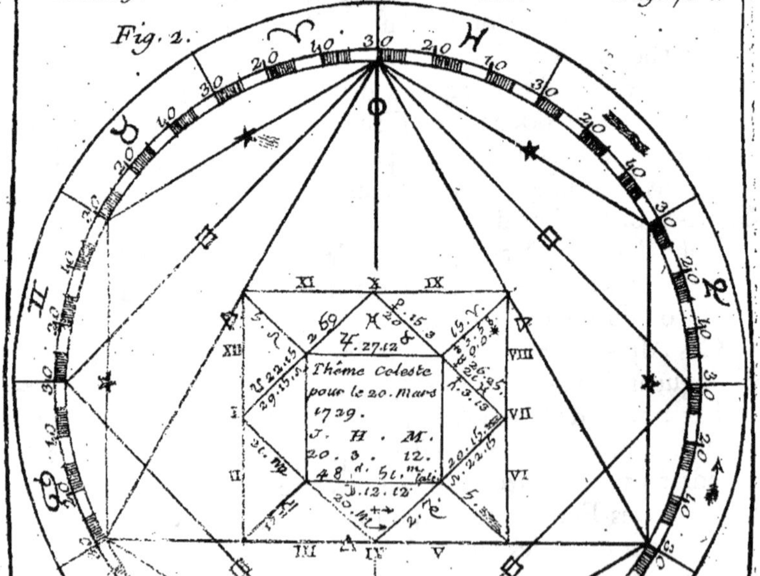

Thême Celeste pour le 20. Mars 1729.

J. H. M.
20. 3. 12.
48 d. 51 m lati

fondent leurs prétenduës Sciences, & prétendent pénétrer dans l'avenir; soit pour le changement des tems, soit pour prédire le bonheur ou le malheur des hommes; ce que les Astronomes n'approuvent pas, parce qu'ils n'ont jamais reconnu de solidité dans les régles que les anciens & les modernes ont données pour prévoir l'avenir par la configuration des Astres.

Les Astrologues divisent le Ciel dans leurs Thêmes célestes en douze parties égales, qui sont des Meridiens ausquels ils ont donné le nom de Maisons célestes. On commence à compter ces Maisons à l'Orient, en descendant sous l'Horison, de telle sorte que les six premieres sont toûjours sous l'Horison, & les six autres dessus.

La premiere Maison est appellée Horoscope, maison de la vie, du tempérament, de la santé, de l'esprit, & angle oriental. La seconde, la maison des Richesses, de l'or, des fonds en Terre. La troisiéme, la maison des Freres & des Alliés. La quatriéme, dans le plus bas du Ciel, la maison des Parens, des Successions, & l'angle de la Terre. La cinquiéme, la maison des Enfans & des Plaisirs. La sixiéme, la maison des Domestiques & des Sujets. La septiéme, dessus l'Horison, du côté de l'Occident, la maison du Mariage, & l'angle d'Occident. La huitiéme, la maison de la Mort & Porte supérieure. La neuviéme, la maison de la Piété & des Voyages. La dixiéme, au plus haut du Ciel, la maison des Offices, des Actions & de la Gloire. La onziéme, la maison des Amis. La douziéme, la maison des Maladies, des Prisons, des Ennemis cachés, & des afflictions.

On dispose ces maisons dans un quarré, de la maniere qu'on le voit dans le milieu de la *planche 9.* des aspects des Planetes, & l'on trouvera dans le troisiéme Livre aux Usages du Globe terrestre, la maniere de dresser cette figure ou Thême céleste.

Nous n'entreprendrons point de rapporter les principes sur lesquels est fondée la science de l'Astrologie judiciaire. Ceux qui voudront connoître par eux-mêmes la foiblesse des fondemens qui soûtiennent un édifice si peu solide, pourront s'en instruire en lisant les Livres de Stoflers, Magin, Pagan, Morin, & autres, qui ont écrit sur cette matiere. On trouve au milieu de la figure des aspects des planetes, un Thême céleste tracé; nous en parlerons dans le troisiéme Livre.

Le Soleil étant le seul corps lumineux qui communique à toutes les autres Planetes la lumiere qu'elles renvoyent, comme par réflexion, sur la surface de la Terre, & ce, diversement selon leurs différens aspects, lesquels nous paroissent plus sensiblement ſur le Globe de la Lune, parce qu'elle eſt plus proche de la Terre; nous allons expliquer dans les Sections ſuivantes ce qu'il y a de plus remarquable à ce ſujet.

SECTION III.

De l'Illumination de la Lune, de ſes Phaſes & de ſes Taches.

LA Lune n'a point de lumiere d'elle-même, & celle que l'on voit ſur ſon Globe ne vient que du Soleil qui l'éclaire, & qui par une infinité de réflexions différentes qui ſe font ſur la ſuperficie toute brute & inégale de ſon corps la renvoyent vers la Terre.

Les cauſes de toutes les diverſités des Phaſes que l'on y remarque, ne viennent que de la différente poſition de la Lune par raport à la Terre & de l'œil, qui fait que l'on voit plus ou moins de la partie éclairée de ſon corps, dont un peu plus de la moitié eſt toûjours vûe du Soleil. La *fig.* ci-après *pl.* 10. fait voir comme les rayons du Soleil venant à rencontrer la Lune aux points d'attouchement E & G, H & K, L & N, 2. & 3. en éclairent toûjours la moitié; mais la Terre étant en T, centre de l'orbite de la Lune, & la Lune ABCD étant conjointe au Soleil, quand elle eſt nouvelle, cela fait qu'aucune partie de la moitié éclairée du Globe de la Lune ne peut être apperçûe de la Terre, à cauſe qu'elle eſt toute expoſée au Soleil, & que ſon autre moitié obſcure eſt tournée du côté de la Terre; mais ſi-tôt que la Lune s'éloigne du Soleil, au même inſtant une partie de cette moitié obſcure vient à entrer dans celle qui eſt illuminée; de ſorte que la Lune étant en V, on commence à découvrir la petite partie EFG de toute la moitié ci-devant obſcure. Et ainſi, à meſure que la Lune s'éloigne du Soleil, ſa partie obſcure devient illuminée de plus en plus; ce qui fait que quand elle eſt parvenuë en X, au premier quartier, où elle en eſt éloignée d'environ 90. deg. elle paroît demi-pleine, c'eſt-à-dire, que l'on voit de la Terre la moitié de ſon diſque HIK éclairée. Quand elle eſt au point Y, on en découvre davantage, & toûjours ſa lumiere augmente & croît juſqu'à la pleine Lune, où étant éloignée du Soleil de 180. deg. on voit de la Terre tout ſon diſque éclairé, comme on peut voir en la figure au lieu marqué Z; mais quand elle commence à décroître, & qu'elle pourſuit ſon cours dans ſon orbite aux points P, O, Q, on voit par la même figure, que la partie illuminée de ſon corps diminuë à proportion qu'elle ſe raproche du Soleil, où étant derechef parvenuë, la moitié de ſon corps expoſée vers la Terre redeviendra toute obſcure comme elle l'étoit auparavant. Lorſque la Lune paroît sous la forme d'un Croissant, ses cornes sont tournées vers la partie opposée au Soleil.

Il faut sçavoir qu'il n'y a point de parfaite pleine Lune, à moins qu'elle ne soit centralement éclipsée ; ce qui fait que dans les pleines Lunes son disque n'est pas un cercle, à cause qu'elle a ordinairement de la latitude, petite ou grande, soit du côté du Septentrion, soit vers le Midi, selon qu'elle est plus ou moins éloignée de l'un ou de l'autre de ses nœuds, ou qu'elle est plus près ou plus loin de l'une de ses limites. Mais la différence qu'il y a n'est pas sensible, principalement quand sa latitude est fort petite, & qu'elle est très-proche de l'un de ses nœuds ; ainsi quand la Lune est pleine, elle n'est pas diametralement opposée au Soleil, comme est le point Z, mais elle est un peu à côté, comme en R ou en T ; ce qui fait que les rayons du Soleil viennent directement sur son corps, sans rencontrer la Terre, comme ils font quand elle est en Z, où elle est précisément opposée au Soleil, & souffre une éclipse plus ou moins grande à proportion que son centre est plus ou moins éloigné du vrai point d'opposition au Soleil, qui est toûjours dans le plan de l'Ecliptique. Par les mêmes raisons, quand la Lune est nouvelle, ce que l'œil peut découvrir de son hémisphere exposé vers la Terre, n'est pas tout-à-fait obscurci, ni les luminaires centralement conjoints, vû que si cela étoit, il y auroit toûjours une Eclipse du Soleil aux nouvelles Lunes, & par la même raison une Eclipse de Lune toutes les fois qu'elle seroit pleine, ce qui n'arrive pas.

Si on veut avoir une démonstration sensible des différentes Phases de la Lune, ou de ses différentes illuminations, on pourra se servir de la lumiere d'un flambeau, en exposant un corps sphérique, comme une balle, à cette lumiere, en sorte que cette balle soit justement posée entre le corps lumineux & l'œil, & dans une même ligne droite avec l'un & l'autre ; ce qui étant, on verra que la moitié de la balle, qui est vers le corps lumineux, est toute éclairée, & celle qui est vers l'œil, toute dans l'obscurité. Mais si on recule un peu cette balle de quelque côté que ce soit, en sorte que le corps lumineux, l'œil & la balle soient dans un même plan, ou à peu près, on verra une partie de cette balle éclairée par le corps lumineux, & elle le sera de plus en plus, jusqu'à ce que l'œil se rencontre entre le corps lumineux & la balle, où alors sa moitié, qui étoit ci-devant toute obscure, paroîtra illuminée ; la cause de cela est en un mot, que toute la moitié de la balle qui est obscure, quand elle est placée justement entre l'œil & le corps lumineux, s'expose vers le flambeau quand la balle commence à s'en éloigner, & se découvre toûjours de plus en plus à proportion qu'elle s'en écarte.

Des Taches de la Lune.

LE corps de la Lune étant vû avec un Telescope, ou Lunette d'approche, paroît avec beaucoup de taches, qui sont comme des parties de son corps inégalement solides, qui réflechissent différemment la lumiere. A voir les parties claires & obscures de la Lune, il semble qu'il y ait des terres d'un côté, des lacs & des rivieres de l'autre. Quatre ou cinq jours après la nouvelle Lune il y paroît comme des creux ou petites fosses, dont la lumiere en éclairant un côté laisse l'autre dans l'ombre. Mais quelques jours après la pleine Lune, on voit partie de ses taches qui paroissent être détachées du reste de son corps, & ayant des figures fort irrégulieres. On a donné divers noms à ces taches ou macules. Messieurs de l'Académie Royale des Sciences de l'Observatoire de Paris en ont fait graver une figure en grand fort curieuse. On la voit représentée en petit dans la Planche 22. au deuxiéme Livre avec ces taches, que j'ai fait graver; ces taches servent beaucoup dans les observations des Eclipses de la Lune, comme nous dirons en son lieu.

SECTION IV.

Des Eclipses du Soleil & de la Lune.

L'Eclipse du Soleil est causée par l'interposition du corps de la Lune directement entre l'œil & le Soleil, & l'Eclipse de la Lune se fait par la Terre, quand elle se trouve justement posée entre le Soleil & la Lune.

La Lune étant un corps opaque & qui n'a point de lumiere, nous empêche de joüir de celle du Soleil en se rencontrant directement sous son corps au tems de sa conjonction avec le Soleil. Et la Terre n'ayant point aussi de lumiere d'elle-même, non plus que la Lune, fait que venant à se trouver précisément entre le Soleil & la Lune, les rayons du Soleil ne pouvant pénétrer la Terre, la Lune demeure quelque tems dans son ombre, privée de lumiere. La figure ci-après fera entendre ceci plus particulierement, *Planche* 11.

Il faut sçavoir que le Soleil étant bien plus grand que la Terre, ses rayons extrêmes AEG, BFG, qui touchent la Terre, aux

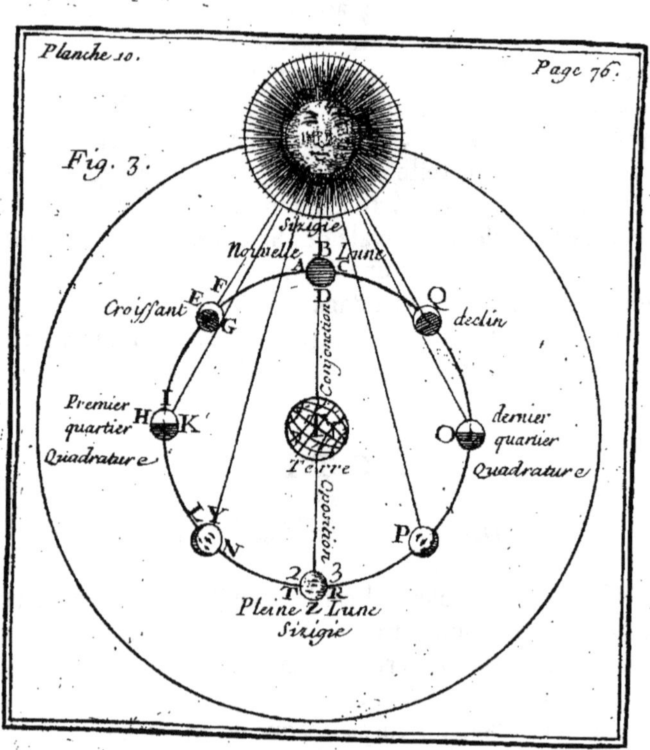
Planche 10.
Page 76.
Fig. 3.
Sizigie
Nouvelle B Lune
A C
D
E F
Croissant
G
Q
declin
Conjonction
Premier
quartier
I
H K
Quadrature
dernier
quartier
O
Quadrature
Terre
Oposition
L Y
N
P
2 3
T R
Pleine Z Lune
Sizigie

points E & F, ſe terminent en un point G, qui eſt celui où l'ombre de la Terre finit, de ſorte que l'ombre de la Terre Q eſt de la forme d'un Cône, ou pain de ſucre, laquelle eſt nommée pour ce ſujet le Cône de l'ombre terreſtre, *fig.* 2.

Il en eſt de même à l'égard de la Lune, l'ombre de laquelle ſe termine auſſi en pointe environ au point T, vers la ſuperficie de la Terre. Ainſi on peut voir qu'au tems de la nouvelle Lune, lorſqu'il arrive que le centre de la Lune & celui du Soleil ſont dans une même ligne droite, ou à peu près, avec l'œil du ſpectateur T, le corps du Soleil ſera caché par celui de la Lune, & il y aura une Eclipſe de Soleil, ou pour mieux dire, une Eclipſe de Terre, puiſque le Soleil ne perd point ſa lumiere, & que c'eſt la Terre qui eſt obſcurcie & privée de lumiere. *fig.* 1.

Mais au tems de la pleine Lune, ſi ſon corps ſe trouve dans la partie H de ſon orbite qui traverſe le Cône de l'ombre terreſtre EGF, alors la Lune étant plongée dans l'ombre de la Terre, & ne pouvant recevoir la lumiere du Soleil, ſouffrira Eclipſe. *figure* 2.

On peut connoître par le calcul juſqu'où s'étend le Cône de l'ombre terreſtre, dont le ſommet doit faire un angle égal à celui ſous lequel paroît le diametre du Soleil. Si donc le diametre apparent du Soleil dans ſes moyennes diſtances eſt de 32. minutes, il s'enſuit que l'axe de ce Cône d'ombre s'étend juſqu'à 215. demi-diametres terreſtres, ſans y comprendre ce que peut augmenter l'Atmoſphere; d'où il eſt aiſé de conclure que la Lune, dont le vrai diametre eſt un peu plus d'un quart de celui de la Terre, peut ſe trouver entiérement plongée dans l'ombre pure, puiſque ſon plus grand éloignement de la Terre n'eſt pas de plus de 61. demi-diametres terreſtres.

M. de la Hire a dit dans les diſcours qui accompagnent ſes Tables Aſtronomiques, que l'Atmoſphere augmente d'une minute le diametre de l'ombre de la Terre, ou la parallaxe horiſontale de la Lune: cette minute vaut les 25. lieuës que l'Atmoſphere peut avoir de hauteur.

Les Aſtronomes prétendent que ce n'eſt point l'ombre de la Terre qui fait Eclipſe de Lune, mais celle de l'Atmoſphere qui envelope la Terre, & qui a environ 25. lieuës de hauteur.

A l'égard du Cône de l'ombre lunaire, il eſt beaucoup plus petit que celui de la Terre; car lorſque le diametre apparent du Soleil eſt plus grand que le diametre apparent de la Lune, ſon ombre ne parvient pas juſqu'à nous; & ſi pour lors la Lune ſe trouve directement entre le Soleil & la Terre, elle ne peut pas nous cacher entiérement le Soleil ; mais il paroît sur le bord extérieur de son disque un cercle de lumiere.

Que si le diametre apparent de la Lune étoit égal au diametre apparent du Soleil, son ombre pourroit s'étendre jusqu'au centre de la Terre, & couvrir une partie de la surface du Globe terrestre terminée par un cercle dont le diametre seroit d'environ 13. lieuës communes de France, & la surface de 133. lieuës quarrées ; en supposant les diametres apparens du Soleil & de la Lune de 32. min. chacun dans leur orbe à l'égard du centre de la Terre : en ce cas les Habitans de cette contrée seroient dans l'ombre pure, & souffriroient pour un peu de tems une nuit obscure.

Les Eclipses sont totales ou partiales : les totales arrivent quand le corps du Soleil ou de la Lune est entiérement caché ; & les partiales se font quand il n'y en a qu'une partie éclipsée. On les distingue aussi en centrales & non centrales. Les Eclipses sont centrales quand le Soleil & la Lune sont ensemble vis-à-vis le même nœud ; de sorte que leurs centres soient en une même ligne droite avec celui de la Terre ; elles ne sont point centrales quand la Lune se trouve un peu à côté de ses nœuds.

Les termes Ecliptiques sont les distances de la Lune de l'un de ses nœuds, & dans lesquels les Eclipses doivent arriver. Les moindres sont aux Eclipses de Lune de 11. deg. 10'. & à celles du Soleil de 5. deg. 45. min.

Les Parallaxes, & principalement celles de la Lune, nous font quelquefois paroître des Eclipses comme centrales, qui ne le sont qu'en apparence.

Les Eclipses totales sont d'une plus longue durée que les partiales, puisque les totales se font aux endroits les plus épais du disque du Soleil ou de l'ombre ; tout au contraire des partiales, qui se forment aux lieux les plus proches de la circonférence du même disque du Soleil ou de l'ombre de la Terre. Mais entre les Eclipses totales, les centrales doivent être les plus longues, puisque la Lune traverse le plus épais de l'ombre en parcourant le diametre de la même ombre.

Les plus grandes Eclipses du Soleil arrivent lorsqu'il est en son Apogée, & la Lune en son Perigée, & par conséquent dans sa plus grande vîtesse, les unes & les autres étant centrales ; parce que le Soleil étant dans son Apogée, son demi-diametre apparent est le plus petit qu'il puisse être ; & quand la Lune est dans son Perigée, son diametre apparent est le plus grand ; de sorte que l'Eclipse du Soleil est non seulement totale, mais aussi avec la plus grande demeure. La durée totale de ces sortes d'Eclipses solaires est de 3. heures 8. min. & la demeure de tout le Soleil dans l'obscurité, 9. min. & 30. secondes de tems.

Lorsque le diametre apparent de la Lune, égale le diametre apparent du Soleil, & que l'Eclipse est centrale, tout le corps du Soleil ne paroît qu'un moment sans clarté, à cause du mouvement continuel de la Lune, qui donne bientôt lieu à la lumiere du Soleil de se répandre sur la Terre; c'est ce qu'on nomme une Eclipse totale sans demeure. Mais lorsque le diametre apparent de la Lune est plus petit que le diametre apparent du Soleil, & que son Eclipse est centrale, la partie qui n'est point obscurcie, paroît comme un anneau lumineux terminé par deux circonférences concentriques, dont la plus grande termine le Disque solaire, & l'autre la partie éclipsée de son Disque; ce qui est aisé à comprendre.

A l'égard des plus grandes Eclipses de la Lune, elles se font quand le Soleil & la Lune sont l'un & l'autre dans leur Apogée, & qu'elles sont centrales; car pour lors le cône de l'ombre terrestre est plus grand, & le mouvement de la Lune est plus lent; ce qui fait qu'elle employe plus de tems à parcourir ladite ombre. Pour la Lune, il semble qu'elle devroit être en son Perigée, puisqu'elle y est dans un endroit plus épais de l'ombre que quand elle est en son Apogée. Cependant les plus grandes Eclipses ne s'y font pas à cause que la proportion de la vîtesse du mouvement qu'elle a dans son Perigée, au respect de celui qu'elle a dans son Apogée, est plus grande que la proportion de l'épaisseur du passage de l'ombre en son Perigée, au regard du passage qu'elle fait en son Apogée. La durée des plus grandes Eclipses de la Lune est à peu près de quatre heures. La Planche 11. fig. 2. fait voir ces différentes grandeurs d'Eclipses.

L'Eclipse du Soleil commence à se former lorsque la partie orientale du disque de la Lune vient à rencontrer l'occidentale du disque du Soleil, & elle finit quand la partie occidentale du disque de la Lune quitte tout-à-fait l'orientale du disque du Soleil. Il en est de même du commencement & de la fin des Eclipses de la Lune à l'égard du disque de l'ombre; mais avec cette différence, que l'Eclipse du Soleil commence par la partie occidentale de son disque, tout au contraire de la Lune, qui commence d'être éclipsée par la partie orientale du sien; & que l'Eclipse du Soleil finissant par la partie orientale de son disque, la Lune finit la sienne par la partie occidentale du sien.

La grandeur d'une Eclipse se mesure par les doigts écliptiques, qui sont les parties du diametre du Soleil & de la Lune, divisé en 12. parties égales. Ainsi quand il paroît, par exemple, que sept ou huit parties du diametre de l'un ou de l'autre luminaire sont éclipsées, on dit que la portion obscurcie de l'Eclipse est de sept à huit doigts. L'on divise aussi chaque doigt en 60. minutes.

L'Eclipse de la Lune est universelle, & paroît dans le même moment à tous ceux qui peuvent voir la Lune, lesquels cependant comptent différentes heures, selon que les lieux où ils sont se trouvent plus orientaux ou occidentaux, comme nous l'expliquerons ci-après plus amplement dans le second Livre, en traitant des longitudes de la Terre.

Il n'en est pas de même du Soleil, il ne paroît pas éclipsé à tous les peuples d'un même Hemisphere, mais seulement à ceux sur lesquels l'ombre de la Lune tombe dans le tems de l'Eclipse. Ceux qui sont tout-à-fait dans l'ombre le voyent totalement éclipsé. Quelques-uns de ceux qui sont hors de cette ombre, le voyent éclipsé en partie, & d'autres ne le voyent point du tout éclipsé. Tous ceux à qui l'Eclipse est visible, ne la voyent pas dans le même moment, mais successivement, les Occidentaux les premiers, & les Orientaux ensuite, à mesure que la Lune avance par son mouvement particulier d'Occident vers l'Orient.

Les Eclipses de Lune sont plus fréquentes que celles du Soleil, & les mêmes reviennent de 19. ans en 19. ans, c'est-à-dire, dans les mêmes points du Zodiaque.

Les Astronomes calculent si exactement les mouvemens des Planetes, qu'ils en prédisent les Eclipses, avec le tems précis de leur commencement & de leur fin, leur durée totale, leur grandeur, & généralement toutes les circonstances, eu égard à la surface de la Terre, d'où elles peuvent être apperçûes. Tout cela est très-bien expliqué dans les Tables Astronomiques de M. de la Hire.

Feu M. Cassini a inventé depuis long-tems une Methode pour tracer le chemin de l'ombre de la Lune sur la Terre aux Eclipses du Soleil, & déterminer par là tous les lieux où l'Eclipse sera totale ou partiale, &c. Cette Méthode est rapportée dans l'Histoire de l'Académie des Sciences de M. du Hamel.

Dans l'Eclipse du Soleil du 23. Septembre 1696. M. Cassini avoit décrit le mouvement de l'ombre d'Occident en Orient, déclinant vers le Midi, l'avoit fait commencer vers les parties orientales de l'Amérique septentrionale, & finir à la partie occidentale de la Chine, après avoir traversé le milieu de l'Afrique.

Dans l'Eclipse du 12. Mai 1706. le mouvement de l'ombre fut d'Occident en Orient, déclinant vers le Septentrion. Il commença à paroître total au lever du Soleil dans l'Océan Atlantique en-deçà de l'Equateur l'Equateur & de l'Amérique ; traversa la Mediterranée ; alla jusques dans la grande Tartarie, & du côté du Septentrion, une partie de l'ombre tomba dans la Mer, aussi-bien que dans l'Eclipse de 1699. Ces deux Eclipses étant comparées ensemble, l'ombre de la premiere alloit du Nord-Ouest au Sud-est, & celle de la seconde du Sud-Ouest au Nord-Est ; & si elles avoient laissé des traces, elles se seroient croisées en Pologne.

L'ombre totale de la Lune ayant parcouru plus de dix deg. de la circonférence de la Terre en 4. min. d'heure, ce mouvement est plus rapide que celui d'un boulet de canon dans l'air. Cette prodigieuse vîtesse de l'ombre vient de ce que tandis que la Lune parcourt un degré de son orbe, son ombre parcourt sur la Terre un espace égal. Sçachant ce que vaut un degré de l'orbite de la Lune appliqué sur la circonférence de la Terre, les circonférences des deux cercles étant comme leurs rayons, & la distance de la Lune à la Terre, ou ce qui est la même chose, le demidiametre de son orbite étant environ 60. demi-diametres de la Terre, un deg. de l'orbite de la Lune vaut 60. deg. d'un grand cercle de la Terre, ou 1500. lieuës : or la Lune parcourt un degré de son orbite environ en 2. heures, ce qui donne à son ombre une vîtesse de 12. lieuës par minute, & dans ce même tems un boulet de canon ne parcourroit que près de trois lieuës.

Les lieux qui voyent une Eclipse totale, peuvent ne la pas voir centrale, parce que la Lune peut couvrir entiérement le Soleil, sans que la Ligne tirée du lieu de l'observation au centre de la Lune passe aussi par le centre du Soleil ; mais ceux qui voyent une Eclipse centrale, la voyent aussi totale.

Lorsqu'une Eclipse centrale est durable totale pendant 5. ou 6. min. qui est la plus grande durée qu'une Eclipse totale de Soleil puisse avoir, puisque le diametre apparent de la Lune excéde celui du Soleil de 2. min. & demie, la Lune après avoir entiérement couvert le Soleil, à ces 2. min. & demie à parcourir dans son orbite, avant que de pouvoir laisser la moindre partie du Soleil découverte. Or si la Lune fait un degré de son orbite en 2. heures, elle en fait 2. min. & demie en 5. min. en sorte qu'aux Pays qui ont ces sortes d'Eclipses, l'obscurité est si grande, que l'on ne voit plus à lire ni à travailler ; les oiseaux de nuit sortent de leurs trous, & ceux qui volent le jour se cachent. Les Observateurs voyent Mercure auprès du Soleil, Venus, Saturne & plusieurs Etoiles fixes de toutes parts. Et quand la plus petite partie du Soleil commence à reparoître, c'est comme un éclair subtil & très-vif.

C'est ce qu'on vit à Londres le 3. Mai 1715. pendant l'Eclipse totale qui y arriva : on vit plus, car on vit paſſer les Hibous; lorſque le Soleil fut près d'être entiérement éclipſé, tous les Coqs de Londres ſe mirent à chanter comme au point-du-jour, toutes les Poules allerent ſe percher comme la nuit; en général on remarqua que tous les animaux parurent fort effrayés. Cette obſcurité n'eſt pourtant pas à beaucoup près ſi grande que celle de la nuit; mais la couleur du Ciel eſt fort extraordinaire, ne reſſemblant ni au crépuſcule ni à la nuit. Mais outre ces remarques, M. le Chevalier de Louville de l'Académie Royale des Sciences, qui fut exprès en Angleterre pour obſerver cette Eclipſe totale, en a fait d'autres plus importantes, & qu'il a bien voulu me communiquer.

Un premier Phénomene, par exemple, c'eſt un cercle de lumiere qui parut autour de la Lune, dès que le Soleil fut entiérement éclipſé, & qui diſparut dans l'inſtant même du recouvrement de la lumiere; Phénomene dont M. de Louville conclut qu'il y a autour de la Lune une Atmoſphere ſemblable à celle qui eſt autour de la Terre, n'y ayant ſelon lui qu'une pareille Atmoſphere, qui en rompant les rayons du Soleil, les détourne alors de la ligne droite, & les renvoye vers la Terre.

Un autre Phénomene, c'eſt que ce cercle n'étoit pas également lumineux par tout, mais qu'il avoit de petites interruptions; Phénomene, dont M. de Louville conclut encore, qu'il y a dans la Lune de hautes montagnes & en grande quantité, qui en interceptant une grande partie des rayons du Soleil, cauſent ces interruptions de lumiere.

Enfin, un dernier Phénomene très-ſingulier, & que M. de Louville dit n'avoir pas été remarqué par perſonne qu'il ſçache, ce ſont certaines fulminations ou vibrations inſtantanées de rayons lumineux qui parurent pendant l'obſcurité totale ſur la ſurface de la Lune, tantôt dans un endroit & tantôt dans un autre : Phénomene dont il eſt aiſé de rendre raiſon dans le Syſtême de M. de Louville, c'eſt-à-dire, en ſuppoſant une Atmoſphere autour de la Lune, & grand nombre de hautes montagnes ſur ſa ſurface; car les Pays montagneux étant plus ſujets aux orages que les autres, il n'eſt pas étonnant que pendant l'Eclipſe il y ait eu quelques orages dans la Lune, & en ce cas, ces feux qu'on a vûs n'auront été que des éclairs ſemblables aux nôtres : ce qui confirme même cette opinion, c'eſt que ces feux ont paru principalement du côté de l'immerſion du Soleil, c'eſt-à-dire, du côté de la Lune échauffée depuis quinze jours ſans interruption des ardeurs du Soleil, & par conſéquent fort ſujet aux orages.

On a obſervé à Paris l'Eclipſe dont nous venons de parler du 3.

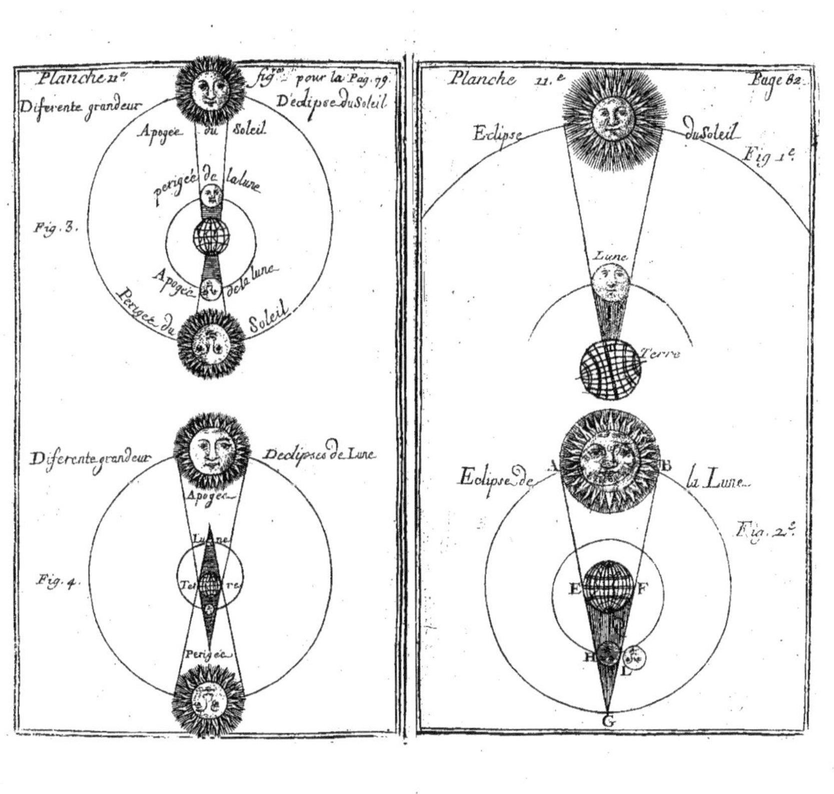
Planche 11e. fig. pour la Pag. 79.
Diferente grandeur D'eclipse du Soleil
Apogée du Soleil
perigée de la lune
Fig. 3.
Apogée de la lune
Perigée du Soleil
Diferente grandeur De eclipses de Lune
Apogée
Lune
Fig. 4.
Terre
Perigée
Planche 11.e Page 82.
Eclipse du Soleil
Fig. 1e.
Lune
Terre
Eclipse de la Lune
A
B
Fig. 2e.
E
F
H
L
G

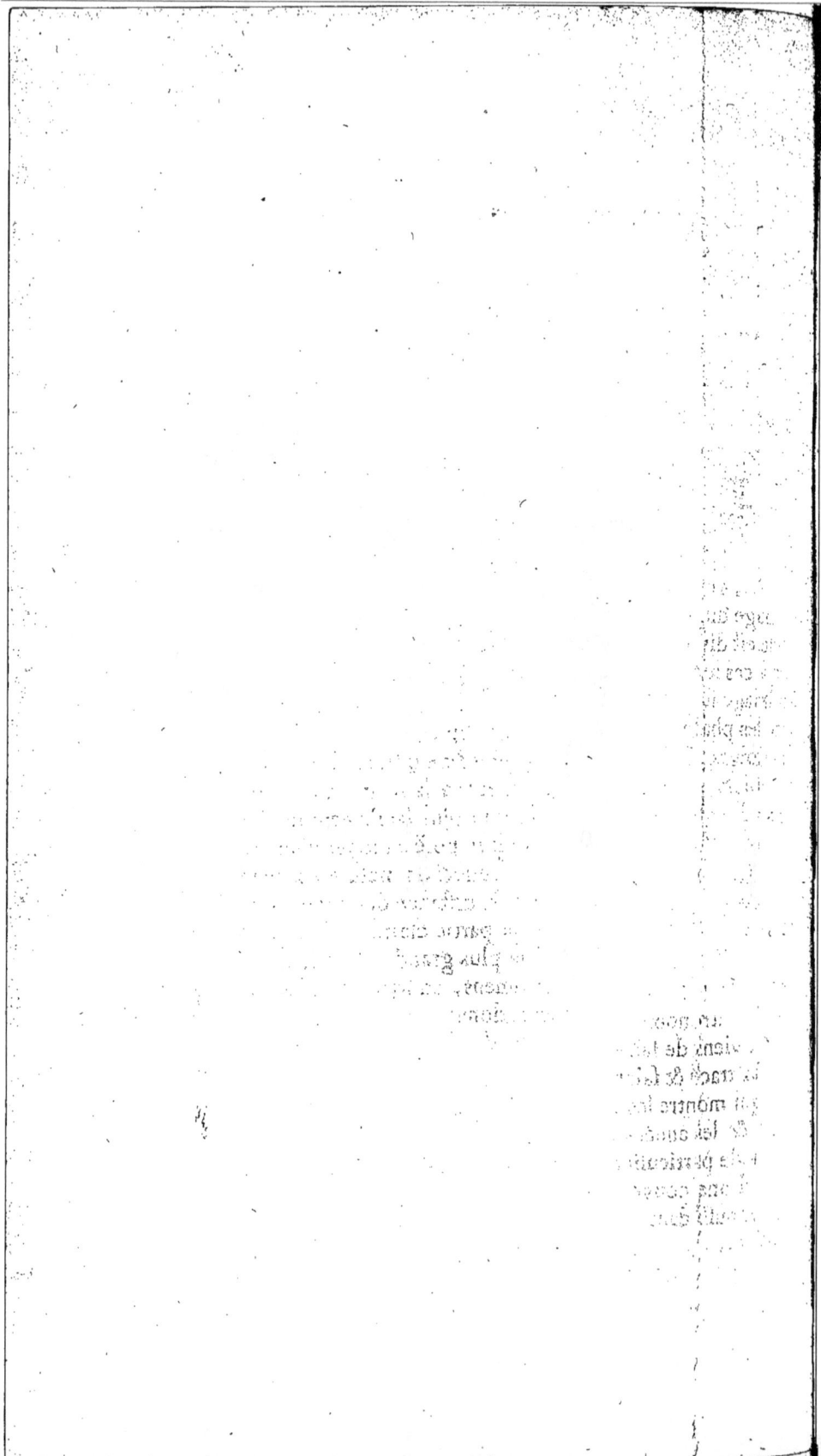

Mai 1715. elle a commencé à 8. h. 12′. & a fini à 10. h. 29′. & sa grandeur a été d'onze doigts & un quart.

On a aussi observé ce Phénomene à Paris le 22. Mai 1724. où il y a eu une Eclipse de Soleil totale & centrale.

Pour observer exactement les Eclipses du Soleil, on se sert de grandes lunettes de 15. à 20. pieds, ausquelles on place au foyer un papier bien tendu, sur lequel se peint l'image du Soleil, dont on divise le diametre en 12. parties par six cercles concentriques, qui représentent les 12. doigts.

Pour connoître les doigts de l'Eclipse par cette lunette, on fait concourir l'image du Soleil avec le cercle extérieur, & dans cette situation on observe quand la concavité de l'Eclipse arrive à une de ces circonférences, qui pour lors déterminent les doigts qui restent éclairés, & à cet instant on marque l'heure, la minute & la seconde d'une pendule bien réglée. On se sert de même d'une lunette de 8. à 10. pieds, à laquelle on attache une planchette perpendiculaire à l'axe de la lunette, à la distance de l'oculaire d'environ 2. pieds, où l'on place un carton sur lequel on trace un cercle égal à l'image du Soleil, passant par ladite lunette ; le diametre de ce cercle est divisé en 12. doigts par 6. cercles concentriques. On fait faire à ces lunettes le même mouvement que fait l'Astre, afin que son image se peigne juste sur le carton, qui par ce moyen détermine les phases différentes de l'Eclipse, lorsqu'elle arrive à différens doigts; & l'on remarque au même instant à la pendule le tems de l'observation. Il est bon d'avoir à la main un verre noirci à la fumée d'un flambeau, afin de voir plus facilement le Soleil.

On se sert aussi d'un micrometre posé au foyer d'une lunette de 12. à 15. pieds, par le moyen duquel on mesure exactement vers le commencement & vers la fin la distance des cornes ; & dans le cours de l'Eclipse on observe la partie claire du Soleil, d'où l'on conclut les doigts éclipsés & la plus grande obscurité. Je ne dirai rien ici de l'usage de ces instrumens, en ayant suffisamment parlé dans la construction que j'en ai donnée en parlant des Instrumens pour l'Astronomie dans le Traité des Instrumens de Mathématique, que je viens de faire réimprimer pour la troisiéme fois.

J'ai tracé & fait graver une machine inventée par M. de la Hire, qui montre les Eclipses, tant du Soleil que de la Lune ; les mois & les années lunaires, avec les Epactes ; comme aussi une Méthode particuliere de trouver par le moyen de quelque nombre, si une nouvelle ou pleine Lune sera écliptique. J'ai fait imprimer aussi dans le même tems la construction & l'usage de cette Machine.

SECTION V.

Des Figures des autres Planetes.

LE Télescope a fait remarquer de fois à autres de différentes figures dans les Planetes, principalement en Saturne, auquel on a observé comme un grand anneau autour de son globe. Jupiter paroît avec quelques bandes grises qui sont changeantes en largeur, & dont quelques-unes se dissipent, & reparoissent ensuite traversant son disque. On voit sur le globe de Mars des endroits qui semblent quelquefois plus éclairés, & d'autres fois plus sombres.

Ces trois Planetes supérieures vers leur conjonction & leur opposition au Soleil paroissent sensiblement pleines, à cause que pour lors l'Hémisphere illuminé de ces Astres, est presque tout-à-fait tourné du côté de la Terre; mais quand elles approchent de l'Aspect quadrat, elles paroissent un peu moins lumineuses, parce que dans cet Aspect l'Hémisphere illuminé de ces Planetes est un peu détourné de la Terre; de sorte qu'elle ne voit pas toute la moitié éclairée.

Les deux Planetes inférieures, sçavoir Venus & Mercure, paroissent aussi presque pleines, quand elles approchent de leur conjonction supérieure, par la même raison; mais dans leur conjonction inférieure elles sont comme quand la Lune est nouvelle, dont on ne voit rien de l'Hémisphere illuminé. Ces mêmes Planetes étant de côté & d'autre de leur conjonction inférieure, elles paroissent en croissant ou en décours comme la Lune, sçavoir en croissant quand elles sont occidentales, & en décours quand elles sont orientales. Lorsqu'elles sont dans leur moyenne distance, elles paroissent à demi-pleines, comme la Lune quand elle est en son premier ou dernier quartier; & à mesure qu'elles approchent de la conjonction supérieure, elles paroissent de plus en plus illuminées, en sorte qu'elles semblent pleines. Mercure est la plus petite Planete; elle paroît se mouvoir autour du Soleil, dont elle ne s'éloigne que de 28. degrés; elle est presque toûjours perduë dans ses rayons. La Planete de Venus est fort brillante; c'est elle qui devance le Soleil, & qui paroissant la premiere de toutes les Etoiles, après le Soleil couché, est connue sous le nom d'Etoile du Berger. Elle s'éloigne du Soleil d'environ 48. degrés.

La Planche 12. représente à peu près la figure des Planetes, leurs taches ou macules, telles que M. Cassini les a données, étant vûes avec un Télescope, ou grande lunette.

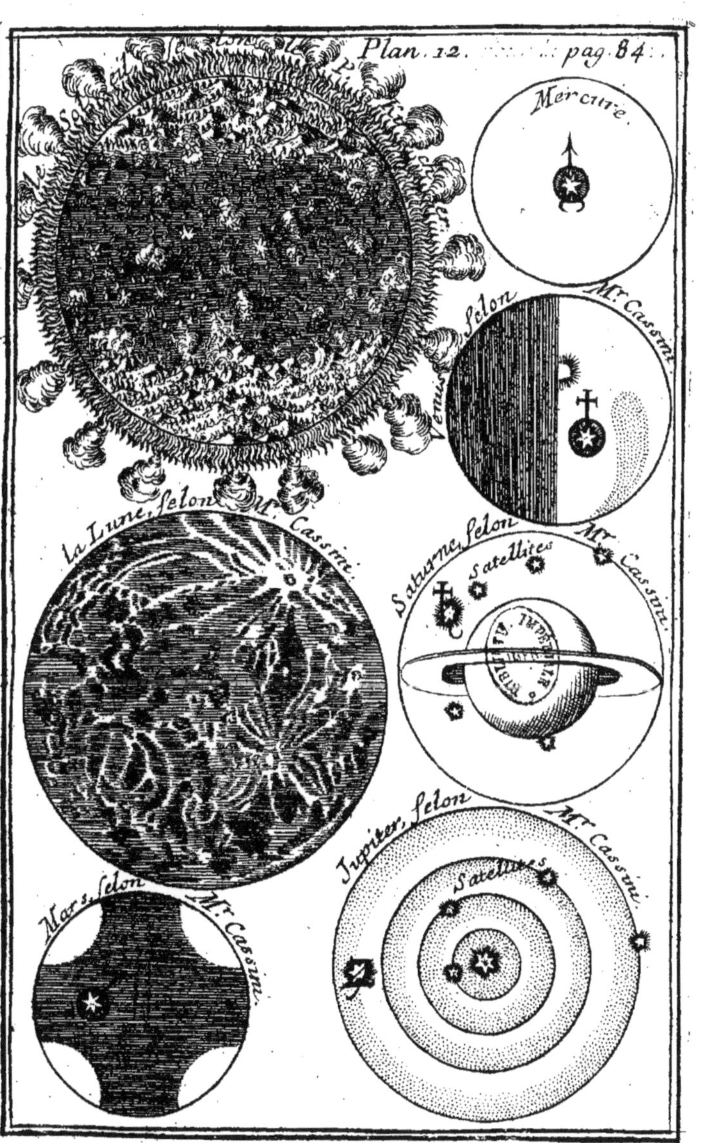
Plan. 12. pag. 84.
Mercure.
Venus, selon Mr. Cassini.
la Lune, selon Mr. Cassini.
Saturne, selon Mr. Cassini.
Satellites
Jupiter, selon Mr. Cassini.
Satellites
Mars, selon Mr. Cassini.

SECTION VI.

De la distance des Planetes à la Terre, & de leurs diametres & grosseurs.

ON peut parler avec plus de certitude de la distance des Planetes à la Terre, que de celle des Etoiles fixes, puisque, comme nous avons dit ci-devant, on remarque de la parallaxe ou diversité d'aspects entre les vrais lieux des Planetes, & leurs lieux apparens; ce que nous allons expliquer en peu de mots.

Soit pour exemple le globe de la Lune, laquelle étant plus près de nous, a aussi sa parallaxe plus sensible; nous la supposerons en sa moyenne distance de la Terre, & dans l'Horison rationel au point V, comme elle est marquée en la *Pl.* 7. *fig.* 1. qui sert à expliquer les parallaxes; l'Observateur étant au point A sur la surface de la Terre, avec un quart de cercle bien divisé en degrés & minutes, connoissant par le calcul du mouvement de la Lune, quand elle doit être précisément au point V de son orbite dans l'Horison rationel BD, qui fait avec le demi-diametre de la Terre AB, l'angle de 90. deg. regardant dans le même instant le lieu apparent de la Lune, il la voit par le rayon visuel AV, lequel fait un angle aigu BAV, avec le demi-diametre de la Terre AB: car si cet angle étoit droit, aussi-bien que l'autre ABV, il n'y auroit point de parallaxe ou diversité d'aspect.

Avant que de déterminer l'ouverture de l'angle BAV, il en faut diminuer la réfraction horisontale de la Lune, suivant les Tables calculées par les Astronomes, laquelle, comme nous avons dit ci-devant, fait paroître l'Etoile plus haute qu'elle n'est en effet, au lieu que la parallaxe la fait paroître plus basse. Cette correction étant faite, s'il trouve l'angle BAV de 89. deg. il conclut que la parallaxe de la Lune, qui est l'arc DX dans le Firmament, est d'un degré, lequel arc peut passer pour la mesure de l'angle DVX, ou de son opposé par la pointe AVB, comme si le point V étoit au centre du Ciel, à cause de son immense étenduë.

Or du triangle AVB on connoît tous les angles & le côté AB, lequel étant supposé un, & pris pour Sinus d'un deg. on trouvera par le calcul de la Trigonometrie, que la ligne VB, prise pour Sinus de 89. deg. est de 57. La distance de la Lune au centre de la Terre est donc de 57. demi-diametres de la Terre; & de la Lune à la surface de la Terre, la distance est de 56. demi-diametres. Et comptant le demi-diametre terrestre pour 1432. lieuës communes, la distance de la Terre à la Lune sera d'environ 80000. de ces mêmes lieuës.

Le diametre de l'orbe du mouvement de la Lune est donc de 114. demi-diametres de la Terre, & par conséquent sa circonférence de 358. des mêmes demi-diametres, ou de 179. diametres entiers ; d'où l'on peut connoître la grosseur du Globe de la Lune en la maniere suivante.

On sçait par le calcul la durée exacte d'une révolution diurne de la Lune, & par le moyen d'une bonne lunette à longue vûe, on observe le tems que son disque employe à passer une soye bien fine, tendue verticalement au foyer du verre oculaire de la lunette, composée de deux verres convexes; on mesure ce tems par les vibrations d'une horloge à pendule bien réglée. Et ayant observé, par exemple, que le disque & le diametre de la Lune a employé 2. minutes d'heure à passer cette soye dans le Méridien, qui font la sept cent vingtiéme partie de 24. heures, que je suppose, pour plus facile intelligence, être le tems exact d'une de ses révolutions diurnes, je conclus que son diametre occupe la sept cent vingtiéme partie de la circonférence de son Ciel. Mais comme nous venons de dire que cette circonférence entiere est de 179. diametres terrestres, le diametre de la Lune contient $\frac{179}{720}$ partie du diametre de la Terre, c'est-à-dire, environ $\frac{1}{4}$, & son globe sera $\frac{1}{64}$ partie de celui de la Terre, puisque les Spheres sont entr'elles comme les cubes de leurs diametres.

Les nombres dont on s'est servi dans cette supposition, ne sont pas entiérement exacts ; mais on les a choisis comme les plus propres à rendre ce discours intelligible.

L'irrégularité du Mouvement de la Lune rend les jours lunaires inégaux; les plus petits sont de 24. heures & environ 40. min. & les plus grands sont de 24. heures & environ 57. min.

Il est bien difficile d'observer la parallaxe horisontale de la Lune, à cause des vapeurs épaisses qui sont ordinairement vers l'Horison, & qui y causent une réfraction très-considérable, puisqu'elle est de 32. minutes, au lieu qu'elle est moins d'une min. lorsque la hauteur des Astres excéde 50. deg. C'est pourquoi le tems le plus propre à faire ces observations dans nos Pays Septentrionaux, est lorsque la Lune approche du Tropique de Cancer, & qu'elle passe par le Méridien, parce que pour lors sa déclinaison changeant peu d'un jour à l'autre, on la peut trouver sans erreur sensible.

Pour cet effet il faut observer exactement sa hauteur sur l'Horison, lorsqu'elle passe par le Méridien ; & comparer cette hauteur observée & corrigée, avec celle qu'elle doit avoir sur l'Horison rationel, ſuivant ſa déclinaiſon, que l'on peut connoître par les Tables Aſtronomiques. Suppoſons, par exemple, qu'à certaine nuit de l'année la Lune paſſant par le Méridien de Paris, ait 20. deg. de déclinaiſon Septentrionale, & que l'Obſervateur placé ſur une des Tours de Notre-Dame (dont la latitude eſt de 48. deg. 51. min. & par conſéquent l'Equateur élevé ſur l'Horiſon de 41. deg. 9. min.) ait trouvé la Lune élevée de 60. deg. 39. min. Mais à cauſe de ſa déclinaiſon, ſon centre plus haut de 20. deg. que l'Equateur, doit être pour lors élevé ſur l'Horiſon rationel de 61. deg. 9. min. c'eſt-à-dire, qu'elle lui a paru 30. min. plus baſſe qu'elle n'étoit effectivement. D'où il conclut que la parallaxe de la Lune à cette hauteur eſt de 30. min. C'eſt pourquoi dans le Triangle ABC, 1ere *fig. de la Pl.* 13. il connoît tous les angles & un côté, ſçavoir premiérement l'angle de la parallaxe ABC de 30. min. l'angle obtus ACB, compoſé d'un droit & de l'angle obſervé, faiſant enſemble 150d. 39'. & par conſéquent le troiſiéme angle ABC, diſtance de la Lune au Zenit de 28. deg. 51'. le côté AC demi-diametre de la Terre eſt auſſi connu, comme nous avons déja dit. Le calcul étant fait, on trouvera que la ligne AB, diſtance du centre de la Terre à la Lune, contient un peu plus de 56. fois le demi-diametre AC.

Afin qu'une Planete puiſſe avoir une parallaxe, il eſt néceſſaire que dans ce triangle le demi-diametre de la Terre ait quelque rapport ſenſible aux deux autres côtés qui ſont la diſtance de la Planete au centre de la Terre & à la ſurface. Si ce rapport eſt trop petit, il eſt nul, & la parallaxe ceſſe abſolument. C'eſt ce qui arrive aux Planetes de Saturne & de Jupiter, dont les diſtances ſont immenſes par rapport au demi-diametre de la Terre. Mais on peut avoir la parallaxe de Mars dans ſa moindre diſtance de la Terre, c'eſt-à-dire, quand il eſt oppoſé au Soleil.

Il y a deux choſes qui peuvent contribuer à faire varier les parallaxes d'une Planete, à ſçavoir ſa hauteur ſur l'Horiſon & ſes différens éloignemens de la Terre. Ainſi une Planete étant dans ſon Perigée, & en même-tems proche l'Horiſon, a ſa plus grande parallaxe, au lieu qu'étant dans ſon Apogée, & à ſa plus grande hauteur ſur l'Horiſon, ſa parallaxe eſt beaucoup moindre, de ſorte que la plus grande parallaxe eſt toûjours l'horiſontale : mais il n'eſt pas néceſſaire de l'avoir immédiatement ; on la conclut ſans peine de celle qu'on aura trouvée dans quelqu'autre point du Ciel.

Pour trouver la parallaxe de Mars perigée, il eſt bon qu'il ſoit auſſi dans ſon perihelie : car il eſt viſible que la Terre étant entre le Soleil & Mars, il ſera encore plus proche de la Terre, s'il eſt dans la partie basse de son orbe par rapport au Soleil. Le supposant donc en cette situation, s'il y a deux Observateurs éloignés sous le même Méridien, l'un, par exemple, à Paris, & l'autre sous l'Equateur, lesquels soient convenus d'observer plusieurs nuits de suite en même-tems le passage de Mars Perigée par leur Méridien, & sa distance de quelqu'Etoile fixe, en comparant leurs observations, la différence de cette distance sera la parallaxe de Mars à la hauteur de 48. deg. 51'. sur l'Horison; car pour avoir sa parallaxe horisontale, il faudroit qu'un des Observateurs fût sous le Pole & l'autre sous l'Equateur.

M. Cassini a inventé une Méthode pour déterminer la parallaxe de Mars perigée, sans le secours d'autre Observateur correspondant. On prend quelques nuits de suite à son passage au Méridien, c'est-à-dire, à minuit, ou à peu près, sa différence d'ascension droite avec une Etoile fixe; & comme l'Etoile n'a point de mouvement en ascension droite, on voit précisément quel est celui de Mars par la variation de sa distance à cette Etoile. Alors Mars n'a point de parallaxe, étant au Méridien, & toute la distance entre l'Etoile fixe & lui, est, pour ainsi dire, réelle. On prend ensuite cette même distance à quelque autre heure la plus éloignée de minuit qu'il se puisse; & si, comme il arrive effectivement, on la trouve différente de ce qu'elle doit être, par le seul mouvement de Mars, qu'on suppose très-exactement établi, cette différence appartient à la parallaxe que Mars fait alors, & qui en le baissant vers l'Horison, l'approche ou l'éloigne de l'Etoile, selon qu'elle est située à son égard. Cette Méthode demande une saison où les nuits soient longues, parce que plus l'heure qui doit donner la parallaxe de Mars sera éloignée de minuit, plus la parallaxe sera sensible.

Par des Observations très-ingénieuses & très difficiles, M. Cassini a conclu la parallaxe horisontale de Mars perigée de 25. secondes, & celle du Soleil de 9. ou 10. secondes, la distance de Mars perigée à la Terre de 11. à 12. millions de lieuës, & celle du Soleil de plus de 30. millions.

La plus grande distance de la Terre à Mars apogée, est à sa moindre distance perigée, comme 13. à 2. & la plus grande proximité de Mars à l'égard de la Terre arrive de 33. en 33. ans. Mais sans avoir recours aux parallaxes, on peut trouver la distance du Soleil à la Terre par la Méthode suivante, dont l'invention est attribuée à Aristarque de Samos.

Nous avons dit ci-devant en la Section 3e. que la Lune nous paroît demi-pleine lorsqu'elle est éloignée du Soleil d'environ 90. deg. Nous disons, environ, car elle peut être vûe demi-pleine en sa premiere quadrature, un peu avant qu'elle soit éloignée du Soleil précisément de 90. deg. & au contraire en son dernier quartier elle peut paroître demi-pleine; quoiqu'elle soit éloignée du Soleil dans son orbite un peu plus de 90. deg. ce qui provient de ce que l'Observateur est sur la surface de la Terre, & non pas au centre. C'est pourquoi on distingue deux sortes de quadratures, sçavoir une apparente, lorsqu'elle nous paroît demi-pleine; & la véritable, lorsqu'elle est éloignée du Soleil précisément de 90. deg. C'est par la différence de ces deux quadratures que l'on peut trouver la distance du Soleil à la Terre.

Toute la difficulté de l'opération consiste à bien distinguer le moment précis que la ligne qui sépare la moitié du disque de la Lune éclairée à notre égard, de son autre moitié qui nous paroît dans l'ombre, soit une ligne parfaitement droite; de sorte qu'étant continuée jusqu'au centre de la Terre, elle passe par l'œil de l'Observateur, dont elle est le rayon visuel : car si cette ligne étoit courbe, la Lune paroîtroit plus ou moins que demi-pleine. Cette ligne étant bien droite, elle fera un angle droit avec le rayon du Soleil qui éclaire le globe de la Lune, & le triangle rectangle STL, représenté par la fig. 2. sera un triangle rectiligne. Supposant donc le Soleil au point S, la Lune au point L, & la Terre au point T, l'angle L fait par le rayon du Soleil SL, & le rayon visuel TL, sera droit, & par conséquent les deux autres aigus.

Soit donc un Observateur placé au point T, avec d'excellentes lunettes de longue vûe, lequel ayant trouvé le moment précis que la Lune lui paroît demi-pleine, examine avec un instrument très-bien divisé l'angle LTS, lequel il trouve un peu moindre que de 90. deg. comme par exemple, de 89. deg. 51. min. & par conséquent l'angle S sera seulement de 9. min. qui est la différence entre la vraie quadrature & l'apparente.

Cela supposé, on trouvera par le calcul de la Trigonométrie que la ligne ST, qui représente la distance du Soleil à la Terre, contient environ 380. fois la ligne TL, distance de la Terre à la Lune, laquelle étant, comme nous avons dit ci-devant, à peu près de quatre-vingt mille lieuës communes, l'autre sera de trente millions quatre cens mille des mêmes lieuës; ou si la distance de la Terre à la Lune, est de 58. demi-diametres terrestres, la distance de la Terre au Soleil sera de 22000. demi-diametres, ou de 11000. diametres terrestres.

Le rayon ou demi-diametre de l'orbe annuel de la Terre étant donc de 11000. diametres terrestres, on trouvera, suivant la proportion de 113. à 355. entre le diametre & la circonférence, que le circuit dudit orbe annuel est de 69115. des mêmes diametres; & ayant reconnu par plusieurs observations que Venus dans son plus grand écart ne s'éloigne du Soleil que de 48. deg. on trouvera par le calcul de la Trigonométrie, que sa plus grande distance au Soleil est environ de 8000. diametres terrestres. Enfin comme Mercure ne s'éloigne du Soleil au plus que de 28. deg. sa plus grande distance sera de 5137. des mêmes diametres.

Voici encore une méthode ingénieuse pour mesurer la distance de Jupiter au Soleil & à la Terre.

Il faut premiérement sçavoir le tems qu'un des satellites de Jupiter employe à faire sa révolution autour de cette Planete. Supposons, par exemple, que le premier satellite B employe 42. heures à décrire le petit cercle ponctué autour de Jupiter A, *fig.* 3. & qu'il y ait un observateur sur la Terre au point D, lequel remarque exactement le moment que le satellite B est caché à sa vûe par le corps de Jupiter, c'est-à-dire, que les points DAB sont une même ligne droite, & qu'il observe ensuite le moment auquel ce même satellite par son mouvement propre, avançant vers E, sera éclipsé entrant dans l'ombre de Jupiter, de sorte que les points CAE soient pareillement dans une même ligne droite. Cela étant, s'il a mesuré avec une bonne pendule le tems que ce satellite a employé à passer de B en E, il sçaura la grandeur de l'arc BE : car supposant qu'il y ait employé une heure & 24. min. qui est la trentiéme partie de 42. heures, l'arc BE sera la trentiéme partie de la circonférence de son orbe, c'est-à-dire, de 12. degrés. Ainsi dans le triangle ACD il connoîtra l'angle CAD égal à l'angle BAE opposé par le sommet; il mesurera aussi avec un instrument bien divisé l'angle ADC, qui est la distance en degrés du centre du Soleil C, au centre de Jupiter A; donc le troisiéme angle sera connu. Il connoît d'ailleurs le côté DC, distance de la Terre au Soleil, au moyen de quoi les deux autres côtés lui seront connus.

Les Astronomes ont reconnu par leurs observations que le diametre du Soleil est 100. fois celui de la Terre; dont ils ont conclu que son Globe contient un million de fois celui de la Terre, parce que les Spheres sont entr'elles comme les cubes de leurs diametres; or le cube d'un est un, & le cube de cent est un million. Ils ont aussi reconnu par leurs observations que le diametre du Soleil occupe environ un demi-degré de son Ciel, ou la 720. partie de la circonférence de son orbe, ou bien pour donner une plus grande précision, on dira qu'il occupe la 671. partie de son Ciel, qui est 32. minutes 11. secondes pour sa moyenne distance;

Planche 13 Pag. 90.

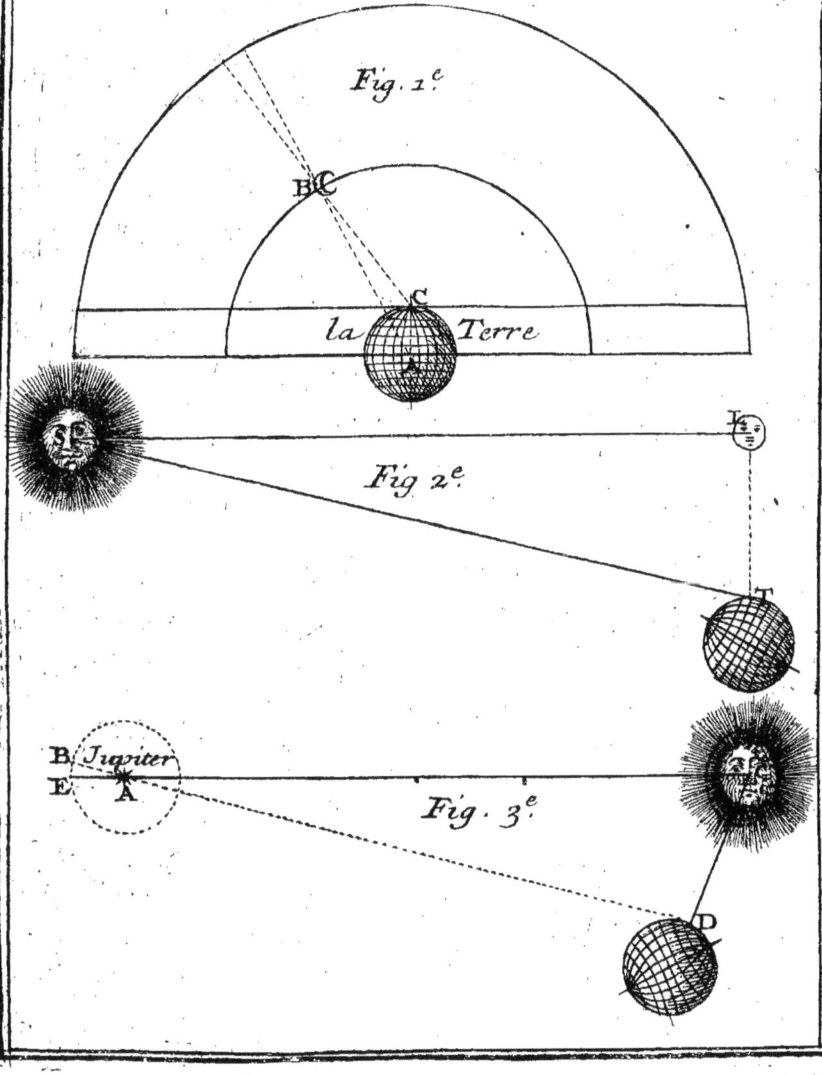

Fig. 1.e

B C

C

la Terre

A

S

T

Fig 2.e

T

B Jupiter

E A

Fig. 3.e

D

& par le calcul, on trouvera que ſon rayon ou la diſtance du centre de la Terre eſt environ 32. millions de lieuës.

Nous donnerons ici quelques idées de ces calculs, pour faire voir que d'une connoiſſance on peut parvenir par degré à pluſieurs autres découvertes. Les Aſtronomes ayant reconnu que la Terre eſt ronde, ont cherché à connoître la circonférence de ſon Globe ; pour y parvenir ils ont meſuré un degré du Meridien terreſtre, qu'ils ont trouvé répondre à 25. lieuës communes de France; & multipliant 360. degrés, ou la circonférence entiere par 25. ils ont conclu un Méridien terreſtre de 9000. lieuës de circonférence. De là ils ont conclu le diametre en ſuppoſant, après Archimede, que la circonférence d'un cercle eſt à ſon diametre comme 22. à 7. la régle de proportion étant faite, le diametre de la Terre ſe trouve de 2864. lieuës.

Le diametre du Soleil étant cent fois auſſi grand que celui de la Terre, il eſt donc de 286400. lieuës, & comme il occupe la 720. partie de la circonférence de ſon orbe, ſi on multiplie 286400. par 720. on trouvera 206208000. lieuës pour circonférence de l'orbe annuel du Soleil ; & en ſuivant la proportion de la circonférence d'un cercle à ſon diametre, on trouvera 65611637. pour le diametre de l'orbe, & par conſéquent le demi-diametre ou rayon de 32805818½. lieuës.

La Terre n'occupe que la 68210. partie de ſon orbe annuel, qui font 19. ſecondes, & par conſéquent ſon rayon eſt 9. ſecondes 30. tierces, qui fait la parallaxe Horiſontale du Soleil, pour faire que la Terre avance 59. minutes 8. ſecondes par jour, qui valent environ 197. diametres de la Terre, qui font 564208. lieuës communes, qui eſt peu de choſe en comparaiſon de Jupiter & de Saturne.

La Table ci-après eſt dreſſée ſuivant ce principe-là.

Diſtances, diametres & groſſeurs des Planetes, eu égard à la Terre, ſuivant les Obſervations exactes des plus habiles Aſtronomes modernes.

SATURNE.

Sa plus grande diſtance eſt de . . .	244330	demi-dia-
Sa moyenne	210000	metres de la
Sa plus petite	175670	Terre.

Son diametre eſt de $25\frac{5}{9}$ des mêmes demi-diametres, & ſon Globe eſt 2086. fois plus grand que celui de la Terre.

JUPITER.

Sa plus grande diſtance eſt de . . .	142919	demi-dia-
Sa moyenne	115000	metres de la
Sa plus petite	87081	Terre.

Son diametre eſt de 27. des mêmes demi-diametres, & ſon Globe eſt de 2460. fois plus gros que celui de la Terre.

MARS.

Sa plus grande diſtance eſt de . . .	58978	demi-dia-
Sa moyenne	33500	metres de la
Sa plus petite	8022	Terre.

Son diametre eſt de $3\frac{3}{5}$ des mêmes demi-diametres, & ſon Globe eſt ſix fois plus gros que celui de la Terre.

LE SOLEIL.

Sa plus grande diſtance eſt de . . .	22374	demi-dia-
Sa moyenne	22000	metres de la
Sa plus petite	21626	Terre.

Son diametre contient 100. diametres de la Terre, & ſon Globe eſt un million de fois plus gros que celui de la Terre.

VENUS.

Sa plus grande diſtance eſt de . . .	38415	demi-dia-
Sa moyenne	22000	metres de la
Sa plus petite	15585	Terre.

Son diametre contient 7. des mêmes demi-diametres, & ſon Globe eſt un peu plus gros que celui de la Terre.

MERCURE.

Sa plus grande diſtance eſt de . . .	32704	demi-dia-
Sa moyenne	22000	metres de la
Sa plus petite	11296	Terre.

Son diametre contient environ les $\frac{3}{4}$ du diametre de la Terre, & ſon Globe eſt d'environ les $\frac{2}{5}$ de celui de la Terre.

LA LUNE.

Sa plus grande distance est de	61	demi-diametres de la Terre.
Sa moyenne	56	
Sa plus petite	51	

Son diametre est un peu plus que le $\frac{1}{4}$ de celui de la Terre, & son Globe est $\frac{1}{55}$ de celui de la Terre.

SECTION VII.

Des moindres Planetes, ou des Satellites de Jupiter & de Saturne.

CEs Satellites font leurs périodes autour de Jupiter & de Saturne selon l'ordre des Signes, mais en plus ou moins de tems, selon qu'ils sont plus ou moins éloignés.

Révolution des quatre Satellites de Jupiter.

	jours.	heures.	minutes.
Le premier la fait en	1	18	29
Le second en .	3	13	18
Le troisiéme en .	7	14	0
Le quatriéme en .	16	18	5

Révolution des cinq Satellites de Saturne.

	jours.	heures.	minutes.
Le prem. l'achéve en	1	21	19
Le second en .	2	17	41
Le troisiéme en .	4	13	47
Le quatriéme en .	15	22	41
Le cinquiéme en .	79	8	0

Galilée a découvert au commencement du dix-septiéme siécle, les quatre Satellites de Jupiter, & les a nommé les Astres de Médicis. En 1655. M. Hughens avoit découvert le quatriéme Satellite de Saturne. En 1671. M. Cassini découvrit le troisiéme & le cinquiéme. En 1673. il acheva de s'en assurer. En 1684. il découvrit le premier & le deuxiéme. La distance du quatriéme au cinquiéme fit soupçonner qu'il y en avoit encore d'autre; cependant on n'en a pas découvert depuis.

La premiere figure de la planche quatorze ci-après repréſente les proportions des Planetes, au Soleil, & entr'elles, ſelon M. Hughens.

La deuxiéme figure repréſente la ſituation des Planetes, leurs excentricités & leurs diſtances au Soleil & entr'elles; le point milieu repréſente le Soleil.

Les éclipſes de ces Satellites, & principalement celles du premier Satellite de Jupiter, ſervent beaucoup à connoître les longitudes des lieux de la Terre, comme nous dirons ci-après au ſecond Livre.

Kepler a établi une Regle fort eſtimée parmi les Aſtronomes; c'eſt la proportion qui eſt entre les diſtances des Planetes au Soleil, & leurs révolutions. Il a trouvé que ces diſtances ſont entr'elles comme les racines cubiques des quarrés des révolutions, ou réciproquement que les révolutions ſont entr'elles comme les racines quarrées des cubes des diſtances. Par exemple, les révolutions de la Terre & de Jupiter autour du Soleil étant à peu près comme 1. & 12. les racines cubiques de 1. & de 144. quarrés de 1. & de 12. ſont 1. & peu plus de 5. diſtances de la Terre & de Jupiter au Soleil.

Kepler n'a pas démontré la néceſſité de cette proportion par les loix du mouvement; il a ſeulement établi la proportion ſur le fait, & il l'a découverte par la comparaiſon des révolutions & des diſtances de toutes les Planetes connuës.

Le fait ſur lequel Kepler s'eſt fondé auroit été encore plus certain, ſi les diſtances de toutes les Planetes au Soleil avoient été connuës par obſervations & immédiatement. Il n'y a que Mercure & Venus dont on voye en même tems & les diſtances au Soleil & les révolutions autour de ce centre commun. Pour les autres Planetes, on ne voit pas immédiatement leurs diſtances au Soleil, on les conclut ſeulement avec beaucoup de peine de leur ſeconde inégalité, c'eſt-à-dire, de la parallaxe ou différence optique qui eſt entre une même Planete vûe du Soleil, ou vûe de la Terre.

On appelle premiere inégalité des Planetes celle qui vient de leur excentricité au Soleil, & qui eſt réellement dans leurs cours par rapport à cet Aſtre; & ſeconde inégalité celle qui vient de ce qu'elles ſont vûes de la Terre, & non du Soleil.

Les orbes des Planetes ne ſe rapportent qu'au Soleil. On ne peut pas dire proprement qu'ils ſoient excentriques à la Terre, à laquelle ils ne ſe rapportent point. Les uns envelopent l'orbe de la Terre, & les autres en ſont envelopés, & par cette diſpoſition

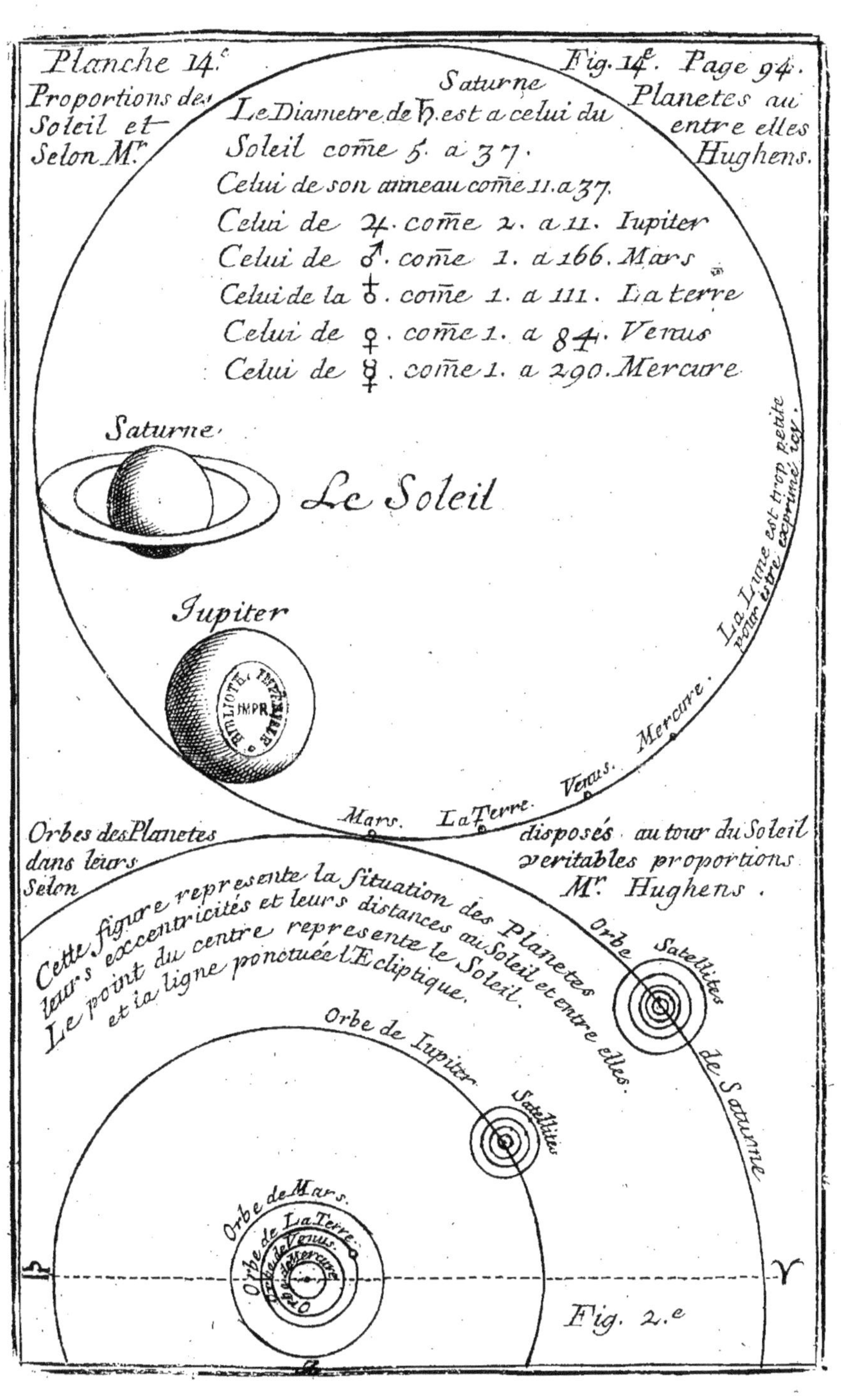

Planche 14.e
Fig. 14.e Page 94.
Proportions des Planetes au Soleil et entre elles Selon Mr. Hughens.
Saturne
Le Diametre de ♄. est a celui du Soleil come 5. a 37.
Celui de son anneau come 11. a 37.
Celui de ♃. come 2. a 11. Iupiter
Celui de ♂. come 1. a 166. Mars
Celui de la ♁. come 1. a 111. La terre
Celui de ♀. come 1. a 84. Venus
Celui de ☿. come 1. a 290. Mercure
Saturne
Le Soleil
Iupiter
La Lune est trop petite pour estre exprimée icy.
Mercure.
Venus.
La Terre.
Mars.
Orbes des Planetes disposés au tour du Soleil dans leurs veritables proportions Selon Mr. Hughens.
Cette figure represente la situation des Planetes leurs excentricités et leurs distances au Soleil et entre elles.
Le point du centre represente le Soleil.
et la ligne ponctuée l'Ecliptique.
Orbe de Saturne
Satellites
Orbe de Iupiter
Satellites
Orbe de Mars.
Orbe de La Terre.
Orbe de Venus.
Orbe de Mercure.
♎
♈
Fig. 2.e

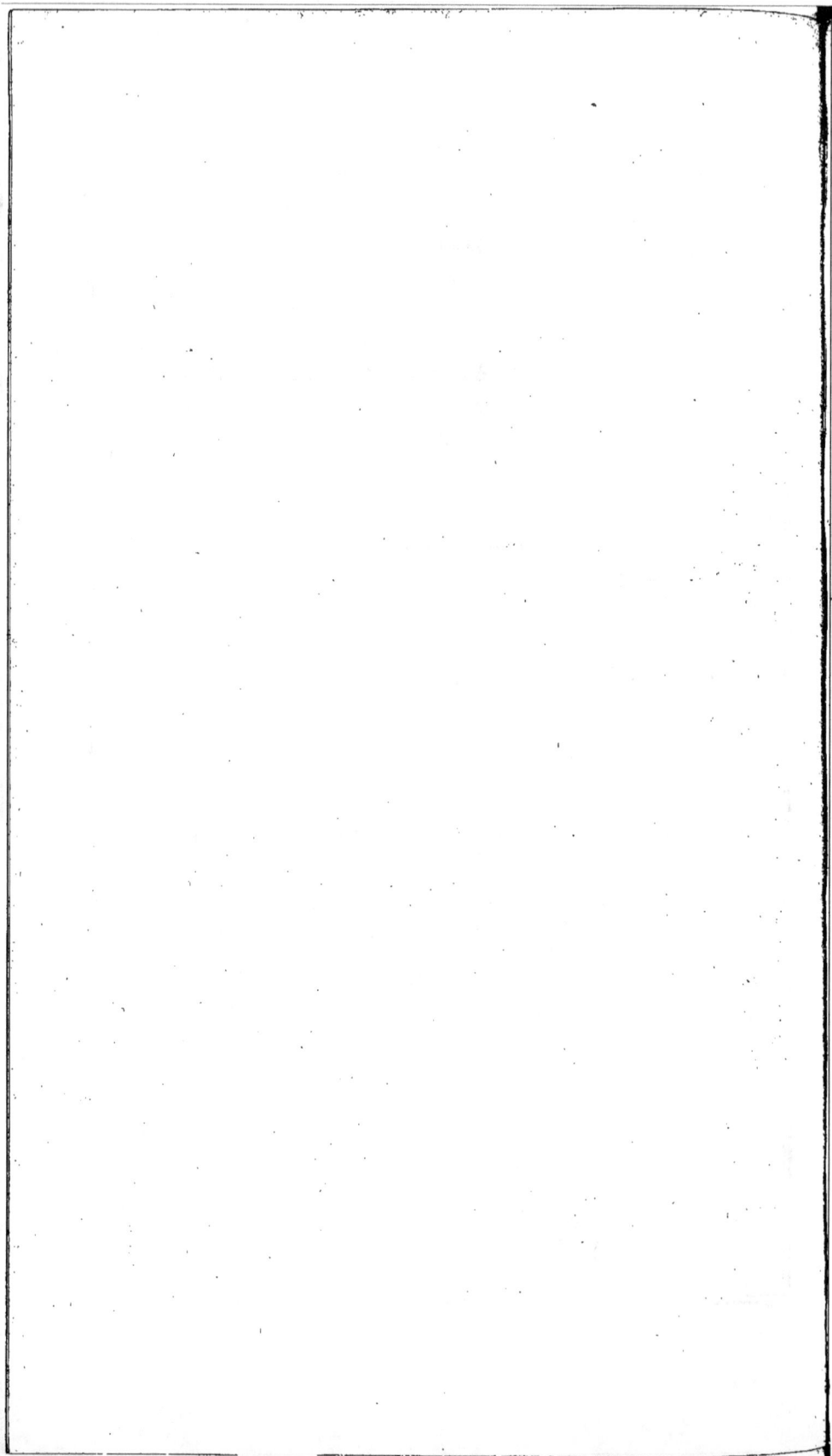

les Planetes étant dans leur plus grande proximité de la Terre, ou dans leur perigée, en sont très-proches par rapport à la grande distance où elles sont dans leur apogée.

La régle de Kepler a été confirmée par la découverte des quatre Satellites de Jupiter. On eut par observation & leur distance à Jupiter, & leur révolution autour de ce centre commun. Elle l'a été depuis aussi par les cinq Satellites de Saturne ; & M. Cassini a tenu cette régle si sûre, qu'ayant observé le cinquiéme Satellite seulement pendant 12. jours, & ayant découvert sa plus grande distance à l'égard de Saturne, il détermina, en le comparant au quatriéme, dont la révolution & la distance étoient déja connuës, que sa révolution étoit à peu près de 80. jours, ce qu'un grand nombre d'observations suivantes a justifié.

Voilà donc la régle de Kepler justifiée immédiatement par Mercure, par Venus, par les quatre Satellites de Jupiter, & par les cinq de Saturne, c'est-à-dire, par onze Planetes, dont les révolutions autour d'un centre commun, & les distances à l'égard de ce centre sont visibles, & on ne peut plus se défier du calcul ni des principes par lesquels on l'a appliqué aux quatre autres Planetes, c'est-à-dire, à la Terre, à Mars, à Jupiter & à Saturne, dont les distances au centre commun de leurs révolutions sont invisibles.

Ce qui confirme la régle de Kepler, confirme aussi le mouvement que Copernic attribuë à la Terre, puisqu'il n'y a que son systême qui s'accorde avec les proportions que nous venons d'expliquer.

CHAPITRE XIII.

Des Cometes.

LEs Cometes sont divers corps lumineux qui paroissent quelquefois entre les Astres sous différentes grandeurs & figures. On ne les découvre que lorsqu'elles sont assez près de la Terre, & hors des rayons du Soleil.

Leur figure n'est pas terminée réguliérement en rond comme les Planetes, & en les voyant avec le Télescope, elles paroissent comme un nuage ; ce qui peut faire croire qu'elles ne sont pas composées d'une matiere si solide que les Planetes. Elles sont sujettes au mouvement diurne d'Orient en Occident comme tous les autres Astres. Ce qui les fait ordinairement appercevoir, ce sont leurs chevelures & leurs queuës, qui les distinguent des autres Etoiles.

Leur corps que l'on appelle la tête de la Comete, est accompagné d'une grande trace de lumiere qui se courbe quelquefois en arc, qu'on appelle sa queuë, laquelle s'étend par fois jusqu'à remplir un espace du Ciel, de 60. deg. & au-delà, comme celle de la Comete qui parut en 1681. que l'on vit à Paris longue de 62. deg. à Londres de 80. & à Constantinople de 90. deg. ce que Monsieur Cassini rapporte en son Traité des Observations de cette Comete.

La queuë des Cometes est toûjours opposée au Soleil, de sorte que la Comete lui étant orientale, & se levant devant lui, sa queuë est tournée vers l'Occident, & on la voit lever devant sa tête.

Mais lorsqu'elle est occidentale, & qu'elle se couche après le Soleil, sa queuë est du côté de l'Orient, & elle ne se couche qu'après sa tête.

Quant à la partie du Ciel où elles commencent à se faire voir, de même que les tems qu'elles durent, leurs vîtesses & les routes qu'elles tiennent en leurs seconds & propres mouvemens, tout cela est encore indéterminé à l'égard de toutes les Cometes en général ; car elles ne suivent pas toutes la même route.

Cependant il y en a eu deux entr'autres qui ont paru dans ces derniers siécles, sçavoir l'une en 1618. & l'autre en 1664. qui ont suivi la même route ; ce qui fait croire à quelques-uns que c'est la même Comete ; & pour appuyer leurs conjectures, ils disent

disent qu'en remontant vers l'Ere Chrétienne, il y a eu des Cometes qui de 46. en 46. ans se sont fait voir.

M. Cassini a remarqué dans ses Observations de la Comete de 1680. & 1681. qu'elle avoit suivi la même route que celle que Tycho avoit observée en 1577. passant toutes deux par les mêmes constellations, & se joignant aux mêmes Etoiles; de sorte que le chemin de celle de 1577. étant marqué sur le Globe céleste, servit à prédire exactement jour par jour les lieux par où la nouvelle Comete devoit passer.

La Comete que M. de la Hire découvrit le 2. Septembre 1698. a tenu la même route que celle qui avoit été observée en 1652. par M. Cassini à Boulogne en Italie. M. Maraldi de l'Académie Royale des Sciences, leur a envoyé une Observation qu'il a faite d'une autre Comete qui a paru à Rome au commencement de Mars de l'année 1702. M. Cassini croit que c'étoit la même que celle qu'il a observée en 1668. & qui avoit paru il y a 2040. ans, & dont les révolutions se font tous les 34. ans. Elle fut observée dans la constellation de la Baleine & dans le fleuve Eridan. On a beaucoup de peine à l'appercevoir dans notre climat, parce qu'elle est comme Mercure toûjours plongée dans les rayons du Soleil. Elle a aussi été observée à Madrid par les RR. PP. Jesuites dans le même tems qu'à Rome.

Lorsque la Comete commence à être apperçûe, elle est dans une plus grande distance de la Terre, d'où ensuite avançant vers son perigée, elle a un plus petit cercle à décrire; ce qui fait que pour lors elle paroît plus grande, & son mouvement plus vîte. Lorsqu'elle approche de sa conjonction avec le Soleil, sa tête ne se voit plus, & sa queuë paroît comme des chevrons de feu, dont on voit un le matin, & l'autre le soir.

Ensuite la Comete allant plus vîte que le Soleil, elle s'en éloigne, & devient occidentale au Soleil, & sa queuë paroît tournée vers l'Orient, laquelle allant devant la tête de la Comete, elle paroît comme barbuë; mais quand elle se trouve en opposition avec le Soleil, sa queuë paroît environner sa tête, & former ce qu'on appelle sa chevelure.

Il y a beaucoup de vraisemblance dans l'hypothese ancienne d'Apollonius Mindien, rapportée par Seneque, qui reconnoissoit les Cometes pour une espece particuliere de Planetes, qui parcourant des cercles très vastes, viennent à paroître dans leur plus grande proximité de la Terre, & s'en éloignent ensuite à une si grande distance, qu'elles deviennent invisibles.

Et quoique l'opinion commune tienne les Cometes dans la

Région céleste, ce n'est pas qu'il n'y ait quelquefois d'autres corps qui en ont l'apparence, & qui se forment dans la plus haute région de l'air.

CHAPITRE XIV.

Du mouvement de la Terre selon le système de Copernic.

SECTION I.

Du mouvement annuel de la Terre.

AYant expliqué dans les Chapitres précédens les mouvemens des corps céléstes, suivant l'opinion commune, qui suppose la Terre immobile au centre de l'Univers, on va faire voir en celui-ci que l'on peut démontrer par le systême de Copernic les apparences de tous les mêmes mouvemens, avec toutes leurs propriétés & accidens, & même d'une maniere plus simple & plus facile que par tous les autres systêmes; & c'est cette simplicité charmante qui seule pourroit le faire préférer à tout autre, comme plus conforme au plan sur lequel l'Auteur de la nature a fait son ouvrage.

La Terre se meut dans le plan de l'Ecliptique, faisant sa révolution dans un cercle égal à l'orbe annuel que l'hypothese commune attribuë au Soleil, comme nous allons expliquer *par la premiere figure de la planche* 15. Soit l'Ecliptique divisée en douze parties égales par les rayons A ♈, A ♉, A ♊, A ♋, &c. tirés du centre A, lesquels divisent l'Excentrique de la Terre R, D, S, M, en autant de parties, mais inégales. L'Aphelie de la Terre, c'est-à-dire, sa plus grande distance du Soleil, est en R, vis-à-vis du septiéme degré de ♑, & son Perihelie, qui est sa moindre distance du Soleil, est en S, vis-à-vis le septiéme degré de ♋; la vraie excentricité est AV, & la totale AC.

La Terre étant dans son excentrique au point M, & dans l'Ecliptique à l'égard du Soleil en ♎, le Soleil qui est au centre du Monde A, lui paroît en ♈ par la ligne MAD ♈, d'où étant parvenu en B au Signe du ♏, le Soleil lui paroît en ♉, où on voit qu'elle s'éloigne du Soleil plus qu'en M, où elle étoit à peu près dans sa moyenne distance. Puis de B parvenant en G, elle approche de plus en plus de son Aphelie R; & le Soleil lui pa-

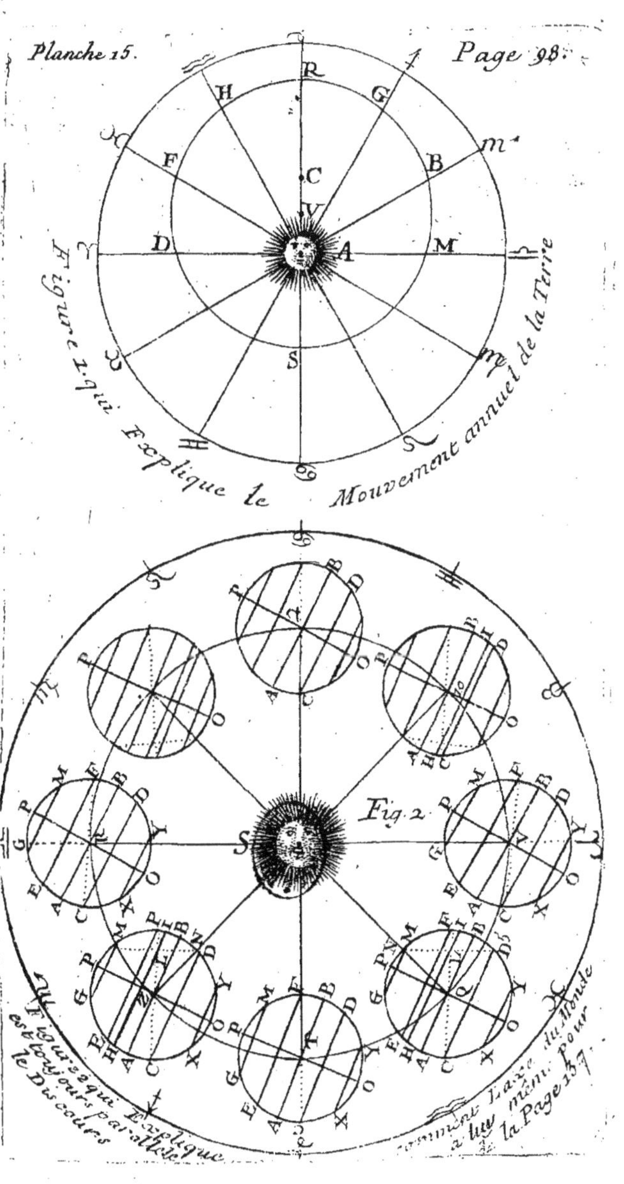
Planche 15.
Page 98.
R
H
G
F
B
C
V
D
A
M
S
Figure 1. qui Explique le Mouvement annuel de la Terre
Fig. 2
S
Figure 2. qui Explique comment l'axe du Monde est toujours parallele a luy même. pour le Discours de la Page 137.

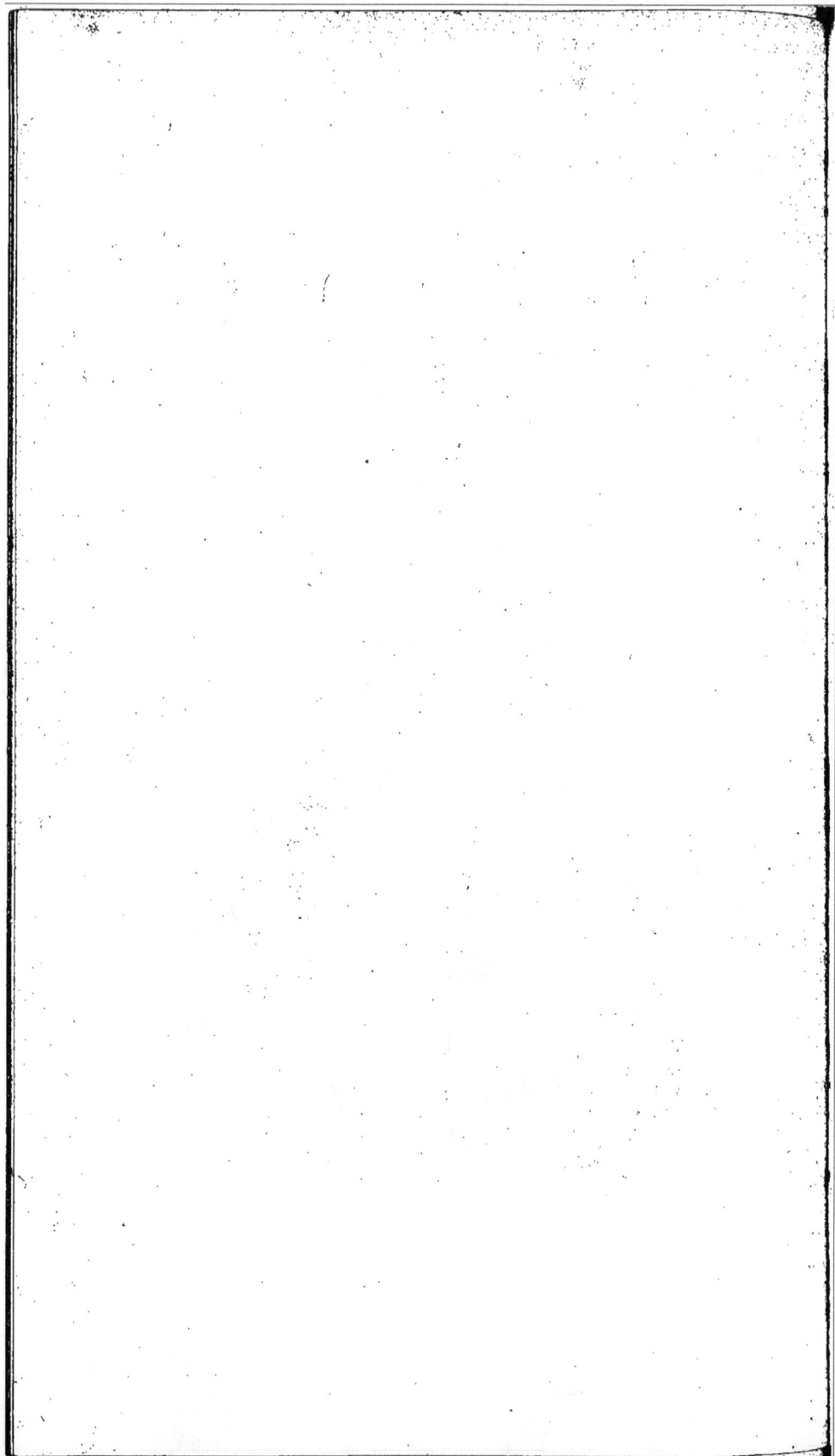

roît en ♊. Et venant au point R, dans son Aphelie, elle est alors au septiéme degré du ♑ dans sa plus grande distance du Soleil RA, lequel lui semble être dans l'Ecliptique au septiéme degré de ♋. Enfin continuant toûjours de marcher selon l'ordre des Signes, de son Aphelie R, en H, en F, & en D, elle vient dans les Signes de ♒, ♓, & ♈, le Soleil lui paroissant aux Signes opposés de ♌, de ♍ & de ♎, & ainsi du reste jusqu'au Perihelie S, où étant au septiéme degré du ♋, elle voit le Soleil au septiéme degré du ♑, où elle est alors dans sa moindre distance du Soleil SA. On voit donc que la Terre étant dans un Equinoxe, le Soleil lui paroît dans l'autre opposé. Il en est de même des Solstices & autres lieux de l'Ecliptique; de sorte que le Soleil étant en repos au centre du Monde, il semble néanmoins qu'il se meut à cause du mouvement de la Terre, duquel procéde cette apparence du mouvement, en la même maniere que quand on est dans un bateau qui se meut sur l'eau, il semble que les rivages qui sont à côté sont mobiles, & changent de place du sens contraire à celui du bateau.

SECTION II.

Du mouvement diurne de la Terre.

ARTICLE PREMIER.

De la diversité des jours & des nuits en un lieu particulier.

C'Est ici où il faut un peu s'arrêter pour considérer avec plaisir toutes les variétés du mouvement diurne de la Terre, non seulement en un lieu particulier, mais aussi en tous les différens Climats qu'elle renferme, & pour faire voir que la diversité des jours & des nuits s'explique aussi facilement par cette hypothese, que par celle qui suppose la Terre immobile au centre de l'Univers.

Pour bien entendre toutes les propriétés du mouvement diurne de la Terre qu'elle fait d'Occident en Orient sur son axe & sur ses Poles, qui sont ceux du Monde, & qui est substitué à la place du premier mouvement de tout le Ciel d'Orient en Occident, il faut concevoir que le point de la Terre E (*Fig.* 2. *Pl.* 16.) que l'on peut supposer être la Ville de Paris, voit lever le Soleil à l'Orient, paroissant dans l'Horison A, E, qui est l'Horison de ladite Ville, comme si elle étoit au centre de la Terre, dont le demi-diametre n'a aucune grandeur ſenſible, eu égard à ſa diſtance du Soleil, ou au demi-diametre de l'Orbe annuel, qui, comme il a déja été dit, eſt de 22000. demi-diametres de la Terre ; mais la Terre tournant ſur ſon centre A, & le point E venant au point B, alors le vrai Horiſon eſt AC, & le Soleil paroît élevé de la hauteur CD, meſurée par l'arc de l'azimut CD ; puis le même point E montant de plus en plus vers le point Midi F, le Soleil S ſemble s'élever de plus en plus juſqu'à ce que le même point B étant tout-à-fait monté au point F, le Soleil paroiſſe alors le plus élevé & être au Méridien A, F, ſon Horiſon étant EAG, enſuite ce même point B, continuant ſon mouvement, ſe recule du Soleil, qui paroît s'abaiſſer de plus en plus à meſure que ce même point B s'approche du point G, où étant parvenu, le Soleil ſemble ſe coucher, étant alors en apparence dans l'Horiſon A, H, qui eſt l'Horiſon occidental du point G. Il en eſt de même du reſte de la révolution ; car à meſure que le même point de la Terre deſcend de G vers H, il s'approche du milieu de la nuit, & parvient une ſeconde fois au Méridien F, H, auquel tems le Soleil eſt dans le demi-cercle oppoſé du même Méridien ; & en continuant tout de ſuite, la Ville de Paris retourne au point E, où le Soleil paroît ſe lever de nouveau : & c'eſt cette révolution diurne qui ſe fait en 24. heures, que l'on appelle jour Civil ou jour Aſtronomique, en y comprenant le peu de tems que la Terre a mis pour aller d'un degré à peu près à un autre degré qui ſuit celui qu'elle a quitté, comme on a dit en expliquant le mouvement diurne du Soleil.

La ligne EG repréſente le diametre d'un grand cercle, dont le centre eſt A, & auquel le rayon du Soleil AS eſt perpendiculaire. Ce même cercle, qui eſt nommé Cercle du jour, ſépare la partie de la Terre illuminée du Soleil G, F, E d'avec G, H, E qui eſt plongée dans la nuit. Ce ſera par le moyen de ce cercle que l'on expliquera toutes les diverſités des jours & des nuits par toute la Terre.

Pendant que la Terre fait cette révolution journaliere à l'entour de ſon centre, le même centre en fait un autre autour du Soleil en une année, avec toutes les propriétés expliquées en la premiere Section ; mais de telle maniere que ſon axe OP, *Fig. 2. Pl. 15.* demeure parallele à lui-même, étant toûjours tourné vers un même côté, & que l'extrémité de ſon axe tend toûjours aux deux Poles du Monde, ſçavoir P vers le Pole arctique, & O vers l'Antarctique ; car ſoit le Soleil S au centre de l'Ecliptique ♈, ♉, ♊, ♋, &c. du cercle RTV de l'orbe annuel de la

Terre, soit aussi la Terre PAOB, dont l'axe est OP, & soit le cercle PAOB, l'un des Méridiens de la Terre, qui coupe de profil les cinq Paralleles, sçavoir l'Equateur AB, les deux Tropiques EF, CD, & les deux Cercles Polaires GM, XY, en quelqu'endroit que la Terre se trouve de son orbe annuel, c'est comme si elle étoit au centre de l'Ecliptique, ou au point S, le demi-diametre de l'orbe annuel RS, ou VS, n'ayant aucune grandeur sensible, eu égard au Firmament; de sorte que ce même axe OP, quoique le centre de la Terre soit en R, en T, en V, ou autres lieux de son orbe, conserve toûjours une même situation, *comme il paroît dans ladite Figure* 2. où cet axe OP, garde toûjours son parallelisme en quelque part où le centre de la Terre se trouve; ce qu'elle fait en la même maniere, qu'une éguille aimantée demeure toûjours dans une même situation, & tend toûjours vers un même côté, quoiqu'on fasse tourner la boëte où elle est renfermée.

Il faut voir maintenant toutes les diversités qui arrivent en conséquence de la position de cet axe toûjours parallele à lui-même, & comment le Soleil paroît avoir différentes déclinaisons septentrionales & méridionales, faire les Equinoxes & les Solstices, les longs jours de l'Eté, & les courts de l'Hyver, & le reste des propriétés qui suivent de la diversité de ces déclinaisons.

Supposons donc que la Terre soit en R, *Fig.* 1. *Pl.* 16. au commencement de ♎ dans l'Equinoxe du Printems, alors le rayon du Soleil SR, passant par le centre de la Terre R, coupe perpendiculairement son axe; d'où s'ensuit qu'il passe dans le plan de l'Equateur, AB; & par la révolution du mouvement diurne de la Terre, le Soleil paroît décrire le même cercle, & faire l'Equinoxe par toute la Terre, puisque le Soleil paroissant sans déclinaison, l'axe de la Terre OP se trouve dans le plan du cercle du jour, à cause que le rayon du Soleil RS est perpendiculaire à OP, qui représente ce cercle, lequel passant par les Poles de la Terre, divisera tous les paralleles de l'Equateur en deux parties égales; de sorte que le parallele de Paris, par exemple, que l'on suppose être 3. 5. sera divisé en deux parties égales au point 7. & l'arc diurne 3. 7. égal au nocturne 7. 5. & ainsi des autres paralleles de l'Equateur, qui auront plus ou moins de latitude.

Mais la Terre venant en Z, le rayon du Soleil SZ, qui passe par le centre de la Terre, ne sera plus perpendiculaire à l'Axe du monde OP, & ne passera plus par le plan de l'Equateur AB; mais il rencontrera la Terre en quelqu'autre parallele, qui sera entre l'Equateur & le Tropique du Cancer EF; car la Terre étant éloignée de l'Equinoxe, selon l'arc de déclinaison RZ, le rayon du Soleil rencontre sa surface, non plus en l'Equateur AB, mais en H, duquel point tirant HI parallele à l'Equateur, on aura le parallele que le Soleil semble décrire pour lors, à cause du mouvement diurne de la Terre, & le cercle du jour 4. 6. étant toûjours perpendiculaire au rayon du Soleil SZ, coupera alors tous les paralleles de l'Equateur en parties inégales. Ainsi le parallele de Paris, par exemple, 3. 5. sera divisé en deux parties inégales au point 8. en sorte que la partie 3. 8. qui est dans l'Hémisphere illuminé 4. H 6. & qui est l'arc diurne de ce parallele, est plus grande que l'autre 8. 5. qui est l'arc nocturne, d'où vient que les jours croissent, & que les nuits deviennent courtes.

Mais lorsque le centre de la Terre est parvenu au point T, le Solstice du Capricorne, où elle voit le Soleil au Solstice du Cancer, qui est celui d'Eté pour ceux qui demeurent dans la partie Septentrionale de la Terre; alors le rayon du Soleil ST rencontre le point F, qui est dans la circonférence du Tropique de Cancer de la Terre, & le Soleil paroît le décrire pendant tout le jour, à cause du mouvement diurne de la Terre. Le cercle du jour 4. 6. coupe alors tous les paralleles en deux parties les plus inégales, comme celui de Paris 3. 5. au point 9. ce qui fait que la partie diurne 3. 9. est la plus grande qu'elle puisse être, de même que la partie nocturne 9. 5. est la plus petite. Si on tire dans chaque figure de la Terre par chacun des centres 2. 10. RZT, Horison de Paris, le faisant passer par le quarante-neuviéme degré de latitude, compté depuis le Pole Arctique P, il sera facile de remarquer comment les hauteurs méridiennes, & les amplitudes orientales & occidentales ont augmenté à proportion que la Terre s'est approchée du Solstice du Capricorne. On n'a pas marqué cet Horison dans la figure, de peur de la rendre trop confuse; mais on le peut imaginer facilement.

Il sera de même facile d'entendre que la Terre retournant de T vers l'Equinoxe d'Aries, causera les mêmes changemens qui semblent arriver au Soleil depuis qu'il a quitté en apparence le Tropique de Cancer pour venir à l'Equinoxe d'Automne, repassant par les mêmes paralleles, où il a déja paru quand la Terre est venuë de l'Equinoxe de Libra au Solstice du Capricorne.

Ces changemens arriveront de même quand la Terre ira d'Aries jusqu'à l'autre Solstice: car étant en Aries, le Soleil paroîtra en Libra dans l'Equinoxe d'Automne, & son rayon VS, sera toute la journée dans le plan de l'Equateur AB, (vû ici de profil) & les jours seront encore égaux aux nuits comme en l'Equinoxe du printems; mais la Terre parvenant en 10. le Soleil ſemblera décrire le parallele HI entre l'Equateur AB & le Tropique du Capricorne CD, & le cercle du jour 4. 6. diviſera inégalement tous les paralleles de l'Equateur, en ſorte que la partie du jour 3. 8. du parallele de Paris, ſera plus petite que celle de la nuit, 8. 5. ce qui fait que les jours deviennent courts & les nuits longues. Enfin la Terre étant parvenuë au point 2. au Solſtice du Cancer, le Soleil paroîtra à celui du Capricorne, c'eſt-à-dire, au Solſtice d'Hyver, & ſemblera en décrire le Tropique, ſon rayon CS parcourant toute ſa circonférence pendant la révolution du mouvement diurne de la Terre. Le cercle du jour 4. 6. diviſera encore tous les paralleles de l'Equateur en parties les plus inégales; mais en ſorte que l'arc diurne 3. 9. du parallele de Paris 3. 5. ſera le plus petit, & l'arc nocturne 9. 5. le plus grand. Ainſi on aura le plus court jour & la plus longue nuit de l'année. Si on marque l'Horiſon de Paris, comme ci-deſſus, on aura de même toutes les différentes hauteurs méridiennes, & les amplitudes qui arrivent pendant tout ce même cours de la Terre.

ARTICLE SECOND.

De la diverſité des jours & des nuits dans tous les Climats de la Terre.

AYant ſuffiſamment parlé du mouvement diurne de la Terre, & de ſes propriétés par rapport à un lieu particulier, il faut préſentement expliquer toutes les variétés que ce même mouvement cauſe par toute la Terre, & principalement au regard des jours & des nuits, en ſe ſervant de la même figure où ſont marquées les différentes déclinaiſons de la Terre, qui cauſent toutes ces diverſités. *Fig. 1. Planche* 16.

Dans la Sphere droite les jours ſont égaux aux nuits toute l'année, à cauſe que le cercle du jour OP, ou 4. 6. en quelque endroit que la Terre puiſſe être, coupe toûjours l'Equateur en deux parties égales; ce qui fait que ſon arc diurne AR, ou AZ, ou AT, qui eſt ſur l'Hémiſphere éclairé OAP, eſt égal à l'arc nocturne RB, ou ZB, ou TB, qui eſt dans l'autre Hémiſphere OBP, expoſé aux ténébres.

Mais dans la Sphere oblique, juſqu'aux cercles polaires, le cercle du jour ne coupe que deux fois l'année l'Equateur, & tous les paralleles ou cercles de latitude terreſtre en deux parties égales, ſçavoir quand le centre de la Terre eſt en R, au tems des Equinoxes. En tout autre tems, comme quand la Terre eſt en Z, ou en

10. le même cercle du jour les coupe tous, excepté l'Equateur, en deux parties inégales, mais plus ou moins, selon que le centre terrestre approche plus ou moins des Solstices ou des Tropiques. Et plus le parallele ou cercle de latitude terrestre sera éloigné de l'Equateur, & aura de latitude ou d'élévation de Pole, plus le cercle du jour coupera ce même parallele hors le tems des Equinoxes en parties inégales. Si donc on imagine un parallele de latitude plus près du Pole P, que 3, 5. ce même parallele sera encore plus inégalement coupé par le même cercle du jour, & les différences des jours aux nuits y seront plus grandes. Au contraire, si on en imagine un autre plus près de l'Equateur, que le parallele de Paris 3. 5. il sera coupé moins inégalement par le cercle du jour, & les différences des jours aux nuits seront moins inégales en ce parallele qu'en celui de Paris 3. 5. cela est aisé à entendre, si on imagine ces paralleles décrits dans la figure. Il en est de même des paralleles méridionaux, que l'on voit ponctués vers le Pole Antarctique O, lesquels ont leurs longs jours, quand les autres les ont courts; & au contraire, ayant toutes les mêmes inégalités des jours & des nuits que les paralleles septentrionaux de latitude égale.

Aux Cercles Polaires GM, XY, le plus long jour d'Eté dure 24. heures, & la nuit n'est que d'un moment; au contraire le plus court jour d'Hyver n'y est que d'un instant, la nuit ayant 24. heures, dont la cause est que la Terre étant au point des Solstices T & 2. le cercle du jour 4. 6. ne coupe point les Cercles polaires GM, XY, mais il les touche seulement aux points 4. 6. Ainsi la Terre étant au point T, où le Soleil paroît au Solstice de l'Ecrevisse, le Cercle polaire GM étant tout entier au-dessus du Cercle du jour 4. 6. fait une révolution en 24. heures par le mouvement de la Terre; ce qui fait qu'on y voit le Soleil pendant tout un jour, sans avoir de nuit, pendant que les Habitans du Cercle polaire méridional XY ne voyent le Soleil qu'un moment, lorsque par la révolution de ce même Cercle polaire ils parviennent au point 4. & la nuit y est de 24. heures, puisque ce même Cercle est tout entier au-dessous du cercle du jour, comme on voit dans la figure. Puis quand la Terre est à l'autre Solstice au point 2. qui fait que le Soleil paroît au Solstice du Capricorne, alors le cercle polaire boréal GM est tout entier au-dessous du cercle du jour 4. 6. d'où vient qu'il n'y a point alors de jour, mais une nuit de 24. heures, & au contraire le cercle polaire austral est tout entier au-dessus, ce qui cause à ses Habitans pendant un jour entier la présence du Soleil sans aucune nuit.

Entre les cercles polaires & les Poles, il y a plusieurs jours sans nuit, & plusieurs nuits sans jour. Pour bien comprendre ceci, il faut penser que la Terre étant en R dans l'Equateur, le cercle du jour qui est toûjours perpendiculaire au rayon du Soleil, passe alors par les Poles du Monde OP; mais quand elle s'éloigne de l'Equateur, par exemple, vers T, où le Soleil paroît dans la partie septentrionale, alors le cercle du jour se détourne autant du Pole P, que la Terre s'est éloignée de l'Equateur, comme par un mouvement de balancement autour du centre de la Terre R ou Z. Si, par exemple, elle étoit en Z, sa déclinaison seroit l'arc RZ, & le cercle du jour étant alors 4. 6. ses extrémités 4. 6. seront autant éloignées des Poles O & P, que Z est éloigné de R; de sorte que si l'arc de déclinaison RZ est de 20. deg. l'arc P 6. ou l'arc O 4. sera d'autant de deg. mais la Terre en T, étant dans sa plus grande déclinaison de 23. deg. 29'. l'arc P 6. ou O 4. sera d'un pareil nombre de degrés & minutes, & le cercle du jour 4. 6. sera le plus éloigné de l'Axe du Monde OP, ou de l'Horison droit, qu'il puisse être, & il passera par conséquent par les extrémités des cercles polaires sans le couper, puisque leur éloignement des Poles du Monde O P est égal à la plus grande déclinaison de la Terre. Cela étant, supposons tel parallele qu'on voudra, comme 11. 6. du côté du Septentrion; pour avoir le commencement du plus long jour de ce parallele, il faut que le cercle du jour le touche au point 6. sans le couper, le renfermant tout entier dans l'Hémisphere illuminé, ce qu'il fait quand la Terre est parvenuë en Z, & de là passant en T, le point 6. du cercle du jour viendra en M, ou sera la moitié du plus long jour du parallele septentrional 11. 6. ensuite la Terre diminuant sa déclinaison, & revenant en Z, le cercle du jour reviendra de M au point 6. où le plus long jour finira au même parallele septentrional 6. 11. Or comme la Terre employe plusieurs jours à aller de Z en T, & à retourner de T en Z, & qu'il en faut autant au cercle du jour pour aller de 6. en M, & revenir de M en 6. cela fait que le plus long jour du parallele 11. 6. sera de plusieurs jours de suite sans aucune nuit; mais au contraire si la Terre étoit au point 10. le cercle du jour 4. 6. passant par l'extrémité de ce parallele au point 6. sans le couper, fera le commencement de la plus longue nuit, & le cercle du jour allant de 6. en G rencontrer l'extrémité du cercle polaire Arctique, à cause du changement de déclinaison que la Terre fait de 10. au point 2. qui est le Solstice de Cancer pour elle, on aura le milieu de cette plus longue nuit, & sa fin arrivera au retour du cercle du jour, revenant de G en 6. comme il étoit auparavant. Mais l'arc de la différence de déclinaison 10. 2. étant égal à l'arc de la même différence de déclinaison ZT, l'arc 6. G, que le cercle du jour fait en Hyver, sera égal à l'arc 6. M, que le même cercle fait en Eté ; ce qui fait que cette plus longue nuit égalera le plus long jour. On fera le même raisonnement à l'égard des autres paralleles, comme 12. 4. qui sont dans les Zones froides méridionales.

Par ce qu'on vient de dire, on peut remarquer que depuis un Equinoxe jusqu'à un Solstice, le cercle du jour balance sur le centre de la Terre Z ou T, faisant l'arc P 6. d'un côté, & O 4. de l'autre, lequel est, comme on a déja dit, égal à la plus grande déclinaison de la Terre RT, ou R 2. On peut encore considérer que plus le parallele 11. 6. sera plus près du Pole, le plus long jour d'Eté sera d'autant plus long, à cause que le cercle du jour atteindra d'autant plutôt ce parallele, qu'il en sera plus près.

Il sera maintenant bien aisé d'entendre pourquoi il y a six mois de jour & six mois de nuit sous les Poles, puisque la Terre étant en l'Equateur, le cercle du jour est en un même plan avec l'axe du Monde OP, & passe par ses Poles ; d'où s'ensuit que le Soleil paroît se lever à ceux qui sont sur les Poles de la Terre. Mais comme le cercle du jour fait sa libration de P en 6. à peu près en trois mois, & qu'il employe trois autres mois à son retour, cela fait qu'ils doivent avoir un jour d'environ six mois, & une nuit de même tems ; de sorte que leur année n'est composée que d'un jour naturel, & d'une nuit naturelle, dont le midi ou minuit se fait quand la Terre est aux Tropiques.

Il est bon de faire ici quelques remarques pour une plus parfaite intelligence des choses qu'on vient de traiter, dont la premiere est: Que le cercle du jour coupe tous les paralleles de latitude diversement, & plus ou moins inégalement, selon qu'ils sont plus ou moins éloignés de l'Equateur.

Il les coupe au point où le Soleil paroît se lever & se coucher. Ainsi au parallele de Paris 3. 5. le point 9. où le cercle du jour 4. 6. coupe le parallele, quand la Terre est en T, (le Soleil paroissant au Solstice de Cancer) est le point du lever & coucher du Soleil. De sorte que cette Ville par la révolution diurne que la Terre fait sur son axe d'Occident en Orient, venant à ce même point 9. elle voit lever le Soleil, étant dans la partie Occidentale du cercle du jour, & le Soleil dans l'Orientale, & elle le voit coucher, lorsqu'elle est en la partie Orientale, & le Soleil en l'Occidentale.

Quand la même Ville parvient au point 3. par le mouvement diurne terrestre, alors elle est au Méridien, & le Soleil lui paroît dans le même cercle le plus près du Zenit 3. qu'il puisse être, n'en étant éloigné que de l'arc F 3. qui est à peu près de 25. deg. 22'. le point F étant le point de la superficie de la Terre, où il envoye ses

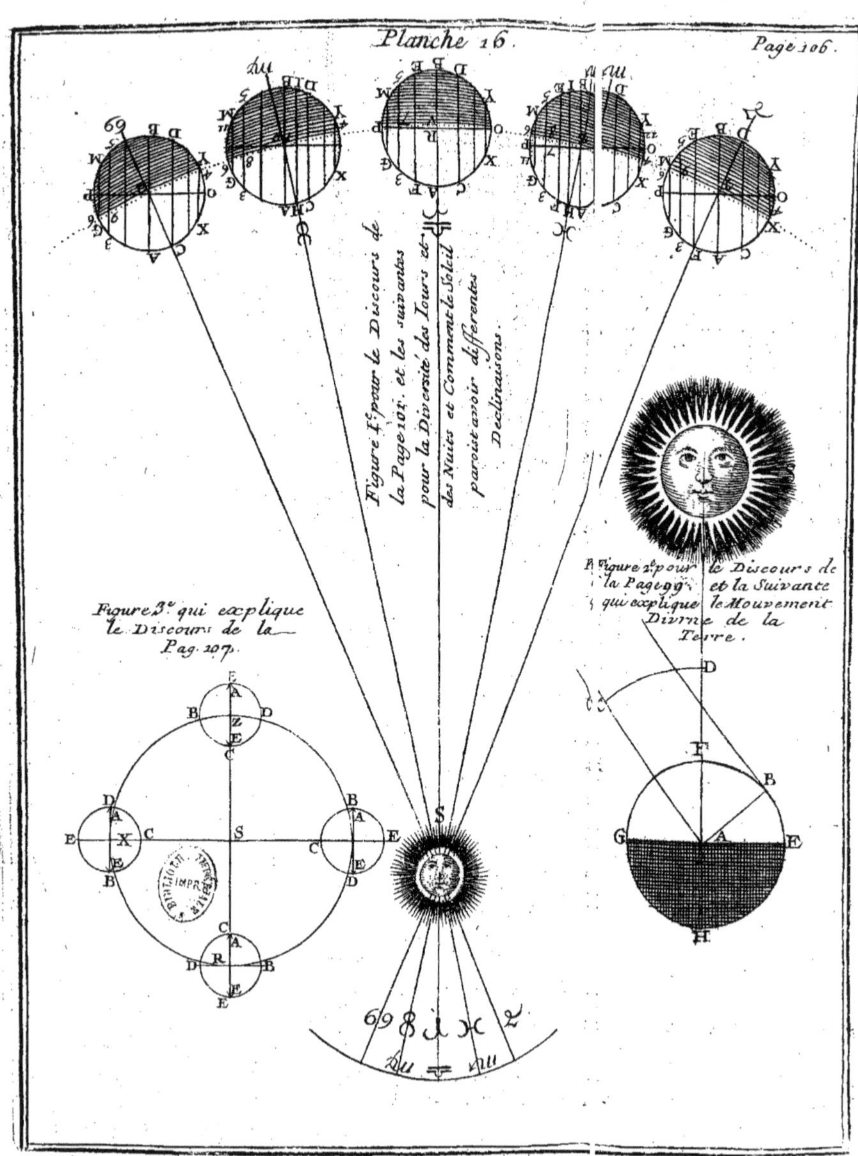

Planche 16.
Page 106.
Figure 1.e pour le Discours de la Page 101. et les suivantes pour la Diversité des Iours et des Nuits et Comment le Soleil paroit avoir differentes Declinaisons.
Figure 2.e pour le Discours de la Page 99. et la Suivante qui explique le Mouvement Diurne de la Terre.
Figure 3.e qui explique le Discours de la Pag. 107.

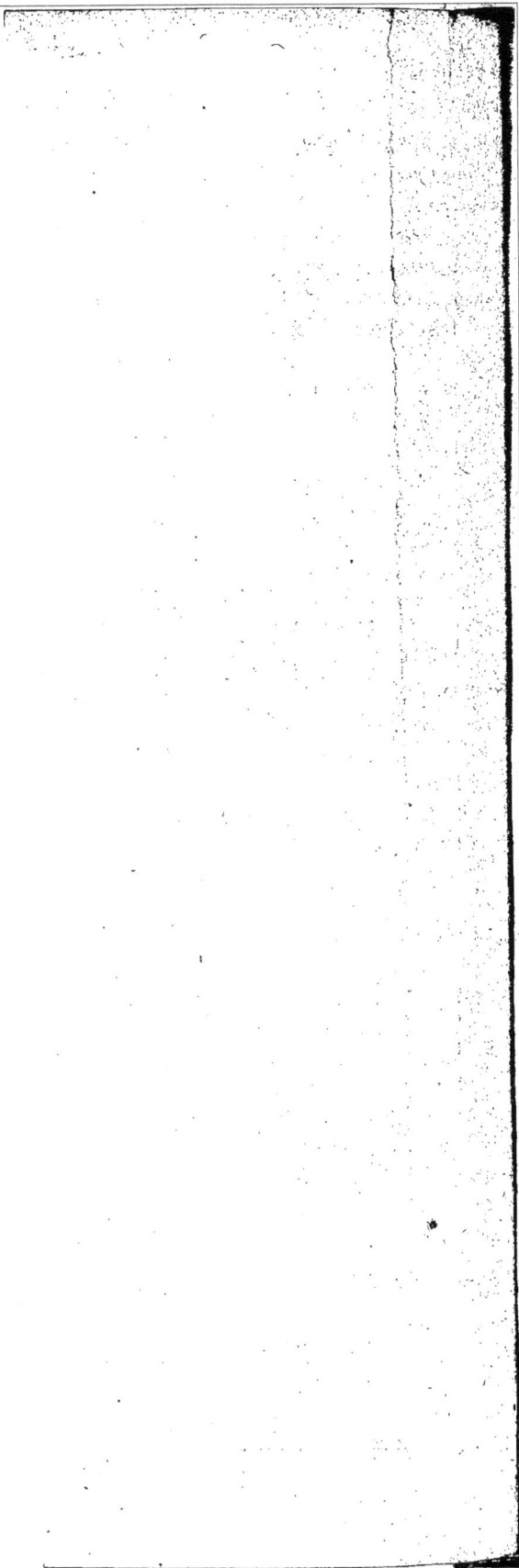

rayons à plomb, quand il paroît être au Solstice d'Eté; & le complément de cet arc F 3. qui est le surplus pour aller jusqu'à 90. deg. est sa hauteur horisontale, qui est alors la plus grande qu'elle puisse être, étant de 64. deg. 38'.

De sorte que supposant le mouvement diurne de la Terre d'Occident en Orient, il est évident que le Soleil, & tout ce qu'il y a de visible dans le Ciel, doit paroître chaque jour tourner d'Orient en Occident autour de la Terre, & décrire en ce sens-là des cercles paralleles à l'Equateur.

Afin que l'axe de la Terre se maintienne toûjours parallele à lui-même, & soit toûjours exposé vers une même partie du Ciel, il faut que la Terre, outre le mouvement diurne & annuel, ait encore un autre mouvement d'Orient en Occident, opposé à celui qu'elle fait d'Occident en Orient par son mouvement diurne, en la même maniere que l'éguille aimantée d'une boussole se meut d'un mouvement contraire à la boëte dans laquelle elle est renfermée; car si, par exemple, l'éguille AE (*Fig.* 3. *Pl.* 16.) enfermée dans la boussole BC, DE, & dont la partie qui est vers A tend toûjours vers le Septentrion, est emportée par le mouvement de la boëte autour du centre S dans la circonférence du cercle ZXR, en sorte que le centre Z de cette boëte fasse par son mouvement le quart ZX de la circonférence, l'éguille AE ne sera plus jointe avec le diametre EC, comme auparavant, mais avec le diametre DB, à cause que l'éguille a fait par un mouvement contraire le quart de cercle ED de la boëte; de sorte que cette même éguille est toûjours tournée vers le même côté du Septentrion ou du Nord, en quelqu'endroit que puisse être le centre Z ou X de la boëte dans la circonférence ZXR. Ainsi pour appliquer la comparaison, quand le centre Z de la Terre EBCD vient en X par son mouvement annuel d'Occident en Orient, son axe représenté par l'éguille AE se tourne de E en D, allant d'Orient en Occident; ce qui fait que ce même axe AE est toûjours parallele à lui-même, & que les points B, D, qui sont à l'extrémité de cet axe, tendent toûjours vers le même point du Ciel; & c'est là le troisiéme mouvement que les Coperniciens attribuent à la Terre, lequel se fait par une vertu magnetique, en supposant que la Terre est elle-même un grand Aiman, dont les Poles sont toûjours tournés vers un même endroit du Ciel.

Raisons qu'on peut apporter pour prouver le mouvement de la Terre.

IL faut ou que tous les Corps célestes tournent en 24. heures autour de la Terre, ou que la Terre tournant sur elle-même attribuë ce mouvement aux Corps célestes. Examinons lequel des deux est le plus vraisemblable.

Toutes les Planetes font leurs grandes révolutions autour du Soleil; mais ces révolutions font inégales entr'elles felon les diftances où les Planetes font du Soleil. Les plus éloignées font leurs cours en plus de tems, ce qui eft fort naturel. Cet ordre s'obferve même entre les Planetes fubalternes qui tournent autour d'une grande. Les quatre Satellites de Jupiter, les cinq de Saturne font leurs cercles en plus ou moins de tems autour de leur grande Planete, felon qu'elles en font plus ou moins éloignées.

De plus, les Aftronomes ont remarqué que les Planetes ont des mouvemens fur leur centre. Ces mouvemens font encore inégaux. On ne fçait pas bien fur quoi fe régle cette inégalité, fi c'eft fur la différente groffeur des Planetes, ou fur la différente vîteffe des Tourbillons particuliers qui les renferment, & des matieres fluides où elles font portées; mais enfin l'inégalité eft certaine, & en général tel eft l'ordre de la nature, que ce qui eft commun à plufieurs chofes, fe trouve en même-tems varié par des différences particulieres.

Or fi les Planetes tournoient autour de la Terre, elles tourneroient en des tems inégaux felon leurs diftances, ainfi qu'elles font autour du Soleil. Leurs diftances inégales à l'égard de la Terre, leurs différentes groffeurs, & la différente vîteffe des Tourbillons particuliers où elles font renfermées, devroient produire des différences dans ce mouvement prétendu autour de la Terre, auffi-bien que dans tous les autres mouvemens : & les Etoiles fixes, qui font fi prodigieufement éloignées de la Terre, fi fort élevées au-deffus de tout ce qui pourroit prendre autour de nous un mouvement général, du moins fituées en lieu où ce mouvement devroit être affoibli; n'y a-t-il pas bien de l'apparence qu'elles ne tournent pas autour de nous en 24. heures, comme pourroit faire la Lune qui en eft fi proche? Les Cometes qui font étrangeres dans notre Tourbillon, qui y tiennent des routes fi différentes les unes des autres, qui ont auffi des vîteffes fi différentes, ne devroient-elles pas être difpenfées de tourner autour de nous dans ce même tems de 24 heures?

Tout bien confidéré, cette inégalité fi exacte qui nous paroît dans le mouvement diurne de tous les Corps céleftes, eft un grand préjugé à faire croire que c'eft plutôt la Terre qui tournant fur elle-même en 24. heures, leur attribuë ce mouvement.

A quoi nous ajouterons, que fi les Cieux tournent en 24. heures autour de la Terre, la vîteffe de leur mouvement eft inconcevable, puifque fuivant les diftances de la Terre aux Planetes, rapportées ci-devant, le Soleil feroit en une heure de tems 8250000.

lieuës de chemin, & dans l'espace d'une seconde, qui est le tems d'un battement d'artere, près de 2300. lieuës. Saturne, qui est environ dix fois plus éloigné de nous que le Soleil, feroit aussi dix fois plus de chemin. Après cela qui peut s'imaginer quel seroit le mouvement des Etoiles du firmament qui sont aux environs de l'Equateur ? Enfin comment seroit-il possible que la Terre restât seule immobile au milieu de toute la matiere céleste si extraordinairement agitée ?

Une des plus fortes objections qu'on fasse contre ce Systême, c'est qu'il paroît opposé à l'Ecriture Sainte, qui déclare formellement en plusieurs endroits, non seulement que la Terre est stable, & que Dieu l'a créée telle, mais encore que le Soleil se meut, puisqu'il s'arrêta sur Gabaon, à la voix de Josué, & qu'à la voix d'Isaïe il rétrograda sur sa route.

Sans entrer dans le détail des réponses particulieres, qu'on peut faire aux passages qu'on allégue, en général on peut dire que l'Ecriture Sainte, lorsqu'il ne s'agit ni de la Foi ni du réglement des mœurs, s'accommode aux idées du vulgaire, & parle des choses plutôt suivant ce qu'elles paroissent aux sens, que suivant ce qu'elles sont en effet. C'est ainsi, par exemple, qu'elle parle du Ciel & de la Terre comme des deux principales parties du Monde, quoique l'une comparée à l'autre, ne soit qu'un point. C'est ainsi encore qu'elle parle de la Lune, comme du luminaire le plus grand, après le Soleil, quoiqu'elle soit peut-être le plus petit des Corps célestes, & qu'elle n'ait point de lumiere d'elle-même. Il n'est donc pas étonnant qu'elle parle aussi de la Terre comme étant stable, & du Soleil comme se mouvant, puisqu'il n'y a personne qui ne juge & ne parle ainsi. Les Coperniciens eux-mêmes ne tiennent pas d'autre langage ; & nous leur entendons dire tous les jours que le Soleil se leve & se couche, qu'il arrive au Méridien, &c. quoiqu'ils croyent que toutes ces choses ne se font qu'en apparence.

SECTION III.

De l'apparence du mouvement des Etoiles fixes.

IL ne s'agit pas ici du mouvement journalier ; car il est évident que si la Terre tourne sur son axe en 24. heures d'Occident en Orient, tous les Corps célestes qui nous environnent, doivent paroître tourner dans le même-tems d'un sens contraire, c'est-à-dire, d'Orient en Occident. Il s'agit donc d'un autre mouvement, par lequel les Etoiles fixes paroissent faire une révolution en plusieurs milliers d'années d'Occident en Orient selon l'ordre des Signes.

Pour expliquer l'apparence de ce mouvement, Copernic suppose que l'axe de la Terre ne conserve pas exactement son parallelisme, & que quoique toûjours également incliné sur le plan de l'Ecliptique, il se détourne chaque année tant soit peu de sa situation précédente ; de sorte que cet axe décrit autour des Poles de l'Ecliptique en l'espace d'environ 25000. ans une circonférence de cercle d'Orient en Occident, qui est éloigné de 23. deg. & demi, tellement que les Poles de la Terre répondent successivement à différentes parties du Ciel, mais toûjours également éloignées des Poles de l'Ecliptique, c'est-à-dire, de 23. deg. & demi.

Dans cette supposition, les Etoiles fixes, quoiqu'immobiles, doivent paroître faire une révolution autour des Poles de l'Ecliptique du sens contraire, c'est-à-dire, d'Occident en Orient dans le même espace de tems ; car l'Equateur de la Terre correspondant à diverses parties du Ciel, l'Equateur céleste que nous rapportons vis-à-vis, doit paroître couper l'Ecliptique en différens points dont la suite est d'Orient en Occident.

C'est ainsi qu'on peut rendre raison pourquoi les Equinoxes du tems présent précédent ceux d'autrefois, ce que Copernic appelle *la précession ou anticipation des Equinoxes* : car 390. ans avant l'Ere Chrétienne le Soleil pendant l'Equinoxe du Printems paroissoit vis-à-vis la premiere Etoile d'Aries du Firmament, au lieu qu'il paroît pendant le même Equinoxe du tems présent vis-à-vis les premieres Etoiles de la Constellation de Pisces : or pendant cet espace de tems, qui est d'environ 2100. ans, l'axe de la Terre peut avoir fait autour des Poles de l'Ecliptique à peu près la douziéme partie d'une révolution, & ainsi les intersections de l'Equateur & de l'Ecliptique peuvent avoir changé contre l'ordre des Signes de la même quantité, c'est-à-dire, d'un Signe entier ; tellement que celle du Printems, qui étoit autrefois au premier degré du Belier, doit être à présent vers les commencemens des Poissons ; & celle de l'Automne, qui autrefois étoit au commencement de la Balance, est à présent au commencement de la Vierge ; c'est pourquoi tout le Firmament doit paroître avancé de pareille quantité d'Occident vers l'Orient.

SECTION IV.

Des irrégularités apparentes dans les mouvemens des Planetes.

L'Orbe de la Terre contient les orbes de Venus & de Mercure, ce qui les rend inférieures à son égard; au lieu que Saturne, Jupiter & Mars ayant leurs orbes au-dessus de celui de la Terre, lui sont supérieures.

Leurs mouvemens sont réguliers & selon l'ordre des Signes du Zodiaque, s'achevant en des périodes proportionnées à leurs distances du Soleil, lesquelles périodes sont les mêmes que dans les autres systêmes, que nous avons expliqués ci-devant.

Toutes les irrégularités apparentes de leurs mouvemens semblent être des suites nécessaires du mouvement de la Terre autour du Soleil, comme nous l'allons faire voir. Soit l'Ecliptique ♈ ♉ ♊ ♋, *pl.* 17. *fig. premiere*, dont le Soleil S soit le centre, & HPB l'orbite d'une des trois Planetes supérieures. Pendant que la Terre se meut dans l'orbe annuel OLTN, la Planete P se meut dans son excentrique, l'une & l'autre selon l'ordre des Signes. Lorsque la Terre est parvenuë en N, la Planete étant en P, paroîtra conjointe au Soleil par la ligne NSPE; qui marque le vrai lieu de l'une & de l'autre au même point E de l'Ecliptique, & la Planete est dans une de ses plus grandes distances de la Terre. Ensuite la Terre allant du point N au point O, pendant que la Planete, qui ne va pas si vîte qu'elle dans son excentrique, en fait le petit arc PB, le vrai mouvement que la Planete a fait depuis sa conjonction au Soleil, est l'arc de l'Ecliptique E 4. mais elle nous paroîtra avoir parcouru l'arc E 5. qui est plus grand, & selon l'ordre des Signes. C'est pourquoi elle semble directe & vîte en son mouvement. Elle est aussi Orientale, c'est-à-dire, qu'elle paroît se lever avant le Soleil; car la Terre étant au point O, le Soleil paroît vis-à-vis le point 6. de l'Ecliptique, lequel point est plus avancé, selon l'ordre des Signes, que le lieu de la Planete qui est vûe vis-à-vis le point 5.

Mais si la Terre étant en O, nous supposons la Planete en H, s'avançant l'une & l'autre dans leur orbe, lorsque la Terre sera parvenuë en L, si la Planete a passé jusqu'en P, elle sera vûe opposée au Soleil, & plus proche de la Terre de toute la quantité du diametre de l'orbe annuel. Ensuite la Terre étant arrivée en T, pendant que la Planete a passé de P en B, elle sera vûe sous le point D du Firmament, ayant paru pendant cette route rétrograder de 3. en D; ce qui arrive toutes les fois que la Terre passe entre le Soleil & la Planete, parce que la Terre allant plus vîte, & du même côté, la Planete paroît aller du côté opposé; mais pour lors le vrai lieu du Soleil paroît en K moins avancé dans l'Ecliptique que le lieu de la Planete qui paroît en D; ce qui la rend occidentale, paroissant après le coucher du Soleil; d'où l'on peut voir comment les trois Planetes supérieures sont orientales depuis leur conjonction au Soleil jusqu'à leur opposition, & occidentales depuis leur opposition jusqu'à leur conjonction, & comment elles paroissent rétrogrades.

A l'égard des stations qui paroissent toûjours devant & après chaque rétrogradation, elles arrivent lorsque la détermination du mouvement de la Terre se trouvant un peu de biais par rapport au mouvement de la Planete, la vîtesse du mouvement de la Terre ne sert qu'à la faire avancer autant qu'il faut pour que la Planete qui va moins vîte, lui paroisse plusieurs jours de suite sous le même point du firmament; car la Terre étant environ au point O, & la Planete au point H, elle paroîtra sous le point 3. du Firmament. Ensuite si la Terre passe de O en 7. & en même tems la Planete de H en I, elle paroîtra encore sous le même point 3. ce qui explique la premiere station qui précéde sa rétrogradation; après quoi si nous supposons que la Terre ait passé de 7. en 8. & la Planete de 1. en 2. elle sera vûe sous le point D du Firmament, qui est plus occidental que le point 3. sous lequel elle avoit paru auparavant; ce qui marque son arc de rétrogradation. Enfin la Terre ayant passé de 8. en T, & en même tems la Planete de 2. en B, elle doit encore paroître sous le même point D; ce qui explique la seconde station.

L'arc de rétrogradation doit paroître plus grand à proportion que la Planete est plus voisine de la Terre; c'est pourquoi celui de Mars est plus grand que celui de Jupiter, & celui de Jupiter plus grand que celui de Saturne.

Les deux Planetes inférieures, Venus & Mercure, ne paroissent jamais en opposition au Soleil, mais deux fois en conjonction, dont l'une est supérieure & l'autre inférieure. Lorsque le Soleil se trouve directement entre la Terre & la Planete, elle est dans sa conjonction supérieure, qui la fait être dans un grand éloignement de la Terre, elle est alors directe & vîte en son mouvement; mais lorsqu'elle se trouve entre le Soleil & la Terre, elle est dans sa conjonction inférieure, paroissant au-dessous du Soleil, & plus près de la Terre, & pour lors elle paroît rétrograder.

Pour expliquer toutes ces irrégularités apparentes, supposons que AF, *Pl.* 17. *Fig.* 2. soit la quatriéme partie de l'orbe annuel

nuel de la Terre, qu'elle décrit en trois mois, pendant que Mercure parcourt le Cercle 1. 2. 3. 4. 5. Si la Terre est en A, & Mercure en 1. il nous paroîtra sous la partie du Ciel marquée A; ensuite si nous supposons que la Terre soit avancée en 6. & Mercure en 2. nous le verrons sous la partie du Ciel marquée B; & comme il paroît avoir précipité son mouvement de A en B, selon l'ordre des Signes, nous l'appellons direct; mais lorsque la Terre est en E, & Mercure en 3. comme il nous paroît encore sous la même partie du Ciel B, nous l'appellons stationaire, & c'est-là sa premiere station qui précéde la rétrogradation. Après quoi, si nous supposons que la Terre avance en D, & Mercure en 4. nous le verrons sous la partie du Ciel marqué C; & comme il nous paroît avoir retourné sur ses pas, contre l'ordre des Signes, nous l'appellons rétrograde, & l'arc du Firmament BC est son arc de rétrogradation; mais lorsque la Terre sera avancée en E, & Mercure en 5. nous le verrons encore sous la même partie du Ciel C, & c'est-là la seconde station. Enfin lorsque la Terre est parvenuë en F, & Mercure en 1. il paroîtra sous la partie du Ciel marquée D, & parce qu'il nous paroît avoir précipité son mouvement selon l'ordre des Signes, nous l'appellons encore direct.

Si la Planete de Mercure faisoit précisément un certain nombre de révolutions autour du Soleil, pendant que la Terre en fait une, la Terre se retrouvant au bout d'un an au point A, Mercure se retrouveroit au point 1. mais lorsque la Terre aura fait sa révolution en 365. jours & presque 6. heures, Mercure, qui fait la sienne en 88. jours, en aura fait quatre & peu plus de la septiéme partie d'une autre révolution; c'est pourquoi il sera pour lors entre les points 1. & 2. & paroîtra plus oriental que le Soleil, de sorte qu'on pourroit le voir le soir; mais comme il ne s'éloigne jamais plus de 28. deg. du Soleil, & qu'il est fort petit, on le voit rarement.

On peut expliquer de même les irrégularités apparentes dans le mouvement particulier de Venus. Ses stations & rétrogradations ne sont pas si fréquentes, puisqu'elle paroît quelquefois directe pendant toute une année. Elle se voit tantôt le soir, & d'autres fois le matin. Car si nous supposons aujourd'hui la Terre au point T, & Venus au point 1. elle sera la plus orientale qu'elle puisse être à l'égard du Soleil, c'est pourquoi elle paroîtra le soir, & même quelquefois en plein jour une heure ou deux avant le coucher apparent du Soleil, à cause de sa grandeur & de sa lumiere éclatante; ensuite ayant parcouru la partie basse de son Ciel, elle deviendra quelques mois après la plus occidentale qu'elle puisse être à l'égard du Soleil, & se verra le matin avant lui.

A l'égard de la Lune, elle fait sa révolution autour du Globe de la Terre d'Occident en Orient en moins d'un mois, l'accompagnant toûjours dans son orbe annuel. La grandeur apparente de son corps, & sa parallaxe assez sensible, nous font connoître qu'elle est beaucoup plus près de nous que toutes les autres Planetes. Le mouvement diurne de la Terre d'Occident en Orient, fait qu'elle nous paroît tous les jours tourner d'Orient en Occident; & le mouvement de la Lune autour de la Terre fait qu'elle semble parcourir en moins d'un mois tous les Signes du Zodiaque, quoique véritablement elle ne les parcoure qu'en un an avec la Terre. Son orbite est de figure ovale. Ses illuminations & ses Eclipses s'expliquent de même que dans les autres systêmes.

On entendra bien plus facilement tout ce que nous venons de dire, ayant en main une Sphere suivant ce systême; nous allons en donner la description, & l'on en trouvera les usages dans le troisiéme Livre, comme aussi la description & les usages du Globe terrestre monté selon Copernic.

SECTION V.

De la description de la Sphere artificielle selon l'hypothese de Copernic.

LE Soleil, ce bel Astre lumineux que Dieu a placé au milieu du Monde, pour nous éclairer, réchauffer & vivifier, & en même tems toutes les autres créatures contenuës dans le grand tourbillon dont il occupe le centre, est placé dans cette Sphere au milieu, & est représenté par une boule dorée.

Cette Sphere comprend le grand orbe des Etoiles fixes & ceux des Planetes. Celui des Etoiles fixes est immobile & supérieur, renfermant les orbites des Planetes qui sont mobiles, *Planche* 18.

Ce même orbe des Etoiles comprend quatre grands Cercles, dont le premier est le Zodiaque & l'Ecliptique décrite au milieu de sa superficie, avec les douze Signes; le Zodiaque a 16. degrés de largeur, afin d'y pouvoir marquer les différentes latitudes des Planetes.

Il y a deux grands Cercles qui s'entrecoupent en haut & en bas à angles droits, coupans aussi le Zodiaque & l'Ecliptique selon le même angle. L'un desdits Cercles est le colure des Solstices qui coupe l'Ecliptique ou le Zodiaque aux premiers points de Cancer & de Capricorne; l'autre qui est le colure des Equinoxes, le coupe

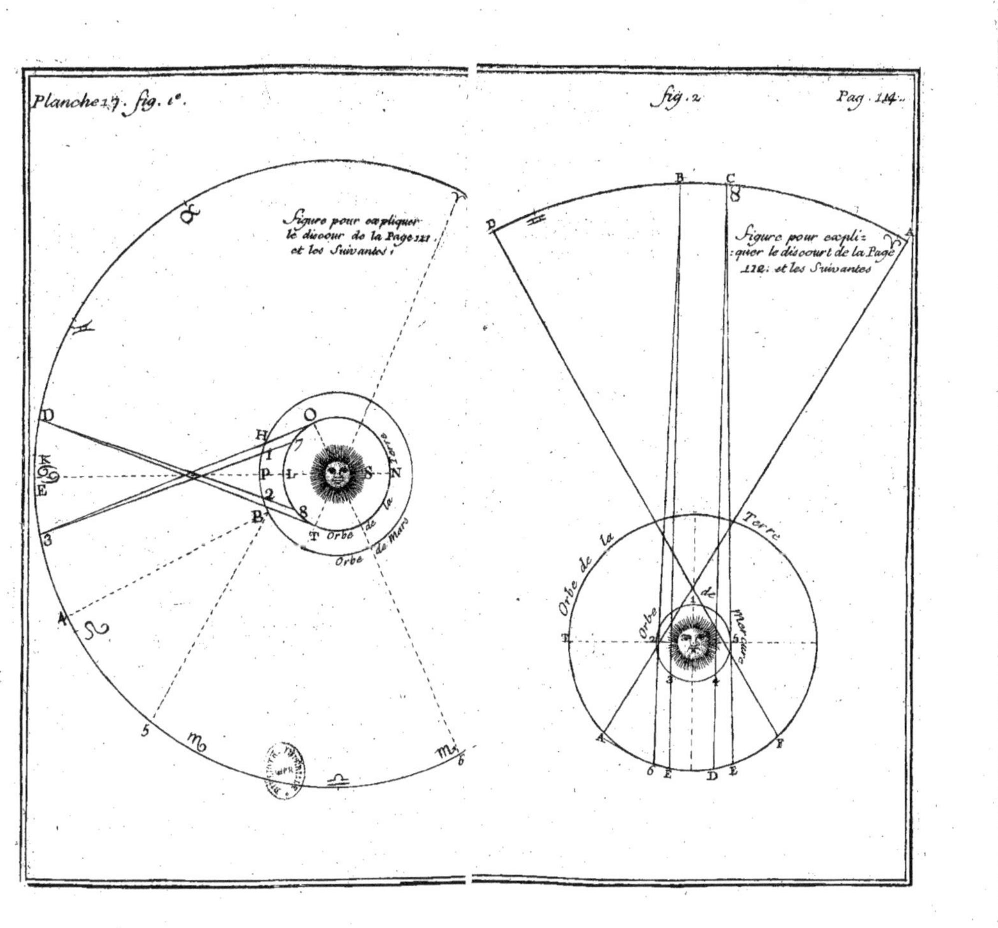
Planche 17. fig. 1e.
fig. 2
Pag. 114.
Figure pour expliquer le discour de la Page 121, et les Suivantes.
Orbe de la Terre
Orbe de Mars
Figure pour expli: quer le discourt de la Page 112: et les Suivantes
Orbe de la Terre
Orbe de Mercure

aux commencemens d'Aries & de Libra ; les points de leur section, qui sont en haut & en bas, représentent les Poles du Zodiaque ; celui d'en-haut, le Pole Boréal ; celui d'en-bas, le Pole Austral, où la Sphere est attachée au pied qui la soûtient. Ces cercles partagent les quatre saisons de l'année.

Le quatriéme cercle est l'Equateur ou l'Equinoxial, lequel est oblique au regard du Zodiaque, & l'entrecoupe aux commencemens d'Aries & de Libra ; il coupe aussi le colure des Solstices vers le Septentrion & vers le Midi ; en sorte que le point de section qui est du côté du Septentrion, & qui répond au premier degré du Capricorne, en est éloigné de 23. deg. 29'. de même que l'autre point opposé, qui est vers le Midi, correspond au premier point de Cancer, & en est distant de même de 23. deg. 29'. qui est la plus grande déclinaison de la Terre. Ses Poles sont marqués au colure des Solstices avec deux petites lignes ; celui d'en-haut est le Pole Arctique, & celui d'en bas l'Antarctique.

On ajoûte sur le haut des colures un petit cercle, dont la circonférence s'éloigne du Pole Boréal de l'Ecliptique de 23. deg. 29. min. & rencontre le Pole Arctique de l'Equateur. Ce cercle sert pour expliquer le mouvement apparent des Etoiles fixes d'Occident en Orient. M. Cassini m'a donné le calcul du changement que feront les Poles du Monde, d'ici en 24800. ans ; je l'ai marqué dans cette Sphere, sur un cercle qui est autour du Pole. Cette division est en raison d'un Signe en 2100. ans, en commençant de l'an 1700. Nous parlerons de l'usage de ce cercle au Livre 3e. en expliquant l'usage de cette Sphere.

L'essieu du Zodiaque s'étend d'un des Poles de l'Ecliptique jusqu'à l'autre, au milieu duquel on met une boule dorée qui représente le Soleil immobile au centre de l'Univers.

Au-dedans de la Sphere des Etoiles fixes se trouvent les orbes des sept Planetes attachées & représentées par de simples circonférences de cercles passées dans l'axe de l'Ecliptique, & qui sont en cet ordre, après les Etoiles en descendant vers le Soleil, sçavoir, celle de Saturne, de Jupiter, de Mars, de la Terre, de Venus & de Mercure, qui est plus proche du Soleil, suivant l'ordre & la description du Systême de Copernic expliqué ci-devant. On représente quelquefois les Planetes par de petites boules, dont le côté qui est tourné vers le Soleil est éclairé, pendant que la partie opposée est privée de lumiere, le Soleil étant le seul corps lumineux de son tourbillon, la Terre & les Planetes n'étant éclairées que par lui.

Les circonférences des cercles des Planetes sont mobiles, & sont mouvoir les Planetes qui y sont attachées autour du Soleil selon leurs périodes marquées ci-devant, sçavoir Saturne en 30. ans, Jupiter en 12. Mars en 2. la Terre en une année, Venus en sept mois & demi, & Mercure environ en trois mois.

Autour du Globe de la Terre il y a une petite Sphere qui y est attachée, laquelle représente celle du mouvement que la Lune fait autour de la Terre. On peut concevoir que dans le tems que la Terre fait son mouvement autour du Soleil, la Lune en fait quatre différens autour de la Terre; le premier en 27. jours 7. heures 43. minutes pour son mouvement Périodique dans le Zodiaque; le second en 29. jours 12. heures 44. minutes, pour son mouvement d'un mois Sinodique ou de conjonction; le troisiéme en 27. jours 5. heures 6. minutes; pour son mouvement de latitude; le quatriéme aussi en 29. jours 12. heures 44. minutes, pour rendre raison de ces phases. Cette petite Sphere est emportée par le mouvement annuel de la Terre autour du Soleil.

La Terre est attachée à son axe qui passe par les deux Poles du Monde qui répondent à ceux de l'Equateur; ce qui fait que ce même axe est incliné à celui de l'Ecliptique toûjours de 23. deg. 29. min. en quelque endroit où la Terre puisse se trouver dans son orbite par son mouvement annuel, lequel se fait de maniere qu'il paroît sensiblement que son axe est toûjours parallele à lui-même, & les Poles toûjours tournés vers un même côté, (& cela par le moyen de deux petites poulies qui sont au-dedans d'une piece de cuivre qui porte la Terre.) Ce même axe tient à la circonférence d'un petit cercle qui représente le Méridien, & qui est entrecoupé à angles droits par une autre circonférence qui représente l'Horison, & qui a deux fentes pour y faire passer librement le Méridien. Ce cercle horisontal est mobile & attaché vis-à-vis des Poles du Méridien, en sorte qu'il a un mouvement autour du Méridien, par lequel on peut le disposer de maniere que le Pole soit élevé sur ce même Horison selon la hauteur du Pole du lieu où l'on veut l'appliquer, comme aussi le faire servir de cercle du jour dans les usages particuliers.

La Sphere étant construite de cette façon donne une parfaite idée de l'Univers selon l'ordre & la disposition de ce beau Systême. On y voit comment toutes les Planetes ont leurs mouvemens particuliers autour du Soleil selon le tems de leurs révolutions & périodes; on y considere encore comment elles sont orientales & occidentales; de quelle maniere elles sont conjointes & opposées au Soleil, & parviennent à être dans leur plus grande & moindre distance de la Terre, & deviennent directes, stationaires & rétrogrades. Enfin on y peut remarquer toutes les différentes propriétés du mouvement des Planetes selon ce Systême, en appliquant aux cercles des Planetes de cette Sphere artificielle tout ce que l'on a expliqué au Chapitre XIV.

La Terre dans son mouvement annuel d'Occident en Orient, a toûjours son axe parallele à lui-même; ce qui fait que cet axe & les Poles regardent toûjours les mêmes parties du Ciel; de là vient qu'il y a de la diversité dans les saisons de l'année, dans les jours & les nuits, les déclinaisons, les hauteurs méridiennes, &c. ce qui est sensiblement démontré dans cette Sphere; car si on met, par exemple, la Terre à l'un des Equinoxes, on verra comme la ligne droite, ou le rayon du Soleil tiré de son centre par celui de la Terre, rencontre sa surface en la circonférence de l'Equinoxial; de sorte que pendant toute la journée le Soleil paroîtra dans l'Equateur, & le jour sera égal à la nuit par toute la Terre, parce que le petit cercle horisontal qui sert aussi de cercle du jour, passe alors par les Poles de la Terre, & coupe en deux parties égales tous les paralleles diurnes que chaque lieu décrit par le mouvement journalier de la Terre en 24. heures.

Si on pose la Terre au solstice du Capricorne, on voit aussi comme le Soleil paroîtra être à celui de l'Ecrevisse, & que son rayon conduit au centre de la Terre, rencontrera sa surface en la circonférence du Tropique de Cancer; ce qui fait que le Soleil semblera décrire toute la journée le même Tropique; & comme le cercle du jour passera alors par les Poles de l'Ecliptique, étant éloigné des Poles du Monde de 23. deg. 29'. on verra que chaque lieu décrira par le mouvement diurne de la Terre son plus long jour d'Eté du côté de l'Hémisphere illuminée, & sa plus courte nuit dans celui qui est exposé aux ténebres, étant opposé au Soleil, comme il a été expliqué au Chap. XIV. Il en est de même des autres endroits de l'Ecliptique où la Terre se rencontrera, poursuivant sa route en son orbite, où l'on pourra considérer comme les jours & les nuits croissent & décroissent alternativement en un lieu particulier, & comme ils s'allongent en des endroits pendant qu'ils s'accroissent en d'autres; & enfin toutes les autres propriétés qui procédent de la combinaison des mouvemens annuel & journalier.

La Terre faisant sa révolution journaliere d'Occident en Orient sur son axe & sur ses Poles, qui sont ceux du Monde, emporte avec elle l'Horison & le Méridien, appliqués à quelque lieu particulier, l'Horison ayant été mis au degré du Méridien qui termine la hauteur du Pole de ce lieu, laquelle se compte depuis le pole de la Terre, jusqu'à son cercle horisontal. Faisant donc tourner avec le doigt le petit Globe terrestre sur son axe, avec son Horison & son Méridien du côté d'Orient, en lui faisant faire une révolution entiere, si on la commence en exposant le Méridien terrestre vis-à-vis du Soleil, & où ses rayons rencontrent son plan, on verra par l'arc du Méridien, compris entre l'Horison & le point du Méridien, exposé vis-à-vis du Soleil, quelle est sa hauteur méridienne; ensuite tournant le Globe vers Orient, jusqu'à ce que son Horison se trouve vis-à-vis du rayon du Soleil; en sorte que ce rayon, qui est conduit au centre de la Terre, rencontre le plan de cet Horison; cela étant fait, on connoîtra le point de cet Horison, où le Soleil se couche, & par ce moyen son amplitude occidentale: en continuant de mouvoir le petit Globe conjointement avec le Méridien & l'Horison, on voit de même comme le lieu proposé parvient au Méridien de minuit, & quel est le plus grand abaissement du Soleil au-dessous de l'Horison; & enfin, l'apparence du lever du Soleil, & son amplitude orientale, lorsque l'Horison sera dans la disposition où il doit être pour que les rayons du Soleil rencontrent son plan, ce que l'on remarquera facilement, en imaginant pendant tout ce mouvement diurne terrestre une ligne droite tirée du centre du Soleil par le centre de la Terre.

Si la Sphere étoit d'une capacité assez ample pour rendre le Globe terrestre (qui tient ici lieu de Planete) plus grand, afin d'y marquer distinctement les Régions & leurs principales parties, on pourroit pratiquer plusieurs belles propositions tant Astronomiques que Géographiques, telles que sont celles que l'on pratique avec les Globes & la Sphere ordinaire; & on les feroit avec plus de facilité qu'avec les Spheres construites suivant le Systême de Ptolomée, quand même on y mettroit tous les cercles des Planetes, parce que ces mêmes cercles qui représentent les révolutions des centres des Epicycles, n'étant pas accompagnés des Epicycles par lesquels se démontre presque toute l'irrégularité du mouvement propre des Planetes, on ne peut y remarquer les propriétés de leurs mouvemens, comme dans la Sphere faite selon le Systême de Copernic, dans laquelle les mouvemens des Planetes & de la Terre étant simples, & n'ayant aucune dépendance les uns des autres, les apparences de leurs mouvemens s'y démontrent toutes avec une très-grande facilité.

Nous finirons la description de cette Sphere, en disant qu'on n'en peut construire aucune, & garder les proportions des grosseurs & des distances entre les Corps célestes qui y sont renfermés; car en donnant, par exemple, un pouce de diametre au Globe de la

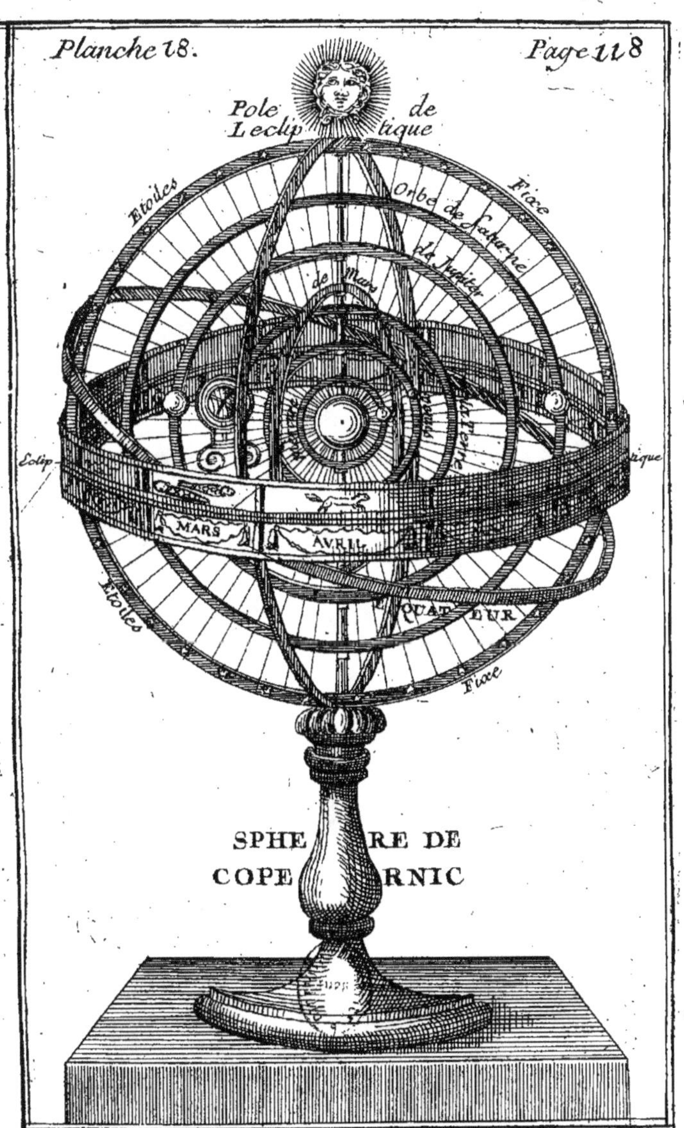

Planche 18.
Page 118
Pole de
Leclip tique
Etoiles
Fixe
Orbe de Saturne
de Jupiter
de Mars
Eclip
tique
MARS
AVRIL
EQUATEUR
Etoiles
Fixe
SPHERE DE
COPERNIC

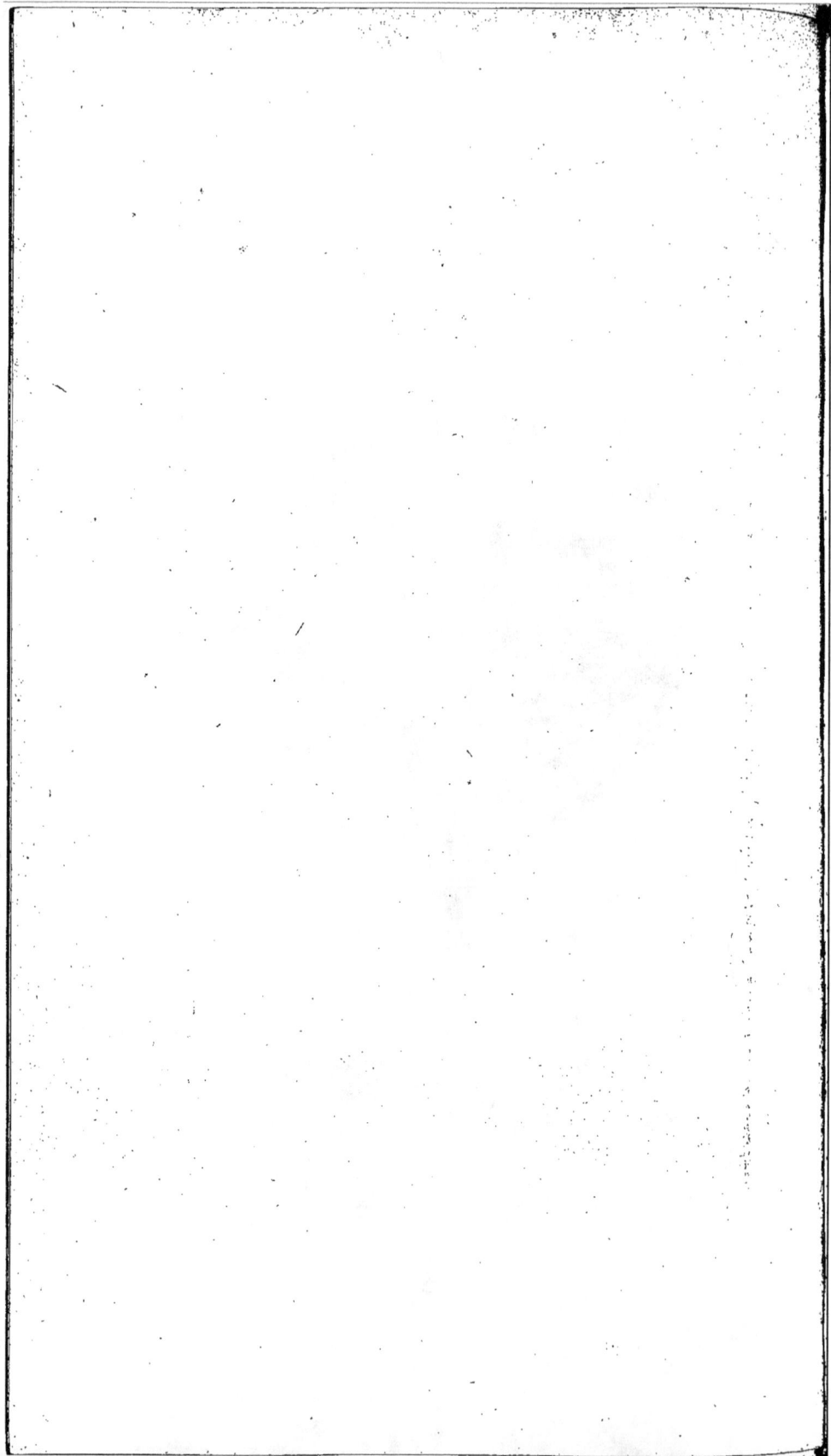

Terre, qui est la grosseur que je lui donne dans mes grandes Spheres, & qui est le moins qu'on lui puisse donner pour être un peu sensible, il faudroit que le diametre du Soleil fût de 100. pouces, & sa distance à la Terre d'environ 140. toises; celui du Globe de Mercure de 9. lignes, & le rayon de son orbe 54. toises; celui de Venus 3. pouces & demi, & le rayon de son orbe 100. toises & demie; celui de Mars environ 2. pouces, & le rayon de son orbe 212. toises; celui de Jupiter 13. pouces & demi, & le rayon de son orbe 727. toises; celui de Saturne seroit de 12. pouces & demi, & le rayon de son orbe de 1321. toises; enfin le diametre du Globe de la Lune seroit de 3. lignes, & le rayon de son orbe autour du Globe de la Terre de 2. pieds 6. pouces: en sorte que pour contenir une telle Sphere, il faudroit une place qui eût plus de deux lieuës de diametre, sans compter la prodigieuse distance qu'il y a jusqu'aux Etoiles fixes. Je donnerai les usages de cette Sphere dans le troisiéme Livre.

L'on fait aussi des Spheres de cuivre, suivant les différens Systêmes du Monde, dont toutes les parties du dedans sont mouvantes par le moyen d'une Pendule que l'on ajuste au Zenit de la Sphere; cette Pendule donne le mouvement à toutes les Planetes, à la Terre & à la Lune, & les conduit dans la Sphere de Copernic, selon l'ordre des Signes autour du Soleil, qui est immobile au centre commun, & leur fait faire toutes les révolutions que j'ai marquées ci-devant: & cela par le moyen de différentes roues & pignons, qui sont dentelées suivant le calcul qu'on en a fait, pour que toutes les révolutions se fassent avec justesse; & on les place dans la Sphere aux endroits nécessaires, aussi-bien que les canons & renvois pour correspondre à la Pendule, qui donne le mouvement à toute la Machine. On peut se servir pour faire le calcul de ces rouages, des Tables Astronomiques de M. de la Hire ou de M. Cassini, qui sont dressées pour le Méridien de Paris.

Il est facile de concevoir que dans les Spheres de Ptolomée & dans le Systême de Tycho-Brahé, les mouvemens & les rouages sont différens de ceux de Copernic; mais ils ont aussi communication avec un mouvement de Pendule, qui les fait mouvoir suivant la période des Astres convenant à ces Systêmes.

Lorsque l'on veut précipiter le mouvement de la Terre & des Astres, on ôte l'engrenage pour la Terre, & celui pour les Astres qui ont rapport à la Pendule; alors les mouvemens sont bien plus sensibles & bien plus précipités, puisqu'on voit en un moment ce qui ne se fait qu'en plusieurs années.

L'on fait aussi de ces sortes de Spheres, sans qu'il y ait de Pendule pour régler les mouvemens, il y a seulement les roues, les pignons & renvois, pour faire mouvoir la Terre & les Astres, & ce par le moyen d'une clef ou d'une manivelle, que l'on tourne, & l'on met en mouvement toute la Machine.

Je ne donne pas ici la construction de ces mouvemens : cela nous meneroit trop loin : ceux qui entendent le calcul d'Astronomie & un peu d'Horlogerie, pourront facilement se mettre au fait de ces Instrumens avec ce que nous en avons dit.

CHAPITRE XV.

Des principaux Phénomenes de la nature qui ont rapport à ce Traité, expliqués selon la pensée des Philosophes modernes.

UNe nouvelle découverte dans les Sciences, est souvent une source féconde de plusieurs autres. C'est ainsi que M. Descartes, le génie de son siécle & l'honneur de la France, ayant enchéri par ses profondes méditations sur la pensée de Copernic, touchant l'ordre & la disposition de l'Univers, a composé un Systême qui explique admirablement bien plusieurs Phénomenes, ou apparences de la nature, qui avant lui avoient paru inexplicables aux Anciens. Plusieurs autres Philosophes de ce siécle ont encore renchéri sur les pensées de M. Descartes, & par un grand nombre d'expériences & d'observations nouvelles, ont ajoûté plusieurs belles découvertes à la Science de la Nature. Nous allons ici rapporter en peu de mots quelques-unes de leurs pensées qui sont à notre sujet, pour contenter quelques curieux qui n'ont pas encore lû les Ouvrages de ces Grands Hommes, & leur inspirer l'envie de les lire.

SECTION I.

Des Corps Célestes.

CHaque Planete nâge, pour ainsi dire, dans un tourbillon de matiere fluide, comme une espece d'air qui l'environne.

Ce qu'on appelle Tourbillon, est un amas de matiere dont les parties sont détachées les unes des autres, & se meuvent toutes en un même sens. Ces parties néanmoins peuvent avoir des mouvemens particuliers, quoique tous ensemble suivent toûjours le mouvement général du tourbillon. Ainsi, par exemple, un tourbillon de vent est une infinité de parties d'air, qui tournent en rond toutes ensemble, & enveloppent ce qu'elles rencontrent dans leur mouvement.

Tout ce grand amas de matiere céleste, qui est depuis le Soleil jusqu'aux Etoiles fixes, est d'une subtilité & d'une agitation prodigieuse, & tourne en rond, emportant avec soi les Planetes, & les faisant tourner toutes en un même sens autour du Soleil, qui occupe le centre, mais en des tems plus ou moins longs, selon qu'elles en sont plus ou moins éloignées. Il n'y a pas jusqu'au Soleil qui ne tourne sur lui-même, parce qu'il est justement au milieu de cette matiere céleste.

Voilà quel est le grand Tourbillon, dont le Soleil est comme le maître. Mais en même tems les Planetes se composent de petits tourbillons particuliers, à l'imitation de celui du Soleil. Chacune d'elles en tournant autour de ce bel Astre, ne laisse pas de tourner autour d'elle-même, & fait tourner aussi autour d'elle en même sens une certaine quantité de cette matiere céleste, qui est toûjours prête à suivre tous les mouvemens qu'on lui veut donner, s'ils ne la détournent pas de son mouvement général. C'est-là le tourbillon particulier de la Planete, qu'elle pousse aussi loin que la force de son mouvement se peut étendre.

S'il y a dans ce petit tourbillon quelque Planete moindre que celle qui domine, elle est emportée par la grande, & forcée indispensablement à tourner autour d'elle. C'est ainsi que la Terre se fait suivre par la Lune, parce qu'elle est dans l'étenduë de son tourbillon particulier. Jupiter, qui est beaucoup plus gros que la Terre, fait tourner autour de lui quatre moindres Planetes, & Saturne cinq, outre son anneau, qui est peut-être un cercle de petites Planetes qui se suivent de fort près, & qui ont un mouvement égal, lesquelles, à cause de leur grand éloignement, nous renvoyent une lumiere continuë, à l'exemple de la Voie Lactée, que les Astronomes de ce siécle ont reconnu, par le secours des Lunettes d'approche, être un amas d'un grand nombre d'Etoiles fixes.

La matiere céleste qui remplit ce grand tourbillon, a différentes couches qui s'envelopent les unes les autres, & dont les volumes pris égaux, sont différens en masse ou en pesanteur. Les Planetes ont aussi différentes pesanteurs; ce qui fait que chacune d'elles s'arrête dans la couche qui a précisément la force de la soûtenir.

Ces Planetes en tournant autour de leur centre, ont leurs jours & leurs nuits comme la Terre. Jupiter, par exemple, qui tourne sur lui-même en 10. heures, a des jours de 5. heures, & des nuits de pareille durée, pendant lesquelles ses Satellites l'éclairent comme la Lune fait la Terre.

Les années de Jupiter en valent à peu près douze des nôtres ; & comme ici sous les Poles on a six mois de jour continuel, & puis six mois de nuit, il est à croire que sous les Poles de la Planete de Jupiter il y a six ans de jour continuel, & ensuite six ans de nuit, pendant lesquels ses Satellites l'éclairent, faisant autour de lui des révolutions fort courtes & fort fréquentes, comme nous avons dit ci-devant. Quelquefois ils se levent tous quatre ensemble, & puis se séparent selon l'inégalité de leurs cours ; d'autres fois ils sont tous quatre au Méridien de Jupiter rangés l'un au-dessus de l'autre. Tantôt ils sont tous quatre sous l'Horison à des distances égales ; quelquefois quand deux se levent, deux autres se couchent. Enfin il ne se passe pas de jour, qu'ils ne s'éclipsent les uns les autres, ou qu'ils n'éclipsent le Soleil ; quelquefois l'un & l'autre arrivent en même-tems.

Les années de Saturne sont à peu près de 30. des nôtres, & par conséquent sous les Poles de cette Planete il y a 15. ans de jour continuel, & ensuite 15. ans de nuit. Mais outre les cinq Planetes qui l'accompagnent, il a encore ce grand anneau dont nous avons déja parlé, qui l'environne entiérement, & qui étant assez élevé pour être hors de l'ombre du corps de cette Planete, du moins quant à sa plus grande partie, réflechit perpétuellement la lumiere du Soleil dans les lieux où il ne paroît pas.

A l'égard de Venus & de Mercure, qui sont beaucoup plus près du Soleil que les autres Planetes, leurs nuits sont fort courtes, & il semble qu'ils n'ont pas besoin de Satellites pour les éclairer, comme les autres Planetes qui en sont plus éloignées. Aussi est-ce à la circonférence du grand tourbillon solaire qu'il se rencontre plus de Corps célestes ; ce que les loix du mouvement nous apprennent, & l'expérience même, qui nous fait voir que plus on approche de cette circonférence, plus on y trouve de Planetes.

Enfin Mars, quoique plus éloigné du Soleil que la Terre, a aussi ses jours & ses nuits ; mais il n'a point de Satellites qui l'éclairent, peut-être à cause qu'il est petit, eu égard à son orbe.

Pour ce qui est des Etoiles fixes, la distance du Soleil à la Planete la plus éloignée n'est rien, par rapport à leur distance du Soleil ou de la Terre. Et quoique, suivant ce que nous en avons dit ci-devant, la distance de la Terre à Saturne soit d'environ 300. millions de lieuës, la distance de la Terre aux Etoiles fixes est incomparablement plus grande ; ce qui doit nous faire croire que cette lumiere vive & éclatante que nous leur voyons, ne vient pas du Soleil : car il faudroit qu'elles la reçussent bien foible après un si grand trajet, & que par une réflexion qui l'affoibliroit encore beaucoup, elles nous la renvoyassent. Or il paroît impossible qu'une lumiere qui auroit essuyé une réflexion, & fait deux fois un trajet d'une distance immense, eût cette force & cette vivacité, qu'a celle des Etoiles fixes. Il y a donc tout lieu de croire que ce sont autant de Corps lumineux, de même que le Soleil.

Or comme notre Soleil est le centre d'un tourbillon qui se tourne autour de lui, il y a quelque apparence que les Etoiles fixes ont autant de tourbillons qui tournent autour d'elles, peut-être les uns plus grands, les autres de même grandeur, & les autres plus petits que celui où nous sommes. Et comme notre Soleil a des Planetes qu'il éclaire, il se peut faire aussi que chaque Etoile fixe éclaire un nombre de Planetes qui ne peuvent pas être apperçûes de nous, parce que n'ayant qu'une lumiere foible, & empruntée de leur Soleil, elles ne la peuvent pousser au-delà de leur tourbillon. De sorte que tout cet espace immense qui comprend notre Soleil & nos Planetes, étant peut-être comme une des Etoiles fixes, n'est qu'une petite partie de l'Univers, lequel comprend un nombre infini de tourbillons, dont le milieu est occupé par un Soleil qui fait tourner des Planetes autour de lui.

Ces tourbillons ne sont pas exactement ronds, mais ils ont une infinité de faces en dehors, les unes plus grandes, les autres plus petites, dont chacune porte un autre tourbillon; de maniere qu'ils s'ajustent les uns avec les autres du mieux qu'il est possible. Et comme il faut que chacun tourne autour de son Soleil, sans changer de place, chacun prend la maniere de tourner qui est la plus commode, & la plus aisée dans la situation où il est. Se touchant ainsi de fort près, ils agissent les uns sur les autres, & chaque tourbillon peut être comparé à un balon qui s'enfle de soi-même, & qui s'étendroit, s'il ne trouvoit point d'obstacles; mais il est aussitôt repoussé par les tourbillons voisins, & il rentre en lui-même, après quoi il recommence à s'enfler, & ainsi de suite; & l'on prétend que les Etoiles fixes ne nous envoyent cette lumiere tremblante, & ne paroissent briller à reprise que parce que leurs tourbillons poussent perpétuellement le nôtre, & en sont perpétuellement repoussés.

On a vû autrefois dans le Ciel des Etoiles fixes, que nous n'y voyons plus. Quelques-uns croyent que ce sont des Soleils qui ont une moitié obscure, & l'autre lumineuse; que comme ils tournent sur eux-mêmes, tantôt ils nous présentent la moitié lumineuse, & qu'alors nous les voyons; tantôt la moitié obscure, & qu'alors nous ne les voyons plus. D'autres croyent que ces Astres se sont enfoncés dans la profondeur immense du Ciel, & hors de la portée de notre vûe ; & d'autres, comme M. Descartes, que ce sont des taches ou des écumes, qui venant à se rencontrer plusieurs ensemble, s'épaississent, & forment une espece de croûte, qui les fait perdre de vûe.

A l'égard des Cometes, il y a des Philosophes qui croyent que ce sont des Planetes, qui appartiennent à un tourbillon voisin: qu'elles avoient leur mouvement vers ses extrémités ; mais que ce tourbillon étant peut-être différemment pressé par ceux qui l'environnent, est plus rond par en haut & plus plat par le bas, qui est le côté par où il touche le nôtre. Ces Planetes qui auront commencé vers le haut à se mouvoir en cercle, venant vers le bas où le tourbillon manque, parce qu'il est là comme écrasé, il faut pour continuer leur mouvement circulaire, qu'elles entrent dans un autre tourbillon, que nous supposons être le nôtre, & qu'elles en occupent les extrémités. Et ces Philosophes croyent que leur queuë, leur barbe, leur chevelure viennent d'une certaine sorte d'illumination qu'elles reçoivent du Soleil, & qu'elles nous renvoyent par réflexion, comme nos Planetes. *Voyez la figure des Tourbillons Planche* 19.

Le Pere Maziere, Prêtre de l'Oratoire, a donné au Public, un Traité des Tourbillons, où il fait voir par les seuls effets du choc, que l'Univers est rempli d'une matiere très-fluide, très-agitée, & composée d'une infinité de tourbillons de figures sphériques, qui produisent tous les ressorts de la nature. L'Auteur considérant les seuls effets du choc dans les Corps qui ont du ressort, tâche de faire voir que l'Univers est rempli de ce que l'on appelle Matiere subtile, c'est-à-dire, d'une Matiere extrêmement fluide & agitée ; ensuite il considere cette Matiere dans ces mêmes Corps qui ont du ressort ; & il s'efforce de montrer que la Matiere dont il s'agit, est composée d'une infinité de Spheres très-fluides, qui produisent tous les ressorts de l'Univers, & que l'on nomme petits tourbillons.

Le Pere Maziere entreprend de prouver que le ressort est produit par un fluide, dont l'air emprunte sa fluidité & sa force ; & que ce fluide sortant des corps au premier tems du choc, & y rentrant au second, cause par cette double action le bandement & le débandement des ressorts. Ces deux actions contraires & successives, que l'Auteur nomme Compression & Restitution, sont sensibles dans les ballons enflés d'air, & l'esprit les apperçoit, dit-il, dans les Corps les plus durs, non seulement fondé sur des expériences incontestables, mais encore indépendamment de toute expérience dans l'idée de deux corps qui rejaillissent après s'être choqués,

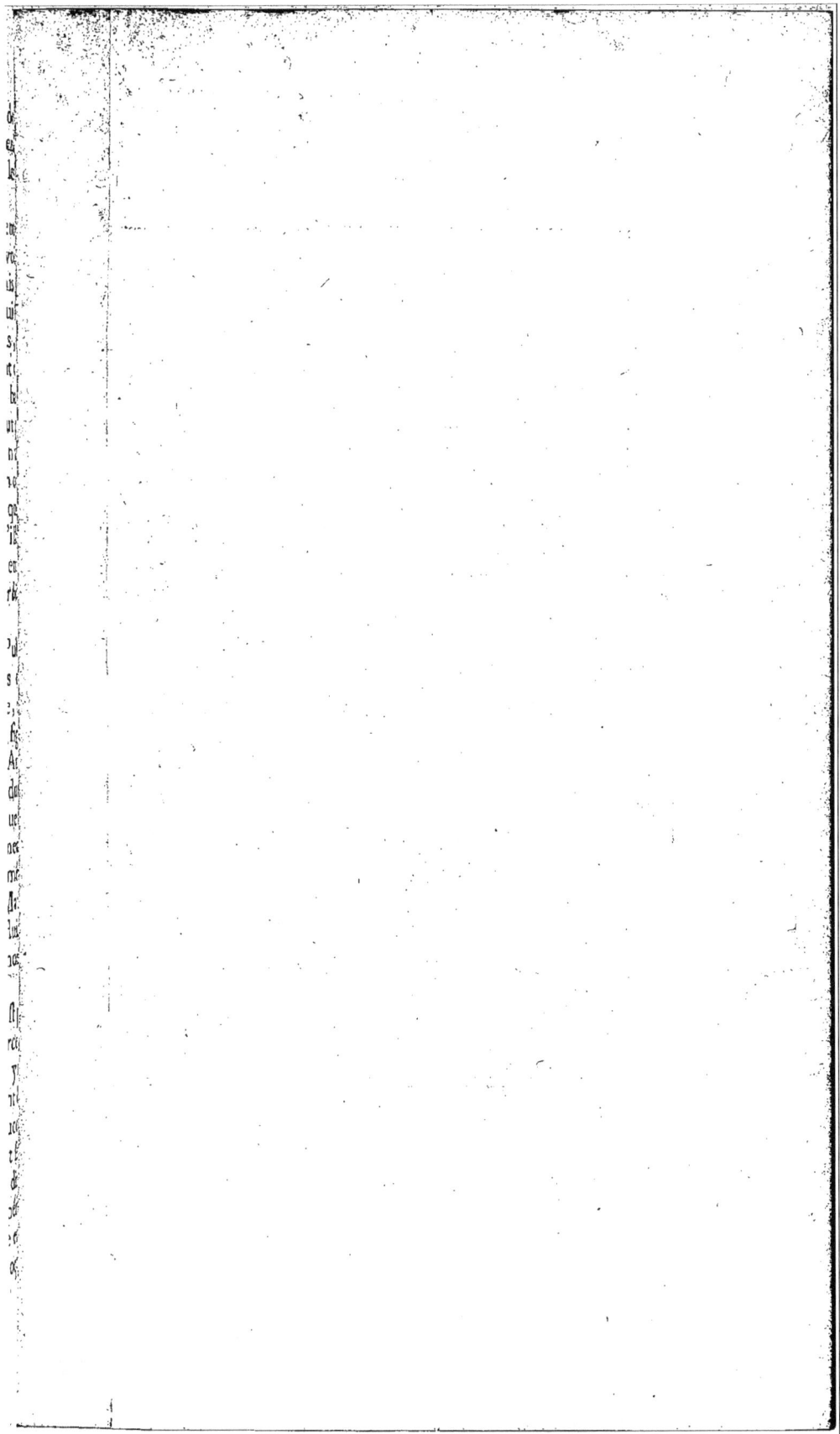

M. Orbe de Saturne, N. Orbe de Iupiter, O. Orbe de Mars, P. Orbe de la Terre,
Q. La Lune, R. Orbe de Venus, T. Orbe de Mercure, S. Le Soleil.

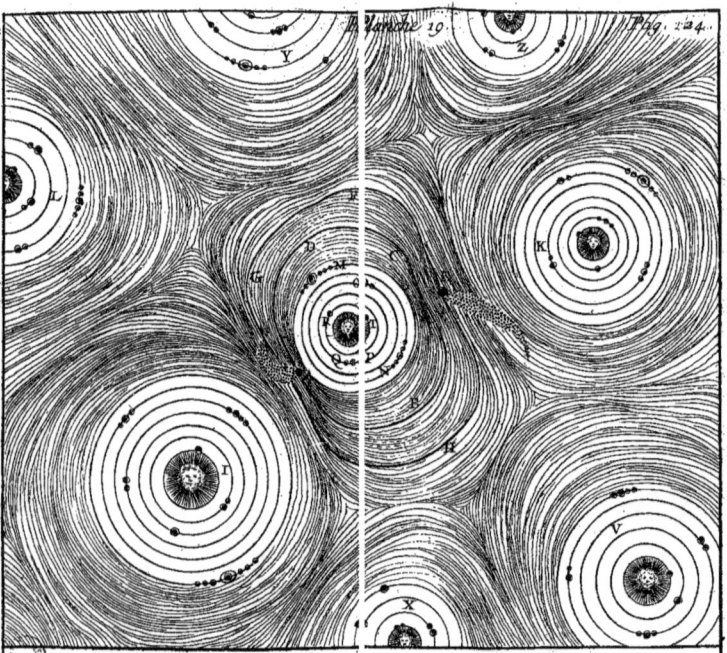

Figure des Tourbillons Celestes, pour être mise entre les Pages
A. Comette qui tourne sans cesse sur son Orbe A.B.C.D.
E. autre Comette qui tourne aussi sans cesse sur son Orbe E.F.G.H.

Ces Comettes apparoissent quand elle se rencontrent entre nôtre tourbillon et les tourbillons
voisins I.K. ou alors elles sont repoussées plus proche du nostre.
Ces tourbillons I.K.L.V.X.Y.Z. sont Ceux des Etoilles Fixes.

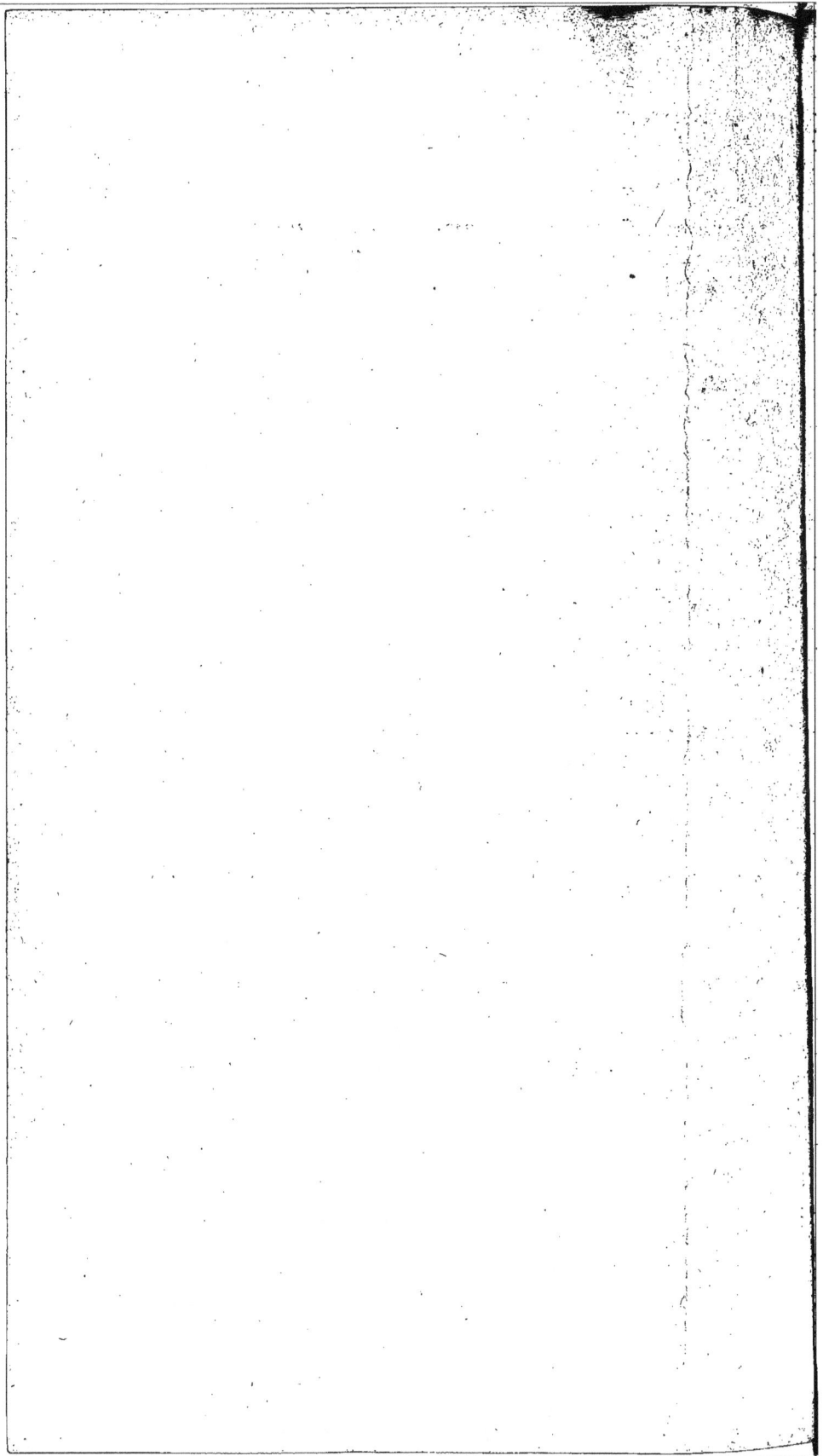

L'Auteur conclut de ce principe, après l'avoir mis dans tout son jour, que les corps ne retourneroient pas en arriere, s'ils n'avoient du ressort. Les Sçavans pourront voir dans le Livre du Pere Maziere toutes les fortes raisons qu'il donne pour prouver son Systême.

Le Traité du Pere Maziere sur les loix du choc des corps à ressorts, a remporté le prix fondé par M. Roüillé de Meslay à l'Académie des Sciences en l'année 1726.

SECTION II.

Du Flux & Reflux de la Mer.

L'Océan qui arrose les Côtes de l'Europe, est sujet à un mouvement réglé, qui fait croître les eaux pendant l'espace d'environ six heures, roulant peu à peu du Midi vers le Septentrion; de sorte qu'elles s'enflent, s'élevent contre les Côtes, entrent dans les embouchures des Rivieres, & les font remonter vers leurs sources; ce qui arrive aux côtes d'autant plus tard, qu'elles sont plus Septentrionales. Ensuite, après avoir demeuré en cet état environ un quart d'heure, les eaux s'abaissent peu à peu, & reprennent leur cours du Septentrion vers le Midi. Et tout ce mouvement particulier à la Mer, est ce qu'on appelle son Flux & Reflux.

Ainsi la Mer hausse & baisse deux fois toutes les 24. heures, ce qui n'arrive pas dans les mêmes Côtes tous les jours précisément à la même heure, mais retarde d'une haute Marée à l'autre, à peu près de 24. minutes, & chaque jour d'environ 48. minutes, de telle sorte que toutes les fois que la Lune est nouvelle, ou pleine, les hautes Marées se retrouvent en chaque Côte aux mêmes heures accoûtumées.

Ce Phénomene, qui de tout tems a passé pour très-difficile à expliquer, surtout suivant l'Hypothese de la Terre immobile au centre du Monde, semble être une suite & une dépendance de la Terre mobile autour du Soleil; & c'est ce qu'après M. Descartes, nous allons tâcher d'expliquer en peu de mots.

Toute la matiere fluide qui compose le petit tourbillon où sont la Terre & la Lune, se meut en rond d'Occident en Orient. Cette matiere fluide trouve son chemin retreci de tout le Globe de la Lune, lorsqu'elle vient à passer où la Lune se rencontre; ce qui fait qu'elle y coule avec plus de vîtesse, & presse davantage la partie du Globe terrestre, qui correspond sous la Lune, que tout autre endroit.

Pendant le mouvement diurne de la Terre, toutes les parties de la Zone Torride se trouvent successivement une fois le jour sous le Globe de la Lune ; & quand cette grande Mer qui est entre notre Continent & l'Amérique, vient à s'y rencontrer, le pressement de la matiere fluide imprime aux eaux un mouvement, de la Zone Torride vers les Poles ; de sorte que celles qui sont en-deçà du lieu où se fait le pressement, sont repoussées vers le Septentrion ; les premieres eaux poussent les secondes, celles-ci les autres, & ainsi de suite par une espece de mouvement d'ondulation. Ces eaux s'élevant peu à peu contre les Côtes, y font la haute Marée. Ensuite de quoi, lorsque par le mouvement de la Terre, le Globe de la Lune n'est plus sur cette Mer, & n'y presse plus, les eaux retournent peu à peu vers la Zone Torride, d'où elles avoient été repoussées, & la Mer devient basse vers les Côtes Septentrionales.

Cette Mer, dont les eaux peuvent être chassées vers les côtes de l'Europe, se trouve environ 12. heures après dans la partie opposée à la Lune. Mais comme le Globe terrestre nâge, pour ainsi dire, dans le tourbillon de cette matiere fluide qui l'environne, dont l'inégalité des pressemens détermine son lieu, lorsque le plus grand pressement se fait dans la partie opposée à cette Mer, la Terre se recule de l'autre côté, jusqu'à ce que le pressement de la partie sous la Lune devienne égal au pressement de la partie opposée ; d'où il arrive une espece de balancement, qui fait que la matiere fluide presse derechef les eaux, & cause un autre Flux & Reflux.

Ce mouvement de la Mer retarde chaque jour d'environ 48. minutes, à cause que la Lune par son mouvement propre, s'avance plus que la Terre d'environ 12. deg. par jour vers l'Orient ; & que quand la Terre a fait sa révolution de 24. heures, il faut qu'elle parcoure encore 12. deg. de son cercle diurne pour ramener sous la Lune un même endroit de sa superficie.

Les Marées sont plus hautes aux nouvelles & pleines Lunes qu'aux quadratures, à cause que dans ces tems le Soleil, la Terre & la Lune se trouvent presque sur une même ligne droite ; ce qui fait que la matiere fluide est plus pressée, & presse en même-tems plus la Terre, que dans les autres tems. N'importe que la Lune dans ses diametres soit plus proche ou plus éloignée de la Terre ; car il se fait à l'égard de la Lune, un pareil balancement que celui dont nous avons ci-devant parlé à l'égard de la Terre, qui est cause que la matiere fluide du petit tourbillon terrestre, laquelle est au-dessus de la Lune, ne fait pas moins d'effet en repoussant la Lune vers la Terre.

Les Marées sont encore beaucoup plus hautes aux nouvelles &

pleines Lunes des Equinoxes, parce que dans ces tems-là le Soleil & la Lune se trouvant tous deux dans le plan du Cercle équinoxial perpendiculaire à l'axe du Globe terrestre, la matiere fluide est poussée beaucoup plus à plomb contre la Terre; ce qui fait que trouvant son chemin plus retreci, elle y coule avec plus de vîtesse, & presse davantage les eaux, que dans tout autre tems.

Ces hautes Marées des Equinoxes n'arrivent que deux jours, ou environ, après la nouvelle ou pleine Lune, à cause que les eaux s'élevent peu à peu pendant trois ou quatre Flux & Reflux, avant que de parvenir à leur plus grande hauteur.

Le Flux arrive aux Côtes d'autant plus tard, qu'elles sont plus septentrionales, parce qu'elles sont d'autant plus éloignées de l'endroit où se fait la pression.

De l'article précédent se tire une objection; sçavoir, que dans un même Port le Flux arrive toûjours à une même heure, après le passage de la Lune par le Méridien du Port, soit que la Lune se trouve dans le Signe du Cancer, ou dans celui du Capricorne, & soit qu'elle s'éloigne ou s'approche du Port, en allant d'un Tropique à l'autre. Or les endroits de la Mer pressés par la Lune, quand elle est dans le Capricorne, sont plus éloignés de nos Côtes de l'Océan d'environ 930. lieuës, que ceux qu'elle presse lorsqu'elle est dans le Cancer: donc si la Lune, qui en pressant les eaux de la Mer, cause le Flux, il doit arriver dans un même Port sensiblement plus tard, après le passage de la Lune par le méridien du Port, quand elle est dans le Capricorne, que lorsqu'elle est dans le Cancer; car il est évident que le Flux doit retarder de tout le tems que les flots, poussés par la pression de la Lune, employent à se chasser les uns les autres jusqu'à 930. lieuës de l'endroit où se fait la pression: donc il doit aussi retarder ou avancer tous les jours, selon que la Lune allant du Septentrion au Midi, ou venant du Midi au Septentrion, s'éloigne ou s'approche de nos Côtes: donc en cela le Systême qui met le Flux de la Mer dans la pression de ses eaux par la Lune, ne s'accorde pas avec l'expérience.

Pour résoudre cette difficulté, il ne faut que jetter les yeux sur un Globe terrestre, ou sur une Carte des Côtes de l'Océan, depuis un Tropique jusqu'à l'autre, & l'on verra que la Mer s'avance, & s'étend toûjours plus vers l'Orient, à mesure qu'on va du Tropique du Cancer à celui du Capricorne. Or il s'ensuit de là que la Lune étant dans le Capricorne, commence plutôt, c'est-à-dire, plus long-tems avant son passage par les Méridiens de nos Ports, à presser les eaux qu'elle y pousse, que lorsqu'elle est dans le Cancer; qu'allant du Cancer au Capricorne, elle les presse tous les jours un peu plutôt, comme elle les presse un peu plus loin ; & que revenant du Capricorne au Cancer, elle les presse tous les jours un peu plus tard, comme elle les presse un peu plus près de nous. Ainsi l'impulsion des flots commence plutôt ou plus tard, selon que la Lune allant d'un Tropique à l'autre, s'éloigne ou s'approche de nos côtes ; & par là ce que le flux auroit retardé ou avancé à cause de l'éloignement ou de la proximité de l'endroit de la Mer pressé par la Lune, se trouve à peu près compensé.

En effet, les côtes d'Afrique sous le Capricorne sont plus reculées vers l'Orient de 36. à 37. deg. que les côtes situées sous le Tropique du Cancer, & pendant le mouvement journalier de la Terre cette partie de sa surface employe environ deux heures & demie à passer sous le Globe de la Lune ; c'est pourquoi la Lune commence deux heures & demie plutôt à presser les eaux de l'Océan qui arrosent les côtes d'Afrique situées sous le Capricorne, que celles qui sont sous le Tropique de Cancer. Or c'est à peu près de ce tems-là que le flux devroit être retardé par l'éloignement des endroits de la Mer que la Lune presse étant dans le Capricorne ; donc il est évident que la pression des eaux, & par conséquent leur mouvement, commençant plutôt de tout le tems que le flux auroit dû retarder, il ne sçauroit y avoir de retardement sensible.

Il y a des Ports, comme l'Ecluse & Flessingue en Hollande, où suivant les Tables de Messieurs de l'Observatoire, le flux n'arrive que 12. heures 30. min. après l'arrivée de la Lune au Méridien. Cela vient de ce que quand le flux de la pleine Mer s'est communiqué aux différentes Mers des côtes, alors les flux particuliers de ces Mers particulieres se font en différens tems, selon la différente situation des côtes ; en sorte que le flux se continuë encore sur ces côtes, pendant que le reflux de la pleine Mer est commencé, & même déja fini ; d'autant que quand les eaux dans le reflux s'en retournent, celles qui font encore flux vers le Septentrion n'étant plus repoussées, perdent pour lors de leur force, & ne repoussent plus si fort les eaux vers les côtes.

La Mer Mediterranée ne se ressent presque point du flux & reflux, parce que la Lune qui ne se rencontre jamais sur cette Mer, n'y peut faire aucune pression, & qu'elle ne pourroit avoir de flux & reflux que par le Détroit de Gibraltar, qui est la seule communication de la Mediterranée avec l'Océan. Or ce Détroit est trop serré, eu égard à sa profondeur & à l'étenduë de la Mediterranée, laquelle devient aussitôt après ce Détroit beaucoup plus large ;

large ; de forte que les eaux qui peuvent y entrer pendant le flux de l'Océan, ne font pas affez confidérables pour la faire enfler fenfiblement, & ne font que gliffer le long des côtes.

Si ce flux eft plus fenfible en certains endroits de la Mer Méditerranée, furtout dans le Golfe de Venife, c'eft parce que les eaux y font repouffées plus fortement qu'en tout autre endroit ; car les eaux qui fe pouffent les unes les autres du Ponant au Levant, rencontrant celles de la Mer Ionienne, puis celles-ci celles du Golfe de Venife beaucoup plus long que large, les y font remonter & hauffer.

A l'égard des autres Mers & des Lacs qui n'ont point de communication avec l'Océan, & qui ne peuvent jamais fe rencontrer fous la Lune, elles ne peuvent avoir aucun flux ni reflux.

Les Lacs & Rivieres qui font dans la Zone torride, & qui par conféquent peuvent être fujets à la preffion de la Lune, ne peuvent pas avoir non plus de flux & reflux, à caufe qu'ils ont peu d'étenduë, & que la preffion qui fe fait également par tout, ne peut imprimer à leurs eaux aucun mouvement.

Le Révérend Pere Alexandre, Benedictin de la Congrégation de Saint Maur, a imaginé un Syftême nouveau au fujet du flux & reflux de la Mer ; il a fait imprimer en 1726. un Traité qui explique fa nouvelle hypothefe.

Il fuppofe que la Terre tourne fur fon axe en 24. heures, & autour de la Lune en 29. jours & demi, différent en cela de Copernic, qui prétend que c'eft la Lune qui tourne autour de la Terre; felon cette nouvelle hypothefe, la Lune tourne une fois autour du Soleil en 365. jours 5. heures 49. minutes; & pendant ce tems-là on voit 12. lunaifons, & un peu plus d'un tiers d'une. La Terre fait une révolution autour de la Lune en 29. jours & demi ; dans cet intervalle on remarque toutes les phafes de la Lune, & elle paroît avoir parcouru tout le Zodiaque avec quelques degrés de plus, quoique cependant elle n'ait avancé que d'un Signe, à peu de chofe près, & que ce foit le tour de la Lune qui nous ait donné cette apparence.

Le Pere Alexandre entreprend de prouver par trois Obfervations Aftronomiques, que c'eft la Terre qui tourne autour de la Lune, & non la Lune autour de la Terre ; il confidere trois mouvemens dans la Terre, comme nous avons dit : Le premier eft fon mouvement propre fur fon axe, qui s'accomplit en 24. heures, qui produit les viciffitudes des jours & des nuits, & qui fait fentir deux marées par jour. Le fecond eft celui que la Terre fait autour de la Lune dans l'efpace de 29. jours & demi ; pendant cet espace on voit toutes les phases de la Lune, & il paroît qu'elle a parcouru à peu près tout le Zodiaque : ce mouvement s'appelle le mouvement lunaire de la Terre. Le troisiéme est celui par lequel la Terre suit la Lune; car la Lune est au centre du mouvement lunaire de la Terre, qui fait paroître que le Soleil a parcouru en un an tous les Signes du Zodiaque, & s'appelle le mouvement Solaire de la Terre, parce que la Terre acheve une révolution entiere autour du Soleil. Le flux est causé suivant ce Systême par le triple mouvement de la Terre; le mouvement autour de la Lune fait élever les eaux en deux parties diametralement opposées autour de la Terre. Le mouvement propre de la Terre sur son axe, augmente l'élévation des eaux & la fait sentir deux fois par jour, & le mouvement de la Terre autour du Soleil, cause les grands flux des nouvelles & pleines Lunes.

Le Pere Alexandre explique selon son hypothese, les inégalités du flux & reflux, les marées des nouvelles & pleines Lunes, celles des Equinoxes & des Solstices, les heures des marées qui se trouvent en différens pays, aux nouvelles & pleines Lunes. L'élévation des eaux par rapport au mouvement lunaire de la Terre & à son mouvement solaire, se trouvent jointes ensemble; ce qui cause les grandes marées. Au tems des quadratures ces deux élévations ne concourent pas ensemble, ce qui est cause que les marées sont petites. Enfin la marée arrive tous les jours dans un même port, lorsque la Lune est dans le même Méridien à l'égard de ce port. Selon cette idée la Lune n'a nulle part au flux & reflux, & on ne doit attribuer cet effet qu'à l'arrangement des parties de l'Univers. Je passe plusieurs articles curieux qu'on trouve dans le Livre du Pere Alexandre, & laisse aux Sçavans à juger de la bonté de ce nouveau Systême.

Cependant je crois devoir les avertir que Monsieur de Mairan a lû à l'Académie des Sciences, dans l'assemblée publique de Pâques 1727. une Dissertation Astronomique sur le mouvement de la Lune & de la Terre; où il fait voir par des preuves tirées du fond de la chose même, qu'il est impossible que la Terre tourne autour de la Lune en qualité de Satellite; parce que si cela étoit nous appercevrions à toutes les nouvelles & pleines Lunes & d'une quadrature à l'autre, des inégalités dans le mouvement du Soleil, que nous n'y appercevons pas. Il en donne encore des preuves physiques qu'on verra dans son Mémoire avec ceux de l'Académie de ladite année.

SECTION III.

Des Météores.

MEtéore est tout ce qui s'engendre dans l'air qui nous environne, & qui nous paroît au-dessous de la Lune. Ce mot signifie des corps élevés au-dessus de la Terre que nous habitons.

L'air est cette matiere liquide, transparente, invisible, & impalpable, répanduë de toutes parts à l'entour du Globe terrestre.

Cet air est composé de haute, moyenne & basse région. Ces mots portent leur définition.

L'air de la haute région est plus subtil que celui de la moyenne, & celui de la moyenne encore plus que celui de la basse.

La matiere des Météores sont les vapeurs & les exhalaisons.

Les vapeurs sont des particules de l'eau qui s'élevent en l'air.

Les exhalaisons sont des particules de tous les différens corps terrestres qui s'élevent aussi en l'air, comme des soufres, des sels, des bitumes, & autres corps de différente nature, plus ou moins combustibles, solides & grossiers.

D'où il s'ensuit que les exhalaisons s'élevent en l'air plus difficilement que les vapeurs. Et comme il faut plus de chaleur pour les mettre en mouvement, aussi est-ce en Eté qu'il s'en éleve davantage.

Rarefaction est quand un liquide devient plus grand & plus étendu, parce qu'il lui survient une chaleur qui écarte les particules de ce liquide les unes des autres, comme il arrive au lait quand il est échauffé par le feu.

Condensation est quand un liquide devient plus serré & moins étendu, parce que la chaleur qu'il avoit l'abandonne; tellement que la chaleur fait la rarefaction, & le froid la condensation.

Quand il fait chaud dans la basse région, il ne laisse pas de faire très-froid dans la moyenne, & encore plus dans la haute, comme nous apprenons par ceux qui sont montés au sommet des plus hautes Montagnes, où il y a toûjours une espece de petit vent qu'on appelle grand air, qui rafraîchit continuellement. La raison est, que les rayons du Soleil ne font que passer dans ces régions, au lieu qu'ils se rassemblent dans la basse; & aussi parce qu'il y a beaucoup plus d'exhalaisons dans la basse région que dans les autres, & encore plus quand il fait chaud. Or quand le Soleil a une fois échauffé ces exhalaisons, elles s'échauffent encore plus d'elles-mêmes, comme il arrive à tout ce qui eſt combuſtible.

Tous ces principes, d'ailleurs aſſez connus par expériences, ſont ceux dont nous allons nous ſervir pour expliquer les Météores, ſans autrement remonter à leurs principes plus éloignés qui ſe tirent des loix du mouvement & des différentes configurations de la matiere, ce qui nous meneroit trop loin.

L'explication que nous allons faire des Météores, chacun par ſon article, en fera en même tems la diviſion.

Quand nous ne définirons pas un Météore, c'eſt que ſon nom le rappellera ſuffiſamment; car l'expérience journaliere nous apprend aſſez quels ils ſont la plûpart.

DU VENT.

LE Vent, qui n'eſt qu'un air agité, ſe forme des vapeurs ſubtiliſées & rarefiées, qui prenant leur cours vers un même côté, chaſſent l'air avec beaucoup de force.

Quand les Vents ſont impétueux, ils ſont froids & ſecs; froids, parce qu'étant chaſſés & pouſſés avec violence d'une même maniere & d'un même côté, ils s'oppoſent, & arrêtent en quelque façon le mouvement des eſprits & du ſang, qui par leur agitation réciproque cauſent en nous le ſentiment de chaleur. Ils ſont ſecs, parce que leurs particules étant dans une agitation continuelle, & ſe ſuccédant ſans ceſſe les unes aux autres, emportent l'humidité qui s'attache à elles à meſure qu'elles touchent les petites parties des corps humides.

Les Vents qui viennent de la partie ſeptentrionale du Monde ſont ordinairement les plus froids, parce qu'ils viennent des Pays froids ou de la Zone glaciale. Par une raiſon contraire les Vents du Midi ſont plus chauds, principalement en Eté, & quand ils ne ſont pas impétueux, parce qu'ils viennent du côté de la Zone torride, ou des Pays plus chauds que le nôtre.

Le Vent d'Orient eſt le plus ſec, parce qu'il nous vient du grand Continent d'Aſie, où il y a peu de Mers.

Le Vent d'Occident eſt le plus humide, & nous amene ſouvent de la pluie, parce qu'il vient de l'Océan Britannique, d'où s'éleve une plus grande quantité de vapeurs.

Le Vent qui régne continuellement ſous la Zone torride d'Orient en Occident, vient du mouvement journalier de la Terre ſur ſon axe d'Occident en Orient, parce qu'elle va plus vîte que l'air, d'où s'enſuit qu'il lui fait réſiſtance d'Orient en Occident, & cauſe ce Vent.

Le Vent que les Marées amenent avec elles vient de ce que la Lune ne presse les eaux que par le moyen de l'air qu'elle presse auparavant.

Quand des Vents impétueux rencontrent en leur chemin des nuées épaisses, elles leur font obstacle, resserrent leur chemin, & les font venir de haut en bas sur la Terre comme en tournoyant, ce qui s'appelle alors Tourbillon. Et quant à toutes ces causes se joignent d'autres Vents contraires, alors ces Vents impétueux deviennent si furieux, qu'ils détruisent les maisons, déracinent les arbres, abîment & fracassent les Vaisseaux ; & c'est ce qu'on appelle houragan.

Une couleur rougeâtre dispersée çà & là dans les nuées, marque en l'air beaucoup de vapeurs qui se subtilisent & se rarefient, ce qui est un présage de vent.

DES NUÉES ET DES BROUILLARDS.

COmme les vapeurs subtilisées & rarefiées sont la matiere des Vents, aussi les vapeurs resserrées & condensées forment les nuées & la pluie ; de-là vient que la pluie abbat & appaise ordinairement le vent.

La condensation des vapeurs se fait lorsque s'étant promenées long-tems dans l'air de tous côtés, leur mouvement se rallentit, & leurs parties s'approchant les unes des autres, se rassemblent peu à peu, & forment les nuées, qui se joignent ensuite plusieurs ensemble lorsqu'elles sont poussées par des vents contraires.

Tant que ces particules de vapeurs & d'exhalaisons sont plus déliées & plus légeres que l'air qui les soûtient, les nuées y restent suspenduës, & par leur opacité empêchent les rayons du Soleil de parvenir jusqu'à nous ; mais si elles se rassemblent en des gouttes plus grosses & plus pesantes, leur poids les entraîne & les fait retomber vers la Terre, où elles forment les broüillards.

Ainsi la différence qu'il y a entre la nuée & le broüillard, est que la nuée étant plus légere s'éleve & se soûtient en l'air, & le broüillard étant plus pesant, reste plus proche de la Terre.

DE LA PLUIE.

LEs nuées épaissies & condensées par le froid forment la pluie, qui par sa propre pesanteur tombe sur la Terre en petites parties qu'on appelle gouttes d'eau.

Les vapeurs & les nuées se condensent en passant dans un air froid ; mais le vent y peut aussi contribuer, lorsque n'étant pas assez violent pour emporter la nuée toute entiere, il rapproche & rassemble plusieurs de ses petites parties insensibles, qui par leur réunion étant devenuës plus grosses & plus pesantes, retombent en gouttes d'eau vers la Terre. Si la nuée est fort épaisse, ces gouttes grossiront encore en se joignant à d'autres qu'elles rencontreront en pénétrant toute son épaisseur.

La pluie se forme aussi des nuées qui se levent en la moyenne région, en certains tems plus froide que de coûtume, raison pour laquelle les vapeurs s'y condensent précipitamment à mesure qu'elles s'élevent, ce qui fait qu'elles y forment de petits nuages entassés les uns sur les autres, que l'on appelle Tems pomelé, & qui est un présage qu'on aura bientôt de la pluie. Quand l'Horison où le Soleil se leve ou se couche est d'une couleur pâle & jaunâtre, c'est une marque qu'il y a quantité de vapeurs en l'air, ce qui promet du mauvais tems ; au lieu que quand cette partie de l'Horison est d'un roüge vif, c'est qu'alors il y a peu de vapeurs en l'air, ce qui dénote le beau tems.

Si la nuë qui se fond est fort rarefiée, & que ses parties en tombant rencontrent un air médiocrement chaud, ces gouttes seront si petites, qu'elles ne composeront pas de la pluie, mais seulement de la bruïne.

Les restes des bruïnes & des broüillards desséchés par la chaleur du Soleil, composent quelquefois certains filamens qui voltigent en l'air, principalement en Automne, que le vulgaire appelle cheveux de Venus.

DE LA ROSÉE.

DAns la plus belle saison de l'année, comme au Printems, l'air étant calme & serein, il ne laisse pas d'y avoir quantité de parties d'eau très-subtiles, qui y voltigent en forme de vapeurs, lesquelles étant condensées par la fraîcheur de la nuit, perdent peu à peu leur agitation, s'amassent plusieurs ensemble, & retombent le matin en petites parties insensibles comme une pluie très-fine & très-déliée, qui dure peu, & qui se trouve en gouttes d'eau comme des perles sur la cime des herbes & des feüilles. Or comme ces vapeurs sont des plus subtiles & des moins corrosives, elles font une eau très salutaire aux fleurs alors tendres & naissantes ; & si salutaire, qu'on la ramasse pour s'en servir en bien des occasions.

DU SEREIN.

QUand la chaleur de l'air est fort grande pendant le jour, il s'éleve de la Terre quantité d'exhalaisons avec les vapeurs; mais parce que ces exhalaisons perdent plus aisément leur agitation que les vapeurs, aussi doivent-elles être les premieres à retomber quand la disposition s'y rencontre, & c'est en cela que consiste le serein.

Que si ces exhalaisons ont été élevées de quelque lieu infecté, ou de quelques matieres corrosives, elles peuvent être nuisibles à la santé, & produire de méchans effets dans les corps de ceux qui restent au serein, parce que ces exhalaisons étant mêlées avec l'air qu'ils respirent, pénétrent les poumons, & peuvent causer des fluxions, rhumatismes, douleurs de dents, & autres maux de cette nature.

DE LA GELÉE ET DE LA GLACE.

LA Gelée se fait par un vent du Septentrion au Midi, en Hyver, où le Soleil n'envoye ses rayons qu'obliquement; de sorte que ce vent apportant dans une contrée un air plus froid que celui qui y est, & qui en même tems par la violence du vent ne fait que glisser sur la superficie de la Terre, rallentit le mouvement & l'agitation qu'avoient auparavant les petites parties terrestres & aquatiques, lesquelles alors se resserrent, se condensent & s'endurcissent.

La Glace se fait comme la Gelée, avec cette différence, que l'air que le vent amene du Septentrion est très-froid, aussi-bien que celui de la contrée où le vent amène le premier air; en sorte que ces deux airs concourans endurcissent tout-à-fait l'eau.

DE LA NEIGE ET DE LA GRESLE.

LA Neige vient de ce qu'en Hyver les régions de l'air sont tout-à-fait froides, & que les nuës y trouvant ce grand froid de toutes parts, y passent fort vîte de la condensation qui peut les réduire en pluie, à celle qui peut les réduire en glace, de sorte qu'en Hyver, sitôt que les nuës commencent à se changer en de très-petites gouttes d'eau, chacune de ces petites parties se glace, & se touchant les unes les autres, elles forment des flocons de Neige, qui laissant dans eux-mêmes plusieurs petits intervalles, comme autant de pores remplis d'air subtil, sont fort légers. La Neige est blanche, parce que les petites parties de glace qui composent ces flocons étant dures, solides, transparentes & différemment arrangées, elles nous réflechissent la lumiere de toutes parts.

La Grêle se forme lorsque les parties de la nuë qui commence à se fondre, rencontrent en tombant un air froid qui les regele, & ces petits morceaux de glace sont à peu près de la figure & de la grosseur dont les gouttes d'eau seroient tombées.

DES FRIMATS.

LEs vapeurs qui s'élevent de la Terre, rencontrant en leur chemin plusieurs corps froids, perdent leur mouvement, & se gélent dans la basse région de l'air; & c'est ainsi que se forment les Frimats & la Gelée blanche qui couvre la Terre, & qui s'attache aux branches des arbres & aux cheveux des voyageurs, particulierement du côté où le vent soufle.

DU MIELAT, OU NIELLE.

LE Mielat est une espece de broüillard qui arrive dans le milieu de l'Eté, lorsque par la chaleur de la saison il s'éleve avec les vapeurs beaucoup d'exhalaisons grasses & corrosives, qui tombant sur les bleds, & autres semblables plantes, les gâtent & les brûlent, mais principalement si le Soleil paroît ensuite, & qu'il vienne à darder ses rayons sur ces plantes. Car la liqueur huileuse dont elles sont comme enduites, étant susceptible de beaucoup de chaleur, fait qu'elles se cuisent & se corrompent entiérement. Les Paysans adroits allument pour lors de grands feux de paille aux côtés des Terres où est le Soleil, pour les couvrir & garantir de ce fleau.

DU TONNERRE ET DES ECLAIRS.

CE Météore est le plus étonnant de tous, principalement à l'égard des personnes qui ne comprennent pas la maniere dont il se forme.

On appelle Tonnerre le bruit qui s'entend dans l'air, le plus souvent en Eté. Cela arrive lorsqu'il y a plusieurs nuës les unes au-dessus des autres, qui sont alternativement composées de vapeurs & d'exhalaisons que la chaleur a enlevées de la Terre en abondance à diverses reprises, & que la chaleur mettant leurs particules en agitation, fait que les nuës supérieures sont poussées avec violence par l'action de quelque vent, ou d'un air agité, & contraintes de descendre impétueusement sur les nuës de dessous, sans que celles-ci puissent descendre, étant soûtenuës à quelque distance de la Terre par un vent inférieur & par les causes ordinaires qui les tiennent suspenduës : car pour lors l'air qui est entre la nuë de dessus & celle de dessous est chassé de sa place, en sorte que celui qui est vers les extrémités des deux nuës échape le premier, donnant ainsi moyen aux extrémités de la nuë de dessus de s'abaisser quelque peu plus que ne fait le milieu, & d'enfermer ainsi une grande quantité d'air, lequel dans la suite achevant de sortir par un passage assez étroit & irrégulier, qui lui reste, ne peut manquer de faire un grand bruit en s'échapant; ainsi nous pouvons quelquefois entendre le bruit du Tonnerre sans voir aucun Eclair.

Mais si les exhalaisons de soufre & de nitre qui se rencontrent quelquefois entre deux nuës, viennent à s'enflammer par une agitation violente, cette flamme se communiquant promptement à tout ce qu'il y a de combustible autour, dilate extraordinairement l'air, & produit les Eclairs; ce qui fait qu'au lieu d'un simple grondement de Tonnerre, on entend un bruit qui éclate effroyablement, & tout l'air paroît en feu. Mais comme ces exhalaisons poussées & agitées en tout sens peuvent s'enflammer sans que la nuë supérieure tombe assez violemment sur l'inférieure pour causer du bruit, il se peut faire que nous voyons des Eclairs sans entendre le Tonnerre.

Il arrive assez souvent qu'à chaque coup de Tonnerre il tombe une ondée de pluie abondante, parce que les nuës étant suffisamment pressées, épaissies & condensées par l'agitation, se fondent & se convertissent en eau. Ces gouttes de pluie passant par la moyenne région de l'air, s'y gélent quelquefois par son grand froid, & forment une Grêle si grosse, qu'elle fait des ravages épouvantables, & désole des Provinces entiéres.

La continuation & la répétition du Tonnerre vient d'une espece d'écho qui se fait dans les nuës, à quoi peuvent aussi contribuer plusieurs corps durs qui sont sur la Terre, qui nous renvoyent ces roulades que l'on entend après un grand coup de Tonnerre.

Lorsque le feu du Tonnerre est poussé violemment vers la Terre, & qu'il y fait quelque fracas, on lui donne le nom de foudre. Il tuë quelquefois les hommes & les animaux, brûle & renverse les arbres & les édifices, & met le feu par tout où il passe.

Ce n'eſt pas ſans raiſon que l'on ſonne les cloches & que l'on tire le canon à deſſein de faire ceſſer le Tonnerre, d'autant que par ce moyen l'air le plus proche des cloches étant agité par le mouvement des cloches, ébranle celui qui eſt au-deſſus; & cet air ébranlant les parties de la nuë inférieure, les fait tomber en pluie avant que celle de deſſus puiſſe deſcendre; de ſorte que les exhalaiſons prenant leur cours dans un air plus vaſte & plus étendu ſe diſſipent & ne trouvent pas lieu de s'enflammer.

Le Révérend Pere du Feſe, de la Compagnie de Jeſus, vient de donner une Diſſertation ſur la cauſe & la nature du Tonnerre & des Eclairs, qui a remporté le prix de l'Académie des Sciences de Bordeaux.

Dans le premier article de ſa Diſſertation il traite de la nature du Tonnerre; il établit d'abord ſon Analogie preſque parfaite, avec la poudre à canon; & fait voir que la matiere du Tonnerre eſt comme celle de la poudre, une matiere ſulfureuſe, capable d'une grande raréfaction & très-inflammable. Les préparations qu'on donne à cette matiere pour en faire la poudre, contribuent beaucoup à en augmenter, & ſurtout à en rendre ſoudaine & violente la raréfaction & l'inflammation. A force de broyer & de ſaſſer la poudre on y incorpore beaucoup d'air, qui en fait un corps lié & viſqueux; ce double air qui eſt dans chaque grain, & entre les divers grains, forme comme une infinité de petits ballons, que la moindre étincelle va mettre en action, en redoublant leurs reſſorts. L'Auteur fait connoître que les exhalaiſons de ſoufre & de nitre, que la chaleur a enlevées de la Terre en abondance & à diverſes repriſes, ſont de la même nature que la compoſition de la poudre à canon. Le Pere du Feſe fait le récit que lui a fait une perſonne qui s'eſt trouvée ſur une haute Montagne, au milieu du Tonnerre; ce récit eſt fort curieux; & nous renvoyons au Livre du Pere du Feſe, où l'on trouvera de quoi ſe ſatisfaire ſur cette matiere.

DES ETOILES TOMBANTES.

LEs Etoiles que l'on dit vulgairement qui tombent, ne ſont que de petits nuages qui renferment dans leur centre des exhalaiſons, leſquelles à force de s'échauffer s'enflamment d'elles-mêmes; comme cela ne ſe fait pas avec effort, comme nous avons dit que ſe faiſoit le Tonnerre, le feu ne s'y met pas tout-à-coup, mais ſucceſſivement, & paroît comme une fuſée volante dans l'air, parce que ce feu ſe faiſant ſucceſſivement, repouſſe en arriere la petite nuée.

DES FEUX FOLLETS OU ARDENS.

CEs sortes de Météores qui paroissent quelquefois sur la Mer, & sur la Terre aux environs des lieux marécageux, se forment d'exhalaisons grasses & huileuses, dont les particules s'engageant facilement les unes dans les autres, ont de la peine à s'élever; mais aussi en récompense ces petits feux durent plus longtems, & sont très-susceptibles de toutes les agitations de l'air.

DE L'IRIS OU ARC-EN-CIEL.

L'Iris ou Arc-en-Ciel sont plusieurs couleurs disposées en Arc, qui paroissent tout-à-coup en un tems pluvieux dans la partie de l'air opposée au Soleil, & qui disparoissent aussi quelquefois presque en un moment.

Pour donner quelque explication à cette diversité admirable de couleurs, il faut s'imaginer que quand il pleut en quelqu'endroit, il se forme comme un cercle ou un Arc composé de gouttes de pluie qui sont toutes sphériques, & que le Soleil est comme au milieu ou au Pole de cet Arc; en sorte que si l'on imagine une ligne droite tirée du centre de l'Arc, cette même ligne sera perpendiculaire sur le plan.

Or plusieurs rayons tombant obliquement sur chacune de ces gouttes de pluie, les pénétrent; & après plusieurs réfractions & réflexions parviennent jusqu'à notre œil; de sorte que la diversité de ces couleurs est causée par la diversité des angles, quoique petite, que font les rayons de la lumiere, en tombant sur ces gouttes de pluie; & cette lumiere ainsi modifiée & diversifiée, cause en notre œil ces différens sentimens de couleurs, comme il est expliqué plus amplement dans les Livres de Physique de Messieurs Descartes, Rohaut, Regis & Mariotte, & dans les Mémoires de Messieurs de l'Académie Royale des Sciences.

DES COURONNES.

LEs Couronnes qui paroissent autour du Soleil & de la Lune, viennent d'une nuée également épaisse par tout, composée de parties semblables, & réduites en forme d'arc: ce qui fait que les rayons de lumiere les traversant par tout de la même maniere, font paroître les mêmes couleurs que l'Arc-en-Ciel, quoique moins fortes, le demi-diametre de l'arc ou de l'anneau qui forme cette nuée, étant pour l'ordinaire plus petit que celui de l'Arc-en-Ciel. Quand il eſt beaucoup moindre, on n'y voit que de la blancheur, qui tire en quelques endroits ſur le pâle.

DES PARHELIES.

Les Parhelies qui font paroître pluſieurs Soleils, ſe forment auſſi par un anneau, mais compoſé de parties plus reſſerrées que dans les Couronnes; ce qui fait qu'elles forment un corps plus ſolide, qui reçoit pluſieurs rayons du Soleil, leſquels parviennent à l'œil en différentes manieres, ſans refraction & par refraction; ce qui fait paroître l'image du Soleil en pluſieurs lieux.

Ou bien les Parhelies ne ſont autre choſe qu'une nuée compoſée de divers plans ou de pluſieurs ſuperficies ſemblables. Ce qui fait que les rayons du Soleil y impriment autant de fois ſon image, en la même maniere que l'on voit un même objet ſe multiplier, quand on le regarde à travers une lunette à facettes.

AVERTISSEMENT.

L'on connoît l'humidité & la ſécherеſſe de l'air par l'Hygrometre, ſa chaleur & ſa froideur par le Thermometre, & ſon plus ou moins de peſanteur par le Barometre, qui ſert auſſi à prédire la pluie & le beau tems. Comme les deux derniers de ces Inſtrumens ſont preſque dans tous les Cabinets des Curieux, je crois que je leur ferai quelque plaiſir d'en donner ici la deſcription & les uſages.

DESCRIPTION DU BAROMETRE.

Il ſe fait de deux ſortes de Barometres, l'un qu'on appelle Barometre ſimple, & l'autre compoſé. Le ſimple eſt un tuyau de Verre d'environ trois pieds de long, & de quatre lignes de diametre, ou environ. Il eſt fermé par en haut hermetiquement, c'eſt-à-dire, avec le même verre, en faiſant fondre l'extrémité dudit tuyau par le moyen de la flamme d'une lampe, dont on fait un rayon vif, avec un chalumeau de verre qui reçoit le vent d'un ſoufflet à pied, qui par ce moyen fait faire telle figure qu'on a beſoin aux différens ouvrages de verre. L'on recourbe enſuite le tuyau par en bas, & on y ſoude une petite bouteille de verre, qu'on a ſoufflée à la lampe, & qui a une petite ouverture par le bout qui ne s'éleve que d'environ un pouce au-deſſus de la boule. Pour emplir de vif argent ce tuyau, il faut par le moyen d'un petit entonnoir de verre, introduire le vif argent par l'ouverture de la petite bouteille, jusqu'à ce que le tuyau soit entiérement plein, en l'inclinant, agitant ou secouant doucement avec la main; & lorsqu'il sera plein, & qu'il n'y aura aucune petite bule d'air parmi le vif argent, on dressera le tuyau, en le mettant dans la situation perpendiculaire à l'horison. Alors on remarquera que la colomne de vif argent sera de la hauteur de 27. pouces & demi, ou environ, depuis la surface du vif argent dans la petite bouteille jusqu'à l'extrémité du tuyau bouché hermétiquement, comme on a dit ci-dessus.

Les Physiciens ont regardé cet effet comme une démonstration complette de la pesanteur de l'air; (nous parlerons de son ressort ailleurs;) & voici leur raisonnement. Aucun corps ne presse sur le vif argent contenu dans le tuyau, puisqu'il est fermé hermétiquement; aucun corps ne presse sur l'ouverture de la bouteille, si ce n'est l'air; donc c'est l'air qui presse le vif argent contenu dans le petit tuyau avec assez de force pour soutenir celui qui est contenu dans le grand tuyau, & le tenir en équilibre. Mais pourquoi ce vif argent ne se soutient-il élevé dans le grand tuyau que jusqu'à certaine hauteur, laissant un espace vuide jusqu'à l'extrémité soudée hermétiquement? La raison qu'ils apportent, c'est que la colomne d'air qui s'éleve depuis l'ouverture de la bouteille jusqu'à l'extrémité de l'Atmosphere pese assez sur cette ouverture, ou plutôt sur le vif argent pour en soutenir le poids jusqu'à certaine hauteur & l'y tenir en équilibre; le tuyau fût-il même plus gros que l'ouverture de la bouteille, ou le trou de la bouteille plus large que le diametre du tuyau. De façon que si la colomne d'air qui s'étend perpendiculairement depuis l'ouverture de la bouteille jusqu'à la superficie de l'Atmosphere devient plus haute, ce qui arrive dans les endroits bas, alors le vif argent s'éleve davantage dans le tuyau, parce que la colomne d'air devenuë plus longue, sa pression a été plus grande & a surmonté la pression de la colomne de vif argent, laquelle n'a pû reprendre son équilibre qu'en s'élevant, & devenant par-là plus pesante & égale en poids à la colomne d'air extérieure. Si au contraire on transporte le Barometre dans un lieu fort élevé, ou sur une haute montagne, la colomne d'air qui presse sur l'ouverture de la bouteille devenant plus courte, elle pese moins; elle presse moins aussi le vif argent, dont une colomne plus courte suffit à le mettre en équilibre avec cet air extérieur, & pour cela le vif argent baisse dans le tuyau.

Les Mémoires de Physique sont remplis des expériences célebres qui furent faites par *MM. Pascal* & *Perrier* à *Clermont en*

Auvergne, tant au bas de la montagne du *Puits-de-Dome*, dans le Jardin des *PP. Minimes*, que sur le sommet de cette montagne, & en différentes stations dans le chemin pour y monter.

Nous ne parlerons pas ici du ressort de l'air, dont on croit avoir quelques preuves dans cette machine, ni des diametres différens des colomnes d'air qui pesent sur l'ouverture de cet instrument; nous lisons dans des Auteurs célebres des expériences qui ne confirment pas les opinions de ceux qui ont donné les premieres collections d'expériences de Physique; nous remarquerons seulement, avec *M. l'Abbé Nollet*, que le poids de la colomne d'air qui tient le vif argent suspendu n'est pas toûjours égal dans les différens lieux de la Terre, non plus que dans un même lieu; tantôt le vif argent s'éleve davantage dans le tuyau, & tantôt il y baisse. On a remarqué qu'en France les deux termes de hauteur sont de 29. & 26. pouces, dont la moyenne est 27. pouces $\frac{1}{2}$; à Paris 27. & 28. pouces, partant la moyenne y est aussi de 27$\frac{1}{2}$. pouces.

Pour observer ces variations on a cherché à mettre cet instrument en évidence, on en a même fait un ornement dans les appartemens, ou plutôt dans les cabinets; tantôt on a attaché le tuyau sur une planche mince, tantôt sur un pied d'estal on a élevé une colomne. Dans le premier cas on faisoit des graduations à côté du tuyau, & dans le second on couloit un anneau qui embrassoit le tuyau & y faisoit ressort pour être levé & baissé. Il s'en faut bien qu'on doive approuver la méthode d'une planche mince, parce que venant à se tourmenter & à voiler par l'humidité ou par la séchéresse, le tuyau court grand danger d'être cassé; pour ce qui est du tuyau mis en colomne, comme il est nécessaire qu'il soit un peu gros, il devient d'une dépense considérable; c'est pourquoi il convient mieux de se servir d'une planche épaisse, pour y pouvoir pratiquer une rainure dans laquelle le tuyau du Barometre puisse être mis à l'aise, à l'abri des effets du bois & des autres accidens prévoyables.

On a coutume de diviser cet espace de la variation du vif argent en douze parties égales, dont la plus élevée est marquée *Très-sec*, à la seconde en descendant *Beau fixe*, à la quatriéme *Beau tems*, à la sixiéme ou au milieu *Changeant*, à la huitiéme *Pluie*, à la dixiéme *Pluie abondante*, & à la douziéme *Tempête*. Chacun abonde en son sens sur ces marques, ce qu'il y a de certain, c'est que par cet instrument on connoît les variations de l'air, quelle qu'en soit la cause, & quoi que ce soit qu'elle présage; cependant les observations suivantes en donneront une espece d'idée. Il faut voir dans les essais de Physique qui ont traité de cet instrument, de quelles précautions il faut user tant pour purifier le vif argent & en faire sortir tout l'air, que pour nétoyer les tuyaux & en chasser aussi l'air qui s'attache aux parois intérieures de ces tuyaux, & qui apporte par la suite des desordres considérables dans cette machine si simple en apparence.

Elle est pourtant susceptible de cent formes différentes, toutes tendantes à en rendre les mouvemens plus sensibles, soit par le ministere du fabriquateur, qui en multiplie les tuyaux qui se communiquent les uns aux autres; soit en inclinant le seul tuyau, qui marquera sur une ligne oblique & diagonale; soit aussi par notre ministere ou celui des Horlogers, en y joignant des poids, des poulies, des cadrans, des aiguilles, &c. mais toutes ces façons altérent la justesse de cet instrument, en multipliant les causes de variations; en sorte qu'il faut s'arrêter au Barometre simple dont le diametre intérieur du tuyau soit d'environ une ligne & demie, ou même deux lignes; encore conviendroit-il de le tenir toûjours droit & en plonger le bout dans un vase séparé rempli de vif argent: par-là on éviteroit la difficulté de l'emplir, qui résulte de la courbure de la bouteille, quand elle fait un même corps avec le tuyau; ce qui rend aussi cette machine très-difficile à transporter sur les voitures. L'on en fait pourtant aujourd'hui d'une certaine façon qui remédie aux inconvéniens des voyages, & qui est fort ingénieuse; néanmoins, il faudroit pour plus grande sûreté tâcher de transporter les tuyaux dans une situation droite ou perpendiculaire & vuides, pour les remplir avec soin & par les opérations nécessaires à cet effet, dans les lieux de résidence.

Observations pour la Pluie & le beau Tems.

Les changemens de hauteur du vif argent, servent à prévoir les changemens qui se font en l'air, d'où l'on pourra conjecturer le beau tems ou la pluie qui arrivent. Quand le vif argent descend, c'est une marque du mauvais tems; quand il monte, c'est du beau tems; si le vif argent est demeuré quelque tems au très-sec, & qu'il descende, on aura lieu de croire qu'il arrivera un changement de tems; & quand il descend bien bas, alors le mauvais tems sera de longue durée. Quand le vif argent monte promptement dans le Barometre simple, c'est une marque assûrée d'un beau tems de longue durée. En Eté les changemens de tems ne suivent pas si promptement les changemens de vif argent, qu'en Hyver, au lieu qu'en Hyver, le changement de tems se fait plus promptement. On peut voir en général que l'air commençant à devenir plus léger, les vapeurs ne peuvent plus être soûtenuës; que les plus élevées tombant sur celles qui sont au-dessous, elles s'assemblent & forment des gouttes d'eau, qui par leur propre pesanteur tombent en pluie. Au contraire, lorsque le vif argent monte, l'air commence à devenir plus pesant; les vapeurs montent, & se soûtiennent dans l'air toutes séparées les unes des autres, jusqu'à ce que quelque cause change la pesanteur de l'air, & le rende plus leger.

DESCRIPTION DU THERMOMETRE.

IL est composé d'un tuyau de verre qui a communément 2. lignes de diametre, au bas duquel est une boule ou phiole soufflée ou soudée à la lampe, ayant environ 2. pouces de diametre, plus ou moins & proportionnément à la grosseur du tuyau, dont la longueur est arbitraire. Il s'en fait depuis un pied & au-dessous jusques à 3. pieds & même davantage.

Il n'en est pas de cet instrument comme du Barometre, il faut que la phiole qui est au bas de celui-ci soit soudée au tuyau, & ne fasse qu'une même piece avec lui. C'est par les variations d'une liqueur que contiennent cette phiole & ce tuyau, que l'instrument est utile & produit son effet, lorsqu'on a apporté dans sa construction toutes les précautions nécessaires, & qui sont telles : 1°. Il faut les remplir de quelque liqueur colorée, & pour cela on introduit dans le bout du tuyau, ou l'on y soude un petit entonnoir de verre par le moyen duquel on verse dans le tuyau bien nétoyé la liqueur préparée. Communément c'est de l'esprit de vin coloré avec du vin rouge; & pour faire desc ndre cette liqueur en expulsant l'air qu'il peut y avoir dans le tuyau, on y introduit un fil de laiton délié, qu'on enfonce & retire plusieurs fois, jusqu'à ce qu'il n'y ait aucun intervalle entre la liqueur dans le tuyau, & que la bouteille soit toute pleine, sans aucune bule d'air. 2°. On enferme cette boule dans de la glace bien pilée & dans un lieu frais, on l'y laisse quelque tems, & l'on marque un point à l'endroit où est la liqueur dans le tuyau. Après avoir retiré le tuyau & la boule de dedans la glace, il faut 3°. plonger la boule dans de l'eau tiéde, puis en augmenter la chaleur jusqu'à ce qu'elle boüille, & alors la liqueur montera dans le tuyau, où il faudra marquer un autre point pour observer celui du plus grand exhaussement de la liqueur; & à environ un pouce au-dessus on fermera le tuyau hermétiquement en le soudant à la lampe d'émailleur. Ensuite on divise l'espace entre le point de la glace & celui de l'eau boüillante en 100. parties égales, qui seront les degrés de chaleur ou de froid entre ces deux extrémités.

En

En plongeant la boule dans la glace on a condensé la liqueur, & elle s'est réduite au plus petit volume qu'elle peut avoir ; en la plongeant dans l'eau boüillante la liqueur s'est dilatée au point de chaleur de l'eau boüillante, qui est ordinairement le plus haut point qu'on puisse fixer. Tous les degrés intermédiaires sont ceux que cet instrument pourra marquer, & qui sont tous relatifs. Cependant on peut y en ajoûter un absolu, c'est celui de la chaleur du sang humain, en plongeant la boule dans du sang sortant d'une saignée faite à un homme. Un autre encore moins absolu, mais qui devient comme connu, c'est le degré de froid *des Caves de l'Observatoire de Paris*.

Nous avons dit que la liqueur est ordinairement de l'esprit de vin coloré & modéré par le vin rouge, mais M. *De-Lisle* qui a travaillé avec assiduité & avec dépenses à cet instrument pour le perfectionner, se sert avec succès de vif argent, qu'il faut purifier, comme on a dit pour le Barometre ; & en ce cas, au lieu d'une boule ou phiole de verre, qui pour la liqueur doit être au bas du tuyau, on y met une espece de cilindre aussi de verre, assez gros & fort, afin de fatiguer moins le tuyau, & par rapport au poids du vif argent qu'il contient. Le reste de la préparation est la même.

Cet instrument, divisé comme on a dit, se place comme le Barometre. On voit au bas le terme de la glace, & au haut celui de l'eau boüillante. On divise l'espace en 100. parties, & à côté de la chaleur du sang humain on le marque sur la tablette ou planche qui porte le tuyau, comme à côté du froid des Caves de l'Observatoire de Paris ; aussi-bien que toutes les autres remarques que l'on aura faites de différentes especes. Avec un instrument ainsi fait & divisé on se met en relation avec tous les autres Thermometres de l'Europe.

Dans ceux qu'on voit communément on écrit *très-chaud*, vers le 95. degré ; au 75. *plus chaud* ; au 60. *chaud* ; au 50. *tempéré* ; au 35. *froid* ; au 20. *plus froid*, & au 10. *très-froid* ; sur presque tous ceux qui sont faits de notre siécle, on y marque le froid de 1709. & quelquefois sur les plus modernes celui de 1740. cela par le rapport qu'on peut observer en peu de jours d'un nouveau Thermometre avec un ancien de 1709. & d'un fait en 1740. &c.

Puisque c'est la dilatation de la liqueur ou sa condensation, & non le poids de cette liqueur, qui cause les variations du Thermometre, il n'est pas étonnant qu'on lui donne plusieurs sortes de figures différentes ; tantôt les tuyaux sont recourbés, tantôt ils sont ondés en serpentant ; & toutes ces figures n'empêchent pas la liqueur de tomber dans la boule quand elle se condense.

Nous ne dirons rien ici de l'Instrument nommé Hygrometre, parce qu'il est peu en usage, connoissant d'ailleurs facilement l'humidité & la sécheresse.

Nous avertirons seulement que l'on pourroit observer pendant plusieurs années de suite, le degré de froid & de chaud, de l'humidité & de la sécheresse, ou la pluie & le beau tems, les vents & leurs forces, ensemble le tems des saisons, les couleurs des nuées, leur quantité & leurs grandeurs, & faire ces observations en même-tems en différens lieux, de quoi on feroit des remarques qui fourniroient des principes pour pouvoir, du moins à quelques jours près, prédire les changemens de tems, à quoi les Astrologues ne se sont jamais occupés, se servant de leur prétenduë Science, qui est sans principe & sans aucun fondement.

Fin du premier Livre.

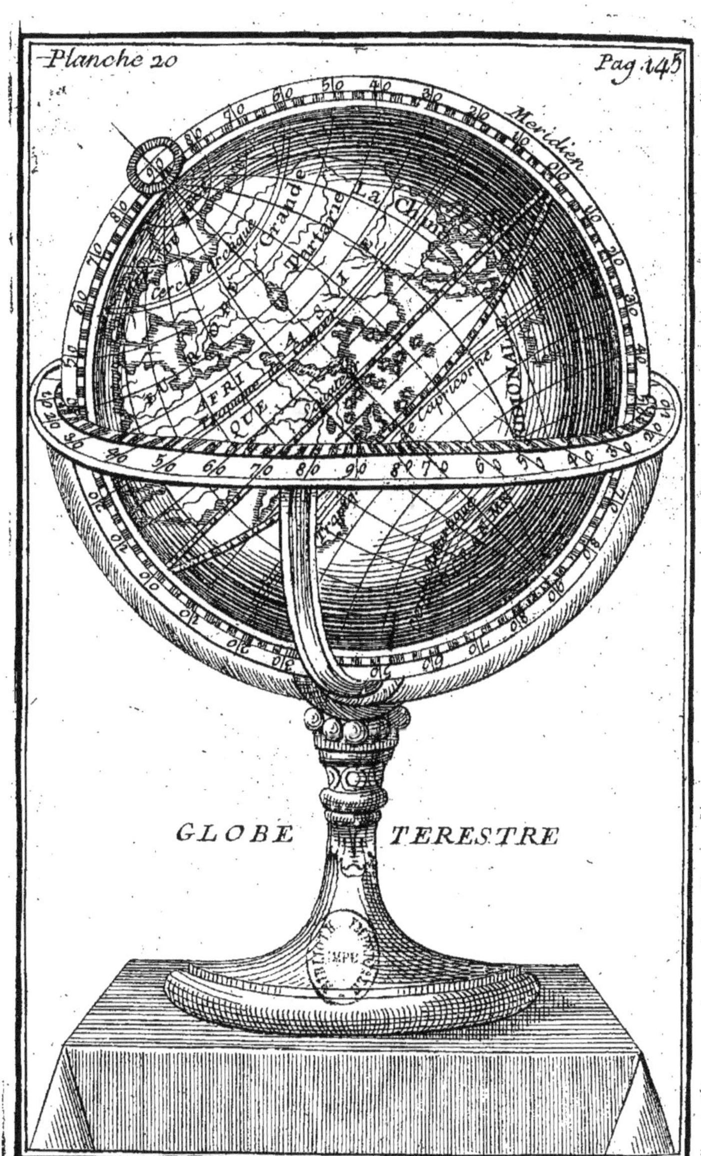
Planche 20
Pag. 145
Meridien
GLOBE TERESTRE

LIVRE SECOND.

DE LA GEOGRAPHIE.

PREMIERE PARTIE.

Application de la Sphere à la Géographie.

CHAPITRE PREMIER.

De la Géographie en général, & de ses différentes divisions & définitions.

E Globe terrestre est composé de la Terre & de l'Eau. La Science qui se rapporte à la Terre, est appellée Géographie, c'est-à-dire, description de la Terre; & la Science qui a l'Eau pour objet, est nommée Hydrographie, qui veut dire description de l'Eau.

Néanmoins sous le nom de Géographie, on comprend l'une & l'autre description de la Terre & de l'Eau, à cause de l'union que ces deux corps ont ensemble, ne faisant qu'un même Globe, dont la Terre fait la plus considérable partie.

La Géographie, prise seulement par rapport à la Terre, se divise en deux parties, dont l'une est :

La Chorographie, qui est la description d'une Région particuliere, comme de la France, de l'Allemagne ou de l'Italie, &c. L'autre est la Topographie, qui est la description d'un lieu particulier, comme d'une Ville, Château, Bourgade, &c.

La Géographie se divise encore en deux autres parties, dont la premiere considere les propriétés de la Terre par rapport au mouvement journalier & annuel du Soleil ; elle explique les cercles qu'elle emprunte de la Sphere céleste pour cet effet. Et l'autre partie fait la description de toutes les Régions qui sont sur la surface de la Terre, à laquelle nous ajoûterons une troisiéme partie de l'Hydrographie, ou description des eaux.

CHAPITRE II.

De la figure de la Terre, & du lieu qu'elle tient dans l'Univers.

LA Terre & la Mer ne sont qu'un Globe, comme nous avons dit ci-devant, & comme nous l'allons faire voir dans ce Chapitre, pour désabuser ceux qui s'imaginent que la Terre est une plaine d'une vaste étenduë, à cause que la partie que l'on en découvre d'une seule vûe, est ordinairement trop petite, pour que l'on puisse s'appercevoir de sa courbure.

Premiérement, elle est ronde de l'Orient à l'Occident, puisque l'expérience journaliere nous apprend que le Soleil & les Astres ne paroissent pas se lever & se coucher en même-tems pour tous les Habitans de la Terre, dont les différentes Régions sont éclairées successivement les unes après les autres ; de sorte qu'on peut dire qu'il est toute heure en tout tems : car, par exemple, dans le même instant que je lis ceci, il est midi en quelque lieu de la Terre, une heure dans un autre endroit, deux heures ailleurs, & ainsi de toutes les autres heures du jour & de la nuit : ce qui ne seroit point si la Terre étoit platte, puisque les Peuples qui habiteroient dans une même plaine, si grande qu'elle fût, verroient tous en même-tems le Soleil & les Astres se lever & se coucher ; le Soleil seroit également élevé sur toutes les parties de ladite plaine, & les Eclipses paroîtroient à tous dans le même instant de tems, comme il est aisé de se l'imaginer pour peu d'attention qu'on y fasse. Ce qui étant contraire aux observations & à l'expérience, on doit conclure que la Terre est ronde d'Orient en Occident.

Secondement, elle est ronde du Midi au Septentrion, puisque ceux qui voyagent de ce sens-là, voyent changer l'élevation du Pole : car à mesure qu'ils s'avancent vers un des Poles, il paroît s'élever réguliérement sur leur Horison d'un degré pour vingt grandes lieuës de France, & trois minutes pour chaque lieuë de chemin. On voit aussi, en voyageant vers l'un des Poles, que plu-

Planche 21
Page 147
EUROPE
ASIE
AFRI
QUE

ſieurs Etoiles qui en ſont proche, ne ſe couchent plus, & que d'autres, qui ſont vers le Pole dont on s'éloigne, ne ſe levent plus.

Enfin, la Terre eſt ronde en tout ſens, ſi on excepte les montagnes & les vallées, qui ne ſont pas ſenſibles, étant comparées à la groſſeur de la Terre, laquelle fait un Globe avec l'Eau qui couvre partie de ſa ſurface, comme le peuvent mieux remarquer ceux qui voyagent par Mer : car à meſure qu'un navire s'éloigne du Port, ceux qui ſont ſur le tillac, commencent à perdre peu à peu de vûe la pointe des clochers qui ſont au lieu d'où ils partent; mais ſi dans le même-tems quelqu'un d'eux monte à la hune, il reverra les mêmes objets, qui ne ſe voyent plus de ceux qui reſtent ſur le tillac, juſqu'à ce que le navire s'éloignant encore plus du Port, il perdra de vûe le pied des clochers, & n'en verra plus que la pointe, qui enfin diſparoîtra tout-à-fait quelque tems après, dont la ſeule cauſe eſt la rondeur du Globe terreſtre, comme il eſt aiſé de voir par la *fig. ci-jointe Pl. 21.*

La Terre, comme nous avons déja dit, n'a point de groſſeur ſenſible, étant comparée à la grandeur immenſe du Firmament, & n'eſt pas éloignée, du moins ſenſiblement, du centre de l'Univers, puiſque quand la vûe n'eſt point empêchée, on voit toute la moitié du Ciel, & que de deux Etoiles diametralement oppoſées, comme ſont à peu près l'œil du Taureau & le cœur du Scorpion, l'une ſe leve quand l'autre ſe couche. De plus, la Terre doit être dans le plan de l'Equateur céleſte, c'eſt-à-dire, au milieu de l'axe du Monde; car ſi elle étoit plus près d'un Pole que de l'autre, l'Horiſon oblique ne couperoit pas l'Equateur en deux également; & quand le Soleil parcourroit l'Equateur, les jours ne ſeroient pas égaux aux nuits, comme ils ſont dans la Sphere oblique : ce qu'il eſt aiſé de démontrer par la Sphere artificielle.

CHAPITRE III.

De l'Axe, des Poles & des Cercles du Globe terreſtre.

L'Axe du Globe terreſtre eſt une partie de l'axe du Monde, qui paſſant au travers du Globe, & par ſon centre, va ſe terminer en ſa ſuperficie. Les deux points de ſa ſuperficie terreſtre, qui terminent cet Axe, ſont les deux Poles de la Terre, dont l'un eſt le Pole Arctique, qui eſt poſé ſous le Pole Arctique du Ciel, & l'autre eſt le Pole Antarctique, poſé ſous le Pole Antarctique du Firmament.

Outre le Méridien & l'Horison qui sont au dehors du Globe, de même qu'en la Sphere artificielle, il y a encore plusieurs autres cercles sur la superficie du même Globe, sçavoir l'Equateur, l'Ecliptique, les deux Tropiques & les deux cercles polaires, avec les Méridiens ou cercles de longitude, & les paralleles de l'Equateur, ou Cercles de latitude. On a expliqué tous ces Cercles au premier Livre, lesquels s'appliquent à la Géographie comme à l'Astronomie, à cause de la relation qu'il y a entre le Ciel & la Terre, qui fait que les Cercles imaginés dans la Sphere céleste, servent de principes à la Science de la Géographie.

Outre les Cercles dont nous venons de parler, & qui sont marqués sur les Globes, il y en a encore quelques-uns qu'on conçoit y être décrits, comme sont ceux des Climats, des positions & de la distance des lieux, lesquels tous ensemble sont nécessaires pour donner une plus parfaite connoissance de toutes les parties de la Terre, considérées au regard des mouvemens diurnes & annuels du Soleil. C'est ce qui donnera occasion de parler de plusieurs choses, que l'on n'a touchées que légérement, & d'autres dont on n'a encore rien dit, comme des longitudes & latitudes des lieux, de la variété des Climats, de la diversité des ombres, des Zones, des Habitans de la Terre, & de la position des lieux les uns à l'égard des autres, tous sujets qui regardent principalement la Géographie, & qui donneront lieu à autant de Chapitres particuliers qui rempliront cette premiere Partie.

CHAPITRE IV.

De la longitude des lieux, & de la maniere de l'observer.

ON a dit au discours du Méridien, que la longitude d'un lieu se comptoit d'Occident en Orient sur l'Equateur depuis le premier Méridien, jusqu'à celui qui passe par le Zenit du lieu proposé. Mais comme cette définition ne donne pas assez de connoissance des propriétés des longitudes, on va l'expliquer plus amplement dans la suite de ce Chapitre.

Pour bien entendre ce que c'est que les longitudes, & leur usage, il faut sçavoir que la Terre étant ronde, le Soleil n'éclaire pas en un instant toutes ses parties, mais successivement, se faisant voir plutôt aux Peuples qui sont Orientaux, qu'à ceux qui sont Occidentaux. De là vient que les Peuples Orientaux ont plutôt midi, que les Peuples Occidentaux : c'eſt pourquoi ſi un lieu eſt plus oriental de 15. deg. qu'un autre, il aura midi une heure plutôt. Au contraire, ſi un lieu eſt plus occidental de 15. degrés qu'un autre, il aura midi une heure plus tard : & d'autant de fois 15. degrés qu'un lieu ſera plus oriental qu'un autre, d'autant d'heures le lieu oriental aura midi plutôt.

Il eſt aiſé de remarquer par ce qu'on vient de dire, que la longitude ſe compte d'Occident en Orient, & que l'arc de l'Equateur, qui fait la différence des Méridiens, ou de la longitude des Villes, n'eſt autre choſe que la meſure de l'intervalle du tems, qui fait qu'un lieu a midi plutôt ou plus tard, & qu'il compte plus ou moins d'heures dans la meſure du tems qu'un autre lieu. Par ce moyen on pourra réſoudre la queſtion, par laquelle on demande comment il eſt poſſible que deux gemeaux nés en même-tems, & ayant fait le tour du Monde, l'un par l'Orient & l'autre par l'Occident, d'un pas égal, leſquels étant morts au retour de leur voyage, l'un ait vêcu deux jours plus que l'autre. La raiſon en eſt, que celui qui a fait le tour du Monde par l'Orient, a ſurmonté d'un jour le compte de ceux du lieu d'où il eſt parti, à cauſe qu'il a compté autant de fois plus d'heures que ce même lieu, qu'il a fait de fois 15. degrés : de ſorte qu'ayant fait les 360. degrés du tour de la Terre, qui valent 24. heures, il doit compter un jour de plus que ceux du même lieu où il eſt retourné ; en ſorte que s'il eſt Dimanche audit lieu ; il ſera Lundi à ſon compte, ſans qu'il y ait aucune erreur dans ſon calcul. Il arrivera tout le contraire à celui qui aura fait le tour du Monde par l'Occident ; car il comptera un jour de moins que ceux du lieu d'où il eſt parti, à cauſe qu'il a compté autant de fois moins d'heures que ceux du même lieu, qu'il a fait de fois 15. degrés. Ainſi ayant fait le tour, qui eſt de 24. heures, il comptera un jour de moins que ceux du même lieu où il eſt revenu ; c'eſt pourquoi il ne ſera que Samedi à ſon compte, quoiqu'il ſoit Dimanche au même lieu. Il eſt donc évident que celui qui aura voyagé par l'Orient, paroîtra avoir vêcu deux jours plus que celui qui aura pris ſa route par l'Occident, vû qu'au compte du premier, il eſt Lundi, & à celui du dernier, il n'eſt que Samedi, quoique dans la vérité ils ſoient morts dans le même inſtant, toute la différence qu'il y a n'étant que dans la maniere de compter le tems plus ou moins de l'un & de l'autre, ſelon la route que l'un a priſe vers l'Orient, & l'autre vers l'Occident.

Or puiſqu'il y a une infinité de lieux vers l'Orient & vers l'Occident, il faut auſſi concevoir une infinité de Méridiens, que l'on peut bien nommer Cercles de longitude, puiſqu'ils déterminent sur l'Equateur la longitude des lieux & leur situation à l'égard de ce qu'ils sont plus orientaux ou plus occidentaux les uns que les autres. Cette connoissance, qui n'est autre chose que la Science des longitudes, est très-utile & très-nécessaire, tant en la Navigation qu'en la Géographie : car en la Géographie elle rend les Globes terrestres, les Mappemondes, ou Cartes universelles du Monde, tant Géographiques, qu'Hydrographiques ou Marines, fort justes; & en la Navigation elle sert considérablement à la conduite des Vaisseaux, en rendant leur route plus certaine & plus assurée. Mais autant que cette Science est utile, autant y a-t-il de difficulté dans la pratique des moyens qui en donnent la connoissance, ce qui a fait que la plûpart des Etats de l'Europe ont autrefois promis de grandes sommes à celui qui par quelque invention juste & facile dans la pratique, donneroit le moyen de connoître sur Mer les longitudes, du moins avec autant de précision que les latitudes. Plusieurs y ont travaillé, & ont prétendu avoir réussi; ce qu'ils n'ont pas fait, ayant donné quantité de régles, lesquelles, quoique très-bonnes dans la théorie, ne sont néanmoins d'aucun usage commode dans la pratique, à cause de la trop grande difficulté qu'il y a de pouvoir pratiquer sur Mer les observations que ces régles ordonnent. Il n'en est pas de même sur Terre, où l'on peut se servir des Instrumens de telle grandeur qu'on veut, & les disposer en la maniere que l'on souhaite, à cause de la stabilité, pour opérer avec justesse dans les observations que l'on veut faire. C'est ce qui fait que l'on trouve exactement les longitudes de la Terre; mais principalement par l'observation des Eclipses de la Lune, & du premier Satellite de Jupiter, qui les donne dans une grande précision.

Les Astronomes ont jugé que l'on auroit un moyen court & assuré de déterminer les longitudes, si on découvroit dans le Ciel quelque phénomene qui eût un mouvement très-vîte, & qu'on pût de divers lieux de la Terre, fort éloignés l'un de l'autre, le voir arriver au même instant à un même point; car, cela supposé, en comparant ensemble les heures des observations faites en même-tems dans les lieux éloignés l'un de l'autre d'Orient en Occident, il seroit aisé de connoître combien l'un de ces lieux est plus oriental que l'autre, en quoi consiste la différence des longitudes.

La révolution journaliere des Astres autour de la Terre, auroit été fort propre à cet usage; mais il n'y a dans le Ciel aucun point fixe, où l'on puisse de divers lieux éloignés voir arriver les Astres par cette révolution.

On a donc été obligé d'avoir recours au mouvement particulier de la Lune, & l'on s'en est utilement servi pour trouver quelques longitudes; car toutes les fois qu'il arrive des éclipses de la Lune, l'ombre de la Terre qui paroît alors sur la Lune, se voit de tout un Hémisphere, en même-tems au même endroit de son disque.

On ne comparoit d'abord que le commencement & la fin de ces Eclipses observées en divers lieux, dans lesquels il y avoit beaucoup d'ambiguité, à cause de la difficulté de distinguer l'ombre véritable de la Terre, de la pen-ombre que l'on voit devant & après l'Eclipse. On a depuis distingué sur le disque de la Lune, vûe en son plein des taches par le moyen des lunettes de longue vûe à deux verres convexes. Ces lunettes sont plus commodes pour les observations Astronomiques, quoiqu'elles renversent les objets. On y ajuste au foyer un Micrometre disposé de telle maniere que le disque de la Lune soit exactement contenu par la division de 12. doigts du Micrometre, on dirigera cette lunette vers la Lune, & on remarquera avec précision l'instant auquel le bord de la Lune commencera à perdre sa rondeur : ce sera le commencement de l'Eclipse. Puis on observera successivement le moment où la section de l'ombre touchera les taches de la Lune; & on remarquera l'heure, la minute & la seconde, que chaque tache entrera dans l'ombre, & ce par le moyen d'une bonne pendule, qu'on a eu grand soin de bien régler sur le moyen mouvement du Soleil, en prenant souvent des hauteurs correspondantes; enfin on remarquera le moment où l'ombre de la Terre quittera absolument la Lune : & ce sera la fin de l'Eclipse. On voit avec ces lunettes un grand nombre de taches dans la Lune causées par les inégalités, c'est-à-dire, par les montagnes & vallées qui sont sur sa surface convexe, ausquelles les Astronomes du siécle précédent ont donné des noms, comme on le voit en la figure de la Lune, représentée ci-après *Pl.* 22. On observe l'immersion & l'émersion de ces taches dans l'ombre que l'on apperçoit avec plus d'évidence; ce qui donne le moyen de comparer ensemble un plus grand nombre de phases, & de déterminer avec plus de précision la différence des Méridiens. Les immersions & les émersions de ces taches, observées en même-tems en différens lieux, servent à trouver la différence des Méridiens entre les lieux des observations, en comparant le tems, auquel l'immersion & l'émersion d'une tache a été observée en quelque lieu de la Terre, avec le tems auquel l'immersion & l'émersion de la même tache a été observée en un autre lieu. Quand il n'y a point de différence, les lieux des observations sont sous le même Méridien; quand il y a de la différence, le lieu où l'on compte plus de tems, est plus à l'Orient de toute la différence qu'il faut réduire en degrés à raison de 15. degrés par heure, & d'un degré pour 4. minutes d'heure.

Les Eclipses de Lune ne sont pas bien fréquentes; car il n'y en a souvent qu'une ou deux par chaque année; cependant on n'avoit point eu d'autre moyen assuré de trouver les longitudes jusqu'au siécle précédent. Mais depuis que les grandes lunettes ont été inventées, on a découvert les quatre petites Planetes appellées Satellites de Jupiter, qui tournent à l'entour de son Globe; & comme l'on s'est apperçu que le mouvement de ces petits Astres est très-prompt, leur période très-courte, & leurs Eclipses fort fréquentes, on songea tout aussitôt à s'en servir pour trouver les longitudes; mais il a fallu plus de la moitié d'un siécle pour exécuter ce dessein, qui n'a commencé de réussir qu'en l'année 1668. que M. Cassini donna au Public les Ephémerides de ces Satellites, avec la méthode de calculer leurs Eclipses; & depuis ce tems-là il a pris grand soin de corriger ces Ephémerides, & les a renduës si exactes, qu'elles peuvent servir à la place des Observations immédiates sans erreur sensible.

Pour une seule Eclipse de Lune, il en arrive plus de cent d'un seul Satellite

Explication de la maniere d'observer les longitudes par les Eclipses des Satellites de Jupiter.

POur bien connoître en quoi consiste la justesse de ces observations, il faut avoir attention à deux choses: La premiere est la maniere d'observer les Eclipses des Satellites de Jupiter: & la seconde, le tems précis & juste des observations de ces Eclipses. On sçait que ces Satellites sont de petites Planetes qui tournent autour de Jupiter, selon les périodes marquées au Chapitre 12. Section 7. du premier Livre.

A l'égard de la premiere de ces deux choses, Jupiter étant un corps opaque, comme la Terre ou la Lune, il faut nécessairement qu'il fasse ombre à l'opposition du Soleil, comme la Terre fait, & cause une Eclipse à la Lune, quand elle s'y rencontre; c'est pourquoi ce que nous dirons des Eclipses de ces Satellites, doit servir pour celles de la Lune.

Quand les Satellites de Jupiter se trouvent dans son ombre, ils souffrent Eclipse, qui dure plus ou moins de tems, selon que les mouvemens particuliers des Satellites se font avec plus ou moins de vîtesse. Leurs Eclipses commencent, quand ils entrent dans l'ombre de Jupiter, & elles finissent, lorsqu'ils en sortent. Leur

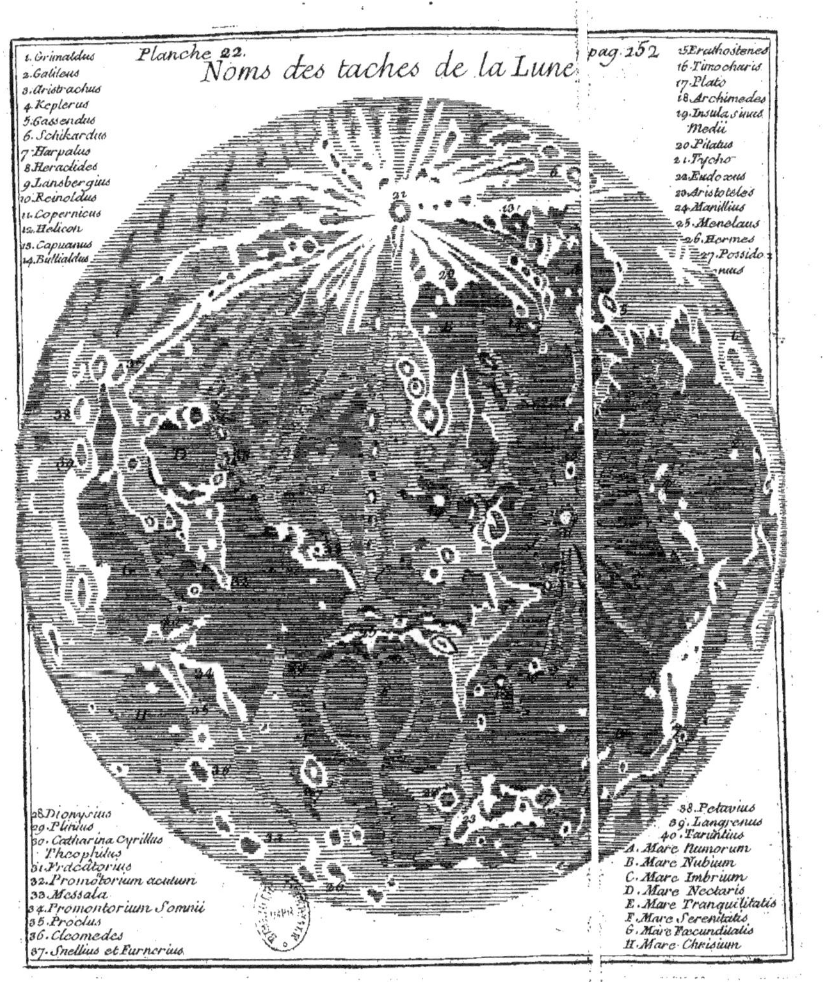
Planche 22.
Noms des taches de la Lune
pag. 152
1. Grimaldus
2. Galileus
3. Aristrachus
4. Keplerus
5. Gassendus
6. Schikardus
7. Harpalus
8. Heraclides
9. Lansbergius
10. Reinoldus
11. Copernicus
12. Helicon
13. Capuanus
14. Bullialdus
15. Erathostenes
16. Timocharis
17. Plato
18. Archimedes
19. Insula sinus Medii
20. Pilatus
21. Tycho
22. Eudoxus
23. Aristoteles
24. Manillius
25. Menelaus
26. Hermes
27. Possido-nius
28. Dionysius
29. Plinius
30. Catharina Cyrillus Theophilus
31. Praecatorius
32. Promontorium acutum
33. Messala
34. Promontorium Somnii
35. Proclus
36. Cleomedes
37. Snellius et Furnerius
38. Petavius
39. Langrenus
40. Taruntius
A. Mare Numorum
B. Mare Nubium
C. Mare Imbrium
D. Mare Nectaris
E. Mare Tranquilitatis
F. Mare Serenitatis
G. Mare Foecunditatis
H. Mare Chrisium

entrée dans l'ombre est appellée Immersion, & leur sortie de l'ombre, Emersion. Le tems propre à observer leur immersion est quand Jupiter se leve avant le Soleil, & le tems propre à observer leur émersion, est lorsque Jupiter se couche après le Soleil. Or comme le mouvement propre de Jupiter est beaucoup plus lent que celui du Soleil, d'abord après leur conjonction, Jupiter reste plus occidental, & par conséquent se leve le matin avant le Soleil; mais après leur opposition, Jupiter se leve après le Soleil, & paroît le soir après son coucher.

Pour faciliter les observations, on a des Tables que M. Cassini a données, par lesquelles on calcule le tems de l'immersion & de l'émersion des Satellites pour le Méridien de Paris, auquel ajoûtant ou ôtant la différence des Méridiens du lieu où l'on observe à celui de Paris, selon la nature du lieu, c'est-à-dire, selon qu'il est plus oriental ou plus occidental de Paris, on connoît à peu près le tems de l'observation. Mais pour ne la pas manquer, on doit s'y préparer environ une heure auparavant le tems prescrit par les Tables. Comme le premier Satellite est celui qui va le plus vîte de tous, il est le plus propre & le plus en usage dans les observations des longitudes; car ayant seize fois plus de vîtesse en son mouvement que la Lune, il parcourt en une heure environ huit degrés & demi, au lieu que le mouvement de la Lune n'est à peu près que d'un demi-degré; ce qui fait que son mouvement est très-sensible: & il le paroît encore d'autant plus, lorsqu'il est apperçu par un Télescope, ou Lunette d'approche, longue d'ordinaire pour ces sortes d'observations depuis dix jusqu'à vingt pieds, laquelle faisant paroître le Satellite plus grand, fait aussi paroître son mouvement plus vîte. Ainsi par cette grande vîtesse, on peut marquer le moment précis de son immersion ou émersion par le moyen d'une Pendule à secondes bien réglée & bien rectifiée, qui est la seconde chose dont nous avons à parler.

Les Horloges à Pendule sont celles dont on se sert dans toutes sortes d'Observations Astronomiques. La longueur du pendule doit être précisément à Paris, & dans les autres Climats septentrionaux de trente-six pouces huit lignes & demie, pour faire ses vibrations d'une seconde de tems du moyen mouvement du Soleil. J'ai donné la description de cette Pendule dans la troisiéme Edition du Traité des Instrumens de Mathématiques, dont cette Description y est beaucoup augmentée. Il n'est pas nécessaire pour la justesse des observations que l'Horloge marque le tems selon le moyen mouvement; il suffit seulement de sçavoir l'état où elle est chaque jour, c'est-à-dire, si elle avance ou retarde d'avec le Soleil, & de combien par jour, ou si elle est avec le Soleil.

Une Horloge seroit réglée sur le moyen mouvement du Soleil, si son éguille ayant été mise sur l'heure du Soleil un certain jour, se retrouvoit encore avec lui après une année entiere, pendant laquelle l'éguille auroit toûjours tourné fort également. Ce moyen mouvement du Soleil est fort différent du vrai mouvement, qui est tantôt plus prompt, & tantôt plus lent, pendant une même année; c'est pourquoi lorsqu'on veut régler sur le vrai mouvement du Soleil, une Horloge déja réglée sur le moyen, on est obligé d'y faire de tems en tems quelque correction, pour la remettre avec le Soleil. La maniere de faire cette correction, est marquée par une Table appellée Equation des Pendules ou Horloges, dans le petit Livre de la Connoissance des Tems, qui se donne tous les ans au Public. On trouve aussi dans ce même Livre la Table des immersions & émersions du premier Satellite de Jupiter pour le Méridien de Paris.

Avec toutes ces précautions prises tant dans l'observation du Satellite, que dans la correction de l'Horloge, on aura très-exactement la différence des longitudes des deux lieux, y ayant un Observateur en chaque lieu, qui observe en même moment l'heure, minute & seconde de la même immersion ou émersion du Satellite; car la différence des tems de ces deux observations donnera la différence de longitude des lieux en comptant 15. degrés pour une heure, & un degré pour quatre minutes d'heure. Mais si la différence des tems est nulle, c'est une marque qu'ils sont sous un même Méridien, & qu'il n'y a aucune différence de longitude, parce que le changement de longitude fait que dans le même instant on compte différentes heures en différens lieux, qui ne sont pas sous un même Méridien.

Si, par exemple, deux personnes observent en même-tems la même immersion ou émersion du premier Satellite de Jupiter, l'un à Paris & l'autre à Lisbonne, chacun avec une Pendule bien rectifiée, & si celle de Paris marquoit 10. heures du soir, & celle de Lisbonne 9. heures, après avoir comparé le tems de ces deux observations, on concluroit que Paris est plus oriental que Lisbonne d'une heure, qui répond à 15. degrés: de sorte que si la longitude de Paris est de 20. degrés, celle de Lisbonne sera de cinq degrés.

Quoique la communication réciproque des observations semble nécessaire pour trouver la différence des longitudes jusqu'aux minutes, cependant les observateurs éloignés de Paris peuvent connoître immédiatement la longitude du lieu où ils sont par la comparaison de leurs observations avec les Ephémerides. Mais ces observations doivent se faire avec toute l'exactitude possible, puisque la différence d'une minute d'heure répond à 15. minutes de degré.

Les observations des Eclipses du premier Satellite de Jupiter se peuvent faire avec des lunettes de 10. à 12. pieds de longueur. Mais quand on se sert de plus longues lunettes, son diametre en paroît plus grand, & l'on distingue mieux le moment précis de son immersion ou émersion totale: car ce Satellite, ayant un diametre sensible, une partie n'entre dans l'ombre qu'après l'autre: or une partie qui n'est pas encore éclipsée, paroît à une plus longue lunette, tandis qu'elle ne paroît plus à une plus courte, qui n'a pas la force de l'augmenter suffisamment, ce qui fait qu'il paroît plutôt éclipsé; c'est pourquoi il est à propos que les différens observateurs d'une même éclipse se servent de lunettes de même grandeur; sinon, il faut avoir égard à leur différence pour déterminer un moment qui ait été précisément le même.

Comme il ne peut y avoir trop de Méthodes qui conduisent à une connoissance aussi nécessaire que celle des longitudes, Monsieur Cassini a trouvé encore le moyen de faire usage des Eclipses de Soleil, que l'on avoit toûjours cru inutiles pour les longitudes; parce que le peu de distance qu'il y a de la Lune à la Terre est cause que sa parallaxe est si grande, qu'elle excéde quelquefois un degré; ce qui fait que cette Planete n'est pas rapportée au même lieu du Ciel par deux observateurs éloignés qui la voyent en même tems; ainsi l'un voit qu'elle touche au bord du Soleil, & l'autre ne le voit pas encore, ou peut-être ne le verra point du tout, & par conséquent il n'y a aucun moment qui donne un spectacle commun à deux observateurs éloignés; ce qui seroit cependant nécessaire pour les longitudes.

M. Cassini a sauvé cet inconvénient par une projection de l'Hémisphere de la Terre éclairé par le Soleil, faite dans l'orbe de la Lune comme une surface sphérique, suivant l'explication qu'il en a donnée dans les Mémoires de l'Académie Royale des Sciences de l'année 1700. & le tour qu'il a été obligé de prendre pour cela est si ingénieux, qu'il justifie suffisamment les Astronomes des siécles précédens de ne s'en être point avisés.

M. Cassini le fils s'est servi de la même industrie pour appliquer à la recherche des longitudes les éclipses des autres Planetes & des Etoiles fixes, qui sont à 5. ou 6. deg. de côté & d'autre de l'Ecliptique, causées par l'interposition de la Lune. Cette Méthode eſt fondée ſur le même principe que celles des Eclipſes du Soleil, avec quelques différences qu'il a expliquées dans les Mémoires de ladite Académie de l'année 1705.

Ce qu'il y a de commode, c'eſt que ces ſortes d'Eclipſes arrivent très-ſouvent, & qu'avec des lunettes de 3. ou 4. pieds, on peut obſerver les Etoiles fixes de la premiere, ſeconde & troiſiéme grandeur, & pour les petites Etoiles il faut ſe ſervir de plus grandes lunettes. On trouve ces Eclipſes calculées pour le Méridien de Paris à la fin du Livre de la Connoiſſance des Tems. Les obſervateurs qui ſeront à l'Occident de Paris, verront pour l'ordinaire ces ſortes d'Eclipſes avant le tems marqué pour Paris; ceux qui ſeront à l'Orient les verront plus tard; mais la différence des tems ne ſera pas préciſément la même que celle des Méridiens, à cauſe de la diverſité des parallaxes de la Lune.

Après avoir obſervé dans un lieu éloigné de Paris le moment précis de l'immerſion d'une Etoile fixe dans le diſque de la Lune, ou dans ſes principales taches, & enſuite celui de ſon émerſion, ſi on veut le comparer avec l'heure marquée pour Paris, pour en déterminer la différence des longitudes, il faut dreſſer une figure qui repréſente la projection de l'Hémiſphere de la Terre directement expoſé à l'Etoile dans l'orbe de la Lune: ſur cette projection on y trace les paralleles de chaque lieu dont on veut comparer les obſervations, on y décrit auſſi la trace de la Lune pour le tems propoſé, le tout comme il eſt amplement expliqué dans les Mémoires de ladite Académie de l'an 1705. Aux Eclipſes des Planetes par la Lune il faut auſſi tracer une figure ſemblable, dans laquelle il faut avoir égard à leur mouvement propre, à leur diametre apparent, & quelquefois à leur parallaxe, lorſqu'elles ſont près de la Terre.

En un mot, il faut d'habiles Aſtronomes pour faire ces ſortes d'obſervations qui demandent des figures exactes de projections aſſez difficiles à bien décrire.

Dans le précepte 13. des Tables Aſtronomiques de M. de la Hire, on trouve auſſi la méthode de connoître la différence de longitude de deux lieux ſur la Terre par les Eclipſes de Soleil & par le moyen du calcul.

Il n'y a point de Méthode plus parfaite pour parvenir à la connoiſſance des longitudes, que celles dont nous venons de parler. Meſſieurs de l'Académie Royale des Sciences de Paris, qui s'appliquent continuellement à des obſervations ſi utiles, ont fait tracer une grande & très-exacte Mappemonde ſur le pavé de la Tour occidentale de l'Obſervatoire, & toutes les Cartes qui ſe donnent à présent au Public sont assujetties aux observations de ladite Académie.

On doit remarquer ici que dans les Cartes nouvelles la longitude de Paris n'est que de 20. deg. 30. min. comme M. de la Hire l'a donné dans ses Tables Astronomiques, laquelle est moindre de 3. deg. de ce qu'on la mettoit ordinairement. M. de la Hire a conclu cette longitude de Paris, en posant le premier Méridien à l'Isle de Fer, des Observations faites proche le Cap Vert, & de l'estime de la différence des Méridiens entre ce Cap & l'Isle de Fer, qui est si connuë qu'on n'en sçauroit douter. Cependant M. de Lisle n'a placé Paris dans ses Cartes qu'à 20. deg. & par les observations du Pere Feuillet elle est à moins.

Il est à remarquer que par les Observations que les PP. Jésuites ont faites depuis 25. ans, on a trouvé les différences de longitude beaucoup moindres que ne marquoient les Cartes, & l'Asie s'est rapprochée de nous de plus de 500. lieuës, & au contraire l'Afrique s'en est éloignée, puisque par les observations qu'on a faites à l'Isle S. Domingue, elle est occidentale de 6. deg. plus que les Cartes ne le marquent, qui étant prises sous l'Equateur valent 150. lieuës communes de France. M. de la Hire croit que la Géographie est tombée dans des erreurs opposées à l'égard de l'Asie & de l'Amérique, de ce que la détermination des longitudes dans les Cartes n'a pas été fondée jusqu'à présent sur des Observations Astronomiques, mais sur l'estime des navigateurs, qui ont crû les lieux d'autant plus éloignés que la navigation étoit plus difficile. Or il est certain qu'elle l'est plus d'ici en Asie qu'en Amérique.

CHAPITRE V.

De la latitude des Lieux.

ON a dit, en parlant de l'Equateur, que la latitude d'un lieu est sa distance de l'Equateur, laquelle est comptée sur le Méridien depuis l'Equinoxial jusqu'audit lieu ; de sorte qu'à proprement parler, la latitude d'une Ville est l'arc de son Méridien, compris entre l'Equateur & la même Ville ; mais comme l'Equateur est le terme qui sépare la partie septentrionale du Globe terrestre de la méridionale, cela fait que l'on ajoûte au nom comde latitude par toute la Terre ; mais sous le parallele de Paris il ne faut que 16. lieuës, & un peu moins d'une demie, vers Orient ou Occident, pour un degré de longitude.

Il est aisé de voir par ce qu'on vient de dire, que pour avoir le vrai lieu d'une Ville sur le Globe terrestre il faut avoir la connoissance de sa longitude & de sa latitude ; parce qu'ayant la longitude, on a son Méridien ; & sçachant sa latitude, on connoît encore son parallele, ou cercle de latitude, d'où s'ensuit que le point de commune section de ces deux cercles marquera sur le Globe terrestre le vrai lieu de la Ville.

On peut encore entendre fort facilement, après ce qu'on a expliqué au Discours de l'inégalité des jours & des nuits, que ceux qui demeurent sous des cercles de latitude les plus proches de l'Equateur, ont moins d'inégalité dans leurs jours & dans leurs nuits que ceux qui habitent dans les autres cercles les plus éloignés de l'Equateur. D'où s'ensuit que les plus grands jours d'Eté de ceux-ci sont plus longs que les plus grands jours de ceux-là ; & au contraire les plus courtes nuits de l'Eté de ces derniers sont moins longues que les plus courtes nuits des autres. Il faut penser le contraire des plus courts jours & des plus longues nuits d'Hyver. De tout ceci on peut remarquer dans les habitans de chaque cercle de latitude, une compensation admirable du jour & de la nuit, qui rend les plus longs jours d'Eté égaux aux plus longues nuits d'Hyver, & les plus courtes nuits d'Eté égales aux plus courts jours d'Hyver. Ainsi dans la Sphere oblique, comme dans la droite, on trouve que la durée totale des jours est égale à la durée totale des nuits.

La maniere d'observer la latitude d'un lieu, qui est toûjours égale à la hauteur du Pole sur l'Horison du même lieu, sera expliquée dans le troisiéme Livre par les usages 10. & 52.

CHAPITRE VI.

Des Climats.

LE Climat est un espace de Terre compris entre deux cercles paralleles à l'Equateur, tellement éloignés, que le plus grand jour de l'un surpasse le plus grand jour de l'autre d'une demie-heure ; de sorte que si au commencement d'un Climat le plus long jour d'Eté est long, par exemple, de 14. heures, à la fin du même Climat le plus long jour d'Eté ſera de 14. heures & demie. Il faut donc entendre que l'eſpace de chaque Climat eſt borné par deux cercles paralleles à l'Equateur, dont celui qui en eſt plus près marque le commencement du Climat, & l'autre en détermine la fin, ou le commencement du ſuivant.

Or comme on a dit que ſous l'Equateur les jours ſont perpétuellement égaux aux nuits, à ſçavoir de 12. heures, & que ſous les Cercles polaires le plus long jour d'Eté y eſt de 24. heures, il s'enſuit que l'intervalle compris depuis l'Equateur juſqu'aux Cercles polaires, contiendra 12. heures de différence dans les plus longs jours d'Eté, qui valent 24. demi-heures; & puiſque l'étenduë de chaque Climat eſt d'une demi-heure, il s'enſuit auſſi qu'il doit y avoir 24. Climats, leſquels commenceront à l'Equateur & finiront aux Cercles polaires, tant du côté du Midi que du côté du Septentrion. Il y a donc 25. de ces cercles de côté & d'autre de l'Equateur, qui renferment entr'eux les 24. eſpaces des Climats, le premier deſquels eſt l'Equateur, où commence le premier Climat, & le dernier l'un des Cercles polaires où ſe rencontre la fin du dernier Climat.

L'intervalle de chacun des Climats eſt fort inégal, étant bien plus grand vers l'Equateur que vers les Cercles polaires; car l'intervalle du premier Climat eſt de 8. deg. 30. min. & celui du dernier n'a pas plus de 3. min.

La raiſon de cette inégalité vient d'une propriété de la Sphere, laquelle pour bien entendre il faut s'imaginer que dans la Sphere droite la moitié du Tropique du Cancer, qui eſt au-deſſous de l'Horiſon, eſt diviſée en 48. parties égales, chaque partie étant de 3. deg. 45'. qui valent un quart d'heure. De plus, qu'il y a une de ces parties vers Orient, & une vers Occident, les plus proches de l'Horiſon, qui toutes deux enſemble font une demi-heure de tems, qui répond à l'intervalle d'un Climat. Ce qui étant poſé, on pourra concevoir que la raiſon de l'inégalité des Climats procéde de la Section plus ou moins oblique du Tropique par l'Horiſon, ſelon les différentes élevations du Pole, qui fait que l'Horiſon coupant plus droitement le Tropique aux parties égales de 3. deg. 45'. priſes du côté d'Orient & d'Occident, il ſe fait une plus grande différence des hauteurs du Pole, que lorſque le Tropique eſt coupé plus obliquement par l'Horiſon aux mêmes points de 3. deg. 45'. & ainſi cette différence des hauteurs du Pole, qui correſpond à la demi-heure des premiers Climats, étant plus grande vers l'Equateur que vers les Cercles polaires où ſont les derniers Climats, cela rend leur intervalle très-inégal, & bien plus grand vers l'Equateur que vers les Poles.

Table des Climats de demi-heures.

Climats.	Plus longs jours.		Latitude.		Intervalle des Climats.	
leur nombre.	Heu.	Min.	Deg.	Min.	Deg.	Min.
0	12	0	0	0	0	0
1	12	30	8	34	8	34
2	13	0	16	43	8	9
3	13	30	24	10	7	27
4	14	0	30	46	6	36
5	14	30	36	28	5	42
6	15	0	41	21	4	53
7	15	30	45	29	4	8
8	16	0	48	59	3	30
9	16	30	51	57	2	58
10	17	0	54	28	2	31
11	17	30	56	36	2	8
12	18	0	58	25	1	49
13	18	30	59	57	1	32
14	19	0	61	16	1	19
15	19	30	62	24	1	8
16	20	0	63	20	0	56
17	20	30	64	8	0	48
18	21	0	64	48	0	40
19	21	30	65	20	0	32
20	22	0	65	46	0	26
21	22	30	66	6	0	20
22	23	0	66	19	0	13
23	23	30	66	27	0	8
24	24	0	66	30	0	3

Cette Table des Climats fait paroître leur inégalité; car elle marque que le premier Climat a son étenduë de 8. deg. 34′. au lieu que le dernier, qui finit au Cercle polaire, ne l'a seulement que de 3. min. Cette inégalité sera encore renduë plus sensible, si on l'examine avec la Sphere ou le Globe terrestre.

On trouve dans cette Table l'intervalle des mêmes Climats, & les plus grands jours qui leur conviennent, avec l'élevation ou la hauteur du Pole dans leur commencement & dans leur fin.

Les Anciens estimoient qu'une partie de la Zone Torride vers l'Equateur, & une partie de la Zone Tempérée par-delà les 50. deg. de latitude, étoient inhabitables, & n'avoient que sept Climats; mais ils n'en commençoient pas le compte par l'Equateur comme les Modernes. Ils posoient le commencement de leur premier Climat à 12. deg. 41′. de latitude, où le plus long jour d'Eté est de 12. heures 3. quarts, & la fin de leur septiéme Climat alloit vers les 50. deg. de latitude, où le plus long jour est de 16. heures 20′.

Pour mieux distinguer leurs climats, ils en faisoient passer le milieu par les lieux les plus considérables du vieux Continent; de sorte que leur premier Climat passoit par Meroé en Ethiopie, le second par Sienne en Egypte, le troisiéme par Alexandrie aussi en Egypte, le quatriéme par l'Isle de Rhodes, le cinquiéme par Rome, le sixiéme par le Pont-Euxin, & le septiéme & dernier par l'embouchure du Boristhene.

A ces sept Climats on en ajoûta encore depuis deux autres, sçavoir le huitiéme, passant par les Monts Riphées dans la Sarmatie Asiatique, & le neuviéme par le Tanaïs.

Les Anciens, comme les Modernes, ont encore divisé la Terre en de plus petits espaces, que l'on nomme Paralleles des Climats, afin de les distinguer des autres Paralleles de l'Equateur. Ces paralleles ne sont que des demi-Climats, desquels l'espace ne contient qu'un quart-d'heure de variation dans les plus longs jours d'Eté de chacun de ces paralleles; de sorte qu'il y aura 49. Cercles paralleles à l'Equateur, qui détermineront les 48. espaces de ces paralleles des Climats.

On a renfermé ci-devant toute l'étenduë des Climats entre l'Equateur & les Cercles polaires, & ces Climats sont nommés les Climats de demi-heure, afin de les distinguer des Climats de demi-mois dont on va parler.

Ces Climats de demi-mois sont au nombre de 12. & sont compris entre les Cercles polaires & les Poles. Chacun de leurs espaces comprend 15. jours de différence entre les plus longs jours d'Eté de l'un & de l'autre de ces Climats ; car sous les Cercles polaires le plus long jour d'Eté est de 24. heures, ou d'un jour Astronomique ; & le plus long jour sous les Poles contient 180. jours Astronomiques, qui font six mois ; de sorte qu'après avoir établi la différence de ces Climats de la quantité de 15. jours, il est évident qu'il en faudra 12. depuis les Cercles polaires jusqu'aux Poles, le premier desquels commencera aux Cercles Polaires, & le dernier finira aux Poles. Et pour distinguer l'étenduë de ces 12. Climats, il faut encore imaginer 12. Cercles paralleles à l'Equateur par le commencement & la fin de chacun de ces intervalles, le premier desquels sera le Cercle polaire, où est le commencement du premier de ces Climats ; mais le dernier sera éloigné du Pole de 2. deg. 59'. qui déterminera le commencement du dernier, & le Pole en sera la fin. Voici une autre Table, dans laquelle est renfermée l'étenduë de ces mêmes Climats, avec leurs degrés de latitude, & l'intervalle compris entr'eux.

Table des Climats de demi-mois.

Climats.	Plus longs jours.		Latitude.		Intervalle des Climats.	
N. des Clim.	M.	J.	D.	M.	D.	M.
0	0	1	66	30	0	0
1	0	15	66	44	0	14
2	1	0	67	20	0	36
3	1	15	68	23	1	3
4	2	0	69	48	1	25
5	2	15	71	34	1	46
6	3	0	73	37	2	3
7	3	15	75	57	2	20
8	4	0	78	30	2	33
9	4	15	81	14	2	44
10	5	0	84	5	2	51
11	5	15	87	1	2	56
12	6	0	90	0	2	59

Par cette Table on voit que la grandeur des Climats de demi-mois est inégale, l'étenduë des premiers étant plus petite que celle des derniers qui sont vers les Poles ; tout au contraire des Climats de demi-heure, dont les premiers sont d'une plus grande étenduë que les derniers. La raison de cet effet est que les différences de déclinaison des parties égales de l'Ecliptique voisines des Tropiques, par lesquelles se mesure l'étenduë des premiers de ces Climats, sont bien plus petites que celles qui sont vers l'Equinoxial, lesquelles mesurent l'intervalle des derniers, comme on l'a dit dans le Discours des Déclinaisons. Ainsi les différences de déclinaison qui sont vers les Tropiques, étant plus petites que celles qui sont vers l'Equateur, cela fait qu'il y a moins de variation dans la hauteur du Pole ou dans la latitude aux premiers qu'aux derniers, puisque la différence de déclinaison, prise vers un Tropique, correspondante à 15. jours, qui est la grandeur d'un Climat, n'est que de 14. min. au lieu que celle qui est vers l'Equateur est d'environ 3. deg. Il s'ensuit de là qu'il faut que le Pole se hausse seulement de 14. min. pour faire la variation du premier Climat de 15. jours, & qu'il s'éleve de 3. deg. pour faire celle du dernier Climat, dont la fin est le Pole même.

CHAPITRE VII.

De la diversité des Ombres.

COmme le Soleil envoye ses rayons différemment sur toutes les parties de la Terre, tant à cause de l'obliquité de l'Ecliptique qui le fait aller tantôt vers le Septentrion, & d'autres fois vers le Midi, que de la figure sphérique de la Terre, qui cause aux rayons du Soleil des inclinaisons différentes sur sa superficie ; cela fait que sur le Globe terrestre les corps font différentes sortes d'ombres, qui ont donné lieu de distinguer les habitans de la Terre en trois sortes de peuples qui prennent le nom de leurs Ombres, sçavoir les Amphisciens, Heterosciens & Perisciens.

Les Amphisciens sont ceux dont l'ombre Méridienne va de côté & d'autre, à sçavoir du côté du Septentrion lorsque le Soleil est dans les Signes Méridionaux, & du côté du Midi lorsqu'il parcourt les Signes Septentrionaux. Ils sont aussi nommés Asciens à cause que les corps sont sans ombre à midi, ou bien qu'elle est perpendiculaire aux corps élevés en l'air. Les peuples qui ont cette sorte d'ombre, sont habitans de la Zone Torride, excepté ceux qui ſont ſur les deux Tropiques, leſquels ne ſont point Amphiſciens, à cauſe que leur ombre méridienne ne va pas de côté & d'autre comme entre les Tropiques, mais ſeulement d'un ſeul côté ; ils ne laiſſent pas néanmoins d'être Aſciens, puiſque les corps y ſont ſans ombre à midi, de même qu'en tout autre endroit de la Zone Torride, quand le Soleil a ſa déclinaiſon égale à la latitude du parallele que ces peuples habitent.

Les Heteroſciens ſont d'autres peuples qui ont toûjours leur ombre à midi d'un même côté, ſoit vers le Septentrion, pour ceux qui habitent dans la partie Septentrionale ; ſoit vers le Midi, pour ceux qui demeurent dans la Méridionale. Ces ſortes de peuples habitent les Zones Tempérées. Mais les Periſciens ſont des peuples dont l'ombre tourne autour de leur Horiſon pendant le tems de leur plus long jour. Ces peuples demeurent dans les Zones froides. Les habitans des Cercles polaires, qui ſont les bornes des Zones froides & tempérées, peuvent auſſi être nommés Periſciens, puiſque leur ombre tourne autour de leur Horiſon pendant leur plus long jour d'Eté de 24. heures.

CHAPITRE VIII.

Des Zones & des différentes poſitions de la Sphere.

ON a dit à la fin du Diſcours des Cercles polaires, que le Ciel & la Terre étoient diviſés par les quatre petits cercles en cinq Zones, ſçavoir, en une Torride, compriſe entre les deux Tropiques ; deux Tempérées renfermées entre les Tropiques & les Cercles polaires, & deux froides entre les Cercles polaires, & les Poles : il faut maintenant parler de leurs propriétés & accidens, ſuivant le rapport qu'elles ont avec les trois poſitions générales de la Sphere, & aux ſept particulieres qu'elles renferment.

ZONE TORRIDE.

Premiere poſition ſous l'Equateur.

CEux qui ont leur Zenit ſous l'Equateur, ſont au milieu de la Zone Torride & dans la Sphere droite, ayant les Poles à l'Horiſon ; ce qui fait qu'ils voyent toutes les parties du Ciel ſe lever & ſe coucher, ſans qu'il y en ait aucune qui leur ſoit cachée.

Toutes les révolutions du Ciel se font à angles droits à l'Horison.

Ils ont les jours égaux aux nuits toute l'année ; & tous les Astres sont douze heures au-dessus de l'Horison, & douze heures au-dessous.

Ils ont deux Etés & deux Hyvers, sçavoir, leurs Etés au tems des Equinoxes, quand le Soleil passe sur leur tête, & leurs Hyvers lorsque le Soleil se trouve aux deux Tropiques au tems des Solstices, ausquels le Soleil est le plus éloigné qu'il peut être de leur Zenit.

Ils ont cinq sortes d'ombres, sçavoir l'occidentale lorsque le Soleil se leve, l'orientale quand il se couche, la méridionale lorsque le Soleil est aux Signes septentrionaux, la septentrionale quand il est aux méridionaux, & l'ombre perpendiculaire à midi, quand le Soleil passe sur le Zenit ; c'est pourquoi ils sont Asciens & Amphisciens.

Quoique ces peuples soient au milieu de la Zone Torride, toutefois l'air qu'ils respirent ne laisse pas d'être plus tempéré que celui des peuples qui sont vers les Tropiques, à cause que pendant le jour le Soleil éleve quantité de vapeurs, lesquelles produisent des vents qui rafraîchissent l'air. D'autre part l'absence du Soleil, qui est toûjours de 12. heures, jointe à quelques vents occidentaux & orientaux qui s'élevent après le coucher du Soleil & un peu devant son lever, rendent les nuits fraîches.

Seconde position entre l'Equateur & les Tropiques.

CEux qui ont leur Zenit entre l'Equateur & les Tropiques, sont encore dans la Zone Torride ; mais ils ont la Sphere oblique, ayant l'un des Poles élevé sur leur Horison, l'autre autant abaissé.

C'est pourquoi ils ne voyent pas, comme sous l'Equinoxial, lever & coucher toutes les parties du Ciel ; car il y en a une qui leur est toûjours cachée, & une autre qui leur est en tout tems visible.

Toutes les révolutions du Ciel se font obliquement à l'Horison.

Ils ont leurs jours inégaux aux nuits toute l'année, excepté au tems des Equinoxes.

Mais ils ont, comme sous l'Equateur, deux Etés & deux Hyvers, le Soleil passant deux fois l'année sur leur tête.

Ils ont aussi cinq sortes d'ombres, ce qui les met au rang des peuples qui sont Asciens & Amphisciens.

Pour la température de l'air, elle eſt un peu plus chaude que ſous l'Equateur, & principalement vers les Tropiques, d'autant que le Soleil demeure plus long-tems vers les Tropiques que vers l'Equinoxial.

ZONES TEMPERÉES.

Troiſiéme poſition ſous les Tropiques.

CEux qui ont leur Zenit ſous l'un des Tropiques, ſont à la fin de la Zone Torride, & au commencement de la Tempérée.

Ils ont toutes les propriétés de la ſeconde poſition, excepté qu'ils n'ont qu'un Eté & un Hyver, le Soleil ne paſſant qu'une fois par leur Zenit.

Ils ont quatre ſortes d'ombres, ſçavoir l'Occidentale au matin, l'Orientale au ſoir, la Septentrionale ou Méridionale à midi ſelon qu'ils ſont ſitués vers le Pole Arctique, ou vers le Pole Antarctique, & l'ombre perpendiculaire à midi quand le Soleil eſt aux Tropiques, & ſont Aſciens & Hétéroſciens.

Quatriéme poſition entre les Tropiques & les Cercles polaires.

CEux qui ont leur Zenit entre les Tropiques & les Cercles polaires, ſont dans la Zone tempérée.

Ils ont la Sphere plus oblique, & par conſéquent

Il y a une plus grande partie du Ciel qui ne ſe leve & ne ſe couche jamais.

Les révolutions du Ciel ſe font auſſi plus obliquement.

Il y a plus d'inégalité dans les jours & les nuits que dans les poſitions précédentes.

Ils n'ont que trois ſortes d'ombres, ſçavoir l'Occidentale au matin, l'Orientale au ſoir, & la Septentrionale ou Méridionale à midi, ſelon que la Zone habitée eſt Septentrionale ou Méridionale, & ſont par conſéquent Hétéroſciens.

Le Soleil ne paſſe jamais par leur Zenit.

Ils ont quatre ſaiſons dans l'année.

Pour ce qui eſt de la température de l'air, elle eſt bien plus modérée que dans la Zone Torride, & particuliérement vers le milieu, où les rayons du Soleil tombant moins à plomb que dans la Torride, font que la chaleur y eſt moins forte en Eté; mais en Hyver il y fait plus froid, parce que le Soleil y envoye alors ses rayons plus obliquement. Toutes ces propriétés augmentent ou diminuent à mesure que l'on est plus proche ou plus loin des Tropiques ou des Cercles polaires.

ZONES FROIDES.

Cinquiéme position sous les Cercles polaires.

CEux qui ont leur Zenit sous les Cercles polaires, sont à la fin des Zones tempérées, & au commencement des froides.

Ils ont la Sphere très-oblique, le Pole étant bien plus élevé sur leur Horison qu'il ne l'est dans toutes les positions précédentes, leur hauteur du Pole étant égale au complément de la plus grande déclinaison du Soleil, à sçavoir de 66. deg. 31'.

C'est pourquoi les Tropiques étant tous entiers l'un au-dessus, & l'autre au-dessous de leur Horison, font qu'ils ont un jour entier de 24. heures pour leur plus long jour d'Eté, & une nuit aussi de même durée pour leur plus grande nuit d'Hyver.

Ils ont les autres jours encore plus inégaux aux nuits que dans la position précédente, excepté les deux jours des Equinoxes.

Ils ont les mêmes ombres que dans la position précédente; ce qui les rend Hétérosciens.

Mais le Soleil étant aux Tropiques, ils deviennent Perisciens; car ayant un jour de 24. heures, cela fait que leur ombre tourne autour de leur Horison.

Ils ont quatre saisons dans l'année, comme dans la position précédente.

Ayant la Sphere très-oblique, ils voyent presque la moitié du Ciel toûjours au-dessus de leur Horison du côté du Pole apparent; & au contraire du côté du Pole invisible, il y a une autre pareille partie du Ciel qu'ils ne voyent jamais.

Le mouvement du Ciel y est très-oblique; ce qui rend l'air fort froid en ces quartiers, à cause que les rayons du Soleil tombant fort obliquement sur la Terre, ne l'échauffent gueres. Lorsque le Soleil est au Tropique, qui est sur leur Horison, sa plus grande hauteur méridienne est de 47. deg. & par conséquent il ne s'approche jamais plus près de leur Zenit que de 43. degrés.

Sixiéme position entre les Cercles polaires & les Poles.

CEux qui ont le Zenit entre les Cercles polaires & les Poles, sont dans les Zones froides.

Ils ont la Sphere encore bien plus oblique que dans la position précédente, puisqu'elle approche fort de la Sphere parallele.

C'est pourquoi les jours y sont d'autant plus inégaux aux nuits.

Mais dans leur Eté ils ont plusieurs jours sans nuits; & pareillement dans l'Hyver, plusieurs nuits sans jours.

Comme il s'en faut très-peu qu'ils n'ayent la Sphere parallele, cela fait qu'ils ont presque la moitié du Ciel toûjours au-dessus de leur Horison du côté du Pole apparent, & une autre partie semblable toûjours au-dessous vers le Pole opposé, qu'ils ne voyent jamais.

Pour leurs ombres, elles tournent autour de leur Horison autant de tems que le Soleil est à faire leur plus long jour, c'est pourquoi ils sont Perisciens; mais hors de leur plus long jour ils sont sujets aux autres sortes d'ombre de la quatriéme position, & deviennent Hétérosciens.

L'air y est moins froid en Eté que vers les Cercles polaires, à cause que le Soleil demeure bien plus de tems sur leur Horison: mais aussi en Hyver ils ont le froid bien plus grand, d'autant que le Soleil est alors fort long-tems au-dessous de leur Horison.

Septiéme & derniere position sous les Poles.

ENfin ceux qui ont leur Zenit sous les Poles du Monde, sont au milieu des Zones froides.

Ils ont la Sphere parallele; ce qui fait que toutes les révolutions du Ciel sont paralleles à l'Horison.

Ils ont six mois de jour & six mois de nuit.

Leurs ombres tournent autour de leur Horison; ce qui fait qu'ils sont Perisciens. *Voyez les figures ci-après, Planche* 23.

Ils voyent toûjours la même moitié du Ciel au-dessus de leur Horison, & les mêmes Etoiles qui ne se couchent jamais; & l'autre moitié du Ciel toûjours au-dessous, où sont les autres Etoiles qui ne se levent jamais pour eux.

CHAPITRE IX.

Des divers Habitans de la Terre comparés les uns aux autres par rapport à leurs différentes situations.

ILs sont distingués en trois manieres, sçavoir en Antœciens, Periœciens, & Antipodes.

Les Antœciens sont ceux qui demeurent sous un même Méridien, mais sur des paralleles opposés, également éloignés de l'Equateur ; c'est pourquoi si les uns demeurent dans un parallele septentrional, les autres habitent dans un parallele méridional. Ces Peuples ont donc une même latitude, & une pareille élévation de Poles opposés. Ils ont midi & minuit en même-tems ; mais ils ont les saisons de l'année opposées : car en même-tems qu'on a le Printems en un endroit, on a l'Automne à l'autre ; de même en est-il de l'Hyver & de l'Eté : ce qui fait aussi que quand les uns ont les grands jours, les autres les ont petits.

Les Periœciens sont ceux qui demeurent dans un même cercle de latitude, mais aux points opposés du même cercle, & sous des Méridiens opposés : c'est pourquoi quand les uns ont le jour, les autres ont la nuit ; & quand l'un a midi, l'autre a minuit. Mais ayant le même Pole également élevé sur leur Horison, cela fait que les saisons de l'année leur sont pareilles, & leur arrivent en même-tems, avec tout ce qui s'ensuit du changement des saisons. Ainsi ils ont toutes les propriétés qui se rencontrent dans un même parallele, ou dans le même cercle de latitude, soit septentrional, soit méridional, excepté l'opposition du jour & de la nuit. Il faut remarquer que si ces Peuples demeurent dans les Zones froides, ils n'auront point au tems de leur plus long jour ou de leur plus longue nuit, de midi ni de minuit, à cause que le Soleil y fait sur leur Horison plusieurs révolutions, sans se coucher, & plusieurs autres au-dessous, sans se lever, selon la partie du Monde où il se trouve.

Les Antipodes sont ceux qui sont diametralement opposés les uns aux autres, c'est-à-dire, qu'ils sont éloignés l'un de l'autre de tout le diametre de la Terre ; c'est pourquoi ils ont toutes choses opposées. Car si les uns ont le Pole Arctique élevé, sur leur Horison, les autres ont le Pole Antarctique autant élevé au-dessus du leur, & ils n'ont qu'un même Horison ; si les uns ont le jour, les autres

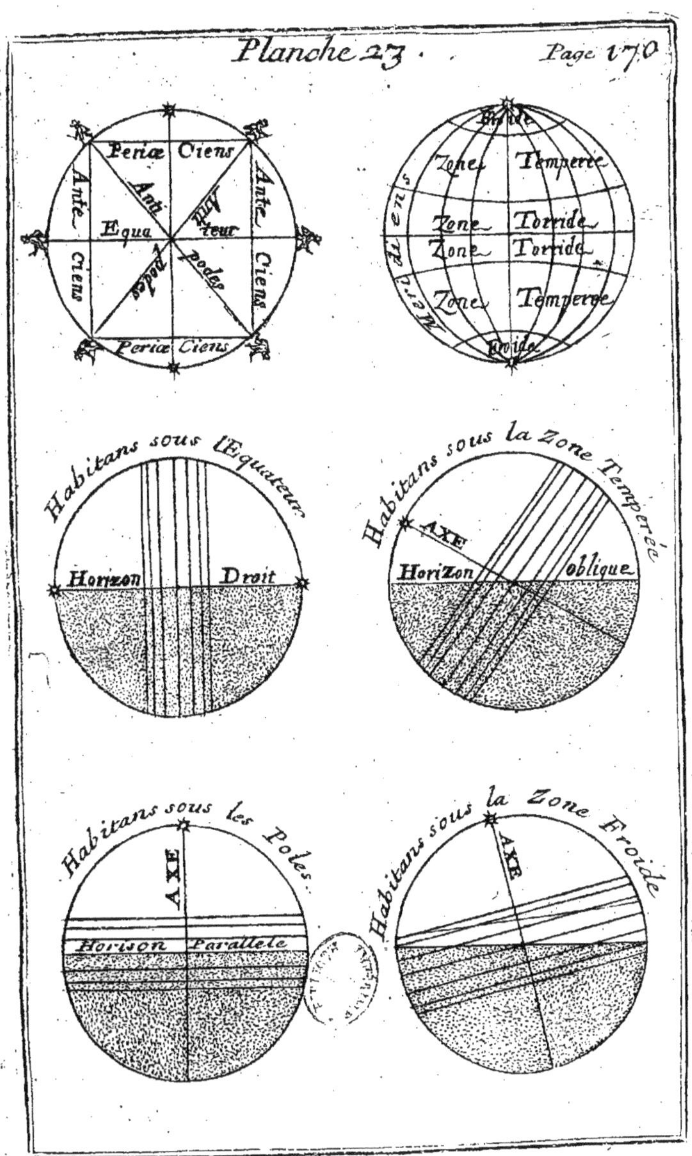

Planche 23.
Page 170
Periæ Ciens
Ante
Anti
Equa
teur
podes
Ciens
Periæ Ciens
Zone Temperee
Zone Torride
Zone Torride
Zone Temperee
Meridiens
Froide
Habitans sous l'Equateur
Horizon
Droit
Habitans sous la Zone Temperée
AXE
Horizon
oblique
Habitans sous les Poles.
AXE
Horison
Parallele
Habitans sous la Zone Froide
AXE

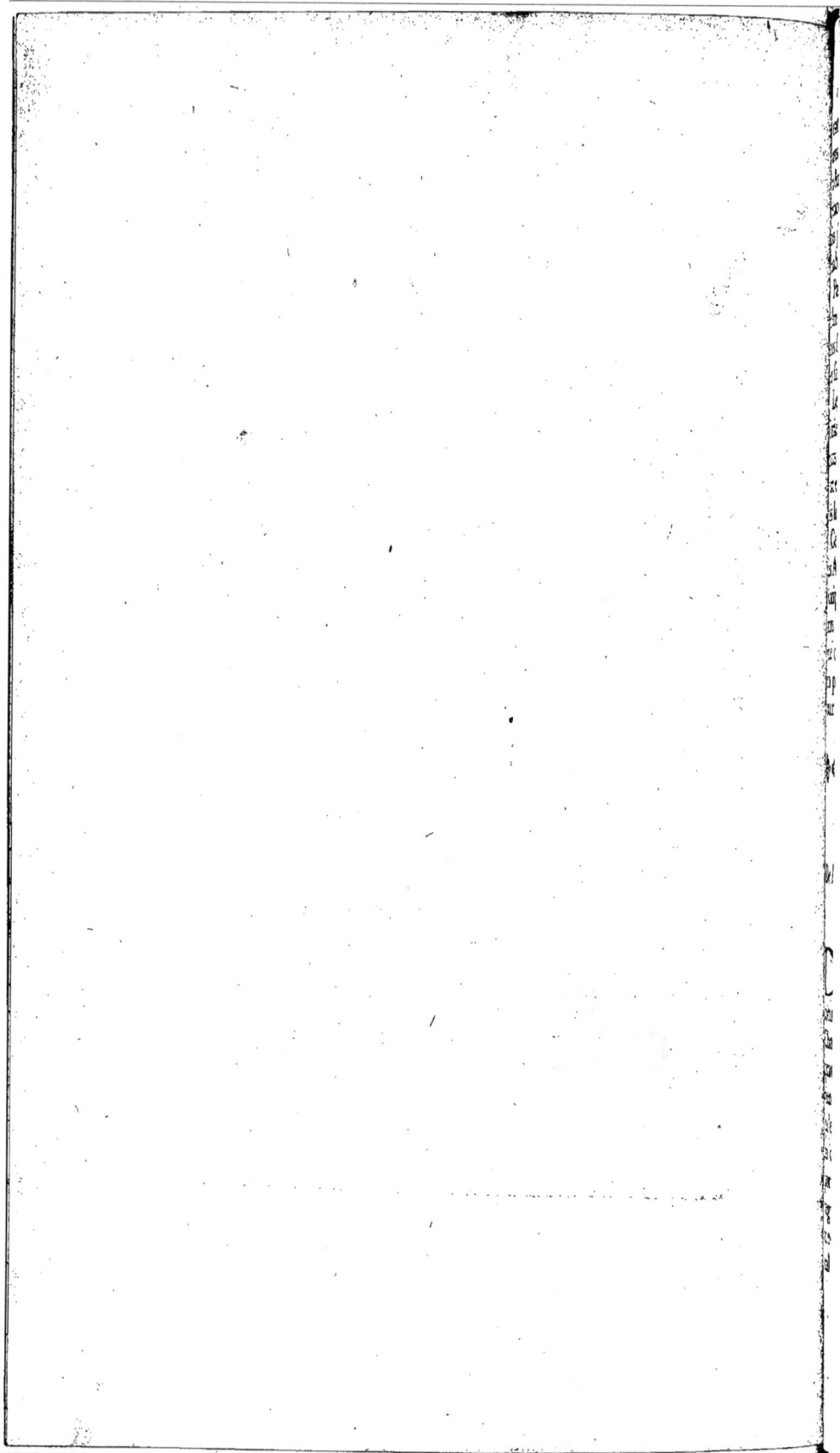

ont la nuit. Quand le Soleil se leve aux uns, il se couche aux autres; pendant que les uns ont l'Eté, les autres ont l'Hyver, & de même du Printems & de l'Automne, avec toutes les suites qui se rencontrent dans les mêmes saisons, comme la différente longueur des jours, la diversité des hauteurs méridiennes, & autres choses semblables.

Par ce qui vient d'être dit, on voit que les Antœciens ont les mêmes heures, & les saisons contraires; les Periœciens, les mêmes saisons, & les heures contraires; les Antipodes, les heures & les saisons contraires.

Les Anciens n'ont pû se persuader qu'il y eût des Antipodes. Cette opinion a été même suspecte d'hérésie dans les commencemens du Christianisme. Mais le Nouveau Monde qu'on a découvert en ces derniers siécles, ayant donné occasion de faire plusieurs fois le tour de la Terre, ne laisse aucun lieu d'en douter.

Ceux qui sont sous l'Equateur n'ont point d'Antœciens, mais des Antipodes, qui peuvent être aussi nommés Periœciens. Ces Antipodes n'ont pas les mêmes propriétés de ceux des autres lieux hors de l'Equateur, puisqu'ils ont toutes choses semblables, excepté que quand les uns ont le jour, les autres ont la nuit: & c'est la raison pour laquelle sous l'Equateur les Antipodes peuvent être pris pour Periœciens. *Voyez les Figures ci-jointes Planche 23.*

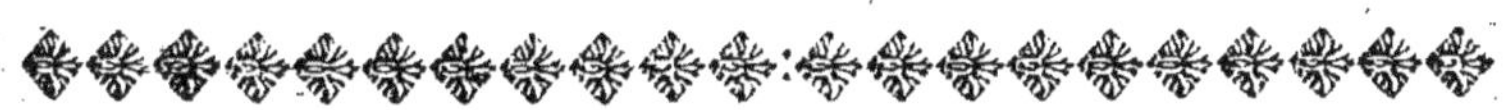

CHAPITRE X.

De la position des lieux de la Terre par rapport aux quatre Points Cardinaux, avec la description des Vents.

DE toutes les manieres de considérer la Terre, dont on vient de parler, il n'y en a point de plus importantes pour en faire connoître les parties, que les deux dont on va traiter en ce Chapitre. La premiere est de considérer la Terre par rapport aux quatre Points Cardinaux, qui sont le Septentrion, le Midi, l'Orient & l'Occident; & la seconde, de distinguer tous les lieux qu'elle renferme, eu égard à un lieu particulier. Par la premiere on connoît la situation des Régions de la Terre, les unes par rapport aux autres; ce qui fait voir que les unes sont orientales, au regard de celles qui leur sont occidentales; & qu'elles sont en même-tems septentrionales, par rapport à d'autres qui sont méridionales. Ainsi la France est occidentale à l'Allemagne, & en même-tems méridionale aux Isles Britanniques. L'Allemagne est occidentale à la Pologne, & orientale à la France, & septentrionale à l'égard de l'Italie, & ainsi des autres.

On pourra donc aisément distinguer ceux qui se trouveront entre ces quatre Points Cardinaux, c'est-à-dire, entre l'Orient & le Midi, entre le Midi & l'Occident, entre l'Orient & le Septentrion, entre le Septentrion & l'Occident: ainsi on trouvera que l'Espagne est méridionale à la France, si on la considere par rapport au Midi; elle lui est aussi occidentale, ayant égard à l'Occident. Mais comme l'Espagne n'est pas précisément au Midi ni à l'Occident de la France, étant située à son égard entre les Points du Midi & de l'Occident, on pourra dire que l'Espagne est méridionale-occidentale à la France, & au contraire la France sera septentrionale-orientale par rapport à l'Espagne: & ainsi en est-il des autres Régions.

Pour remarquer facilement sur le Globe terrestre, & dans la Mappemonde, la situation des lieux par rapport à ces mêmes Points Cardinaux, il faut considérer que l'Equateur & les Cercles de latitude qui lui sont paralleles, marquent précisément tous les lieux qui sont orientaux & occidentaux les uns aux autres, & que les Méridiens font connoître ceux qui sont justement posés au Septentrion & au Midi les uns au regard des autres. Ainsi tous les lieux posés sur l'Equateur, ou dans l'un de ses paralleles, sont orientaux & occidentaux entr'eux, & ceux qui sont situés sous un même Méridien, sont septentrionaux & méridionaux les uns aux autres. Mais tous les autres lieux qui ne sont pas situés de cette maniere, déclinent de ces quatre Points Cardinaux plus ou moins selon qu'ils en sont éloignés.

DES VENTS.

SI on suppose la circonférence de l'Horison divisée en 32. parties égales par autant de Cercles de position, ces mêmes Cercles représenteront les 32. Vents qui sont en usage dans la Navigation.

Ces Vents sont distingués en quatre premiers, quatre seconds, huit troisiémes & seize quatriémes. En voici le dénombrement, avec les noms que leur ont donné les Pilotes François, Allemans ou Flamans.

Les quatre premiers sont les quatre Points Cardinaux, dont on a parlé, que l'on nomme *Nord*, *Sud*, *Est*, *Oüest*; ce sont les mêmes que l'on nomme *Septentrion*, *Midi*, *Orient & Occident*. Ces deux derniers sont les Points du lever & du coucher du So-

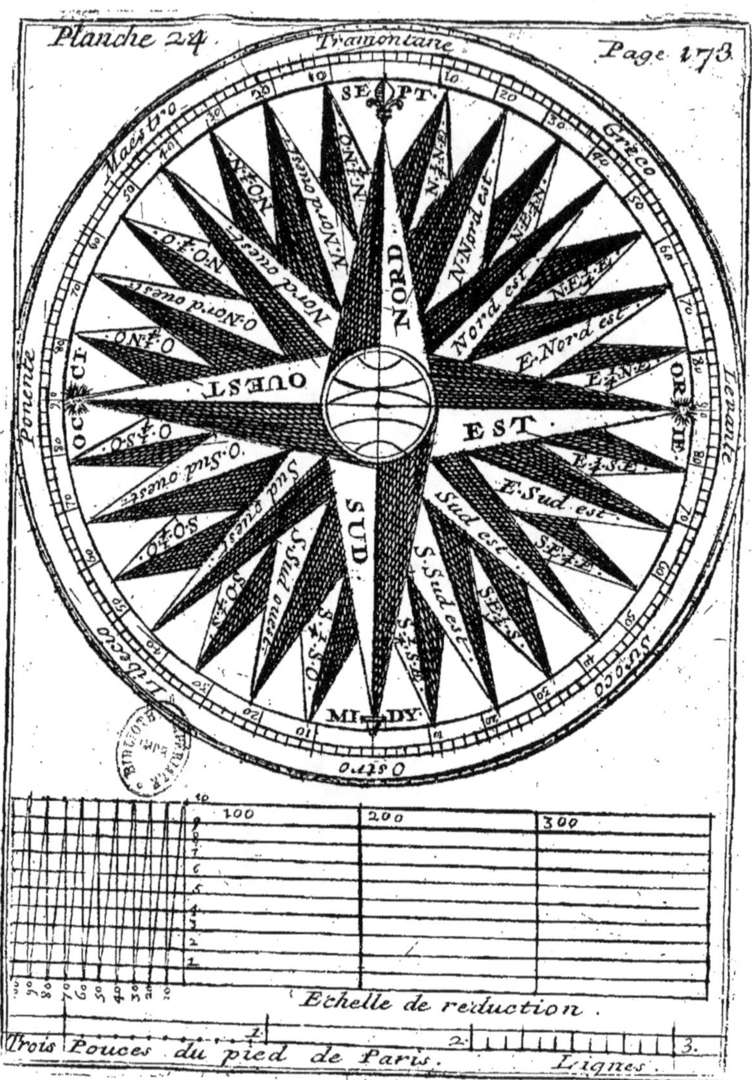

Planche 24
Page 173
Tramontane
Greco
Levante
Sirocco
Ostro
Libeccio
Ponente
Maestro
SEPT.
ORIE
MIDY
OCCI
NORD
EST
SUD
OUEST
N.Nord est
Nord est
E.Nord est
E.Sud est
Sud est
S.Sud est
S.Sud ouest
Sud ouest
O.Sud ouest
O.Nord ouest
Nord ouest
N.Nord ouest
100
200
300
Echelle de reduction.
Trois Pouces du pied de Paris.
Lignes.

leil aux jours des Equinoxes : on les nomme Vents Cardinaux.

Les quatre ſeconds, que l'on nomme collatéraux, ſont ceux qui ſont entre les quatre premiers, & qui diviſent enſemble l'Horiſon en huit parties égales. Ils prennent leur nom des deux premiers : car celui qui eſt entre le Nord & l'Eſt, s'appelle Nord-Eſt ; celui qui eſt entre le Nord & l'Oüeſt, ſe nomme Nord-Oüeſt ; celui qui eſt entre le Sud & l'Eſt, Sud-Eſt ; & celui qui eſt entre le Sud & l'Oüeſt, Sud-Oüeſt. Ce ſont là les huit principaux Vents.

Les huit troiſiémes ſont compris entre les quatre premiers & les quatre ſeconds. Ils prennent leurs noms des quatre premiers & des quatre ſeconds. Ainſi celui qui eſt entre le Nord & le Nord-Eſt, s'appelle Nord-Nord-Eſt ; celui qui eſt entre le Sud & le Sud-Eſt, ſe nomme Sud-Sud-Eſt, & ainſi des autres.

Les ſeize quatriémes ſont renfermés entre les quatre premiers & les huit troiſiémes. Leurs noms viennent auſſi des 4. premiers & des 4. ſeconds, interpoſant le mot de quart entre ces 2. noms, & nommant toûjours le Vent Cardinal ou Collatéral le premier, ſelon que ces derniers ſe trouvent voiſins des Cardinaux ou Collatéraux. Par exemple, le Vent qui eſt entre le Nord & le Nord-Nord-Eſt, ſera nommé Nord-quart-Nord-Eſt, où le mot de quart eſt entre le Vent Cardinal & le Collatéral. On trouvera de même que le nom de Vent, qui eſt entre le Nord-Eſt & le Nord-Nord Eſt, eſt appellé Nord-Eſt-quart-Nord ; celui qui eſt entre le Sud-Eſt & Sud-Sud-Eſt, Sud-Eſt-quart-Sud ; & enfin celui qui eſt entre l'Oüeſt & l'Oüeſt-Nord-Oüeſt, Oüeſt-quart-Nord-Oüeſt : & ainſi des autres.

La figure *de la Planche* 24. fait voir l'ordre & la ſuite de ces 32. Vents, avec les noms uſités par ceux qui navigent ſur l'Océan. Au bord extérieur de cette Figure, on a auſſi marqué les 8. principaux Vents, dont on ſe ſert en la Mer Mediterranée.

Cette même Figure repréſente le plan de l'Horiſon diviſé ſelon les trente-deux Vents, par leſquels on pourra connoître la diſpoſition de toutes les Régions de la Terre, au reſpect d'une particuliere, en la maniere expliquée ci-deſſus.

Sur cette Planche ſont auſſi marqués trois pouces du pied de Paris, & un pouce diviſé en 12. lignes, pour ſervir au diſcours du Chapitre ſuivant.

Et une Echelle de réduction diviſée en 400. parties égales.

CHAPITRE XI.

De la distance des lieux & de la mesure de la Terre.

LA distance des lieux se mesure sur l'arc d'un grand Cercle du Globe terrestre, qui renferme la quantité de degrés qu'il y a d'un lieu à un autre; & ces degrés étant multipliés par la quantité de lieuës que chaque degré contient selon l'usage du Pays où l'on est, le produit donne la quantité de lieuës de cette distance.

La moindre partie qui se puisse marquer sur le Globe terrestre, est le point, dont les douze continués les uns à côté des autres, font la ligne qui est à peu près de la largeur d'un grain d'orge; douze lignes font un pouce, & douze pouces font un pied, deux pieds & demi font le pas commun, deux pas communs ou cinq pieds, font le pas Géométrique.

Six pieds de Paris font la toise.

Cent vingt-cinq pas géométriques font la stade.

Huit stades, ou mille pas géométriques, font le mille Romain.

Ces mesures doivent être prises sur le pied Romain antique, qui est assez exactement d'onze de nos pouces.

Deux mille pas géométriques font la petite lieuë de France.

Deux mille cinq cens font la moyenne, & trois mille la plus grande.

Chaque degré d'un grand Cercle de la Terre contient 20. grandes lieuës de France, 25. moyennes ou 30. petites.

Les Astronomes se sont appliqués de tout tems à chercher les moyens de mesurer la circonférence de la Terre. L'Hypothese de sa rondeur composée de Continens & de Mers, celle de son détachement du Ciel & de son équilibre en l'air, fut fondée premiérement sur l'observation du mouvement apparent de tous les Astres d'Orient en Occident, & sur la diversité de la constitution apparente du Ciel dans les voyages faits à peu près sous le même Méridien vers le Midi & vers le Septentrion.

Cette diversité comparée à la longueur du chemin, donna vûë aux premiers de mesurer la circonférence de la Terre par l'observation des Astres: car pour peu de chemin que nous fassions vers le Midi ou vers le Septentrion, l'Horison se diversifie, & les Etoiles verticales

verticales ne sont pas toûjours les mêmes, & font un changement considérable.

Ce qui a suggéré trois manieres d'entreprendre la mesure de la Terre, une par l'observation des Astres situés au Zenit ou Point vertical d'un lieu, & éloignés du Zenit d'un autre ; la seconde par l'observation des Astres à l'Horison d'un lieu, & élevés sur l'Horison d'un autre ; & la troisiéme, par les différentes hauteurs du Pole sur l'Horison.

Si, par exemple, on mesure la distance de deux lieux situés sous un même Méridien, & que l'on connoisse par observation l'Arc du Méridien, qui fait la différence de leur Horison, ou celle de leur Zenit, ou bien les différentes hauteurs du Pole, la distance qui conviendra à cette différence, soit d'un degré, ou de telle partie de la circonférence qu'on voudra, suffira pour déterminer la mesure de toute la circonférence d'un Méridien terrestre.

Plusieurs Géographes des siécles précédens ont trouvé 25. lieuës moyennes de France pour un degré du Méridien, & multipliant 25. lieuës par 360. degrés, ils ont conclu que la circonférence d'un grand Cercle de la Terre, est de 9000. lieuës, & suivant la proportion de la circonférence au diametre d'un Cercle, comme de 355. à 113. on trouve que le diametre de la Terre est de 2864. lieuës $\frac{28}{35}$, & que son demi-diametre, c'est-à-dire, la distance du centre de la Terre à la surface, est de 1432. lieuës & $\frac{14}{35}$.

Mais rien n'a jamais été fait en ce genre avec plus de soin & d'exactitude, que ce qui fut exécuté par M. Picard au nom de l'Académie Royale des Sciences immédiatement après son institution, dans les trois premieres années.

Après avoir examiné le Pays qui est depuis les environs de Paris jusqu'à l'entrée de la Picardie, il le trouva assez commode pour ce dessein, à cause qu'il n'est pas rempli de bois, & qu'il n'y a aucune montagne considérable. Il jugea que l'espace contenu entre Sourdon, à cinq lieuës en-deçà d'Amiens, & Malvoisine, sur les confins du Gâtinois & du Hurepoix, seroient fort propres pour l'exécution de cette entreprise, d'autant que ces deux termes sont à peu près dans le même Méridien, & qu'ils sont éloignés l'un de l'autre d'environ 32. lieuës.

Pour faire cette mesure on choisit 13. stations ou Points principaux, & l'on forma 13. grands triangles représentés par la *figure ci-après de la Planche 25.*

La premiere fut, le milieu du Moulin de Ville-Juive, marqué A dans ladite figure.

La seconde, le coin du Pavillon le plus proche de Juvisy, marqué B.

La troisiéme, la pointe du Clocher de Brie-Comte-Robert, marquée C.

La quatriéme, le milieu de la Tour de Montlery, marqué D.

La cinquiéme, le haut du Pavillon de Malvoisine, marqué E.

La sixiéme, une piece de bois dressée exprès au haut des ruines de la Tour de Montjay, marquée F.

La septiéme, le milieu du Tertre de Mareil, où l'on fit des feux pour le désigner, marqué G.

La huitiéme, le milieu du gros Pavillon ovale du Château de Dammartin, marqué H.

La neuviéme, le Clocher de Saint Samson de Clermont, marqué I.

La dixiéme, le Moulin de Jonquieres, proche de Compiegne, marqué K.

L'onziéme, le Clocher de Coyurel, marqué L.

La douziéme, un petit arbre sur la montagne de Boulogne, proche Mondidier, marqué M.

La treiziéme enfin, le Clocher de Sourdon, marqué N.

On mesura actuellement & avec beaucoup d'exactitude la ligne A B, qui est un grand chemin pavé en ligne droite, depuis le Moulin de Ville-Juive, jusqu'au plus proche Pavillon de Juvisy, pour servir de base à tout cet Ouvrage. Cette ligne fut trouvée de 5663. toises.

Aux deux extrémités de cette base, on posa un quart de Cercle très-bien divisé, de trois pieds de rayon, garni de Lunettes, l'une immobile, & l'autre mobile, pour borneyer le Clocher de Brie-Comte-Robert, & par les régles de la Trigonometrie, on trouva que la distance de Ville-Juive à Brie-Comte-Robert est de 11012. toises 5. pieds, & que celle de Juvisy audit Clocher est de 8954. toises.

De Ville-Juive & de Brie-Comte-Robert, on borneya Montlery, & l'on trouva la distance de Brie-Comte-Robert à Montlery de 13121. toises 3. pieds, & de Ville-Juive à Montlery 9922. toises 2. pieds.

De Montlery & de Brie-Comte-Robert, on borneya Malvoisine, & l'on trouva la distance entre Montlery & Malvoisine de 8870. toises 2. pieds, & celle de Brie-Comte-Robert audit Malvoisine de 12389. toises 3. pieds, & ainsi des autres triangles figurés & cottés des nombres qui marquent leurs distances.

Les trois lignes principales déduites de toutes ces opérations

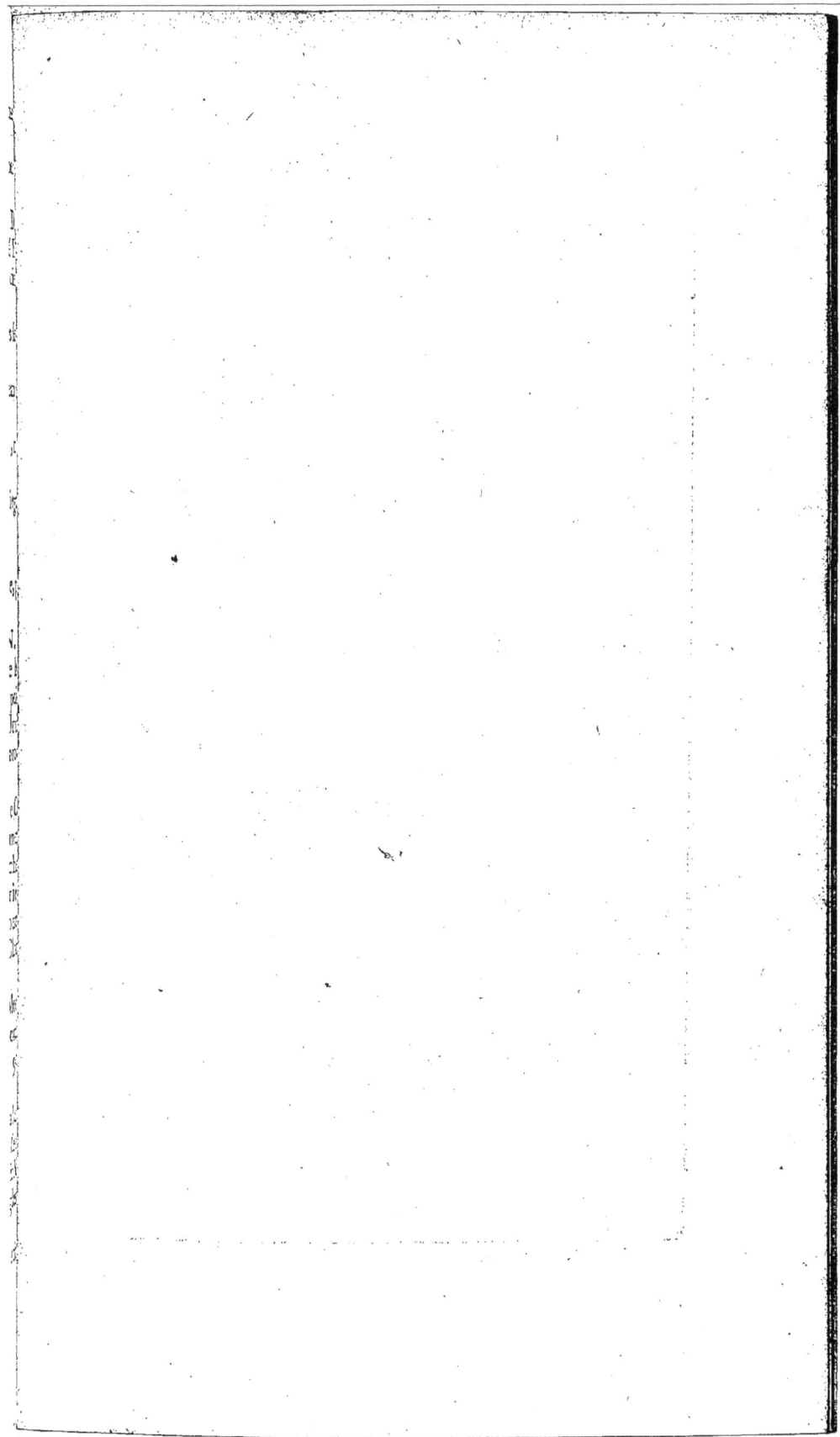

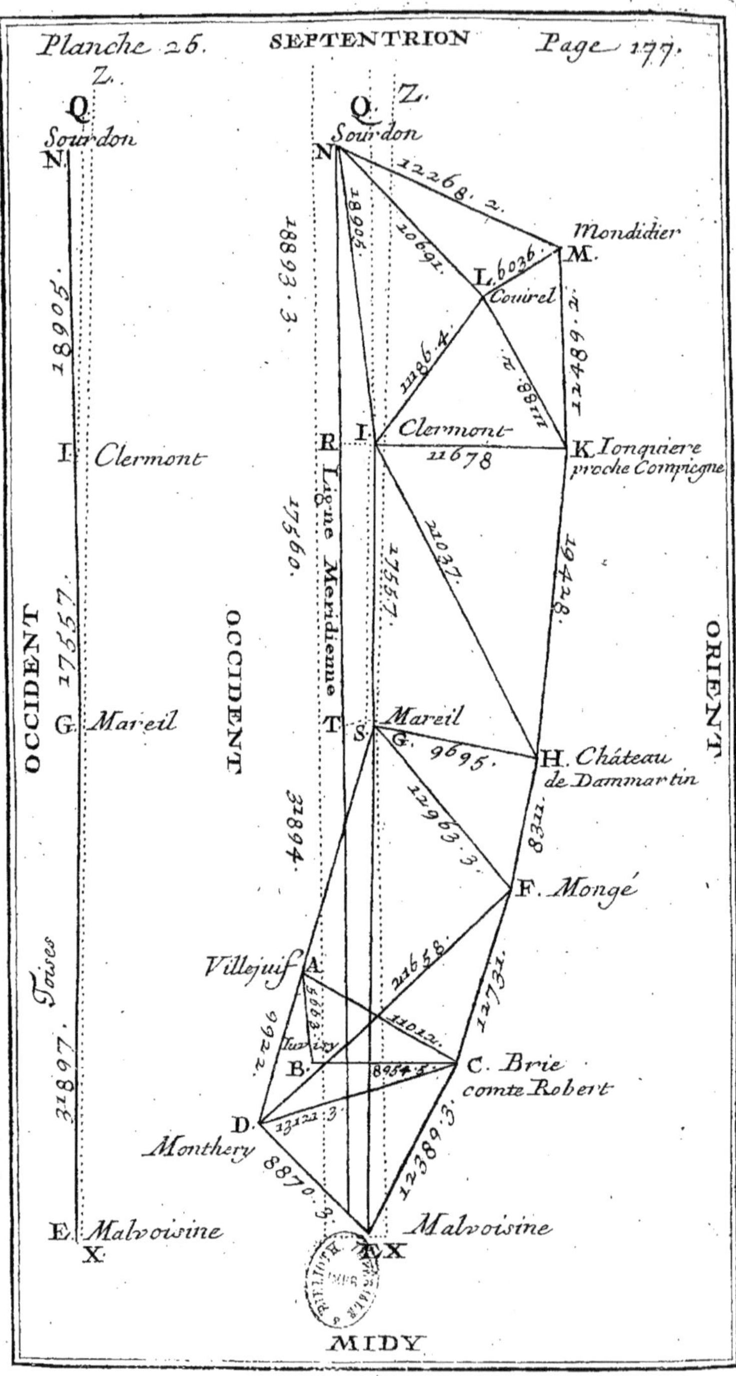

Planche 26.
SEPTENTRION
Page 177.
Q
Z.
Sourdon
N.
18905.
I. Clermont
17557.
G. Mareil
OCCIDENT
Toises
31897.
E. Malvoisine
X.
Q. Z.
Sourdon
N
12268. 2.
Mondidier M.
18893. 3.
18906.
10691.
L. 6036.
Couirel
12489. 2.
11186. 4.
11188. 2.
R.
I.
Clermont
11678
K. Ionquiere proche Compiegne
Ligne Meridienne
17560.
17557.
21037.
19428.
OCCIDENT
ORIENT
T.
S.
Mareil
G.
9695.
H. Château de Dammartin
31894.
12963. 3.
8311.
F. Mongé
Villejuif A.
21658.
5663.
11012.
12731.
Iuvisy
B.
8954.5.
C. Brie comte Robert
9922.
D.
13121. 3.
Monthery
8870. 3.
12389. 3.
Malvoisine
E X
MIDY

sont EG, depuis Malvoisine au Tertre de Mareil de 31897. toises; du Tertre de Mareil à Saint Samson de Clermont GI, de 17557. toises; & de Saint Samson de Clermont à Sourdon IN, de 18905. toises; & ces trois points ne s'écartent que très-peu d'un même Méridien: car ayant examiné leur position, on trouva que Malvoisine reste du Midi au Couchant de 26. minutes, à l'égard du Tertre de Mareil; que les lignes tirées du Tertre de Mareil à Clermont & à Malvoisine font un angle de 178. degrés 25. minutes vers l'Occident; que la pointe du Clocher de Saint Samson de Clermont reste du Septentrion à l'Occident à l'égard du Tertre de Mareil, d'un degré 9. minutes; & qu'enfin la ligne qui va de Clermont à Sourdon décline du Midi à l'Occident de 2. degrés 9'. 10''. c'est-à-dire, que l'angle NIQ est de 2. degrés 9'. 10''. l'angle ZGI est d'un degré 9'. l'angle IGE est de 178. degrés 25'. & que l'angle XGE est de 26'. le tout comme il se voit en la figure: & par le calcul on a reconnu que la ligne Méridienne qui passe à Sourdon, étant prolongée jusqu'au parallele de Malvoisine, est de 68359. toises.

Après quoi il ne s'agissoit plus que de connoître exactement la différence des hauteurs de Pole à Sourdon & Malvoisine. On se servit à cet effet d'une portion de cercle de 10. pieds de rayon, garni de ses lunettes; on choisit l'Etoile qui est dans le genou de Cassiopée pour être comparée avec le point du Zenit de ces deux lieux, dont la différence fut trouvée d'un degré 11'. 57''.

Ils firent encore une autre observation à Amiens, par le moyen de quelques triangles ajoûtés aux premiers, qui leur fit déterminer la grandeur du degré de 57060. toises mesure du Châtelet de Paris, & par conséquent les lieuës communes de France, dont on en compte 25. au degré, sont de 2282. toises $\frac{2}{5}$, & les lieuës de Marine, dont on n'en compte que 20. au degré, sont de 2853. toises.

Quelque tems après, Messieurs de l'Académie Royale des Sciences ayant eu ordre de Sa Majesté de prolonger la Méridienne de l'Observatoire de Paris jusqu'aux extrémités de la France, tant du côté du Midi, que du Septentrion, pour perfectionner la Géographie, M. Cassini a exactement mesuré plusieurs autres degrés du Méridien du côté du Midi, & M. de la Hire a fait les mêmes opérations pour le prolongement de la Méridienne jusqu'à Dunkerque; mais il n'a pû y donner la derniere main jusqu'à la Mer vers Dunkerque, où la Méridienne de l'Observatoire va se terminer.

En 1718. S. A. R. Monseigneur le Duc d'Orléans, pour

lors Régent du Royaume, ordonna à Messieurs Cassini, Maraldy & de la Hire le fils, de perfectionner & d'achever ce grand Ouvrage, ce qu'ils ont exécuté avec toute l'exactitude & la précision possible. M. de Cassini en a donné une description très-belle dans un Mémoire de l'Académie Royale des Sciences de 1720.

Si on multiplie le circuit de la Terre 9000. lieuës par son diametre $2864\frac{8}{5}$ on aura au produit 25783200. lieuës quarrées ou superficielles pour le contenu de toute la surface de la Terre & des eaux prises ensemble, considérant le Globe terrestre comme régulier.

Si on multiplie encore cette même surface par son demi-diametre, & qu'on prenne le tiers du produit, ce tiers donnera 123106185 60. lieuës cubiques pour toute la quantité solide du Globe terrestre.

Toute la circonférence du parallele de 60. degrés est précisément la moitié de celle de l'Equateur, sçavoir de 4500. lieuës.

La circonférence du parallele de 49. deg. qui est à peu près la latitude de Paris, est environ de 5904. lieuës moyennes.

Supposant le mouvement diurne de la Terre autour de son axe, une Ville située sur l'Equateur doit parcourir 9000. lieuës en 24. heures, ce qui fait 375. lieuës par heure, & six lieuës un quart en chaque minute d'heure; mais la Ville de Paris décriroit en 24. heures un cercle de 5904. lieuës; ce qui revient à 246. lieuës par heure; & à 4. lieuës $\frac{1}{10}$ pendant chaque minute d'heure. Mais dans cette supposition, il faut dire que ce mouvement est si égal & si uniforme, que nous ne nous en appercevons pas, de la même maniere qu'une piroüette tournant sur son pivot, semble être en repos lorsqu'elle tourne uniformément, & l'on dit communément qu'elle dort, quoique pour lors elle soit dans le plus fort de son mouvement.

Afrique, & le Cap Comorin en Asie dans les Indes Orientales.

Les Montagnes sont de petites parties de terre plus élevées que le reste de la superficie, comme le Mont Atlas en Afrique, le Mont Taurus en Asie, les Alpes & les Pyrénées en Europe, &c.

Les Côtes sont toutes les parties extérieures de la Terre, qui touchent, ou qui sont jointes à la Mer, & qui terminent la superficie de la Terre. *Voyez la Mappemonde ci-jointe, Pl. 26.*

SECTION II.

Division & Définitions Hydrographiques.

L'Eau se divise en Mers, Lacs & Rivieres. La Mer est toute l'étenduë des eaux qui environnent la Terre.

La Mer qui environne l'ancien Continent, c'est-à-dire, l'Europe, l'Asie & l'Afrique, est nommée Océan; & celle qui environne le nouveau Continent, c'est-à-dire, l'Amérique, retient le nom de Mer.

Dans toutes les Mers on distingue principalement deux sortes de choses, qui sont les Détroits, & les Golfes.

Les Détroits sont des parties de la Mer beaucoup resserrées entre deux Terres voisines & fort proches l'une de l'autre; de sorte qu'elles ne sont séparées que par le petit espace d'eau qui forme le Détroit. C'est de cette maniere qu'est le Détroit de Gibraltar, qui est entre l'Europe & l'Afrique, celui de Constantinople, & plusieurs autres dont on fera mention en particulier.

Mais les Golfes sont de grands espaces de Mer, qui entrent fort au-dedans des Terres, & qui servent à former des presqu'Isles, comme le Golfe de Bengale en Asie, celui de Venise en Europe, & celui de Mexique en Amérique.

La Mer Mediterranée, qui sépare l'Europe de l'Afrique, la Mer Baltique, qui avance dans le fond des Terres de la Suede, & la Mer Rouge, qui est entre l'Afrique & l'Asie, sont trois Golfes, ausquels on a donné le nom de Mer à cause de leur grandeur.

Les Lacs sont de grandes étenduës d'eau environnées de terre, & qui n'ont aucun passage pour se jetter dans les Mers, qui en sont séparées.

La Mer Caspienne est un Lac en Asie, au Nord de la Perse, que l'on a nommé Mer à cause de sa grande étenduë.

Pour les Rivieres, ce sont des eaux qui ont fort peu de largeur, & coulent toûjours sur la Terre depuis l'endroit de leur source jusqu'à la Mer où elles achevent leur cours.

SECONDE PARTIE.

Description de la surface de la Terre.

CHAPITRE PREMIER.

Contenant l'explication des principaux termes de la Géographie.

SECTION I.

Division & Définitions Géographiques.

TOute la superficie du Globe terrestre se divise en terre & en eau, comme on le peut voir par les Mappemondes, ou par les Globes terrestres.

La Terre se divise en Continent & en Isles.

Le Continent, que l'on appelle aussi Terre-ferme, est toute la masse de la Terre environnée d'eaux, qui comprend plusieurs Etats ensemble, en sorte qu'on peut passer de l'un à l'autre sans faire aucun trajet de Mer.

L'Isle est une petite partie de la Terre, détachée de toute la masse, & qui est toute entourée d'eau.

Dans le Continent & l'Isle on remarque principalement cinq sortes de choses, sçavoir les Peninsules ou presqu'Isles, les Isthmes, les Caps, les Montagnes & les Côtes.

Les Peninsules ou presqu'Isles sont des espaces de terre fort avancés dans la Mer, & qui sont au dehors des autres Terres. L'Italie, le Dannemark & la Morée sont des presqu'Isles.

Les Isthmes sont des espaces de terre fort étroits qui joignent deux autres grandes parties de la Terre, & qui ont la Mer des deux côtés, comme est l'Isthme de Sués, qui joint l'Asie à l'Afrique; celui de Corinthe, qui joint la Morée à l'Achaïe, autrefois l'une des plus célebres Contrées de la Grece, & celui de Panama, qui joint les deux Amériques septentrionale & méridionale.

Les Caps sont de petits espaces de terre qui avancent dans la Mer, comme le Cap Verd, le Cap de Bonne-Espérance en

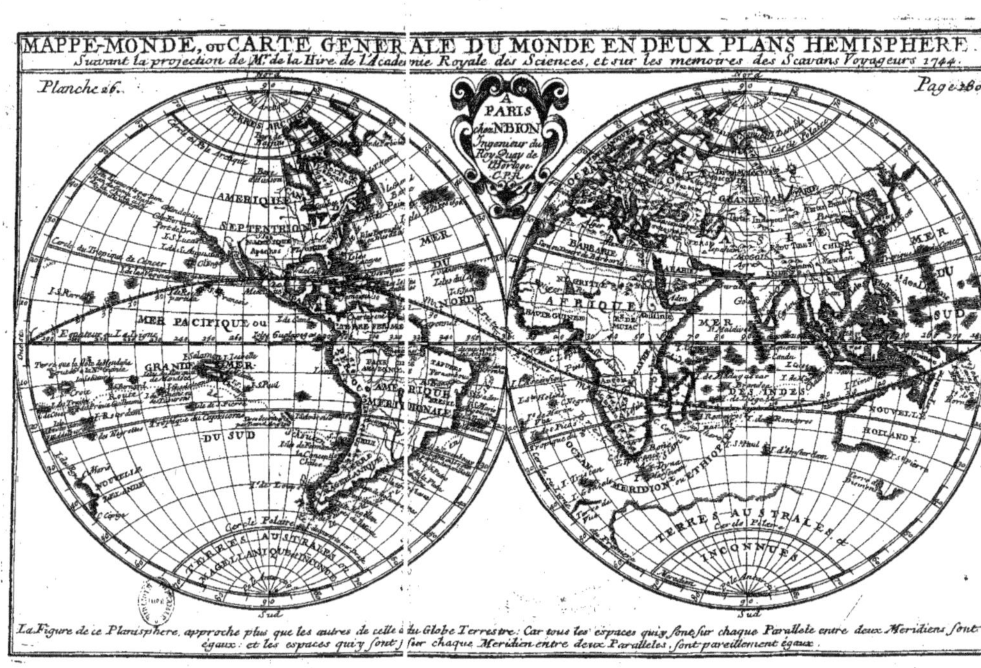
MAPPE-MONDE, ou CARTE GENERALE DU MONDE EN DEUX PLANS HEMISPHERE
Suivant la projection de Mr. de la Hire de l'Academie Royale des Sciences, et sur les memoires des Scavans Voyageurs 1744.
Planche 26.
Page 280.
A PARIS chez N. BION Ingenieur du Roy Quay de l'Horloge. C.P.R.
Nord
AMERIQUE SEPTENTRION
Cercle du Tropique de Cancer
MER PACIFIQUE ou
GRANDE MER
DU SUD
MER DU NORD
AMERIQUE MERIDIONALE
TERRES AUSTRALES MAGELLANIQUES INCONNUES
Cercle Polaire
BARBARIE
AFRIQUE
ASIE
CHINE
MER DU SUD
MER DES INDES
NOUVELLE HOLLANDE
OCEAN MERIDIONAL ou ETHIOPIQUE
TERRES AUSTRALES
INCONNUES
Sud
La Figure de ce Planisphere approche plus que les autres de celle du Globe Terrestre: Car tous les espaces qui y sont sur chaque Parallele entre deux Meridiens sont égaux: et les espaces qui y sont sur chaque Meridien entre deux Paralleles, sont pareillement égaux.

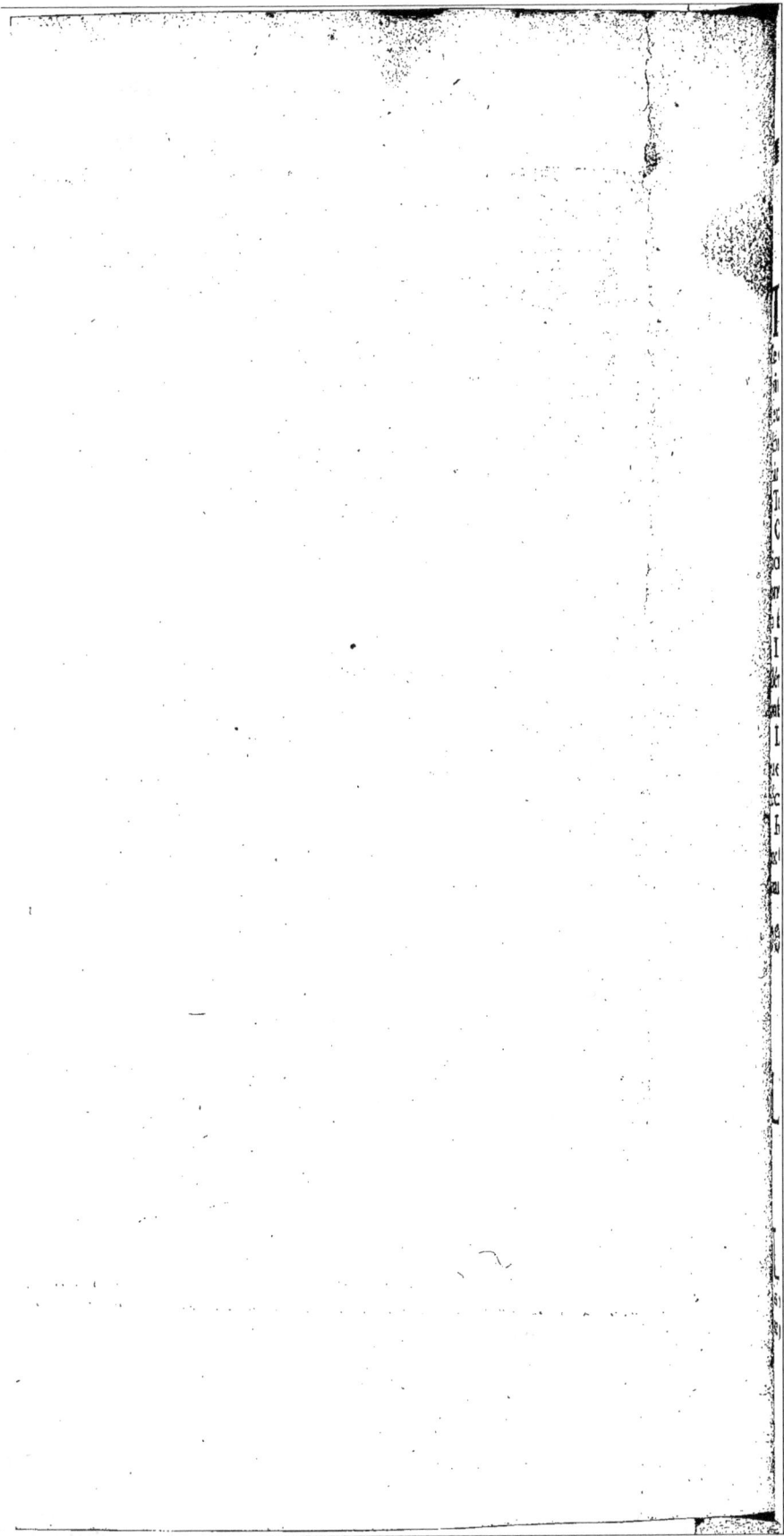

CHAPITRE II.

De la division générale de la Terre.

TOute la superficie de la Terre se peut distinguer en deux manieres, sçavoir en ce qui est connu, & ce qui est inconnu. Ce qui est connu est généralement divisé en trois parties, sçavoir en deux grands Continens & en plusieurs Isles; & chacun d'eux se distingue en Régions, Peninsules, Isthmes, Caps & Montagnes, desquels on fera un Chapitre particulier, afin d'avoir la connoissance de tout ce qu'il y a de plus considérable sur la Terre connuë.

Ce qui est inconnu est divisé en Terres Arctiques ou Septentrionales, & en Terres Antarctiques ou Australes, dont on ne connoît que les Côtes qui sont à l'extrémité de ces Terres, dont on fera aussi mention en son lieu.

Le premier des deux grands Continens, & qui est le plus considérable, est celui que l'on nomme ancien ou vieux Monde, à cause qu'il a été connu de tout tems.

Le second est celui que l'on appelle Nouveau, pour le distinguer de l'Ancien, & Amérique du nom de l'un de ceux qui l'ont découvert.

Pour les Isles, on les divise en plusieurs corps, par rapport aux Continens, & à leurs principales Régions, comme on verra, quand on en fera le dénombrement.

CHAPITRE III.

Division générale & particuliere de l'ancien Continent.

L'Ancien Continent ou vieux Monde, est divisé en trois grandes parties, sçavoir, l'Europe, l'Asie & l'Afrique.

SECTION I.

Division de l'Europe.

L'Europe se divise en treize principales parties, sçavoir cinq au milieu disposées tout de suite d'Occident en Orient, en les prenant depuis l'Océan occidental jusques en Asie, puis quatre au Midi & quatre au Septentrion.

Les cinq qui vont d'Occident en Orient, sont l'Espagne, la France, l'Allemagne, la Pologne & la Moscovie.

Les quatre qui sont au Midi, sont l'Italie, la Hongrie, & les Etats qui en ont été sujets, la Grece, la petite Tartarie.

Et les quatre qui sont au Septentrion, sont les Isles Britanniques, le Dannemarck, la Norwege & la Suede.

A cette division de l'Europe nous ajoûterons les Etats voisins de la France, sçavoir du côté du Septentrion les dix-sept Provinces des Pays-bas, dont il y en a huit que l'on nomme Provinces-Unies ou Hollande, & neuf qui sont les Provinces Catholiques, connuës sous le nom de Flandre.

A l'Orient de la France est la Lorraine.

En tirant de là vers le Midi on trouve les treize Cantons Suisses avec leurs Alliés, & enfin la Savoye.

Villes principales des cinq premieres Parties.

En Espagne, Madrid, Tolede, Seville, Cadiz, sont les plus considérables.

En Portugal, Lisbonne est la Capitale, &c.

En France, Paris Capitale, Lyon, Roüen, Poitiers, Bourdeaux, Toulouse, Bayonne, Marseille, &c.

En Allemagne, Vienne, Munich, Ratisbonne, Prague, Cologne, Hambourg, &c.

La Ville capitale de Hollande est Amsterdam, celle de la Flandre est Bruxelles.

En Lorraine Nancy, en Suisse Zurich, & Chambery en Savoye, sont les Capitales.

En Pologne, Cracovie Capitale, Warsovie, Vilna & Dantzick.

En Moscovie, Moscou Capitale, Petersbourg, Novogrod, Veliki, Casan, Astracan & Archangel.

Villes principales des quatre qui sont au Midi.

En Italie, Rome, Naples, Florence, Venise, Milan, Mantouë, Turin, Geneve, &c.

En Hongrie, & dans les Etats qui en ont été sujets, Bude Capitale, Belgrade, Sophie, Clausembourg, &c.

En Grece, Saloniki, autrefois Thessalonique; Stines, que l'on appelloit Athenes; Misitra, qui est l'ancienne Sparte des Lacédémoniens, &c.

En la petite Tartarie, Casa & Baçiesaray, &c.

REMARQUES.

La Hongrie & ses Etats adjoints avec la Grece, comprennent ce qu'on appelle communément la Turquie en Europe, dont la Ville Capitale est Constantinople, autrefois appellée Bizance.

La Grece est aussi appellée par quelques Géographes, Partie méridionale de la Turquie en Europe, pour la distinguer de la Hongrie, & de ses Etats qui en sont la partie septentrionale.

La petite Tartarie est alliée aux Turcs; mais la Ville de Capha lui est sujette.

De tout ce qu'on appelle Turquie en Europe, il en faut excepter presque toute la vraie Hongrie que l'Empereur a reconquise sur les Turcs.

Villes principales des quatre qui sont au Septentrion.

Les Isles Britanniques renferment deux Isles principales, dont la plus grande est nommée la Grande Bretagne, & la plus petite l'Irlande. Elles contiennent trois Royaumes, qui sont l'Angleterre, l'Ecosse & l'Irlande.

Aux Isles Britanniques, sçavoir en Angleterre, sont les Villes de Londres Capitale, Yorc & Cantorbery.

En Ecosse, Edimbourg, Dumbarton, Glascou & Saint-André.

En Irlande, Dublin & Armagh, &c.

Les Villes de Dannemark sont Coppenhague Capitale dans l'Isle de Séelande, & en Terre-ferme Slefwic, Rypen, Wiborg & Alborg, &c.

En Norwege sont Drothem Capitale, Berguen, Stalanger & Obslo.

Et en Suede, Stokolm Capitale, Upsal, Gotembourg, Lunden, Calmar & Abo, &c.

SECTION II.

Division de l'Asie.

L'Asie contient dix principales parties, qui sont la Georgie, la Natolie, la Turcomanie ou Arménie, la Sourie, le Diarbech ou Diarbekir, l'Arabie, la Perse, les Indes, la Chine, la Tartarie.

Les Indes se divisent en trois grandes parties, sçavoir l'Empire du Mogol, la Presqu'isle occidentale, & la Presqu'isle orientale.

Les principales Villes de ces parties sont :

En Georgie, Teflis, Zagan, Cotatis, &c.

Dans la Natolie, Burse, Amasie, Trebisonde & Smirne.

En Arménie, Erzeron, Birlis, Van, &c.

En Sourie, Alep, Alexandrette, Damas, Tripoli, Jerusalem, &c.

Au Diarbech, Bagdat, Mosul, Bassora, Diarbequir.

En Arabie, Medine, la Mecque, Mocha, Aden, Fartach, Amanzirifdin, Mascate, &c.

En Perse, Ispaham Capitale, Tauris, Erivan, Casbin, Caschan, Estarabat, Mescher, Candahar, Shiras, Suse.

Aux Indes, sçavoir :

Dans l'Empire du Mogol, Delli Capitale, Lahor, Agra, Cambaye, Surate, Bengale, Patana, Gori, &c.

Dans la Presqu'isle occidentale, Goa, Visapour, Bisnagar, Narsinge, Stangabar, Golconde, &c.

Dans l'orientale, Siam, Malaca, Pegu, Arracan, Ava, Brema, Tunquin, Sineva, Camboye.

Dans l'Empire de la Chine, Pekin Capitale, Nanquin, Tayven, Cinan, Caifum, Hangcheu, Nancham, Quamcheu ou Kanton, &c.

En Tartarie, Tobol, Kol, Samarcand, Balk, Casgar, Thibet, Campion, Lassa ou Brantola, &c.

REMARQUE.

La Natolie, la Turcomanie ou Arménie, la Sourie, le Diarbech, & une grande partie de l'Arabie, composent les Etats que les Turcs possédent en Asie.

SECTION III.

Division de l'Afrique.

ON divise l'Afrique en deux grandes parties, sçavoir en Libie & Ethiopie.

La Libie comprend six parties, qui sont la Barbarie, l'Egypte, le Biledulgerid, le Zaara ou Desert, la Nigritie ou le Pays des Négres, & la Guinée.

L'Ethiopie se divise en haute & basse.

La haute comprend quatre parties, qui sont la Nubie, l'Abissinie, l'Ethiopie particuliere, & le Monoëmugi.

La basse en renferme quatre autres, qui sont le Congo, la Cafrerie, le Monomotapa, le Zanguebar.

Des Villes les plus considérables de l'Afrique.

Celles de Libie sont :

En Barbarie, Fez la plus considérable, Maroc, Alger, Tunis & Tripoli.

En Egypte, le Grand Caire, Alexandrie, Damiete, Suez.

Au Biledulgerid, Segelmesse, Tesset, Tegorarin, Fassen.

Au Zaara, Zuenziga, Targa, Lempta, Berdoa, Gaoga.

Au Pays des Négres, Tombut, Gencho, Madingua, &c.

Dans la Guinée, Benin, le Grand Acara, &c.

Celles de l'Ethiopie sont :

En Nubie, Dencala, Jalac, &c. En Abissinie, Açum Capitale. Dans l'Ethiopie particuliere il n'y a rien de bien connu selon les Cartes modernes. Dans l'Empire de Monoëmugi, Bagametro, Zembre, Chicoua, &c.

Dans le Congo, S. Salvador. Dans la Cafrerie, Sofala. Au Monomotapa, la Ville du même nom ; & dans le Zanguebar, Mosambique, Quiloa, Monbaze, Melinde, Lamon, Paté, &c.

REMARQUE.

Alger, Tunis & Tripoli sont trois principales Villes de trois Royaumes qui en portent le même nom, lesquels sont alliés des Turcs ; mais l'Egypte lui est sujette, avec la Ville de Suaquen, placée sur la côte de la Mer Rouge.

CHAPITRE IV.

Division générale & particuliere du nouveau Continent.

LE nouveau Continent, qui comprend l'Amérique, est divisé en deux grandes parties, sçavoir en Mexicane & Péruviane, ou en Amérique septentrionale & méridionale.

SECTION I.

Division de l'Amérique Septentrionale.

L'Amérique Septentrionale contient six grandes parties, sçavoir, le Canada ou nouvelle France, la Loüisiane, la Floride, le nouveau Mexique, le vieux Mexique ou nouvelle Espagne, la nouvelle Angleterre, & les autres Pays qui dépendent de la Grande Bretagne.

Les Villes considérables des susdites parties sont :

Dans le Canada, Quebec Nouvelle Orléans, sujette aux François. En la Nouvelle Angleterre, Baston & Providence aux Anglois.

Dans la Floride, Melilot. Au nouveau Mexique, Santa-Fé, &c. Dans le vieux Mexique, ou Nouvelle Espagne, Mexique Capitale, Guadalajara, & S. Jacques de Guatimula.

SECTION II.

Division de l'Amérique Méridionale.

Elle se divise en sept grandes parties, qui sont la Terre-ferme, le Pérou, l'Amazone, la Plata ou Paraguay, le Bresil, le Chili, & la Terre Magellanique.

Les Villes principales des mêmes parties sont :

Dans la Terre-Ferme, Santa-Fé de Bogota, Sainte-Marthe, Rio de la Hacha, Venezuela & Popajan.

Au Pérou, Lima ou Los-Reyes Capitale, Quito, Cusco la Paix, la Plata, Potosi, &c.

Au Pays de l'Amazone il n'y a point de Villes. On y trouve le Village de Lor.

Au Bresil, San-Salvador, Matagnan, Pernambuco, Saint-Sebastien, &c.

Dans la Plata sont Santa-Fé, les deux de l'Assomption, Corrientes, Buenos-Ayres, &c.

Dans le Chili, Imperiale, Valdivia, San-Iago, &c.

Dans la Terre Magellanique il n'y a point de Ville.

CHAPITRE V.

Des Terres inconnuës.

LEs Terres inconnuës font vers le Pole Arctique, & aux environs du Pole Antarctique.

Sous le nom de Terres Arctiques, ou Septentrionales, on peut comprendre la nouvelle Zemble, le Pays de Spitzbergue, la Groënlande, le nouveau Dannemark, & la Terre de Jesso à l'Orient de la Tartarie. Ces deux premieres Régions font dans notre Hémisphere, avec une partie de la Groënlande. Ce qui en reste avec le nouveau Dannemarck & la Terre de Jesso, font compris dans l'autre Hémisphere, qui est celui de l'Amérique.

Pour l'autre partie, que l'on appelle Terre Australe ou Magellanique, le dedans du Pays en est encore inconnu. On n'en connoît seulement que quelques Côtes, comme dans l'Hémisphere de notre Continent, la nouvelle Hollande, la Carpentarie, la Terra de Quir; & dans l'Hémisphere de l'Amérique, Terra de Fuego, ou Terre de Feu, la nouvelle Zélande, & la Terre de Diemens.

CHAPITRE VI.

De la division générale & particuliere des Isles, comprises aux environs de l'ancien & du nouveau Continent.

APrès avoir donné la division des deux Continens & des Terres inconnuës, nous allons donner ensuite celle des Isles les plus considérables, en les rapportant aux Continens dont elles font voisines, & à leurs principales parties, comme on va voir dans les Sections suivantes.

On divise donc les Isles en trois principales parties; sçavoir, celles qui environnent le vieux Continent, qui est dans notre Hémisphere; celles qui font aux environs du nouveau, qui est l'Amérique, & dans l'autre Hémisphere, & celles qui font voisines des Terres inconnuës, Septentrionales & Australes.

SECTION I.

Des Isles de l'Europe.

LEs Isles considérables qui sont aux environs de l'Europe, sont situées dans l'Océan & dans la Mer Baltique, comme aussi dans la Mer Méditerranée.

Celles qui sont situées dans l'Océan, sont les Isles Britanniques, dont les deux principales, qui sont la Grande Bretagne & l'Irlande, ont été rangées ci-dessus avec les autres parties de l'Europe, comme si elles eussent été en Terre ferme, à cause qu'elles sont des Etats qui sont d'une grande considération en Europe.

Pour les autres Isles de moindre conséquence, on voit les Isles Westernes ou Occidentales à l'Occident de l'Ecosse, les Isles Orcades, de Schetland & de Fero au Nord de l'Ecosse.

Dans la Mer Baltique il y a aussi plusieurs Isles, dont les principales sont Séelande & Fionie aux environs du Dannemarck, & Oëland & Gotland proche de la Suede.

Les Isles qui sont dans la Mer Mediterranée se peuvent considérer en trois assemblages, dont le premier est aux environs de l'Espagne, le second est situé vers l'Italie, & l'autre est vers la Grece à la partie Méridionale de la Turquie en Europe.

Le premier assemblage qui est aux environs de l'Espagne, comprend trois Isles, qui sont Majorque, Minorque & Yvica.

Le second, qui est voisin de l'Italie, en contient trois, sçavoir, Sicile, Sardaigne & Corse.

Le troisiéme, qui est autour de la Grece, renferme l'Isle de Candie, celle de Negrepont, & une partie des Isles de l'Archipel.

Villes principales des Isles de l'Europe.

En la Mer Baltique.

Dans l'Isle de Séelande est Coppenhague, Capitale de Dannemark, & Elseneur; dans l'Isle de Fionie, Odensée. Dans l'Isle d'Oëlann, Ottemby; & dans celle de Gotland, Visbi.

Et dans la Mer Mediterranée.

Les Villes principales des Isles de Majorque & d'Yvica ont le même nom des Isles. Pour celle de Minorque, elle est nommée Porto-Mahon.

En Sicile, sont Messine & Palerme. En Sardaigne, Cagliari; & en celle de Corse, la Bastie.

En Candie sont Candie & la Canée.
En Negrepont celle de même nom.

SECTION II.

Des Isles de l'Asie.

IL y a plusieurs assemblages d'Isles considérables aux environs de l'Asie, dont il y en a six dans l'Océan aux environs de la Chine & des Indes, qui sont les Isles du Japon, les Isles Philippines, celles des Molucques, celles de la Sonde, l'Isle de Ceylan, & les Maldives.

Et dans la Mer Mediterranée sont l'Isle de Chypre, celle de Rhodes & celles de l'Archipel voisines de la Natolie, qui sont partie de l'Empire des Turcs en Asie.

Villes considérables.

La plus grande & la plus considérable des Isles du Japon, est appellée Nyphon, dont la Ville capitale est Meaco; mais le séjour de l'Empereur est à Yedo.

Les Philippines comprennent deux Isles principales, qui sont Luçon ou Manille, & Mindanao, dont les Villes principales portent le nom.

Les Molucques ont aussi deux Isles remarquables, sçavoir Celebes & Gilolo, qui portent le nom de leurs Villes principales; mais dans l'Isle de Celebes est Macaçar, qui est la premiere Ville de toutes les Molucques.

Les Isles de la Sonde contiennent trois grandes Isles, avec quelques autres petites qui les environnent; ce sont celles que l'on nomme Sumatra, Borneo & Java. Sumatra a pour Villes principales Achem, Iambi, Pallimban, &c. Borneo, celle qui porte le même nom, & Ben-Jarmasen; & Java celle de Bantam, avec Jacarra ou Batavie.

Dans l'Isle de Ceylan, Candie capitale; & aux Isles Maldives, Male est aussi capitale.

En l'Isle de Chypre sont Famagouste & Nicosie, & en l'Isle de Rhodes celle qui porte le même nom.

Les plus considérables des Isles de l'Archipel, aux environs de l'Asie, sont Metelino, Scio & Samo, qui ont leurs Villes de même nom.

On pourroit ajoûter à ces Isles celles des Larons, qui sont situées beaucoup à l'Orient des Isles Philippines, & au Midi de celles du Japon, si elles étoient assez considérables pour faire parler d'elles.

SECTION III.

Des Isles de l'Afrique.

AUx environs de l'Afrique on peut remarquer plusieurs Isles considérables, dont la premiere & la plus grande est celle de Madagascar, autrement nommée Isle de Saint-Laurent ou Isle Dauphine, qui est située à l'Orient des Cafres & du Zanguebar. Sa principale Ville est Fanshere. Il y a aussi le Fort Dauphin.

Les autres Isles sont celles du Cap Verd & des Canaries. Les premieres sont vis-à-vis les côtes de la Nigritie, & les secondes vers les côtes du Biledulgerid & de la Barbarie.

La plus considérable des Isles du Cap Verd est San-Iago, dont la Ville principale porte aussi le nom.

Les Isles Canaries ont deux Isles remarquables, qui sont Canarie & Teneriffe. La premiere, qui est la Capitale de toutes les Isles, a pour Ville principale Canarie, siége de l'Evêque des mêmes Isles. Il y a aussi l'Isle de Fer, par où les François font passer le premier Méridien.

Il y a encore plusieurs Isles en Afrique, dont une partie est à l'Occident du Royaume de Congo, & les autres sont aux environs de la grande Isle de Madagascar.

La plus considérable des premieres est l'Isle de S. Thomas située sous l'Equateur, dont la principale Ville est nommée Pavosan, qui est le siége de l'Evêque de l'Isle. Les autres sont les Isles d'Annobon, de Saint-Mathieu, de l'Ascension, de Sainte-Helene, &c.

Celles qui sont aux environs de Madagascar, sont Komorre, & celle de Bourbon ou de Mascaregne, habitée par les François; celle-ci est à l'Orient, & celle-là à l'Occident. Il y en a encore, d'autres au Septentrion de Madagascar, & vers l'Equinoxial, mais de peu de conséquence.

Dans la Mer Mediterranée il y a l'Isle de Malte, qui est petite, mais célebre à cause des Chevaliers de Malte, qui y font leur résidence, la terreur & le fleau de l'Empire Ottoman. Sa Ville capitale est la Vallette. L'Isle ne produit ni bled, ni vin; mais le coton & toutes sortes de fruits y viennent en abondance.

SECTION IV.

Des Isles de l'Amérique Septentrionale.

IL y a de deux sortes d'Isles en cette partie, sçavoir, les Isles de Terre-neuve, & les Isles Antilles. Les premieres sont à l'Orient du Canada; les secondes sont plus méridionales, étant situées vers le vieux Mexique & l'Amérique méridionale.

La plus considérable des premieres retient le même nom de Terre-neuve, aux environs de laquelle est le grand banc où se pêchent les moruës; il a près de 200. lieuës de long.

Les Isles Antilles contiennent trois assemblages d'Isles, sçavoir, celui des Antilles particulieres, celui des Lucayes, & celui des Caribes.

Le premier comprend quatre Isles, dont il y en a deux plus grandes, qui sont Cuba & Hispaniola; & deux petites, qui sont Jamaïca & Porto-Rico, desquelles les Villes principales sont Havana pour la premiére, Saint-Domingue pour la seconde, Seville pour la troisiéme, & Saint-Juan pour la quatriéme.

Les Isles Lucayes sont au Septentrion de celles dont on vient de parler.

Pour les Isles Caribes, on les divise en deux sortes, sçavoir, en celle de Barlovento ou les Isles sur le vent, & celles de Sottavento, ou Isles sous le vent.

Les premieres sont au Nord des secondes, & appartiennent à l'Amérique septentrionale; mais les dernieres sont proche des Côtes de la Terre-Ferme & de l'Amérique méridionale, où est aussi celle de Cayenne.

Les plus considérables de Barlovento sont celles de Saint-Christophe, de la Guadeloupe, & de la Martinique.

A l'Occident du nouveau Mexique on trouve la grande Isle de Californie, où il n'y a pas une seule Ville connuë. Au Midi & à l'Occident de cette même Isle il y en a quelques-autres petites qui ne sont d'aucune considération. Ce Pays n'est pas trop bien connu; & on doute même si c'est une Isle ou non, n'ayant jamais été doublé.

SECTION V.

Des Isles de l'Amérique méridionale & des Terres inconnuës.

AUtour de l'Amérique méridionale, on trouve les Isles de Sottavento & celle de la Trinité, avec quelques autres peu considérables qui sont au Septentrion de la Terre-Ferme; & à l'Occident du Chili dans la Mer du Sud, il y en a une grande que l'on nomme Chiloé, de même que sa principale Ville; & plus haut vers le Septentrion sont les deux Isles de Juan Fernandez, de Salomon, des Chiens, de Mendoces, & autres qu'on peut voir dans les Cartes.

Il y a deux grandes Isles aux environs des Terres Arctiques; l'une est l'Isle d'Islande, dont la Ville Capitale est Schalholt. Il y a une partie de cette Isle dans l'Hémisphere de notre Continent, & une autre partie dans celui de l'Amérique. La seconde est l'Isle de Cunberlande, qui est au Nord du Canada.

CHAPITRE VII.

Des Presqu'isles.

SECTION I.

Des Presqu'isles de l'Europe.

EN Europe il y a huit Presqu'isles, sçavoir, quatre grandes & quatre petites.

Les quatre grandes sont la Suede & la Norwege ensemble, que l'on nomme la Scandinavie; l'Espagne, l'Italie & la Grece.

Les quatre petites sont la Terre-Ferme de Dannemarck, appellée Jutlande, la Bretagne en France, la Morée qui est la partie la plus méridionale de la Grece, & la Presqu'isle de Perecop, ou de Crim dans la petite Tartarie, qu'on appelle aussi la Crimée.

SECTION II.

Des Presqu'isles de l'Asie.

EN Asie il y en a sept, à sçavoir quatre grandes & trois petites.

Planche 27e.
Pag. 293.
L'EUROPE,
Dont toutes les Principalles Positions sont placées sur les Observations de Mrs de l'Academie Royalle des Sciences, et suivant les memoires des plus Savans Voyageurs.
A PARIS,
Chez N. Bion sur le Quay de l'Orloge du Palais 1744.
Echelle de 250
Lieues Communes de France à 25 au degrez
GROENLANDE
MER SEPTENTRION ou GLACIALE
NOUVELLE ZEMBLE
ISLANDE
LAPONIE
SUEDE
MOSCOVIE
ASIATIQUE
ISLES BRITANNIQUES
MER DU NORD
POLOGNE
UKRAINE
PETITE TARTARIE
CIRCASSIE
HONGRIE
TURQUIE EUROPe
MER NOIRE
ANATOLIE, ou TURQUIE EN ASIE
GRANDE MER ou OCEAN ATLANTIQUE
G. DE GASCOGNE
ESPAGNE
LA MER MEDITERRANÉE
BARBARIE
PARTIE D'AFRIQUE
Ligne du Premier Meridien
Occident
Orient

Les quatre grandes ſont la Natolie, l'Arabie, les Preſqu'iſles orientale & occidentale de l'Inde.

Les trois petites ſont la Preſqu'iſle de Guzurate ſur les Côtes de l'Empire du Mogol ; celle de Malaca, qui fait partie de la grande Peninſule orientale de l'Inde, dont on vient de parler ; & celle de Corée dans la partie la plus orientale de la Chine.

SECTION III.

Des Preſqu'iſles de l'Afrique.

IL n'y a point de Preſqu'iſle en Afrique, à moins qu'on ne la prenne ſur la Côte d'Ajan, qui fait partie du Zanguebar.

SECTION IV.

Des Preſqu'iſles de l'Amérique & des Terres inconnuës.

LEs plus conſidérables Preſqu'iſles de l'Amérique ſeptentrionale ſont l'Acadie dans la Nouvelle-France, celle de Tegeſte dans la Floride, & celle de Jucatan dans la Nouvelle-Eſpagne.

L'Amérique méridionale n'a aucune Preſqu'iſle.

Aux Terres Arctiques il y a la Groënlande qui peut paſſer pour une Preſqu'iſle ; & dans les Terres Auſtrales, la Nouvelle-Hollande, que l'on pourroit auſſi prendre pour une Preſqu'iſle, au cas qu'il y eût un Continent Auſtral auquel elle fût attachée ; ce qui eſt encore en doute.

CHAPITRE VIII.

Des Iſthmes les plus conſidérables de l'ancien & du nouveau Continent.

LEs plus conſidérables dans le vieux Continent ſont au nombre de quatre, ſçavoir l'Iſthme de Sués, qui joint l'Aſie avec l'Afrique.

L'Iſthme qui joint la Preſqu'iſle de Malaca avec la grande Peninſule orientale de l'Inde, où eſt la Ville de Tanacerim.

L'Isthme de Pérécop, qui joint la Presqu'isle de Crim à la petite Tartarie.

L'Isthme de Corinthe, qui joint la Morée avec l'Achaïe, & qui fait partie de la Grece.

Dans le nouveau Continent il n'y a que l'Isthme de Panama, qui joint l'Amérique Septentrionale à la Méridionale.

CHAPITRE IX.

Des Caps les plus renommés des quatre Parties du Monde.

LE Nord-Cap dans la Côte la plus Septentrionale de la Norwege.

Le Cap de Finistere aux Côtes Occidentales d'Espagne vers le Septentrion.

Le Cap de S. Vincent en la même Côte vers le Midi.

Le Cap Blanc sur la Côte Septentrionale du Pays des Négres en Afrique.

Le Cap Verd au milieu de la Côte des Négres.

Le Cap de Bonne-Espérance, à la Côte la plus méridionale des Cafres, ou d'Afrique.

Le Cap de Gardafu, au Golfe d'Arabie.

Le Cap de Razalgate, dans la Côte orientale de l'Arabie.

Le Cap de Comorin, à la Côte la plus méridionale de la Presqu'isle occidentale de l'Inde, en Asie.

Le Cap de Liampo ou de Ningpo, aux Côtes orientales de l'Empire de la Chine.

Le Cap des Glaces dans la Côte orientale de la Tartarie, qui n'a jamais été doublé, selon la remarque faite en l'Asie moderne de M. de Fer.

Le Cap de Tabin dans la même Côte orientale de la Tartarie, un peu plus au Septentrion que le Cap précédent.

Le Cap Charles dans le nouveau Continent, aux Côtes les plus Septentrionales du Canada, en Amérique.

Le Cap Frouvard, aux Côtes les plus méridionales de la Terre Magellanique.

CHAPITRE X.

Des Montagnes les plus célebres.

En Europe les plus célebres Montagnes sont :

LEs Pyrénées, qui séparent la France de l'Espagne.

Les Alpes, qui servent de bornes entre l'Italie, la France & l'Allemagne.

Les Monts Krapats, qui sont entre la Pologne & la Hongrie.

Les Monts Costegnas ou de Balkan, qui séparent la Grece de tout le Pays que l'on connoît sous le nom de Hongrie, ou qui font la division de la partie méridionale de la Turquie en Europe d'avec la septentrionale.

Le Kameni Poyas, qui est dans les parties septentrionales de la Moscovie.

Les Montagnes de Darefield, ou Dofrines, qui divisent la Suede de la Norwege..

En Asie.

Le Mont Taurus dans la Turquie, en Asie.

Le Mont Caucase, qui sépare l'Empire du Mogol de la Tartarie.

Les Monts de Sinaï & d'Horeb, si célebres dans l'Ecriture, sont dans l'Arabie Petrée, qui tire vers la Sourie.

Le Mont Ararat dans l'Arménie, où l'on tient que l'Arche s'arrêta après le déluge.

Les Montagnes de Gate, qui passent vers le milieu de la Presqu'isle occidentale de l'Inde.

Les Montagnes de la Chine, qui sont dans la partie la plus Septentrionale.

En Afrique.

Le Mont Atlas, qui sépare la Barbarie du Biledulgerid.

Les Montagnes de la Lune sur les confins du Monoëmugi.

En Amérique.

Les Montagnes d'Apalache, autrement nommées Apaltay ou Palasi, sont entre la Nouvelle France & la Floride.

Il y a dans la Nouvelle Espagne deux Volcans ou Montagnes qui jettent des flammes.

Dans l'Amérique méridionale sont les Montagnes des Andes, qui sont à l'Occident du Chili, & traversent le Pérou en divers lieux. On les estime les plus hautes du Monde.

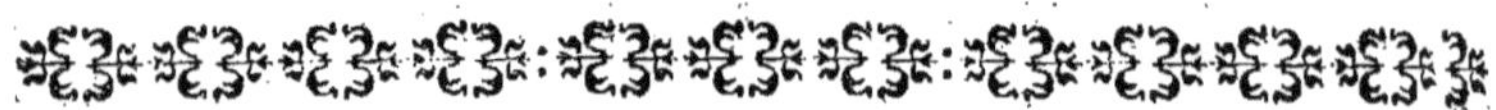

TROISIEME PARTIE.

De l'Hydrographie.

CHAPITRE PREMIER.

Division générale de l'Océan.

AYant achevé la description de tout ce qui regarde la Terre, on passe maintenant à la division générale des Mers qui l'environnent.

On divise l'Océan en quatre principales parties, qui sont l'Orient, l'Occident, le Septentrion & le Midi. De sorte que la premiere partie est l'Océan oriental; la seconde, l'Océan méridional; la troisiéme, l'Océan occidental; & la quatriéme, l'Océan septentrional.

Mais outre ces dénominations de l'Océan, qui se font au regard des quatre points principaux, il y en a encore d'autres qui se tirent des noms des grandes parties de la Terre environnées de l'Océan; de sorte qu'avec la dénomination d'oriental, on lui ajoûte encore celle d'Indien, à cause des Indes, qui sont une des plus considérables Régions de l'Asie, qui en sont baignées. Avec le nom de Méridional, on lui donne encore celui d'Ethiopien, parce que la grande partie d'Afrique que l'on nomme Ethiopie en est environnée; ainsi de même lui donne-t-on le nom d'Atlantique, à l'occasion du Mont Atlas, qui en est proche; & celui de Glacial, à cause des glaces qui sont ordinairement dans l'Océan septentrional. Voilà donc l'Océan divisé en quatre principales parties, qui sont:

L'Océan Oriental & Indien. L'Océan Méridional & Ethiopien.

L'Océan Occidental & Atlantique. L'Océan Septentrional & Glacial.

CHAPITRE II.

Division particuliere de l'Océan.

IL faut remarquer que dans la division particuliere que l'on va faire, chaque partie de la division sera appellée seulement Mer, laquelle prendra le nom de la Région particuliere par où elle passera ; ainsi

L'Océan oriental se divise en trois Mers, qui sont la Mer de la Chine, la Mer de l'Inde, & la Mer d'Arabie.

L'Océan méridional se divise aussi en trois Mers, qui sont la Mer de Zanguebar, la Mer des Cafres, & la Mer de Congo.

L'Océan occidental comprend six Mers particulieres, sçavoir, la Mer de Guinée, la Mer du Cap Verd, la Mer des Canaries, la Mer d'Espagne, la Mer de France, & la Mer Britannique, qui est à l'Occident des Isles Britanniques.

L'Océan septentrional contient quatre Mers, la Mer d'Allemagne, la Mer de Dannemark, la Mer de Moscovie, & la Mer de Tartarie.

CHAPITRE III.

Division générale & particuliere de la Mer renfermée dans l'Hemisphere du nouveau Monde.

CEtte Mer se divise en trois grandes parties, sçavoir, la Mer du Nord, la Mer du Sud ou Pacifique, & la Mer Magellanique. On appelle la Mer du Sud Pacifique, à cause qu'elle est fort sujette au calme.

La Mer du Nord se subdivise en quatre Mers particulieres, qui sont la Mer de Canada ou de Nouvelle France, la Mer du Mexique ou Nouvelle Espagne, la Mer du Nord particuliere, & la Mer du Bresil.

On divise aussi la Mer du Sud ou Pacifique en quatre Mers, sçavoir, la Mer de Jesso, la Mer de Californie ou du nouveau Mexique, la Mer du Sud particuliere, & la Mer du Pérou.

La Mer Magellanique en contient trois moindres, qui sont

la Mer de Chili, la Mer Magellanique particuliere, & celle de Paraguay.

CHAPITRE IV.

Des Golfes les plus considérables de l'ancien & du nouveau Continent.

On considere deux sortes de Golfes, les grands & les petits. Les grands sont ceux à qui on a donné le nom de Mer, & les autres ont retenu le nom de Golfe.

SECTION I.

Des grands Golfes.

Dans notre Continent il y a trois grands Golfes, sçavoir,

La Mer Mediterranée, qui est entre l'Europe & l'Afrique.

La Mer Rouge, comprise entre l'Asie & l'Afrique.

La Mer Baltique, qui est au fond des Terres de la Suede.

Dans le Continent de l'Amérique il y en a aussi deux grands.

Le Golfe ou la Mer du Mexique, contenu entre les deux Amériques, & les Isles Antilles.

La Mer Christiane, qui entre dans la partie occidentale des Terres de la Nouvelle France.

SECTION II.

Des moindres Golfes.

Dans l'Océan, le Golfe d'Ethiopie ou de S. Thomas.

Le Golfe d'Ormus. Le Golfe de Cambaye.

Le Golfe de Bengale. Le Golfe de Siam ou de Camboye.

Le Golfe de la Cochinchine. Le Golfe de Nanquin ou de Kang.

La Mer Blanche dans l'Océan septentrional.

Dans la Mer Mediterranée, le Golfe de Lyon, aux côtes méridionales de France.

Le Golfe de Venise, entre l'Italie & la Grece.

L'Archipel, la Mer de Marmara, la Mer Noire, & la Mer de Zabache.

Dans la Mer Baltique se trouvent, le Golfe de Dantzick en Pologne.

Le Golfe de Riga en Livonie.

Le Golfe de Finlande, entre la Finlande & la Livonie, qui sont partie des Etats de Suede.

Le Golfe de Botnie, qui fait la partie septentrionale de la Mer Baltique.

Dans le nouveau Continent il n'y a que deux moindres Golfes.

Le Golfe de Saint-Laurent dans la Nouvelle France, & celui de Panama dans l'Isthme du même nom.

CHAPITRE V.

Des Détroits les plus renommés.

DAns notre Continent les plus fameux Détroits sont :

Dans l'Océan, le Détroit de Babel-Mandel, qui est entre l'Asie & l'Afrique, & joint la Mer Rouge à l'Océan.

Le Détroit de Manar, entre la Presqu'isle occidentale de l'Inde & l'Isle de Ceylan.

Le Détroit de Malaca, qui sépare l'Isle de Sumatra de la Presqu'isle orientale de l'Inde.

Le Détroit de la Sonde, entre les Isles de Sumatra & de Java.

Du côté de l'Europe, le Détroit ou le Pas de Calais, qui sépare l'Angleterre de la France.

Le Détroit du Sund, qui joint l'Océan à la Mer Baltique, entre l'Isle de Zelande & la Suede.

Le Détroit de Weigats, entre la Moscovie & la Nouvelle Zemble.

Le Détroit de Zungar, entre les Isles du Japon & la Tartarie orientale.

Le Canal de Pieko, entre une Isle nommée Terre-des-Etats & la Tartarie orientale.

Le Détroit d'Uriez, entre l'Isle précédente & la Terre de Jesso.

Dans la Mer Mediterranée, le Détroit de Gibraltar, qui sépare l'Europe de l'Afrique, & qui joint la Mer Mediterranée à l'Océan occidental.

Le Détroit de Messine entre l'Italie & la Sicile.

Le Détroit de Gallipoli ou des Dardanelles, qui joint l'Archipel à la Mer de Marmara.

Le Détroit de Constantinople, qui joint la Mer de Marmara à la Mer Noire.

Le Détroit de Capha, qui est entre la Mer Noire & la Mer de Zabache.

Dans le nouveau Continent il y a six Détroits considérables.

Le Détroit de Magellan, qui passe entre la Terre Magellanique & la Terre de Feu.

Le Détroit de le Maire & celui de Brouvers, ceux de Hudson, de Davis & de Forbiester aux environs des Terres Arctiques.

Entre le nouveau Mexique & l'Isle de Californie on trouve la Mer Vermeille, qui peut aussi passer pour un Détroit, mais d'une longueur & largeur bien plus étenduë que les autres.

CHAPITRE VI.

Des Lacs.

LEs plus grands Lacs, ausquels on a donné le nom de Mer, sont dans notre Hémisphere la Mer Caspienne aux Côtes septentrionales de la Perse. Et dans l'Amérique le Lac de Tracy dans le Canada.

Les moindres Lacs qui sont dans notre Continent.

En Afrique les Lacs de Borno & de Gardes au Pays des Négres; le Lac de Niger entre le Congo & l'Ethiopie particuliere; & les Lacs de Zaflan & de Zaire dans l'Ethiopie.

En Asie le Lac de Chiamay ou Chimoy, dans la partie méridionale de la Tartarie, entre la Chine & le Mogol.

En Europe les Lacs Ladoga & Donega, entre la Suede & la Moscovie; celui de Waner en Suede, & celui de Geneve entre la Savoye & la Suisse.

Dans le Continent de l'Amérique il y en a quatre.

Le Lac de Nicaraga dans la Nouvelle Espagne, & les Lacs des Ilinois, d'Erié & de Frontenac dans la Nouvelle France.

CHAPITRE VII.

Des Rivieres dans les quatre Parties du Monde.

LEs plus considérables Rivieres *de l'Europe sont*,

Le Danube qui passe en Allemagne & dans la Turquie en Europe, lequel a son cours d'Occident en Orient, & qui va se rendre dans la mer Majeure ou Noire.

Le Rhin en Allemagne, qui coule du Midi au Septentrion, & finit son cours dans les sables près de Leyde en Hollande.

Le Volga en Moscovie, qui s'écoule dans la mer Caspienne; & le Don qui se jette dans la mer de Zabache.

Le Nieper ou Boristhene, en Pologne, qui a son embouchure dans la mer Noire.

En France le Rhône, qui se répand dans la Mediterranée, la Seine, la Loire & la Garonne, qui se jettent dans l'Océan occidental.

Le Tage en Espagne, qui se décharge dans l'Océan occidental.

Le Po & le Tibre en Italie.

Et la Tamise en Angleterre.

Dans l'Asie. Le Tigre dans le Diarbech.

L'Eufrate dans la Turcomanie, qui passe entre l'Arabie & le Diarbech.

L'Inde & le Gange dans l'Empire du Mogol.

Le Menan dans la grande Presqu'isle orientale de l'Inde, qui a son embouchure dans le Golfe de Siam.

Le Pegu ou l'Aux dans la partie septentrionale de la grande Presqu'isle orientale,

Le Mecou dans la même Presqu'isle, qui s'écoule dans l'Océan oriental vers l'Isle de Borneo.

Le Kiam ou Riviere Bleuë, & le Ho-amko ou Riviere Jaune dans la Chine.

L'Obi, le Tachemin, & le Lena dans la Tartarie.

L'Amur & Jaocartes en Tartarie.

Dans l'Afrique. Le Nil, qui prend sa source au Royaume de Gojame dans l'Abissinie, & va se jetter dans la Mediterranée.

Le Niger, qui passe au milieu du Pays des Négres, & se va rendre dans l'Océan.

La Zaire dans le Congo.

Le Zambeze, qui décharge ses eaux dans le Monoëmugi.

Dans l'Amérique. La Riviere de Canada ou de S. Laurent dans la Nouvelle France, qui se va rendre au Golfe de S. Laurent dans la mer du Nord.

La grande Riviere de Missisipi, qui traverse tout le Canada, allant du Septentrion au Midi, & qui se termine au Golfe de Mexique.

On en trouve trois remarquables dans l'Amérique méridionale, qui sont :

La Riviere des Amazones, qui traverse la Région de même nom, & a son embouchure dans la mer du Nord particuliere.

La Riviere de Plata ou d'argent dans le Paraguay, qui se termine à la mer de Paraguay.

Et la Riviere de Paria ou d'Orenoque dans la Terre-ferme, qui répand ses eaux dans la mer du Nord particuliere.

REMARQUE.

Dans les deux premieres éditions de ce Livre j'avois trouvé à propos de laisser la Géographie telle qu'elle est décrite ci-devant, afin qu'on en pût mieux retenir les principes & les autres choses dont elle ne traite qu'en général ; mais quelques personnes intelligentes m'ont conseillé de donner à part une espece de Géographie historique, où les Pays & ce qui en dépend fussent décrits en particulier, afin qu'on pût comparer l'une avec l'autre, & par ce moyen la rendre plus méthodique. Je l'ai fait d'une maniere abrégée ; mais elle ne laissera pas de donner une idée assez juste des différens Etats qui composent les quatre parties du Monde.

DESCRIPTION GEOGRAPHIQUE ET HISTORIQUE PLUS PARTICULIERE DES QUATRE PARTIES DU MONDE.

CHAPITRE PREMIER.

Description de l'Europe.

L'Europe est sans difficulté la partie du Monde la plus belle & la plus polie de toutes. Son nom vient, à ce que croyent la plûpart des Auteurs, d'Europe fille très-belle d'Agenor Roi de

Phénicie, que les Poëtes font enlever par Jupiter, sous la forme d'un Taureau, dans l'Isle de Crete.

Cette premiere partie du Monde est située presque toute dans la Zone tempérée. Elle est bornée au Septentrion par la mer Glaciale ; à l'Occident elle est séparée de l'Amérique par l'Océan Atlantique, de l'Afrique par la mer Mediterranée, & de l'Asie par l'Archipel, par la mer Noire, par la riviere de Don, d'où il faut tirer une ligne jusqu'au fleuve Obi, qui se décharge dans l'Océan de la mer Glaciale.

Sa situation fait que l'air y est doux ; la terre y abonde en toutes sortes de grains, de vins, de fruits & de bestiaux. Nous allons suivre la division que nous avons faite ci-devant de l'Europe ; & nous commencerons par l'Espagne, qui en est la partie la plus occidentale. *Voyez la Carte de l'Europe, Planche 27.*

SECTION I.

Description de l'Espágne.

CE Royaume est borné à l'Orient par la mer Mediterranée, au Midi par la même mer & par le Détroit de Gibraltar ; au Septentrion par les monts Pyrenées, qui la séparent de la France, & à l'Occident par le Portugal.

Son air est généralement bon & sain, mais un peu chaud, ce qui rend le terroir sec. Les montagnes y sont fort fréquentes ; les Rivieres & les Lacs y sont rares : & si le bled n'y croît pas en abondance, on y recueille en récompense une quantité d'excellens vins, & des fruits d'une bonté extraordinaire.

Les chevaux sont d'une délicatesse & d'un vif tout particulier. Les bestiaux & autres animaux pour la vie de l'homme y sont très-bons.

Nous ne dirons rien ici des Mers, des Isles, des Rivieres, des Montagnes, &c. de tous les Pays que nous allons décrire, en ayant suffisamment parlé en traitant de la Géographie en général.

L'Espagne se divise ordinairement en quinze principales parties, qui ont eu presque toutes le titre de Royaume.

Les Maures ont été long-tems les maîtres de ces grands Pays ; mais leur domination finit à la prise de Grenade par Ferdinand V. en l'année 1492.

La vieille & la nouvelle Castille, & le Royaume de Leon sont au milieu du Pays ; la Galice, l'Asturie & la Biscaye se rencontrent ſur les Côtes de l'Océan du côté du Septentrion; la Navarre, l'Arragon & la Catalogne ſont de ſuite; puis en ſuivant les côtes de la mer Mediterranée juſques par delà le Détroit de Gibraltar l'on rencontre les Royaumes de Valence, de Murcie, de Grenade & l'Andalouſie, comme auſſi les Pays de Guadiana & l'Eſtramadure.

La vieille Caſtille a reçu ſon nom d'un Château dont la figure ſe voit dans le premier quartier des Armes du Roi d'Eſpagne. Burgos en eſt la Capitale. On y voit un fort Château & une belle Egliſe. Tout proche eſt la célebre Abbaye de Huelgas, dans laquelle il y a toûjours 150. Religieuſes, toutes filles de Princes ou grands Seigneurs, & un Hôpital Royal pour les Pelerins qui a 80000. liv. de rente.

La Caſtille neuve a pour Villes Capitales du Royaume, Madrid, comme étant la demeure la plus ordinaire du Roi; & Tolede, comme la plus ancienne. L'Eſcurial, qui eſt à 7. ou 8. lieuës de Madrid, eſt le lieu de la Sépulture de la Famille Royale. L'Egliſe eſt des plus conſidérables du Royaume. Elle a coûté plus de vingt millions d'or au Roi Philippe II.

De ce côté-là & ſur la frontiere de Portugal eſt le Pays d'Eſtramadure, dont Badajos eſt la Capitale; & le petit Pays de la Manche, qui eſt celui de Dom Quichotte.

Le Royaume de Leon a pour Capitale une ville du même nom, où ſe trouve une Egliſe renommée pour ſa beauté. La Ville de Salamanque a une célebre Univerſité, où on enſeigne toutes ſortes de Langues. On fait mention de la fameuſe Vallée de Vatuegas, reconnuë & habitée par les ſoins du Duc d'Albe.

Le Royaume de Galice eſt plus peuplé qu'il n'eſt fertile. Compoſtelle y eſt connuë par les pelerinages de ceux qui vont viſiter les Reliques de S. Jacques Patron des Eſpagnols.

L'Aſturie eſt le titre du Prince aîné d'Eſpagne, dont les cadets ſont appellés Infans. Elle nourrit des chevaux qui ſont excellens pour leur force. Sa Ville Capitale Oviedo eſt appellée la Cité des Rois & des Evêques. Elle a ſervi de retraite aux Rois Goths & à pluſieurs Evêques contre l'invaſion des Mululmans.

La Biſcaye par ſes grandes forêts fournit la plûpart des bois pour bâtir les vaiſſeaux qui ſe font en Eſpagne. Elle a auſſi une grande quantité de mines de fer. Ses Villes Capitales ſont Bilbao & S. Sebaſtien, fort marchandes, ſurtout en laine.

La Navarre conſiſte en ſix Merindades ou Gouvernemens, dont la Ville capitale eſt Pampelune, aſſez bien entourée de murailles, fortifiée de bons Baſtions, & défenduë de deux forts Châteaux.

L'air y est assez tempéré, & le terrein plein de montagnes, où on trouve toute sorte de venaison & gibier.

Le Royaume d'Arragon comprend le Pays des anciens Celtiberes & des Jaccetans. La Ville capitale est Sarragosse. La Cathédrale a le titre d'Archevêché, qui a 60000. écus de rente. Il y a plusieurs maisons de plaisance qui rendent cette Contrée fort considérable.

La Principauté de Catalogne produit du vin & de l'huile, des grains & des fruits. Barcelonne Ville Capitale a de beaux Edifices, & est défenduë par le Fort de Monjoüy. Tarragone est plus ancienne & plus forte, aussi-bien que Tortose. Lerida & Girone sont encore des Villes très-fortes. Les habitans de ce Pays-là sont fort sujets à manquer de fidélité envers leurs souverains. Rose est une importante Place maritime. Le riche Monastere de Notre-Dame de Mont-Sara, si connu par sa grande solitude & par les pelerinages & les présens que l'on y fait, est dans cette Principauté.

La Valence est le plus agréable Pays de toute l'Espagne. La Ville capitale, qui porte le même nom, a encore celui de belle & grande. Alicante y est connuë par le transport de ses bons vins.

Le Royaume de Murcie se nomme le Jardin d'Espagne, à cause de ses excellens fruits. On y fait un grand trafic de soye. Carthagene est un bon Port de mer, & Caravaca est célebre par la Croix miraculeuse que l'on y conserve.

La Ville de Grenade est la plus grande d'Espagne. La demeure en est agréable, à cause de la pureté de son air & de ses belles fontaines. Les Maures plaçoient le Paradis au Zenit de ce Royaume. Malgue fournit aussi d'excellens vins.

L'Andalousie est si abondante en toutes choses, qu'elle passe pour le grenier & la cave du Royaume d'Espagne. Seville est le magasin des richesses du nouveau Monde. C'est une Ville des plus belles & des mieux bâties. San-Lucar est fort marchande, aussi-bien que Cadiz, où les Vaisseaux qui apportent l'or & l'argent des Indes, abordent au Port Sainte-Marie, qui dépend de la Ville.

Gibraltar est en Andalousie. Il donne son nom au fameux Détroit qui communique les mers Océane & Mediterranée, & qui sépare l'Europe de l'Afrique. Cette Place a été cédée aux Anglois par le Traité d'Utrecht.

Les Espagnols sont ordinairement mystérieux & secrets; ils aiment les titres honorables, sont peu laborieux, patiens dans leurs peines, sobres dans leur manger. Ils sont lents à résoudre, mais fort opiniâtres à poursuivre leurs desseins. On remarque que les femmes ne sont gueres fécondes; c'est ce qui fait que ces Pays ne sont pas trop peuplés. On estime fort l'Infanterie Espagnole dans les Armées, & en général ce peuple passe pour être brave.

Ce Royaume est héréditaire, & les femmes y succédent faute de mâles. Les Rois d'Espagne ont le titre de Roi Catholique, & ils ont purgé leurs Etats de toute sorte de doctrines contraires à l'Eglise Romaine par le moyen de l'Inquisition, qui est très-rigoureuse sur cette matiere.

En 1700. cette Monarchie est entrée dans la Maison de Bourbon, & en la personne de Philippe V. & le Trône est maintenant occupé par Ferdinand VI. son fils.

L'Espagne a onze Archevêchés, dont celui de Tolede est le premier, & le Primat du Royaume. Ils ont sous eux 65. Evêques suffragans. On tient que le Clergé posséde des sommes immenses, puisque le revenu seul du Clergé de Tolede, joint à celui de l'Evêque, monte à six cens mille écus de rente.

Madrid, comme nous avons dit, est la Capitale. Elle est dans la nouvelle Castille, située sur la Riviere de Mancanarez, à 40. deg. 15. min. de latitude, & à 14. deg. 10. min. de longitude. Elle n'a de considérable que le Palais du Roi, l'Eglise Notre-Dame, quelques-autres Eglises & Places publiques.

Les Rois d'Espagne possédent de grandes Terres dans toutes les parties du Monde, comme nous le dirons en son lieu.

SECTION II.

Description du Portugal.

LE Portugal s'étend le long de l'Océan du côté de l'Occident. La Galice le touche vers le Septentrion, & il est borné à l'Orient par le Royaume de Leon, & par l'Andalousie au Midi. Il a pour Roi Joseph de la Maison de Bragance, qui est Catholique. Ce Royaume est héréditaire.

Il y a trois Archevêchés & dix Evêchés.

Lisbonne, qui est la Capitale du Royaume, est à 38. deg. 40. m. de latitude, & à 9. deg. de longitude. C'est une des plus belles & des plus marchandes Villes de l'Europe. Son port est fort grand & très-sûr, & les Vaisseaux y peuvent moüiller sur un fond de 60. brasses.

On divise le Royaume de Portugal en six parties, qui sont l'Estramadure, Beïra, Tralosmontes, entre Douro & Minho, Alentejo, & le petit Royaume des Algarves. On trouve les deux premieres dans le milieu, l'une au Midi, l'autre au Septentrion. Les deux suivantes

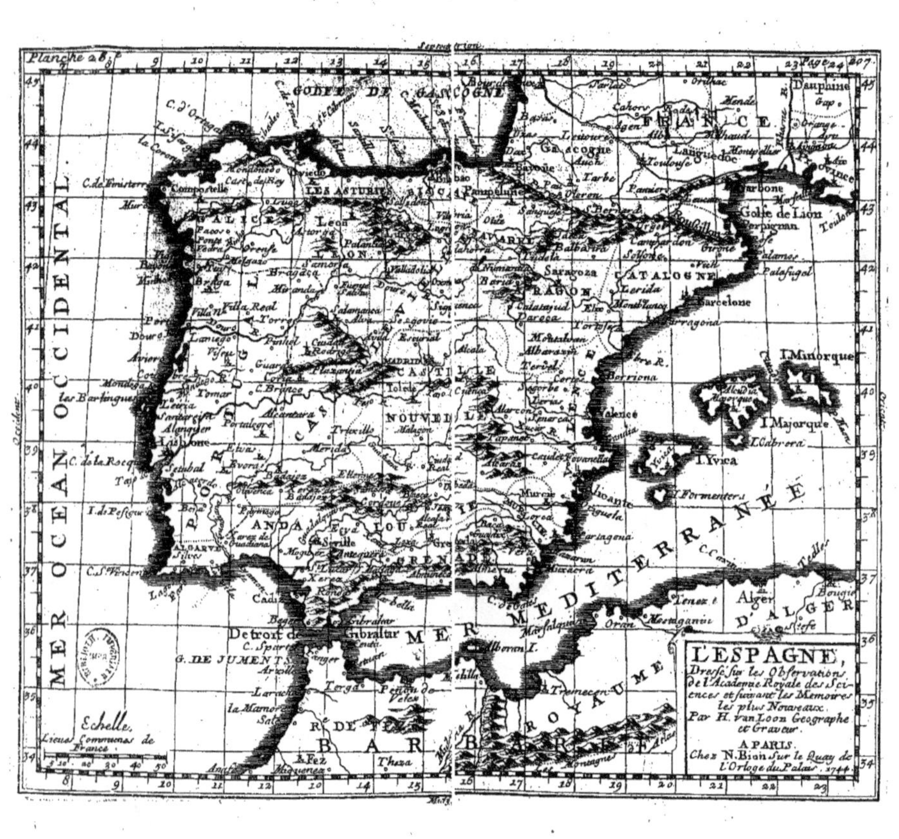
Planche 28.
Page 207.
Septentrion
Occident
Orient
Midi
L'ESPAGNE,
Dressé sur les Observations de l'Academie Royale des Sciences et suivant les Memoires les plus Nouveaux.
Par H. van Loon Geographe et Graveur.
A PARIS.
Chez N. Bion Sur le Quay de l'Orloge du Palais. 1744.
MER OCEAN OCCIDENTAL
GOLFE DE GASCOGNE
MER MEDITERRANÉE
FRANCE
CASTILLE
NOUVELLE
CATALOGNE
ANDALOUSIE
GRENADE
ROYAUME D'ALGER
BARBARIE
Golfe de Lion
Gascogne
Languedoc
Dauphiné
Madrid
Toledo
Valladolid
Saragoza
Lerida
Barcelone
Tarragona
Valence
Alicante
Murcie
Carthagena
Grenade
Seville
Cadix
Gibraltar
Detroit de Gibraltar
Lisbone
Setubal
Compostelle
Oviedo
Leon
Pampelune
Bayonne
Salamanca
Segovie
Merida
Badajoz
Alcantara
I. Minorque
I. Majorque
I. Yvica
I. Formentera
I. Cabrera
Alger
Oran
Bougie
Fez
C. de Finisterre
C. d'Ortegal
Echelle.
Lieues Communes de France

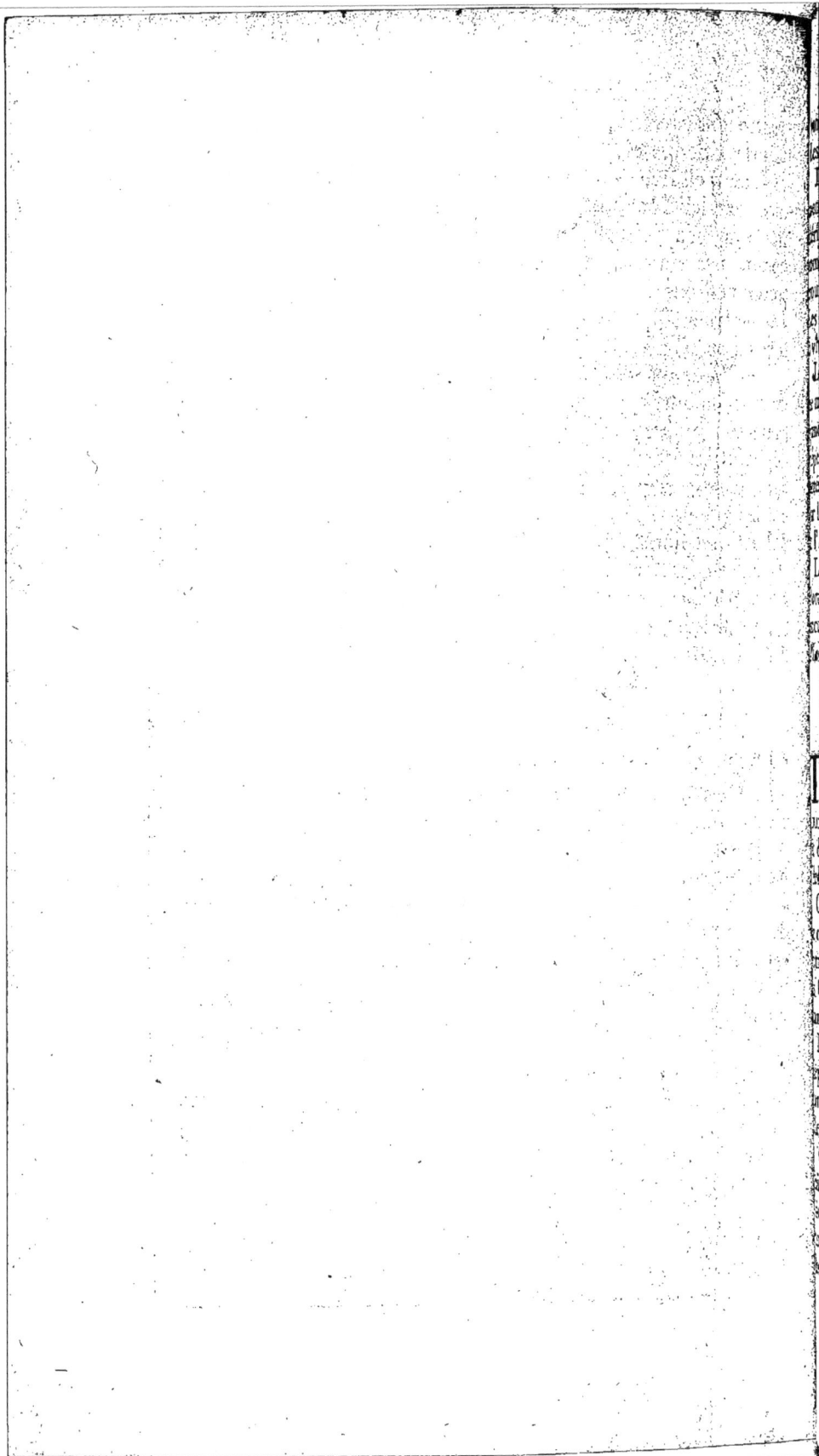

vantes ſont vers le Nord, l'une à l'Orient, l'autre à l'Occident. Les deux dernieres ſont vers le Midi.

L'air y eſt doux, ſain, tempéré & très agréable, particuliérement vers les Côtes. Le terroir eſt en général montagneux & aſſez ſtérile en bleds; mais il produit quantité de vin, de très-bons fruits, comme des oranges, des citrons, des amandes, des olives. On y trouve auſſi des mines d'or, d'argent, de fer, de plomb & d'étain. Les beſtiaux y ſont très-gras, & les chevaux ſont fort beaux, & vont ſi vîte, qu'on n'a jamais vû rien de pareil.

Les Portugais ſont fort affectionnés à leur Roi, & ont beaucoup de mépris pour tous les autres Peuples. Ils ſont ſobres dans leur régime de vie, propres en leurs habits, & très-ménagers dans leur dépenſe. Ils ſont bons ſoldats ſur mer. Les conquêtes qu'ils ont faites dans les Pays étrangers en ſont des preuves convaincantes, par les grandes Terres qu'ils poſſédent dans l'Amérique, l'Afrique & l'Aſie, comme nous le dirons en ſon lieu.

La Religion Catholique eſt profeſſée dans une grande pureté en Portugal. Cependant on dit qu'il y a pluſieurs Juifs qui y exercent encore la leur, mais fort ſecrétement. *Voyez la Carte d'Eſpagne, Planche* 28.

SECTION III.

Deſcription de la France.

TOut le monde convient que la France eſt un des plus beaux Pays de l'Europe, & par conſéquent le plus conſidérable de tout le Monde. Tout ce que l'on peut ſouhaiter de plus agréable & de plus utile pour la vie y croît en abondance. Ses vins, ſes bleds & ſes ſels y attirent ſouvent l'or & l'argent des Etrangers.

Ce Royaume eſt une partie des anciennes Gaules. Il tire ſon nom de certains Peuples de Franconie en Allemagne, qui demeuroient entre le Rhin, le Mein & le Weſer, & qui après avoir conquis les Gaules s'unirent ſous le nom de Francs. Pharamond en fut proclamé le premier Roi vers l'an 420.

La ſituation de ce Royaume eſt très-avantageuſe. Il eſt borné au Septentrion par la Mer d'Angleterre & par les Pays-bas, à l'Orient par l'Allemagne, les Suiſſes & le Piémont, au Midi par la Mer Mediterranée & l'Eſpagne, & à l'Occident par l'Océan occidental.

Ce Pays joüit de toutes les commodités de ces deux Mers. L'une lui ouvre le commerce du Levant, & l'autre lui donne la communication avec tous les Royaumes du Monde par le moyen du grand nombre de Vaiſſeaux qui ſont dans tous les Ports conſtruits au long des Côtes de ce Royaume, qui ſont d'une très-grande étenduë.

Son air eſt doux & très-ſain, ſon terroir fertile en grains, en fruits & en chanvres. On y trouve de belles Prairies, de grandes Forêts & d'agréables Plaines, dans leſquelles on voit une grande quantité de beſtiaux & du gibier de toute eſpece.

Les François ont bonne mine, ſont ſpirituels, adroits & fort inventifs pour les Sciences & pour les Arts. Ils ſont polis & ſinceres dans leurs paroles. Ils reçoivent les étrangers avec une très-grande affabilité & franchiſe. Ils ſont braves tant ſur terre que ſur mer. Leurs amis & ennemis en ont ſouvent rendu d'autentiques témoignages; on les accuſe ſeulement d'être un peu inconſtans; mais ſurtout ils ſont fort fidéles à leur Roi.

La Religion Catholique eſt la ſeule permiſe & exercée préſentement en France.

Ce Royaume eſt héréditaire aux mâles ſeulement, ſuivant la Loi Salique, qui en exclut tout-à-fait les femmes. Ce fut en 947. que parvint à la Couronne Hugues Capet chef de l'auguſte Maiſon qui régne aujourd'hui en France. En 1328. la Couronne entra dans la branche des Valois en la perſonne de Philippe VI. & en 1589. elle paſſa à la branche de Bourbon en la perſonne de Henri IV. qui a eu pour ſucceſſeurs Loüis XIII. Loüis XIV. & Loüis XV. aujourd'hui régnant. Ce Prince né à Verſailles le 10. Fevrier 1710. parvenu à la Couronne le 1er. Septembre 1715. & ſacré à Rheims le 25. Octobre 1722. a épouſé à Fontainebleau Marie-Sophie de Leczinski, Princeſſe de Pologne, le 5. Septembre 1725. De ce mariage ſont nés deux Princes & pluſieurs Princeſſes: le 14. Août 1727. Meſdames Elizabeth & Henriette, dont la premiere a épouſé l'Infant Don Philippe, maintenant Duc de Parme; le 4. Septembre 1729. Loüis Dauphin, qui a épouſé par un ſecond mariage Marie-Joſephe de Saxe; le 23. Mars 1732. eſt née Madame Adelaïde; le 11. Mai 1733. Madame Victoire; le 27. Juillet 1734. Madame Sophie; & le 15. Juillet 1737. Madame Loüiſe, toutes aujourd'hui à la Cour de France. La mort nous a enlevé les autres. En 1748. Loüis XV. a calmé les troubles de l'Europe par le Traité d'Aix-la-Chapelle.

Nos Rois portent le titre de Rois très-Chrétiens, & de fils aînés de l'Egliſe, à cauſe de l'attachement qu'ils ont tous eu à la Religion Chrétienne, depuis Clovis.

On compte douze anciens Pairs de France, dont il y en a ſix Eccléſiaſtiques & ſix Séculiers, qui ont droit d'aſſiſter aux ſacres des Rois. Les ſix Pairs Eccléſiaſtiques ſont:

L'Archevêque & Duc de Rheims, premier Pair de France; il ſacre le Roi.

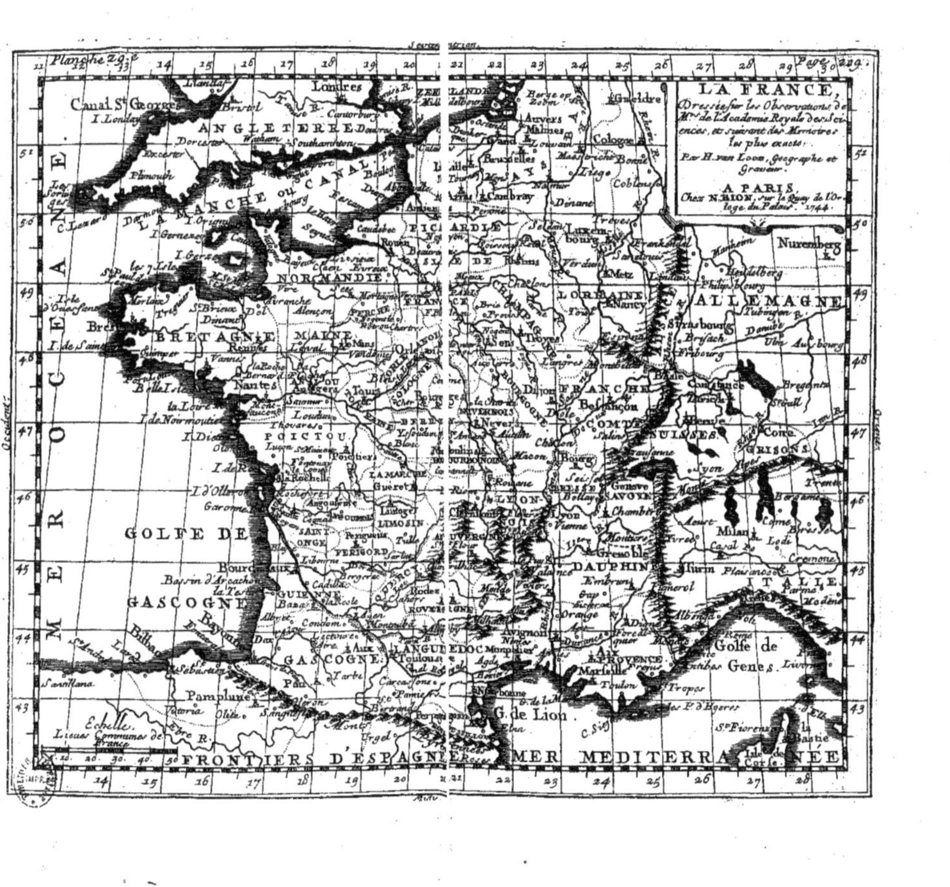
Planche 29.e
Page 229.
LA FRANCE,
Dressée sur les Observations de Mrs de l'Academie Royale des Sciences, et suivant des Memoires les plus exacts.
Par H. van Loon, Geographe et Graveur.
A PARIS,
Chez N. BION, sur le Quay de l'Orloge du Palais. 1744.
ANGLETERRE
LA MANCHE ou CANAL
NORMANDIE
BRETAGNE
MAINE
POICTOU
GOLFE DE
GASCOGNE
LORRAINE
ALLEMAGNE
FRANCHE COMTE
SUISSES
GRISONS
DAUPHINE
PROVENCE
LANGUEDOC
ITALIE
Golfe de Genes
G. de Lion
MER MEDITERRANÉE
FRONTIERS D'ESPAGNE
MER OCEANE
Echelle.
Lieues Communes de France
Londres
Nuremberg
Occident
Orient

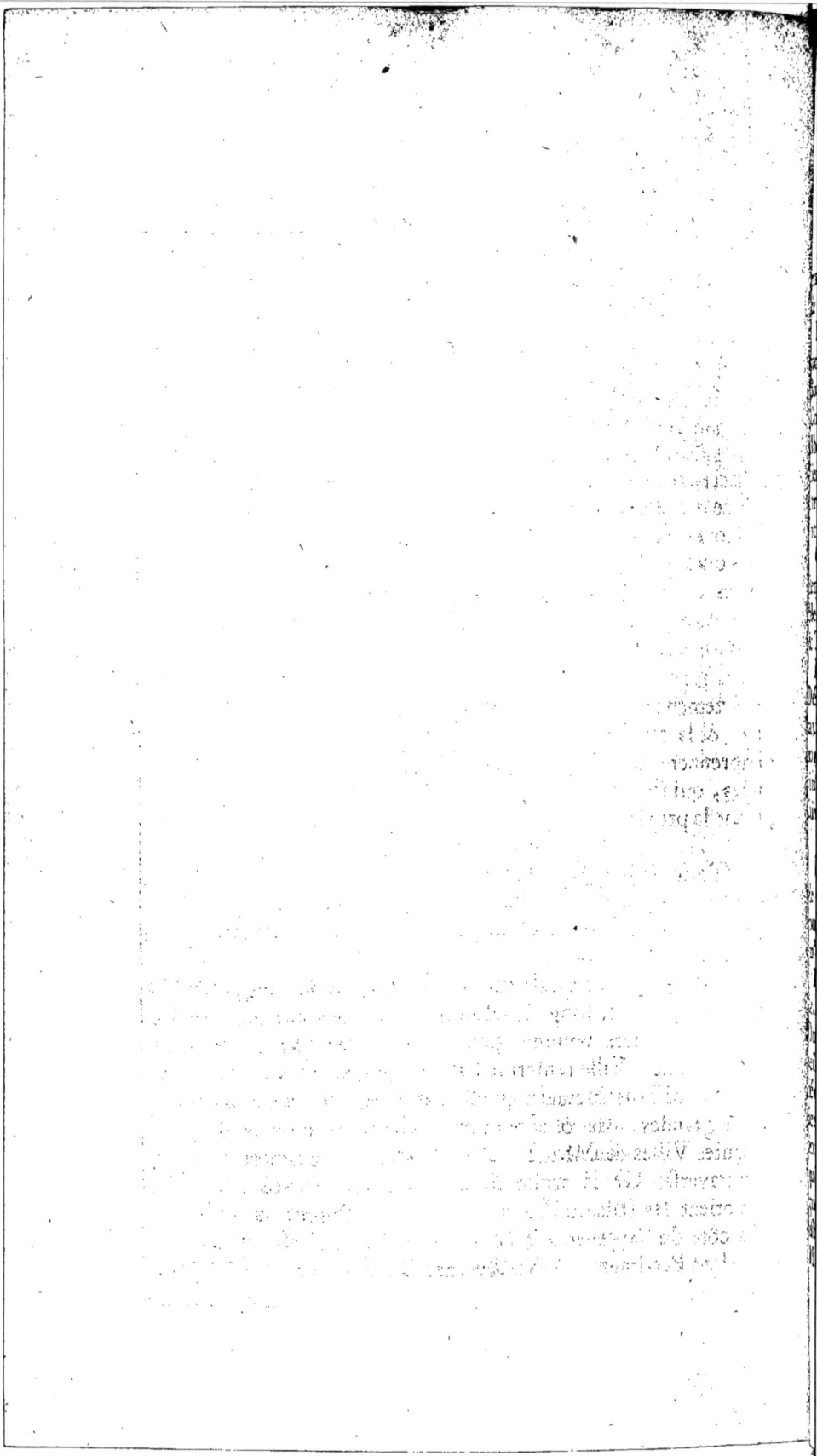

L'Evêque & Duc de Laon; il tient au Sacre la sainte Ampoule.
L'Evêque & Duc de Langres; il porte le Sceptre Royal.
L'Evêque & Comte de Beauvais; il porte le Manteau Royal.
L'Evêque & Comte de Châlons; il porte l'Anneau Royal.
L'Evêque & Comte de Noyon; il porte le Ceinturon Royal.

Les six Pairs séculiers sont les Ducs de Bourgogne, de Normandie & de Guyenne, les Comtes de Toulouse, de Flandre & de Champagne.

Le Roi nomme à 18. Archevêchés & à 112. Evêchés, lesquels contiennent plus de 140000. Paroisses. Il se trouve dans le Royaume 1356. Abbayes de Religieux, 12400. Prieurés, 259. Commanderies de Malte, 152000. Chapelles fondées, 5057. Abbayes de Religieuses. On tient que le revenu de tous les biens Ecclésiastiques monte par an à plus de trois cens millions de livres; ce qui fait connoître le grand attachement que les François ont toûjours eu pour leur Religion.

On compte douze Parlemens en France, institués & rendus sedentaires par nos Rois; sçavoir, Paris, Toulouse, Roüen, Grenoble, Bourdeaux, Dijon, Aix, Rennes, Pau, Mets, Besançon, & Tournay, transféré à Doüay depuis la Paix d'Utrecht.

La France étoit divisée autrefois en douze Gouvernemens ou Départemens de tout le Royaume, pour assister aux Etats Généraux, & la derniere assemblée s'en est tenuë à Paris en 1614. Ils comprennent aussi tous les Gouvernemens militaires ou de Provinces, qui sont au nombre de 37. Nous allons décrire ces douze suivant la proximité qu'ils ont les uns avec les autres.

Du Gouvernement de l'Isle de France.

L'Isle de France est renfermée comme une Isle entre les rivieres de Seine, de Marne, d'Aine & d'Oise. C'est la plus agréable de toutes nos Provinces. On la compte la premiere de France, parce qu'elle renferme Paris.

Paris est la Capitale du Royaume. Elle est au 48. deg. 51. m. de lat. & au 20. deg. de long. & selon quelques-uns 30. min. de plus. On a fait plusieurs volumes pour décrire une partie des merveilles que cette Ville renferme: il vaut mieux les voir que de les décrire. Je dirai seulement qu'elle passe pour une des plus belles, des plus grandes, des plus peuplées, des plus riches & des plus florissantes Villes du Monde. Elle est bâtie sur la riviere de Seine qui la traverse. On la divise en trois parties; sçavoir, la Cité, qui contient les Isles du Palais & de Notre-Dame; la Ville qui est du côté du Septentrion; & l'Université, qui est du côté du Midi. Il y a Parlement, Chambre des Comptes, Cour des Aydes,

Cour des Monnoyes, Bureau des Finances, Prevôté, Châtelet, &c. & un Siége Archiépiscopal érigé en Duché-Pairie. Il y a aussi six Académies; sçavoir, celle de l'Eloquence, celle des Sciences, celle des Inscriptions & Belles Lettres, celle de Peinture & Sculpture, celle d'Architecture, & celle de Chirurgie. Enfin ce ne seroit jamais fait si on vouloit parler en détail des belles Eglises & des superbes Bâtimens dont cette merveille du Monde est ornée.

Dans le Gouvernement de l'Isle de France on trouve :

Versailles, séjour ordinaire du Roi. Tout ce que l'Art a pû inventer pour faire de ce Palais l'admiration de tout le monde, tant pour sa magnifique Chapelle, la grandeur de ses Appartemens, la beauté de ses Jardins, que pour la profusion de ses Eaux, a été exécuté par les plus habiles Maîtres.

Marly est un Château, auquel est joint un Parc; & près de là on voit la surprenante Machine qui éleve de 62. toises l'eau de la Seine pour la conduire à Marly.

Saint-Germain en Laye, ci-devant séjour le plus ordinaire de nos Rois, est un Château bâti sur une hauteur, aussi-bien que le magnifique Palais de Meudon. S. Cloud qui en est tout proche, est le plus beau des Palais de M. le Duc d'Orléans.

Vincennes au-dessus de Paris est aussi une belle Maison Royale, & en même tems un fort Château, où l'on tient quelquefois les prisonniers d'Etat. Il est environné d'un fort beau Parc.

Fontainebleau dans le Gâtinois est aussi une Maison Royale, où le Roi Henry IV. fit faire plusieurs Appartemens magnifiques. Il y a quantité de sources & de fontaines d'une très-bonne eau.

Compiegne, dans le Valois, où se trouve un Château Royal fort ancien.

Nous ne parlerons point de Chambor, ni de plusieurs autres Maisons Royales, parce que cela nous conduiroit trop loin. Nous ne ferons mention non plus dans le détail suivant que des Villes principales des Pays que nous décrirons, les autres se pouvant trouver facilement dans les Cartes.

Dans l'Isle de France se trouvent:

Paris, Archev. Parlem. &c. Nemours, Du. Mante, Beauvais, Ev. Com. Soissons, Ev. Lagni, Dourdan, Pontoise, Crepy, Laon, Ev. D. Noyon, Evêché-Comté.

On trouve aussi dans l'Isle de France les Duchés de Chevreuse, de Villeroy, de Roche-Guion, de Montmorency, de Valois, &c.

Du Gouvernement de Bourgogne.

Cette Province a été réunie à la Couronne par Loüis XI. après la mort de Charles le Hardi, à cause que c'étoit un Fief de la Couronne.

Le Duché de Bourgogne est une Province très-considérable par sa grandeur, par sa situation & par sa fertilité. On la nomme ordinairement la Mere des Bleds & des Vins. Il est sorti de ce Pays un très-grand nombre d'Hommes illustres dans toutes sortes d'États. Dijon sur l'Ouche en est la Capitale.

Le Duché de Bourgogne comprend les Villes suivantes.

Dijon, Ev. Parlem. Mâcon, Ev. Charolles. Auxerre, Ev. Châtillon sur Seine. Bellay, Ev. Châlons, Ev. Semur. Autun, Ev. Gex. Bourg & Seissel, sont dans la Bresse. Bourg en est la Capitale. Trevoux dans la Principauté de Dombes.

La Principauté de Dombes appartient à M. le Duc du Maine, & l'on trouve dans le Gouvernement de Bourgogne le Duché de Bellegarde.

Du Gouvernement de Champagne.

Cette Province tire son nom des vastes campagnes qu'elle contient, qui sont pour la plûpart de terre blanche & peu propre pour les fromens, mais qui produit d'excellens vins.

Ce Gouvernement étoit autrefois célebre par la noblesse & le rang des Comtes qui le possédoient en Souveraineté. Il fut réuni à la Couronne avec la Brie par le mariage de Philippe le Bel avec Jeanne Reine de Navarre, Comtesse de Champagne & de Brie, en 1285. Troyes sur la Seine, Ville belle & marchande, est la capitale de Champagne. Rheims est une des plus anciennes Villes, avec une Université.

La Champagne contient les Villes de

Troyes, Ev. Rheims, Arch. Château-Thierry, D. Langres Ev. D. Retel, Duch. Meaux, Ev. Sens, Arch. S. Dizier & Provins.

Dans le Gouvernement de Champagne, se trouvent le Duché de Beaufort & les Principautés de Sedan & de Joinville.

Du Gouvernement de Picardie.

Cette Province a toûjours été unie à la Couronne, & nous fournit la plus ancienne Noblesse du Royaume. Son terroir est très-fertile en bleds & en pâturages. On comprend dans ce Gouvernement la Picardie & l'Artois.

Amiens sur la Somme est la capitale de cette Province. C'est une Ville ancienne & belle. Les Espagnols la surprirent en 1597. par le moyen d'un chariot chargé de paille, dont les conducteurs répandirent quelques sacs remplis de noix proche un Corps-de-garde, où les Soldats s'amusant à les ramasser, furent tués par des troupes qui s'étoient avancées à la faveur d'un broüillard.

Principales Villes du Gouvernement de Picardie.

Amiens, Ev. Guise. Boulogne, Ev. Peronne. Abbeville. S. Quentin. S. Vallery. Calais. Arras, Ev. S. Omer, Ev. Bethune.

On trouve dans la Picardie les Duchés de Bournonville, d'Aluin, de Chaunes, de Saint-Simon, de Bouflers; & dans l'Artois le Duché de Crequi.

Du Gouvernement de Normandie.

Cette Province est divisée en haute & basse. La haute comprend les Bailliages de Roüen, d'Evreux, de Caux & de Gisors. La basse comprend ceux de Caën, d'Alençon & de Coutance, avec plus de 100. Villes, & plus de 150. gros Bourgs.

Cette Province tire son nom des Peuples du Nord qui sont venus s'y établir: en Allemand *Nortman*, signifie, homme du Nord. Ses anciens Ducs, qui étoient des Princes Souverains, étoient si puissans, qu'ils ont souvent soutenu de longues & rudes guerres contre les Rois de France. La Normandie fut réunie à la France sous Philippe-Auguste.

Ce Pays n'a pas beaucoup de vignes; mais il abonde en grains & en fruits, surtout en pommes, dont on fait de très-bon cidre.

La Ville capitale est Roüen, sur la Seine, fort ancienne & fort marchande. Il y a un Pont de bateaux long de 280. pas, qui se leve & s'abaisse selon le flux & reflux de la Mer.

Les Villes principales de la haute Normandie sont:

Roüen, Arc. Parl. Gisors. Evreux, Ev. Lisieux, Ev. Havre de Grace, & Dieppe.

Les Villes principales de la basse Normandie sont:

Caën. Seez, Ev. Alençon, Duch. Avranches, Ev. Coutance, Ev. Cherbourg. Bayeux, Evêché.

On trouve dans cette Province les Duchés d'Alençon, d'Aumale, d'Elbeuf, de Danville, d'Aumont, & la Comté d'Eu, &c.

Du Gouvernement de Bretagne.

François II. dernier Duc de cette Province, n'ayant laissé en mourant qu'Anne de Bretagne sa fille, elle fut mariée à Charles VIII. Roi de France, & par là ce Duché fut réuni à la Couronne en 1491. On la divise en haute & basse.

Rennes, sur la Vilaine, est la Capitale de toute la Bretagne, où les Ducs faisoient autrefois leur résidence. Nantes est une Ville fort ancienne, qu'on appelle l'œil de la Bretagne à cauſe de la beauté de ſon territoire. S. Malo eſt un très-bon Port de Mer, qui eſt gardé la nuit par des Dogues d'Angleterre qu'on lâche dans la Ville.

On trouve dans la Bretagne les Duchés de Ponthieu, de Rets, ou Gondi, de Rohan, de Coaſlin, &c.

Les Villes principales de la haute Bretagne ſont :

Rennes, Ev. Parl. Nantes, Ev. S. Brieu, Ev. S. Malo, Ev. Dol, Ev.

Les principales Villes de la baſſe Bretagne ſont :

Vannes, Ev. Quimper, Ev. Breſt. Port-Loüis. S. Pol de Leon, Ev. Treguier, Ev.

Du Gouvernement de l'Orléanois.

C'eſt ici un des meilleurs & des plus agréables Pays de la France, comme auſſi le plus étendu de ſes Gouvernemens ; car il eſt composé de treize Provinces.

Orléans, ſur la Loire, en eſt la premiere Ville, & peut paſſer pour la Capitale. Elle eſt très-belle & fort marchande. C'eſt un Duché, qui fut l'appanage de Gaſton fils d'Henri IV. A la mort de ce Prince le Duché fut donné à Philippe frere de Loüis XIV. A celui-ci ſuccéda Philippe II. ſon fils, qui fut reconnu Régent après la mort de Loüis XIV. & de qui eſt né en 1703. Loüis aujourd'hui Duc d'Orléans.

Cette Ville eſt fameuſe par le ſecours que Jeanne d'Arc, dite la Pucelle d'Orléans, y mena contre les Anglois qui la tenoient aſſiégée, & à qui elle fit lever le ſiége en 1417. s'étant miſe à la tête des Troupes de Charles VII. qu'elle fit enſuite ſacrer à Rheims.

L'Evêque d'Orléans a le pouvoir de délivrer les criminels le jour de ſon entrée dans la Ville.

On diviſe ce Gouvernement en trois parties, ſçavoir en Pays qui ſont ſur la Loire, & en ceux qui ſont au Midi & au Septentrion de cette riviere.

Les principales Villes qui ſont le long de la Loire.

Orléans, Ev. Tours, Arch. Nevers, Ev. Angers, Ev. Blois, Ev. Saumur.

Villes qui ſont au Septentrion de la Loire.

Le Mans, Ev. Laval. Nogent-le-Rotrou. Mortagne. Chartres, Ev. Bonneval. Montargis, Duché.

Villes qui sont au Midi de la Loire.

Bourges, Arch. Sancerre. Poitiers, Ev. Luçon, Ev. Angoulême, Ev. Jarnac, la Rochelle, Ev.

On trouve dans l'étenduë de ce Gouvernement le Duché de S. Fargeau, de Luines, de Brissac, de S. Agnan, de Richelieu, de la Rochefoucaut, de la Vallette, &c.

Du Gouvernement de Guienne.

On appelloit autrefois ce Pays Aquitaine, à cause que l'on y trouve un grand nombre de sources & de fontaines d'eaux chaudes. Il a été long-tems possédé par les Rois d'Angleterre, à cause qu'Eléonore, femme de Loüis le Jeune, ayant été répudiée, épousa Henri Roi d'Angleterre, auquel elle apporta pour dot la Guienne que Loüis lui avoit renduë; mais en 1453. Charles VII. Roi de France la réunit à la Couronne.

Bourdeaux sur la Garonne en est la Capitale. C'est une Ville fort ancienne, grande & belle, dans laquelle on fait un commerce très-considérable, à cause de la commodité de son Port. Le Roi y a fait bâtir une Forteresse qu'on appelle le Château Trompette, pour la sûreté de la Ville & de son Port.

On divise ce Gouvernement en deux parties; la premiere du côté du Septentrion, qui porte le nom de Guienne; & l'autre du côté du Midi, que l'on nomme Gascogne.

Les principales Villes de la Guienne sont:

Bourdeaux, Arch. Parl. Limoges, Ev. Agen, Ev. Saintes, Ev. Cahors, Ev. Bazas, Ev. Perigueux, Ev. Rodez, Ev.

Les principales Villes de la Gascogne sont:

Auch, Arch. S. Bertrand. S. Jean Piedeport. Dax, Ev. S. Sever, S. Licer. Pau, Parl. Tarbes, Ev. Mauleon. Bayonne, Ev. Condom, &c.

On trouve dans la Province de Guienne les Duchés d'Aiguillon, de Fronsac, de la Force, de Noailles, de Montausier, &c.

Du Gouvernement de Languedoc.

Ce Gouvernement comprend aussi les Cevennes. Le Languedoc passe pour une des plus agréables & des plus fertiles Provinces du Royaume. L'air y est tempéré & fort sain. La terre y produit toutes sortes de choses en abondance.

Toulouse sur la Garonne en est la Capitale. Elle est estimée pour une des plus anciennes & des plus belles Villes de France, & a été autrefois la Capitale d'un Comté Souverain, qui fut annexé à la Couronne sous le régne de Philippe III. en 1271. C'est à cette Ville qu'aboutit le fameux Canal de Languedoc pour la jonction des Mers Océane & Mediterranée. Il commence au Port de Cete. Il facilite le transport des denrées du pays & des marchandises étrangeres de l'une de ces Mers à l'autre. Cet ouvrage, qui contient douze écluses, fut commencé par ordre du Roi Loüis XIV. en 1666. sous la conduite de M. Riquet, & a été achevé en 1681. On peut dire que c'est une entreprise des plus hardies, & des mieux exécutées, & qu'elle surpasse les chefs-d'œuvres des anciens Romains.

Le Languedoc se divise en haut & bas. Le premier est à l'Occident, & l'autre à l'Orient.

Les principales Villes du haut Languedoc sont :

Toulouse, Arch. Parlem. Castelnaudary, Alby, Arch. Foix, Perpignan, Ev. &c.

Celles du bas Languedoc sont :

Narbonne, Arch. Besiers, Ev. Nismes, Ev.

Les Cevennes contiennent :

Mende, Ev. Le Puy, Ev. Viviers, Ev. &c.

On trouve dans ces Provinces les Duchés de Foix, de Joyeuse, d'Harcourt & d'Usez.

Du Gouvernement de Provence.

Cette Province fut la premiere conquête de César dans les Gaules. Elle a eu depuis l'an 920. des Comtes Souverains qui l'ont possédée jusqu'en 1481. que Charles d'Anjou, dernier Comte de Provence institua le Roi Loüis XI. son héritier, qui unit cette Province à son Royaume.

Le territoire de la basse Provence est merveilleusement abondant en bleds, vins & fruits délicieux, comme olives, avec lesquelles on fait de l'huile excellente, citrons, oranges, grenades, figues, prunes, amandes, &c.

Aix sur la riviere d'Arc est la Capitale. C'est une Ville fort ancienne & fort belle, tant par la grandeur de ses Places publiques, que par la longueur de ses ruës, & surtout de celle qu'on appelle le Cours, longue de plus d'un quart de lieuë, bordée des deux côtés de très-magnifiques Maisons.

Les principales Villes de Provence sont :

Aix, Arch. Parlem. Arles, Arch. Marseille, Ev. Toulon, Ev. Frejus, Ev. Grasse, Ev. Vence, Ev. Digne, Ev. Glandêves, Ev. Senez, Ev. Riez, Ev. Sisteron, Ev. Apt, Ev.

On trouve dans cette Province le Duché de Villars.

Du Gouvernement du Dauphiné.

Cette Province faisoit autrefois partie du Royaume de Bourgogne, qui fut depuis partagé par les enfans de l'Empereur Henri IV. On raconte qu'environ l'an 1120. Guigue VIII. l'un de ses Comtes, fut nommé Dauphin, à cause que dans une occasion où il fit paroître beaucoup de valeur, ayant pris pour devise sur ses armes un Dauphin, ce nom lui fut si agréable, qu'il donna celui de Dauphiné à la Province.

Humbert second, Dauphin de Viennois, avoit perdu ses deux fils lorsque se voyant continuellement attaqué par Amédée Duc de Savoye, & ne se sentant pas assez fort pour lui résister, il offrit son Pays à Philippe de Valois Roi de France qui lui en donna cent mille florins d'or. Ce marché fut fait à condition que les fils aînés de France en porteroient le nom & les Armés. Ainsi Charles V. petit-fils de Philippe, fut le premier qui porta le nom de Dauphin en 1350.

Le terroir, quoique fort montagneux, ne laisse pas de produire de très-bonnes choses pour la vie. On raconte de ce Pays plusieurs merveilles particulieres que quelques-uns ont révoquées en doute. Ce qu'il y a de réel est l'affreuse montagne, appellée la Chartreuse, qui a donné le nom à l'Ordre de S. Bruno.

Grenoble sur l'Isere est la Capitale de ce Gouvernement. C'est une Ville fort ancienne, embellie par l'Empereur Gratien, qui lui donna son nom *Gratianopolis*, d'où est venu le nom de *Grenoble.*

On divise le Dauphiné en haut & bas; le premier à l'Orient, & le second à l'Occident.

Les principales Villes du haut Dauphiné sont :

Grenoble, Ev. Parlem. Embrun, Arch. Gap, Ev. Briançon. Le Buis. Die, Ev.

Celles du bas Dauphiné sont :

Vienne, Arch. Valence, Ev. S. Paul-Trois-Châteaux, Ev.

On trouve dans le Dauphiné le Duché de Lesdiguieres.

Du Comté Venaissin.

Ce Pays est si abondant en bêtes fauves & en gibier, qu'il en a tiré son nom. Il est composé de deux Comtés; sçavoir, du Comté Venaissin & de celui d'Avignon. On comprend ordinairement l'un & l'autre sous le nom de Comtat.

Le Comté Venaissin dépend du Saint Siége depuis 1250. que Jeanne étant morte sans enfans, donna ouverture à la clause que Raimond son pere avoit faite avec S. Loüis en 1228. que si sa postérité venoit à manquer, il laissoit au Pape le Comté Venaissin.

Le Comté d'Avignon est aussi au pouvoir des Papes depuis 1348. que Clement VI. l'acheta de Jeanne Reine de Naples & Comtesse de Provence. Les Papes y ont fait leur résidence depuis Clement V. qui y fixa son siége en 1308. jusqu'à Gregoire XI. qui retourna à Rome en 1376.

Avignon sur le Rhône est la Capitale. Le Vice-Légat & l'Archevêque y font leur résidence. On y bat monnoye aux Armes du Pape.

Orange, Ev. avec titre de Principauté, est une Ville très-ancienne. On y voit les restes d'un Cirque & d'un Arc de triomphe. Elle a appartenu à la Maison de Nassau depuis 1530. que Philibert de Châlons la laissa à René de Nassau son neveu, jusqu'à la mort de Guillaume III. en l'an 1702. Le Roi de Prusse, à qui cette Principauté étoit tombée en partage, l'a cédée à la France par le Traité de Paix conclu à Utrecht le 11. Avril 1713.

Du Gouvernement du Lyonnois.

Voici une partie de l'ancienne Gaule Celtique, dont la Ville de Lyon, bâtie sous l'Empire d'Auguste au confluent du Rhône & de la Saone, est la Capitale. Elle passe pour une des plus belles & des plus marchandes Villes de l'Europe. Son Archevêque a le titre de Primat des Gaules. Les Chanoines de l'Eglise de S. Jean doivent faire preuve de Noblesse de quatre races. Ils portent le titre de Comtes de Lyon. Il y a dans leur Eglise une horloge des plus curieuses qu'on voye en France.

Le Gouvernement du Lyonnois est composé de plusieurs autres. Il contient les Villes ci-dessous.

Lyon, Arch. Clermont, Ev. le Dorat. Montbrison. Moulins. S. Flour, Ev. Gueret. Beaujeu, &c.

On trouve en ce Pays les Duchés de Rouannes, de Mercœur, de Montpensier, de Senneterre, de Gramont & de Mortemart.

Des Pays conquis.

Outre les Gouvernemens dont nous venons de parler, la France a conquis divers autres Etats, qu'on peut considérer comme trois nouveaux Gouvernemens ; ſçavoir, le Comté de Bourgogne ou la Franche-Comté, l'Alſace, & les Villes que le Roi a conſervées aux Pays-bas.

De la Franche-Comté.

Le nom de Franche-Comté vient de ce que Renaud III. l'un de ſes Comtes refuſa d'en faire hommage à l'Empereur Lothaire II. & qu'il ſe défendit ſi bien, qu'il conſerva ſon indépendance. Les Rois d'Eſpagne en étoient poſſeſſeurs; mais le Roi Loüis XIV. pour les droits qu'il y avoit, la reprit une ſeconde fois en 1674. & elle lui fut cédée l'an 1679. par le Traité de Nimegue.

Beſançon ſur le Doux eſt la Capitale. Elle eſt le ſiége d'un Archevêque & d'un Parlement.

Les Villes de ce Comté ſont :

Dole. Beſançon, Arch. Gray. Veſoul. Salins. Arbois. Poligny. Saint-Claude, Ev.

De l'Alſace.

Cette Province appartenoit autrefois à la Maiſon d'Autriche; mais l'Archiduc Ferdinand-Charles la vendit trois millions de liv. au Roi de France, & cette vente fut ratifiée à la Paix de Munſter l'an 1648. Les Villes de la Préfecture d'Haguenau, qui avoient été réſervées dans ce Traité, ont été cédées en toute ſouveraineté à la France par le Traité de Nimegue, & celle de Straſbourg par celui de Riſwick.

Straſbourg au confluent des rivieres d'Il & de Bruſche, qui ſe jettent dans le Rhin, eſt la capitale de la baſſe Alſace. C'eſt une Ville belle & marchande. Le Roi y a fait faire des Fortifications qui la rendent une des plus fortes Places de l'Allemagne. Le clocher de l'Egliſe Cathédrale qui eſt une Tour en pyramide, eſt tout à jour, quoiqu'il ſoit haut de près de 600. pieds. L'horloge eſt tout-à-fait admirable. Elle marque outre les heures, toutes les révolutions des aſtres. Il y a beaucoup de figures qui viennent frapper les heures, carilloner & faire différentes attitudes.

On diviſe l'Alſace en haute & baſſe, & en Sundgaw.

Dans la haute Alſace eſt Colmar; dans la baſſe, Straſbourg, Ev. & en Sundgaw, Ferrette. Suivant le Traité de Raſtat, le Rhin ſert de borne à la France de ce côté-là.

Le Gouvernement du Pays-bas conquis.

Dans le Comté de Flandres, Dunkerque, Lille, Douay, &c. Partie du Hainaut, Valenciennes, le Cambreſis, Cambray, Arch.

De la Lorraine.

Cette Province possédée souverainement par ses Ducs, fut prise par Louis XIV. & ensuite renduë par le Traité de Riswick. Mais en 1736. elle fut cédée à Louis XV. par le Duc de Lorraine maintenant Empereur. Louis XV. en a laissé la jouissance au Roi Stanislas, qui a cédé ses droits sur la Pologne au Roi régnant.

On la divise en deux Duchés, sçavoir, de Lorraine & de Bar. On subdivise le Duché de Lorraine en trois Bailliages, sçavoir, de Nancy, de Vauge, & de Vaudervange. Nancy est la Capitale. Il y a vieille & nouvelle Ville, qui étoient autrefois bien fortifiées ; mais le Roi en a fait démolir les Fortifications.

Metz Parlement, Toul & Verdun sont Villes Episcopales.

Voilà en abrégé les Pays que posséde la France. *Voyez la Carte de la France, Planche 29.*

SECTION IV.

Des dix-sept Provinces des Pays-bas.

LEs Provinces qu'on appelle Pays-bas, à cause qu'elles sont vers la Mer, après avoir eu plusieurs Souverains particuliers, vinrent au pouvoir des Rois d'Espagne, qui les posséderent toutes jusqu'en 1581. lorsque la partie septentrionale se rebella contre Philippe II. parce que ses Gouverneurs en traitoient les habitans avec trop de cruauté. Le Prince d'Orange & quelques autres Seigneurs mécontens se firent leurs Chefs.

On les distingue en deux parties, l'une vers le Midi, & l'autre vers le Septentrion. On connoît la premiere par le nom de Provinces Catholiques ou de Flandres, & l'autre par celui de Provinces-Unies ou Hollande. La Doctrine de Calvin est suivie dans cette partie, aussi-bien que celle de Luther.

Dans ces dix-sept Provinces il y a quatre Duchés, sçavoir, Brabant, Limbourg, Luxembourg & Gueldres ; sept Comtés, Hollande, Zelande, Zutphen, Flandres, Artois, Hainaut & Namur ; un Marquisat du S. Empire, qui n'a que la Ville d'Anvers ; cinq Seigneuries, qui sont Malines, Utrecht, Overissel, Frise & Groningue.

Cette région, quoique de peu d'étenduë, est néanmoins une des plus riches & des mieux peuplées du Monde. Sa terre est très-fertile & pleine de bons pâturages.

Les Provinces-Unies sont ainsi nommées, à cause de l'union

qu'elles firent entr'elles à Utrecht en 1579. Les Hollandois se gouvernent en Républicains, & s'assemblent à la Haye, où ils forment trois Colléges; sçavoir, les Etats Généraux, le Conseil d'Etat, & la Chambre des Comptes. Chaque Province envoye autant de Députés qu'il est nécessaire pour composer les Conseils. Les Provinces qui composent les Etats Généraux, sont Hollande, Zelande, Utrecht, Gueldre avec Zutphen, Overissel, Frise & Groningue. Les différentes guerres que les Hollandois ont euës à soutenir les ont portés en différens tems à élire un Capitaine Général qu'ils appellent Stathouder; c'est le titre que porte aujourd'hui Guillaume Prince de la Maison de Nassau, en faveur duquel le Stathouderat a été déclaré héréditaire au mois de Janvier 1747.

Les Hollandois sont adroits, bons politiques, & fort entendus dans le commerce. Leur expérience dans l'art de la navigation leur a fait faire de grandes conquêtes dans les Indes, où ils sont très-puissans.

Amsterdam capitale de Hollande, à 23. deg. de longit. & 52. deg. 21. min. de latit. va de pair avec les meilleures Villes du Monde. Ceux du pays prétendent qu'elle rassemble les raretés de l'Univers, & disent qu'elle a tant d'or & d'argent, qu'il se trouve quelquefois plusieurs milliers de tonnes d'or à sa Banque. Toutes les autres Villes sont riches à proportion, & forment une République des plus puissantes.

Pour ce qui est des Provinces des Pays-bas Catholiques, on leur fait quelquefois porter le nom de Flandre, à cause que cette Province est la plus riche & la mieux peuplée; mais elles sont composées des Provinces de Flandre, d'Artois, de Hainaut, de Luxembourg, de Brabant, d'Anvers, de Malines, de Namur & de Limbourg.

La Maison d'Autriche par la Paix de Rastat concluë le 6. Mars 1714. possede une partie de ces Pays. C'est une pépiniere de Villes belles, riches & fortes. Les Hollandois y ont aussi quelques Places pour leur servir de barriere, suivant le Traité d'Anvers.

Bruxelles sur la Senne est la Ville capitale de tous les Pays-bas Autrichiens. Elle est riche, grande & fort marchande. Le Gouverneur Général y fait sa résidence ordinaire, avec le Conseil d'Etat. La Religion Catholique est suivie dans sa pureté en ces Provinces, dont les habitans sont francs & de bonne foi.

L'Evêché de Liege est enclavé dans les Pays-bas. Il appartient à son Evêque, qui est élû par le Chapitre. On remarque que parmi ses Chanoines il s'est trouvé des fils de Rois, de Ducs, &c. Jean-Théodore de Baviere, Cardinal, est son Prince. *Voyez la Carte des dix-sept Provinces, Planche 30.*

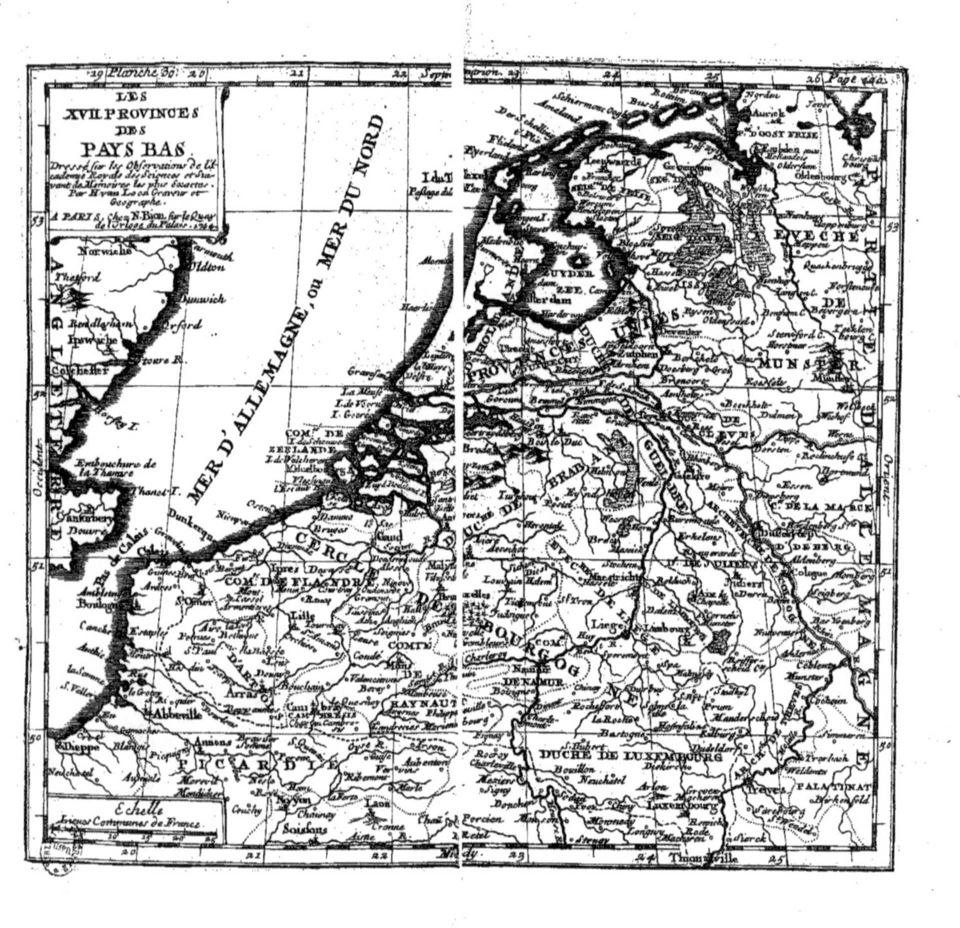

Planche 30.
Page 444
LES XVII. PROVINCES DES PAYS BAS.
Dressé sur les Observations de l'Academie Royale des Sciences et suivant de Memoires les plus Exactes. Par H. van Loon Graveur et Geographe.
A PARIS, Chez N. Bion, sur le Quay de l'Orloge du Palais. 1724.
MER D'ALLEMAGNE, ou MER DU NORD
ANGLETERRE
PROVINCES UNIES
ZUYDER ZEE
EVECHE DE MUNSTER
COM. DE ZEELANDE
COM. DE FLANDRE
DUCHE DE BRABANT
DUCHE DE GUELDRES
DUCHE DE LUXEMBOURG
COMTE DE NAMUR
HAYNAUT
D'ARTOIS
PICARDIE
PALATINAT
Echelle
Lieues Communes de France
Septentrion
Midy
Occident
Orient

SECTION V.

Description du Royaume de la Grande Bretagne.

CE Royaume a pour Roi George II. de la Maison de Brunswick, Electeur d'Hanover. Il est composé des Isles Britanniques, au nombre de deux grandes & plusieurs petites. La premiere & la plus considérable comprend les Royaumes d'Angleterre & d'Ecosse. L'autre Isle qui est à son Occident, porte le nom d'Irlande.

Jacques VI. Roi d'Ecosse, & premier Roi d'Angleterre, unit ces trois Royaumes en 1607. & prit le titre de Roi de la Grande Bretagne, après la mort d'Elizabeth Reine d'Angleterre, qui le déclara son successeur.

Les autres Isles sont beaucoup moindres. Les plus considérables sont les Hebrides, les Orcades, les Sorlingues, Jersey & Gernesey, &c. L'étenduë de ces Isles est depuis le septiéme degré de longitude jusqu'environ le vingtiéme, & sa latitude depuis cinquante degrés jusqu'à soixante.

Le Royaume d'Angleterre est le plus grand des trois. Les Anglois, Peuples de la basse Saxe qui passerent dans cette Isle, lui donnerent leur nom. La terre y est assez fertile en grains; mais il n'y croît point de vin. Le pâturage pour les bestiaux, qui sont en abondance, y est fort bon; ce qui fait que le bœuf & le veau ont un goût merveilleux. On n'y trouve point de loups, mais de bons chevaux, & des dogues qui sont fort estimés. Les mines de fer, d'étain, de plomb, & de charbon de terre sont en quantité.

Les Anglois sont spirituels, courageux sur Mer & sur Terre, assez bien faits pour la plûpart; mais on les accuse d'avoir une grande présomption de leur propre mérite, & beaucoup de jalousie contre les Etrangers qu'ils voyent prospérer.

La Religion de cet Etat étoit autrefois la Catholique; mais l'amour fatal que Henry VIII. eut pour Anne de Boulen, Demoiselle de la Reine sa femme, qu'il répudia pour épouser sa Maîtresse, fit que la Religion fut entiérement renversée, & on peut dire à présent qu'il n'y a point d'Etat dans le Monde où l'on permette plus de Religions. Toutes y sont tolérées, excepté la Romaine. Celle de la Cour est nommée Anglicane, un peu différente de la Calviniste. Le Roi s'en dit le Chef, & les principaux membres sont les Evêques.

Ce Royaume est héréditaire, même aux filles au défaut des mâles. L'assemblée du Parlement, qui se tient tous les ans à Londres, rend ce gouvernement un peu Aristocratique. Ce Sénat est composé de deux Chambres, dont la premiere, appellée Chambre-Haute, est composée des plus grands Seigneurs d'Angleterre & d'Ecosse. L'autre est la Chambre-Basse ou des Communes, composée des Députés des Villes, Bourgs & Ports de Mer qui ont droit d'envoyer aux assemblées.

La Ville Capitale d'Angleterre est Londres, située sur la Tamise, à 18. deg. 12. min. de longitude, & à 51. deg. 30. min. de latitude. C'est une grande Ville fort marchande. Elle a une fameuse Académie, & porte titre d'Evêché. Les autres principales Villes sont Cantorbery, Yorc, Barvic, Bristol, Glocester, Chester, Excester, Plimouth, Darmouth, Wincester, Portsmouth, La Rye, Oxford, Douvre, Sandwich, Hierh, Rummey, Stafort, &c.

Le Royaume d'Ecosse est au Nord de l'Angleterre, & les Peuples ont à peu près les mêmes mœurs que les Anglois, excepté qu'ils reçoivent les Etrangers avec plus d'affabilité. Le Climat y est froid & le pays peu fertile en grains. On y voit grand nombre de moutons & de bœufs. Le gouvernement étoit autrefois comme celui d'Angleterre, c'est-à-dire, que le Parlement s'assembloit tous les ans, comme en ce Pays-là; mais en l'année 1708. on a uni ces deux Parlemens en un seul, qui est composé des Députés des deux Nations, qui s'assemblent à Londres sous le nom de Parlement de la Grande Bretagne.

La Ville d'Edimbourg, proche du Golfe qui porte son nom, est la Capitale; Glascow, Aberdeen, Dumbarthon & S. André sont les plus considérables de ce Royaume, dont la Religion est presque par tout Calviniste.

Le Royaume d'Irlande est une Isle autrefois appellée Hibernie. L'air y est assez froid, & son terroir marécageux n'est point propre pour les grains ni pour le vin; mais en récompense les herbes pour les bestiaux, qui y sont en grand nombre, sont merveilleuses. On remarque qu'on n'y voit aucun serpent, ni pas une bête venimeuse.

Les Irlandois sont bien faits de corps, agiles & robustes. Ils préferent le plus souvent la chasse & la guerre au travail. Les Etrangers sont fort bien reçûs à leur table.

On observe en Irlande les mêmes Loix qu'en Angleterre. Le Roi y nomme un Viceroi, qui a un plein pouvoir. Il y a un Parlement ou assemblée des Etats, que le Viceroi convoque ou congédie selon les ordres qu'il en reçoit d'Angleterre. La Religion Catholique y étoit dans une si grande pureté, qu'on la nommoit le Pays des Saints; mais les choses sont bien changées, les Catholiques

tholiques y ont été si persécutés, que la Religion Protestante a pris le dessus.

Dublin est la Ville capitale. Les principales sont Limerik, Londonderik, Kork, Kinzal, Bandry, Waterfort, Galloway, Kilmore, &c. *Voyez les Cartes d'Europe, de France & de Scandinavie.*

SECTION VI.

Du Royaume de Dannemark & de Norwege.

CE Royaume a retenu son nom du premier de ses Rois appellé Dan. L'air y est fort froid; la terre néanmoins est fertile en grains & en paturages. Elle nourrit un très-grand nombre de chevaux & de boeufs. Ce Royaume est héréditaire depuis l'an 1660. car auparavant il étoit électif. Les Danois aiment les Sciences & la bonne chere, & sont très-affectionés à leur Roi. L'opinion de Luther est suivie en Dannemark depuis l'an 1523. que le Roi Frederic I. changea la Religion de ses prédécesseurs pour mieux se maintenir sur le Trône. Le Roi maintenant régnant est Frederic V. de la Maison d'Oldembourg.

La Ville Capitale est Coppenhague dans l'Isle de Zéeland, à 30. deg. 20. min. de longitude, & 55. deg. de latitude. C'est le séjour ordinaire des Rois. Les autres principales Villes sont Sleswik, Gottorp, Rypen, Alborg, &c. Les principales Villes de Norwege sont Dronthem, autrefois Capitale; mais aujourd'hui c'est Berghem, à cause de la bonté de son Port.

SECTION VII.

Du Royaume de Suede.

CEtte Monarchie se dit la plus ancienne de l'Europe. Le Royaume a été électif jusqu'au régne de Gustave de Vasa, qui le rendit héréditaire en sa Maison l'an 1544. & qui en même tems abolit la Religion Catholique pour suivre la Secte de Luther. Frédéric Landgrave de Hesse-Cassel qui vient de mourir, avoit été mis sur ce trône sous la condition de renoncer à tout droit héréditaire. Adolphe-Frederic, Duc de Holstein-Eutin, déclaré Prince successeur en 1743. vient de lui succéder en 1751. en promettant de ne rien changer à la forme du Gouvernement.

L'air de ce Pays est extrêmement froid, mais très-pur & très-sain; en sorte que les habitans, qui sont sobres, vivent le plus souvent jusqu'à 120. & 130. ans. Les Médecins & les Apoticaires n'y ont presque point de pratique.

La Ville de Stokolm, à 36. deg. de longitude, & 59. de latitude, est la Capitale. C'est un assez bon Port de Mer. Upsal, Koping, Gottembourg, Calmar, Vibourg, Nerva, Revel, Riga, &c. sont les principales Villes des Etats du Roi de Suede, dont les habitans sont honnêtes & braves, aimant les Sciences & les Arts. Les mines de cuivre y sont en abondance, & produisent un grand revenu. *Voyez la Carte de ces Pays, Planche* 31.

SECTION VIII.

De la Moscovie.

LA Moscovie est un des trois grands Duchés de l'Europe; les deux autres sont la Lituanie & la Toscane. Le Grand Duc de Moscovie se fait nommer Czar, ou Empereur des Russes. Les Filles succédent à la Couronne; & le Trône est maintenant occupé par l'Impératrice Elizabeth Petrowna. Cet Empire renferme les plus vastes Pays de l'Europe, puisque ses bornes sont depuis la Pologne & la Suede jusqu'à la grande & à la petite Tartarie: le fameux Czar Pierre Alexowiz étendit au loin ses conquêtes, & s'empara de plusieurs Terres en Asie.

L'air de la Moscovie est extrêmement froid, particulierement vers le Septentrion, où le Pays est mal peuplé. On y voit des neiges & des glaces les trois quarts de l'année. Il s'y fait un grand commerce de peaux, de fourures de Sibérie, de martes zibelines, de cire, de miel, de suif, de lin, de chanvre, qui font d'un grand revenu pour le Czar.

Les Moscovites sont Chrétiens Schismatiques, & peu différens de la Religion des Grecs. Ils étoient naturellement incivils, farouches & ignorans, aimant le vin avec excès, médiocrement braves; mais la guerre qu'ils ont soutenue pendant plusieurs années contre la Suede, les a fort aguerris; & le Czar Pierre le Grand a introduit & fait fleurir parmi eux les Sciences & les Arts. Il y a même à Petersbourg une Académie.

Moskou sur le Moska, à 60. deg. de longitude, & à 55. deg. 20. min. de latitude, est la Ville capitale. Les plus considérables après elle, sont Archangel, Petersbourg, Astracan, Novogrod, Rosthow, Smolensko, Resan, Susdal, Cassan, Bulgar, Tobol, Ousoil, Beresof, Kola, &c. *Voyez les Cartes d'Europe, d'Asie, & de Scandinavie, Planches* 27. 31. & 34.

Septentrion.
Planche 31e
Page 224.
LA SCANDINAVIE, ou les Royaumes de DANNEMARK, de NORVEGE de SUEDE et LAPPONIE Avec les PAÏS et ISLES qui en dependent Dressé sur les Observations de l'Academie Royale des Sciences et Suivant des Memoires les plus Exactes. Par H. van Loon Geographe et Graveur.
OCEAN SEPTENTRIONAL, ou GLACIALE.
GROEN-LANDE.
MER DE DAÑEMARK.
Cercle du Pole Arctique.
ISLE D'ISLANDE, Appartient au Roy de Dañemark.
Isles de Ferro, au Roy de Dañemark.
MER DU NORD.
Ligne du Premier Meridien.
Occident.
Orient.
LAPPONIE.
Lapponie Suedoise.
Lapponie Moscovites.
Mer Blanche
GOLFE DE BOTNIE
MER BALTIQUE
ECOSSE
IRLANDE.
ANGLETERRE.
ISLES BRITANNIQUES
Mer d'Allemagne
POMERANIE
PRUSSE.
POLOGNE.
LIVONIE
INGRIE.
RUSSIE.
MOSCOVIE
Midy.
A PARIS Chez N. Bion, sur le Quay de l'Orloge du Palais 1744
Echelle. Lieues Communes de France.

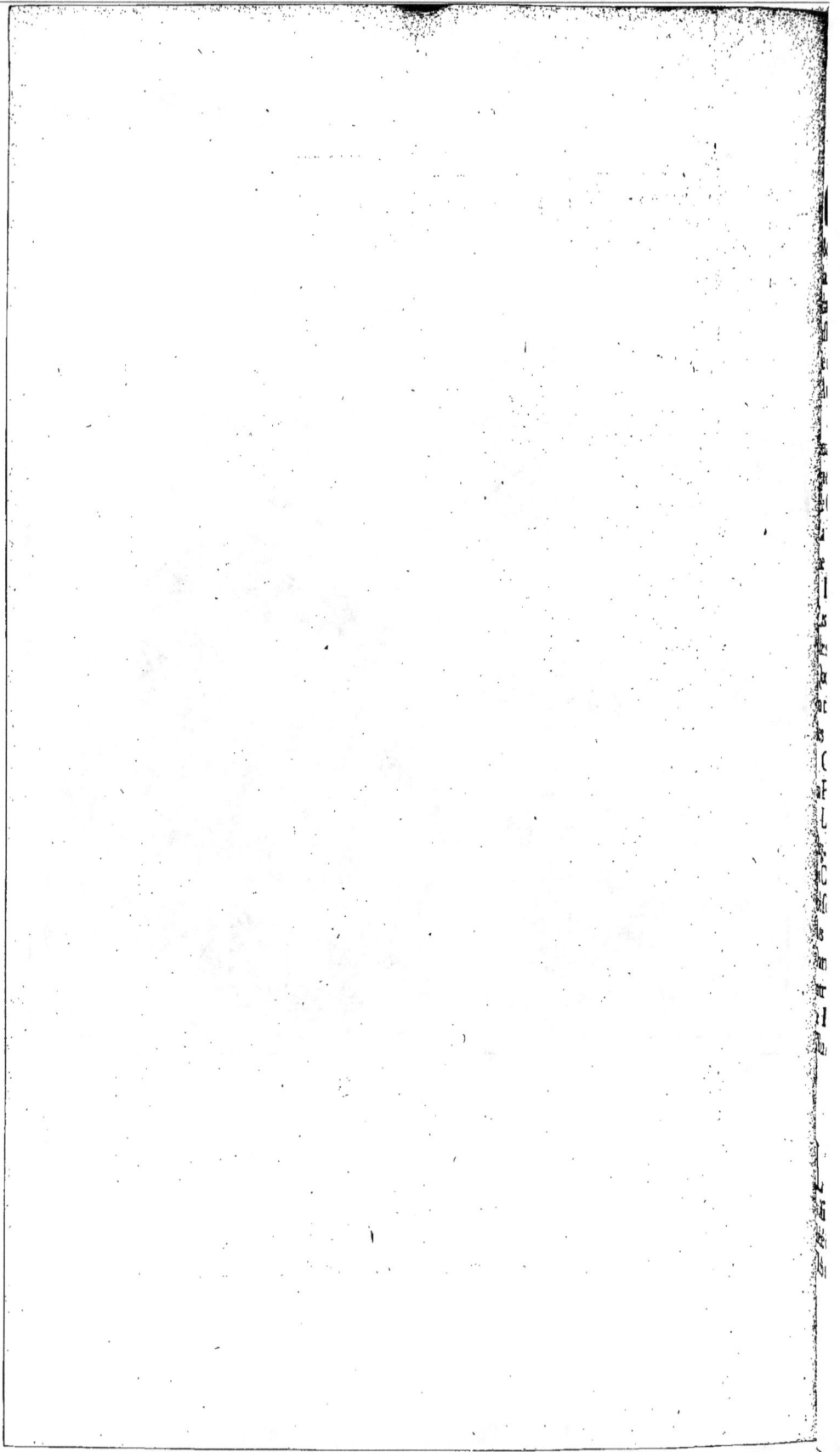

SECTION IX.

De la Pologne.

CE Royaume est un des plus spacieux de l'Europe, puisqu'en y comprenant la Lituanie, il a plus de 300. lieuës de largeur, & presque autant de longueur. L'air y est froid; mais la terre ne laisse pas d'y produire toutes sortes de grains, & en si grande abondance, qu'on en transporte dans les Pays étrangers. Le Royaume est électif & le seul de l'Europe où les habitans ayent conservé le droit de s'élire un Roi. Celui qui régne à présent est Frederic-Auguste III. Electeur de Saxe.

Le Gouvernement est Monarchique-Aristocratique; les Sénateurs y ont tant d'autorité, qu'on dit le Royaume & la République de Pologne. Ce Sénat est composé d'Archevêques, d'Evêques, de Châtelains, de Palatins, & des grands Officiers du Royaume. La Noblesse est si nombreuse en ce Pays, qu'on l'appelle le Royaume des Nobles. Ils traitent les Paysans comme des Esclaves.

Les Polonois sont braves soldats, & surtout bons Cavaliers. Les Turcs ont éprouvé plus d'une fois leur valeur. Ils sont entiers dans leurs sentimens, & recherchent avec passion la vengeance. Quoique la Religion Catholique soit la dominante dans le pays, on trouve néanmoins parmi eux des Luthériens, des Calvinistes, des Juifs, & plusieurs autres sortes d'Hérétiques.

On divise la Pologne en grande & en petite, en Russie rouge, en Prusse Royale, Grand Duché de Lituanie, & Samogitie, &c.

La Ville capitale de Pologne est Cracovie sur la Vistule, à 38. deg. de long. & 50. deg. 10. min. de lat. C'est le lieu où se fait le Couronnement du Roi. Warsovie sur la même riviere est le lieu où se fait l'élection, & où se tiennent ordinairement les Diettes. Les autres principales Villes sont Sandomir, Lublin, Mariembourg, Dantzik, Elbing, Culm, Konisberg, Kaminiek, Belz, & plusieurs autres qui sont Capitales des Palatinats. On peut voir les Etats de la Pologne dans la Carte de l'Allemagne & dans celle de l'Europe.

SECTION X.

De la Hongrie, & de la Boheme.

LE Royaume de Hongrie est fort sujet à être le théâtre de la Guerre, principalement du côté des Turcs qui en sont fort voisins, & qui en possedent une partie. Ce Royaume a été déclaré héréditaire en faveur de la Maison d'Autriche en 1687. & le Trône est occupé aujourd'hui par l'Impératrice Marie-Thérese.

On divise ordinairement la Hongrie en haute & basse. La Servie, Bosnie, Bulgarie, Transilvanie, Valaquie, Moldavie, Romanie, &c. sont les Provinces qui composent cet Etat. La Maison d'Autriche en possede une partie, & le Grand Seigneur l'autre.

Les Hongrois aiment la Guerre & sont bons Cavaliers. Leurs Religions sont la Catholique & la Protestante.

Les principales Villes sont Bude, Belgrade, Presbourg, Raab, Komore, Albe Royale, Neuhausel, Grand-Varadin, Hermanstat, Sophie, Nicopolis, &c. Ces Pays-là sont assez fertiles en bleds & fruits, & on en tire de fort bons cuirs. On pourra voir les différentes parties de la Hongrie dans les Cartes de l'Allemagne & de l'Europe.

Le Royaume de Boheme comprenoit autrefois la Boheme propre, la Silésie, la Moravie & la Lusace. L'Empereur Ferdinand I. s'étant fait élire Roi de Boheme en 1527. cette Couronne est toûjours demeurée depuis dans la Maison d'Autriche, & a été déclarée héréditaire en 1648. La Lusace fut engagée en 1620. par Ferdinand II. à l'Electeur de Saxe; & la Silésie a été cédée en 1742. au Roi de Prusse par l'Impératrice Marie-Thérese, qui réunit en sa personne les deux Couronnes de Hongrie & de Boheme. La Capitale de la Boheme est Prague; elle a aussi Egra Place forte : Olmutz est la capitale de la Moravie.

SECTION XI.

De l'Allemagne.

L'Allemagne, qu'on nommoit anciennement Germanie, est environ au milieu de l'Europe. L'origine de son Empire se tire de Charlemagne Roi de France, qui après avoir mis sous son obéissance le Royaume de Lombardie, toute l'Allemagne & la Hongrie, & une partie de la Pologne, fut proclamé Empereur d'Occident par le Pape Leon III. en l'année 800. L'Empereur Loüis IV. le dernier des descendans de Charlemagne étant mort l'an 912. l'Empire après beaucoup de difficultés fut uni en 962. par Othon I. au Royaume d'Allemagne, de maniere qu'il n'en a plus été séparé.

L'Allemagne est gouvernée par les Dietes ou assemblées des Etats de l'Empire. Les principaux Articles du Gouvernement sont contenus dans la Bulle d'Or, que l'Empereur Charles IV. publia en 1356. elle traite de l'élection du Roi des Romains, qui est comme Vicaire & successeur de l'Empire, du devoir des Electeurs, de leurs Priviléges, de l'autorité de l'Empereur, & enfin des moyens de conserver le repos & la tranquillité de l'Empire.

Cette Assemblée se tient ordinairement à Ratisbonne, qui est comme le centre de toute l'Allemagne; & elle est composée des Députés des Electeurs, des Princes, des Marquis, Comtes, Barons, & des Villes Impériales.

On compte jusqu'à 330. Souverains dans l'Allemagne, tant Ecclésiastiques que séculiers. Tous ces Princes & ces Etats reconnoissent l'Empereur pour Chef.

La plus commune opinion touchant l'élection de l'Empereur, est qu'elle se faisoit autrefois par les Seigneurs & par les Peuples; mais en 1139. étant tous assemblés pour donner un successeur à Lothaire II. ils convinrent, pour éviter la confusion, de remettre le droit de l'élection à sept Puissances d'entre eux; sçavoir, trois Ecclésiastiques, qui sont les Archevêques de Mayence, de Treves & de Cologne, & quatre Séculiers, qui sont le Roi de Boheme, le Duc de Saxe, le Marquis de Brandebourg, & le Comte Palatin du Rhin. Les Ducs de Baviere ont été mis ensuite au rang des Electeurs par l'Empereur Ferdinand, par l'investiture qu'il leur donna en l'année 1623. du Royaume de Boheme qu'avoit Frederic V. qui fut mis au Ban de l'Empire; mais par le Traité de Westphalie Charles fils de Frederic devant être rétabli dans ses Dignités, on créa un huitiéme Electorat en sa faveur; & en l'année 1692. l'Empereur Leopold mit au nombre des Electeurs Ernest-Auguste Duc d'Hanover: en sorte qu'il y a à présent neuf Electeurs.

En 1273. fut élû Empereur Rodolphe Comte d'Hapsbourg, de qui est sorti Albert d'Autriche élû Empereur en 1438. & depuis ce tems l'Empire étoit demeuré dans la Maison d'Autriche jusqu'à ce que la succession masculine de cette Maison étant éteinte par la mort de Charles VI. en 1740. l'Empire fut déféré à l'Electeur de Baviere sous le nom de Charles VII. & après la mort de ce Prince est passé en 1745. au Grand Duc de Toscane, époux de l'Archiduchesse d'Autriche, aujourd'hui reconnu Empereur sous le nom de François I.

L'Allemagne se divisoit autrefois en haute & basse; mais depuis l'an 1512. elle a été divisée en 10. Cercles, en y comprenant le Comté de Bourgogne, & les Pays-bas qui en ont été démembrés. Les Cercles sont la haute Saxe, la basse Saxe, la Westphalie, le haut Rhin, le bas Rhin, la Soüabe, la Baviere, l'Autriche, la Franconie & la Boheme. Vienne sur le Danube, à 35. deg. 30. min. de longitude, & à 48. deg. 22. min. de latitude, est la Ville Capitale de l'Autriche, & est aussi considérée comme la Capitale de tout l'Empire. C'est une Ville très-forte, qui en 1629. soûtint 20. assauts de l'Armée des Turcs composée de 300000. hommes, qui furent contraints d'en lever le siége. La même chose est arrivée en 1683, que le Grand-Vizir Cara Mustapha l'assiégea avec une Armée de 200000. hommes, & fut obligé de se retirer, étant poursuivi par le Roi de Pologne, le Duc de Lorraine & l'Electeur de Baviere, qui vinrent au secours de la Place. Les autres Villes de l'Autriche sont Graz, Laubach, S. Veit, Inspruk, Trente. &c. Le Tirol dont Inspruk est la Capitale, appartient à la Maison d'Autriche.

Les autres principales Villes d'Allemagne sont Hambourg, Lubec, Wismar, Cologne, Treves, Mayence, Aix-la-Chapelle, Heidelberg, Munich, Ausbourg, Ratisbonne, Francfort sur le Mein, Francfort sur l'Oder, Munster, Brunswic, Stetin, Ulm, Nuremberg, Hanover, Berlin, &c. Cette derniere Ville appartient à l'Electeur de Brandebourg, que l'Empereur a nommé Roi de Prusse en l'an 1700. Charles-Frederic est à présent régnant : la Silésie que l'Impératrice lui a cédée en 1742. a pour Capitale Breslaw.

L'Allemagne est assez fertile en toutes choses, particulierement vers le Midi & aux environs du Danube, où l'air est tempéré. On y professe publiquement trois Religions. La premiere est la Catholique, suivie par l'Empereur, par une bonne partie des Electeurs, & par plusieurs Princes. Les autres sont la Luthérienne ou Protestante, & la Calviniste ou P. Reformée.

Les Allemands sont grands, bien faits, aiment les Sciences & les Arts & un peu le vin. Ils sont fort bons Soldats, & tiennent bien leur parole. *Voyez la Carte d'Allemagne, Planche 32.*

SECTION XII.

Des Cantons Suisses, & de la Savoye.

LA Suisse est située entre la France & l'Allemagne, & a reçu son nom du Canton de Schwits, un des trois premiers qui prirent les armes en l'année 1315. pour secouer le joug de la Maison d'Autriche, qui leur paroissoit si insupportable, que pour s'en délivrer, quelques centaines de Soldats de ce Canton prirent la résolution d'attaquer avec tant de courage l'armée Impériale forte de 20000. Allemans, qu'ils la défirent entiérement. Depuis ce tems-là, ils se sont gouvernés en maniere de République, composée des treize Cantons suivans; sçavoir, Zurich, Berne, Lucerne, Uri, Schwits, Underwald, Zug, Glaris, Basle, Fribourg, Soleure, Schafouse & Appenzel.

Les Comtés de Baden, Sargans, &c. les Bailliages de Bremgar-

Planche 32.e
Septentrion.
Page 228.
Occident.
Orient.
Midy.
L'ALLEMAGNE
Divisée
en ses Dix
CERCLES
Suivant les
Memoires les plus
Nouveaux.
A PARIS
Chez N. BION.
Echelle de 30.
Lieües de France
Connu sous le nom de MER D'ALLEMAGNE ou du NORD
MER BALTIQUE
CERCLE DE WESTPHALIE
CERCLE DE BASSE SAXE
CERCLE DE HAUTE SAXE
CERCLE DU HAUT RHEIN
BAS RHEIN
CERCLE DE FRANCONIE
CERCLE DE SOUABE
CERCLE DE BAVIERE
CERCLE D'AUTRICHE
ARCHIDUCHE D'AUTRICHE
Royaume de Boheme
BOHEME
MORAVIE
SILESIE
LORRAINE
ALSACE
LES SUISSES
COMTE DE TIROL
D. DE CARINTHIE
D. DE CARNIOLE
Esclavonie
D'HONGRIE
PARTIE
HAUTE POLOGNE
BASSE POLOGNE
PRUSSE Ducale
Prusse Royalle
Pomeranie
VENISE
Hambourg
Brunswick
Berlin
Prague
VIENNE
PRESBOURG
Cracovie
WARSOVIE
Dantzic
Konigsberg
Breslaw
Strasbourg
Basle
Zurich
Munic
Trente
Bude
Pesth
Padoue
AMSTERDAM
Brusselle
Cologne
Treves
Mayence
Francfort
Nancy
Luxembourg
Stettin
Lubeck

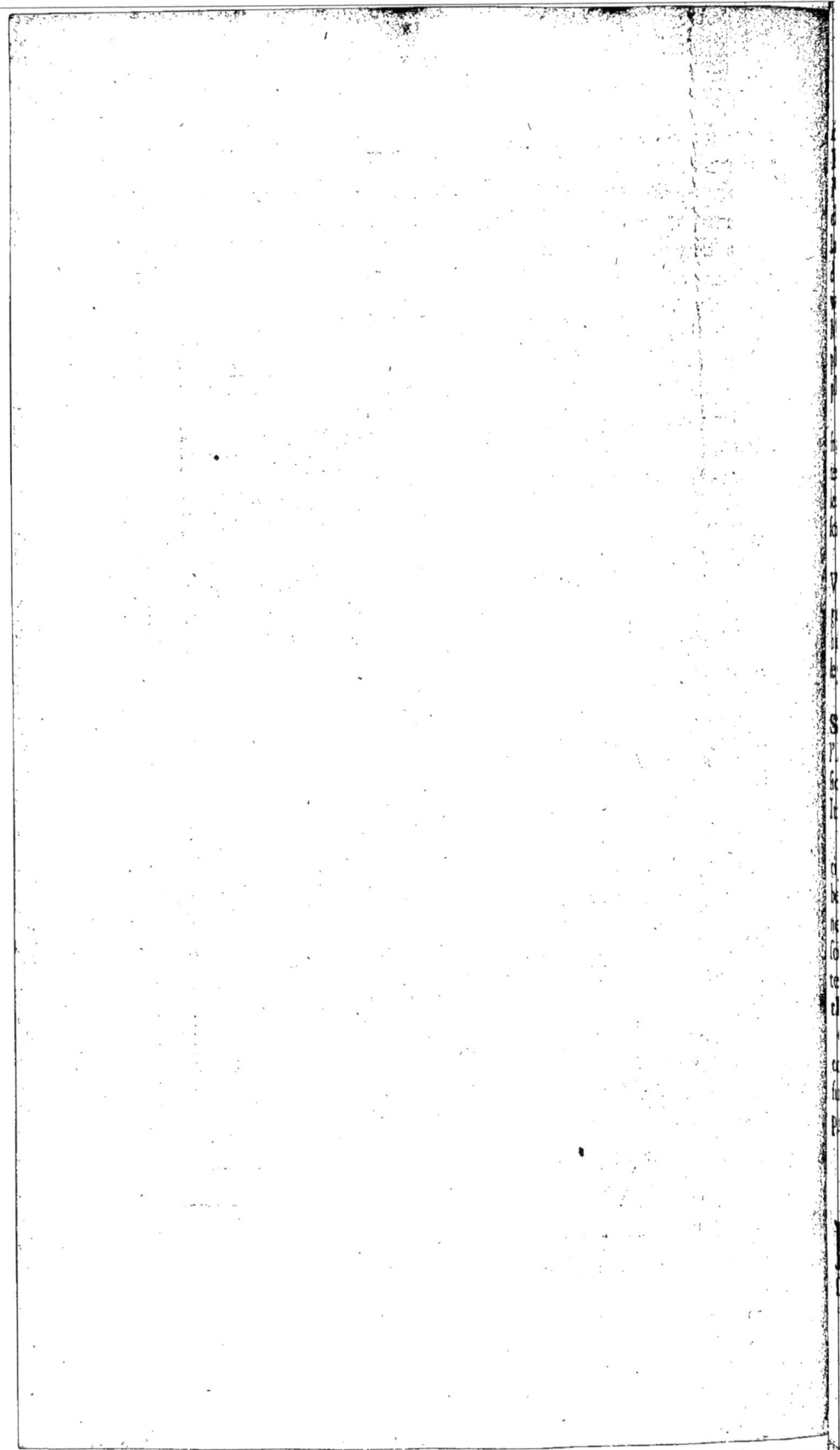

den, de Mellingen, &c. la Baronie d'Altſax, le Thurgow, le Rhinthal, & les Gouvernemens de Moyembourg, de Locarne, Mendriſi, &c. ſont les Pays ſujets de ces Cantons. Les Evêques de Sion, de Baſle, de Conſtance & de Coire, la Ligue-Griſe, la Cadée, les Droittures, le Vallais, l'Abbé de S. Gal, la Ville de ce nom, Neuchâtel, Vallangin, Geneve, Mulhauſen & Rotweil ſont les Alliés de ces Cantons. Le pays eſt rempli de hautes Montagnes; les Vallées y ſont abondantes en bons pâturages & pleines de beſtiaux, & les Lacs qui y ſont en grand nombre, ſont pleins de bon poiſſon.

Ces Peuples ſont partie Catholiques, partie Proteſtans, mais francs, fidéles & de bonne foi, bons Soldats, ſurtout en infanterie, & il leur eſt libre de s'engager pour de l'argent à qui bon leur ſemble; ce qui fait qu'ils tiennent toutes ſortes de partis, & fourniſſent des Troupes en différens pays.

La Ville de Geneve, ſituée à l'extrémité de ſon Lac, eſt une Ville très-forte, gouvernée en forme de République. Les Bourgeois y font une garde très-exacte pour la conſervation de leur liberté & de leur Religion, qui eſt la Calviniſte. On peut voir dans les Cartes de France & d'Allemagne la ſituation de la Suiſſe.

La Savoye paſſe pour le plus noble Duché de la Chrétienté. Ses Ducs ont fait des alliances avec tout ce qu'il y a de Rois dans l'Europe. La puiſſance du Duc de Savoye eſt d'autant plus conſidérable, qu'il eſt maître de la plûpart des paſſages de France en Italie par la poſſeſſion du Piémont.

Avec la Savoye on comprend le Genevois, le Chablais, le Faucigny, la Tarentaiſe, la Maurienne & partie du Bugey. Chambery eſt la Capitale, Annecy eſt la réſidence de l'Evêque de Geneve. La ſituation du pays eſt montagneuſe, & les habitans n'en ſont pas trop ſpirituels, mais fort propres à ſupporter toutes ſortes de fatigues, bons ménagers, fort ſobres, & aſſez bons Catholiques.

Charles-Emmanuel III. Duc de Savoye à préſent régnant, a encore la qualité de Roi. Il poſſéde le Royaume de Sardaigne, qui fut cédé à Victor-Amédée II. par l'Empereur Charles VI. On peut voir ſes Etats dans la Carte de l'Italie.

SECTION XIII.

De l'Italie.

L'Italie eſt conſidérée comme le Jardin le plus beau & le plus délicieux pays de l'Europe. C'eſt une Preſqu'iſle où pluſieurs Princes & Républiques ont des Etats conſidérables.

L'Etat de l'Eglise est d'autant plus considérable, que le Pape, qui en est le Prince temporel & spirituel, est Chef & Souverain Pontife de toute la Chrétienté. Rome sur le Tibre, à 31. deg. de long. & à 41. deg. 59. min. de lat. qui étoit autrefois la Capitale du plus grand Empire de l'Univers, est la Capitale de toute l'Italie, & le centre du monde Chrétien par le siége de ses Pontifes. On peut dire qu'elle a peu de pareilles par rapport à ses antiquités, ses Eglises, ses Palais, & les curiosités qui s'y rencontrent. Benoît XIV. Prosper Lambertini, est à présent assis sur la Chaire de Saint Pierre.

On divise l'Italie en trois grandes parties, sçavoir, la haute, la moyenne & la basse. En la haute l'on trouve le Piémont, qui appartient au Duc de Savoye, avec partie du Montferrat; le Milanez, qui est à la Maison d'Autriche; la Côte de Genes, qui est à la République; le Parmesan, à son Duc; le Modenois, à son Duc; le Mantouan, à la Maison d'Autriche; le Domaine de Venise, qui est considérable, à la République; & le Trentain, dont l'Evêque de Trente est le Seigneur sous la protection de la Maison d'Autriche. Au milieu on trouve l'Etat de l'Eglise, la Toscane qui a son Duc, le Lucquois petite République: & dans la basse partie les Royaumes de Naples & de Sicile; & les Isles de Corse, aux Genois; de Sardaigne, au Duc de Savoye; & de Malte, aux Chevaliers de l'Ordre de S. Jean de Jérusalem. Les Royaumes de Naples & de Sicile ont été assurés à Don Carlos, Infant d'Espagne, par le Traité de Vienne en 1736. & les Duchés de Parme & de Plaisance, à l'Infant Don Philippe par le Traité d'Aix-la-Chapelle en 1748.

L'air de l'Italie est généralement sain & tempéré. Son terroir, qui est arrosé d'un grand nombre de rivieres, fournit abondamment tout ce qui est nécessaire à la vie. On y recueille du bled, des vins & des fruits excellens; les prairies & les forêts sont remplies de diverses sortes d'animaux.

Les Italiens sont de belle taille, d'un esprit vif & industrieux en toutes choses; mais ils passent pour être vindicatifs & voluptueux.

La Religion Catholique est professée dans toute l'Italie, & chaque Prince la maintient sans mélange d'autres Religions.

Les Villes d'Italie sont en grand nombre. Nous ne marquerons ici que les principales.

Dans l'Etat de l'Eglise, Rome, Viterbe, Civita-Vecchia, Farnese, Orvieto, Peruse, Spolete, Todi, Narni, Ancone, Loreto, Urbin, Ravenne, Imola, Ferrare, Boulogne, San-Pietro, &c.

Dans l'Etat du Grand Duc de Toscane, Florence, Pise, Livourne, Sienne, Orbitello, Portolongone, &c.

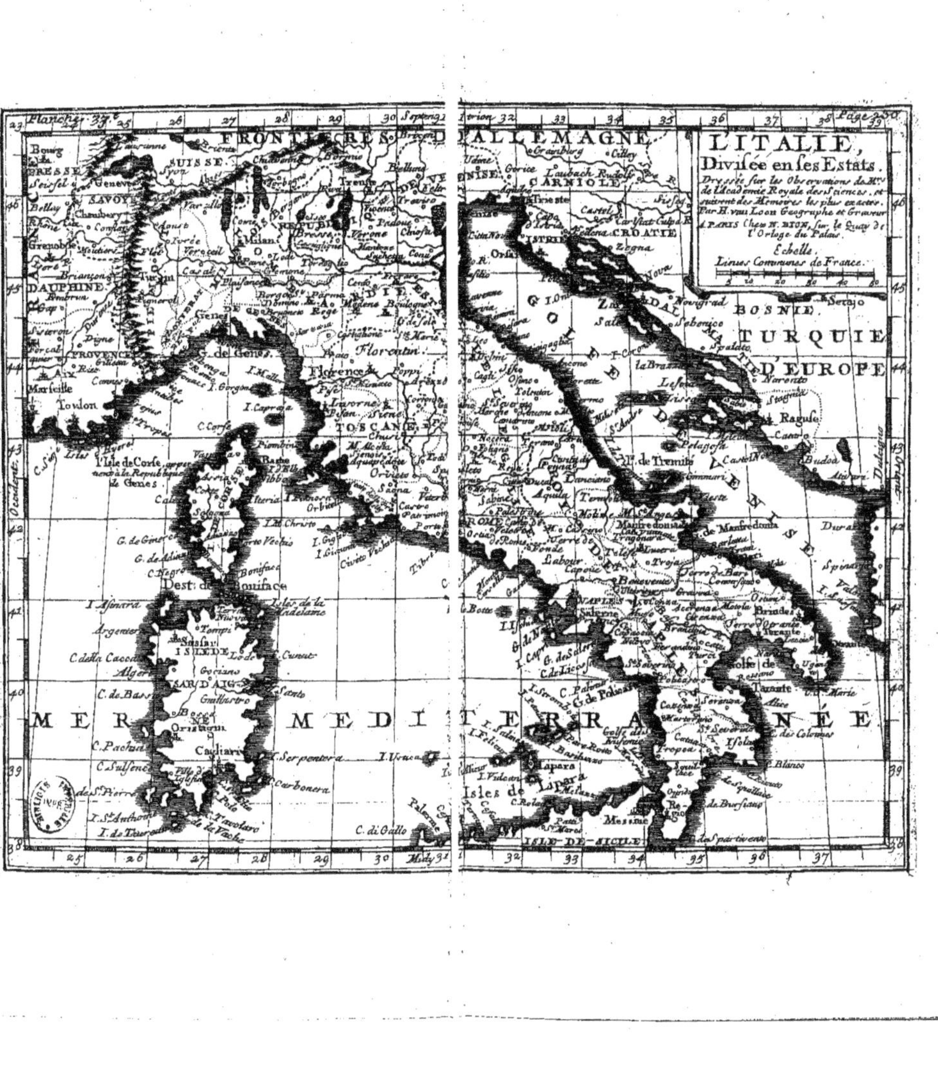
Planche 37.e
Page 230
L'ITALIE,
Divisée en ses Estats.
Dressée sur les Observations de Mrs de l'Academie Royale des Sciences, et suivant des Memoires les plus exactes.
Par H. van Loon Geographe et Graveur
A PARIS Chez N. BION, sur le Quay de l'Orloge du Palais.
Echelle.
Lieues Communes de France.
FRONTIERES D'ALLEMAGNE
SUISSE
SAVOYE
DAUPHINE
PROVENCE
TOSCANE
CARNIOLE
CROATIE
ISTRIE
BOSNIE
TURQUIE D'EUROPE
MER MEDITERRANÉE
ISLE DE SICILE
Isles de Lipara
Naples
Rome
Florence
Milan
Turin
Genes
Venise
Marseille
Toulon
Grenoble
Messine
Septentrion
Midy
Occident
Orient

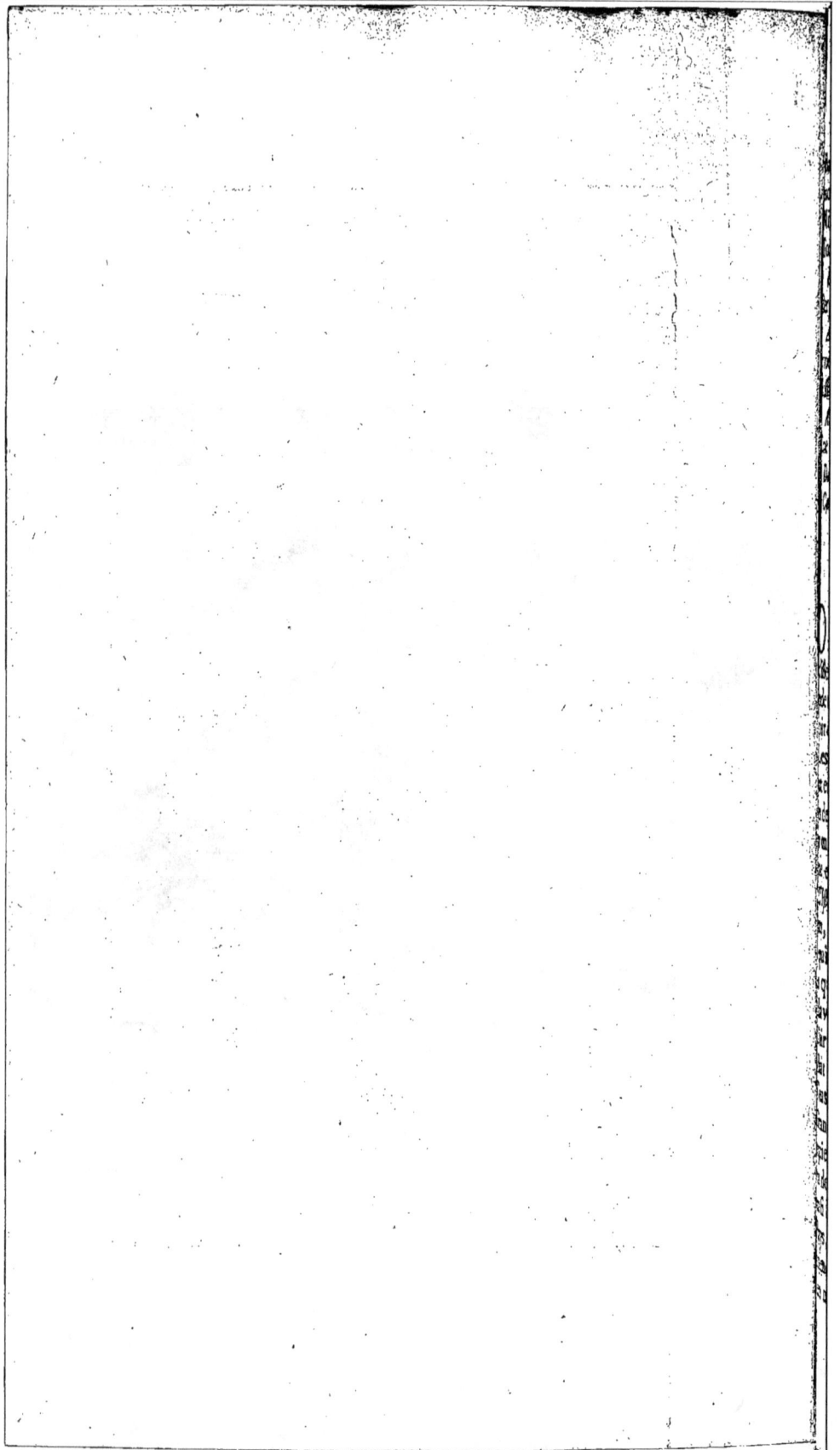

Dans le Piémont & autres Etats, Turin, Pignerol, Masseran, Barcelonnette, Fossano, Albe, Trin, Trente, Milan, Pavie, Cremone, Tortonne, Mantouë, Sabionetto, Casal, Spinola, Modene, Mirandole, Reggio, Gualtieri, Parme, Plaisance, Masse, Genes, Torreglia, Savone, Final, Monaco, Lucques, Castiglione, &c.

Dans la République de Venise, Venise, Padouë, Verone, Bresse, Bergame, Creme, Aquilée, Trevise, Vicenza, Capo d'Istria, &c.

Aux Royaumes de Naples & de Sicile, Naples, Sorrento, Capouë, Chietti, Benevente, Salerne, S. Angelo, Bari, Otrante, Rossano, Palerme, Montreal, Messine, Siracuse, Catania, &c.

Aux Isles de Sardaigne & de Corse, Cagliari & Sassari dans l'une, Bastia & Adiaza dans l'autre, &c.

Dans l'Isle de Malte, la Vallette, S. Michel, Lipari, &c. *Voyez la Carte d'Italie, Planche 33.*

SECTION XIV.

De la Turquie en Europe.

ON peut distinguer principalement dans la Turquie en Europe la Grece & la petite Tartarie. La Grece est une Presqu'isle de la Mer Mediterranée, dont la plûpart des Provinces dépendent des Turcs, sçavoir, l'Albanie, la Macedoine, la Thessalie, l'Epire, l'Achaïe, le Negrepont, le Péloponese ou Morée.

Les Venitiens ont quelques Places sur ces Côtes, particulierement en Dalmatie, comme Zara, Spolatro, &c. Ils ont aussi les Isles de Corfou, Sainte-Maure, Zante & Céfalonie. Les Turcs leur ont enlevé plusieurs Places. Raguse est une Ville qui se gouverne en petite République en payant tribut aux Turcs.

L'Isle de Candie, qui est considérable, est possédée par les Turcs, qui s'étendent aussi au Nord Occidental dans les Provinces qui se trouvent entre l'Allemagne, la Pologne & la Grece ; telles que sont la Bosnie, la Croatie, la Servie, la Valaquie, la Moldavie, la Bulgarie & la Romanie.

L'air de la Grece est assez tempéré, & son terroir très-fertile produit tout ce qui est nécessaire à la vie.

Tous les Pays de l'Empereur d'Orient, appellé ordinairement le Grand-Seigneur, sont généralement connus sous le nom de Turquie. L'on fait venir ce nom de Turquestan, l'une des Régions de la grande Tartarie, qu'Ottoman l'un de ses Chefs gouverna si habilement, qu'après la mort d'Aladin, l'un des Princes du Pays, il demeura maître de la Bithynie & de la Cappadoce, & commença l'an 1300. ce grand Empire, dont les Souverains ont fait en moins de 300. ans des conquêtes en Europe, en Asie &

en Afrique aussi considérables que celles qu'avoient fait autrefois les Romains en plus de 900. ans. Les Provinces de cet Empire sont régies par des Bachas ou Gouverneurs envoyés par le Grand-Seigneur.

Les Turcs sont naturellement ambitieux, fainéans, & brutaux dans leurs amours, peu soldats, & ne font des conquêtes qu'à la faveur du grand nombre de leurs Troupes. Ils sont assez courtois & charitables envers les Etrangers & les voyageurs.

Quelques Peuples sujets du Grand-Seigneur suivent en partie le Schisme de l'Eglise Grecque, quelques autres sont Catholiques. Ceux qui sont attachés au Grand-Seigneur, suivent la Doctrine de Mahomet, tenu entr'eux pour un grand Prophete. Il est auteur de l'Alcoran, qui contient les principaux points de leur foi, dont l'un leur interdit l'usage du vin; néanmoins entre dix Turcs à peine s'en trouveroit-il quatre qui ne boivent pas de cette liqueur.

La Ville de Constantinople, située sur le Détroit qui joint la Mer de Marmara avec la Mer Noire, à 49. deg. 30. min. de long. & à 40. deg. de lat. est la Capitale de toute la Turquie, & la demeure ordinaire des Grands-Seigneurs. Ils y ont fait bâtir leurs plus beaux Palais, qu'ils appellent Serails, & où ils passent les jours avec leurs femmes, qui sont en grand nombre & des plus belles qu'on puisse trouver dans leur Empire. Leurs plus belles Sultanes sont comme des captives parmi des Eunuques, des muets & des nains. Le Grand-Seigneur se fait appeller Sa Hautesse, & sa Cour se nomme la Porte, suivant un ancien usage des Orientaux qui tenoient leurs assemblées judiciaires aux portes des Villes. Le Grand-Sultan à présent régnant se nomme Mahmouth.

Les principales Villes de l'Empire Ottoman en Europe sont Sophie, Salonich, Athenes, Corinthe, Napoli de Romanie & celle de Malvoisie, Coron, Modon, Misitra, Candie, la Canée, &c.

Les Peuples de la petite Tartarie sont sous la protection des Turcs, vivant des courses & pirateries qu'ils font chez leurs voisins. Ils sont Mahometans, campent à la campagne sous des tentes, & changent souvent de demeure. Leur Chef a le titre de Kam; & prête serment au Grand-Seigneur, qui s'est engagé, sous cette condition, à maintenir toûjours l'autorité dans la même famille. La résidence du Kam est à Krim. Les autres Villes sont Bacca & Caffa, du côté de la Mer Noire.

La Carte de l'Europe fait connoître la disposition des Pays dont nous venons de parler.

CHAPITRE II.

Description de l'Asie.

CEtte partie du Monde eſt la plus orientale, la plus grande, la plus riche & la plus ancienne des autres parties qui composent notre Continent. Pluſieurs croyent que le Paradis Terreſtre étoit en Aſie. Quoi qu'il en ſoit, Dieu y a opéré les principaux Myſteres de l'ancienne & de la nouvelle Loi. C'eſt de là que ſont venuës les Religions, les mœurs, les Lettres & les Loix, qui après le déluge ſe ſont répanduës dans les autres parties de la Terre.

L'Aſie eſt bornée au Septentrion par la Mer Glaciale & la Tartarie, à l'Orient par la Mer Pacifique qui la ſépare de l'Amérique, au Midi par la Mer des Indes, & à l'Occident par la Mer Rouge & l'Iſthme de Suez qui la ſépare de l'Afrique. Sa longueur d'Orient à l'Occident s'étend depuis le 50. degré juſqu'environ le 170. de longitude, & ſa hauteur du Midi au Septentrion depuis le 10. deg. de latitude méridionale juſqu'au 76. de latitude ſeptentrionale.

Des Etats du Turc en Aſie.

Ces Etats contiennent la Natolie, la Turcomanie, la Georgie, le Diarbech & la Sourie.

LE Grand-Seigneur gouverne la plûpart de ces contrées par ſes Beglierbeys ou Gouverneurs généraux.

Deſcription de la Natolie.

La Natolie eſt cette Preſqu'iſle qui s'avance juſqu'à l'Archipel de Grece. Ses Villes principales ſont Burſe, Chiutaye, Smirne, Ville de grand commerce, Trebizonde, Cogny, Toccat, Sivas & Maras. Les ruines de l'ancienne Troyes & d'Epheſe ſe voyent encore aujourd'hui dans cette Province.

Ce pays, autrefois ſi renommé pour ſa fertilité, ſes forces, le grand nombre de ſes habitans & l'abondance de ſes richeſſes, eſt à préſent un déſert, où le peuple eſt miſérable. On y profeſſe la Religion Mahometane.

Deſcription de la Turcomanie.

La Turcomanie comprend preſque toute l'ancienne Arménie. Elle eſt à l'Orient de l'Eufrate entre le Diarbeck & la Georgie, & eſt habitée par les Turcomans, quelques Georgiens, des Arméniens & des Curdes.

Les Turcomans qu'on croit deſcendus du Turqueſtan en Tartarie, ainſi que les Turcs, ſont pour la plûpart véritables Mahometans. On tient que c'eſt ſur les montagnes d'Arménie que s'arrêta l'Arche de Noé, & qu'elles ſont les plus hautes du Monde.

Les Arméniens & les Georgiens sont Chrétiens Schismatiques. Ils aiment le commerce, & sont industrieux. Les Curdes sont bons cavaliers, grands voleurs, & tiennent beaucoup des Arabes. Leur Religion est celle de Mahomet. La Ville d'Erzerum est la principale de la Turcomanie, & la demeure d'un Beglierbey.

Description de la Georgie.

La Georgie est un Pays fort montagneux, mais assez abondant en grains & en vins, qui y sont excellens. Les hommes y sont assez bons soldats, mais yvrognes & grands larrons. Les femmes y sont très-belles. Les peres & meres y vendent leurs enfans; & le Grand-Seigneurs, dont ils sont tributaires, reçoit leur tribut en cette misérable monnoye, les garçons pour être esclaves du Grand-Seigneur, & les filles pour être la plûpart enfermées dans son Serail. Ces peuples sont Chrétiens Schismatiques.

Description du Diarbeck.

Le Diarbeck est ce qu'on appelle l'ancienne Assyrie. Il est entre les rivieres de l'Eufrate & du Tigre. Bagdat, Bassora & Mosul sont les trois Villes les plus considérables; Mosul pour son grand commerce & la beauté de sa situation; Bagdat pour la liaison & le rapport qu'elle a conservé avec l'ancienne Babylone, comme s'étant accruë de ses ruines, & en ayant même porté le nom; Bassora pour son beau Port de Mer. On tient que c'est dans cette Province que Dieu plaça le Paradis Terrestre, où il forma le premier homme, & où Darius fut défait par Alexandre. On voit en cette Province le lieu où étoit la Tour de Babel, célebre par la confusion des langues.

Description de la Sourie.

La Sourie est une des principales Provinces que les Turcs possédent en Asie. L'air y est fort bon, & le terroir seroit assez fertile en toutes choses s'il étoit bien cultivé. La partie la plus méridionale de cette Province est ce qu'on appelloit Terre de Promission, Terre des Hébreux & des Israëlites, puis Judée, Palestine, & enfin Terre-Sainte, dans laquelle est située la fameuse Ville de Jérusalem, où les plus grands Mysteres de notre Rédemption ont été opérés. Le Grand-Seigneur tient dans cette Province trois Beglierbeys, dont le premier est à Alep, ville très-marchande; le second à Damas en Phénicie, célebre par la conversion de Saint Paul; & le troisiéme à Tripoli de Sourie. La plûpart des Peuples sont Mahometans, surtout les Gouverneurs, les Magistrats, Officiers & Soldats; il y a néanmoins grand nombre de Chrétiens de diverses sectes, & beaucoup de Juifs. Les autres Villes principales que les Turcs possedent en ces Pays, sont Alexandrie, Bir,

Antioche, &c. On connoît en Europe tous ces Pays ſous le nom de Levant.

Deſcription de l'Arabie.

L'Arabie eſt la région la plus méridionale de l'Aſie ſujette au Grand-Seigneur, & la plus proche de l'Afrique & de la Mer Rouge. On la diviſe ordinairement en trois parties, dont la premiere eſt nommée Arabie heureuſe, à cauſe qu'elle eſt la moins déſerte. Ses Villes principales ſont Medine & la Mecque. La premiere eſt célebre par la naiſſance de Mahomet, que pluſieurs placent en ce lieu; & la ſeconde par ſa ſépulture.

Son Prince ou Schérif eſt très-puiſſant, & n'eſt ſous la protection de perſonne. Il eſt fort reſpecté des Mahometans, à cauſe qu'il eſt de la famille de Mahomet. On lui envoye de grands préſens, tant par dévotion, que pour tenir les chemins libres, & empêcher que les Arabes, naturellement grands voleurs, n'enlevent les Caravanes de pelerins, qui viennent de toutes parts viſiter le tombeau de leur Prophete.

La ſeconde partie ſe nomme Arabie déſerte. Ses ſables & ſes déſerts lui ont fait donner ce nom. Elle eſt fort ſtérile & peu habitée. Ses Villes principales ſont les deux Ana; la premiere ſur la riviere d'Anan, & l'autre ſur l'Eufrate.

La troiſiéme eſt l'Arabie pétrée ou pierreuſe. Le fameux Mont Oreb, où Moyſe fit ſortir une fontaine d'un rocher en le frappant de ſa verge; & celui de Sinaï, où Dieu donna à ce Prophete la Table du Décalogue, ſont dans cette partie. Ce fut dans ce Pays où les enfans d'Iſraël demeurerent quarante ans après leur ſortie d'Egypte.

Tous les Arabes ſont Mahometans de Religion, & preſque tous gueux & voleurs de profeſſion, particulierement ceux qui habitent ſous des tentes: car ceux qui demeurent dans les Villes, s'adonnent aux Sciences & au commerce. On trouve proche de là, l'Iſle de Baharem dans le Golfe de Baſſora, où ſe pêchent les plus belles perles de toute l'Aſie. Elle eſt aux Perſans. La Carte de l'Aſie, *Planche* 34. fera connoître la ſituation de tous ces Pays.

Deſcription de la Perſe.

CE Royaume porte le nom de l'une de ſes Provinces appellée Pars. C'eſt un des plus étendus de l'Aſie, étant borné au Septentrion par la mer Caſpienne, à l'Orient par le Mogol, au Midi par l'Ocean Indien, & à l'Occident par l'Arabie.

L'air y eſt ſubtil, mais temperé du côté du Septentrion, où la terre produit tout ce qui eſt néceſſaire à la vie, particulierement des fruits très-excellens & en grande abondance. On y voit des forêts entieres de meuriers, dont les feuilles servent à la nourriture d'une quantité prodigieuse de vers qui leur rapportent de la soye en abondance, que les Artisans sçavent employer en plusieurs beaux ouvrages, & dont le commerce fait le plus considerable revenu du Royaume.

On le divise en dix-huit Provinces. C'est une des quatre plus anciennes Monarchies: mais elle a souffert de grandes révolutions. Dans les derniers tems, le gouvernement y étoit fort doux aux Persans & aux Etrangers. Le Roi porte le nom de Sophi. Hussein qui étoit sur ce trône au tems de Louis XIV. avoit conçu une estime si grande pour ce Prince, qu'il medita long-tems les moyens de lui envoyer une Ambassade solemnelle pour conclure de nouveaux Traités : l'Ambassadeur arriva en France à la fin de l'année 1714. & en partit au mois d'Août 1715. rempli d'admiration & comblé des bienfaits de ce Monarque.

Les Persans sont honnêtes & civils; ils aiment la guerre, les Arts & le commerce; sont tous Mahometans de la Secte d'Ali, & ennemis des Turcs qui sont de la Secte d'Omar : le premier gendre de Mahomet ; & le second, son beau-pere.

La Ville Capitale est Ispaham, située sur la Riviere de Sende-runt, à 71. deg. de long. & à 32. deg. 25. m. de lat. Elle passe pour une des plus belles & des plus riches du monde. Les Chrétiens ont libre exercice de leur Religion dans les Fauxbourgs où ils ont leurs Eglises.

Les autres Villes considérables sont Tauris, Ardeüil, Estarabat, Ormus, Schiras, &c. On estime les femmes de cette derniere Ville pour leur beauté, & on dit en commun proverbe dans l'Asie: Belles femmes de Perse, bons chevaux pour l'adresse, & bons chameaux pour la force. Ce Pays-là est à présent bien délabré par les guerres intestines qui le déchirent. La maison regnante qui occupoit ce trône depuis Ismaël I. en 1499. a été supplantée en 1736. par Thamas-Kouli-Kan qui s'est rendu célébre par ses victoires. Une conspiration s'est formée contre lui, & il a été tué en 1747. Ali-Kouli-Kan qui lui a succédé alors, n'a pû se soutenir contre les partis qui lui étoient contraires; il a été déposé en 1750. & depuis ce tems tout est en combustion dans ce royaume.

Description des Indes.

L'Inde a reçu son nom du fleuve Indus qui y prend sa source, & qui l'arrose dans son cours.

On divise ordinairement l'Inde en trois principales parties, dont la premiere est l'Empire du Mogol; la seconde, la Presqu'Isle occidentale ou deçà le Gange; & la troisiéme, la Presqu'Isle orientale ou delà le Gange.

De l'Empire du Mogol.

Le Mogol est composé d'un grand nombre de petits Royaumes ou Provinces, dont les acquisitions qu'en a fait l'Empereur, font que cet Etat est un des plus considérables de l'Asie. Il est riche, fertile en toutes choses & fort peuplé. Il n'est pas extraordinaire d'y voir des armées de cent mille Cavaliers & de deux cens mille hommes de pied, les uns & les autres bons soldats.

La Religion d'une partie de ces peuples est idolâtre & payenne; celle des autres est mêlée de Judaïsme & de Mahometisme.

Agra, à 95. deg. de long. & à 26. deg. 43. min. de lat. a été la Ville capitale du Mogol. Delly lui dispute cette prérogative, & étoit la résidence de l'Empereur, lorsque Thamas-Kouli-Kan étant entré dans l'Inde, pénétra jusques dans cette Ville, & en enleva les richesses. Les autres principales sont Bander, Chitor, Diu, Cambaye, Multan, Lahor, Kachemire, Talta, &c.

De la Presqu'Isle occidentale.

La Presqu'Isle occidentale au-deçà du Gange est composée des Royaumes de Visia, Golconde, Narsingue, de toute la côte de Malabar, de celle de Coromandel, & de quantité d'autres petits Etats, la plûpart tributaires du Mogol.

Ce Pays est riche, fertile & d'un grand commerce. Il y a des mines de diamans dans le royaume de Golconde. Les plus gros se trouvent à Coulour, & les plus nets à Raolconda. On pêche aussi des perles sur les côtes de Coromandel vers le détroit de Manat. L'air y est chaud, ce qui fait que les peuples vont nuds. Ils sont payens & bons soldats.

Les principales Villes de cette Presqu'Isle sont Surate, Goa, aux Portugais, Visapour, Canor, Calicut, Madure, Pondicheri, S. Thomé, Meliapur, &c. Les Villes de Mangalor, Barcelor, Onor, Cochin, &c. sont aux Hollandois.

De la Presqu'Isle orientale.

La Presqu'Isle orientale ou delà le Gange contient les Royaumes d'Aracan, Tipra, Brama ou l'ancien Royaume des Brachmanes, Camboye, Ciampa, Ava, où on fait commerce des rubis, & Siam. Les Rois de ces deux dernieres Villes y font leur résidence. Ils sont puissans, puisque les autres Rois leur sont tributaires. Les royaumes de Tunquin & de Cochinchine sont dans la partie orientale. Tous ces rois sont riches; mais leurs peuples sont malheureux. Ils sont idolâtres, croyant à la metempsycose, mêlez d'un peu de Chrétiens, de Juifs, & de quantité de Mahometans. Les élephans sont fort communs dans tous ces Pays.

Le Royaume de Siam nous est assez connu par l'Ambassade solemnelle que le Roi de France y envoya en l'année 1684. pour répondre aux intentions du Roi de Siam & de son premier Ministre, qui avoit dessein d'établir la Religion Catholique dans tout le royaume ; ce que les trois Ambassadeurs qui furent envoyés en France firent assez connoître. La Ville Capitale est grande & belle, située sur des canaux, à peu près comme Venise. Les R. P. Jésuites y ont fait plusieurs observations Astronomiques en présence du Roi, & ont trouvé que la ville étoit au 119. deg. de longitude, & au 14. deg. 20. min. de lat. On trouve Bankoc, Forteresse considérable, bâtie nouvellement.

Les autres Villes de cette Presqu'Isle sont Artan, Tipra, Ava, Pegu, Martapan, Camboya, Ciampa, Lao, Tunquin, Cacian, Sinoé, Guncalem, Peham ; & dans la langue de terre au Midi on trouve Malaca, Ville de commerce, aux Hollandois.

Du Royaume de la Chine.

LE nom de cet Empire vient d'un de ses Rois nommé Cina, qui régnoit 46. ans avant la venuë de JESUS-CHRIST. C'est le plus grand, le plus riche & le plus fertile Royaume de l'Asie. Ses bornes au Septentrion sont la Tartarie, de laquelle elle étoit séparée par cette fameuse muraille, que les Tartares ont franchie ; à l'Orient par la Mer orientale ; au Midi par les Royaumes de la Cochinchine & de Tunquin ; & à l'Occident par le grand Thibet & quelques déserts inconnus. On compte qu'il y a environ 600. de nos lieuës du Nord au Sud, & environ 500. lieuës de l'Est à l'Oüest.

Cet Empire étoit divisé sous les Empereurs Chinois en quinze Provinces, sans y comprendre celle de Leotum, patrie des Tartares qui possedent aujourd'hui la Chine ; le grand Kam de Tartarie, descendu des Rois Niuche, s'en étant rendu maître en l'année 1644. à l'occasion d'une guerre civile, dont il sçut profiter. Ces Provinces sont Pekim, Nankim, Xansi, Xantum, Honam, Xensi, Chekiam, Kian, Huquam, Suchen, Fokien, Quantum, Quamsi, Yunan & Queicheu. Plusieurs Relations disent que ces Provinces étoient peuplées de plus de 80. millions de personnes. Ils sont fort superstitieux. Leur Religion est idolâtre ; cependant ils ne connoissent qu'un seul Dieu qu'ils nomment Roi du Ciel : on compte plus de 350. mille Bonzes qui sont leurs Prêtres, & leurs Temples sont sans nombre, aussi-bien que leurs Pagodes, qui sont leurs Idoles.

Hors

Hors les amandes & les olives, ce Pays produit tous les grains & fruits que nous voyons en Europe; mais ils en ont beaucoup que nous ne connoissons pas. Le cotton & la soye y sont en abondance, aussi-bien que tous nos métaux. Leur porcelaine est la plus fine de tout l'Orient. Ils ont l'invention de l'Imprimerie, de l'Artillerie, du Papier, des Postes & des Manufactures, avant nous. Quand une nouvelle famille vient à l'Empire, elle lui donne un nouveau nom. Celle qui régne à présent lui a donné celui de Taïcimque, qui veut dire Royaume de grande pureté. La précédente s'appelloit Royaume de grande clarté. On compte dans ce vaste Empire quatre mille quatre cens lieux murés, plus de 2300. Forteresses, & plus de 767900. soldats entretenus ordinairement; mais on peut dire qu'ils ont peu de bravoure. Cette fameuse muraille, de laquelle on parle tant par tout le Monde, bâtie par les Empereurs de la Chine pour empêcher les courses des Tartares Orientaux, est de 375. lieuës de France de longueur, & de hauteur 1037. de nos pieds, & du rez-de-chaussée au chaperon, elle a 30. à 15. coudées d'épaisseur. On laisse à penser les sommes immenses qu'elle a coûté.

Pekim, au 134. deg. 46. min. de long. & au 40. de lat. est la Ville Capitale de la Chine, & le séjour ordinaire des Empereurs. Elle est très-forte, point pavée, ce qui la rend fort boüeuse en Hyver & fort poudreuse en Eté. Les chevaux, qui y sont fort communs, sont d'un grand secours. Il y a six Cours souveraines qui y exercent leur jurisdiction avec beaucoup d'intégrité. La premiere est le Conseil d'Etat, dont les Conseillers ont droit de nommer les Magistrats & les Juges des Provinces; la seconde est pour les Finances, pour recevoir les deniers du Roi; l'autre pour avoir soin des Prêtres, des Temples, des cérémonies, des Ambassades & de tout ce qui concerne la Religion; l'autre a le soin de la guerre; l'autre a l'inspection de tous les Bâtimens, Palais & Vaisseaux, & la derniere juge les affaires criminelles. Tous les Etrangers admirent leur police. Les Missionnaires & les Jésuites, qui sont beaucoup dans la confiance de l'Empereur par les Sciences qu'ils lui enseignent, & qui ont obtenu de lui des faveurs très-considérables, disent qu'il y a près de 400000. Catholiques dans la Chine. On dit qu'à présent les choses sont changées depuis la mort du dernier Empereur, & que les Chrétiens y sont maltraités.

Les Chinois aiment les Sciences, sont spirituels, politiques & fort industrieux. Ils ont la face large, les yeux petits & le nez plat. Ils sont assez courtois les uns envers les autres, & fort jaloux de leurs femmes, qu'ils enferment avec grand ſoin. Ils mangent fort ſalement, & font des ragoûts qui ne nous conviendroient point. Les enfans portent un grand reſpect à leurs peres & meres. Quand un garçon eſt parvenu à l'âge de 25. ans, il faut qu'il ſe marie, ou ſe faſſe Religieux: on aſſigne un certain jour, auquel tous les garçons & filles à marier ſe trouvent. Les garçons font connoître leurs facultés, puis on les diviſe en trois claſſes. La premiere eſt celle des riches, l'autre des médiocres, & l'autre de ceux qui n'ont pas de biens. On fait de même à l'égard des filles, ſéparant les belles, les médiocres & les laides. On donne les belles aux riches qui donnent au Bureau une certaine ſomme d'argent pour les avoir: les moins belles ſont pour les moins riches, qui ne donnent point d'argent; & les laides ſont pour les pauvres, auſquels on diſtribuë l'argent qu'ont donné les riches.

De la Tartarie.

LA Tartarie eſt un grand Pays peu connu, qui occupe toute la partie ſeptentrionale de l'Aſie, dont les Moſcovites ſe ſont rendus maîtres d'une partie dans ces derniers tems; & les Tartares Orientaux ont envahi la Chine, comme nous avons dit. Le Pays des Tartares indépendans, eſt entre la grande Tartarie, la Chine & la Perſe qui confine au Royaume d'Aſtragan & la Mer Caſpienne. On y trouve divers Peuples ſous divers Princes, langues & mœurs. La plûpart n'ont point d'autre Religion que celle qui leur eſt preſcrite par celui qui les domine. Ils n'ont ni Villes ni Bourgs: ils logent ſous des tentes, & nourriſſent des bœufs, des chevaux & des chameaux, ils vivent la plûpart de lait & de la chair de leurs animaux, étant aſſez pareſſeux pour ne point cultiver leurs terres.

Ce qui paſſe ſous le nom de grande Tartarie, a un nombre conſidérable de Villes, mais peu connuës des Européens, de même que la Sibérie, qui eſt un grand Pays ſitué entre la Moſcovie & la Tartarie, qui ſont l'une & l'autre, pour la plûpart, ſous la domination des Moſcovites.

Quoique nous ayons parlé des Iſles de l'Aſie dans la Géographie générale, nous dirons ici quelque choſe concernant les habitations des principales Iſles de cette partie.

Des Iſles du Japon.

LA Ville de Meaco eſt la Capitale de l'Empire & des Iſles du Japon, qui eſt à l'Orient de la Chine, & la réſidence ordinaire de l'Empereur. La plus grande des Iſles ſe nomme Niphon.

Les Japonois ſont fiers & farouches, ne laiſſent aborder aucuns Navires étrangers dans leurs Ports que les ſeuls Hollandois. Ils interrogent d'abord l'équipage, qu'ils font deſcendre à terre, font enlever tout ce qu'il y a dans le vaiſſeau; puis quand il leur plaît ils rechargent le même bâtiment de telles marchandiſes qu'ils veulent, en échange de celles qu'on leur a portées, & remettent le Navire en état d'achever ſon voyage, le tout avec aſſez de bonne foi.

Les Japonois ſont idolâtres. Ils ont pour leur Prince une vénération qui approche de l'adoration. L'air y eſt aſſez tempéré & fort ſain; & le terroir, quoique montagneux, abonde en orge & en riz. Sa plus grande fertilité eſt en or & en argent, que l'on y trouve en quantité.

Les Eſpagnols ont découvert les Iſles des Larrons, qui ſont peu habitées. L'Iſle de Formoſa ſur les côtes de la Chine, eſt aujourd'hui ſous la domination des Tartares Chinois.

Les Iſles Philippines, dont le nombre paſſe douze cens, furent conquiſes par Don Lopez Villalobos, ſous Philippe II. Roi d'Eſpagne. Les principales ſont Manilles, Mindanao, Paragou, &c. Toutes ces Iſles reconnoiſſent le Roi d'Eſpagne pour leur Souverain, & font profeſſion de la Religion Catholique; mais les originaires du pays qui n'ont pas été convertis, ſont idolâtres.

Les Molucques ſont poſſédées pour la plûpart par les Hollandois, qui en tirent un ſi grand nombre d'épiceries, que cela fait la plus grande partie des richeſſes que cette Nation enleve des Indes. Le clou de geroſle vient des Iſles de Gilolo, Celebes, Banda, Ceram, &c. Les habitans des côtes de ces Iſles ſont auſſi traitables que ceux qui habitent le dedans, ſont farouches & brutaux. Toutes ces Iſles ont été découvertes par Magellan pour les Eſpagnols, qui en furent chaſſés par les Portugais, & qui en ont été chaſſés eux-mêmes par les Hollandois qui s'en ſont rendus en partie les maîtres.

Les Iſles de la Sonde prennent leurs noms de ce fameux Détroit qui eſt entre les Iſles de Java & de Sumatra. Il y en a trois conſidérables, ſçavoir, Borneo, Java & Sumatra & quantité de petites.

La plus grande des trois eſt celle de Borneo, qui a une Ville de même nom. Java eſt la plus méridionale, où eſt la Ville de Bantam, autrefois floriſſante; mais depuis que les Hollandois ont conſtruit Batavia, & qu'ils y ont établi le centre du commerce des Indes, & le ſiége du Préſident de la Compagnie Hollandoiſe, on ne parle plus de Bantam.

Sumatra est une grande Isle qui régne à l'Occident de la Presqu'isle orientale de l'Inde, & qui n'en est séparée que par un canal de dix ou douze lieuës, qu'on nomme Détroit de Malaca. Elle est divisée en plusieurs Royaumes, dont celui d'Achem est le plus connu.

L'Isle de Ceylan est à la pointe de la Presqu'isle occidentale, dont elle n'est séparée que par le Détroit de Manar. Elle est une des plus délicieuses & des plus abondantes de l'Asie. Elle a son Roi, & les Hollandois s'y sont emparé des Forteresses de Negombo & de Colombo, sur les Portugais, aussi-bien que de toute la côte; en sorte qu'ils ont seuls tout le commerce de l'Isle, qui ne céde à aucune en épiceries, & il s'y voit des forêts de canelle. Les habitans y sont la plûpart Mahometans. Les perles se pêchent dans son voisinage, & il se trouve dans ses rivieres des rubis, des saphirs & des topases.

Les Maldives contiennent une grande quantité de petites Isles & de rochers, on en croit le nombre passer dix mille, dont quelques-unes sont habitées, les autres non. Elles sont dominées par un Roi, qui fait sa résidence dans celle qu'ils appellent Male. Les plus grandes sont assez fertiles en fruits excellens, en mines d'or & d'argent, en pêches de perles & de poissons, & surtout en épiceries.

La Carte de l'Asie fera connoître la disposition de tous ces Pays, *Planche 34*.

CHAPITRE III.

Description de l'Afrique.

CEtte partie de l'ancien Monde est une grande Presqu'isle séparée de l'Europe par la Mer Mediterranée, qu'elle a au Nord, de l'Asie par la Mer Rouge & l'Isthme de Suez qu'elle a à l'Orient, de l'Amérique par l'Océan Ethiopien qu'elle a à l'Occident, & elle a au Midi l'Océan méridional.

On peut diviser l'Afrique en septentrionale & en méridionale, étant coupée par l'Equateur presque en deux parties égales. Du côté du Nord sont l'Egypte, la Barbarie, le Biledulgerid, le Saara ou les Déserts, la Nigritie ou pays des Négres, la Guinée, les Royaumes de Benin, Mujac, Medra & Nubie, avec l'Empire des Abyssins, qui fait partie de l'Ethiopie, ainsi que la côte d'Ajan.

Planche 34.
Pag: 242.
L'ASIE
Dont les principaux
poins sont placez sur
les Observations de Mrs
de l'Academie Roialle
des Sciences et suivant les
Memoires les plus fidelles.
A PARIS 1744.
Chez N. BION Quay de
l'Horloge du Palais.
Echelle
50. 100. 200. 300. 400. 500.
De 500 Lieües communes
de France de 25 au Degré
de l'Equinoctiale
OCEAN SEPTENTRIONAL
MER GLACIALE
Nouv Zemble
Cercle Polaire
PARTIE DE L'EUROPE
MOSCOVIE
SIBERIE
TARTARIE MOSCOVITE
GRANDE TARTARIE
TARTARIE ORIENTALE
TARTARES de KIN
TURQUIE en ASIE
EMPIRE DE PERSE
ARABIE
EMPIRE DU GRAND MOGOL
DE LA CHINE
MER DES INDES
Archipel des Maldives
Ligne Equinoctiale
OCEAN INDIEN, ou MER DES INDES
I. DE MADAGASCAR
I. DE BORNEO
I. de Java
Tropique du Cancer
I. Formosa
I. de Luçon ou Manille
PHILIPPINES
I. de Gilolo
NOUV. HOLLANDE
Ceylan I.
Tanquin
Jupi
Rie de Huye

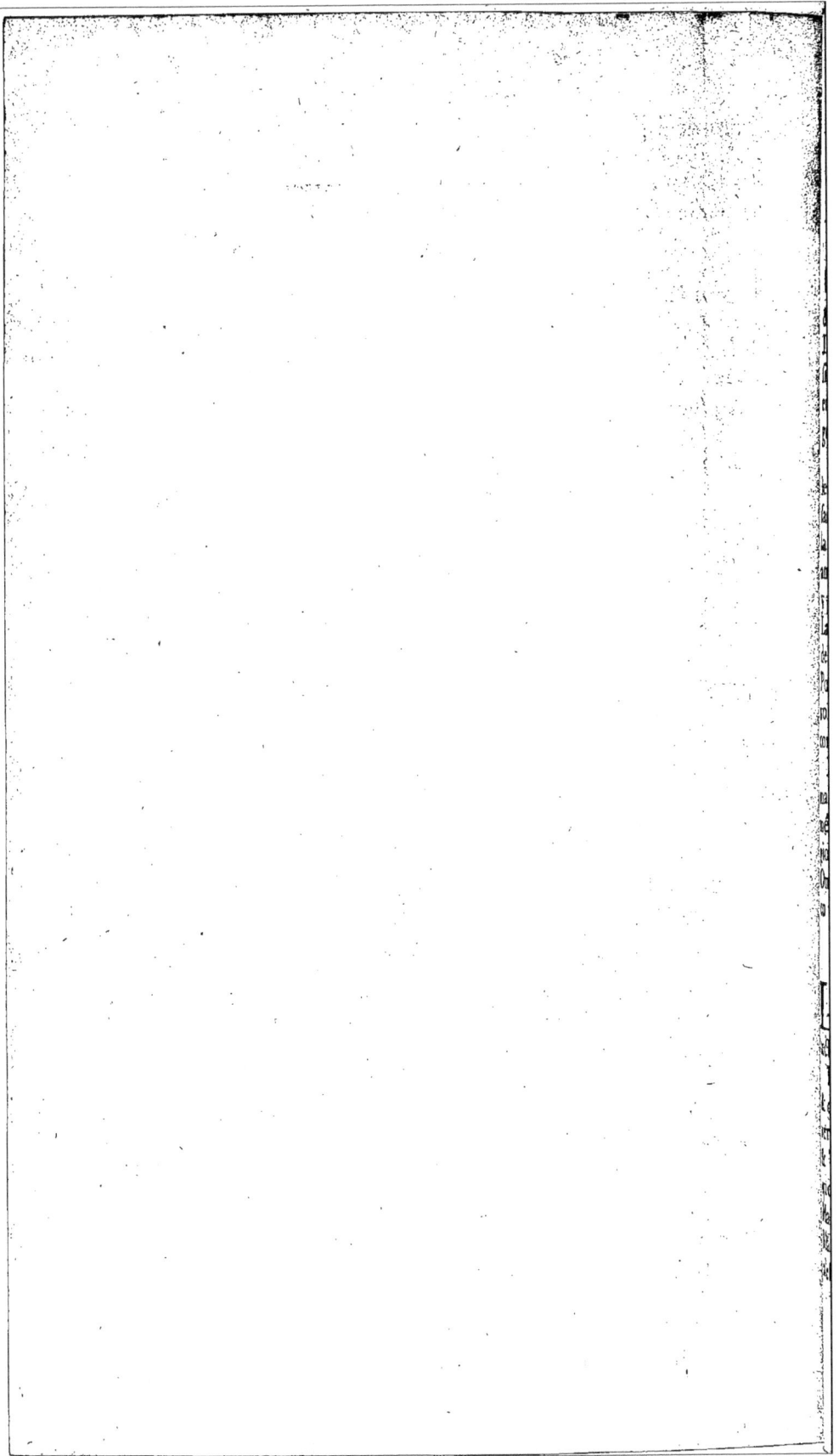

La partie du Sud est composée des Royaumes de Congo & d'Angola, des Etats de Monoëmugi & du Monomotapa, des Côtes des Cafres, de Mozambique, Zanguebar & Melinde, & d'une partie de l'Ethiopie.

De l'Egypte.

CE Pays a été long-tems gouverné par des Rois. Les Romains s'en rendirent les maîtres après la mort de Cléopatre, & en 1516. Selim Empereur des Turcs subjugua toute l'Egypte. Ils la font gouverner par un Bacha ou Beglierbey, qui fait sa résidence au Caire, & qui a sous lui treize autres Gouverneurs, qui envoyent tous les ans au Caire le gros tribut que l'Egypte est obligée de payer à la Porte.

L'air n'y est pas bon, à cause des chaleurs & du limon que laisse le Nil après sa retraite, sur les terres qu'il inonde tous les ans, sans quoi l'Egypte seroit tout-à-fait stérile; mais il engraisse si fort la terre, que si elle étoit cultivée, elle rapporteroit deux fois par an. Tous les bestiaux en deviennent plus féconds, & les brebis y portent deux fois l'année, & même plusieurs agneaux à la fois. La Ville Capitale est le Caire, à 49. deg. de longitude, & à 29. de latitude. Les autres Villes principales sont Alexandrie, fameux Port de Mer, Damiette, Suez au fond de la Mer Rouge, &c. On voit en ce Pays les fameuses Pyramides & les Momies des anciens corps embaumés.

Les Egyptiens sont spirituels & adroits, mais paresseux & gourmands. On leur attribuë l'invention de l'Arithmétique, de la Géométrie & de l'Astronomie. On y trouve de toutes sortes de Religions, des Chrétiens Latins, Grecs, & beaucoup de Mahometans. On dit que la plûpart des femmes engendrent ordinairement deux ou trois enfans à la fois.

De la Barbarie.

LA Barbarie est la partie la plus septentrionale de l'Afrique. On la divise en six Royaumes, dont quatre sont sous la protection de la Porte, avec reconnoissance.

Barca est un Pays désert & fort stérile. Les habitans de Tripoly & de Tunis, ne subsistent que de pirateries. Alger, dont le gouvernement approche de la Démocratie, subsiste comme Tunis & Tripoly. Leurs Deys ou Princes n'ont d'autre autorité que celle que la Milice leur veut laisser prendre. Les Royaumes de Fez & de Maroc sont sous la domination d'un même Roi, & de Religion Mahometane, comme la plûpart de la Barbarie; celui de Fez n'est séparé de l'Europe que par le Détroit de Gibraltar, & les

Côtes de celui de Maroc sont baignées de l'Océan Atlantique.

Les Peuples de Barbarie sont des gens ramassés de diverses Nations dont les Mores sont les principaux. Ils habitent les Villes, & les Arabes tiennent la campagne. Les principales Villes sont Barca, Cairon, Tripoly, Tunis, (près de là on voit des restes de l'ancienne Carthage,) Biserte, Alger, Oran, Bugie, Gigeri, le Bastion de France, Fez, Maroc, Tetuan, Ceuta aux Espagnols, Tanger, Larache, Salé, &c.

Du Biledulgerid.

CE Pays est borné au Septentrion par la Barbarie, à l'Orient par l'Egypte, à l'Occident par l'Océan Atlantique, & au Midi par les Déserts. Il est habité par les originaires & par les Arabes, qui sont presque tous voleurs, perfides & inhumains, Mahometans ou Juifs. L'air y est sain, quoique brûlant, la terre sabloneuse & peu cultivée. La plus grande richesse du Pays consiste en dattes & en chameaux, & les Villes principales sont Tesser, Dara, Zer, Biledulgerid, Torrega, &c.

Du Saara ou Désert.

SAara en Arabe veut dire Désert. Ce nom fait assez connoître que ce Pays est très-stérile. Il a au Nord le Biledulgerid, la Mer à l'Occident, le Pays des Négres au Midi, & la Nubie à l'Orient. L'air y est brûlant, & les Peuples fort sauvages & brutaux. Ils ont des Chefs qu'ils nomment Xeques. La plûpart vivent dans le libertinage à la campagne, sans Religion, & le peu qu'il y en a dans les Villes suivent la doctrine de Mahomet.

De la Nigritie.

CE Pays est celui des Négres. Il est situé entre les Déserts & la Guinée. On le divise en plusieurs Royaumes, dont les Rois sont fort absolus, quoique tributaires pour la plûpart de celui de Tombut, qui est le plus puissant. L'air y est fort chaud, mais très sain. Il y croît du ris & du lin. Les peuples y sont lâches & ignorans, idolâtres ou Mahometans. Le grand fleuve Niger traverse ce pays d'Orient en Occident. Il se déborde quelquefois, & laisse un limon qui engraisse la terre, comme le Nil en Egypte. Les richesses qu'on tire de ce Pays consistent en poudre d'or, dents d'Elephans, ambre gris, vins de palmiers, & surtout en esclaves, que l'on transporte en Amérique pour travailler aux mines & aux sucreries. On voit des hommes qui vendent leurs femmes & leurs enfans. Les François possedent l'Isle Gorée à l'embouchure de la riviere Niger, proche le Cap Verd, & ils y font un gros commerce par le moyen de la Compagnie des Indes.

De la Guinée.

CE Pays se divise en trois parties. Celle du milieu est la vraie Guinée, l'autre la Côte des Dents, à cause du grand commerce des dents d'Elephans qui s'y fait, & l'autre se nomme Côte d'Or, à cause de quelques mines d'Or qui s'y trouvent. La partie occidentale s'appelle Malaguette, du nom du poivre long qui croît autour de la montagne de la Lune. Les Hollandois y possedent S. George de la Mine, les Anglois le Cap de Cors, & les Danois Christiansbourg. Ce furent les François qui découvrirent les premiers cette Côte. La situation de tout ce Pays est entre le 4. & le 12. degrés de lat. sept. & depuis le 9. jusqu'au 38. de long. Cette situation fait connoître que cette terre est fort chaude, & néanmoins assez fertile. L'air y est mauvais. Son grand commerce est de poivre long, de cannes de sucre, de ris, de cotton & de millet. On y voit un grand nombre d'Elephans, de Singes, de Paons, de Perroquets, de Léopards & de Tigres. Les peuples de Guinée sont spirituels, adroits, orgueilleux & très-subtils larrons, mais paresseux & lâches. Ils ont la peau noire, vont tout nuds, & mangent la chair des animaux toute cruë. Les femmes y sont très-lubriques, & aiment fort les Etrangers. Ce Pays est gouverné par un grand nombre de Roitelets, qui sont presque tous idolâtres comme leurs sujets.

Des Royaumes de Benin, de Mujac, de Congo, & autres.

TOus ces Royaumes sont situés au Midi de la Guinée, & s'étendent en longitude depuis le 30. deg. jusqu'au 40. & en latitude depuis le 11. deg. méridional jusqu'au 15. septentrional; ainsi ils se trouvent au milieu de la Zone Torride, & par cette raison ils sont excessivement chauds. Chacun de ces Royaumes a son Roi, à qui on rend beaucoup de respect. On le nomme *Many*, & il y a des Gouverneurs dans les Villes. Les peuples sont noirs & idolâtres, & sacrifient au diable. Les Portugais y ont beaucoup de Colonies, & même un Evêque, qui fait sa résidence dans l'Isle de Loando, & y fait prêcher l'Evangile avec beaucoup de succès. Ils ont les mêmes fruits & les mêmes animaux que leurs voisins.

De la Nubie.

LA Nubie est un grand Royaume peu connu, qui a l'Egypte au Septentrion. La riviere du Nil, qui la traverse dans sa partie orientale, rend par son débordement ses bords très-fertiles.

On y trouve de la civette, du bois de Sandal, de l'yvoire, & un poison si subtil, qu'un grain est suffisant pour donner la mort à dix personnes. Il vaut cent ducats l'once.

Ce Royaume est gouverné par un Roi qui ne nous est gueres connu. Il y a dans ce Pays, qui souffre une grande disette d'eau, grand nombre de bêtes féroces. La Ville Capitale se nomme Jalac, située sur le Nil, de même que Nubia.

De l'Abissinie.

L'Abissinie est un grand Empire situé au milieu de la Zone Torride septentrionale. Il est divisé en plusieurs Royaumes & Peuples, sous la domination du grand Negus, qui est le nom qu'on donne à cet Empereur, & non pas celui de Prête-Jean. Les Turcs ont les meilleures Places de la Côte d'Abez sur la Mer Rouge.

Les montagnes de ce Pays sont assez tempérées; mais il fait une chaleur insupportable dans les campagnes. Il y croît aux environs des rivieres du grain & de toute sorte de fruits. Ils ont aussi des mines d'or, d'argent, de cuivre, d'étain, de plomb, de fer & de soufre. Les animaux domestiques & sauvages y sont en si grand nombre, qu'ils incommodent beaucoup les peuples, qui sont assez spirituels & de bonne humeur, mais paresseux & se souciant peu de l'avenir. Ils sont partie Chrétiens schismatiques, partie Mahometans & idolâtres. Il y a quelques années que le Pape envoya un bon nombre de Missionnaires avec une grande somme d'argent, pour y aller prêcher l'Evangile, & tâcher de convertir ces peuples, à l'exemple de leur Reine, qui s'est renduë Catholique depuis peu.

Ambamarjan est la Ville Capitale. L'Empereur fait sa résidence tantôt en un endroit, tantôt en un autre, selon les saisons. Comme les sources du Nil se trouvent en ce Pays-là, le Pere Païs Jésuite, étant à la suite de l'Empereur le 22. Avril 1618. monta sur la montagne d'où sort cette riviere, & trouva sur le sommet deux sources dont l'eau étoit claire & de bon goût. Ces sources percent les entrailles de la montagne, en sortent impétueusement par le pied, arrosent quantité de Pays, & les rendent fort fertiles.

De l'Ethiopie.

C'Est un grand Pays, fort inconnu, situé directement sous la Ligne. On y compte plusieurs Royaumes; mais les descriptions qu'on en fait sont si chimériques, & les Voyageurs modernes en disent si peu de choses, & avec si peu de certitude, qu'il faut attendre qu'on en ait découvert plus de particularités pour en parler juste.

Des Côtes d'Ajan & de Zanguebar.

LA partie méridionale de la premiere Côte est sous la Ligne, de même que la partie septentrionale de la seconde. Les Peuples y sont noirs & un peu traitables, idolâtres ou Mahometans, & vont nuds jusqu'à la ceinture. Les Portugais y ont quelques Colonies. Ils sont maîtres de Mozambique, où ils ont fait bâtir une Citadelle, & ils y professent la Religion Catholique avec liberté. Leur plus grand commerce est en or & en yvoire. L'air y est mal sain, & la terre ne produit pas suffisamment de quoi nourrir les habitans. On y voit des moutons dont les queuës sont si grosses, qu'elles pesent jusqu'à trente livres.

Du Monoëmugi.

CE Pays est situé au milieu de la Zone torride méridionale, & nous est peu connu; & comme ces Peuples sont entourés par les Ethiopiens, les Caffres & les Monomotapans, on croit qu'ils tiennent de leurs voisins. La Ville la plus connuë de cet Etat est Chicoua. Les Portugais y ont une Forteresse nommée S. Martin, dans une Isle que la riviere Zambeze y forme.

Du Monomotapa.

CEt Empire est partie dans la Zone torride, & partie dans la tempérée. Il s'étend depuis le 30. deg. de longitude jusqu'au 50. On le croit le plus florissant de l'Afrique. La nature du Pays & les pluies fréquentes tempérent les chaleurs de ce climat, en sorte que la terre produit les fruits sans la cultiver. Les montagnes y ont des mines d'or & d'argent.

Les Peuples qui sont noirs, sont très-soumis & fort spirituels. Ils sont nuds jusqu'à la ceinture. On ne sçait pas bien quelle est leur Religion. L'Empereur fait sa résidence dans Monomotapa, qui est la Ville Capitale.

Des Côtes des Caffres.

CEs Côtes entourent à l'Orient, au Midi & à l'Occident l'Empire du Monomotapa, & terminent l'Afrique du côté du Midi au Cap de Bonne-Espérance. Ce nom de Caffres signifie Gens sans loi & sans gouvernement. La partie occidentale est la moins connuë & la plus sauvage. Il n'en est pas de même de la partie méridionale, à cause du commerce que ces Peuples ont avec les Européens, & particuliérement au Cap de Bonne-Espérance, où les Hollandois, qui y ont une habitation considérable, font des voyages fort avant dans les terres. Comme ce Cap est considérable à cause des rafraîchissemens que les Vaisseaux qui vont aux Indes y prennent ordinairement, je vais en donner une description succinte.

Ce Cap est situé aux environs du 39. deg. de long. & au 34. de latit. méridionale. Il fut découvert en 1486. par Dioz, au nom du Roi de Portugal Jean II. mais il s'en retourna sans avoir osé le doubler, ce que fit Vasquès de Gama l'an 1498. En 1651. les Hollandois acheterent d'un petit Roi de ces quartiers environ une lieuë de pays, qu'ils payerent en eau-de-vie & en tabac. En 1680. ils y ont construit une Forteresse à cinq Bastions, sur laquelle ils ont placé plus de 60. canons. Il y a présentement plus de 200. maisons fort proprement bâties, qui ont chacune leur jardin.

Les Peuples sont pour la plûpart sans Religion. Ils ont quantité de troupeaux de bœufs, de moutons & de volailles, qu'ils changent contre de l'eau-de-vie & du tabac. Ils sont assez doux, ils ont la taille & l'air dégagés, & toûjours de belle humeur, mais les plus laids & les plus sales du monde, la graisse dont ils se frottent les cheveux, & les poux qu'ils ont en quantité & qu'ils mangent, les rendent extrémement puants. Quand ils ont éventré quelques bêtes, & qu'ils ont assouvi leur faim, les femmes ont soin de s'entortiller les jambes des boyaux, pour se régaler de tems en tems. Leur plus grand plaisir est de manger & de ne rien faire. C'est le meilleur pays du monde. Toutes les viandes de l'Europe s'y trouvent en quantité; & les sangliers, les cerfs, les lions, les léopards, les tigres, les singes, les chevaux sauvages, les ânes rayés & les élans y sont en grand nombre. Le vin blanc y vient très-bien & y est très-excellent.

Quoique nous ayons parlé des Isles dans la Géographie générale, nous ne laisserons pas de dire ici quelque chose de la découverte des principales.

L'Isle de Madagascar est une des principales. Elle fut découverte en 1506. par les Portugais; & les François qui s'établirent en 1642. la nommerent Dauphine. Elle est assez fertile; mais les habitans y sont cruels, fourbes & sans Religion. L'Isle de Bourbon est proche de là.

Le jour de sainte Helene en 1502. les Portugais firent la découverte de l'Isle qui porte ce nom. Les Anglois s'en sont emparés depuis. Elle est très-fertile & abondante en toutes sortes de rafraîchiffemens. Elle eſt eſtimée l'Iſle du Monde la plus éloignée de terre, puiſqu'elle l'eſt de plus de 300. lieuës de la Côte d'Angola en Afrique, & de plus de 500. du Breſil en Amérique. Il y a quelques années qu'à 150. lieuës à l'Orient de cette Iſle, on découvrit, ſelon quelques Relations, une autre Iſle qu'on nomma Sainte-Heleine ; mais il faut qu'on ſe ſoit trompé, parce que nos derniers Voyageurs n'en ont pû avoir aucunes nouvelles, quelques perquiſitions qu'ils en ayent fait.

L'Iſle de S. Thomas eſt ſituée juſtement ſous la Ligne. Les Portugais la découvrirent le jour de ce Saint en 1405. Ils s'y viennent rafraîchir dans leurs voyages des Indes. L'air y eſt fort mal ſain pour les Etrangers.

Les Iſles du Cap Verd ſont ſituées à 140. lieuës de ce Cap. Elles ſont en grand nombre. Elles furent découvertes par Nole Genois en 1460. pour le Roi de Portugal. Elles ont en abondance du ſel & des troupeaux de boucs & de chevres, dont on fait paſſer les peaux que nous nommons maroquins.

Les Iſles Canaries ſont auſſi en grand nombre. La plus belle & la plus fertile eſt Canarie. Elle fournit ces excellens vins, & fut conquiſe en 1483. par Veira Eſpagnol.

L'Iſle de Fer eſt célebre par le premier Méridien que les François y font paſſer, ſuivant l'Ordonnance de Loüis XIII. en 1634.

L'Iſle de Teneriffe eſt regardée pour l'Iſle la plus élevée & ſon pic pour la plus haute montagne de la Terre. Quelques Européens font paſſer leur premier Méridien par ce pic. C'eſt une montagne fort eſcarpée & d'environ deux lieuës de hauteur. Quelques habitans ont le ſecret de durcir le bois de telle maniere que la lime n'y peut mordre. Ils ſçavent encore conſerver leurs morts ſans ſe corrompre, & ſans qu'il y paroiſſe aucune altération, non plus que s'ils dormoient.

L'Iſle de Madere eſt au Nord des Canaries. Elle fut découverte ſous le régne d'Edoüard III. Roi d'Angleterre, par Robert Machin Anglois, qui y mourut de deſeſpoir & de miſere, ainſi que la belle Anne Daiffet, qu'il avoit enlevée de Briſtol. Le Vaiſſeau dans lequel il s'étoit embarqué fut emporté par la Tempête dans le tems qu'il avoit mis pied à terre pour ſe rafraîchir, & fut ſe briſer ſur la Côte de Maroc. Cette Iſle eſt couverte d'une grande quantité de bois.

Les Iſles Açores ſont ſituées à 300. lieuës ou environ de la Côte d'Eſpagne. Les plus conſidérables ſont Terceres, S. Michel, Sainte-Marie, & elles ſont poſſédées par les Portugais, qui leur ont donné le nom d'Açores, à cauſe de la grande quantité d'éperviers qu'on y voit. Les habitans suivent la Religion Catholique.

La Carte de l'Afrique fera connoître la disposition de tous ces Pays. *Planche 35.*

CHAPITRE IV.

Description de l'Amérique.

AMérique Vespuce Florentin, est celui dont le nom est demeuré à cette partie du Nouveau Monde. Il y fut envoyé par Emmanuel Roi de Portugal en 1497. sur le rapport de Christophe Colomb Genois, qui l'avoit découverte l'an 1492. Elle fait seule un Continent distingué du nôtre, & est bornée au Septentrion par des terres peu ou point connuës, au Midi par une autre terre pareillement inconnuë, qu'on nomme Australe; à l'Occident par la Mer Pacifique, & à l'Orient par la Mer Atlantique.

On divise l'Amérique en septentrionale & en méridionale, qui se joignent par l'Isthme de Panama. Son assiette dans les trois Zones fait que l'air est différent suivant la situation de chaque contrée. L'Amérique septentrionale contient le Canada ou nouvelle France, le nouveau Mexique, la Loüisiane, le vieux Mexique, les Isles Antilles, &c. L'Amérique méridionale comprend les Provinces de Terre-ferme, les Royaumes de Pérou, de Chili, les Terres Magellaniques, les Provinces de la Plata, le Bresil, & celle des Amazones, &c.

Les Américains sont en général assez industrieux, mais fort vindicatifs & farouches. Quoiqu'agiles & robustes, ils sont néanmoins sans courage. Les uns vont nuds, d'autres se peignent le corps de diverses couleurs, & d'autres s'habillent de peaux de bêtes. Ils s'exercent fort à la danse & à la chasse. Leurs armes ordinaires sont les arcs, les fleches, & diverses sortes de masses.

Avant la venuë des Espagnols l'Amérique avoit des Rois, comme ceux du Mexique, de Culhuagan, de Tezueco, &c. des Incas au Pérou, & des Caciques ou Capitaines en d'autres Provinces, qu'ils élisoient pour leur donner des loix & les mener à la guerre, & d'autres qui ont toûjours vêcu sans conducteur, n'ayant ni loi ni demeure fixe. Ceux qui ont conservé leur liberté sont idolâtres. Ils adorent le Soleil, la Lune, le feu, & d'autres choses qu'ils choisissent pour objet de leur adoration. Ils croyent que tous

Page 250
LAFRIQUE
Dressé sur les Observations de Mrs de l'academie Royalle des Sciences et suivant les Memoires les plus aprouvees.
A PARIS
Chez N. BION Quay de l'Horloge du Palais.
OCEAN OCCIDENTAL
Isles Açores
OU
Isles Canaries
MER
ATLANTIQUE
Tropique du Cancer
SAARA, ou DESERT de LYBIE
BILEDULGERID
BARBARIE
MER MEDITERRANEE
TURQUIE EN EUROPE
MER NOIRE
PAYS DES NEGRES ou NIGRITIE
LA GUINEE
Isles du Cap Verd
Ligne Equinoctiale
ARABIE
LA NUBIE
ABISSINIE
ETHIOPIE
Ces Grands Pays Sont Inconnues
OCEAN
Toutes ces Vastes Regions Sont Inconnues
CONGO
ETATS DU MONOEMUGI
OCEAN ETHIOPIEN
ou MERIDIONAL
ORIENTAL
I. DE MADAGASCAR
MONOMOTAPA
Tropique du Capricorne
MER DES INDES
Cap de Bonne Esperence
Echelle de Lieues communes de France
Avec Privilege du Roy

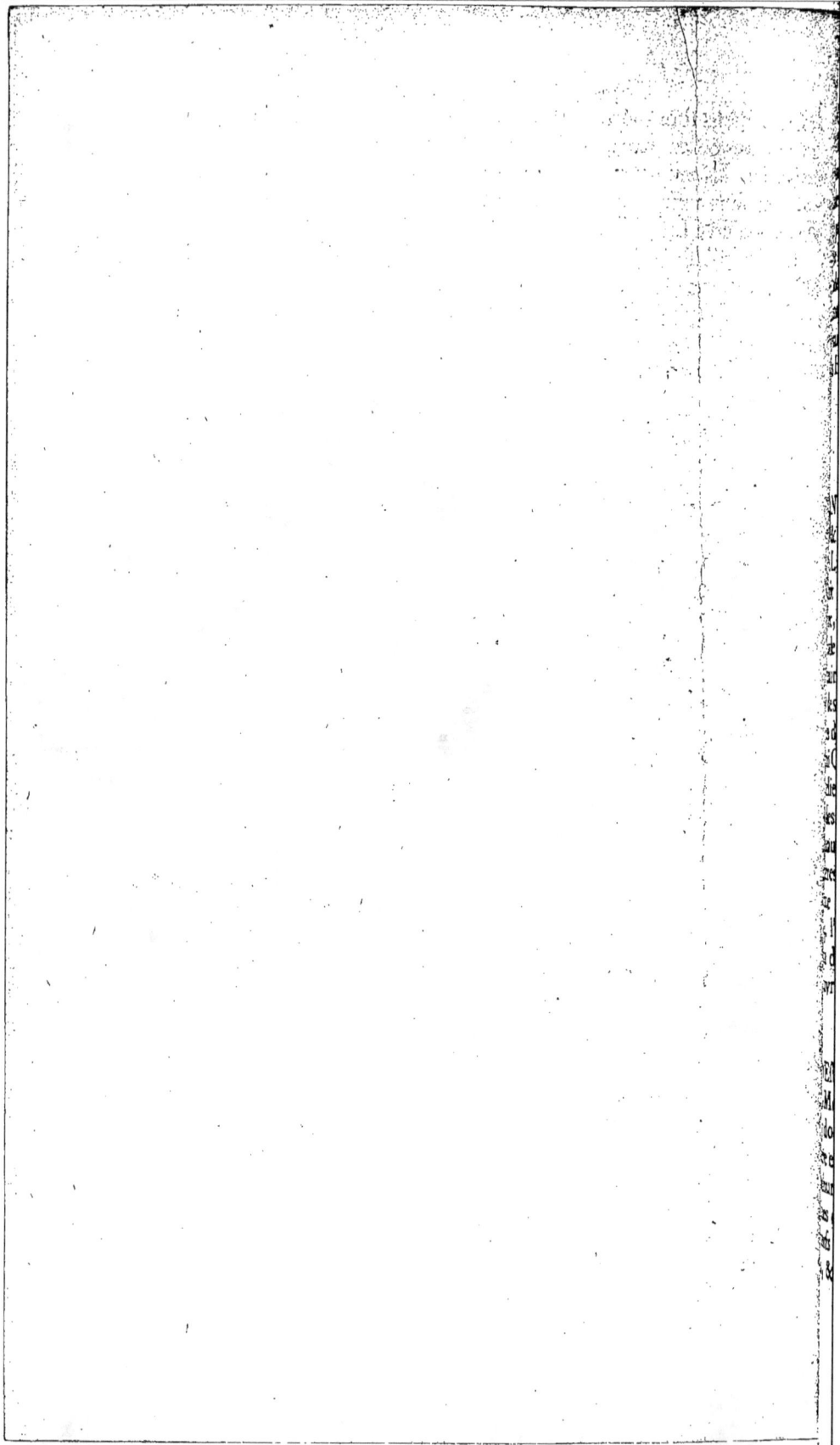

les Chrétiens sont méchans & cruels, s'imaginant qu'ils sont tous de l'humeur des Espagnols, ausquels ils ont vû exercer mille cruautés. Ils méprisent & maltraitent fort leurs femmes, qui travaillent sans cesse, & qui malgré ces mauvais traitemens ne laissent pas d'être fort modestes & fort fidelles à leurs maris.

Le Roi d'Espagne est maître d'une grande partie de ce nouveau Monde, & y tient deux Vicerois, l'un à Lima pour la partie méridionale, l'autre à Mexique pour la partie septentrionale. Les Rois de France, de Portugal, d'Angleterre, de Dannemark, de Suede, & les Hollandois en possedent aussi quelque portion.

Description de l'Amérique septentrionale.

Du Canada.

ON nomme aussi le Canada Nouvelle France. C'est un grand & vaste Pays, plein de Rivieres & de Lacs. La grande riviere de S. Laurent la traverse d'Occident en Orient. Jean Verrazan en prit possession pour François Premier en 1525. La Ville de Kebec, à 308. deg. 17. min. de longitude, & à 46. deg. 55. de latitude, est la Capitale. Elle a titre d'Evêché. C'est la résidence ordinaire du Gouverneur. Richelieu, Monreal & Frontenac, &c. sont des Habitations Françoises.

On divise ce pays-là en plusieurs Peuples ou Contrées, sçavoir, le vrai Canada, le Kakoucha, le Sanguenay, la nouvelle Ecosse, l'Acadie, les Algonquins, les Hurons, les Iroquois, &c. La plûpart des habitans se nourrissent de poisson & de gibier, se couvrent de peaux d'animaux, se peignent le visage & sont presque tous idolâtres. On a donné tant de Relations de ces Pays-là, qu'il est comme inutile d'en parler davantage. Je dirai seulement qu'en 1604. l'établissement des Colonies étant bien affermi, l'on commença d'avancer dans les terres vers la partie occidentale, qui se découvre peu-à-peu sous le nom de la Loüisiane.

De la Louisiane.

C'Est un grand Pays qui a le Canada à l'Orient, & le vieux Mexique au Midi. Le Climat y est assez tempéré, & les terres y donnent deux fois l'année de quoi moissonner. La principale riviere est celle de Saint-Loüis, ci-devant Mississipi, qui a son embouchure dans le Golfe du Mexique. Les forêts de ce Pays-là sont pleines de bœufs, d'origniacs, de loups-cerviers, d'ânes sauvages, de cerfs, de moutons, de lievres, de renards, de castors, de loutres, &c.

Les habitans, qui sont sans Loix, sans Religion & sans Arts, ont pour tout bien la liberté, pour occupation la chasse, & font la guerre à leurs voisins avec quelque maniere de discipline. Ils vont presque nuds, & prennent une ou plusieurs femmes, qui accouchent sans beaucoup de façon. Ils élevent leurs enfans dans une espece de huche remplie de poudre de bois vermoulu. Ils habitent dans des cabanes à la campagne, ou dans les bois. Comme nous devons la découverte de ce Pays à M. de la Sale, qui y fut envoyé par le Roi en 1678. nous renvoyons pour le détail à la Relation qu'il en a donnée au Public. Nous ajoûterons seulement que ce pays-là est sous la direction de la Compagnie des Indes, qui travaille avec soin à en ménager la culture : les Capucins y sont établis dans tous les endroits où les habitations s'y sont multipliées; & une nombreuse Mission de Jésuites est répanduë parmi les Nations sauvages pour leur apprendre la véritable Religion. Il y a aussi pour cette Colonie un détachement de Religieuses Ursulines, à qui la Compagnie des Indes confie le soin de l'Hôpital de la Nouvelle Orléans & l'éducation des Jeunes Filles. La Nouvelle Orléans est bâtie sur le bord du Mississipi au 180. degré de longitude, & au 29. degré de latitude, & est la Ville capitale de la Loüisiane.

De la Floride.

CEtte Province, qui est au Midi du Canada, fut reconnuë par Ferdinand Soto le jour de Pâques-Fleuri, l'an 1534. qui pour ce sujet lui donna le nom de Floride. La férocité de ces Peuples fit qu'après la mort de Soto le reste de ses gens se retirerent. En 1549. l'Empereur Charles V. y envoya des Religieux de S. Benoît, croyant attirer ces Peuples par la douceur ; mais ils furent tous massacrés, & ces Sauvages les ayant écorchés, pendirent leurs peaux au-devant de leurs cabanes, & en 1562. sous le régne de Charles IX. François Ribaut y fit descente, & y construisit un Fort qu'il nomma Caroline. Il fit alliance avec ceux du Pays, qui est peu fertile. Les rivieres abondent en poissons, & les rivages de la Mer en divers coquillages très-beaux. On y rencontre des crocodiles & de gros serpens qui dévorent les passans & les nâgeurs qui ne sont pas sur leurs gardes. Les Espagnols y ont aussi quelques habitations.

Ces Peuples adorent le Soleil, la Lune, &c. Ils respectent fort leurs Prêtres qu'ils appellent Joanas. Ce sont, à ce qu'on dit, des Sorciers, qui leur servent de Médecins & de Chirurgiens : car quand ils sont malades, ils se font sucer par ces Prêtres l'endroit qui leur fait mal.

Au long des Côtes à l'Orient du Canada, on trouve plusieurs petites Provinces, qui appartiennent pour la plûpart aux Anglois, sçavoir, la Nouvelle Angleterre, dont l'établissement le plus considérable est Baston; le Port de la Nouvelle Yorc, dans la Province qui porte son nom; la Pensilvanie, qui tire son nom du fameux Anglois qui la découvrit en 1585. La Virginie qui est une Province qui a bien 150. lieuës de Côtes. Richard qui la découvrit, lui donna ce nom en l'honneur d'Elizabeth Reine d'Angleterre, qui n'a pas été mariée.

Toutes ces Provinces sont fort agréables, & les vûes en sont grandes. Elles sont assez fertiles en toutes choses. Il y croît surtout beaucoup de tabac. Ce sont les femmes qui ont soin de cultiver les terres. Les habitans ne différent gueres des Canadiens pour les mœurs.

Les Suedois y ont une Colonie dans la partie méridionale sous le nom de Gottembourg.

Du nouveau Mexique.

C'Est une grande Province dont la partie septentrionale nous est inconnuë. Elle confine à la Mer Vermeille, qui la sépare de la Californie. Les Espagnols qui en ont fait la conquête, y ont un grand nombre de Colonies, à cause de la bonté & de l'opulence du Pays. La principale Ville est Santa-Fé, qui a titre d'Evêché. Ce Pays est habité par un Peuple fort traitable & bien policé, qui vit de son agriculture & de sa chasse. Les Espagnols en convertissent tous les jours quelques-uns; les femmes y sont fort fidelles.

Du vieux Mexique.

LE vieux Mexique, ou Nouvelle Espagne, est la plus belle partie de l'Amérique septentrionale. Il est situé au Midi du nouveau Mexique. Ce Pays passe pour un des plus riches du monde par le grand nombre de mines d'or & d'argent qu'on y trouve. Fernand Cortez Espagnol fit la conquête de ce grand & riche Pays en 1518. sur son dernier Roi, qui se nommoit Montezuma. Toutes les Relations disent beaucoup de bien de ce Roi, que les Espagnols firent mourir pour avoir ses trésors. L'air du Pays y est fort tempéré à cause des vents qui y régnent. La terre est très-fertile en grains & en toutes sortes de fruits. Les vaches, les brebis, &c. portent deux fois l'année, & le plus souvent on les tuë pour en avoir seulement la peau, & on laisse la chair dans les champs pour servir de pâture aux bêtes.

Les Mexicains sont assez dociles, fidéles & sinceres à qui leur fait amitié, mais rebelles & mal-faisans à qui les maltraite. Les Villes sont belles & en grand nombre, dont Mexique est la Capitale, avec titre d'Archevêché. C'est une Ville dont les habitans Espagnols sont si riches, que plus de la moitié ont des carosses très-magnifiques, & les harnois de leurs chevaux sont tout couverts de plaques d'or & d'argent; tout le reste à proportion. Quoique l'or & l'argent soient assez communs en ce Pays, on s'y sert pourtant pour monnoye d'un petit fruit nommé cacao, qui sert aussi pour faire du chocolat.

Des principales Isles de l'Amérique septentrionale.

LEs Espagnols possedent les principales des Isles Antilles, la plûpart découvertes par Christophe Colomb en 1492. Dans l'Isle de Cuba la Havane, Ev. & Port de Mer, Santa-Crux, S. Iago sont les principales Villes. S. Domingo, Arc. la Conception sont les principales Villes de l'Isle de S. Domingue, Porto-Rico Port de Mer dans l'Isle de même nom. Les François ont aussi des établissemens dans l'Isle de S. Domingue, aussi-bien que dans celles des Caribes ou Dessus-le-vent. Elles tirent ce nom des habitans qui étoient caribes ou mangeurs d'hommes. Christophe Colomb les découvrit en 1493. Les plus considérables sont S. Christophe, la Guadeloupe, la Marie-Galande, la Martinique, Tabago, &c. Les Anglois en ont à Languille, à S. Christophe, à la Barbade, à Nieves, à Barboude, à Antigoa, &c. Ils ont encore l'Isle Jamaïque, dont la principale Ville est Port-Royal. Les Isles Sous-le-vent sont rangées le long de la Côte de la nouvelle Andalousie, dont les principales sont possédées par les Hollandois.

Les habitans de la plûpart de ces Isles étoient autrefois Idolâtres, ou sans Religion, fort fainéans, ne s'adonnant qu'à la chasse ou à la pêche, mais presque tous exercent à présent la Religion de ceux qui les dominent. Les plus mauvaises races ont été exterminées par les Espagnols. On ne mange gueres dans ces Isles que du pain fait avec du maïz, de la cassave, que l'on fait avec la racine yuca & la manyoc. On y recueïlle du pastel, des cannes de sucre, du tabac, de la caffe, du coton, & d'assez bons fruits. On y voit aussi toutes sortes d'animaux, comme chevaux, vaches, brebis, pourceaux, & de plusieurs sortes de gibiers; on y pêche des baleines, des dorades & plusieurs autres poissons. On pêche des perles en assez grande quantité dans quelques-unes des Isles Lucayes. On se sert pour cela des esclaves Négres qu'on descend dans

dans des corbeilles le long des rochers, où ils ramassent des huîtres qui renferment ces perles.

L'Isle de Terre-neuve, qui a près de 500. lieuës de tour, est située à l'Orient, & à 60. lieuës des Côtes de la Nouvelle France. Les Colonies des François sont les plus considérables de l'Isle, près de laquelle est le grand Banc, si célebre par la pêche des moruës, qu'on y fait toutes les années depuis le mois d'Avril jusqu'à celui de Juillet, où presque toutes les Nations de l'Europe envoyent des Vaisseaux en cette saison-là. Les Pêcheurs n'ont pas sitôt jetté leurs hameçons, que ce poisson, qui est fort goulu, hape l'amorce & se trouve pris. On le jette dans le Navire, où on lui coupe la tête, on lui ôte les entrailles, & la grosse arrête étant ôtée, on le sale, & c'est ce qu'on appelle moruë verte. Pour apprêter la merluche ou moruë séche, après l'avoir laissée quelque tems dans le sel, il la faut mettre à l'air jusqu'à ce qu'elle soit séche, & elle se conserve fort long-tems. Il y a plusieurs autres Isles dont nous ne dirons rien, n'étant pas assez considérables pour nous y arrêter. L'Isle de Terre-neuve a été cédée aux Anglois par la Paix d'Utrecht.

Description de l'Amérique méridionale.

De la Province de Terre-ferme.

SOus le nom de Terre-ferme on entend la partie de l'Amérique méridionale la plus avancée vers le Septentrion. Cette Côte fut reconnuë par Christophe Colomb dans son troisiéme voyage, n'ayant abordé dans les deux autres que des Isles. On divise ordinairement ce Pays en Isthme de Panama, en nouvelle Grenade ou Castille d'Or, en nouvelle Andalousie, en Paria, en Caribane & en Guiana.

Les François se sont établis sur cette Côte en 1664. & leur Colonie la plus considérable est l'Isle de Cayenne. On y a fait des Observations Astronomiques. Il y a un bon Fort.

L'air de ce Pays est très-chaud, & la terre, qui est marécageuse, n'y produit gueres de grains. On y trouve de l'or, de l'argent, du cuivre, de l'azur, des roches d'émeraudes, & autres pierres précieuses. Les originaires sont de couleur de bronze, & vont tout nuds jusqu'à la ceinture. Quoiqu'il y ait quantité de Missionnaires pour les instruire dans la Religion Chrétienne, ceux du milieu des terres sont néanmoins encore idolâtres. Les Villes les plus considérables sont Portobello, Panama, Carthagêne, Santa-Fé de Bogotta, &c.

Les Galions d'Espagne déchargent à Portobello leurs marchandises, qu'on trafique ensuite au Pérou; & ils remportent l'or & l'argent qu'on a déchargé de ce Pays-là à Panama.

Cet Isthme ou portion de terre n'a qu'environ 25. lieuës ; & si on pouvoit y faire un canal, cela seroit fort commode pour aller dans la Mer du Sud.

De la Province des Amazones.

CEtte Contrée tire son nom de la fameuse riviere des Amazones, qui la traverse d'Occident en Orient. Ce Pays, qui a plus de 2000. lieuës de circuit, est habité par les naturels au nombre de plus de 100. Nations. La premiere découverte de cette riviere, est dûe à Dareillano Espagnol, qui étant arrivé où la riviere de Napo se décharge dans l'Amazone, fit construire une grande barque, & descendit le long du fleuve depuis le 8. Janvier 1541. & sortit par la grande embouchure le 26. Août de la même année, & arriva à l'Isle de Cubagua le 11. Septembre 1541. Aparia Prince Indien le reçut très-civilement, & l'avertit qu'il trouveroit sur sa route des Amazones; ce qui arriva au mois de Juin suivant, qu'il rencontra des femmes armées; ce qui lui donna lieu de nommer cette riviere Amazone, du nom de ces femmes. Cette riviere a plus de 1200. lieuës de cours : sa largeur est toûjours de 2. 3. ou 4. lieuës jusqu'à son embouchure, qui en a plus de 80. & sa profondeur est depuis huit jusqu'à cinquante brasses.

Plusieurs Peuples habitent cette Contrée, où on ne trouve point de Villes. Ils sont farouches & cruels, ils vont tout nuds, hommes & femmes, le corps toûjours bigaré de plusieurs couleurs ; ils habitent sous des arbres, ausquels ils suspendent leurs lits faits de raiseau de coton ; ce qui se pratique presque par toute l'Amérique. Chacun d'eux vit à sa mode, se faisant eux-mêmes justice des torts qu'ils ont reçus. Ils n'ont aucune idée de Dieu ni aucune teinture de Religion, vivant comme des bêtes.

Du Pérou.

LE Royaume du Pérou est le plus considérable de l'Amérique méridionale par sa grandeur, par sa fertilité & par ses richesses. Les Espagnols s'en rendirent les maîtres du tems de Charles V. sous la conduite de François Pizare. On divise ce Pays en trois Audiences Royales, dont la premiere est celle de Lima, la seconde de Quito, la troisiéme de la Plata. C'est dans cette derniere que se trouvent les fameuses mines d'argent de Potosi. L'air du Pays est assez tempéré, quoique proche de la Ligne. Le terroir fort sec, est assez fertile. Il y croît du froment, du maiz, des cannes de sucre, du coton, & en quelques endroits d'assez bon vin. On y voit grand nombre d'Autruches & de gros moutons qui servent de bêtes de voiture; mais tout cela n'est rien en comparaison de la grande quantité d'or & d'argent que l'on tire de ses mines, sans compter celles de vif-argent & de vermillon, qui sont d'un grand revenu.

Lima, ou los Reyes, située sur la Côte, à 297. deg. 20. min. de long. & à 12. deg. 20. min. de latit. est la Ville Capitale, la demeure du Viceroi, de l'Archevêque, d'une Audience Royale, d'une Inquisition & d'une Université. Cusco, Ev. étoit autrefois le séjour des Incas ou Rois du Pérou. La Plata, Arc. Paix, Ev. Potosi, Ev. &c. en sont les principales Villes. Les originaires du Pérou sont assez simples, mais volages & sans parole. Ceux qui habitent les montagnes sont plus ingénieux & dissimulés. Les Espagnols ont eu grand soin de se défaire des principaux de ce Pays.

Du Chili.

CE Pays a été appellé Chili, qui signifie froidure, par Almagra, qui fut le premier des Castillans qui y passa du Pérou avec plusieurs personnes, dont quelques-uns demeurerent gelés sur les montagnes d'Andes & de las-Cordilleras par un vent qui n'est pas violent, mais qui étouffant peu-à-peu la chaleur naturelle, fait mourir subitement ceux qui en sont atteints, & durcit tellement les corps, qu'Almagra repassant sur ces montagnes quelques années après, trouva ces cadavres encore debout, tenant en leurs mains les mêmes choses qu'ils y avoient au moment de leur mort, & d'autres la bride de leurs chevaux aussi gelés & sur leurs pieds. Ce Pays est froid sur les montagnes, chaud dans les plaines, sain & tempéré du côté de la Mer. Dans les montagnes des Andes il y a des Volcans qui vomissent perpétuellement du feu. On y trouve des mines d'or & d'argent & des carrieres de très-beau jaspe.

Les Chiliens sont la plûpart ambitieux, impatiens, hardis, robustes & fort grands. Quelques originaires y exercent la Religion Catholique; mais la plus grande partie sont encore idolâtres. San-Iago est la demeure du Gouverneur & le siége d'un Evêque. La Conception, Imperial & Baldivia sont les principales Villes que les Espagnols possedent dans le Chili.

Des Terres Magellaniques.

CE Pays a retenu le nom de Ferdinand Magellan Portugais, qui le découvrit l'an 1520. Il est le plus avancé vers le Midi de toutes les Provinces de l'Amérique. L'air de ce Pays est fort froid. La terre n'est gueres fertile qu'en pâturages & en forêts. On y trouve des Autruches & des Renards en quantité. Ce Pays n'est connu qu'à cause du Détroit qui est à l'extrémité de cette Terre. Il est nommé Magellan, à cause que ce Portugais le découvrit & le passa pour la premiere fois depuis le 21. Octobre jusqu'au 28. Novembre 1520. Sa longueur est d'environ 200. lieuës, & sa largeur depuis deux jusqu'à dix lieuës. On crut d'abord en Espagne que ce Détroit étoit d'une très-grande conséquence, & qu'il falloit s'en rendre les maîtres en y faisant construire des Forts; c'est pourquoi on y envoya en 1523. quatre Vaisseaux, dont trois perirent, & le quatriéme passa & alla au Pérou. En 1578. Drac Anglois traversant ce Détroit, passa dans la Mer du Sud, où il fit un gros butin sur les Espagnols. Cela fit que ces derniers y renvoyerent une grosse flote avec des troupes qui y établirent une Colonie à l'entrée, qu'ils nommerent Nombre de Jesus, & environ au milieu du Détroit ils jetterent les fondemens d'une Ville qu'ils appellerent Ciudad del Philippe; mais la faim, le froid, & quantité d'autres miseres firent résoudre les Espagnols à abandonner leur entreprise, & à s'en retourner en Espagne. Beaucoup d'autres depuis ont passé ce Détroit.

Les habitans de cette Contrée sont fort sauvages, robustes & d'une haute taille. Leurs cheveux sont noirs, longs & coupés au-dessus de la tête en maniere de couronne. Ils se peignent de blanc en différens endroits du corps. Quelque froid qu'il fasse ils sont toûjours nuds, excepté les épaules, qu'ils couvrent de peaux de loups marins. Ils vivent sans Religion & sans aucun souci. Ils n'ont point de demeure fixe, & se tiennent tantôt d'un côté & tantôt d'un autre. Ce sont ces Patagons que quelques Auteurs nous disent avoir huit ou dix pieds de haut; ce que nos dernieres Relations ne confirment pas, ne donnant pas six pieds aux plus grands.

A l'Orient du Détroit de Magellan on trouve celui de le Maire, que Guillaume Schouten & Isaac le Maire, l'un Pilote & l'autre Marchand Hollandois, découvrirent en l'an 1616. Ce Détroit est fort facile à passer, & n'a que 10. à 12. lieuës de long, & autant de large. Il est plus commode que celui de Magellan pour aller dans la Mer du Sud.

De Rio de la Plata ou Riviere d'argent.

CEtte Province, qu'on nomme auſſi Paraguay, eſt ſituée entre le Breſil, les Amazones, le Pérou, le Chili, les terres Magellaniques, & la grande Mer, où s'embouche cette riviere, qui donne le nom à cette grande Province, qui eſt très-riche & très-fertile. Les Eſpagnols, qui en ſont les maîtres, négligent pour des raiſons importantes de la peupler. On dit que le nom d'argent que porte cette riviere, vient de ce que le premier argent qu'on a tiré de l'Amérique eſt venu par ce fleuve; & d'autres diſent que c'eſt à cauſe qu'on tire beaucoup d'argent de ſon fonds.

L'air y eſt tempéré & ſain, la terre très-fertile en grains, en fruits, en coton & en prairies. On y trouve des marais pleins de cannes de ſucre, dont on fait un grand trafic. On y trouve auſſi la plante nommée Coparibas, dont le ſuc eſt un baume fort ſalutaire pour les plaies. Les animaux la recherchent quand ils ont été mordus de ſerpens ou bleſſés par quelque chaſſeur. On y voit des chevaux, des tigres, des ours, &c. Les habitans ſont grands & bien faits. Ils acquierent dans leur jeuneſſe une telle habitude à courir, qu'ils ſuivent un cheval au galop. Les Jéſuites Eſpagnols ont grande part au gouvernement du Peuple des Côtes de cette Contrée. Buenos Aires, Ev. Santa-Fé & Correntes ſont les places les plus conſidérables de ce Pays.

Du Breſil.

CE Pays eſt le plus oriental de toute l'Amérique. Il fut découvert en 1501. par Alvarez Cabral Portugais, qu'une rude tempête jetta ſur les Côtes qu'on nomme Breſil à cauſe du bois de ce nom, dont il y a des forêts entieres. Emmanuel Roi de Portugal, y envoya quelque tems après Améric Veſpuce, pour le mieux reconnoître, & en prendre poſſeſſion en ſon nom.

L'air y eſt chaud, mais agréable, quoique ſous la Zone torride. Il n'y a point de Pays au monde où l'abondance de ſucre ſoit ſi grande, à quoi les Portugais ſont travailler une grande quantité de Négres, qu'on tranſporte d'Afrique en Amérique, & dont il ſe fait un trafic très-conſidérable. Comme les Européens, les Négres & les Breſiliens font quelquefois alliance enſemble, on a vû des Breſiliennes & des Négreſſes mettre au monde des enfans tout noirs, d'autres tout blancs, & des Gemeaux dont l'un étoit blanc & l'autre noir. Il s'y trouve auſſi beaucoup de tabac, des animaux qui nous ſont inconnus, comme la Tatuſie, qui porte une armure d'écailles ſur le dos, qui l'envelope tellement qu'on ne lui voit que la tête, les pieds & la queuë; la Pigritia, qui eſt groſſe comme un renard, & qui au lieu de marcher ſur ſes pattes, ſe traîne fort lentement ſur le ventre. Les Breſiliens mangent ces animaux auſſi-bien que les ſerpens, les lezards, les crapaux, &c. qui ſont ſans venin en ce Pays-là.

Ces Peuples ſont cruels & vindicatifs, mais fort patiens dans le travail; ils demeurent deux ou trois jours ſans manger. Ceux qui habitent le dedans du Pays, ſont brutaux, farouches, antropophages, & toûjours en guerre contre leurs voiſins; ils boucannent la chair de leurs ennemis qu'ils ont tués en guerre. Ils n'adorent ni dieux, ni idoles. Quelques-uns d'eux croyent pourtant un Dieu, & diſent que c'eſt lui qui fait le grand bruit du tonnerre.

Saint-Salvador à la Baye de tous les Saints, eſt la Capitale. Le Viceroi, l'Evêque & la Juſtice Royale y font leur réſidence ordinaire. Pernambuco, Tamaraca, Paraiba & Rio-Grande ſont les Villes principales.

On peut dire à la gloire des Miſſionnaires Eſpagnols en ce Pays, qu'ils réuſſiſſent beaucoup dans les peines qu'ils ſe donnent pour y étendre la Religion, auſſi-bien que ceux de France dans le Canada & dans la Loüiſiane.

Nous avons parlé des Iſles qui ſont autour des Côtes de l'Amérique méridionale, elles ſont peu conſidérables & fort peu habitées; celle de Sainte Catherine au Breſil n'eſt pas une des moindres. Les habitans de ces Iſles ont les mêmes mœurs que leurs voiſins.

La Carte de l'Amérique, *Planche* 36. fera connoître la diſpoſition des Pays que nous venons de décrire.

Au reſte, ſi on trouve de la différence dans quelques noms de Villes & dans la diviſion des Etats dans la Géographie hiſtorique d'avec la générale, c'eſt qu'on a voulu s'accorder avec quelques Auteurs qui étoient différens d'avec d'autres ſur ces articles. Du reſte les Mémoires qu'on a ſuivis ſont les plus nouveaux, & ceux qui ont été les mieux reçus.

Fin du ſecond Livre.

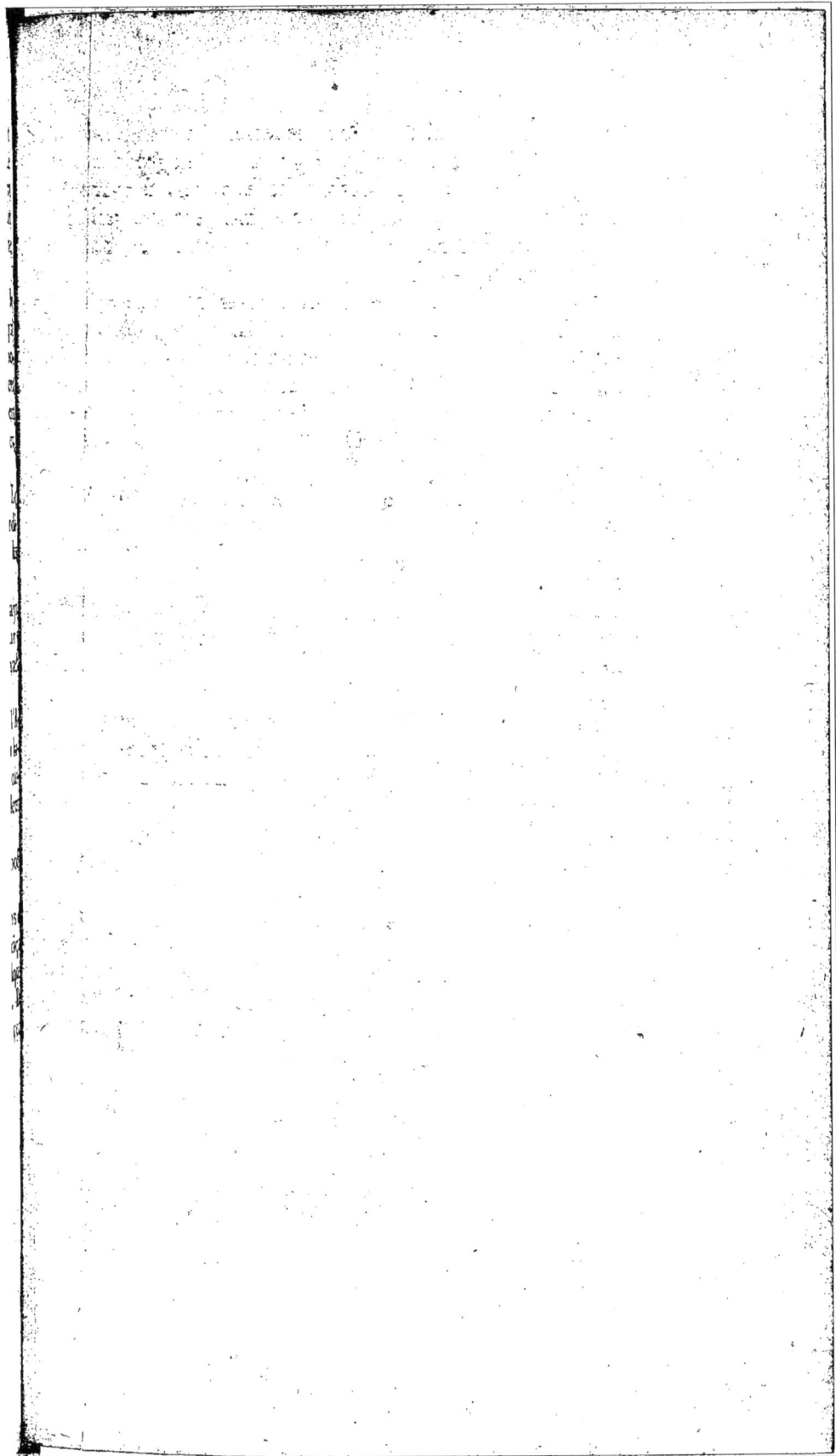

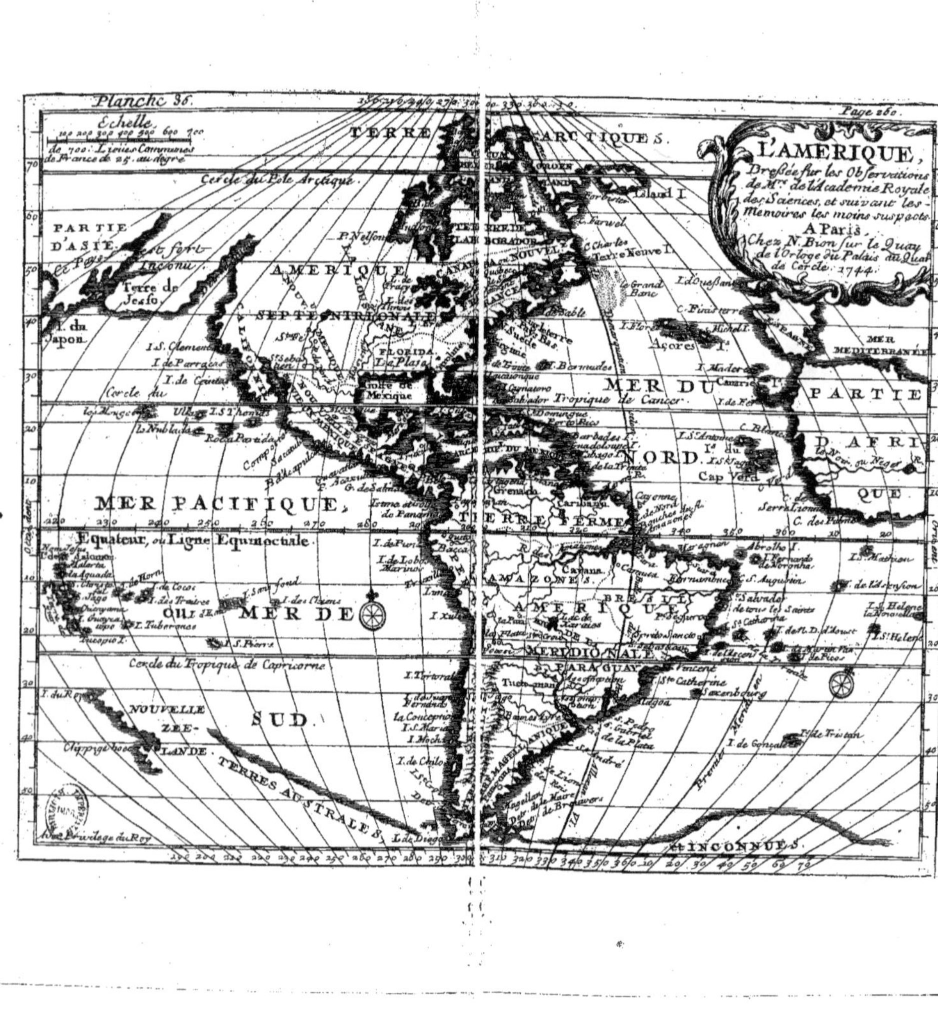

Planche 36.
Page 280.
Echelle
de 700. Lieües Communes de France de 25. au degré
L'AMERIQUE,
Dressée sur les Observations de Mrs de l'Academie Royale des Sciences, et suivant les Memoires les moins suspects.
A Paris.
Chez N. Bion sur le Quay de l'Orloge du Palais au Quart de Cercle. 1744.
TERRE ARCTIQUES.
Cercle du Pole Arctique.
PARTIE D'ASIE
Terre de Jesso
AMERIQUE SEPTENTRIONALE
TERRE DE LABRADOR
IsLand I.
Terre Neuve I.
Le Grand Banc
Açores I.
MER MEDITERRANÉE
PARTIE D'AFRIQUE
Golfe de Mexique
FLORIDA
I. Bermudes
Tropique de Cancer
MER DU NORD.
Cap Verd
MER PACIFIQUE,
TIERRE FERME
Equateur, ou Ligne Equinoctiale
AMAZONES
AMERIQUE MERIDIONALE
BRESIL
PARAGUAY
MER DE SUD.
Cercle du Tropique de Capricorne
NOUVELLE ZEELANDE
TERRES AUSTRALES
TERRES INCONNUES
Privilege du Roy

LIVRE TROISIEME.

DES USAGES DES SPHERES ET DES GLOBES CELESTE ET TERRESTRE.

PRE'S avoir exposé le plus exactement qu'il a été possible dans le premier Livre de cette Cosmographie, la Sphere du Monde, & les mouvemens des Corps célestes suivant les différens Systêmes, & dans le second Livre ce qui a rapport à la Géographie, il nous reste à expliquer dans ce troisiéme & dernier Livre les usages des Spheres artificielles, & des Globes céleste & terrestre, qui sont tout-à-fait nécessaires pour une plus parfaite intelligence des choses qui ont été ci-devant expliquées. Mais auparavant nous avons trouvé à propos de donner dans le Chapitre suivant la méthode de construire les Globes & les Cartes Géographiques.

CHAPITRE PREMIER.

SECTION I.

Contenant la Méthode pour tracer les Fuseaux propres à couvrir la surface des Globes.

TIrez la droite AC égale au demi-diametre du Globe proposé *Planche* 38. c'est-à-dire, que si l'on veut, par exemple, un Globe de cinq pouces de diametre, AC doit être de deux pouces & demi: du point A comme centre décrivez le quart de cercle ABC, & le divisez premiérement en trois parties égales aux points D, & E, puis tirez la ligne CD, qui sera la corde de 30. deg. divisez aussi l'arc CD en deux également au point F, & tirez la corde CF, laquelle sera pour la demi-largeur d'un fuseau, & trois fois la corde de 30. deg. CD pour la demi-longueur du même fuseau; l'expérience nous ayant appris qu'en collant les fuseaux sur les Globes, le papier s'étend en longueur & largeur suffisamment pour que la corde de 15. deg. prise deux fois, couvre entiérement l'arc qui fait la douziéme partie du Globe, & la corde de 30. deg. prise trois fois, couvre le quart du même Globe, la figure du fuseau étant cause que le papier s'étend un peu plus en longueur qu'en largeur.

C'est pourquoi ayant tiré pour la largeur de votre fuseau la droite CFN, égale à deux fois la corde de 15. deg. élevez sur le point du milieu F la perpendiculaire F 9, égale à trois fois la corde de 30. degrés; & du point F comme centre décrivez le demi-cercle CHN; divisez ensuite la ligne F 9, en neuf parties égales, & par les points de division, 1. 2. 3. 4. 5. 6. 7. & 8. tirez autant de lignes paralleles & égales au diametre du demi-cercle CFN; divisez aussi chaque quart de cercle CH & HN en neuf parties égales, c'est-à-dire, de dix en dix degrés; tirez par chaque point de division autant de paralleles à F 9, comme G, L, M, O, lesquelles rencontrant à angles droits les autres paralleles à CFN, donneront par leurs intersections les points comme L, O & autres par où l'on tracera à la main les lignes courbes, XCLOD, NLNG, qui formeront la demi-circonférence des fuseaux; car ces lignes courbes ne sont point des arcs de cercle qui se puissent décrire par trois points donnés. Si on divisoit tant le demi-cercle CHN que la ligne F 9 en plus de parties, la rencontre d'un plus grand nombre de paralleles donneroit une courbe plus facile à tracer.

Pour tracer sur les fuseaux les arcs qui sont partie des cercles paralleles à l'Equateur de dix en dix deg. divisez en neuf parties égales chacunes desdites lignes courbes qui font la circonférence du demi-fuseau, tellement que la ligne du milieu F 9 étant aussi divisée en neuf parties égales, on aura trois points de chacun de ces arcs, par le moyen desquels on pourra trouver leur centre & les décrire.

Les centres de ces arcs se peuvent encore trouver par le moyen des Tangentes marquées sur l'extrémité de la ligne AC demi-diametre du quart de cercle ABC en cétte maniere. Prenez, par

Planche 37.
Pag. 26.
Leo
le Grand Oursé
lievre
Navire
Gemeaux
Grand Chien
Fleuve
GLOBE CELESTE

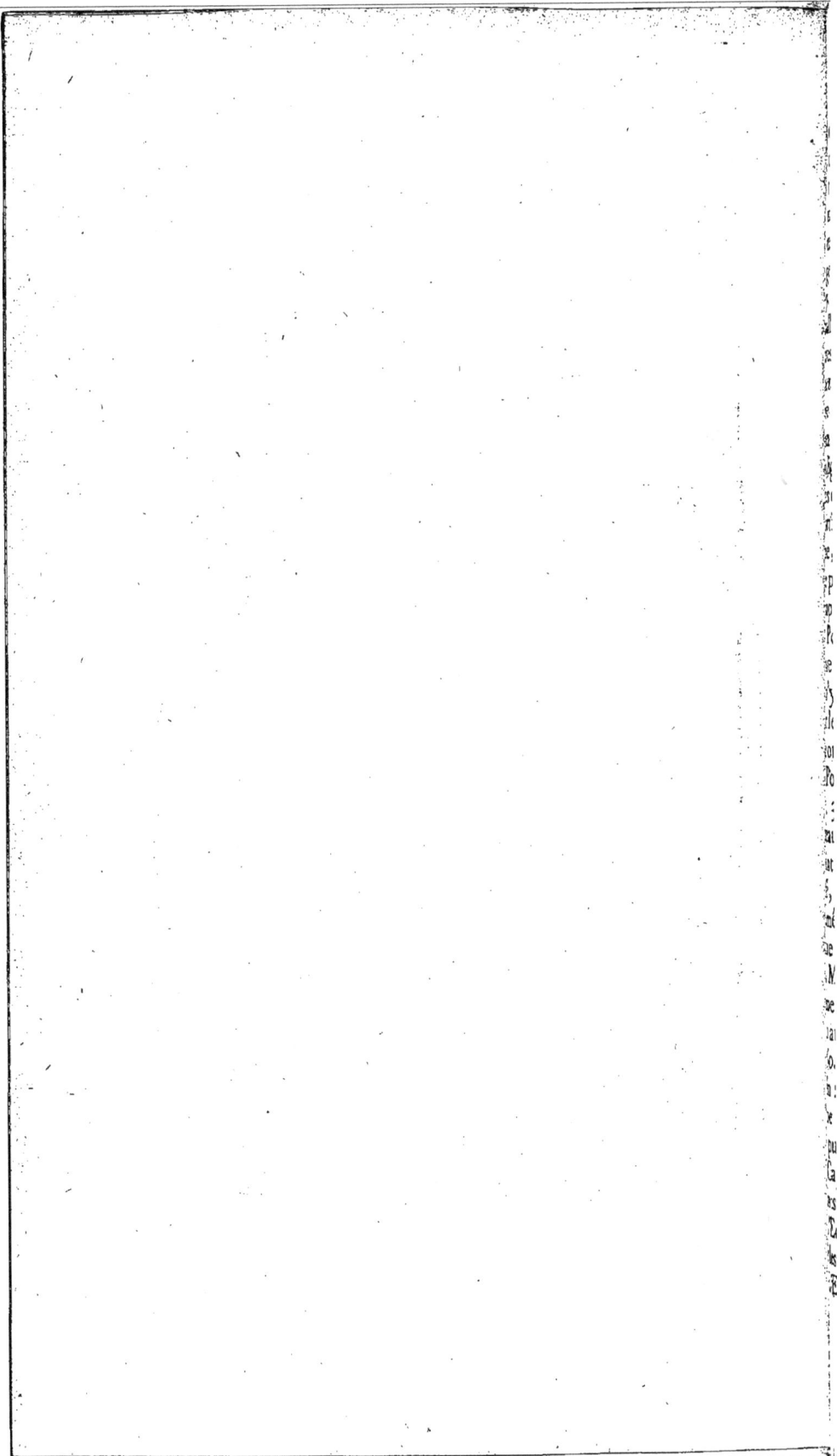

exemple, avec le compas la Tangente de dix degrés C 10. pour décrire l'arc du parallele le plus proche du Pole marqué 9. arrêtez une pointe dudit compas sur le point marqué 8. l'autre pointe marquera sur la ligne F 9. prolongée autant qu'il est besoin, le centre, duquel on décrira le 80. parallele; prenez ensuite la Tangente C 20. arrêtez une pointe du compas sur le point marqué 7. l'autre pointe donnera au-delà du point 9. le centre du 70. parallele, & ainsi de tous les autres; de sorte que pour avoir les centres des Tropiques, dont la déclinaison est 23. deg. & demi, prenez la Tangente du complément C 66. $\frac{1}{2}$; & pour avoir le centre des Cercles polaires, dont la déclinaison est 66. deg. $\frac{1}{2}$ prenez la Tangente de son complément C 23. $\frac{1}{2}$; & pour avoir sur la ligne F 9. les points par où doivent passer ces arcs, divisez un des espaces, comme celui entre 2. & 3. ou entre 6. & 7. en vingt parties égales, dont vous porterez sept de 2. en T pour le Tropique, & la même ouverture du compas de 7. en P pour le Cercle polaire. Cette division se fait facilement avec le compas de proportion.

Pour diviser chacune des sections ou fuseaux en trois, & décrire les Méridiens ou Cercles de longitude de dix en dix deg. il n'y a qu'à partager en trois également chacun des paralleles, & par les points de division tracer à la main des lignes courbes, comme on les voit représentées dans la figure.

Pour tracer l'Ecliptique sur les fuseaux, divisez en degrés 10. 20. 30. un des demi-Méridiens qui font la circonférence d'un fuseau, comme par exemple, celui qui rencontre l'Equateur au point où il est coupé par l'Ecliptique : prenez sur ce Méridien divisé, 12. deg. 16. min. pour marquer sur l'autre circonférence du même fuseau au point K, la déclinaison du degré de l'Ecliptique qui a 30. deg. d'ascension droite, c'est-à-dire, qui coupe le 30. Méridien, où est environ le troisiéme degré du Scorpion; prenez ensuite 20. deg. 38. min. pour marquer sur le second fuseau au point R la déclinaison du degré de l'Ecliptique qui coupe le 60. Méridien, qui est environ le troisiéme du Sagittaire, & enfin 23. deg. 30. min. pour la plus grande déclinaison de l'Ecliptique qui rencontre la circonférence du troisiéme fuseau au point S, puisque le 90. degré de l'Ecliptique, qui est le premier point de Capricorne, a 270. deg. d'ascension droite; & tirant par ces points des lignes qui traversent ces trois fuseaux, on aura un quart de l'Ecliptique dont les trois autres quarts se traceront de même sur les neuf autres fuseaux.

L'Equateur & l'Ecliptique étant deux grands Cercles, & par

conséquent égaux, seront divisés chacun en 360. degrés égaux, tellement que la division de l'Equateur pourra servir pour diviser l'Ecliptique du Globe.

Ladite division pourra aussi servir à diviser la demi-circonférence du globe, qui se fait au long du fuseau qui sert de premier Méridien, en le divisant en deux fois 90. degrés de part & d'autre de l'Equateur. *Voyez la Planche* 38.

Les fuseaux du Globe céleste se tracent de la même maniere que ceux du terrestre. La ligne droite qui passe au milieu des fuseaux, représente l'Ecliptique dans ce Globe, au lieu que dans le terrestre elle représente l'Equateur; ses Poles sont représentés par les pointes desdits fuseaux dont les circonférences sont Cercles de longitude des Astres.

On y trace l'Equateur de la même façon que l'Ecliptique a été marqué sur le Globe Terrestre; c'est-à-dire, que l'intersection de l'Equateur & de l'Ecliptique se faisant au milieu de la circonférence du premier fuseau au point ♈, on marque sur l'autre circonference du même fuseau 12. deg. 16. min. sur l'extrémité du second 20. deg. 38. min. & enfin sur l'extrémité du troisiéme fuseau 23. deg. 30. min. par ces points on trace un quart de l'Equateur, dont les trois autres quarts se décrivent par la même méthode sur les 9. autres fuseaux. *Planche* 39.

Le Colure des Equinoxes s'y trace en ligne droite aussi-bien que l'Equateur; après avoir coupé l'Ecliptique & l'Equateur au point ♈, il passe par le 49. degré de l'autre circonférence du même premier fuseau, il coupe l'extrémité du second au 63. deg. 20. min. & celle du troisiéme fuseau au 66. deg. 30. min. comme il est aisé de voir par le quart de ce cercle, qui traverse les trois fuseaux de la figure; les trois autres quarts se tracent de même sur les 9. autres fuseaux.

A l'égard du Colure des Solstices, il se confond avec le Cercle de longitude, qui passe par les points Solstitiaux ♋ & ♑.

Il ne reste plus qu'à tracer les deux Tropiques & les deux Cercles polaires, comme on les voit représentés dans la figure.

Supposons par exemple, que le Tropique de l'Ecrevisse ou ♋ touche l'Ecliptique au point marqué ♋, il coupera l'autre circonférence du même fuseau au 3. deg. 23. min. celle du second fuseau au 12. deg. 53. min. & celle du premier fuseau au 25. deg. 46. min. S'il y avoit encore trois autres fuseaux joints à ceux-ci, le même Tropique toucheroit la circonférence extérieure du premier fuseau ajoûté, au 37. deg. 25. min. celle du suivant au 44. deg. 39. min. & enfin celle du dernier fuseau au 47. deg. ce

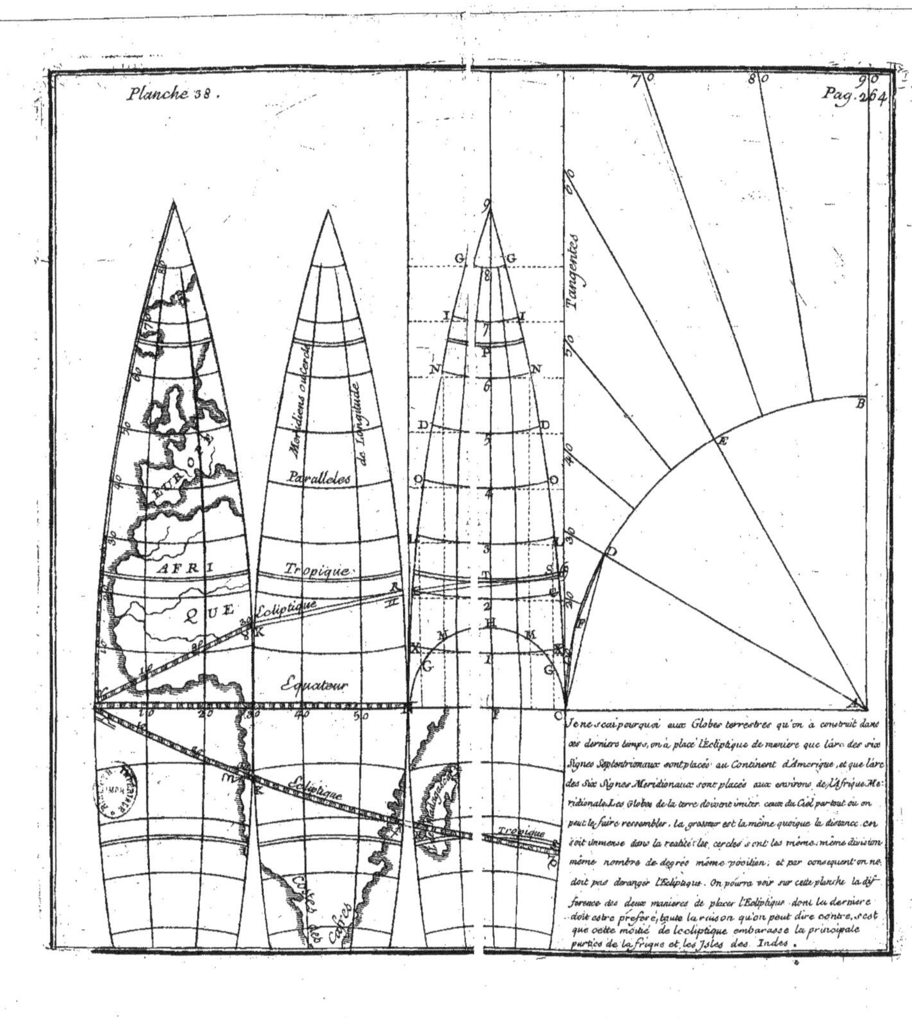
Planche 38.
Pag. 264
Tangentes
EUROPE
AFRI
QUE
Ecliptique
Equateur
Meridiens ou cercles
de Longitude
Paralleles
Tropique
Ecliptique
Cafres
Tropique
Je ne scai pourquoi aux Globes terrestres qu'on a construit dans ces derniers temps, on a placé l'Ecliptique de maniere que l'arc des six Signes Septentrionaux sont placés au Continent d'Amerique, et que l'arc des Six Signes Meridionaux sont placés aux environs de l'Afrique Meridionale. Les Globes de la terre doivent imiter ceux du Ciel partout où on peut le faire ressembler. La grosseur est la même quoique la distance en soit immense dans la realité: les cercles sont les même: même division même nombre de degrés même position; et par consequent on ne doit pas deranger l'Ecliptique. On pourra voir sur cette planche la difference des deux manieres de placer l'Ecliptique dont la derniere doit estre preferé; toute la raison qu'on peut dire contre, c'est que cette moitié de lecliptique embarasse la principale parties de la frique et les Isles des Indes.

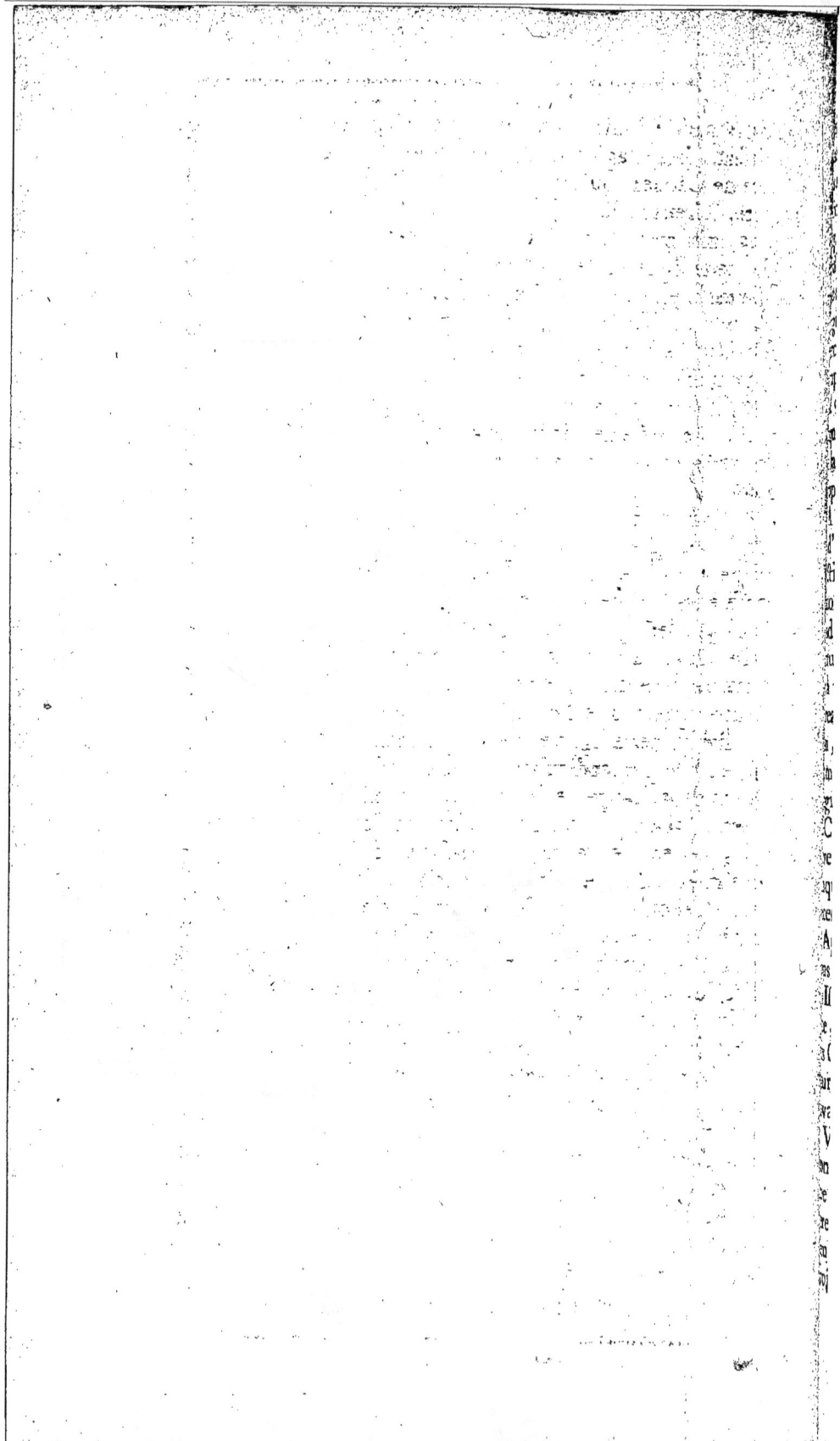

qui fait la moitié dudit Tropique. Ayant ainsi deux points de chaque fuseau, il ne s'agit plus que de trouver le centre pour décrire les arcs de Cercles, qui représentent ce Tropique, en la maniere suivante. Tirez une ligne droite occulte du point ♋ au point 3. deg. 23. min. marqué sur l'autre circonférence du même fuseau; divisez cette ligne en deux parties égales, & sur le point du milieu élevez une perpendiculaire; prenez ensuite avec un compas la longueur de la Tangente de 66. deg. 30. min. sur un quart de Cercle dont le rayon soit égal au rayon du Globe proposé; le compas ainsi ouvert, mettez une de ses pointes sur le point marqué ♋, l'autre pointe marquera sur la perpendiculaire le centre, duquel il sera facile de décrire ces arcs de Cercles. Par ce moyen, de la même ouverture de compas, on pourra décrire les deux Tropiques.

A l'égard des Polaires, il suffit pareillement d'en avoir la moitié d'un; c'est pourquoi si nous supposons que le Cercle polaire Arctique touche le Pole de l'Ecliptique au point P, il coupera la circonférence du même fuseau au 65. deg. 28. min. celle du second au 48. deg. 44. min. & celle du troisiéme au 43. deg. de latitude. Ayant ainsi deux points en chaque fuseau, il n'y a plus qu'à trouver le centre pour décrire ces arcs en la maniere suivante. Tirez une ligne droite d'un point à l'autre marqué en chaque fuseau, divisez cette ligne en deux également, élevez sur le point du milieu une perpendiculaire, prenez ensuite avec le compas la longueur de la Tangente de 23. deg. 30. min. sur le même quart de Cercle qui a servi pour décrire les Tropiques; le compas ainsi ouvert, mettez une de ses pointes sur un des points marqués en chaque fuseau, l'autre pointe marquera sur ladite perpendiculaire le centre des arcs qui représentent les Cercles polaires.

Après avoir tracé sur les fuseaux des Globes les Cercles susdits, vous marquerez sur le Globe terrestre les Etats, Provinces & Villes, les Isles, les Mers, les Golfes & autres principales parties de sa surface, suivant leurs longitudes & latitudes que vous connoîtrez par des Cartes exactes, ou par de bons & fidéles Mémoires des Voyageurs, qui auront pû les observer par les méthodes expliquées ci-devant dans ce Volume.

Vous marquerez de même sur le Globe céleste chaque constellation du Firmament avec le nombre des Etoiles qui les composent, que vous distinguerez suivant leurs différentes grandeurs, & placerez selon leurs longitudes & latitudes, qui donnent leur vrai lieu, par rapport à l'Ecliptique, ou bien selon leurs ascensions droites & déclinaisons par rapport à l'Equateur; ce qui ne se peut connoître que par les obſervations des habiles Aſtronomes, à cauſe des changemens qui paroiſſent de tems en tems en leurs longitudes, aſcenſions droites & déclinaiſons, comme nous l'avons marqué ci-devant en parlant du mouvement des Etoiles fixes; leſquels changemens ſont cauſe que les anciens Globes céleſtes ne marquent plus exactement leur vrai lieu dans le Ciel, & que de tems en tems il eſt néceſſaire d'en refaire de nouveaux. *Voyez la Planche 39.*

Pour faire des boules de carton propres à y coller des fuſeaux.

AYez une demi-boule de bois bien arrondie & bien réguliere de la groſſeur convenable à votre groſſeur de Globe. Sur cette demi-boule, que vous frotterez de ſavon, de crainte qu'elle ne s'attache au carton, ajuſtez des demi-fuſeaux de carton que vous collerez enſemble, & renforcerez par d'autres demi-fuſeaux, dont le milieu couvrira les jointures des premiers; quand le tout ſera bien ſec, vous ôterez votre demi-boule de bois, ſur laquelle vous collerez de la même façon l'autre demi-boule de carton; & quand elles ſeront toutes deux faites, vous les joindrez enſemble, en mettant dedans un cylindre de bois juſtement égal à l'axe de la boule, lequel doit être voûté par les deux bouts en forme de champignon, afin d'y pouvoir cloüer les poles de vos deux demi-boules ou calottes de carton, dont vous ferez une boule entiere, en collant tout autour de la jointure des bandes de papier; & afin que le Globe ſoit d'une rondeur parfaite en tout ſens, on attache à ſes poles un demi-cercle creuſé, de bois ou de cuivre, dont le diametre ſoit égal à celui du Globe, autour duquel il doit tourner, afin que par ſa révolution on puiſſe appercevoir ce qu'il y a d'irrégulier en ſa ſurface: on remplit tous les creux avec du blanc de colle, c'eſt-à-dire, du blanc d'Eſpagne détrempé dans de l'eau où l'on met fondre de la colle forte, & l'on ratiſſe avec le demi-cercle tout ce qui paroît excéder juſqu'à ce que la boule ſoit parfaitement ronde.

Enfin vous collerez ſur cette boule les fuſeaux imprimés le plus exactement que faire ſe pourra, en ſorte que les lignes ſe rencontrent & ſe rejoignent bien juſtes enſemble. Avant que d'enluminer les Globes il faudra les encoller; car ſans cela le verni feroit des taches.

P
Cercle du Pole Arctique
65.D 28.M
63.D 20.M
66.D 30.M
49.D
48.D 44.M
43.D
Colure des Equinoxes
Le Triangle
Le Cocher Dericton
25.D 46.M
12.D 53.M Tropique de 3.D 23.M l'Ecrevice ♋
♈ ♉ Ecliptique ♊
12.D 16.M Equateur 20.D 38.M
23.D 30.M
Colure des Solstices
25.D 47.M
Tropique 37.D 25.M de 44.D 39.M Capri corne 47.D

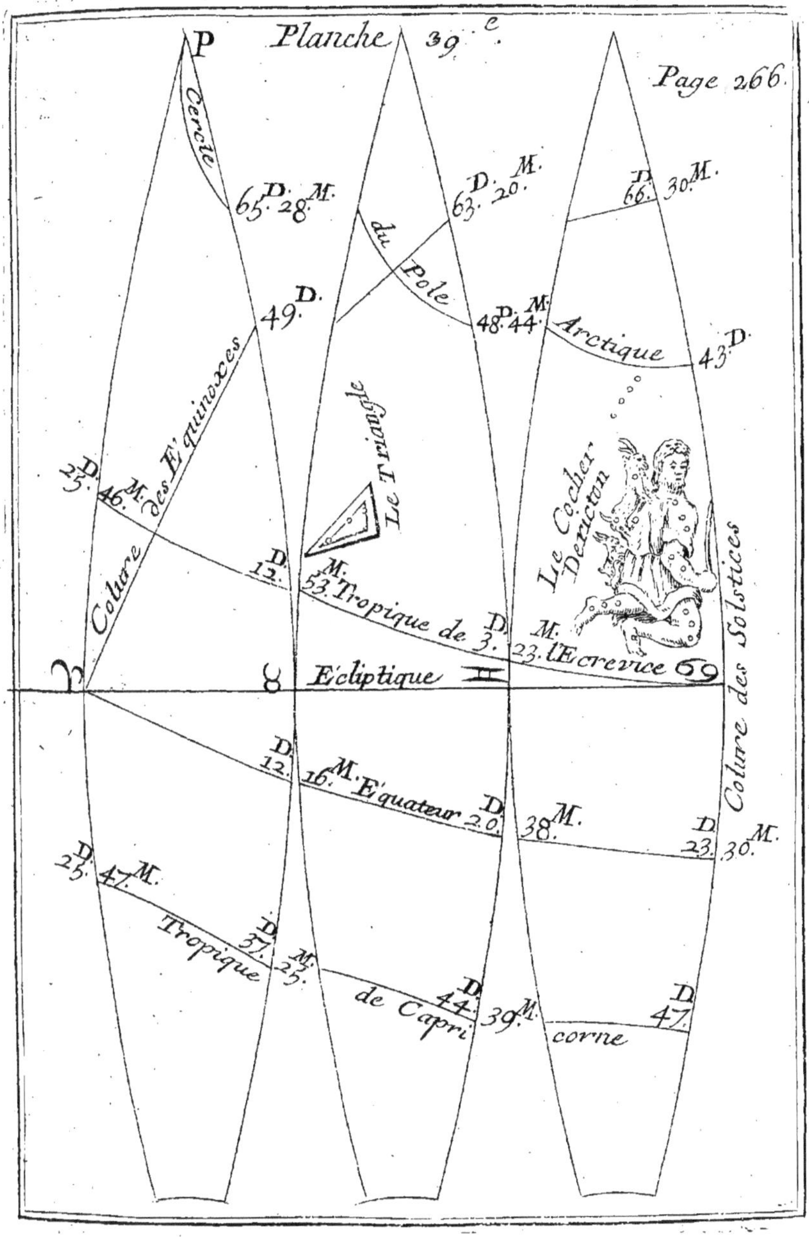

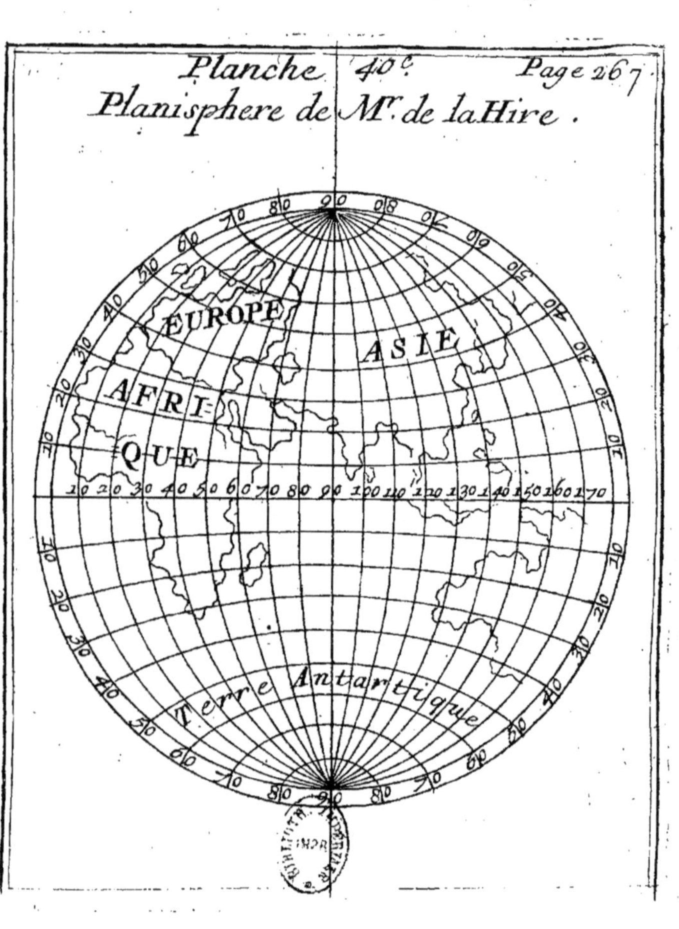
Planche 40e.
Page 267
Planisphere de Mr. de la Hire.
EUROPE
ASIE
AFRI-
QUE
Terre Antartique

SECTION II.

Méthode pour tracer des Cartes de Géographie, tant générales que particulieres.

DAns le Livre qui a pour titre l'Usage des Astrolabes que nous avons donné ci-devant au Public, nous avons expliqué la construction des trois sortes de Planispheres universels, sçavoir, celui de Gemma-Frison, celui de Royas, & celui de M. de la Hire, lesquels peuvent servir à représenter la surface du Globe terrestre.

On ne se sert pas ordinairement de celui de Royas, parce que les Méridiens y sont tellement serrés vers la partie extérieure, & pareillement les paralleles vers les Poles, que les uns & les autres y sont presque confondus, & par conséquent de peu d'usage.

Le Planisphere de Gemma-Frison est plus en usage, quoiqu'il ait un autre défaut; car les Méridiens & paralleles y sont bien plus serrés vers le centre que vers les bords.

On représente dans un Planisphere l'ancien monde, qui contient l'Europe, l'Afrique & l'Asie. Cette projection ou commune section des Cercles de la Sphere, qui se fait dans le plan du premier Méridien, suppose l'œil au Pole dudit Méridien, c'est-à-dire, éloigné de tout le demi-diametre du Globe terrestre à l'intersection de l'Horison & du 90. Méridien. Et dans un autre Planisphere semblable on représente le Nouveau Monde, qui contient l'Amérique septentrionale & méridionale; l'œil qui voit cette projection est supposé au point où l'Horison est coupé par le 270. Méridien.

Le Planisphere de M. de la Hire, duquel tous les nouveaux Géographes se servent à présent, est plus propre qu'aucun autre pour faire cette sorte de représentation, puisque les Méridiens aussi-bien que les paralleles, y sont tracés en des distances presque toutes égales entr'elles, & par conséquent plus conformes au Globe qu'en tout autre Planisphere. Cette projection suppose l'œil éloigné du sinus de 45. deg. au-delà du Pole du Méridien, comme on peut voir dans la *Planche* 40.

Nous ne répétons point ici la méthode de tracer ces Planispheres, renvoyant pour cet effet les Lecteurs à ce que nous en avons dit dans le Livre de l'Usage & Construction des Astrolabes.

S'il s'agit de tracer la Carte d'une Région ou Province, il faut premiérement examiner son étenduë, tant en longitude qu'en latitude.

Si vous voulez, par exemple, tracer une Carte d'Afrique, ayant remarqué sur le Globe terrestre, que l'Equateur coupe par le milieu cette partie du Monde, laquelle s'étend d'un côté jusqu'environ le 35. deg. de latitude septentrionale, & de l'autre côté jusqu'au 35. ou 36. de latitude méridionale; que de plus son étendue d'Occident en Orient est à-peu-près depuis le 3. deg. de longitude jusqu'environ le 75. tirez premiérement la ligne droite AB, *Planche* 41. qui représente l'Equateur; & la droite CD, qui la coupe à angles droits, & qui représente le méridien qui passe par le milieu de la Carte; divisez ces deux lignes en huit parties égales, afin que chaque division de l'Equateur contenant dix degrés, on puisse y marquer jusqu'au 80. deg. de longitude, & que chaque partie du Méridien étant pareillement de dix degrés, on y puisse marquer d'un côté jusqu'au 40. degré de latitude septentrionale, & de l'autre jusqu'au 40. degré de latitude méridionale; car par ce moyen on pourra marquer dans cette Carte les parties du Monde qui joignent l'Afrique d'un côté & d'autre.

Ensuite pour tracer les autres Méridiens & les paralleles représentans les cercles de latitude, qui vont en diminuant de l'Equateur vers les Poles, il faut premiérement déterminer la grandeur du 40. parallele qui de part & d'autre termine ladite Carte. Pour cet effet prenez avec le compas l'ouverture de dix deg. de l'Equateur de votre Carte pour en tracer le Cercle EFH, dont le demi-diametre GH soit égal à A 10. faites l'arc EK de 40. deg. & tirez par ledit 40. deg. la droite K 40. parallele au diametre, la moitié S 40. contiendra 10. deg. du 40. parallele de votre Carte; c'est pourquoi ayant tiré 4. lignes droites paralleles à l'Equateur dans la partie septentrionale de ladite Carte, & quatre autres dans la partie méridionale, vous diviserez les deux dernieres, chacune en huit parties égales à S 40. enfin par les divisions de l'Equateur, & par celles des paralleles 40. tant méridional que septentrional, qui leur correspondent, vous tracerez des arcs de Cercles qui représenteront les Méridiens de votre Carte, & qui diviseront les autres paralleles de dix en dix degrés.

Les centres de ces arcs se trouveront sur la ligne ALB prolongée de part & d'autre vers l'Orient & vers l'Occident. Si vous vouliez aussi tracer les paralleles de cette Carte en lignes courbes, excepté celui du milieu, qui représente l'Equateur, il faudroit chercher sur le Méridien du milieu, prolongé autant qu'il faut, un point vers le Septentrion, qui soit comme le pole & le centre

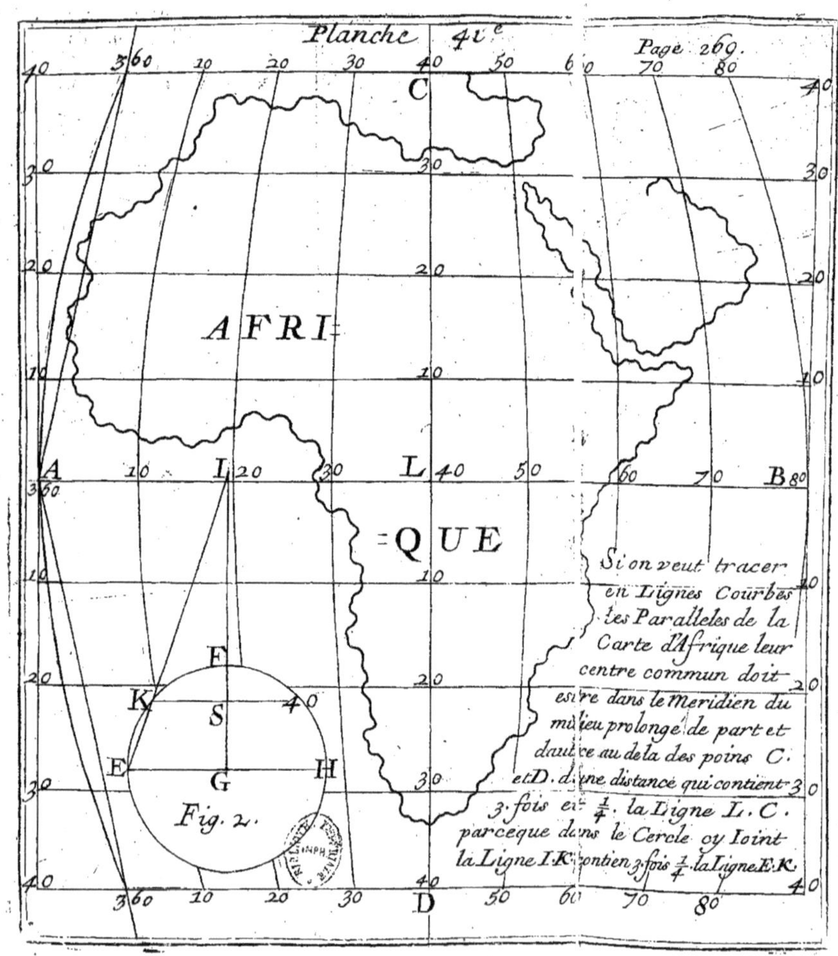

Planche 41e
Page 269.
C
AFRI-
-QUE
A
L
B
I
K
S
E
G
H
D
Fig. 2.
Si on veut tracer en Lignes Courbes les Paralleles de la Carte d'Afrique leur centre commun doit estre dans le Meridien du milieu prolongé de part et d'autre au dela des poins C. et D. d'une distance qui contient 3. fois et 1/4. la Ligne L. C. parceque dans le Cercle cy Ioint la Ligne I. K. contien 3. fois 1/4. la Ligne E. K.

commun de tous les paralleles ſeptentrionaux, & un autre vers le Midi qui ſoit le centre commun de tous les paralleles méridionaux en cette ſorte; prolongez le méridien du milieu LC vers le Septentrion, & auſſi LD vers le Midi; tirez une ligne droite du point A ſur l'Equateur par les points 360. du 40. parallele, juſqu'à ce qu'elle coupe LC, & LD en un point qui ſera le centre cherché; ou bien faites la même choſe en petit ſur le Cercle EFH en prolongeant les lignes EK, GF juſqu'à ce qu'elles ſe coupent au point I, après quoi ayant reconnu que IK contient trois fois & un quart la ligne EK, vous connoîtrez que le Méridien du milieu de votre Carte doit être prolongé de part & d'autre au-delà des points C & D d'une diſtance qui contienne trois fois & un quart la ligne LC, puiſque l'un & l'autre doivent garder la même proportion.

Et ſi l'on veut tracer une Carte particuliere de moindre étenduë, comme pourroit être la France compriſe entre le 40. & le 52. deg. de latitude ſeptentrionale, tirez premiérement la droite AB, *Planche* 42. qui repréſente un des Méridiens de votre Carte, diviſez-la en autant de parties égales que vous ſouhaitez lui donner d'étenduë, comme nous avons fait ici en quatre parties, dont chacune eſt ſuppoſée contenir trois degrés; tirez par chaque diviſion autant de lignes paralleles qui coupent AB à angles droits, leſquels repréſenteront les paralleles ou Cercles de latitude de votre Carte. Prenez enſuite avec le compas une des diviſions de votre Méridien; pour décrire un cercle dont le demi-diametre ſoit égal, par exemple, à la partie AC, qui repréſente trois degrés dudit Méridien; faites l'arc AF de 40. deg. & l'arc AK de 52. tirez dans ce cercle deux paralleles, ſçavoir le 40. & le 52. leſquels auront même proportion avec le Méridien qui paſſe par le milieu de la Carte, qu'avec l'Equateur repréſenté par le diametre du Cercle, puiſque l'Equateur & le Méridien de la Sphere ſont deux grands Cercles, & par conſéquent égaux. C'eſt pourquoi le demi-diametre du Cercle AC, étant ſuppoſé égal à trois degrés du Méridien de la Carte, le demi-parallele R 40. ſera auſſi égal à trois degrés du 40. parallele, qui termine le bas de ladite Carte, de même que le demi-parallele T 52. ſera pareillement égal à trois degrés du 52. parallele qui la termine par le haut. Prenez donc l'intervalle R 40. pour diviſer le parallele qui eſt au bas de la Carte de trois en trois degrés, & l'intervalle T 52. pour diviſer pareillement de trois en trois degrés le haut de ladite Carte, & par les diviſions correſpondantes tirez des lignes droites qui repréſenteront les Méridiens, leſquels, comme il paroît, tendent à ſe réunir au Pole ſeptentrional.

Ces sortes de Cartes particulieres se renferment ordinairement sous la figure d'un parallelograme rectangle plus long que large. Le Septentrion se marque en haut, le Midi en bas, l'Orient à droite, & l'Occident à gauche; les deux côtés plus courts qui vont du Midi au Septentrion, se subdivisent en parties égales, que l'on appelle degrés de latitude; & les deux longs côtés se subdivisent chacun pareillement en parties égales, qui sont les degrés de longitude; mais les parties du parallele d'en bas, comme approchant plus près de l'Equateur, sont plus grandes que celles du parallele qui termine la Carte par le haut, & qui approche du Pole. Lorsque la Carte a assez d'étenduë, on subdivise chaque degré en minutes.

Si vous vouliez tracer en lignes courbes les paralleles de cette Carte de France, il faudroit prolonger vers le Septentrion le Méridien du milieu AB, & prolonger aussi un des Méridiens extrêmes, comme par exemple le 30. ou 33. jusqu'à ce qu'ils se rencontrent; le point d'intersection seroit le centre commun d'où se pourroient tracer en forme d'arcs les paralleles de cette Carte. Ou bien faites la même chose en petit sur le Cercle AKG, en prolongeant les lignes FK, RT, jusqu'à ce qu'elles se rencontrent au point S, après quoi ayant reconnu que la ligne KS contient environ 4. fois la ligne FK, ou ce qui revient au même, que la ligne TS contient environ 4. fois la ligne TR, vous sçaurez qu'en suivant la même proportion, le Méridien du milieu de votre Carte doit être prolongé vers le haut au-delà du point B d'une distance qui contient 4. fois la ligne AB.

Ces deux exemples peuvent suffire pour entendre la méthode de tracer toutes sortes de Cartes particulieres: car s'il s'agit, par exemple, d'une Carte de l'Europe, on y peut marquer les Paralleles & Méridiens en lignes droites, après avoir divisé le parallele qui termine la Carte par le bas, & celui qui la termine par le haut, comme nous avons fait en celle de France; ou si l'on veut y tracer les Méridiens en lignes courbes, on le peut faire en divisant par la même méthode le parallele qui passe par le milieu de la Carte, & par chacune des divisions correspondantes de ces trois paralleles on décrira des arcs dont les centres se trouveront par le moyen des trois points donnés: ou bien on divisera tous les paralleles de la Carte chacun selon les proportions requises, & par les points de divisions qui se correspondent en chaque parallele on tracera à la main des lignes courbes qui représenteront les Méridiens. Cette derniere méthode est la plus exacte & la plus propre pour tracer les Cartes de grande étenduë, comme l'Asie & l'Amérique: car en celles de moindre étenduë on y trace les Méridiens aussi-bien que les

paralleles.

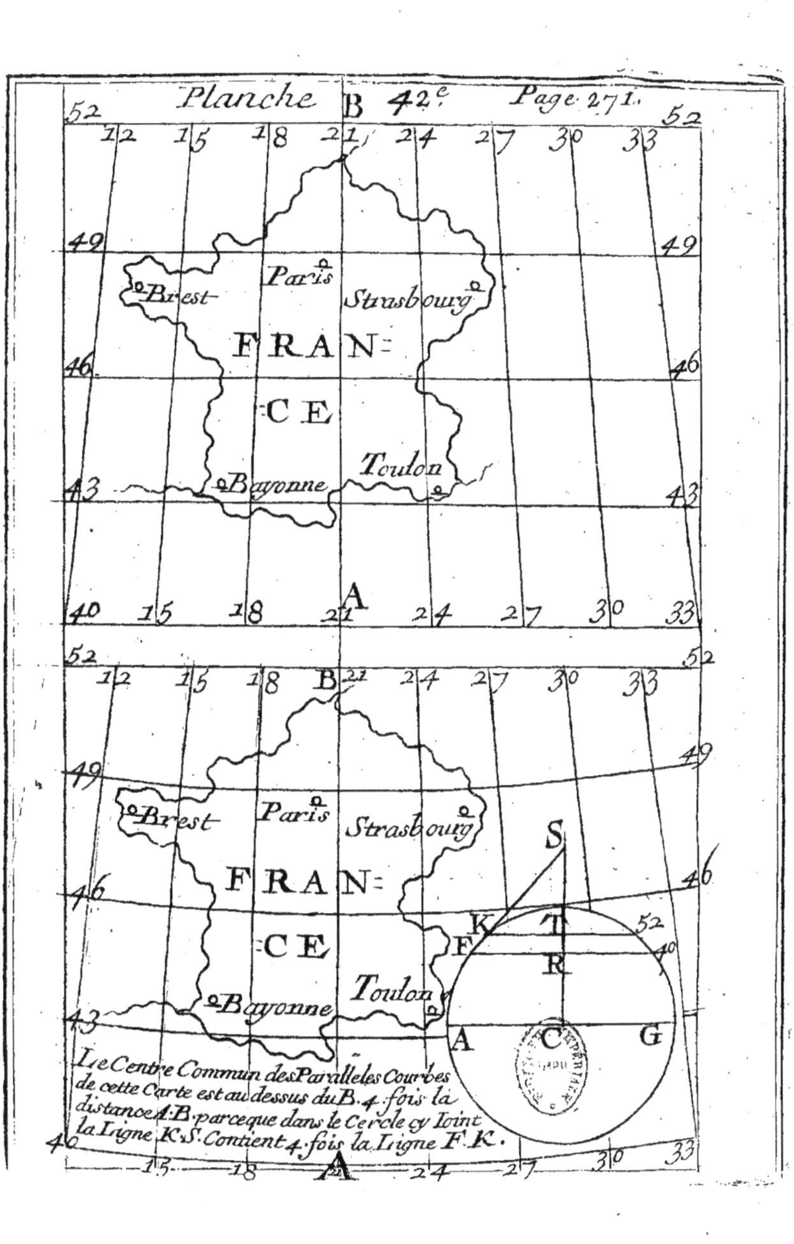
Planche B 42e Page. 271.
Paris
Brest
Strasbourg
FRAN=
=CE
Toulon
Bayonne
Le Centre Commun des Paralleles Courbes de cette Carte est au dessus du B. 4. fois la distance A.B. parceque dans le Cercle cy Ioint la Ligne K.S. Contient 4. fois la Ligne F.K.

paralleles par des lignes droites, comme nous avons dit en celle de France. *Voyez les figures de la Planche 42.*

Après avoir ainsi tracé les Méridiens & paralleles, on marque sur la Carte, comme sur le Globe, les Villes & Villages, Forêts, Montagnes, Ports de mer, les contours des Rivieres & les confins de chaque Province, suivant leurs longitudes & leurs latitudes, que l'on peut connoître par des Cartes exactes, ou par de bons & fidéles Mémoires de Voyageurs, ou bien par des observations, comme nous avons dit en plusieurs endroits de ce Livre.

Que si l'on se trouve sur les lieux dont on veut avoir la Carte, on peut la lever soi-même par le moyen de quelque instrument de Mathématique, dont le plus simple & le plus propre à cet usage est la planchette. Cet instrument consiste seulement en une planche de bois bien unie de figure circulaire, & d'environ un pied de diametre. Il y a dans son centre un petit cylindre de cuivre élevé à plomb, qui sert de pivot, autour duquel tourne une régle ou alidade garnie de deux pinules, ou bien d'une lunette. Cette régle doit avoir une ligne droite qui réponde exactement au centre dudit pivot. On a plusieurs cartons de la grandeur de cette planche percés dans le milieu, d'un trou égal au pivot, de sorte que l'on puisse enfiler un de ces cartons, & mettre l'alidade par-dessus. Il faut aussi que l'on puisse arrêter ces cartons par le moyen d'une petite pointe attachée au bord de la planchette, & qui entre un peu dans le carton.

Pour se servir de la planchette, on la pose sur son pied par le moyen d'un genoüil, de sorte qu'elle demeure stable lorsqu'on tourne l'alidade, ensuite on mire par les pinules ou par la lunette à quelque objet éloigné, comme un Clocher, Moulin à vent, gros Arbre, & autres choses apparentes dans la campagne, & la régle demeurant ferme dans cette position, on trace sur le carton vers son extrêmité une ligne au long du côté de la régle qui répond au centre de l'instrument, & l'on écrit sur cette ligne le nom du lieu où l'on a miré, puis on tourne la régle vers un autre objet, & l'on fait la même chose. Ayant ainsi pointé à tous les lieux que l'on peut appercevoir de celui où l'on est, on écrit vers le centre du carton le nom du lieu où l'on a fait lesdites Observations, & par ce moyen on a tous les angles de position des lieux qu'on a mirés par rapport au lieu où l'on est; après quoi on change de place l'instrument pour faire de pareilles Observations sur un autre carton. Mais il faut mesurer exactement la distance entre les deux stations, & l'écrire sur la ligne qui va de la premiere station à la seconde; l'instrument étant placé en la seconde station, il faut commencer à mirer le lieu où il étoit au tems de la premiere station, où l'on a dû planter pour cet effet un piquet, ou quelque autre chose remarquable.

Quand on a tous les angles de position, il est facile d'en former des triangles semblables sur telle régle que l'on veut, & de placer sur la Carte les Villes, Villages & principaux lieux d'un pays, & les orienter par le moyen d'une bcussole. J'ai donné la construction de différentes planchettes & leurs usages dans le Traité des Instrumens de Mathématique, 3. Edition.

Autre maniere facile de lever la Carte d'un Pays sans peine & sans frais, proposée par M. Chevalier dans l'Histoire de l'Académie des Sciences de l'année 1707.

ON suppose un carton circulaire assez grand, dont la circonférence est divisée en 360. degrés, ou quatre fois 90. & dont le rayon qui représente une étenduë de deux lieuës, soit divisé en huit parties égales, lesquelles par conséquent valent chacune un quart de lieuë; & par ces divisions ont décrit autant de cercles concentriques au premier.

Ce carton ainsi préparé doit être bien placé horisontalement & bien orienté dans un lieu assez élevé pour découvrir une étenduë de deux lieuës à la ronde.

Pour le bien orienter il faut avoir une ligne méridienne bien tracée à l'endroit où l'on veut se placer; mais au défaut de ligne méridienne on peut se servir des amplitudes du Soleil orientales & occidentales, qui se pourront tracer sur ledit carton en la maniere qui suit, & par le moyen des Tables calculées suivant la déclinaison du Soleil & l'élevation du Pole sur le Pays dont on veut lever la Carte.

Si on veut lever la Carte des environs de Paris, comme je sçai par les Tables que l'amplitude solstitiale, la plus grande de toutes, est à Paris d'environ 37. deg. je prends sur la circonférence extérieure pour l'amplitude équinoxiale ou nulle le point d'où commencent les divisions, & le 37. deg. suivant est pour l'amplitude solstitiale. Cet espace de 37. deg. répond à trois mois, & se divise selon la Table des amplitudes pour chaque jour de ces trois mois, ou plutôt de cinq en cinq jours, parce que les amplitudes ne changent pas sensiblement d'un jour à l'autre, principalement aux environs des Solstices, & j'en fais autant pour les amplitudes des autres neuf mois de l'année.

Cela fait, à tel jour que ce soit où l'on pourra observer le lever où le coucher du Soleil, je mets sur ce carton ou chassis deux fils-de-fer bien à plomb, l'un au centre, & l'autre sur le point du cercle extérieur qui répond au jour choisi; je place ce chassis bien horisontalement, je le tourne de maniere qu'au moment du lever & du coucher du Soleil, l'ombre des deux fils-de-fer soit sur la même ligne droite, & je l'arrête ferme dans cette situation. Il est certain qu'elle est telle, que toutes les divisions du cercle extérieur répondent exactement à celles de l'horison, que le 90. deg. par exemple, depuis une amplitude équinoxiale est un Pole, &c. en un mot que ce carton ou chassis est bien orienté.

Alors si je suis dans un lieu assez élevé pour découvrir une étenduë de deux lieuës à la ronde, je dirige exactement à tel lieu que je veux, comme au Clocher d'un Village dont je sçai le nom, une régle qui est mobile autour du centre du chassis, & je suis sûr que ce clocher est à l'égard du lieu où je suis, comme par exemple Paris, dans la position déterminée par la régle, & par conséquent il faut que ce Clocher soit écrit dans mon chassis sur cette ligne; reste à sçavoir à quel point. Or on suppose que je sçai à-peu-près la distance de tous les lieux qui ne sont pas éloignés de plus de deux lieuës du lieu où j'habite; & surtout cette connoissance est fort familiere à la campagne où se feroit le plus grand usage du chassis. Comme il est divisé en quart de lieuë, je place le Clocher selon sa distance connuë, ou sur un des cercles concentriques ou entre deux cercles, & l'on ne peut tomber sur cela en des erreurs considérables.

Ce que j'ai fait à Paris, trente ou quarante personnes qui sont aux environs de Paris, & éloignées les unes des autres de deux lieuës au plus, le pourront faire chacune pour le lieu de sa demeure; non pas que chacun soit obligé à faire son chassis, car c'est une opération qui demande la main d'un Géometre, lequel l'ayant fait, doit en envoyer copie à ces trente ou quarante personnes, qui n'auront plus que la peine de prendre les alignemens des lieux voisins, comme nous l'avons dit, & c'est ce que plusieurs personnes feront facilement. Ces cartes étant faites, on les met entre les mains d'un Géometre, qui sçait les assembler pour en composer la carte du Pays.

Comme on envoye le même chassis ou carton imprimé à tous ceux qu'on veut employer, on suppose que les amplitudes sont les mêmes pour des lieux peu éloignés, ce qui n'est vrai que sensiblement; aussi un même chassis ne peut servir que pour lever la Carte d'un petit pays, & il est bon que la Ville, ou le lieu principal sur lequel on régle les amplitudes, soit au milieu du pays qu'on veut lever, afin que les petites erreurs des lieux particuliers se compensent les unes les autres.

L'erreur qui est insensible pour un petit pays, sera encore d'autant moindre que les opérations se feront dans un pays qui aura moins de latitude, ou dans un tems plus proche des Equinoxes, parce que dans ces deux circonstances les amplitudes de différens lieux sont moins différentes.

Si on avoit une méridienne bien tracée, elle serviroit à placer l'instrument sans le secours des amplitudes. On pourra se servir pour cela d'une bonne boussole, ayant égard à la déclinaison de l'aiman.

Un Evêque qui auroit quelque inclination pour les Sciences, pourroit faire lever de cette maniere la Carte de son Diocese par les Curés, qui à peine s'appercevroient eux-mêmes qu'ils feroient des opérations géométriques.

Le grand avantage de cette méthode est de pouvoir être pratiquée sans aucuns frais & sans aucune géométrie. Il ne faut qu'un peu de soin & d'attention.

Avertissement pour le choix des bons Globes & des bonnes Spheres, afin de faire avec plus de justesse les Opérations dont on va parler.

POur bien choisir de bons Globes & une bonne Sphere, il faut prendre garde que l'Equateur & l'Horison s'entrecoupent justement en deux parties égales; ce que l'on pourra reconnoître si on remarque que les points de section de ces deux Cercles soient aux points du vrai Orient & Occident marqués au bord de l'Horison, & que ces mêmes points soient distans de 90. deg. ou d'un quart de cercle, des points du Septentrion & du Midi, qui sont aussi au bord de l'Horison avec les 32. Vents. On reconnoîtra encore si les Globes & la Sphere sont bien construits, si on met le Pole au Zenit, en l'élevant de 90. deg. & considérant si toute la circonférence de l'Equateur est à l'uni en celle de l'Horison, en sorte que ces deux cercles soient en une même superficie plane; & si l'Horison coupe le Méridien en deux parties égales; ce qui paroîtra si le Pole étant au Zenit, le 90. degré compté du Pole se rencontre de côté & d'autre du Méridien précisément aux deux bords opposés de l'Horison. S'étant ainsi précautionné sur le choix, on pourra plus sûrement en venir à la pratique. Aux Globes & aux Spheres un peu grandes on joint un quart de cercle de cuivre pour servir de cercle vertical & d'azimut, le faisant passer par le Zenit du Globe, & autres endroits nécessaires.

On trouve dans ma Boutique ſur le Quay de l'Horloge du Palais, au Soleil d'or, des Spheres conſtruites auſſi exactement qu'il eſt poſſible ſelon les Syſtêmes de Ptolomée & Copernic, & j'ai fait graver depuis peu de tems des Globes céleſtes & terreſtres de différentes groſſeurs, dreſſés ſur les nouvelles Obſervations des Longitudes faites en divers lieux de la Terre, par les Méthodes de Meſſieurs de l'Académie Royale des Sciences, & ſuivant les Mémoires des plus habiles Aſtronomes & Géographes de ce tems.

On y trouve auſſi toutes ſortes d'Inſtrumens de Mathématique, faits avec toute la préciſion poſſible.

CHAPITRE II.

Des Préceptes néceſſaires à l'uſage de la Sphere & des Globes.

PRECEPTE PREMIER.

Obſerver la hauteur du Soleil & de tous autres Aſtres ſur l'Horiſon.

LE moyen le plus court eſt d'avoir en main un quart de cercle bien diviſé, garni de deux pinules ſur un des demi-diametres, & un fil avec ſon plomb attaché au centre, lequel on levera vers le Soleil, en ſorte que ſes rayons paſſent par les deux trous des pinules; le fil pendant librement avec ſon plomb, marquera la hauteur du Soleil ſur l'Horiſon, en comptant depuis ledit fil juſqu'à l'autre demi-diametre qui n'eſt point garni de pinules, *Planche* 43, *Fig.* 1. Quand on veut obſerver avec plus d'exactitude, je fais des quarts de cercle aſſez grands pour marquer les minutes, où il y a des lunettes & un pied pour les porter, tels que ceux dont ſe ſervent Meſſieurs de l'Académie Royale des Sciences à l'Obſervatoire.

Mais pour avoir la hauteur d'une Planete ou de tout autre Aſtre que le Soleil, il faut mettre l'œil à celle des pinules qui eſt vers la circonférence du quart de cercle, & élever l'autre pinule vers l'Aſtre, juſqu'à ce qu'on puiſſe l'appercevoir par les deux trous; le fil pendant librement par ſon plomb, marquera la hauteur de l'Aſtre ſur l'Horiſon, dont le complément ſera ſa diſtance du Zenit.

Pour avoir cette hauteur plus juſte, il en faut ôter la refraction ſuivant la Table qu'en ont donnée Meſſieurs de l'Académie Royale des Sciences, & que l'on trouvera à la fin de ce Livre.

On n'a point ici d'égard aux parallaxes, étant trop petites pour causer de l'erreur dans ces sortes d'opérations, qui ne sont que pour les usages de la Sphere & des Globes.

PRECEPTE SECOND.

Observer en même tems l'azimut & la hauteur horisontale du Soleil, des Etoiles & des Planetes, & leur hauteur méridienne.

IL faut avoir un Instrument composé d'un demi-cercle posé horisontalement, & d'un quart de cercle mobile dessus, & joint verticalement, garni d'une régle ou alidade avec ses pinules, *Fig.* 2. Il faut ensuite poser cet instrument sur la ligne méridienne par le moyen d'une Boussole, où sera marquée la déclinaison de l'éguille aimantée, & après l'avoir arrêté sur un plan horisontal, on tourne le quart de hauteur ou vertical vers l'Orient ou vers l'Occident, selon que le Soleil ou l'Etoile se trouve vers l'une ou l'autre de ces Parties, & en même tems on hausse ou baisse l'alidade ou régle mobile, en sorte que les rayons du Soleil passent par les trous des pinules, ou que l'on voye l'Etoile ou la Planete au travers des mêmes trous ; ce qui étant fait, les degrés du demi-cercle horisontal marqueront l'azimut, & l'arc du vertical donnera la hauteur du Soleil ou de l'Astre, par le moyen de quoi on parvient facilement à la connoissance de son vrai lieu.

Pour avoir la hauteur méridienne d'un Astre, il faut arrêter le quart de hauteur à angles droits sur le demi-cercle horisontal, l'un & l'autre étant joints à la ligne méridienne du plan horisontal à l'heure de midi. Si c'est pour le Soleil on leve ou on baisse la régle jusqu'à ce que les rayons du Soleil passent par les trous des deux pinules.

Si c'est la hauteur méridienne d'une Etoile, ou d'une Planete, on observe quand elle arrive au Méridien ; & l'on connoît à quelle heure par le moyen d'un bon Cadran, ou d'une Horloge bien réglée.

La figure ci-jointe fait voir la construction de ces Instrumens, *Pl.* 43.

PRECEPTE TROISIEME.

Réduire les heures & minutes d'heure en degrés & minutes de l'Equateur.

IL faut pour cela sçavoir qu'une heure répond à 15. deg. & une minute d'heure à 15. min. de degrés. C'est pourquoi si, par exemple, on veut réduire 9. heures 7. min. d'heure en deg. de

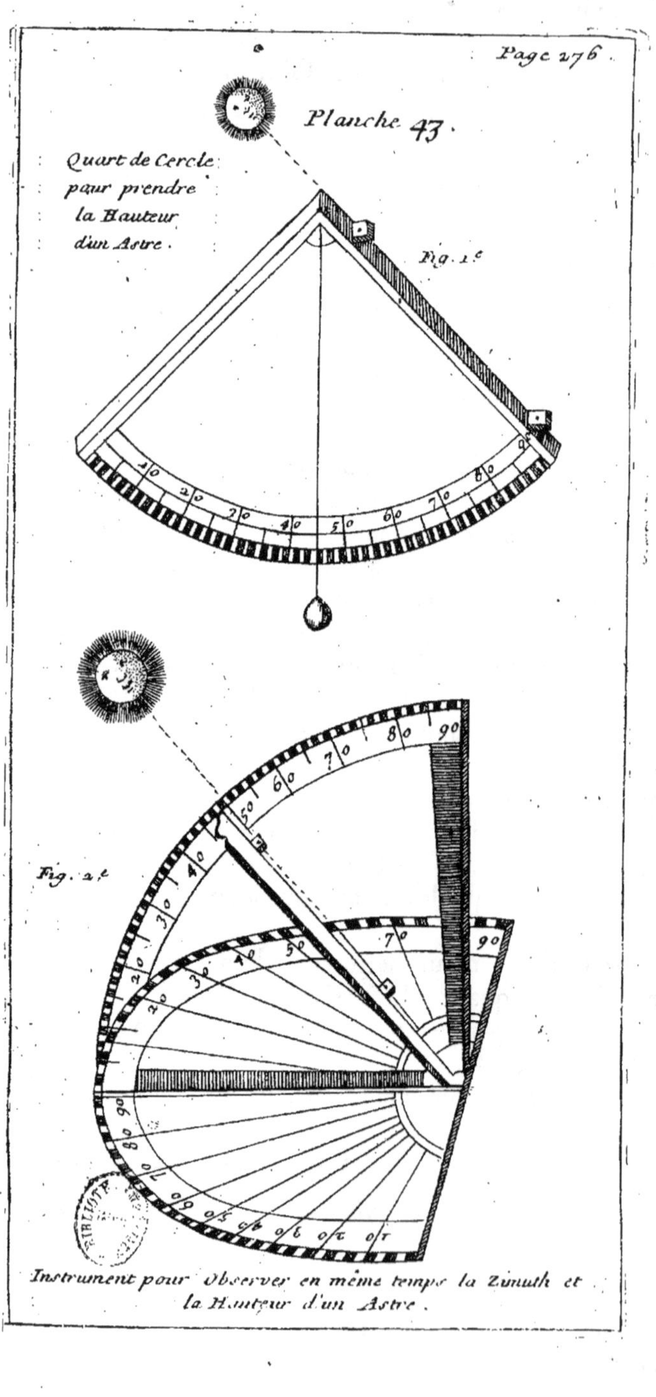

Instrument pour Observer en même temps la Zimuth et la Hauteur d'un Astre.

l'Equateur, on multipliera les 9. heures par 15. ce qui donnera 135. deg. & les 7. min. par 15. ce qui fera 105. min. ou un deg. 45. & ajoûtant le tout ensemble, on aura 136. deg. 45. min. qui correspondent à 9. heures & 7. minutes d'heure.

PRECEPTE QUATRIEME.

Réduire les degrés & minutes de l'Equateur en heures & minutes d'heure.

IL faut poser pour principe qu'un degré de l'Equateur correspond à 4. min. d'heure, & une min. de deg. à 4. secondes d'heure. C'est pourquoi si on veut réduire, par exemple, 32. deg. 13. min. en heures & minutes d'heure, en multipliant 32. deg. par 4. on aura 128. minutes d'heure, & multipliant aussi par 4. les 13. minutes de degré, on aura 52. secondes d'heures, & le tout ensemble fera 2. heures 8. minutes & 52. secondes qui correspondent à 32. deg. & 13. min. de l'Equateur.

CHAPITRE III.

Des Usages qui concernent l'Astronomie.

SECTION I.

Des Usages qui se rapportent au Soleil.

USAGE PREMIER.

Disposer la Sphere selon les quatre parties du Monde, ou selon les quatre Points Cardinaux.

IL faut poser la Sphere ou Globe sur un plan bien uni & horisontal, & mettre une petite Boussole joignant le plan du Méridien sur l'Horison, du côté où est marqué NORD, puis tourner la Sphere ou le Globe jusqu'à ce que l'Eguille aimantée soit justement arrêtée sur son Nord & Sud, si l'Eguille ne décline pas; mais si elle décline, on la met sur son Point de déclinaison, que l'on a coûtume de marquer aux Boussoles dans les lieux où la déclinaison est connuë; ce qui étant, la Sphere sera bien posée; car alors le Méridien de la Sphere répondra au Méridien du Ciel, & les quatre points cardinaux marqués sur l'Horison, répondront aux quatre Points cardinaux du Monde.

REMARQUE.

SI on tourne la Sphere autour de ſon axe, on verra de quelle maniere le Ciel ſe meut, & quelle eſt l'obliquité du mouvement par rapport à l'Horiſon du lieu où l'on eſt.

USAGE II.

Elever le Pole Arctique ſelon la latitude du lieu.

SOit la latitude de Paris donnée de 49. degrés.

Il faut compter ſur le Méridien 49. deg. depuis le Pole tirant vers l'Horiſon, & élever le Pole juſqu'à ce que le 49. deg. ſoit dans l'Horiſon ; alors le Pole ſera de la hauteur de 49. deg. ſelon la latitude de la Ville de Paris. Par ce moyen l'Axe de la Sphere conviendra avec l'Axe du Monde, & l'élevation de l'Equateur, qui eſt toûjours le complément de celle du Pole ſera de 41. deg.

USAGE III.

Trouver le lieu du Soleil en l'Ecliptique.

SOit propoſé le premier jour de Mai pour exemple, auquel on veut ſçavoir le lieu du Soleil en l'Ecliptique.

Cherchez ſur le bord de l'Horiſon dans le cercle qui contient les 12. mois de l'année, le premier jour de Mai, & vis-à-vis de ce jour ſur le cercle des 12. Signes du Zodiaque, vous trouverez l'onziéme degré du ♉, qui eſt le lieu du Soleil au premier Mai, & ainſi des autres.

Le lieu du Soleil étant ainſi trouvé, on cherchera ce même degré dans l'Ecliptique, laquelle étant diviſée en douze Signes, & chacun Signe en 30. degrés, il ſera facile d'y trouver le onziéme deg. du ♉.

USAGE IV.

Trouver le mois & le jour qui répond au lieu du Soleil.

SI on veut trouver le mois & le jour auquel le Soleil eſt, par exemple, au 17. degré du Lion, on cherchera dans le cercle des 12. Signes ſur l'Horiſon, le 17. degré du Lion ; & au cercle des mois vis-à-vis, on trouvera le 9. d'Août ; de ſorte que le Soleil eſt au 17. deg. du Lion le neuviéme jour d'Août, & ainſi des autres.

USAGE V.

Trouver la déclinaison & l'ascension droite du Soleil en un jour donné.

POur la déclinaison, cherchez le degré du Soleil pour ce jour-là. Mettez ce degré sous le Méridien, puis comptez les degrés du Méridien compris entre l'Equateur & le degré du Soleil, le nombre de ces degrés sera la déclinaison du Soleil.

Ainsi voulant trouver la déclinaison du Soleil au vingtiéme d'Avril, on trouve qu'à pareil jour le Soleil est au premier degré du Taureau : posant ce degré sous le Méridien, & comptant ceux qui se trouvent entre l'Equateur & le premier degré du Taureau, on trouve 11. deg. 30'. pour la déclinaison du Soleil septentrionale requise, & ainsi des autres.

Pour l'Ascension droite.

Si on prend garde au degré de l'Equateur coupé par le Méridien, on trouvera que l'Ascension droite du Soleil étant au premier degré du Taureau, est de 28. deg. 51. min.

USAGE VI.

Etant donnée la déclinaison du Soleil, trouver son lieu dans l'Ecliptique.

IL faut tourner le Globe ou la Sphere jusqu'à ce que quelque deg. de l'Ecliptique du quart qui répond à la saison où l'on est, passe au Méridien sous le degré de déclinaison donnée, alors ce degré de l'Ecliptique sera le lieu du Soleil.

Ainsi la déclinaison du Soleil étant en Eté de 15. degrés, son lieu se trouve au vingtiéme degré du Lion, lequel étoit proposé à trouver : il faut se souvenir que les Signes d'♈, ♉, ♊ sont pour le Printems ; ceux de ♋, ♌, ♍ pour l'Eté ; ceux de ♎, ♏, ♐ pour l'Automne ; & ceux de ♑, ♒, ♓ pour l'Hyver.

USAGE VII.

Etant donnée la déclinaison du Soleil, trouver le mois & le jour qui lui répondent.

TRouvez par l'usage précédent le lieu du Soleil convenant à la déclinaison donnée, puis le mois & le jour qui répondent au lieu du Soleil ; ce sera le tems que vous demandez.

Ainsi la déclinaison du Soleil en Eté étant de 15. deg. on trouve que c'est l'onziéme d'Août.

USAGE VIII.

Trouver la hauteur méridienne du Soleil.

TRouvez la déclinaiſon du Soleil par l'Uſage, dont l'exemple eſt pour le 20. Avril. Si cette déclinaiſon eſt ſeptentrionale, vous l'ajoûterez à la hauteur meridienne de l'Equateur, laquelle eſt le complément de latitude donnée, ou de l'élevation du Pole; la ſomme ſera la hauteur méridienne du Soleil : mais ſi la déclinaiſon eſt méridionale, vous l'ôterez du même complément de la latitude ; le reſte ſera la hauteur méridienne du Soleil.

Ainſi l'élevation du Pole de Paris étant de 48. degrés 50. min, ſon complément ſera de 41. degrés 10. min. à l'Obſervatoire, & à la tour de Notre-Dame 48. deg. 51. min. auſquels ajoûtant 11. d. 30 m. qui eſt la déclinaiſon du Soleil ſeptentrionale au 20. d'Avril, trouvée par l'Uſage précédent, on aura 52. deg. 40. m. pour la hauteur méridienne du Soleil audit jour.

Mais ſi l'on vouloit avoir la hauteur méridienne du Soleil le 23. d'Octobre, auquel jour la déclinaiſon méridionale eſt auſſi de 11. deg. 30. min. il faudroit ſouſtraire cette même déclinaiſon de 41. deg. 10. min. reſteroient 29. deg. 40. min. pour la hauteur méridienne du Soleil au 23. Octobre, & ainſi des autres.

USAGE IX.

Trouver la plus grande & la plus petite hauteur méridienne du Soleil.

A Paris, où le complément de la hauteur du Pole eſt de 41. deg. 10. m. il faut ajoûter 23. deg. 29. min. qui eſt la plus grande déclinaiſon du Soleil quand il eſt au Solſtice d'Eté, pour avoir 64. deg. 39. min. qui eſt la plus grande hauteur méridienne que le Soleil puiſſe avoir à Paris & en tous les autres lieux du même parallele. Mais ſi on ôte cette plus grande déclinaiſon du même complément 41. deg. 10. min. on aura 17. deg. 41. min. pour la plus petite hauteur méridienne du Soleil, lorſqu'il eſt au Solſtice d'Hyver.

USAGE X.

Trouver par obſervation la hauteur du Pole.

OBſervez la hauteur méridienne du Soleil avec un quart de cercle, & en ôtez ſa déclinaiſon, ſi elle eſt ſeptentrionale, ou l'ajoûtez à la même hauteur ſi elle eſt méridionale, pour avoir en l'un ou en l'autre cas la hauteur de l'Equateur dont le complément ſera l'élevation du Pole requiſe.

Ayant, par exemple, obſervé à Paris la hauteur méridienne du Soleil le 8. Mai de 58. degrés 10. min. auquel tems la déclinaiſon eſt de 17. deg. ſeptentrionale ; ôtez ces 17. degrés de la hauteur obſervée, reſte 41. deg. 10. min. pour la hauteur de l'Equateur ſur l'Horiſon de Paris, dont le complément 48. degrés 50′. eſt l'élevation du Pole.

USAGE XI.

Trouver le lieu du Soleil en l'Ecliptique, & en même tems ſa déclinaiſon & ſon aſcenſion droite par obſervation.

ELevez le Pole ſelon la latitude du lieu où vous êtes, obſervez la hauteur méridienne du Soleil, & comptez-la ſur le Méridien en commençant du bas de l'Horiſon, & remarquez le point auquel cette hauteur finira ; enſuite tournez le Globe ou la Sphere juſqu'à ce qu'un degré de l'Ecliptique du quart qui répond à la ſaiſon où l'on eſt, paſſe par le même point marqué ſur le Méridien ; ce degré ſera celui où le Soleil ſe trouve alors, duquel la déclinaiſon & l'aſcenſion droite ſeront facilement trouvées par l'Uſage 5.

Suppoſé que vous euſſiez obſervé à quelque jour de la ſaiſon du Printems la hauteur méridienne du Soleil de 51. deg. 10. min. vous compteriez cette hauteur du bas de l'Horiſon qui eſt du côté du Midi, & elle finira à l'endroit du Méridien où eſt marqué le 10. degré de déclinaiſon ſeptentrionale ; puis faiſant paſſer le quart de l'Ecliptique du Printems ſous le Méridien, on remarquera quel degré de l'Ecliptique paſſe ſous ce dixiéme degré de déclinaiſon, & vous trouverez que c'eſt le 24. degré d'Aries qui paſſe ſous le dixiéme degré du Soleil, & en regardant ſur l'Equateur, vous y trouverez que ſon aſcenſion droite eſt de 22. deg. 13. min. leſquels étoient requis à trouver.

Autrement.

Il eſt facile à juger que ſi on eſt dans le Printems ou dans l'Eté, le Soleil eſt dans les Signes ſeptentrionaux, & qu'il a ſa déclinaiſon ſeptentrionale ; mais tout au contraire, qu'il l'a méridionale, quand il eſt dans les deux ſaiſons oppoſées, qui ſont l'Automne & l'Hyver. Si donc la déclinaiſon du Soleil eſt ſeptentrionale, on ôtera la hauteur méridienne de l'Equateur de la hauteur méridienne obſervée, afin d'avoir la déclinaiſon du Soleil. Mais ſi la déclinaiſon eſt méridionale, on ôtera la hauteur méridienne du Soleil de la même hauteur méridienne de l'Equateur, c'eſt-à-dire, du complément de l'élevation du Pole, pour avoir la déclinaiſon du Soleil, & avec cette déclinaison on trouvera le lieu où il est par l'Usage 6. & son ascension droite par l'Usage 5.

USAGE XII.

Trouver la déclinaison du Soleil par la hauteur méridienne observée, & l'élevation du Pole donnée.

OTez de la hauteur méridienne le complément de la hauteur du Pole, c'est-à-dire, la hauteur méridienne de l'Equateur, si la déclinaison est septentrionale; mais si elle est méridionale, il faut ôter la hauteur méridienne de la hauteur de l'Equateur; le reste sera la déclinaison du Soleil proposée à trouver.

USAGE XIII.

Trouver l'Azimut du Soleil.

IL faut observer sa hauteur horisontale, & marquer l'heure de cette observation, puis disposer la Sphere ou le Globe selon l'élevation du lieu; ensuite il faut trouver le lieu du Soleil en l'Ecliptique, le mettre sous le Méridien, & le stile horaire sur 12. heures. Et après avoir attaché le quart de hauteur, ou le vertical au Zenit, on tourne le Globe ou la Sphere jusqu'à ce que le stile horaire soit sur l'heure donnée; & le Globe demeurant en cet état, on tournera le vertical jusqu'à ce que le degré de la hauteur observé convienne avec le degré du Soleil; ce qui étant, on comptera sur l'Horison la distance comprise entre l'Orient équinoxial jusqu'au degré où l'azimut coupe l'Horison; laquelle donnera l'azimut du Soleil proposé à trouver.

Supposant, pour exemple, que la hauteur horisontale observée soit de 46. deg. 45. min. & le lieu du Soleil au 18. deg. du ♉, on trouvera en la latitude de Paris que l'azimut du Soleil à 9. h. 34. min. du matin est de 33. degrés 17. minutes.

USAGE XIV.

Trouver l'amplitude orientale & occidentale du Soleil, qui est l'arc de l'Horison, compris entre le point où le Soleil paroît se lever ou se coucher quand il est dans l'Equateur, & un autre point de l'Horison où il paroît se lever ou se coucher en toute autre saison de l'année.

LA Sphere ou le Globe étant disposé à l'élevation du Pole du lieu, on mettra le degré du Soleil en l'Horison oriental ou occidental, & le nombre de degrés de l'Horison compris entre l'Orient ou l'Occident de l'Equinoxe, & le degré qui est joint à celui du Soleil, donnera l'amplitude proposée, laquelle sera orientale, si on la prend du côté d'Orient; ou occidentale, si on pratique cet usage du côté d'Occident.

Ainsi à Paris, le Soleil étant au 20. deg. des Gemeaux, son amplitude sera de 36. deg. 36. min. laquelle sera septentrionale, parce que le Signe des Gemeaux est septentrional.

USAGE XV.

Trouver l'ascension oblique du Soleil.

APrès avoir mis la Sphere selon l'élevation du lieu, on mettra le degré du Soleil dans l'Horison oriental, & le degré de l'Equateur, qui sera dans l'Horison avec le degré du Soleil donnera son ascension oblique.

Si on suppose que le Soleil est à l'onziéme degré du Lion, on trouvera que l'ascension oblique du Soleil dans le parallele de Paris est de 112. degrés 20.min. c'est-à-dire, que le 112.d. 20.min. de l'Equateur se leve avec le Soleil, quand il est au 11. deg. du Lion.

USAGE XVI.

Trouver la différence ascensionelle.

IL n'y a qu'à trouver l'ascension droite du Soleil par l'Usage 5. & son ascension oblique par le précédent, la différence des deux donnera ce que l'on demande. Ces différences ascensionelles peuvent servir à trouver la longueur des jours de l'année, comme on verra dans les Usages suivans. On trouvera toutes ces choses expliquées dans le premier Livre.

USAGE XVII.

Trouver l'ascension droite du Méridien, ou du milieu du Ciel, à une heure donnée.

VOus n'avez qu'à mettre le lieu du Soleil sous le Méridien; & le stile horaire sur douze heures, puis tourner la Sphere ou le Globe jusqu'à ce que le stile soit sur l'heure donnée, après quoi vous pourrez remarquer le degré de l'Equateur qui est dans le Méridien. Car c'est lui qui marque de combien est l'ascension droite du milieu du Ciel que vous demandez.

Exemple. Le Soleil étant au premier deg. de ♋ à 7. h. du soir, l'ascension droite du Méridien, ou du milieu du Ciel, sera de 195. degrés.

USAGE XVIII.

Trouver l'heure du lever & coucher des Signes.

SI vous voulez sçavoir à quelle heure se leve le Signe du ♏ quand le Soleil est au premier degré d'♈, mettez ce degré sous le Méridien, & le stile horaire sur 12. heures, puis tournez le Globe jusqu'à ce que le premier degré du Scorpion soit dans l'Horison oriental, alors le stile horaire montrera l'heure du lever du Scorpion à 8. heures 51. min. du soir; & si vous transportez ce même degré dans l'Horison occidental, vous verrez l'heure de son coucher marquée par le stile horaire. L'ascension oblique du premier degré du Scorpion est de 222. deg. 45. min. lesquels réduits en tems font 14. heures 51. min. or le Soleil entrant en ♈ se leve à 6. heures, le commencement du Signe du Scorpion se leve 14. heures 51. min. après le Soleil, d'où on conclud que ce Signe se leve à 8. heures 5. min. du soir. Exemple. L'ascension oblique de ♎ étant de 41. deg. 21. min. ce nombre converti en tems, on connoît que ce Signe employe 2. heures 45. min. 24. secondes à se lever sur l'Horison, & sa descension oblique étant de 14. deg. 27. min. ce Signe employe 6. h. 51. min. 48. secondes à se coucher.

USAGE XIX.

Trouver le tems que les Signes mettent à monter au-dessus de l'Horison, & à descendre au-dessous.

POsez le commencement du Signe en l'Horison du côté d'Orient, & le stile sur douze heures, puis tournez la Sphere jusqu'à ce que le Signe entier soit levé, ou que la fin du même Signe soit dans l'Horison, le stile horaire marquera le tems que le Signe a mis à se lever.

Si vous faites l'opération du côté d'Occident vous aurez le tems du coucher.

USAGE XX.

Trouver l'heure du lever & du coucher du Soleil.

APrès avoir mis la Sphere à l'élevation du Pole du lieu, & trouvé le degré du Soleil, on posera le degré du Soleil sous le Méridien, & le stile horaire sur douze heures, puis on tournera le Globe ou la Sphere du côté d'Orient jusqu'à ce que le degré du Soleil soit parvenu à l'Horison, & pour lors le stile marquera l'heure du lever du Soleil.

Si on fait cette opération du côté d'Occident, on aura l'heure du coucher.

Ainsi à Paris on trouvera que le Soleil étant au premier deg. des Gemeaux, se leve à 4. h. 20. m. & se couche à 7. h. 40. m.

USAGE XXI.

Trouver la longueur du jour & de la nuit.

ELevez le Pole de la Sphere ou du Globe selon la latitude du lieu, cherchez le lieu du Soleil dans l'Ecliptique, placez-le dans l'Horison oriental, & le stile horaire sur 12. heures; tournez la Sphere jusqu'à ce que le degré du Soleil soit dans l'Horison occidental, alors le stile horaire montrera par le nombre des heures qu'il aura parcouru de combien est la longueur du jour.

Si on ôte cette longueur du jour de 24. heures, restera le nombre des heures de la durée de la nuit.

Ainsi le Soleil étant le troisiéme jour de Mai au treiziéme deg. du Taureau, on trouve que la longueur de ce jour est de 14. heures & demie, & par conséquent celle de la nuit de 9. h. 30. m.

Autrement & avec plus de précision.

Il faut prendre l'ascension oblique du lieu du Soleil, qui est le 13. deg. du Taureau, laquelle est de 21. degrés 42. min. Puis ayant mis le lieu du Soleil dans l'Horison occidental, il faut prendre sa descension oblique, c'est-à-dire, le degré de l'Equateur qui se couche avec lui, lequel est le 239. deg. 22. min. Otant donc 21. deg. 22. min. de 239. restera 217. deg. 40. min. de l'Equateur, qui sont montés au-dessus de l'Horison depuis le lever du Soleil jusqu'à son coucher, lesquels étant réduits en heures, donneront 14. heures 30. min. 40. secondes pour la durée de ce jour, & 9. heur. 29. min. 20. secondes pour la durée de la nuit. Cette méthode donne 6. min. davantage à la longueur du jour que la précédente, parce que le cercle horaire est trop petit pour être divisé en minutes. Ce nombre est composé de l'ascension oblique 50. deg. 27. min. & du demi-cercle de l'Equateur 180. Le nombre 217. deg. 40. min. est composé du demi-cercle de l'Equateur 180. & du double de la différence ascensionelle 37. deg. 40. m. la différence ascensionelle étant de 18. deg. 50. min.

Si on veut avoir la durée du plus long jour & de la plus courte nuit de l'année, on fera la même opération avec le Point du Solstice d'Eté que l'on a faite avec le 13. deg. du Taureau : ainsi on trouvera qu'à Paris, où le Pole est élevé à-peu-près de 49. deg.

le plus long jour d'Eté y eſt de 16. heures, & la plus courte nuit de 8. heures; & au contraire le Soleil étant au Solſtice du Capricorne, la plus longue nuit de l'année y eſt de 16. heures, & le plus court jour de 8. heures.

USAGE XXII.

Trouver les deux jours de l'année auſquels le Soleil ſe leve à une heure donnée.

ON veut ſçavoir, par exemple, quels ſont les deux jours de l'année auſquels le Soleil ſe levera à 5. heures à Paris.

Pour la pratique de cet uſage, il faut premierement diſpoſer la Sphere ou le Globe ſelon l'élevation du Pole à Paris, à ſçavoir de 49. deg. enſuite il faut mettre le colure des Solſtices ſous le Méridien, & le ſtile horaire ſur 12. heures ou midi, puis tourner le Globe du côté d'Orient juſqu'à ce que le ſtile horaire ſoit ſur 5. heures du matin, & marquer au colure des ſolſtices le point où il coupe l'Horiſon; ce même point ſera tranſporté ſous le Méridien, afin de voir quelle eſt la déclinaiſon de ce point, que l'on trouvera être ſeptentrionale de 13. degrés. On remarquera après quels ſont les degrés de l'Ecliptique qui paſſent ſous le Méridien, & ſous le 13. degré de déclinaiſon ſeptentrionale, & on verra que ce ſont ceux du ſecond deg. du Taureau & du 28. du Lion, auſquels répondent les 21. Avril & 24. Août. On conclura donc que c'eſt en ces deux jours-là que le Soleil ſe leve à 5. heures du matin à Paris, & dans tout le parallele de 49. degrés; ce qu'il falloit trouver.

USAGE XXIII.

Etant donnée l'heure du lever du Soleil, ou de ſon coucher, en quelque lieu, trouver la hauteur du Pole de ce même lieu.

SUppoſons, par exemple, que le 11. Novembre on ait obſervé ſur mer ou ſur terre que le Soleil s'eſt levé à 7. h. on demande quelle eſt la hauteur du Pole du lieu où cela arrive.

Pour ce faire, mettez ſous le Méridien le 13. deg. 48. min. du Scorpion (qui eſt le lieu du Soleil qui répond environ à l'onziéme jour de Novembre) & le ſtile horaire ſur midi, puis tournez la Sphere du côté d'Orient juſqu'à ce que le ſtile ſoit ſur les 7. h. données; enſuite levez ou abaiſſez le Pole, en ſorte que le Globe demeure fixe, & que le ſtile horaire ſoit toûjours ſur les 7. heur. juſqu'à ce que le degré du Soleil ſoit dans l'Horiſon; puis comptant les degrés qu'il y a entre le Pole & l'Horiſon, vous en trouverez 39. deg. 28. min. pour la hauteur requiſe du Pole.

USAGE XXIV.

USAGE XXIV.

Trouver le tems du lever & du coucher du Soleil aux Zones froides, sa déclinaison étant donnée.

PAr exemple, à l'élevation du Pole de 80. deg. on demande le tems du lever & du coucher du Soleil.

Il faut pour cet effet considérer que dans l'exemple donné il s'en faut dix degrés que le Pole soit tout-à-fait élevé ; ce qui fait que ces dix degrés sont au-dessous de l'Horison. Mais ces mêmes degrés étant la déclinaison septentrionale du Soleil, cela fait qu'il faut tourner le Globe jusqu'à ce que quelqu'un des degrés de l'Ecliptique de la partie du Printems passe sous le dixiéme degré de déclinaison pris au Méridien, lequel sera le 25. ou 26. degré d'Aries, auquel répond le seiziéme jour d'Avril, qui sera le tems du lever du Soleil en ce climat.

Pour sçavoir le tems de son coucher, il faut remarquer quel degré de l'Ecliptique de la partie de l'Eté passera au Méridien sous le même dixiéme degré de déclinaison, & on trouvera le cinquiéme degré de la Vierge, auquel le Soleil se trouve le 26. Août, lequel donnera le tems du coucher du Soleil à 80. deg. de hauteur du Pole.

Autrement. On peut voir quels sont les deux degrés de l'Ecliptique, qui en la révolution de la Sphere ne se couchent point, & on trouvera qu'en cet exemple ce sont les 26. d'Aries & 4. de la Vierge, ausquels répondent les mêmes jours que dessus.

USAGE XXV.

Trouver la longueur du plus long jour aux Zones froides.

SUpposons, par exemple, qu'on veüille sçavoir la longueur du plus long jour à 80. degrés de latitude.

Pour ce faire, il faut trouver le tems du lever & du coucher du Soleil : par l'Usage précédent, on trouvera qu'il se leve le 6. d'Avril & se couche le 7. Août ; & comptant les jours depuis le 6. d'Avril jusqu'au 7. d'Août, on en trouve 134. qui est la durée du tems que le Soleil demeure sur l'Horison de cet endroit de la Zone froide. Si on réduit ces jours en mois, en les divisant par 30. viendra au quotient 4. mois & 14. jours pour la longueur de ce jour, auquel la durée de la plus longue nuit est à-peu-près égale ; je dis à-peu-près, à cause de l'excentricité du Soleil, qui ne rend pas la plus longue nuit des Zones froides précisément égale à leur plus long jour.

USAGE XXVI.

Trouver l'heure du commencement & de la fin du Crépuscule, avec le tems qu'il dure.

SI on veut sçavoir à Paris l'heure du commencement & de la fin du Crépuscule lorsque le Soleil est au commencement d'Aries ou Libra, on éleve premiérement le Pole du Globe selon l'élevation de Paris de quarante-neuf degrés; ensuite on pose le premier point d'Aries ou Libra sous le Méridien & le stile sur Midi, & on tourne le Globe & le vertical (qui doit être attaché au Zenit) l'un & l'autre ensemble du côté d'Occident en Orient, en sorte que le premier point de Libra & le 18. deg. de hauteur du vertical conviennent ensemble; ensuite regardant l'heure que marque le stile, on trouvera 4. heures 8. min. pour l'heure du point du jour, lesquels ôtés de 6. heures, qui est l'heure du lever du Soleil, reste une heure 52. min. pour la durée du Crépuscule, tant du matin que du soir; & si on ajoûte à l'heure du coucher du Soleil, qui est aussi à six heures au tems des Equinoxes, cette durée du Crépuscule, à sçavoir une heure 52. min. on aura 7. h. 52. min. pour la fin du Crépuscule du soir, & ainsi des autres. La détermination Crépusculaire est de 18. deg. sous l'Horison.

Dans les opérations que l'on fait avec le vertical, on le suppose toûjours attaché au Zenit du lieu; c'est-à-dire, au regard du parallele de Paris, au 49. deg. de latitude, & ainsi des autres.

USAGE XXVII.

Trouver l'heure qu'il est en un jour donné.

ON veut sçavoir à Paris à 48. deg. 51. min. de latitude l'heure qu'il est avant midi le 22. Juin, auquel jour le Soleil est au premier point du Cancer.

Il faut observer la hauteur du Soleil. Supposons qu'elle soit de 46. deg. 38. min. & après avoir mis le lieu du Soleil, qui est le premier point de Cancer, sous le Méridien, & le stile horaire sur le point de Midi, il faut ajuster le vertical, ou quart de hauteur, en sorte que le premier point de Cancer & le 46. deg. 38. min. de hauteur conviennent ensemble; & tourner le Globe ou la Sphere d'Occident en Orient, & faire mouvoir le vertical en même tems; ce qui étant fait, le stile horaire marquera 9. h. avant midi, qui est l'heure requise à trouver.

Il faut remarquer que si on fait cette opération le matin, le vertical doit être tourné vers l'Orient, & que si on la fait après midi, il doit être vers l'Occident.

USAGE XXVIII.

Etant donné le lieu du Soleil, & l'heure du jour, trouver son azimut.

SI l'on suppose le Soleil être au premier point de Cancer, & qu'il soit 9. heures du matin; pour trouver l'azimut requis on mettra le lieu du Soleil, à sçavoir le premier point de Cancer sous le Méridien, & le stile horaire sur 12. heures, ensuite on tournera le Globe jusqu'à ce que le stile horaire soit sur les 9. h. du matin données; puis le Globe demeurant arrêté, on tournera le quart de hauteur jusqu'à ce qu'il rencontre l'Ecliptique au premier point de Cancer, lieu du Soleil; ce qui étant fait, on comptera sur l'Horison les degrés compris entre l'Orient de l'Equinoxe & le quart de hauteur, ou l'azimutal, & on trouvera 19. degrés 11. minutes pour l'azimut du Soleil; de sorte que le Soleil étant au commencement du Cancer à 9. heures du matin, son azimut est de 19. degrés 11. minutes.

USAGE XXIX.

Trouver la hauteur horisontale du Soleil à l'heure du jour donnée.

LE Soleil étant au premier degré de la Vierge à deux heures après midi, il faut trouver quelle est sa hauteur.

On posera le premier degré de la Vierge sous le Méridien, & le stile horaire sur 12. heures; ensuite on tournera la Sphere du côté d'Occident jusqu'à ce que le stile soit sur 2. heures; & la Sphere demeurant fixe en cet état, on tournera le vertical précisément sur le premier degré de la Vierge; ce qui étant fait, on verra quel est le degré du vertical joint avec le lieu du Soleil, & on trouvera que le Soleil étant au commencement de la Vierge, il se trouve élevé de 45. deg. 8. min. sur l'Horison à deux heures après midi; ce qu'il falloit trouver.

SECTION II.

Usages qui regardent les Etoiles & les Planetes par le moyen du Globe céleste.

USAGE XXX.

Trouver la longitude & la latitude d'une Etoile proposée.

SOit l'Etoile Sirius ou la Canicule dont on veut sçavoir la longitude ou la latitude.

Pour faire plus facilement cette opération, il faut mettre le Pole Antarctique de l'Ecliptique au Méridien, & attacher le vertical à l'endroit du Méridien sous lequel se trouve ce même Pole, à cause que cette Etoile est au Midi de l'Ecliptique, puis faire passer le vertical sur Sirius : on remarquera l'endroit où il rencontre l'Ecliptique, & on trouvera que c'est au dixiéme degré du Cancer, & si on regarde au même quart quel est le degré sous lequel cette même Etoile est posée, on verra qu'elle est à 39. degrés & demi de latitude australe.

Si l'Etoile proposée étoit au Septentrion de l'Ecliptique, il faudroit mettre le vertical à son Pole septentrional. La raison de cette opération est que ledit vertical fait en cette occasion les fonctions de Cercle de longitude, & les degrés qui divisent le vertical, représentent les intersections des Cercles de latitude.

USAGE XXXI.

Trouver quelles Etoiles ont une même longitude & latitude.

SI comme en l'Usage précédent on pose le vertical à l'un des Poles de l'Ecliptique, après avoir mis ce Pole sous le Méridien, on pourra voir facilement quelles Etoiles sont sous ce même cercle, lesquelles seront en un même point de l'Ecliptique, puisqu'elles seront toutes sous un même cercle de longitude, représenté par le vertical sous lequel elles sont posées.

Et si on fait tourner ce même vertical en remarquant un degré de latitude déterminé, comme 40. degrés, par exemple, on verra quelles Etoiles se rencontreront sous ce quarantiéme degré du vertical, en le faisant tourner autour du Pole de l'Ecliptique, lesquelles seront toutes d'une latitude égale, ayant toutes une même distance de l'Ecliptique.

USAGE XXXII.

Marquer les lieux des Planetes ſur le Globe céleſte.

ATtachez le vertical au Pole du Zodiaque, comme en l'Uſage précédent, puis tournez-le juſqu'à ce que ſon extrémité d'en-bas, qui joint l'Ecliptique, ſoit ſur le degré de la longitude de la Planete. Enſuite comptez ſur le vertical le nombre de degrés égal à la latitude de la même Planete, & à la fin du compte marquez un point, lequel ſera le vrai lieu de la Planete ſur le Globe céleſte qui étoit requis à trouver.

USAGE XXXIII.

Trouver l'aſcenſion droite & la déclinaiſon d'une Etoile & d'une Planete.

IL faut mettre l'Etoile qui eſt marquée ſur le Globe céleſte ſous le Méridien, & remarquer ſon aſcenſion & ſa déclinaiſon de la même maniere qu'on a fait en l'Uſage 5. au regard du Soleil. Ainſi on trouvera que l'aſcenſion droite de l'œil du Taureau, autrement nommée Aldebaran, eſt de 65. deg. & ſa déclinaiſon de 16. deg. ſeptentrionale.

Au regard des Planetes, il faut prendre leurs vrais lieux dans les Ephemerides, ou dans le petit Livre de la Connoiſſance des Tems, & ayant marqué ce lieu tant en longitude qu'en latitude ſur le Zodiaque de la Sphere, ou ſur le Globe céleſte, avec un petit morceau de cire par l'Uſage précédent, on pratiquera le même uſage à leur égard que l'on vient d'enſeigner pour les Etoiles.

USAGE XXXIV.

Trouver la hauteur méridienne d'une Etoile, ou d'une Planete.

SI on veut ſçavoir la hauteur méridienne de la même Etoile Aldebaran, on la poſera ſous le Méridien, & comptant ſur icelui les degrés compris depuis l'Horiſon en commençant depuis Sud ou Midi juſqu'à l'Etoile, on trouvera que ſa hauteur méridienne eſt de 56. deg.

Si on poſe la Planete, dont le lieu eſt marqué avec un morceau de cire, ſous le Méridien, on trouvera ſa hauteur méridienne en la même maniere.

Autrement.

On ajoûtera la déclinaiſon de l'Etoile ou de la Planete au complément de l'élévation du Pole ou à la hauteur méridienne de l'Equateur, si la déclinaison de l'Etoile ou de la Planete est septentrionale; ou bien on l'ôtera du même complément de la hauteur du Pole si elle est méridionale, afin d'avoir en l'un ou en l'autre cas la hauteur méridienne requise de l'Etoile ou de la Planete.

USAGE XXXV.

Trouver le degré de l'Ecliptique avec lequel une Etoile se leve.

SOit mise l'Etoile dans l'Horison oriental, & soit remarqué le degré de l'Ecliptique qui est alors dans l'Horison, ce sera celui que l'on demande.

Par cette opération on trouvera que le degré de l'Ecliptique, qui se leve avec Arcturus dans la constellation du Bouvier, est le troisiéme degré de Libra, & ainsi des autres.

USAGE XXXVI.

Trouver en quel tems une Etoile se leve & se couche avec le Soleil.

POsez l'Etoile en l'Horison oriental, & voyez quel degré de l'Ecliptique se leve avec la même Etoile par l'Usage précédent, puis cherchez le jour du mois qui répond à ce degré de l'Ecliptique par l'Usage 4. lequel sera celui du lever de l'Etoile avec le Soleil.

Si on pratique cet Usage de la sorte au regard de Sirius ou du grand Chien, on trouvera que cette Etoile se leve avec le Soleil au cinquiéme jour d'Août.

Mais si l'on veut sçavoir à quel tems la même Etoile se couche avec le Soleil, il faut la transporter en l'Horison occidental, & remarquer le degré de l'Ecliptique qui est dans l'Horison occidental avec l'Etoile; le jour qui lui correspond, sera celui du coucher de la même Etoile avec le Soleil.

USAGE XXXVII.

Trouver quelles Etoiles se levent & se couchent avec le Soleil.

ON veut sçavoir au quatriéme de Juin quelles sont les Etoiles qui se levent avec le Soleil.

Il faut trouver par l'Usage 3. le lieu du Soleil au quatriéme de Juin, qui sera le 13. deg. 51. min. des Gemeaux; puis mettre ce degré ou lieu du Soleil en l'Horison du côté d'Orient, & remarquant les Etoiles qui se levent, on verra que ce sont Aldebaran & les Hyades qui sont au-dessous, quelques moindres Etoiles vers la moindre conſtellation du Chartier, & dans celles des Gemeaux & de la Baleine, leſquelles ſe levent le quatriéme de Juin avec le Soleil.

Et pour connoître quelles Etoiles ſe couchent avec le Soleil au même jour, il n'y a qu'à poſer le 13. degré 51. min. des Gemeaux dans l'Horiſon d'Occident, & toutes les Etoiles qui y ſeront, ſe coucheront avec le Soleil.

USAGE XXXVIII.

Trouver l'aſcenſion & deſcenſion oblique d'une Etoile.

SI on poſe l'Etoile nommée Algenib, qui eſt dans l'aîle de Pegaſe, dans l'Horiſon oriental, & que l'on y remarque le dégré de l'Equateur qui ſe leve avec elle, on verra que c'eſt le 342. degré; ce qui fait voir que l'aſcenſion oblique de cette Etoile eſt de 342. deg. Mais ſi on tranſporte la même Etoile en l'Horiſon occidental, on trouvera que c'eſt le 17. degré de l'Equateur qui deſcend avec elle; ce qui fait connoître qu'elle a par conſéquent 17. deg. de deſcenſion oblique, & ainſi des autres.

USAGE XXXIX.

Trouver à quelle heure une Etoile arrive au Méridien.

IL faut mettre le degré où ſe trouve le Soleil ſous le Méridien, & le ſtile horaire ſur midi ou douze heures, puis tourner le Globe juſqu'à ce que l'Etoile ſoit au Méridien; l'heure que marquera le ſtile ſera celle de la venuë de la même Etoile au Méridien.

USAGE XL.

Trouver l'azimut & la hauteur d'une Etoile à quelque heure donnée.

POſez le lieu du Soleil ſous le Méridien & le ſtile horaire ſur 12. heures, enſuite tournez le Globe vers l'Orient ou l'Occident, en ſorte que le ſtile ſoit ſur l'heure donnée, & le Globe demeurant en cet état; vous placerez le vertical ſur l'Etoile, le degré qu'il touchera ſera celui de la hauteur demandée.

Et ſi vous comptez les degrés de l'Horiſon compris entre le point du vrai Orient ou du vrai Occident & le vertical, vous aurez l'azimut de l'Etoile propoſée à trouver.

USAGE XLI.

Trouver à quel point de l'Horiſon une Etoile ſe leve ou ſe couche, ou ſon amplitude orientale ou occidentale.

VOus poſerez l'Etoile à l'Horiſon oriental ou occidental, & le nombre de degrés que vous compterez entre le point de l'Orient ou de l'Occident équinoxial & l'Etoile, vous donnera ſon amplitude orientale & occidentale.

USAGE XLII.

Trouver l'heure du lever & du coucher d'une Etoile ou d'une Planete.

METtez le lieu du Soleil ſous le Méridien & le ſtile ſur midi, puis tournez le Globe juſqu'à ce que l'Etoile ou la Planete ſoit dans l'Horiſon oriental, ſi c'eſt pour le lever; ou bien dans l'Horiſon occidental, ſi c'eſt pour le coucher, & le ſtile horaire montrera l'heure cherchée. Ainſi on trouvera que le 19. de Fevrier le Soleil étant au premier deg. des Poiſſons, l'Etoile du grand Chien ſe leve à 2. h. 32'. après midi, celle d'Arcturus à 7. h. 52'. du ſoir, & le Dauphin à 2. h. 56'. du matin.

USAGE XLIII.

Trouver combien de tems une Etoile ou une Planete eſt deſſus & deſſous l'Horiſon.

POſez l'Etoile ou la Planete en l'Horiſon du côté d'Orient, & le ſtile horaire ſur 12. heures; puis tournez le Globe juſqu'à ce que l'Etoile ou la Planete ſoit dans l'Horiſon d'Occident; alors le ſtile montrera par le nombre d'heures qu'il aura parcouruës, le tems que l'Etoile ou la Planete demeure au-deſſus de l'Horiſon; & ſi on ôte ce tems de 24. heures, reſtera le tems qu'elle eſt au-deſſous.

USAGE XLIV.

Trouver quelles Etoiles ne ſe levent & ne ſe couchent jamais.

SI en tournant le Globe on obſerve toutes les Etoiles qui paſſent au point de ſection de l'Horiſon & du Méridien, là où ſe terminent les degrés de l'élevation du Pole, on connoîtra quelles Etoiles ne ſe levent & ne ſe couchent jamais; car toutes celles qui en la révolution du Globe ſe trouveront entre le Pole Arctique & l'Horiſon, ne ſe coucheront jamais, & ce ſont les Etoiles de perpétuelle apparition; mais les autres compriſes entre le Pole

Antarctique & l'Horison ne se leveront jamais dans la révolution du Globe, & ce sont les Etoiles de perpétuelle occultation.

USAGE XLV.

Trouver toutes les Etoiles qui sont verticales, & qui passent par le Zenit.

REmarquez en faisant tourner le Globe, toutes les Etoiles qui passent par le dégré de latitude du lieu, ces mêmes Etoiles passeront par le Zenit; ce qui étant mis en pratique pour la latitude de Paris, ou verra que Capella ou la Chevre dans la Constellation du Chartier, en passe bien près, comme aussi deux Etoiles qui sont au pied droit de la grande Ourse, celles de la queuë du Cigne, & autres, dont la déclinaison est égale à la latitude du lieu.

USAGE XLVI.

Trouver le tems du lever & du coucher cosmique & acronique des Etoiles.

LA pratique de cet Usage dépend de celle du 36. puisque les Etoiles qui se levent avec le Soleil, se levent cosmiquement, & toutes les Etoiles qui sont dans l'Horison occidental, se couchent cosmiquement; ainsi quand le Soleil se leve étant au 12. deg. 36. min. du Lion, Sirius se leve cosmiquement le 5. d'Août; mais lorsqu'il est au 27. deg. 63. min. du Scorpion, la même Etoile se couche cosmiquement le 20. Novembre.

A l'égard du lever & du coucher acronique, il n'y a qu'à mettre le lieu du Soleil dans l'Horison occidental, & considérer quelles Etoiles se levent & se couchent selon l'Usage 37. car elles se leveront & coucheront acroniquement; ainsi le Soleil étant au 13. d. du Verseau quand il se couche, l'Etoile Sirius ou la Canicule se leve acroniquement le second jour de Fevrier, & l'Etoile de la premiere grandeur qui est au Verseau, se couche acroniquement le même jour.

USAGE XLVII.

Trouver le tems du lever & coucher héliaque des Etoiles & des Planetes.

APrès avoir mis le Globe selon l'élevation du Pole du lieu, on posera l'Etoile ou la Planete en l'Horison oriental si c'est pour le lever, & le Globe demeurant ferme, on transportera le quart de hauteur vers l'Occident, & sçachant l'arc de vision convenable à la grandeur de l'Etoile ou de la Planete proposée, dont il a été parlé dans le premier Livre au Chapitre des Etoiles, on tournera le vertical de côté & d'autre jusqu'à ce que quelque degré de l'Ecliptique se rencontre sous le degré du même vertical, qui termine l'arc de vision de l'Etoile ou de la Planete qu'il faudra remarquer ; prenez le degré opposé, & le jour du mois qui lui convient sera celui du lever apparent de l'Etoile ou de la Planete, & le tems qu'elle commence à être vûe, étant hors des rayons du Soleil.

Ainsi on connoîtra qu'Aldebaran ou l'œil du Taureau, Etoile de la premiere grandeur, & dont l'arc de vision est de 12. deg. se leve heliaquement, & que l'on commence à l'appercevoir le 30. de Juin ; car posant Aldebaran à l'Horison oriental, & le Globe céleste demeurant ferme & arrêté, on transportera le vertical du côté d'Occident, & on le tournera de côté & d'autre jusqu'à ce qu'un degré de l'Ecliptique, comme est le huitiéme de Capricorne, vienne à rencontrer le douziéme degré du vertical qui termine l'arc de vision de cette Etoile ; & prenant le degré du signe opposé, à sçavoir le huitiéme degré de Cancer, on trouvera par l'Usage 4. que le Soleil étant au huitiéme degré de Cancer, le 27. de Juin, c'est le tems du lever apparent de cette Etoile, qu'il falloit trouver.

Si on fait l'opération tout au contraire de celle qu'on vient de faire, on aura le tems du coucher apparent de l'Etoile ou de la Planete.

USAGE XLVIII.

Connoître la disposition du Ciel à quelque heure donnée.

IL faut mettre le lieu du Soleil au Méridien, & le stile horaire sur midi, puis tourner le Globe jusqu'à ce que le stile soit sur l'heure donnée, & alors il sera selon l'état du Ciel. L'on verra quelles Etoiles sont dans l'Horison, quelles sont celles qui sont au Méridien & dans les parties orientales & occidentales ; on verra par le moyen du vertical la hauteur des plus considérables, afin de les pouvoir reconnoître plus facilement quand on les voudra considérer dans le Ciel à l'heure proposée comme par l'usage suivant ; on verra aussi lesquelles sont au-dessus ou au-dessous de notre hémisphere, pourvû qu'on ait auparavant marqué leurs lieux sur le Globe céleste, tant en longitude qu'en latitude.

USAGE XLIX.

Maniere de connoître les Etoiles & les Planetes, & de les distinguer les unes des autres.

IL faut disposer le Globe selon les quatre Points cardinaux en quelque lieu où l'on puisse découvrir facilement le Ciel par l'Uſage premier, & le mettre enſuite ſelon la diſpoſition où l'on veut le trouver à l'heure donnée par l'Uſage précédent ; cela fait, on conſidérera toutes les conſtellations du Ciel, en les rapportant à celles qui ſeront ſur le Globe, & la hauteur des plus conſidérables pourra être obſervée, pour les conférer avec la hauteur de celles du Globe par le moyen du vertical, pour ſçavoir ſi celle du Ciel eſt la même Etoile que celle du Globe.

Pour les Planetes on les diſtinguera facilement des Etoiles ; car elles ne brillent pas tant, & elles apparoiſſent ordinairement avant qu'on apperçoive les Etoiles. Mais ce qui peut ſervir particuliérement à faire reconnoître les Planetes, eſt leur différence de couleur & de brillement : car Mars paroît rouge & étincelant, Jupiter eſt blanc, mais moins que Venus, & on le diſtinguera facilement de Venus, parce qu'il eſt quelquefois oppoſé au Soleil, au lieu que Venus ne s'en éloigne jamais de plus de 48. deg. Saturne eſt fort pâle & de couleur de plomb, & ne brille point. Cette couleur le fera remarquer entre les autres Planetes. Mercure ſe voit rarement, à cauſe que ſon plus grand éloignement n'eſt que de 28. deg. du Soleil, & que nous ſommes dans les climats où le Zodiaque a de grandes obliquités avec l'Horiſon, mais principalement à cauſe qu'il eſt couvert de nuages & de vapeurs ; cependant ſi on prend garde au tems de ſon plus grand éloignement du Soleil, quand il ſera dans des Signes de longue aſcenſion, & que l'air ſera pur & net, on pourra le voir & le connoître. C'eſt une petite Planete d'un blanc pâle, qui brille peu.

USAGE L.

Trouver par obſervation la longitude & la latitude d'une Planete ou d'une Comete avec ſon aſcenſion droite & ſa déclinaiſon.

OBſervez la hauteur méridienne de la Planete ou de la Comete avec l'heure de l'obſervation donnée par une Horloge à pendule, ou autre, ſelon le précepte ſecond.

Poſez le lieu du Soleil ſous le Méridien, & le ſtile horaire ſur midi ; enſuite tournez le Globe juſqu'à ce que le ſtile horaire ſoit ſur l'heure marquée ; puis le Globe demeurant en cet état, vous compterez ſur le Méridien les degrés de la hauteur méridienne obſervée ; & au point où finit ce compte, faites une marque avec de la cire ou autre choſe, laquelle donnera le lieu de la Planete ou de la Comete ſur le Globe céleſte, & par conſéquent ſon lieu dans le Ciel par le moyen duquel vous trouverez ſa longitude & ſa latitude, ſa déclinaiſon & ſon aſcenſion droite par les Uſages 30. & 32.

On ſuppoſe en cet Uſage, & dans d'autres ſemblables, que le Globe doit être diſpoſé ſelon la latitude du lieu de l'obſervation par l'Uſage 2.

Autrement & plus préciſément.

Après avoir diſpoſé le Globe ſelon l'heure donnée, & marquée par le ſtile horaire, on connoîtra la déclinaiſon de la Planete en cette maniere : Si la hauteur méridienne de la Planete ou de la Comete eſt plus grande que la hauteur méridienne de l'Equateur, on ôtera la hauteur méridienne de l'Equateur de la hauteur méridienne de la Planete ou de la Comete, & le reſte en ſera la déclinaiſon, qui ſera ſeptentrionale.

Mais ſi la hauteur méridienne de la Planete ou de la Comete eſt plus petite que la hauteur méridienne de l'Equateur, on ôtera cette hauteur méridienne de celle de l'Equateur; le reſte ſera la déclinaiſon de la Planete ou de la Comete, laquelle ſera méridionale. Cette déclinaiſon étant ainſi trouvée, on la comptera enſuite ſur le Méridien de côté ou d'autre de l'Equateur, ſelon la dénomination de la déclinaiſon, marquant un point ſur le Globe correſpondant à cette même déclinaiſon, par le moyen duquel on trouvera ſa longitude & ſa latitude, & le reſte comme ci-deſſus.

AUTRE METHODE.

On obſervera l'azimut & la hauteur horiſontale de la Planete ou de la Comete avec l'heure de l'obſervation; puis après avoir diſpoſé le Globe ſelon l'heure de l'obſervation, comme en la premiere maniere de cet uſage, on tournera le quart de hauteur ou le vertical, juſqu'à ce que ſon extrémité d'en-bas ſoit ſur le degré de l'Horiſon qui marque l'azimut obſervé, & comptant ſur le vertical le degré de la hauteur obſervée, on marquera à ce même degré un point ſur le Globe qui ſera le vrai lieu de la Planete ou de la Comete avec lequel on trouvera ſa longitude, ſa latitude, & le reſte comme ci-deſſus.

USAGE LI.

Trouver le point où l'Ecliptique eſt coupée par le Cercle du mouvement d'une Planete ou d'une Comete.

FAites pluſieurs obſervations du lieu de la Planete ou de la Comete, & les marquez ſur le Globe, & après avoir détaché le vertical du Zenit; faites-le paſſer ſur ces lieux obſervés de la Planete ou de la Comete, en ſorte que ces mêmes lieux ſe trouvent préciſément ſous le vertical; ce qui arrivera ſi les obſervations sont justes; ensuite voyez quel degré de l'Ecliptique est coupé par le vertical ; ce même degré sera en la section de l'Ecliptique, & du plan de l'orbite de la Planete ou de la Comete requise à trouver.

Si dans cette opération le vertical est septentrional au respect de l'Ecliptique, le point de section trouvé sera le Nœud Boréal & ascendant ; mais si le même vertical est méridional à l'Ecliptique, le point trouvé sera le Nœud Austral ou descendant.

USAGE LII.

Trouver la hauteur du Pole par les Etoiles.

METHODE PREMIERE.

OBservez la plus grande hauteur & la plus petite de quelqu'une des Etoiles de perpétuelle apparition, qui sont aux environs du Pole, comme sont, par exemple, celles de la grande & de la petite Ourse qui sont toûjours sur notre Horison ; ajoûtez ensemble ces deux hauteurs, & en prenez la moitié, qui sera la hauteur du Pole. La plus grande hauteur de ces Etoiles est quand elles passent par le Méridien au-dessus du Pole, c'est-à-dire, entre le Pole & le Zenit. Leur plus petite hauteur est quand elles repassent par le Méridien 12. heures après au-dessous du Pole, c'est-à-dire, entre le Pole & l'Horison. Mais il n'est pas nécessaire d'observer ces deux hauteurs en une même nuit, parce que le mouvement propre des Etoiles fixes est fort lent, & presque insensible en un mois.

METHODE SECONDE.

Autrement, si on sçait la déclinaison de l'Etoile, on prendra son complément, que l'on ajoûtera à la plus petite hauteur, ou que l'on ôtera de la plus grande, pour avoir la hauteur du Pole. Ayant, par exemple, observé à Paris pendant la nuit la moindre hauteur de l'Etoile polaire, dont la déclinaison est présentement de 87. deg. 51. min. si elle a paru élevée sur l'Horison de 46. degrés quarante-une minutes il faut y ajoûter deux deg. 9. minutes qui est le complément de sa déclinaison, pour avoir la hauteur du Pole 48. deg. 50. min. Lorsque l'Etoile polaire passe par le Méridien, il est facile de connoître si c'est au-dessus ou au-dessous du Pole par la figure des deux constellations de la petite & de la grande Ourse, représentée au Chapitre septiéme du premier Livre de ce Traité, où l'on voit que le Pole du Monde est entre l'Etoile polaire & la constellation de la grande Ourse; c'est pourquoi lorsque les Etoiles de la grande Ourse sont abaissées vers l'Horison, l'Etoile polaire est au-dessus du Pole, & au contraire lorsque la constellation de la grande Ourse est élevée vers le Zenit, l'Etoile polaire est au-dessous du Pole.

METHODE TROISIEME.

Les deux précédentes méthodes sont pour les étoiles des environs du Pole septentrional; mais si tournant le dos au Pole on observe la hauteur méridienne de quelque étoile qui soit aux environs de l'Equateur, & dont on connoisse la déclinaison, on ôtera la déclinaison de l'Etoile de la hauteur méridienne observée, si la déclinaison est septentrionale, ou on l'ajoûtera à la même hauteur, si elle est méridionale, pour avoir en l'un ou en l'autre cas la hauteur de l'Equateur, dont le complément sera l'élevation requise du Pole, comme on a fait en l'Usage 10. au regard du Soleil. Supposons pour exemple, qu'on ait observé à Paris pendant la nuit la hauteur méridienne du grand Chien nommé Sirius, dont la déclinaison méridionale est 16. deg. 22. min. & qu'elle ait paru élevée sur l'Horison de 24. deg. 48. min. j'y ajoûte ladite déclinaison 16. deg. 22. min. parce qu'elle est méridionale; ce qui me fait conclure que la hauteur de l'Equateur est de 41. deg. 10'. & par conséquent la hauteur du Pole 48. deg. 50. min.

METHODE QUATRIEME.

Lorsqu'on a observé la hauteur méridienne du Soleil où d'une Etoile, on peut se servir du Globe seul sans calcul, en posant le lieu du Soleil, ou de l'Etoile sous le Méridien, en sorte que ce lieu soit mis sous le demi-cercle méridional d'un Méridien. Puis si la hauteur méridienne a été observée du côté du Midi, on comptera de ce lieu du Soleil ou de l'Etoile sur le Méridien vers midi le nombre de degrés compris dans la hauteur observée, & le point du Méridien où ce compte finit, est mis dans l'Horison, en haussant ou baissant le Pole pour cet effet. Ainsi le nombre de degrés qu'il y aura depuis le Pole jusqu'à l'Horison, donnera la hauteur du Pole cherchée.

Si les Etoiles sont septentrionales, on comptera leur hauteur méridienne du côté du Septentrion, & on fera le reste de l'opération comme ci-dessus.

Ainsi, observant en quelque lieu la hauteur méridienne de la Lire de 71. deg. on trouvera que la hauteur du Pole du lieu de cette observation est de 57. deg. 33. m. Cette hauteur est connuë en ôtant 38. d. 33. min. déclinaison de la Lire, de sa hauteur 71. deg. il reste 32. deg. 27. min. pour la hauteur méridionale de l'Equateur, dont le complément est la hauteur du Pole 57. deg. 33. min.

USAGE LIII.

Trouver la ligne méridienne par les Etoiles.

REmarquez le moment que deux Etoiles de même ascension droite passeront au Méridien ; ce que l'on connoîtra lorsqu'elles paroîtront précisément l'une sur l'autre, par le moyen d'un fil tendu à plomb ; si pour lors on a soin de marquer deux points sur un plan horisontal, la ligne droite tirée par ces deux points sera la méridienne cherchée.

Soient pour exemple les deux Etoiles de la seconde grandeur, qui sont dans l'Estomac de la grande Ourse, & qui font presque une ligne droite avec l'Etoile polaire. Les gens de la campagne, qui nomment cette constellation le grand Chariot, appellent ces mêmes Etoiles les deux rouës de derriere ; & comme elles sont à très-peu près, de même ascension droite, on peut par leur moyen tracer une ligne méridienne, lorsqu'elles passent par le même vertical.

USAGE LIV.

Etant donnée l'heure, trouver à quelle latitude deux Etoiles données se rencontrent en un même vertical.

POsez le lieu du Soleil sous le Méridien, & le stile horaire sur 12. heures, puis tournez le Globe jusqu'à ce que le stile horaire soit sur l'heure donnée ; ensuite il faut mouvoir le haut du vertical au long du Méridien, jusqu'à ce que les deux Etoiles données se rencontrent sous la circonférence graduée du vertical, soit du côté d'Orient, soit vers l'Occident, selon que cela se peut rencontrer. Ce qui étant fait, l'extrémité d'en-haut du même vertical marquera sur le Méridien le degré de latitude proposé à connoître ; & élevant le Pole d'une hauteur égale à cette latitude par l'Usage 2. on aura le Globe disposé selon les lieux où les deux Etoiles proposées paroissent être en même azimut ou vertical à l'heure donnée.

Ainsi à la latitude de 58. degrés, Arcturus & l'Epy de la Vierge se trouvent du côté d'Occident dans un même vertical ou azimut, lequel compté du Midi vers l'Occident, se trouvera être de 56. deg. 30. min.

USAGE LV.

Par le moyen de deux Etoiles qui se levent ou se couchent en même tems en quelque lieu, trouver la hauteur du Pole de ce même lieu.

IL faut tourner le Méridien en élevant ou abaissant le Pole jusqu'à ce que les deux Etoiles données soient dans l'Horison oriental ou occidental, ou qu'elles se levent ou se couchent ensemble suivant la disposition des deux Etoiles. Car si elles ne peuvent pas se rencontrer toutes deux dans l'Horison oriental, elles le pourront dans l'Horison occidental. Ce qui étant fait de la sorte, le nombre des degrés compris entre le Pole & l'Horison, marquera la hauteur requise à trouver.

En pratiquant cet usage on trouvera qu'à 61. degrés de hauteur du Pole, Aldebaran & la Claire de l'épaule d'Orion se couchent ensemble, se trouvant l'un & l'autre dans l'Horison occidental.

USAGE LVI.

Trouver le lieu du Soleil quand une Etoile se leve ou se couche à quelque heure donnée.

METtez le Globe selon l'élevation du lieu, puis posez l'Etoile en l'Horison oriental, si c'est pour le lever, ou dans l'Horison occidental, si c'est pour le coucher, & le stile horaire sur l'heure donnée. Enfin tournez le Globe jusqu'à ce que le stile soit sur midi. Le degré de l'Ecliptique qui sera alors dans le Méridien, sera le lieu du Soleil, quand l'Etoile proposée se leve ou se couche à l'heure donnée.

Ainsi, on trouvera que le Soleil est au 27. deg. 30'. du Sagittaire, lorsque l'Etoile Arcturus se leve à 10. h. du soir sur l'Horison de Paris.

USAGE LVII.

Trouver la distance d'une Etoile au Méridien.

OBservez la hauteur horisontale de l'Etoile; posez cette même Etoile sous le Méridien, & le stile horaire sur midi, puis tournez le Globe & le vertical du côté où vous avez observé la hauteur de l'Etoile, en sorte qu'elle se rencontre sous le degré de la hauteur observée, le stile marquera un nombre d'heures, qui sera celui de la distance du Soleil au Méridien, si la hauteur a été observée le soir avant minuit; mais si elle a été observée

après

après minuit, on ôtera l'heure que le stile marque de douze heures, & restera la distance du Soleil au Méridien, que l'on réduira par le précepte troisiéme en degrés & minutes de l'Equateur.

EXEMPLE.

Par la pratique de cet Usage on trouvera que la hauteur de la tête d'Andromede ayant été observée vers Orient de 41. deg. sa distance du Méridien sera de 59. degrés.

USAGE LVIII.

Trouver l'heure qu'il est par la hauteur d'une Etoile, & son Azimut.

OBservez la hauteur de l'Etoile sur l'Horison, mettez ensuite le lieu du Soleil, & le stile horaire sur midi; puis tournez le Globe & le vertical ensemble jusqu'à ce qu'elle se rencontre sous le vertical au degré de la hauteur du côté de la partie du Monde vers laquelle vous avez observé la hauteur de l'Etoile; ce qui étant fait, l'heure que marquera le stile sera celle qu'on demande.

Et si on compte les degrés de l'Horison, compris entre le point équinoxial & le vertical, on aura l'azimut requis de l'Etoile.

USAGE LIX.

Trouver l'heure par le moyen de deux Etoiles observées en un même vertical.

SUpposons que le 22. de Juin, le Soleil étant au premier point de l'Ecrevisse, deux Etoiles, comme Arcturus & l'Epy de la Vierge, se rencontrent en un même vertical, on demande à quelle heure se fait cette observation.

Tournez le Globe de côté & d'autre vers Orient ou Occident, en sorte que vous fassiez rencontrer les deux Etoiles proposées sous le vertical, ce qui arrivera du côté d'Occident; voyez ensuite quel degré de l'Equateur est sous le Méridien, vous trouverez le 228. deg. qui est l'ascension droite du milieu du Ciel, puis ôtez 90. degrés, l'ascension droite du Soleil étant au premier point de Cancer de 228. degrés, restera 138. degrés pour la distance du Soleil au Méridien, lesquels réduits en heures & minutes par le Précepte quatriéme, donneront 9. heures, 12'. du soir pour l'heure requise à trouver.

USAGE LX.

Trouver combien de tems une Etoile se leve ou se couche après une autre déja levée ou couchée.

ON veut sçavoir, par exemple, combien d'heures Arcturus se levera après Regulus, ou le cœur du Lion.

Pour ce faire mettez Regulus dans l'Horison oriental, & le stile horaire sur 12. heures, puis tournez le Globe jusqu'à ce qu'Arcturus se leve, le stile s'arrêtera sur 4. heures; ce qui fait voir que l'Etoile Arcturus se levera quatre heures après Regulus.

Si on fait la même opération du côté du Couchant en posant Regulus en l'Horison occidental, & le stile horaire sur midi, ensuite tournant le Globe du côté d'Occident, jusqu'à ce qu'Arcturus soit parvenu à l'Horison occidental, on trouvera qu'elle se couche quatre heures après Regulus.

USAGE LXI.

Trouver combien de tems une Etoile arrive au Méridien après une autre.

ON demande combien de tems le cœur du Lion arrivera au Méridien après l'œil du Taureau.

On met l'œil du Taureau au Méridien, & le stile horaire sur midi, & on tourne le Globe jusqu'à ce que le cœur du Lion soit au Méridien; alors l'heure du stile, qui est 5. heures & un quart, marque que le cœur du Lion passe au Méridien 5. heures 15', après l'œil du Taureau.

USAGE LXII.

Trouver quelles Etoiles ont une même hauteur horisontale.

TOurnez le vertical, & remarquez en le tournant quelles Etoiles se trouvent sous le même degré de hauteur que vous aurez déterminé; ce seront celles-là qui auront une même hauteur horisontale.

USAGE LXIII.

Trouver la distance des Etoiles l'une de l'autre.

LA distance d'une Etoile à l'autre (comme on a déja dit ailleurs) est l'arc d'un grand Cercle passant par les centres des Etoiles, & qui est compris entre les mêmes. Pour le trouver, il faut mettre les deux pointes d'un compas sur les deux Etoiles, & porter l'intervalle compris entre ces deux pointes sur l'Ecliptique ou sur l'Equateur, en posant l'une des pointes à la section de l'Equinoxe du Printems, & le nombre de degrés compris entre ces deux points donnera la distance des deux Etoiles requises à trouver; ainsi on trouvera que la distance entre Sirius ou la Canicule & l'Etoile du petit Chien, ou Procion est de 25. deg. 30'.

Autrement. On pourra se servir du vertical en la maniere expliquée au regard de la distance des Villes l'une à l'autre dans l'Usage 76.

USAGE LXIV.

Trouver l'heure du lever & du coucher des Etoiles, & quand elles arrivent au Méridien.

METTEZ le lieu du Soleil au Méridien, & le stile horaire sur 12. heures, puis tournez le Globe jusqu'à ce que l'Etoile soit dans l'Horison oriental ou occidental; cela étant fait, l'heure du stile montrera celle qu'on cherche au tems du lever ou du coucher de l'Etoile.

Si vous posez l'Etoile sous le Méridien, l'heure du stile donnera l'heure au tems qu'elle y arrive.

USAGE LXV.

Trouver par les Etoiles l'heure qu'il est la nuit selon la maniere des Babyloniens & des Italiens.

OBSERVEZ la hauteur de quelque Etoile; & après avoir mis le lieu du Soleil à l'Horison oriental au point de son lever, & le stile des heures sur midi, tournez le Globe vers l'Orient ou l'Occident, selon le côté où vous avez observé la hauteur de l'Etoile, jusqu'à ce qu'elle se trouve sous le degré de hauteur du vertical que vous avez observé; ce qui étant fait, le nombre d'heures que le stile aura parcouru, donnera l'heure qu'il est à la maniere Babylonique.

Pour l'heure Italique, on la trouvera de même, si on met le lieu du Soleil en l'Horison occidental au point de son coucher, au lieu de le mettre à l'oriental, comme on a fait pour avoir l'heure Babylonique.

USAGE LXVI.

Trouver les points de l'Ecliptique qui sont dans l'Horison & au Méridien à quelque heure donnée.

METTEZ le lieu du Soleil sous le Méridien, & le stile horaire sur 12. heures, puis tournez le Globe jusqu'à ce que le stile soit sur l'heure donnée; ce qui étant fait, vous verrez quels degrés de l'Ecliptique font dans l'Horifon oriental, de même que ceux qui font au Méridien en fa partie fupérieure & inférieure.

Par exemple, fi on veut fçavoir quels points de l'Ecliptique font en l'Horifon & au Méridien le premier Novembre, le Soleil étant au 9. deg. du Scorpion à 11. heures 52'. du matin, on trouvera que le deg. du Capricorne étoit dans l'Horifon oriental, & le 5. deg. de Cancer étoit dans l'occidental; & que le 7. degré du Scorpion étoit au Méridien fupérieur, ou au milieu du Ciel, & le 7. du Taureau en l'inférieur, & ainfi des autres.

SECTION III.

Des Ufages appartenans à la conftruction des Cadrans Solaires.

USAGE LXVII.

Conftruire un Cadran horifontal.

ELevez le Pole felon la latitude du lieu, par exemple, felon la latitude de Paris de 48. degrés 51. min. & mettez le colure des Equinoxes fous le Méridien; faites enfuite paffer fous le Méridien 15. deg. de l'Equateur, & remarquant à quel degré de l'Horifon le colure le coupe, on verra que c'eft à 11. deg. 24'. pour l'arc horaire compris entre midi & 11. heures du matin, ou une heure après midi.

Faites paffer 15. autres degrés de l'Equateur fous le Méridien, qui feront 30. en les comptant du même colure, & voyez où il coupe l'Horifon; ce fera à 23. deg. 29'. comptés depuis le méridien jufqu'au colure pour l'arc horaire horifontal compris depuis midi jufqu'à 10. heures du matin, ou 2. heures du foir.

Continuant enfuite de faire paffer les arcs 45. 60. & 75. degrés de l'Equateur fous le Méridien l'un après l'autre, on remarquera à chacun de ces arcs les degrés de l'Horifon déterminés par la rencontre que le colure des Equinoxes fait de l'Horifon, lefquels feront 36. deg. 58'. pour l'arc horaire renfermé entre midi & 9. heures du matin, ou 3. heures du foir, 52. deg. 31'. pour l'efpace entre midi & huit heures du matin, ou 4. heures du foir; & 70. deg. 24. min. pour l'intervalle compris entre midi & 5. heures du matin, ou 7. heures du foir. Pour avoir 6. heures du foir & du matin, on prend 90. deg. ce qui étant fait, on mettra ces arcs horaires en une petite table au-deffous des heures, aufquels ils correfpondent ainfi.

HEURES.

I XI		II X		III IX		IIII VIII		V VII	
D.	M.	D.	M.	D.	M.	D.	M.	D.	M.
11.	24.	23.	29.	36.	58.	52.	37.	70.	24.

Pour tracer le Cadran, il faut faire un cercle; & le divifer en quatre parties égales par deux lignes qui fe couperont à angles droits, dont l'une fera la méridienne, & l'autre la ligne de fix heures; mettant au centre un demi-cercle ou rapporteur, on marquera à droite & à gauche de la méridienne les heures du matin & du foir, fuivant la table; le tout comme on le voit en la *Figure* 1. *Planche* 44.

Pour le ftile ou axe, il faut faire un triangle rectangle, ayant un angle à l'élevation du Pole, qui eft ici de 49. deg. lequel angle fera mis au centre du Cadran, & le ftile triangulaire élevé à plomb fur la méridienne du Cadran précifément fur celle que l'on aura premiérement décrite fur quelque plan horifontal par le moyen d'une bouffole, ou autrement.

USAGE LXVIII.

Conftruire un Cadran vertical.

POur bien décrire le Cadran vertical, il n'y a autre chofe à faire qu'à élever le Pole, felon le complément de l'élevation du lieu où l'on eft. Ainfi à Paris, où la latitude eft de 48. deg. 51. min. on éleve le Pole à la hauteur du complément de cette latitude, à fçavoir de 41. d. 9. m. & enfuite on prend les arcs horaires comme ceux d'un Cadran horifontal qui feroit fait à l'élevation du Pole de 41. deg. 9. min. ce que faifant on trouvera les arcs horaires comme ils font marqués ci-après.

HEURES.

I XI		II X		III IX		IIII VIII		V VII	
D.	M.	D.	M.	D.	M.	D.	M.	D.	M.
10.	0.	20.	40.	33.	21.	48.	45.	67.	51.

Avec ces arcs horaires on tracera le Cadran comme on a fait l'horifontal, excepté que les heures du matin feront marquées à gauche, & celles d'après midi à droite, & pour l'axe, l'angle qu'il fera au centre du Cadran, ne fera que de 41. d. 9'. au lieu qu'il eft de 48. degrés 51. min. en l'horifontal. Ce Cadran fera pofé fur une furface verticale directement expofée au midi, le centre en haut. *Fig.* 2.

USAGE LXIX.

Décrire un Cadran vertical déclinant du Midi vers l'Orient.

COmme ces fortes de Cadrans font d'un grand ufage, & que ce font ceux que l'on décrit le plus ordinairement, cela fait qu'on en donnera ici la conftruction par le moyen du Globe ou de la Sphere avec affez de précifion pour la pratique.

Suppofons donc que l'on veuille décrire à la hauteur du Pole de Paris un Cadran déclinant de 37. deg. du Midi vers l'Orient. Pour ce faire, tournez le vertical vers le Septentrion, en forte que fon extrémité d'en-bas foit éloignée du point du lever équinoxial de 37. deg. vers le Septentrion. Cela fait, le vertical demeurant fixe en cet état, pofez le colure des Equinoxes au Méridien; & pour avoir les heures du matin, tournez le Globe du côté d'Orient jufqu'à ce que le 345. deg. de l'Equateur foit fous le Méridien, car depuis 360. jufqu'à 345. il paffe 15. degrés de l'Equateur qui valent une heure. Remarquez à quel degré du vertical le colure coupe, ce fera au 10. degré 15. minutes que vous écrirez à part fous 11. heures du matin, comme vous pouvez voir ci-après dans la Table.

Enfuite tournez le Globe jufqu'à ce que le 330. deg. de l'Equateur, qui eft éloigné du Méridien de deux heures, foit fous le Méridien, & remarquez le degré où le vertical eft coupé par le colure des Equinoxes, & vous verrez que c'eft au 19. deg. & 43. min. que vous marquerez fous 10. heures. En continuant, mettez encore le 315. deg. de l'Equinoxial, qui eft diftant du Méridien de 3. heures, fous le Méridien, & regardant le degré du vertical à l'endroit où il eft coupé par le même colure, vous trouverez que le 27. deg. 44'. eft l'arc horaire entre midi & 9. heures du matin, que vous écrirez fous la même heure. Pourfuivant toûjours ainfi, autant que le colure coupera le vertical, vous trouverez 35. deg. 45'. pour l'arc horaire de 8. heures, 44. degrés 37'. pour l'arc horaire de 7. heures, 55. deg. 27'. pour 6. heures, & 70. deg. 2'. pour 5. heures. On en demeure là, parce que le colure ne peut plus couper le vertical dessus l'Horison au-delà des 5. heures.

Pour avoir les heures du soir vous tournerez le vertical du côté d'Occident, en l'éloignant du couchant de l'Equinoxe d'une pareille distance de 37. deg. vers le midi ; & le vertical demeurant arrêté, vous mettrez le colure des Equinoxes sous le Méridien ; & ensuite vous tournerez le Globe du côté d'Occident jusqu'à ce que le 15. deg. de l'Equateur soit sous le Méridien, & vous remarquerez le degré du vertical, qui est au point de section du même colure & du vertical, lequel sera de 14. deg. 36'. pour l'arc horaire d'une heure après midi, que vous écrirez sous la même heure, comme vous voyez ci-dessous ; puis tournant le Globe jusqu'à ce que le 30. degré de l'Equateur soit sous le Méridien, vous verrez que le degré du vertical, au point où le colure le coupe, est le 35. deg. 18'. qui est la distance horaire de la seconde heure après midi. Continuant toûjours la même opération, vous trouverez 62. deg. 19. min. pour 3. heures, 89. deg. 19'. pour 4. heures. On ne peut pas aller plus loin, à cause que le colure cesse après cette heure de couper le vertical au-dessus de l'Horison.

HEURES DU MATIN.

XI		X		IX		VIII		VII	
D.	M.	D.	M.	D.	M.	D.	M.	D.	M.
10	51	19	43	27	44	35	45	44	37

Heures du matin. *Heures du soir.*

VI		V		I		II		III		IIII	
D.	M.	D.	M.	D.	M.	D.	M.	D.	M.	D.	M.
55	27	70	2	14	36	35	18	62	19	89	19

Pour décrire ce Cadran sur le mur, il faut choisir le lieu du centre, duquel on tracera par le moyen d'un plomb la méridienne, ou ligne de 12. heures, qui est toûjours perpendiculaire à l'Horison en ces sortes de Cadrans. Ensuite mettant un rapporteur au centre, on marquera les heures du matin & du soir, comptant depuis la ligne de 12. heures les angles marqués par la Table ; & ces lignes horaires se prolongeront tant qu'on voudra, suivant la grandeur du plan du Cadran.

A l'égard du stile, comme le Cadran décline vers l'Orient, remettez le vertical comme il étoit au commencement de l'opération, c'eſt-à-dire, au 37. deg. de diſtance du lever de l'Equinoxe vers le Septentrion, & éloignez d'autant de degrés vers Orient le colure des Equinoxes du Méridien, c'eſt-à-dire, qu'il faut que le colure des Equinoxes coupe l'Horiſon au 37. deg. de diſtance du Méridien; ce qui étant fait, le colure & le vertical ſeront éloignés l'un de l'autre de 90. deg. & s'entrecouperont à angles droits; prenez enſuite ſur le vertical le nombre de degrés compris entre le Zenit & le point où les deux cercles ſe coupent, leſquels ſeront 27. deg. 45. min. pour la diſtance de la méridienne à la ſouſtilaire, laquelle ſe rencontre en cet exemple avec la ligne de 9. heures. Et après avoir remarqué ſur le colure des Equinoxes le point de ſection où il eſt coupé par le vertical, vous mettrez ce point ſous le Méridien, pour voir de combien de degrés ce même point eſt éloigné du Pole, & vous trouverez 31. deg. 43. min. qui eſt la hauteur du Pole ſur le plan du Cadran; c'eſt pourquoi l'axe du Cadran doit faire avec le mur un angle de 31. deg. 43. min. & doit être poſé perpendiculairement ſur la ſouſtilaire; le tout comme il ſe voit en la *Fig.* 3.

USAGE LXX.

Décrire un Cadran vertical déclinant du Midi vers l'Occident.

SI vous voulez faire un Cadran déclinant vers l'Occident, par exemple, de 37. deg. comme le vertical précédent qui avoit la même déclinaiſon vers Orient. Pour avoir les heures du matin, vous poſerez le vertical en ſorte que ſon extrémité d'en-bas, ſoit éloignée du levant de l'Equinoxe en tirant vers midi d'autant de degrés qu'eſt la déclinaiſon, à ſçavoir de 37. degrés, & vous remarquerez à quels degrés du vertical le colure des Equinoxes le coupera en tournant le Globe du côté d'Orient; & faiſant toute cette opération en la même maniere que vous avez pratiquée en l'uſage précédent; ce qui étant fait, vous tournerez le vertical du côté d'Occident, en faiſant qu'il ſoit autant éloigné du couchant équinoxial vers le Septentrion, que le demande la déclinaiſon du Plan qui dans notre exemple eſt de 37. deg. enſuite vous conſidérerez quels degrés du vertical ſont rencontrés par le colure des Equinoxes, que vous trouverez comme ils ſont marqués en la Table ſuivante.

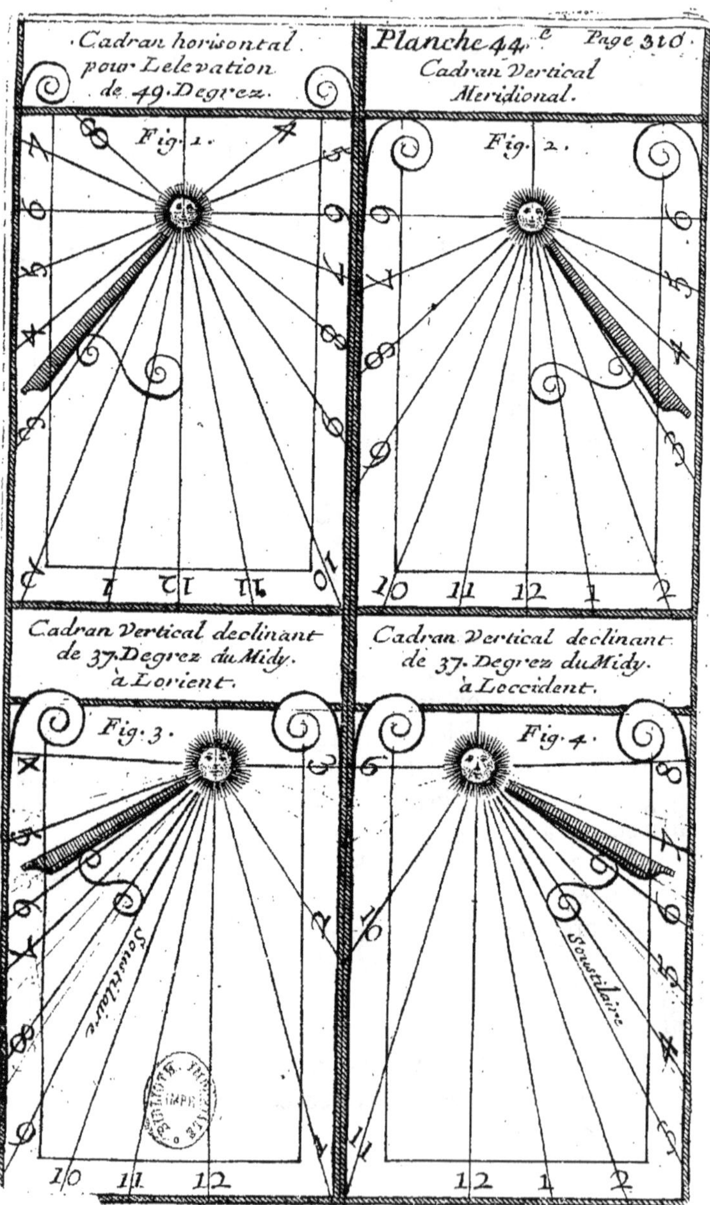
Cadran horisontal pour Lelevation de 49. Degrez.
Planche 44.e
Page 310.
Cadran Vertical Meridional.
Fig. 1.
Fig. 2.
Cadran Vertical declinant de 37. Degrez du Midy. à Lorient.
Cadran Vertical declinant de 37. Degrez du Midy. à Loccident.
Fig. 3.
Fig. 4.
Soustilaire
Soustilaire

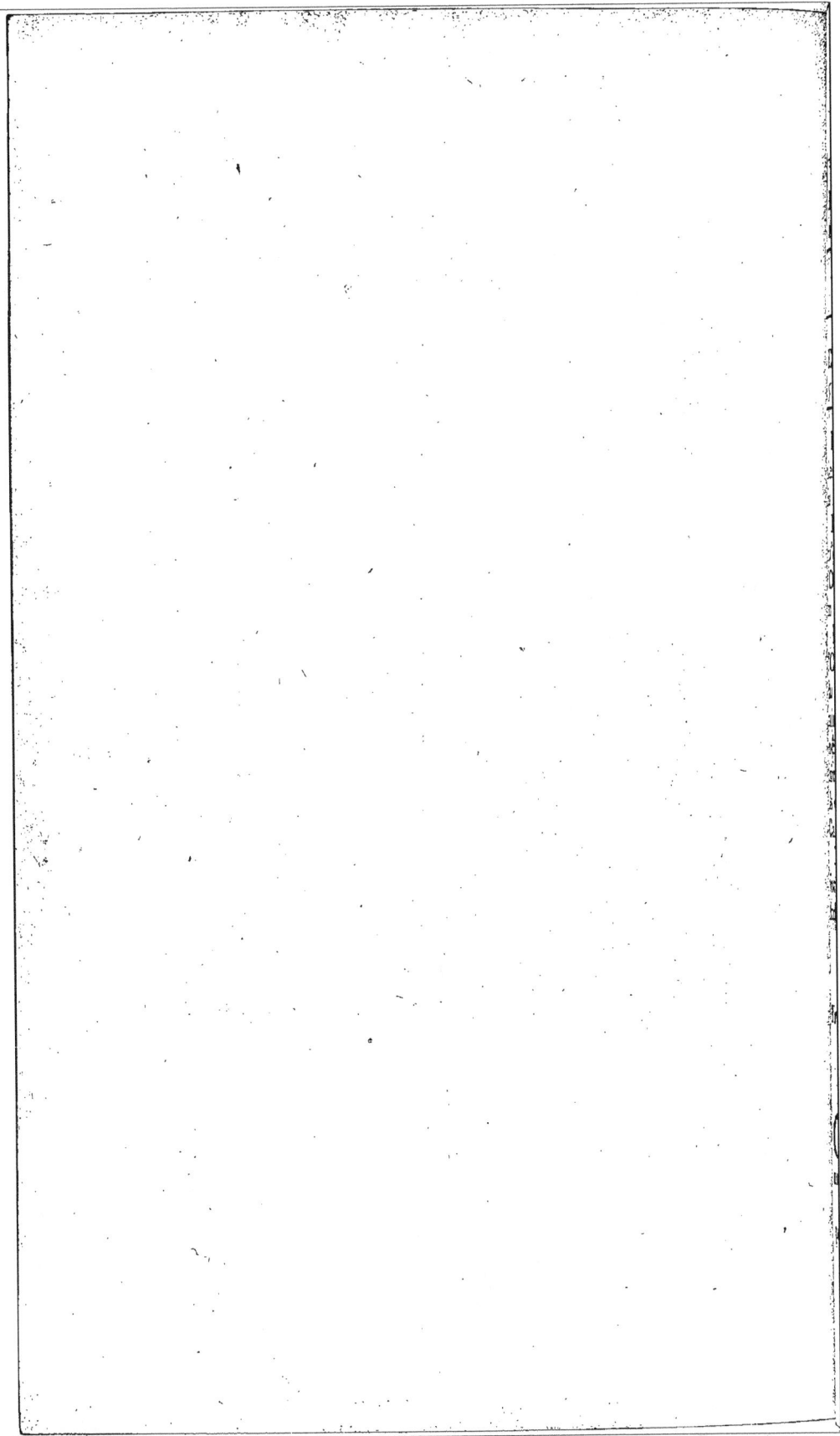

HEURES DU SOIR.

I		II		III		IV		V	
D.	M.	D.	M.	D.	M.	D.	M.	D.	M.
10	51	19	43	27	44	35	45	44	37

Heures du soir. *Heures du matin.*

VI		VII		11		10		9		8	
D.	M.	D.	M.	D.	M.	D.	M.	D.	M.	D.	M.
55	27	70	2	14	36	35	18	62	19	89	10

Par le moyen de cette Table on tracera le Cadran en la maniere qui a été expliquée en la defcription du vertical déclinant du Midi vers Orient.

Pour la fouftilaire & l'axe du Cadran, on opérera de même qu'en l'Ufage précédent, excepté que ce qui a été fait du côté de l'Orient fe doit faire ici du côté de l'Occident. Le tout comme on voit en la *Figure* 4.

Les verticaux déclinans du Septentrion vers l'Orient & vers l'Occident, fe conftruifent de la même façon que les déclinans du Midi, c'eft-à-dire, que fi la déclinaifon eft égale, les arcs horaires compris entre la méridienne & les lignes des heures, font les mêmes, auffi-bien que l'angle de ladite méridienne avec la fouftilaire & l'élevation de l'axe du Cadran fur le plan du mur; mais ils ont le centre en bas, & ne font proprement que les mêmes Cadrans renverfés.

Nous ne donnerons pas ici la maniere de prendre la déclinaifon des murs, en ayant fuffifamment parlé dans le Traité des Inftrumens, réimprimé l'année 1726.

USAGE LXXI.

Trouver à quelle heure le Soleil atteint en Eté le premier vertical en paffant le matin de la partie feptentrionale en la méridionale, ou l'après midi de la partie méridionale en la feptentrionale.

ON demande, par exemple, lorfque le Soleil décrit le Tropique d'Eté, à quelle heure il commencera d'éclairer à Paris un Cadran vertical tourné directement au Midi.

Elevez fur l'Horifon le Pole de la Sphere artificielle ou du Globe terreftre, felon la latitude du lieu, comme en cet exemple, de

48. deg. 51. min. attachez un quart d'Azimut au Zenit, & arrêtez son extrémité inférieure sur le point de l'Horison qui représente le vrai Orient des Equinoxes; mettez ensuite le lieu du Soleil sous le Méridien, le stile horaire sur 12. heures, & puis tournez le Globe jusqu'à ce que le lieu du Soleil ait atteint le quart d'Azimut, qui en cette situation représente le premier vertical. L'index du cercle horaire fera voir que le Soleil atteindra ledit premier vertical à 7. heures 20. min. du matin, & que pour lors il passera de la partie septentrionale en la méridionale; & le soir à quatre heures & demie, pour passer de la partie méridionale en la septentrionale; c'est pourquoi un Cadran vertical tourné directement au Midi ne marquera les heures en ce tems-là que depuis environ sept heures & demie du matin jusqu'à quatre heures & demie du soir; mais son opposé, c'est-à-dire, un vertical septentrional les marquera depuis le lever du Soleil jusqu'à sept heures 29. min. du matin, & recommencera de les marquer après midi depuis quatre heures & demie jusqu'au soir.

USAGE LXXII.

Sçachant la latitude du pays où l'on est, & le lieu du Soleil dans l'Ecliptique, trouver à quelle heure il atteindra un vertical proposé.

ON demande, par exemple, lorsque le Soleil est au premier point de l'Ecrevisse, à quelle heure de l'après midi il atteindra le 37. vertical méridional-occidental sur l'Horison de Paris.

Ayant mis le Pole de la Sphere à son élevation de 48. degrés 51. min. arrêtez le quart d'azimut sur le 37. degré de l'Horison, compté du point occidental de l'Equinoxe, allant vers Sud. Mettez le point de l'Ecliptique où est le Soleil sous le Méridien, & l'index du cercle horaire sur 12. heures; puis tournant la Sphere jusqu'à ce que le lieu du Soleil ait atteint ledit 37. vertical, vous verrez que ce sera environ à 1. h. 57'. 22''. après midi. Mais lorsque le Soleil sera aux points équinoxiaux, il n'atteindra ce même vertical qu'un peu avant trois heures; & enfin lorsqu'il sera au commencement des Signes du Sagittaire ou du Verseau, il n'atteindra ce même vertical que fort peu avant quatre heures après midi, c'est-à-dire, à 3. heures 52'. 24''. enfin le Soleil se couchera dans l'intersection du vertical à l'Horison, à 4. h. 2'. 44''. de sorte que si ce vertical est supposé être au mur sur lequel soit décrit un Cadran, c'est à cette heure-là que le Soleil se couchant sur ce plan, il cessera de l'éclairer.

C'eſt pourquoi un Cadran vertical déclinant du Septentrion à l'Occident de 37. deg. peut marquer depuis deux heures après midi juſqu'au ſoir, lorſque le Soleil décrit le Tropique d'Eté, au lieu qu'il ne peut marquer avant trois heures pendant les Equinoxes, & fort peu avant quatre heures, lorſque le Soleil eſt dans le Sagittaire ou le Verſeau.

Mais un vertical déclinant du Midi à l'Occident de 37. deg. commencera de marquer depuis environ huit heures du matin, lorſque le Soleil ſera dans les Signes du Sagittaire ou du Verſeau, au lieu qu'il ne marquera point avant neuf heures au tems des Equinoxes, & ne commencera point de marquer avant dix heures, lorſque le Soleil ſera au Tropique d'Eté.

La raiſon de ceci ſe tire des interſections d'un même vertical par différens Cercles horaires, & des différentes hauteurs du Soleil ſur l'Horiſon en un même Cercle horaire.

USAGE LXXIII.

Sçachant la latitude du pays où l'on eſt, & l'heure préciſe qu'un mur bien à plomb commence ou finit d'être éclairé du Soleil à certain jour de l'année, trouver la déclinaiſon dudit mur.

CEtte propoſition eſt la converſe de la précédente. On ſuppoſe, par exemple, que le Soleil étant en l'un des points équinoxiaux, un mur commence d'être éclairé à trois heures après midi, à la latitude de 48. deg. 51. min. on demande quelle eſt la déclinaiſon dudit mur.

Ayant élevé le Pole de la Sphere de 48. deg. 51. min. mettez le lieu du Soleil ſous le Méridien, & l'index du cercle horaire ſur 12. heures, tournez enſuite la Sphere juſqu'à ce que l'index marque trois heures, & diſpoſez le quart d'azimut en ſorte qu'il convienne avec le lieu du Soleil en l'Ecliptique, vous verrez que le Soleil eſt dans le 37. Azimut ou vertical en la partie méridionale-occidentale; & de là vous conclurez que ce vertical eſt parallele au mur propoſé, & par conſéquent que la déclinaiſon de ce mur eſt de 37. degrés du Septentrion vers l'Occident, en comptant ladite déclinaiſon depuis le premier vertical, qui coupe l'Horiſon aux points du lever & du coucher des Equinoxes.

Si le même jour à trois heures après midi on s'apperçoit que le Soleil ceſſe d'éclairer un mur, après l'avoir éclairé tout le matin, on conclura que ce mur décline pareillement de 37. deg. du Midi vers l'Orient.

On peut auſſi trouver la déclinaiſon d'un mur, ſans ſçavoir

l'heure, pourvû que l'on connoisse par observation ou autrement la hauteur du Soleil sur l'Horison.

Supposons, par exemple, que le Soleil étant au commencement du Signe de la Vierge, soit élevé après midi sur l'Horison de Paris de 45. deg. 8. min. qui est la hauteur du Soleil qui convient à 2. heures : mais on suppose l'heure n'être point connuë, & que pour lors il commence d'éclairer un plan vertical. Tournez le point de l'Ecliptique, qui marque le lieu du Soleil dans la partie méridionale-occidentale, conjointement avec le quart de vertical, jusqu'à ce que son 45. degré 18. min. de hauteur convienne & corresponde au lieu du Soleil ; examinez ensuite sur le bord de l'Horison le degré que joint ledit vertical, & vous trouverez 46. deg. 1. min. pour l'azimut du Soleil compté du vrai point d'Occident, qui feront connoître que le plan vertical proposé décline de 46. deg. 1. min. du Septentrion à l'Occident.

Que si le Soleil se trouvant au même point de l'Ecliptique, & à même hauteur sur l'Horison de Paris, cesse après midi d'éclairer un mur, la déclinaison dudit mur sera pareillement de 46. deg. du Midi vers Orient, c'est-à-dire, l'opposé du précédent.

CHAPITRE IV.

Des Usages qui regardent la Géographie.

USAGE LXXIV.

Trouver la longitude & la latitude d'une Ville.

SOit proposé Paris pour exemple, dont on veut sçavoir la longitude & la latitude.

Ayant un Globe terrestre, mettez cette Ville sous le Méridien, & regardez quel degré de l'Equateur est au-dessous, vous trouverez que c'est le 23. deg. 30. min. sur les anciens Globes ; mais sur les nouveaux, faits suivant les Observations de Monsieur de la Hire, vous trouverez 20. degrés 30. minutes, & suivant les plus nouvelles Cartes 20. degrés.

Comptez ensuite les degrés du Méridien depuis l'Equateur jusqu'au lieu où Paris se trouve, & vous en trouverez près de 49. qui marquent que cette Ville est éloignée de l'Equateur d'environ 49. deg. ce qui fait sa latitude.

USAGE LXXV.

Elever le Pole du Globe terrestre selon la latitude d'un lieu.

CEt Usage se pratique comme le deuxiéme, c'est pourquoi on y peut avoir recours.

REMARQUE.

Par ce moyen on pourra mettre tout lieu de la Terre proposé, au Zenit du Globe en élevant le Pole selon la latitude du même lieu.

USAGE LXXVI.

Connoître la distance d'un lieu à un autre.

IL faut mettre les deux pointes d'un compas sur les lieux des deux Villes, & porter sur l'Equateur l'intervalle qu'il y aura entre les deux pointes, en mettant l'une d'icelles sur le point de section du premier Méridien & de l'Equateur où est le Point de l'Equinoxe d'Aries, & l'autre sur la circonférence de l'Equateur : puis multipliant le nombre de degrés qu'il y a entre les deux pointes par 25. qui est la quantité de lieuës communes que contient un degré de l'Equateur ou du Méridien, on aura le nombre de lieuës de la distance qui est entre les Villes proposées.

Ainsi on trouvera que la distance de Paris à Constantinople est de 20. deg. de l'Equateur, qui font 500. lieuës communes de France ; & celle de Paris à Ispaham Capitale de la Perse, de 43. deg. c'est-à-dire, de 1075. lieuës communes.

Autrement. On détachera le vertical du Zenit, afin de le poser sur les deux Villes, en mettant le bout où l'on commence le compte des degrés sur l'une des Villes, & faisant passer la circonférence graduée du même vertical, sur l'autre Ville, le nombre de degrés qu'il y aura dans l'intervalle des deux Villes, donnera leur distance en degrés, que l'on réduira en lieuës comme ci-dessus.

USAGE LXXVII.

Trouver la différence des longitudes des lieux.

SOit proposé à trouver la différence des longitudes de Paris & de Jerusalem.

Prenez la longitude de Paris & celle de Jerusalem par l'Usage 74. ôtez celle de Paris de celle de Jerusalem, qui est la plus grande, étant plus orientale, le reste sera la différence de leur longitude, & ainsi des autres.

USAGE LXXVIII.

Trouver la différence des latitudes des lieux.

SI on veut sçavoir la différence de la latitude de la Ville de Paris à celle de Constantinople, il faut prendre la latitude de Paris, que l'on trouvera de 49. deg. ou environ, & celle de Constantinople de 41. par l'Usage 74. Otant donc la moindre latitude de la plus grande, restera 8. degrés de différence de latitudes des deux Villes proposées.

USAGE LXXIX.

Trouver tous les lieux situés sous un même Méridien, ou qui ont une même longitude, & qui marquent midi en même tems.

SOit proposé à sçavoir tous les lieux qui sont sous le Méridien de Paris ; après avoir mis Paris sous le Méridien, il n'y aura plus qu'à considérer toutes les autres Villes qui se rencontrent sous le Méridien, lesquelles seront en même Méridien que Paris, & auront la même longitude.

USAGE LXXX.

Trouver tous les lieux situés sous un même parallele, ou qui ont la même latitude.

SI on tourne le Globe du côté d'Orient ou d'Occident, & que l'on remarque toutes les Villes qui passent, par exemple, sur le 49. deg. on verra toutes celles qui ont la même latitude que Paris, qui est au 49. deg. ou environ de latitude.

USAGE LXXXI.

Trouver combien d'heures un lieu a plutôt ou plus tard midi qu'un autre.

ON veut sçavoir, par exemple, de combien d'heures la Ville de Jerusalem a plutôt midi que celle de Paris.

Il faut trouver la différence de longitude des deux Villes proposées par l'Usage 74. laquelle est d'environ 37. degrés ; réduisant ce nombre de degrés & minutes, en heures & minutes d'heure par le Précepte IV. on aura deux heures 28. minutes pour le nombre d'heures & minutes que Jerusalem a plutôt midi que Paris, étant plus orientale.

De même on trouvera que la Ville de Lisbonne en Portugal a midi plus tard que Paris de 45′. 50″. d'heures, étant plus occidentale.

Autrement. On posera la Ville de Paris sous le Méridien du Globe, & le stile sur midi, puis on tournera le Globe du côté d'Occident jusqu'à ce que Jerusalem soit sous le Méridien, & le stile horaire montrera deux heures qui est le tems que Jerusalem a plutôt midi que Paris.

Mais pour sçavoir de combien Lisbonne a plus tard midi, il faut mettre cette Ville sous le Méridien, & le stile sur midi; & tourner le Globe vers Occident jusqu'à ce que Paris soit sous le Méridien, le stile marquera 45′. 50″. d'heures, qui est le tems que Lisbonne a midi plus tard que Paris.

USAGE LXXXII.

Trouver de combien d'heures le plus long jour d'Eté d'une Ville est plus grand que celui d'une autre.

SOit proposé à trouver de combien d'heures le plus long jour d'Eté de la Ville de Stokolm, Capitale de Suede, est plus long que celui de Paris.

Trouvez le plus long jour d'Eté de l'une & de l'autre Ville par la remarque de l'Usage 21. lequel sera à Paris de 16. heures, & à Stokolm de 18. heures & un quart : donc le plus long jour d'Eté à Stokolm sera de deux heures & un quart plus long qu'à Paris; ce qu'il falloit connoître.

USAGE LXXXIII.

Trouver en quel climat & parallele chaque Région est située.

POur ce faire, cherchez la longueur du plus long jour par la remarque de l'Usage XXI. après l'avoir trouvée, ôtez-en 12. heures, & doublez le reste pour avoir le nombre du Climat que vous souhaitez, lequel étant doublé, on aura le parallele requis.

Ainsi à Paris, où l'élevation du Pole est d'environ 49. deg. le plus long jour d'Eté y est de 16. heures, desquelles ôtant 12. heures, resteront 4. heures, lesquelles étant doublées font 8. pour le nombre du Climat de cette Ville, ce qui fait connoître qu'elle est à la fin du huitiéme Climat, ou au commencement du neuviéme.

Si on double 8. on aura 16. ce qui fait voir que Paris est à la fin du seiziéme parallele, ou au commencement du dix-septiéme.

Autrement. On peut voir le nombre des Climats marqués sur les Méridiens des Spheres & des Globes. De sorte que pour avoir le Climat d'une Ville, il n'y a qu'à compter les degrés de sa latitude, & remarquer vis-à-vis du degré qui la termine quel est le nombre du Climat. Ainsi on verra qu'il y a huit Climats complets entre l'Equateur & le 49. deg. de latitude.

USAGE LXXXIV.

Trouver le plus long jour de l'année qui convient à un Climat donné.

SI le Climat donné est le 10. vous en prendrez la moitié qui est 5. que vous ajoûterez à 12. heures, pour avoir 17. heures qui marqueront quel est le plus long jour de la fin du dixiéme Climat, ou du commencement du onziéme, & ainsi des autres.

USAGE LXXXV.

Etant donné le plus long jour d'Eté de quelque lieu dans les Zones froides, trouver le Climat où il est situé.

SUpposons que le plus long jour d'Eté en quelque lieu des Zones froides soit de quatre mois : on demande en quel Climat ce plus long jour arrive.

Pour ce faire, il faut réduire les mois en jours, en les multipliant par 30. ce qui fera 120. jours; ensuite il faut diviser ces 120. jours par 15. qui est le nombre de jours que l'on attribue à chacun des Climats des demi mois, il viendra au quotient 8. qui sera le Climat auquel le plus long jour sera de 120. jours ou de quatre mois.

USAGE LXXXVI.

Trouver sous quel degré de latitude est situé chaque Climat.

REmarquez par la converse de l'Usage LXXXI. la longueur du plus long jour qui convient au Climat proposé, ensuite mettez le premier point de Cancer sous le Méridien, & le stile horaire sur 12. heures, puis tournez le Globe du côté d'Occident jusqu'à ce que le stile ait parcouru les heures de la moitié du plus long jour; laissant le Globe affermi en cet état, vous éleverez ou abaisserez le Pole, en sorte que le premier point du Cancer parvienne dans l'Horison occidental, & vous compterez ensuite les degrés du Méridien compris depuis le Pole jusqu'à l'Horison, lesquels donneront la hauteur du Pole, ou la latitude du Climat proposé.

Ainsi sçachant le plus long jour du huitiéme Climat, qui est de seize heures, on trouvera par cette méthode que la latitude qui convient à ce même Climat est d'environ 49. degrés.

USAGE LXXXVII.

USAGE LXXXVII.

Trouver l'étendue des Climats.

COnnoiſſant par l'Uſage précédent les hauteurs du Pole qui conviennent à chaque Climat, on n'aura qu'à prendre leur différence, laquelle donnera en degrés l'étendue de chaque Climat, & ſi on multiplie ces degrés par 25. on aura en lieuës l'étendue de chaque Climat ; par ce moyen on trouvera que l'étendue du ſeptiéme au huitiéme Climat eſt de 3. deg. 30. min. qui ſont 87. lieuës & demie.

USAGE LXXXVIII.

Connoître quels ſont les Antœciens, Periœciens & Antipodes d'un lieu donné.

POſons que Paris ſoit le lieu donné, il faudra le mettre au Zenit du Globe par la remarque de l'Uſage LXXV. Le Globe étant en cette diſpoſition, pour avoir les Antœciens, on compte ſur le Méridien 49. degrés depuis l'Equateur tirant vers le Midi ; & voyant que ce compte ſe termine à un endroit du Globe où ſe trouve la Terre Auſtrale inconnue, cela fait conclure que les Antœciens de Paris ſont dans la Terre Magellanique ou Auſtrale inconnue.

Pour avoir les Periœciens, Paris étant poſé ſous le Méridien comme ci-deſſus, on poſera le ſtile ſur midi, puis on tournera le Globe de côté ou d'autre, juſqu'à ce que le ſtile horaire ſoit ſur les 12. heures de minuit, qui ſont au bas du cercle horaire, & remarquant le lieu qui eſt ſous le Méridien à l'endroit du Zenit on trouvera que c'eſt dans la Terre de Jeſſo que ſont les Periœciens de Paris.

Et pour trouver les Antipodes, le Globe demeurant dans la même diſpoſition des Periœciens de Paris, il faudra compter ſur le Méridien depuis l'Equateur vers le Midi 49. deg. de latitude méridionale, & on verra que le point de la Terre qui eſt ſous le 49. degré de latitude méridionale, eſt encore dans les Terres inconnuës Auſtrales comme les Antœciens.

Autrement. On verra le point de la Terre qui eſt ſous le Nadir du Globe, qui eſt le Zenit de nos Antipodes, & on y trouvera le même point marqué que ci-deſſus.

USAGE LXXXIX.

Trouver la situation de tous les lieux de la Terre à l'égard d'un lieu particulier.

AYant bien entendu ce qui a été dit au neuviéme Chapitre de la premiere partie du Livre de la Géographie touchant les Cercles de position & les Vents, il sera facile de pratiquer cet Usage. Pour cet effet, supposons Paris au Zenit du Globe, & voyons quelle est la disposition de tous les autres lieux de la Terre à son égard.

Pour en venir à la pratique, soit attaché le quart de cercle de position ou vertical, au Zenit du Globe, pour servir de cercle de position ; ce qui étant fait, on le tournera vers quel côté on voudra, c'est-à-dire, vers quelqu'un des Vents dont on a parlé, & qui sont marqués sur l'Horison du Globe, afin de connoître tous les lieux situés vers cette partie du Monde au regard de la Ville de Paris. Ainsi voulant sçavoir tous les lieux qui sont l'Orient de la même Ville, on tourne le quart de 90. à l'Est, en posant le bout d'en-bas sur le point de l'Est ; après quoi considérant les Régions qui sont coupées par la circonférence de ce même quart de cercle, on y trouve l'Allemagne, la Transilvanie, la Moldavie, la Bessarabie, la Natolie, le Diarbech, la Perse & la Ville de Marcarate en Arabie ; après quoi on rencontre l'Océan oriental, & les Isles Maldives vers l'Horison oriental.

Si on tourne le quart de cercle au Nord-est, on trouvera au-dessous de sa circonférence graduée la partie septentrionale de l'Allemagne vers la mer Baltique, la Livonie, qui fait partie du Royaume de Suede ; le milieu de la Moscovie & de la Tartarie, & une partie de la Chine, tirant vers l'Occident & le Midi.

Par ce même moyen on trouvera tous les autres lieux qui se rapportent aux autres parties où le cercle de position sera posé ; on pourra voir aussi tous les lieux de la Terre qui sont dans l'Horison de Paris ; & par le moyen des degrés qui sont marqués sur le même cercle de position, on connoîtra tous les lieux qui en sont également éloignés, en le tournant autour de l'Horison, & remarquant tous les lieux qui se rencontrent sous ledit cercle au même degré que l'on aura déterminé.

REMARQUE.

Si on dispose le Globe selon les quatre points cardinaux, on verra de quel côté de l'Horison du Monde tombent les 32. Vents marqués sur l'Horison du Globe, & toutes les parties de la Terre que l'on voudra considerer.

USAGE XC.

Trouver l'heure qu'il est par tout le Monde à quelque heure donnée en quelque lieu.

SI on veut sçavoir quelle heure il est par tous les lieux de la terre que l'on voudra lorsqu'il est 8. heures du matin à Paris, après avoir posé Paris sous le Meridien & le stile horaire sur 8. heures avant midi ; si les lieux sont orientaux, on tournera le Globe du côté d'Occident ; & les faisant passer sous le Meridien l'un après l'autre, on verra l'heure que marque le stile à chacun d'eux en particulier, laquelle sera celle du lieu qui aura passé sous le Méridien.

Pratiquant cet usage de la sorte, on trouvera que quand il est 8. heures du matin à Paris, il est près de neuf heures à Rome, environ dix heures & un quart à Constantinople, dix heures & demie au Caire, plus de midi un quart à Ispaham, plus de deux heures un quart à Delli, & cinq heures & un quart du soir à Pekin, & ainsi des autres.

Mais si les lieux sont occidentaux, après avoir mis Paris sous le méridien, il faut ensuite poser le stile horaire sur huit heures du soir, & tourner le Globe à l'Orient, en faisant passer chaque Ville l'une après l'autre sous le meridien, & remarquant l'heure du stile horaire. Par ce moyen on trouvera que quand il est la même heure, à sçavoir huit heures du matin à Paris, il n'est que sept heures du matin à Lisbone, environ six heures trois quarts au Cap-Verd, deux heures un quart après minuit à Kebec, & minuit dans la ville de Mexique, & ainsi des autres. Si on tournoit encore le Globe jusqu'à Santa-Fé, Ville du nouveau Mexique, il y seroit onze heures & demie du soir précédent. Le Globe étant ainsi disposé & placé sur la meridienne du Monde, le Soleil luisant éclairera les mêmes parties qu'il éclaire sur la Terre. Cet Usage est un des plus curieux de la Géographie.

USAGE XCI.

Trouver le Meridien particulier où il est telle heure qu'on demandera.

ON propose de trouver le Meridien ou la longitude des lieux où il est sept heures & demie du soir, quand il est onze heures du matin à Constantinople.

Il faut mettre Conſtantinople ſous le Méridien, & le ſtile ſur 11. heures du matin, puis tourner le Globe vers Occident juſqu'à-ce que le ſtile horaire ſoit ſur ſept heures & demie du ſoir, & on trouvera le 186. deg. 30. min. de l'Equateur ſous le Méridien, qui ſera le degré de longitude requis à trouver, & ſous lequel ſe trouvent à peu près la partie orientale du Japon, les Iſles des Larrons & le Pays de Carpentairie, auſquels lieux il eſt ſept heures & demie du ſoir quand il en eſt onze du matin à Conſtantinople.

Si les ſept heures trente min. avoient été données le matin, on auroit tourné le Globe du côté de l'Orient juſqu'à ce que le ſtile eût été arrêté à ſept heures & demie du matin, & alors on auroit trouvé ſous le Méridien le cinquiéme degré de l'Equateur pour le Méridien requis, ſous lequel il eſt ſept heures & demie du matin quand il en eſt 11. à Conſtantinople.

USAGE XCII.

Trouver l'heure qu'il eſt au lieu où l'on eſt lorſqu'il eſt quelque heure propoſée en un lieu donné.

QUand il eſt neuf heures du matin à Iſpaham, on demande quelle heure il eſt à Liſbonne.

Mettez Iſpaham ſous le Méridien, & le ſtile ſur neuf heures du matin, puis tournez le Globe vers Orient juſqu'à-ce que la Ville de Liſbonne ſoit ſous le Méridien, & pour lors le ſtile horaire marquera qu'il eſt quatre heures & 55. min. à Liſbonne quand il eſt neuf heures du matin à Iſpaham.

Si les neuf heures euſſent été données après midi, il auroit fallu mettre Iſpaham ſous le Méridien comme ci-devant & le ſtile ſur neuf heures du ſoir, & tourner le Globe du même côté d'Orient, afin de l'arrêter après avoir poſé Liſbonne ſous le Méridien, & le ſtile horaire marqueroit qu'il eſt quatre heures & 55. min. après midi à Liſbonne quand il eſt neuf heures du ſoir à Iſpaham, & ainſi des autres.

USAGE XCIII.

Trouver le point du Globe où le Soleil envoye ſes rayons perpendiculaires à quelque heure donnée en un lieu propoſé.

SI Paris eſt le lieu propoſé, vous le mettrez ſous le Méridien & le ſtile ſur l'heure propoſée du matin ou du ſoir & après avoir trouvé la déclinaiſon du Soleil par l'Uſage 5. vous tournerez le Globe juſqu'à-ce que le ſtile ſoit ſur midi, puis comptant ſur le Méridien les degrés de la déclinaiſon ſeptentrionale ou méridionale, ſelon ſon eſpéce, vous remarquerez à la fin du compte le point du Globe qui ſera ſous le Méridien, & ce point là ſera précisément le lieu de la ſuperficie de la Terre où le Soleil envoye ſes rayons perpendiculairement.

Exemple. Si on veut ſçavoir le point de la ſurface de la Terre, qui reçoit perpendiculairement les rayons du Soleil, lorſqu'il eſt au 13. degré de la Vierge à 9. heures du matin à Paris; après avoir poſé cette Ville ſous le Méridien, & le ſtile ſur neuf heures du matin, on tournera le Globe juſqu'à-ce que le ſtile ſoit ſur midi; puis ayant trouvé la déclinaiſon du Soleil correſpondante au 13. degré de la Vierge de ſept degrés ſeptentrionale, & l'ayant comptée ſur le Méridien, on trouve que le point où elle ſe termine eſt deux degrés au deſſus de la Ville d'Aden dans la Preſqu'Iſle de Zanguebar en Afrique. Si l'heure eût été donnée après midi, on auroit mis le ſtile horaire ſur neuf heures du ſoir, après avoir mis Paris ſous le Méridien, & on auroit continué l'opération comme ci-deſſus.

Autrement. Cherchez le parallele que le Soleil décrit ce jour-là; cherchez auſſi le Méridien dans lequel il ſe rencontre à l'heure propoſée, le concours de ce Méridien & de ce parallele eſt le point du Globe propoſé à trouver.

USAGE XCIV.

Trouver le jour & l'heure au lieu où l'on eſt lorſque le Soleil envoye ſes rayons perpendiculairement ſur un endroit marqué dans la Zone torride.

SOit propoſé à trouver à Paris le jour & l'heure qu'il eſt dans le tems que le Soleil darde ſes rayons ſur la Ville de Goa de la preſqu'Iſle orientale de l'Inde.

Pour cet effet on mettra Goa ſous le Méridien, où l'on verra qu'elle eſt à quinze degrés de latitude qu'il faut prendre pour la déclinaiſon ſeptentrionale du Soleil, à laquelle répondent le dixiéme degré du Taureau & le vingtiéme du Lion, qui ſont les lieux du Soleil aux 28. Avril & 10. Août par l'Uſage 4. On mettra auſſi le ſtile horaire ſur midi, & on tournera le Globe vers Orient juſqu'à-ce que Paris ſoit ſous le Méridien, & l'heure du ſtile montrera 5. heures 37. minutes de ſorte que le 28. Avril & le 10. d'Août, au même temps qu'il eſt 5. heures 37. min. du matin à Paris, il eſt midi à Goa, & le Soleil eſt au Zenit de cette Ville.

USAGE XCV.

Trouver tous les lieux de la Terre où quelque jour de l'année dure tant d'heures que l'on voudra qui soient moins de 24. heures.

ON propose de trouver tous les lieux, c'est-à-dire, de trouver le parallele de latitude où le jour dure dix heures le douziéme de Février.

Trouvez le lieu du Soleil au douziéme de Février par l'Usage 3, qui sera le 23. degré du Verseau. Posez ensuite ce 23. d'Aquarius sous le Méridien, & le stile sur midi; puis tournez le Globe du côté d'Occident jusqu'à-ce que le stile soit sur cinq heures du soir, qui est l'heure du coucher du Soleil, la longueur du jour étant de dix heures par la supposition; ce qui étant fait, on haussera ou baissera le pole en tournant le Méridien, jusqu'à-ce que le lieu du Soleil soit dans l'Horison occidental; & l'on trouvera que dans la supposition faite de la longueur du jour de dix heures, le pole se trouve élevé de 42. degrés, de sorte que tous les lieux qui seront au 42. degré de latitude, auront le jour long de dix heures le douziéme de Février, comme il étoit proposé,

USAGE XCVI.

Trouver les lieux de la Terre où le plus long jour est d'un certain nombre d'heures ou de jours donné.

CHerchez par l'Usage 84. ou 85. quel est le Climat qui convient au nombre d'heures ou de jours du plus long jour donné; puis voyez par l'Usage 86. quel parallele de latitude répond au Climat donné; car tous les lieux qui seront sous ce même parallele, seront ceux que l'on cherche.

USAGE XCVII.

Trouver tous les lieux de la terre qui voyent lever & coucher le Soleil lorsqu'il se leve en quelque lieu particulier, ou à quelque heure donnée du même lieu.

PAr l'Usage 93. trouvez le point de la Terre où le Soleil envoye ses rayons perpendiculaires à l'heure de son lever, ou à quelqu'autre heure donnée du jour proposé, mettez ce point au Zenit du Globe par la remarque de l'Usage 75. En cette disposition, l'Horison sera le bord de l'Hemisphere éclairé; c'est pourquoi regardant les lieux de la Terre qui sont dans l'Horison occidental, vous y verrez tous les lieux où le Soleil se leve. Et si vous regardez dans l'Horison oriental, vous y verrez tous ceux où il se couche ; en regardant tout l'Hémisphere supérieur, on y verra toutes les Nations que le Soleil éclaire en même tems, & qui joüissent de la clarté du jour. Enfin si vous tournez le Globe, vous remarquerez que tous les Pays qui sont entre le Pole élevé & l'Horison, ne descendent point au-dessous du même Horison, & ne voyent point coucher le Soleil, leur plus long jour d'Eté étant de plusieurs jours de suite ; & au contraire, ceux qui sont autour du Pole abaissé ne pouvant point monter sur l'Horison, auront une nuit sans jour.

USAGE XCVIII.

Trouver tous les Pays où le Soleil a la même hauteur observée en quelque lieu & à quelque heure donnée.

TRouvez par l'Usage précédent tous les lieux de la Terre où le Soleil se leve, en même tems qu'il se leve en quelque lieu particulier, ou à quelque autre heure du jour donnée ; ce qui étant fait, si vous regardez sous le Méridien, vous y verrez tous les lieux de la terre qui ont midi en même tems.

USAGE XCIX.

Trouver tous les Pays où le Soleil a la même hauteur observée en quelque lieu & à quelque heure donnée.

ON a observé à Paris l'onziéme Août à 8. heures 15. min. du matin le Soleil élevé de 34. deg. 30. min. au-dessus de l'Horison, on veut sçavoir quels sont tous les lieux de la Terre qui voyent le Soleil en cette même hauteur.

Il faut premiérement trouver par l'Usage 93. le point de la Terre où le Soleil est perpendiculaire à l'heure donnée de 8. heures & un quart, & l'on trouvera que ce point est la Ville d'Aden Port d'Arabie. Si on ne trouve point de Ville, ou d'autre lieu remarquable, on fera une marque sur le Globe, qui représentera le point de la Terre où le Soleil est au Zenit ; puis l'on mettra l'une des pointes d'un compas sur Aden, ou sur le point qui marque le lieu du Soleil, & l'autre sur le point de la Ville de Paris ; la pointe qui est sur Aden demeurant fixe, on fera tourner l'autre, laquelle passera allant de Paris vers le Midi par Toulouse, Oran, Saint-George de la Mine en Guinée, & Achem dans l'Isle de Sumatra, & vers le Septentrion par Amsterdam, &c. lesquels auront la même hauteur du Soleil qu'à Paris à l'heure donnée.

Autrement. Si on ne veut pas se servir du compas, qui est la maniere la plus juſte pour la pratique de ces ſortes d'Uſages, on mettra Aden ſous le Méridien au Zenit du Globe, & après y avoir attaché le vertical, on le fera tourner de côté & d'autre, obſervant tous les lieux qui paſſent ſous le 34. deg. 30. min. de la hauteur du Soleil donnée ; car ce ſont ceux-là qui ont le Soleil élevé de la même hauteur qu'à Paris à la même heure.

USAGE C.

Trouver en quel jour & mois de l'année le Soleil ſe leve & ſe couche en deux Villes propoſées en même tems.

IL faut poſer les Villes en l'Horiſon occidental, ſi on veut avoir le tems du lever, ou dans l'Horiſon oriental, ſi on veut avoir celui du coucher ; ce qui ſe fait en hauſſant ou baiſſant le Méridien & le Pole, juſqu'à ce que les deux Villes ſoient dans l'Horiſon ; puis remarquer la hauteur du Pole, & la prenant pour la déclinaiſon du Soleil ſeptentrionale, chercher le jour du mois qui lui convient par l'Uſage 7. Par ce moyen vous trouverez que le Soleil ſe couche au même tems à Paris & à Carthagene Ville de Murcie en Eſpagne, le neuviéme de Mai, & le premier d'Août.

Si on veut faire l'opération pour le lever, il faut élever le Pole Antarctique au-deſſus de l'Horiſon, afin de pouvoir mettre les deux Villes propoſées dans l'Horiſon occidental, & l'on trouvera la même déclinaiſon que ci-deſſus, mais méridionale ; ce qui fait que le Soleil ſe leve en même tems en ces deux lieux les 11. de Novembre & 30. de Janvier ; ou bien, ſans élever le Pole Antarctique, on prendra la hauteur du Pole trouvée dans l'opération précédente pour la déclinaiſon du Soleil méridionale, avec laquelle on aura les deux jours & les deux mois correſpondans à cette même déclinaiſon, leſquels marqueront le tems que le Soleil ſe leve en même moment aux deux Villes propoſées, comme ci-deſſus.

REMARQUE.

Si on avoit propoſé les Villes de Rome & de Paris, on auroit vû qu'il eſt impoſſible que ces deux Villes voyent en même tems lever & coucher le Soleil, parce que la hauteur du Pole, à laquelle la déclinaiſon du Soleil doit être égale, auroit été trouvée plus grande que la plus grande déclinaiſon du Soleil ; ce qui rend la propoſition impoſſible à réſoudre.

USAGE CI.

Trouver à quelle heure d'un lieu où l'on est, le Soleil se leve & se couche en un autre lieu, & combien de tems il se leve & se couche devant ou après qu'au lieu proposé.

LE Soleil étant supposé au premier point de Cancer, on demande quelle heure il sera à Paris quand il se levera & se couchera à Rome, & de combien d'heures auparavant il se levera & se couchera à Rome, avant que de se lever & de se coucher à Paris.

Il faut mettre le premier point de Cancer sous le Méridien au Zenit du Globe par la remarque de l'Usage 75. puis on trouvera l'heure du lever du Soleil étant au premier point de Cancer par l'Usage 20. qui sera 4. heures; & après avoir mis Rome dans l'Horison occidental pour l'opération du lever, & le stile sur quatre heures après midi, à cause de l'heure du lever du Soleil à quatre heures, on tournera le Globe jusqu'à ce que Paris soit parvenu à l'Horison occidental, & le stile montrera trois heures & demie, à sçavoir l'heure qu'il est à Paris quand le Soleil se leve à Rome, qui est une demi-heure avant que de se lever à Paris.

Pour l'opération du coucher, elle est toute semblable, excepté qu'il faut mettre Rome dans l'Horison oriental, & le stile horaire sur huit heures du matin, à cause que le Soleil se couche à huit heures, & faire tourner le Globe jusqu'à ce que Paris soit dans l'Horison; le stile horaire fera voir qu'il n'est que six heures 37. minutes à Paris, quand le Soleil se couche à Rome, & qu'il cesse d'être sur l'Hémisphere Romain une heure 23. min. avant de quitter celui de Paris; ce qui avoit été proposé à trouver.

USAGE CII.

Trouver quelle est la hauteur du Soleil en un lieu donné quand il est quelque heure donnée en un autre.

PAr exemple, soit proposé de trouver quelle est la hauteur du Soleil à Ispaham quand il est à Paris six heures du matin, le Soleil étant au premier point de Cancer.

Pour ce faire, il faut prendre la différence des longitudes de ces deux Villes par l'Usage 74. & la réduire en heures par le Précepte 4. ou bien on la trouvera par la seconde Méthode de l'Usage 81. laquelle sera de 4. heures 22. min. Or comme Ispaham est plus oriental que Paris, on ajoûtera six heures, qui est l'heure donnée à Paris à cette même différence des Méridiens 4. heures 22. min. & on aura 10. heures 22. min. du matin, qui eſt l'heure qu'il eſt à Iſpaham quand il eſt ſix heures du matin à Paris. Poſant enſuite Iſpaham ſous le Méridien, on trouvera ſa latitude de 34. deg. ſuivant laquelle on élevera le Pole au-deſſus de l'Horiſon; & à cette élevation avec le lieu du Soleil au premier point de Cancer, & l'heure connuë de 10. heures 22. min. du matin, on trouvera par l'Uſage 29. que le Soleil eſt élevé de 67. degrés ſur l'Horiſon d'Iſpaham, quand il eſt ſix heures du matin à Paris; ce qu'il falloit trouver.

USAGE CIII.

Trouver de combien de degrés pluſieurs lieux ſont élevés au-deſſus de notre Hémiſphere.

SOit proposé à trouver la hauteur des Villes principales qui ſont dans l'Hémiſphere ſupérieur, dont Paris eſt le pole, le ſuppoſant au Zenit du Globe.

Il faut faire paſſer la circonférence du vertical ſur toutes les autres Villes de l'Hémiſphere, & voir à quels degrés de hauteur du vertical elles répondent; ainſi on trouvera qu'ayant poſé la Ville de Paris au Zenit du Globe, celle de Rome ſera élevée de 78. deg. 30. min. celle du Caire de 55. deg. celle d'Iſpaham de 41. deg. 30. min. & celle de Pekin de 10. deg.

Par même moyen on ſçaura combien elles ſont éloignées du Zenit ou diſtantes de Paris, en prenant le complément de ces hauteurs; ce qui ſe fait en ôtant de 90. deg. les hauteurs ci-deſſus trouvées.

USAGE CIV.

Connoître la juſte route qu'il faut tenir pour aller d'un lieu à un autre.

CEt uſage eſt fort aiſé à pratiquer, puiſqu'il n'y a qu'à mettre le lieu d'où l'on part au Zenit, & y attacher le vertical, enſuite le tourner juſqu'à ce que ſa circonférence ſoit poſée ſur le lieu où l'on veut aller; ce qui étant fait, il ne reſte plus qu'à conſidérer tous les lieux qui ſont ſous le vertical, leſquels ſeront dans le chemin droit qui conduit au lieu proposé.

En voyageant de cette maniere on décrit l'arc d'un grand Cercle.

USAGE CV.

Trouver tous les lieux de la Terre également distans d'un lieu particulier.

SOit proposé à trouver, par exemple, tous les lieux qui peuvent être également éloignés de Paris.

Pour cet effet il n'y a qu'à mettre Paris au Zenit du Globe, & y attacher le vertical. Il faut ensuite le tourner pour remarquer tous les lieux qui se rencontrent sous le même degré déterminé du vertical, ainsi on verra que Tauris en Perse, & Medine en l'Arabie Heureuse, sont d'une égale distance de Paris, puisque le 49. deg. du vertical passe sur ces deux Villes, & qu'Ispaham & la Mecque en sont également distantes, & que le même vertical les rencontre toutes deux au 49. degré, & ainsi des autres.

USAGE CVI.

De la maniere de dresser un Theme céleste avec le Globe terrestre.

POUR LE 20. MARS 1729. A MIDI.

PRenez un Globe terrestre, dont vous mettrez le Pole à la hauteur de 49. degrés, qui est l'élevation du Pole de Paris. Mettez ensuite sous le Méridien le degré du Soleil, qui en cet exemple se trouve au premier d'Aries. Ayant pris garde à quel point l'Horison coupe l'Equateur du côté de l'Occident, vous verrez qu'il le coupe à 10. d. Partagez en trois les 90. deg. de l'Equateur compris entre l'Horison & le Méridien ; ou comptez de ce point 10. trois fois 30. deg. faites passer par ces trois divisions de l'Equateur du côté d'Occident, le cercle de position ou quart de hauteur attaché aux Poles. Remarquez en quel point ce cercle fixé sur chaque division, coupera l'Ecliptique, & vous trouverez que le commencement de la 8ᵉ. maison est au 21. d. de ♓. celui de la 9ᵉ. au 15. deg. du ♈. & celui de la 10ᵉ. au 20. deg. du ♉. faites du côté de l'Orient la même chose que vous avez fait du côté de l'Occident, en passant le cercle de position dans ce côté, & vous trouverez que la 11ᵉ. maison est au 2. degré de ♋. celui de la 12ᵉ. maison au 5. degré de ♌. celui de la premiere maison au 29. degré 15. min. du ♌. celui de la 2ᵉ. maison au 21. degré de ♍. celui du 3. au 15. degré de ♎. celui de la 4ᵉ. au 20. deg. du ♏. celui de la 5ᵉ. au second deg. du ♑. celui de la 6ᵉ. au 5. degré de ♒. & celui de la 7ᵉ. au 29. deg. 15. m. du ♒.

Les positions des signes étant trouvées, & les signes avec leurs degrés, ayant été placés dans le Theme céleste, on mettra chaque Planete avec son lieu ou sa longitude dedans la maison qui lui convient, à raison du Signe où elle se trouve, suivant les Tables ci-dessous; on pourra voir aussi dans la petite figure que j'ai fait graver au milieu de la Planche 9. des Aspects des Planetes, le Theme céleste dressé pour ce même jour.

	Longitude.	Maison.	Signes.	Maif.	Signes.
Le Soleil ☼	0. d. 0'. ♈				
La Lune ☾	12.d.12'. ♐	10.	♉ 20. deg.	4.	♏ 20. d.
Saturne ♄	3.d.13'. ♓	11.	♋ 2. d.	5.	♑ 2. d.
Jupiter ♃	27.d.12'. ♊	12.	♌ 5. d.	6.	♒ 5. d.
Mars ♂	5.d.58'. ♈	1.	♌ 29. 15'.	7.	♒ 29. 15'.
Venus ♀	15.d. 3'. ♉	2.	♍ 21. d.	8.	♓ 21. d.
Mercure ☿	26.d.25'. ♓ R.	3.	♎ 15. d.	9.	♈ 15. d.

Ces Tables, comme on l'a dit, ne sont dressées que pour le 20. Mars à midi 1729. mais s'il étoit proposé de dresser un Theme céleste à une autre heure, comme à 6. heures du soir, il faudroit trouver le vrai lieu du Soleil & des Planetes pour cette heure proposée, suivant ce qui est marqué dans les Ephemerides ou dans la Connoissance des tems. De plus après avoir mis le degré du Signe dans le Méridien, il faudroit mettre l'éguille des heures sur 12. heures, tourner ensuite le Globe du côté de l'Occident, jusqu'à-ce que cette éguille marquât l'heure proposée, qui est ici 6. heures du soir. Si l'heure proposée étoit le matin, il faudroit tourner le Globe vers l'Orient; alors on feroit les mêmes opérations qu'on a faites ci-devant. S'il falloit dresser le Theme céleste pour une autre élévation du Pole que Paris, il faudroit faire toutes les réductions nécessaires, pour lesquelles on se servira des Ephemerides ou de la Connoissance des tems, & faire attention à l'élévation du Pole du lieu, pour lequel on veut dresser l'horoscope: on pourra voir dans le premier Livre de cet Ouvrage ce que nous disons de la solidité de la science de l'Astrologie Judiciaire, en parlant des Aspects des Planetes. Cet usage m'a été demandé par plusieurs personnes, on le trouve à peu près de même dans les Récréations Mathematiques.

CHAPITRE V.

SECTION I.

Des Usages de la Sphere de Copernic.

USAGE PREMIER.

Expliquer par le mouvement diurne de la Terre le mouvement apparent de toutes les Spheres célestes.

IL faut premiérement orienter la Sphere artificielle, c'est-à-dire, la disposer de maniere que le Pole Arctique de l'Equateur soit tourné vers le Pole Arctique de la Sphere céleste. Mais comme en cette Sphere le Pole Boréal de l'Ecliptique tend au Zenit, le Pole de l'Equateur, qui n'en est éloigné que de 23. degrés & demi, ne sera pas élevé comme il faudroit sur l'Horison de Paris. Disposez pareillement le petit globe terrestre, en sorte que son Pole supérieur tende vers le Pole de l'Equateur, vous souvenant qu'il faut compter pour rien le diametre de l'orbe annuel : car quoiqu'il soit très-grand à notre égard, il n'a point de grandeur sensible comparé à l'immensité du Firmament. *Pl.* 45. *Fig.* 1.

Ensuite choisissez un lieu particulier de la Terre, comme par exemple, la Ville de Paris, qu'on peut distinguer par une petite marque; placez-la sous le petit Méridien terrestre, arrêtez son Horison sur le 49. degré dudit Méridien compté depuis le Pole de la Terre; cela étant fait, supposons le Globe terrestre en tel endroit de son orbe annuel que l'on voudra, comme par exemple, sous le colure des Solstices entre le Soleil & le premier point de Cancer, & la Ville de Paris dans l'Hémisphere éclairé sous le Méridien du jour; en cette situation le Soleil paroîtra au premier point de Capricorne, qui est la partie du Ciel opposée, & en même tems le plus élevé qu'il puisse être sur l'Horison de Paris de cette journée. Tellement que si on examine le rayon qui tend en ligne droite depuis le centre du Soleil jusqu'au centre de la Terre, on verra qu'il rencontre sa surface au Tropique de Capricorne, & qu'il coupe le Méridien de Paris en un point élevé sur son Horison de 17. deg. & demi, & qui par conséquent sera éloigné de son Zenit de 72. deg. & demi, laquelle hauteur méridienne est la moindre de toutes celles de l'année. Ensuite si on tourne avec le doigt peu-à-peu vers l'Orient le Globe terrestre avec son Méridien

& son Horison autour de son axe, le laissant toûjours sous ledit colure, à mesure que la Ville de Paris tournera du Midi vers l'Orient, le Soleil lui paroîtra tourner vers l'Occident, & s'abaisser peu-à-peu vers son Horison, jusqu'à ce qu'enfin le rayon du Soleil semble raser le bord occidental dudit Horison; & puis elle le perdra de vûe, auquel tems elle commencera d'entrer dans l'Hémisphere privé de la lumiere du Soleil. Que si pour lors l'air est serain, elle verra les Etoiles du Firmament & les Planetes qui se trouveront sur cet Hémisphere, dont les unes lui paroîtront se coucher, à sçavoir celles qui sont vers l'Occident, mais moins occidentales que le Soleil, parce que continuant sa route d'Orient vers le Méridien de la nuit, la Ville de Paris les perdra de vûe; & d'autres au contraire lui paroîtront se lever, & ensuite peu-à-peu s'élever sur son Horison à mesure qu'elle tournera vers la partie du Ciel où elles sont.

Ayant ainsi parcouru toute l'Hémisphere de la nuit, ladite Ville se trouvera dans la partie occidentale, d'où elle commencera de revoir le Soleil, qui lui paroîtra raser la partie orientale de son Horison, & ensuite s'élever peu-à-peu sur ledit Horison, à mesure que la Ville de Paris s'approchera du Méridien du jour.

Ainsi la Terre ayant achevé sa révolution autour de son axe en 24. heures d'Occident par le Midi vers Orient, & ses Habitans n'ayant point senti ce mouvement, parce qu'il est très-égal & uniforme, ils le rejettent sur le Soleil & sur tous les corps célestes qui les environnent, & qui leur paroissent avoir fait cette révolution du sens contraire, c'est-à-dire, d'Orient par le Midi vers Occident, à-peu-près de la même façon que ceux qui navigent sur une eau bien calme, ne sentant pas le mouvement de leur batteau, s'imaginent être en repos, & croyent que les maisons, les arbres & tout ce qu'ils voyent sur le rivage, se meuvent du sens opposé.

Les apparences sont à-peu-près les mêmes en tous les autres points de l'orbe annuel où la Terre se peut trouver, sinon qu'il y aura quelques différences dans les hauteurs méridiennes, dans la longueur des jours & des nuits, & dans les amplitudes orientales & occidentales, d'où s'ensuit la différence des saisons; ce que nous allons expliquer dans l'Usage suivant.

USAGE II.

Expliquer par le mouvement annuel de la Terre le changement des Saisons & l'apparence du mouvement annuel du Soleil.

PEndant chaque révolution journaliere de la Terre autour de son centre, ce même centre avance environ d'un degré dans son orbe annuel autour du Soleil, suivant l'ordre des Signes du Zodiaque ; mais cela se fait de maniere que son axe demeure toûjours sensiblement parallele à lui-même & à celui de l'Equateur celeste, c'est-à-dire que ses extrêmités, qui sont les Poles de la Terre, semblent toujours tendre vers les mêmes parties du Ciel ; ce qui fait que le rayon perpendiculaire qui tend en ligne droite du centre du Soleil au centre de la Terre, rencontre successivement tous les paralleles qui sont entre les deux Tropiques ; ce que nous allons rendre sensible par quelques exemples.

Mettez la Terre entre le Soleil & le premier point du Capricorne, le Soleil paroîtra au point du Ciel opposé, qui est le commencement de Cancer, & le rayon qui part de son centre rencontrera perpendiculairement la surface de la Terre au Tropique de Cancer, qu'il semblera décrire ce jour-là pendant le mouvement journalier de la Terre, laquelle est pour lors dans sa plus grande déclinaison septentrionale ; d'où s'ensuit que les peuples qui habitent autour de ce Tropique ont à midi de cette journée le Soleil à leur Zenit ; tous ceux qui habitent la Zone temperée septentrionale ont pour lors le commencement de leur Eté, puisque le Soleil approche ce jour-là le plus près qu'il se peut de leur Zenit. Ils auront aussi leur plus grand jour & leur plus courte nuit de toute l'année. Ainsi la ville de Paris, qui est située sur un parallele de ladite Zone temperée à 25. deg. & demi du Tropique de Cancer, aura ce jour à midi le rayon du centre du Soleil éloigné de son Zénit de 25. degrés & demi, & par consequent élevé de 64. degrés & demi sur son Horison, qui est sa plus grande hauteur meridienne de toute l'année ; elle aura en même tems son plus grand jour & sa plus courte nuit, comme il est aisé de le voir en faisant servir l'Horison de cercle du jour. Pour cet effet, éloignez ledit Horison de 90. degrés du lieu de la Terre où tombe le rayon perpendiculaire qui part du centre du Soleil, ce cercle en cette situation distingue l'Hemisphere éclairé de celui qui ne l'est pas, & divise en deux parties, les plus inégales qu'elles puissent être, tous les paralleles diurnes de la Terre excepté l'Equateur. Le Cercle polaire Arctique est tout entier dans l'Hemisphere éclairé : le polaire Antarctique tout entier dans l'autre Hemisphere : ce qui fait connoître premierement que pour les peuples qui habitent autour de l'Equateur, ce jour-là, comme tous les autres de l'année, est composé de douze heures de jour & de douze heures de nuit; que les habitans du Cercle polaire Arctique ont pour lors un jour de 24. heures continuelles sans nuit; que ceux au contraire qui habitent autour du Cercle polaire Antarctique, ont pour lors une nuit de 24. heures; que les peuples qui habitent entre l'Equateur & lesdits Cercles polaires ont des jours & des nuits d'autant plus inégales, à proportion qu'ils sont éloignés de l'Equateur. Et comme en cette position de la Terre les arcs diurnes des paralleles qui sont entre l'Equateur & le polaire Arctique sont plus grands que les arcs nocturnes, & que même ils sont les plus grands qu'ils puissent être, cela fait voir que les habitans de ces Pays-là ont pour lors les plus longs jours & les plus courtes nuits de toute l'année. Mais comme les arcs diurnes entre l'Equateur & le polaire Antarctique sont plus petits que les arcs nocturnes, & même les plus petits qu'ils puissent être, il s'ensuit que les habitans de ces Pays-là ont pour lors les plus courts jours & les plus longues nuits de l'année. Enfin examinant particulierement le parallele où est située la Ville de Paris, on verra que son arc diurne est double de l'arc nocturne, ce qui fait connoître que le jour y est de 16. heures, & la nuit de 8. heures.

L'amplitude orientale & occidentale sera pour lors la plus grande qu'elle puisse être dans la partie septentrionale de l'Horison. Si on veut la connoître pour le parallele de Paris, remettez l'Horison en sa premiere situation; c'est-à-dire à 49. degrés du Pole, ou 41. depuis l'Equateur, & comptez les degrés de l'Horison compris entre la section de l'Equateur, & le point où ledit Horison est coupé par le parallele que le Soleil paroît décrire ce jour là.

Tournez ensuite le Globe terrestre autour du Soleil selon la suite des Signes, & l'arrêtez par exemple vis-à-vis le premier degré des Poissons, le Soleil paroîtra au point du Ciel opposé, qui est le premier degré de la Vierge, & le rayon perpendiculaire de son centre rencontrera le parallele de la Terre, qui fait à peu près le milieu entre le Tropique de Cancer & l'Equateur; c'est pourquoi les peuples qui habitent autour de ce parallele, auront à midi de ce jour le Soleil à leur Zenit, & les habitans de la Zone temperée septentrionale auront pour lors à midi le Soleil moins élevé sur leur Horison que dans la situation précédente, parce que le rayon de son centre est plus éloigné de leur Zenit. Les amplitudes orientales & occidentales seront moindres, & la déclinaison de la Terre ne sera que d'environ 11. degrés & demi. Car cette déclinaison

naison est égale à l'angle que feroit au centre de la Terre le rayon perpendiculaire du Soleil avec le demi-diametre de l'Equateur.

Si vous placez l'Horison ensorte qu'il serve de cercle du jour, il coupera tous les paralleles entre les deux Tropiques en parties inégales, mais moins inégales que lorsque la Terre étoit au susdit Tropique; c'est pourquoi il y aura moins de différence entre les jours & les nuits, & sous le parallele de Paris le jour ne sera plus que de 14. heures, & la nuit de 10.

Faites encore tourner la Terre autour du Soleil, & l'arrêtez vis-à-vis le premier point d'Aries, le Soleil paroîtra au premier point de Libra, & le rayon perpendiculaire qui part de son centre, rencontrera l'Equateur terrestre, & coupera son axe à angles droits; c'est pourquoi la Terre n'aura point de déclinaison; les peuples qui habitent autour de l'Equateur, auront ce jour-là à midi le Soleil à leur Zenit; & comme Paris est éloigné de l'Equateur de 49. degrés, le Soleil paroîtra éloigné de son Zenit de 49. degrés, & par conséquent élevé de 41. sur son Horison. Il n'y aura point ce jour là d'amplitude orientale ni occidentale, puisque le Soleil paroîtra se lever & se coucher aux deux points de section de l'Equateur & de l'Horison.

Placez l'Horison de maniere qu'il serve de cercle du jour, il passera par les deux poles de la Terre, & coupera en deux parties égales tous les paralleles; c'est pourquoi les Peuples qui habitent entre les deux Cercles polaires, c'est-à-dire tous les habitans de la Zone torride & des deux temperées, auront équinoxe, ou bien 12. heures de jour & 12. heures de nuit.

Cet équinoxe s'appelle celui d'Automne, & les apparences se retrouveront à peu près les mêmes six mois après, lorsque la Terre sera parvenue à l'équinoxe du Printems.

Faites enfin tourner la Terre autour du Soleil jusqu'à-ce qu'elle se trouve vis-à-vis le premier point de Cancer, où étant parvenuë, le Soleil paroîtra au premier point de Capricorne, ce qui fait le commencement de l'Hyver pour les peuples qui habitent comme nous la partie septentrionale de la Terre.

Pendant que la Terre a passé de l'Equinoxe d'Automne au Tropique d'Hyver, le rayon perpendiculaire du centre du Soleil a rencontré successivement un de ses paralleles, compris entre l'Equateur & ledit Tropique, & lorsqu'elle est parvenue au commencement de Cancer; le Soleil paroît décrire le Tropique de Capricorne pendant le mouvement journalier de la terre, & c'est là sa plus grande déclinaison méridionale: tellement que les Peuples qui habitent autour de ce Tropique, ont pour lors à midi le Soleil à leur Zenit.

Placez enſuite l'Horiſon en ſorte qu'il ſerve de cercle du jour, il diviſera en deux inégalement tous les paralleles diurnes de la Terre, excepté l'Equateur, & même en parties les plus inégales qu'elles puiſſent être : le Cercle polaire Arctique ſera tout entier dans l'Hemiſphere de la nuit, & le polaire Antarctique tout entier dans l'Hemiſphere du jour ; les arcs diurnes des paralleles qui ſont dans la partie méridionale de la Terre, ſont plus grands que les arcs nocturnes, & au contraire les arcs diurnes des paralleles qui ſont dans la partie ſeptentrionale de la Terre, ſont plus petits que les arcs nocturnes ; c'eſt pourquoi ceux qui habitent autour du Cercle polaire Antarctique ont pour lors un jour de 24. heures ſans nuit, & ceux qui habitent autour du polaire Arctique, ont une nuit de 24. heures : les habitans des paralleles entre l'Equateur & le Cercle polaire Antarctique ont leurs plus longs jours & leurs plus courtes nuits de toute l'année, & ceux qui habitent comme nous entre l'Equateur & le Cercle polaire Arctique, ont leurs plus courts jours & leurs plus longues nuits de toute l'année : Et comme l'arc diurne du parallele où eſt la ville de Paris, eſt ſeulement la moitié de l'arc nocturne, il s'enſuit que pour lors le jour n'y eſt que de huit heures, & la nuit de 16. Le rayon perpendiculaire du centre du Soleil eſt le plus éloigné de ſon Zenit qu'il peut être ; à ſçavoir de 72. degrés & demi ; c'eſt pourquoi ſa hauteur méridienne de ce jour ne ſera que de 17. degrés & demi. Son amplitude orientale & occidentale ſera auſſi la plus grande qu'elle puiſſe être dans la partie méridionale de l'Horiſon.

On peut auſſi facilement voir avec cette Sphere pourquoi dans les Zones froides il y a pluſieurs jours de ſuite ſans nuits, en élevant l'Horiſon comme il convient pour ces Peuples, & pourquoi ſous les Poles il y a un jour & une nuit de ſix mois, puiſque l'Equateur ſert d'Horiſon à ceux qui habitent les Poles, & que le Soleil correſpond à la partie ſeptentrionale pendant ſix mois, & à la partie méridionale pendant les ſix autres mois.

Ces deux mouvemens de la Terre d'Occident en Orient, ſçavoir celui par lequel ſa ſurface fait en 24. heures une révolution autour de ſon axe, & le ſecond par lequel ſon centre parcourt en un an l'Ecliptique de ſon orbe autour du Soleil, reſſemblent aſſez aux mouvemens d'une rouë de chariot, dont la circonférence fait pluſieurs fois le tour de ſon eſſieu, pendant que ſon centre décrit ſur la ſurface de la Terre une portion de cercle concentrique au Globe terreſtre.

Toutes les irrégularités que l'on remarque dans les mouvemens des Planetes, s'expliquent bien facilement avec la Sphere de Copernic ; il n'y a qu'à y appliquer ce qui a été dit au Chapitre quatorziéme, Section 4. du premier Livre.

USAGE III.

Expliquer par le mouvement de l'axe de la Terre l'apparence du mouvement des Etoiles fixes.

CE troisiéme mouvement de la Terre ne se fait pas du même sens que les deux autres, & ressemble à-peu-près à celui que fait une Toupie sur la fin de son mouvement ; mais il est si lent, qu'il faut plusieurs siécles pour qu'il paroisse considérablement.

Il consiste dans une variation de l'axe du Globe terrestre, par laquelle ses Poles décrivent d'Orient par le Midi vers Occident un cercle autour des Poles de l'Ecliptique du Firmament en l'espace d'environ 25000. ans. Cela étant, ledit axe n'est pas toûjours exactement parallele à lui-même ; mais il change insensiblement sa situation, & fait toûjours un angle de 29. degrés & demi avec l'axe de l'Ecliptique.

Pour vous représenter ce mouvement, détournez contre l'ordre des signes l'axe du Globe terrestre, par exemple, de 30. degrés, que vous compterez à la circonférence d'un petit cercle qui est au haut de la Sphere, commençant au point qui joint le Pole de l'Equateur marqué au colure des solstices. Cela étant fait, le Pole Arctique de la Terre ne tendra plus au même point du Ciel où il tendoit auparavant, s'étant tourné vers un autre point plus occidental de 30. degrés à la circonférence du petit cercle ; & comme l'axe de la Terre fait partie de l'axe de l'Equateur céleste, les Poles apparens des Cieux doivent paroître avoir changé de place, & être pareillement devenus plus occidentaux, & par conséquent les intersections de l'Ecliptique & de l'Equateur ne se feront plus aux mêmes points du Ciel qu'ils se faisoient il y a environ 2000. ans, mais en d'autres points qui vont contre l'ordre des Signes. Ainsi l'intersection de l'Equinoxe du Printems, qui autrefois se faisoit vis-à-vis la premiere Etoile du Belier du Firmament, se doit faire à présent vis-à-vis le commencement des Poissons, & comme le demi-colure des Equinoxes, qui passe par cette intersection, est le principe duquel on commence à compter la longitude des Astres, il s'ensuit que toutes les Etoiles du Firmament, quoiqu'immobiles, paroîtront s'être avancées selon l'ordre des Signes de 30. degrés, & par conséquent elles auront 30. degrés de longitude plus qu'elles n'avoient autrefois ; c'est aussi la raison pourquoi l'Etoile qui est à l'extrémité de la queuë de la petite Ourse, que l'on appelle Etoile polaire, est presentement beaucoup plus voisine du Pole apparent qu'elle ne l'étoit autrefois, & à la suite des tems ce même Pole s'approchera d'autres Etoiles qui pourront à leur tour être appellées Polaires.

SECTION II.

Description & usage du Globe terrestre, monté suivant le Systême de Copernic.

LE Globe terrestre placé dans la Sphere du systême de Copernic, étant trop petit pour résoudre les problêmes d'Astronomie & de Géographie, & en expliquer les Usages; j'ai trouvé à propos d'en dresser un plus gros séparé de la Sphere. Ce Globe est attaché au Méridien comme les autres; & tourne dans l'Horison qui sert aussi de cercle du jour. Le Soleil est supposé au Zenit du Globe, où est placé un vertical ou cercle de hauteur, les deux Poles de ce Globe doivent passer dans les entailles de l'Horison, de même que le Méridien, il faut aussi que le cercle horaire que l'on a coutume de placer sur le Méridien aux Globes & Spheres ordinaires, se place dans celui-ci sous le Méridien & au Pole méridional; on y ajuste aussi un index de laiton mince dont les extrémités de cet index étant placées sur le Méridien du lieu puissent marquer midi d'un côté & minuit de l'autre. *Planche 45. Fig. 2.*

Le Soleil est supposé au Zenit du Globe où est placé le vertical ou cercle de hauteur, pour servir aux différens usages; je vais seulement en expliquer trois, pour servir d'exemple; les autres se pratiqueront de la même maniere qu'aux Chapitres III. & IV.

USAGE I. *Placer le Globe, comme il est au tems des Equinoxes.*

Il faut mettre les deux Poles de la Terre dans les entailles de l'Horison ou cercle du jour, & la coulisse du vertical qui représente le Soleil au Zenit du Globe; faites tourner la Terre autour de son axe d'Occident en Orient suivant l'hypothese de Copernic, vous verrez que pendant une révolution journaliere, la Terre présente son Equateur au rayon central du Soleil, lequel rencontrant perpendiculairement le milieu de l'axe de la Terre, semble décrire son Equateur; c'est pourquoi les Peuples qui habitent autour de l'Equateur de la Terre ont successivement chacun à leur tour le Soleil à leur Zenit à l'heure de midi, pendant une révolution de la Terre qui se fait en 24. heures; & comme dans cette situation

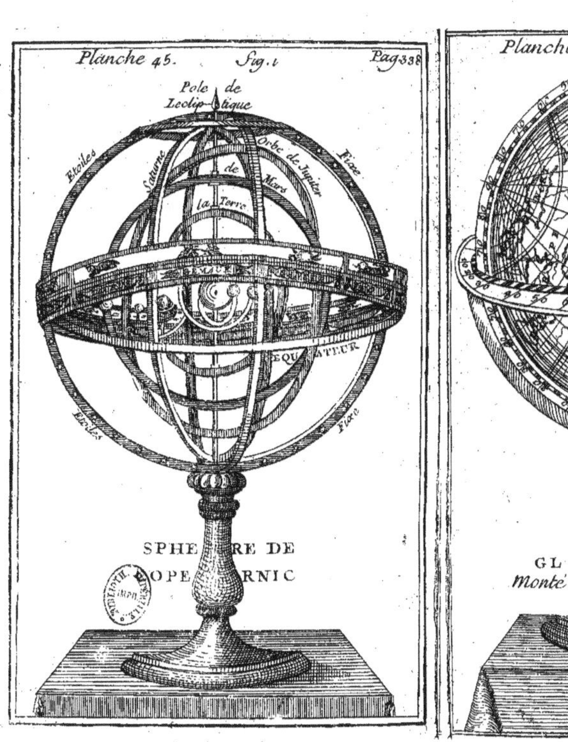
Planche 45.
Fig. 1
Pag 338
Pole de
Lecliptique
Etoiles
Fixe
Saturne
Orbe de Jupiter
de
Mars
la Terre
EQUATEUR
SPHERE DE
COPERNIC

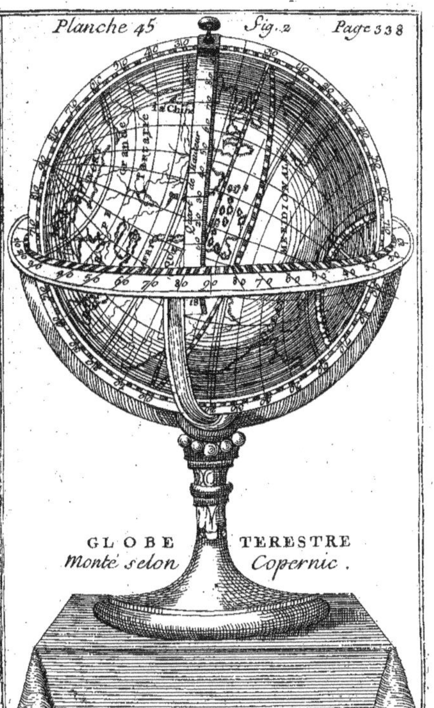
Planche 45
Fig. 2
Page 338
GLOBE TERESTRE
Monté selon Copernic.

l'Equateur & tous les paralleles sont coupés en parties égales par le cercle du jour, cela fait connoître que tous les habitans de la Terre ont dans ce tems-là les jours égaux aux nuits; & c'est ce que l'on nomme l'Equinoxe, qui arrive deux fois l'année, comme il a été expliqué ci-devant.

USAGE II. *Etant midi dans un lieu proposé, marquer tous les autres lieux de la Terre où il est jour, & les autres où il est nuit.*

Soit proposée la Ville de Paris, mettez-la sous le Méridien du Globe, on verra que tous les Pays de la Terre qui se trouvent dans l'Hémisphere supérieur ont le jour, & tous ceux qui sont dans l'Hémisphere inférieur ont la nuit, parce que l'Horison sépare toûjours la Terre en deux parties égales, celle qui est au-dessus est éclairée; & celle qui est au-dessous est privée de lumiere.

USAGE III. *Un lieu de la Terre étant proposé, connoître de combien d'heures est son plus long jour de l'année, & la plus grande hauteur méridienne du Soleil sur son Horison.*

Si le lieu proposé est dans la partie septentrionale, comme par exemple, la Ville de Paris; élevez sur l'Horison le Pole septentrional de la Terre de vingt-trois degrés vingt-neuf minutes, de sorte que le Tropique de Cancer, soit sous le Zenit du Globe & sous le Soleil; examinez ensuite le parallele de Paris, vous verrez qu'en cette position de la Terre, son arc diurne est double de l'arc nocturne, & qu'il contient 240. degrés; d'où s'ensuit que le plus grand jour de l'année est de 16. heures, & la plus courte nuit de 8. heures, parce que 240. degrés divisés par 15. font 16. heures; à l'égard de la plus grande hauteur méridienne du Soleil, comptez les degrés du Méridien compris entre le parallele de Paris & le Soleil qui est au Zenit du Globe, vous trouverez 25. degrés 21. min. lesquels étant soustraits de 90. le reste 64. deg. 39. min. sera la plus grande hauteur méridienne du Soleil sur l'Horison de Paris, & ainsi des autres Usages, comme il a été expliqué ci-devant dans les Usages du Globe terrestre.

Table pour réduire le Tems en parties de l'Equateur.

He.	Deg.	Min.	D.	M.	Min.	D.	M.
		Sec.	M.	Se.	Sec.	M.	Sec.
		Tier.	Se.	Ti.	Tier.	Sec.	Ti.
1	15	1	0	15	31	7	45
2	30	2	0	30	32	8	0
3	45	3	0	45	33	8	15
4	60	4	1	0	34	8	30
5	75	5	1	15	35	8	45
6	90	6	1	30	36	9	0
7	105	7	1	45	37	9	15
8	120	8	2	0	38	9	30
9	135	9	2	15	39	9	45
10	150	10	2	30	40	10	0
11	165	11	2	45	41	10	15
12	180	12	3	0	42	10	30
13	195	13	3	15	43	10	45
14	210	14	3	30	44	11	0
15	225	15	3	45	45	11	15
16	240	16	4	0	46	11	30
17	255	17	4	15	47	11	45
18	270	18	4	30	48	12	0
19	285	19	4	45	49	12	15
20	300	20	5	0	50	12	30
21	315	21	5	15	51	12	45
22	330	22	5	30	52	13	0
23	345	23	5	45	53	13	15
24	360	24	6	0	54	13	30
		25	6	15	55	13	45
		26	6	30	56	14	0
		27	6	45	57	14	15
		28	7	0	58	14	30
		29	7	15	59	14	45
		30	7	30	60	15	50

Table pour réduire les parties de l'Equateur en Tems.

Deg.	H.	M.	Deg.	H.	M.			
Min.	M.	Se.	Min.	M.	Se.			
Sec.	Se.	Ti.	Sec.	Se.	Ti.	Deg.	H.	M.
1	0	4	31	2	4	70	4	40
2	0	8	32	2	8	80	5	20
3	0	12	33	2	12	90	6	0
4	0	16	34	2	16	100	6	40
5	0	20	35	2	20	110	7	20
6	0	24	36	2	24	120	8	0
7	0	28	37	2	28	130	8	40
8	0	32	38	2	32	140	9	20
9	0	36	39	2	36	150	10	0
10	0	40	40	2	40	160	10	40
11	0	44	41	2	44	170	11	20
12	0	48	42	2	48	180	12	0
13	0	52	43	2	52	190	12	40
14	0	56	44	2	56	200	13	20
15	1	0	45	3	0	210	14	0
16	1	4	46	3	4	220	14	40
17	1	8	47	3	8	230	15	20
18	1	12	48	3	12	240	16	0
19	1	16	49	3	16	250	16	40
20	1	20	50	3	20	260	17	20
21	1	24	51	3	24	270	18	0
22	1	28	52	3	28	280	18	40
23	1	32	53	3	32	290	19	20
24	1	36	54	3	36	300	20	0
25	1	40	55	3	40	310	20	40
26	1	44	56	3	44	320	21	20
27	1	48	57	3	48	330	22	0
28	1	52	58	3	52	340	22	40
29	1	56	59	3	56	350	23	20
30	2	0	60	4	0	360	24	0

Les Tables ci-dessus servent pour réduire le tems en degrés & minutes de l'Equateur, & les degrés & minutes de l'Equateur en tems. La premiere colonne contient les heures, & la seconde colonne, leur valeur en degrés; les deux autres colonnes contiennent les minutes, & à côté la valeur de ces minutes.

L'autre Table contient les degrés de l'Equateur, & à côté la valeur de ces degrés en tems; ce qui est facile à comprendre après ce que nous en avons dit au commencement de ce troisiéme Livre.

TABLE

TABLE ASTRONOMIQUE

SELON

LE SYSTEME DE COPERNIC,

Tirée des Obſervations de Meſſieurs de l'Académie des Sciences, faites à l'Obſervatoire Royal de Paris.

Les années communes ſont de 365 jours. Les mois communs de 30 jours. Les époques ſont en 1700. Les lieues ſont de 25 au degré, ou de 2282 $\frac{2}{5}$ Toiſes de Paris.

PROPRIETÉS DU SOLEIL.

LE Soleil tourne ſur lui-même en 25 jours $\frac{1}{2}$.

Il paroît de la Terre tourner en 27 j. 12 h. 20′.

Son Axe eſt incliné ſur l'Ecliptique de la Terre de 7 deg. $\frac{1}{2}$.

Son Pole Boreal regarde le huitiéme degré de ♓, & l'Auſtral le huitiéme degré de ♍.

Son Diametre apparent dans l'Apogée eſt de 31′. 38″.

Son Diametre apparent dans le Perigée eſt de 32′. 44″.

Son Diametre apparent dans ſa moyenne diſtance eſt de 32′. 11″.

Son Diametre réel vaut 286500 lieues communes.

Son Rayon vaut 143250 lieues communes.

Son Circuit vaut 900000 lieues communes.

Sa Surface vaut 257850000000 lieues quarrées.

Sa Solidité vaut 12312337500000000 lieues cubiques.

Dans l'Apogée il eſt éloigné de la Terre de 11187 diametres terreſtres, ou de 32050755 lieues communes.

Dans ſon Perigée il en eſt éloigné de 10813 diametres terreſtres, ou de 30979245 lieues communes.

Dans ſes moyennes Diſtances il en eſt éloigné de 11000 diametres terreſtres, ou de 31515000 lieues communes.

Il eſt plus près de la Terre en Hyver qu'en Eté, de 374 diametres terreſtres, ou de 1071510 lieues communes.

Proprietés communes aux six Planetes.	*Mercure* ☿.	*Venus* ♀.
ELLE tourne autour du SOLEIL en........	2 mois 28 jours......	7 mois 14 jours 7 h.
Son Orbe fait avec l'Ecliptique un angle de	6 degrés..........	3^d. 30'..........
Son Nœud ascendant est au	14^d. 47'. de ♉	13^d. 47'. de ♊ ......
Il fait un degré selon la suite des Signes en	45 ans..........	76 ans..........
L'Aphélie est au	19^d. 30'. de ♐......	3^d. 29'. de ♒......
L'Aphélie fait un degré selon la suite des Signes en..................	40 ans..........	46 ans..........
L'Axe de son Orbe est divisé par le Soleil dans le rapport de..............	14 à 17	27 à 29..........
L'Axe de son Orbe vaut de diametres terrestres..................	8514..........	15906..........
Son rayon vaut de diametres terrestres....	4257..........	7953..........
Son circuit vaut de diametres terrestres...	26742..........	49960..........
L'excentricité vaut de diametres terrestres..	880..........	55..........
Sa moyenne Distance au Soleil est à celle de la Terre au Soleil comme..............	4 à 11, ou 39 à 100	8 à 11, ou 72 à 100.
Elle est éloignée du Soleil dans l'Aphélie en diametres terrestres..............	5137..........	8008..........
Elle est éloignée du Soleil dans son Périhélie en diametres terrestres..............	3377..........	7898..........
Son Apogée d'Aphélie, la Terre étant en sa moyenne distance, vaut de diametres terrestres..................	16137..........	19008..........
Son Perigée de Périhélie, la Terre étant en sa moyenne distance, vaut de diametres terrestres..................	7623..........	3102..........
Sa moyenne Distance à la Terre en diametres terrestres..................	11880..........	11053..........
Son plus petit diametre apparent vaut.....	8"..........	12"..........
Son plus grand vaut..................	16"..........	73"..........
Son moyen vaut..................	12"..........	42"..........
Son Diametre réel vaut de lieues communes	1187..........	2820..........
Son Rayon vaut de lieues communes......	593 ½..........	1410..........
Son Circuit vaut de lieues communes......	3730..........	8858..........
Sa Surface vaut de lieues quarrées......	4427510..........	24979560..........
Sa Solidité vaut de lieues cubiques......	875909061 $\frac{2}{15}$	11740393200..........
Elle tourne sur elle-même en............	*inconnu*..........	24^h. (*soupçon.*)......
Son Axe est incliné à son Orbite de......	*inconnu*..........	*inconnu*..........
Son Diametre est à celui de la Terre comme	41 à 100..........	98 à 100..........
Sa Surface est à celle de la Terre comme....	168 à 1000..........	960 à 1000..........
Sa Solidité est à celle de la Terre comme....	689 à 10000..........	9412 à 10000..........
Un Degré de grand Cercle vaut de lieues communes..................	....	....

La Terre ♁.	♂ Mars.	Jupiter ♃.	Saturne ♄.
365 j. 5h. 48'. 52''.	1 an [illegible] 18h.	11 ans 10 mois 16 j.	29 ans 5 m. 5 j. 13h.
0.	1d. 50'.	1d. 20'.	2d. 30'. 50''.
0.	17d. 33'. de ♉.	16d. 22'. de ♋.	21d. 37'. de ♋.
0.	90 ans.	[illegible] ans.	68 ans.
7d. 26'. de ♑.	0d. 31'. de ♌.	8d. 9'. 51''. de ♎.	29d. 15'. de ♐.
58 ans.	54 ans.	76 ans.	32 ans.
49 à 50.	9 à 11.	10 à 11.	8 à 9.
22000.	33528.	114400.	209836.
11000.	16764.	57200.	104918.
69102.	105310.	359330.	659094.
187.	1551.	27505.	6017.
1 à 1.	[illegible]	57 à 11, ou 520 à 100.	19 à 2, ou 955 à 100.
11187.	18315.	59950.	110935.
10813.	15213.	54450.	98901.
0.	29315.	70950.	121935.
0.	4213.	43450.	87901.
0.	16750.	57500.	105000.
0.	4''.	31''.	17''.
0.	26''.	50''.	24''.
0.	14''.	40''.	21''.
2865.	1551.	29689.	28501.
1432 ½.	775 ½.	14844 ½.	14250 ⅙.
9000.	4871.	93252.	89525.
25785000.	7554921.	2768558628.	2551552025.
12312337500.	1952947078 ⅙.	1369928957782.	1212029737742 ⅙.
23h. 56'. 3''. 27'''.	24h. 40'.	9h. 56'.	10h. (soupçon.)
23d. 29'.	0.	0.	32d. (soupçon.)
1 à 1.	54 à 100.	1036 à 100.	995 à 100.
1 à 1.	291 à 1000.	107529 à 1000.	99062 à 1000.
1 à 1.	1574 à 10000.	11119346 à 10000.	9850748 à 10000.
25, ou 57060 toises.	...	...	...

Satellites de Jupiter.

LE premier tourne autour de Jupiter en 1. jour 18 heures 28'. 36".
Il est distant du centre de Jupiter de 2 diametre $\frac{5}{6}$ de Jupiter.
Le second en 3 j. 13 h. 17' 54".
Distant de 4 diam. & demi.
Le troisiéme, en 7 j. 3 h. 59'. 40".
Distant de 7 diam. un sixiéme.
Le quatriéme, en 16 j. 18 h. 5'. 6".
Distant de 12 diamet. deux tiers.

Satellites de Saturne.

LE premier tourne autour de Saturne en 1 j. 21 h. 18'. 31".
Il est distant du centre de Saturne des $\frac{39}{40}$ du diametre de Saturne.
Le second, en 2 j. 17 h. 41'. 27".
Distant d'un diametre un quart.
Le troisiéme, en 4 j. 13 h. 47'. 16".
Distant d'un diametre $\frac{3}{4}$.
Le quatriéme, en 15 j. 22 h. 41'. 11".
Distant de 4 diametres.
Le cinquiéme, en 79 j. 7 h. 53'. 57".
Distant de 12 diametres.

Anneau ou Anses de Saturne.

LE rayon du corps de Saturne est au petit rayon de son An. cōe 29 à 45.
Il est au grand rayon de l'Anneau comme 29 à 63.
Il est à la larg. de l'An. comme 29 à 18.
Le grand diametre de l'Anneau vaut 61916 lieues.
Le petit diam. de l'Ann. en vaut 44224.
Le grand circuit vaut 181979 lieues.
Le petit circuit en vaut 138914.
Le grand diam. apparent vaut 46". dans sa moyenne distance: & le petit diam. appar. vaut 33". dans sa moyen. dist.
L'An. coupe l'orbe de Saturne dans une droite qui tend au 20 de ♐ & de ♊.
L'An. fait avec l'orbe un angle de $33^d \frac{1}{2}$.
Le plan de l'Anneau coupe l'Ecliptiq. par une droite qui passe par le 21 d. 30'. de ♍ & de ♓.
L'An. est incliné à l'Eclipt. de 31. deg.
L'Orbe de Saturne fait avec l'Ecliptique un angle de 2 d. 33'. 30".

Satellite de la Terre, ou la ☾.

ELle tourne autour de la Terre en 27 jours 7 heures 43 min. 6 sec.
Son Mois synodique est de 29 jours 12 heures 44 min. 3 sec.
Son Orbite est inclinée sur celle de la Terre de 5 deg. 1'.
Ses Nœuds retrogradent d'un tour en 18 ans 8 mois 19 jours 5 heures.
Son Apogée se meut S. S. S. & fait un tour en 8 ans 10 m. 11 j. 7 h. 40'.
Sa moindre excentricité est d'un 216 milliéme de diamétre terrestre.
Sa plus grande est d'un 875 milliéme de diametre terrestre.
Sa plus grande distance à la Terre est de 30 diam. terrestres 15 seiziémes.
Sa moindre de 27 diam. terrestres $\frac{5}{32}$.
Sa moyenne de 29 diam. terrest. $\frac{1}{16}$, ou de 83264 lieues $\frac{1}{16}$.
Sa moyenne dist. à la Terre n'est qu'un 366me de celle du Soleil à la Terre.
Son moind. diam. appar. est de 29'. 39".
Son plus grand, de 33' 47".
Son moyen, de 31'. 34".
Son diam. réel est environ les 27 centiémes de celui de la Terre.
Il contient 774 lieues communes.
Son rayon vaut 387 lieues communes.
Son circuit vaut 2431 lieues commun.
Sa surface, 1881594 lieues quarrées.
Sa solidité, 242725629 lieues cubiques.
Sa surface est à celle de la Terre cōe 72 à 1000. Et sa solidité cōe 197 à 10000.
L'Année commune Lunaire est de 354 jours 8 heures 48 min. 38 sec.
L'Epacte des années communes est de 10 jours 15 heures 11 min. 22 sec.
L'Epacte des années Bissextiles est de 11 jours 15 heures 11 min. 22 sec.
La distance du centre de son orbe à chacun des foyers, est au grand rayon comme 100000 à 4344.
Le rayon de l'orbe de la Lune étant 100000, sa moindre excentricité sera de 4332 parties. Et la plus grande sera de 6678 parties.

SECTION III.

SECTION III.

Des observations des Taches du Soleil.

POur satisfaire la curiosité de quelques personnes, j'ai fait graver la figure du Soleil avec les taches qui paroissent de tems en tems sur son disque ; je vais en donner la description tirée des observations de Messieurs de l'Académie Royale des Sciences, & décrite par feu M. Cassini sur celles qui parurent en l'année 1672. & qui sont celles dont les observations ont été les plus suivies. Il dit que le 18. Octobre vers les sept heures du matin, M. Romer voulant prendre des hauteurs du Soleil avec un quart de cercle à lunette, il apperçut une grosse tache qui étoit un peu avancée sur la partie orientale du disque du Soleil, il prit aussitôt une lunette de vingt pieds, avec laquelle il découvrit que cette tache étoit de figure triangulaire, qu'il y avoit alentour un petit nuage brun, dans lequel elle étoit enfermée ; il apperçut en même tems cinq autres petites taches, qui étoient assez proche de la grosse, sçavoir, une au-dessus, & quatre à droite, outre une sixiéme plus éloignée aussi à droite, ce qui paroissoit ainsi au travers de la lunette, qui renversoit les objets.

Il s'appliqua ensuite à déterminer la situation du milieu de la plus grosse tache à l'égard des Parties du monde ; & il observa qu'à 7. heures 40. min. elle étoit dans un parallele de l'Equateur plus méridional de 9. minutes & 5. secondes que celui du centre du Soleil, & qu'à l'égard du même cercle horaire, le bord occidental du Soleil la précédoit d'une minute 33. secondes & demie de tems, le disque entier employant alors 2. minutes & 12. secondes à passer le même cercle horaire. Il remarqua aussi que tout le nuage qui enveloppoit la grosse tache passoit en 3. secondes de tems.

Le 19. & les autres jours suivans, il continua les observations, & il remarqua de jour en jour plusieurs changemens considérables, non-seulement dans la grosse tache, mais encore dans celles d'alentour, dont quelques-unes d'abord se dissiperent. Celles qui étoient restées se trouverent tous les jours avoir changé de situation, & enfin toutes les petites disparurent, de telle sorte qu'il ne resta plus que la grosse, qui demeurant toûjours dans le nuage dont elle étoit enveloppée, vint à s'étrecir fort sensiblement vers la fin; non pas qu'en effet elle diminuât à proportion, mais parce qu'elle suivoit la convexité du Globe du Soleil, & qu'étant plate, elle se présentoit de profil aux yeux, ce qui la faisoit paroître plus étroite.

Le mauvais tems empêcha de la suivre plus avant que le 26. mais M. Caſſini qui étoit alors en Provence, la vit encore le 27. à midi lorſqu'elle touchoit le bord occidental du Soleil; & ſes obſervations ſe ſont trouvées conformes à celles de Paris.

Or d'autant que l'étreciſſement de la tache pendant les derniers jours n'avoit été qu'apparent, & qu'en effet elle étoit encore très-grande, cela fit juger qu'elle pourroit durer aſſez pour ſe faire voir encore une fois au bord oriental du Soleil, après avoir achevé le tour entier; & comme l'on ſçavoit à peu près le tems auquel cela devoit arriver, Meſſieurs Picart & Romer ne manquerent pas de ſe tenir prêts pour cette obſervation.

Le 9. Novembre elle ne parut point à cauſe des nuages; mais le 12. au matin ces Meſſieurs la découvrirent, & trouverent qu'elle étoit déja avancée d'environ la vingt-ſixiéme partie du diametre du Soleil. Elle leur parut ce jour là à peu près de la figure d'une fourmi; le 13. elle étoit partagée en deux, & le 14. on apperçut un nuage à l'entour, au bord duquel il parut une troiſiéme tache plus petite que les deux autres. Le mauvais tems ayant interrompu leurs obſervations, ils ne purent revoir le Soleil que le 18. au matin, ils découvrirent un petit point noir qui étoit reſté, & qui n'étoit encore gueres avancé au-delà du milieu du Soleil. Ils ſuivirent cette derniere tache de jour en jour; & enfin le 22. lorſqu'il falloit du moins une lunete de 6. pieds pour la voir, & qu'elle étoit fort proche du bord occidental du Soleil, puiſqu'elle n'en étoit éloignée que de 8. ſecondes, l'apparence en étoit ſi foible qu'on fut obligé de recevoir l'image du Soleil dans un lieu obſcur au travers de la lunete de 6. pieds.

La tache ayant duré long-tems, a donné lieu de déterminer aſſez exactement le tems de ſon entiere révolution à notre égard, qui s'eſt trouvée de 27. jours 10. heures & demi; & déduiſant enſuite le retardement que le mouvement annuel devoit avoir cauſé à cette révolution, l'on a conclu que la période du mouvement des taches, & par conſéquent celle du Soleil autour de ſon centre eſt en ſoi de 27. jours & demi, quoiqu'elle ſouffre divers retardemens apparens en différens tems de l'année, ſuivant l'inégalité du mouvement annuel.

Si les taches du Soleil tournoient ſur un axe qui fût perpendiculaire à l'Ecliptique, elles nous paroîtroient toujours ſuivre des lignes droites paralleles à l'Ecliptique; mais parce que cet axe eſt incliné vers une certaine partie du monde à laquelle il demeure pointé, & que cependant à cauſe du mouvement annuel, il ſe trouve tantôt tourné vers nous, & tantôt panché de côté, en ſorte qu'à notre égard il va changeant continuellement de position, de là vient qu'en divers tems de l'année les taches du Soleil nous paroissent tenir des routes fort différentes, & qu'à proportion de ces changemens une même tache venant à traverser une seconde fois le disque du Soleil, ne reprend pas les mêmes traces qu'auparavant.

La tache dont il a été parlé jusques ici, a toûjours été dans un parallele du Soleil, qui déclinoit de 15. degrés vers le Pole méridional; & cependant elle a paru tenir deux chemins assez écartés l'un de l'autre, quoiqu'inclinés à peu près de la même maniere. La ligne de son premier passage a été un peu courbe, mais celle du second est devenuë sur la fin exactement droite; d'où s'ensuit que les deux Poles du mouvement étoient alors dans les bords du disque visible du Soleil, le Pole méridional étant à droite, & le septentrional à gauche, au contraire de ce qui est représenté dans la figure qui est renversée. *Planche* 46.

Au reste, toutes les observations ont concouru à déterminer que la partie boréale de l'axe du Soleil est inclinée de sept degrés vers le commencement du signe des Poissons. Cette détermination est assez conforme à ce que l'on a tenu jusqu'ici; l'on ne s'arrête pas à en déduire les conséquences. M. Cassini les a expliquées clairement dans une Théorie qu'il inventa au sujet des Observations faites en l'année 1671. La méthode qu'il donne a cela de particulier, qu'elle ôte les embarras causés par le mouvement annuel; & pour cet effet, il réduit les observations à ce qui auroit dû paroître, si durant tout le tems qu'une tache est à passer d'un bord à l'autre du Soleil, l'œil & le Soleil étoient demeurés immobiles à une distance immense l'un de l'autre, & dans la même ligne d'opposition où ils étoient lorsque la tache a paru dans son cours visible.

Monsieur Hart-Soëker aussi de l'Académie des Sciences, dit dans son Traité d'Essai de Dioptrique imprimé en 1694. qu'il y a 50. ou 60. ans qu'on n'observoit presque jamais le Soleil sans y trouver quelques taches, c'est-à-dire quelques corps opaques, qui flottant sur sa surface, nous déroboient une partie de sa lumiere; mais à présent elles sont dévenuës si rares, qu'il se passe quelquefois deux ou trois ans, sans qu'il en paroisse aucune.

Ce que l'on observe de plus remarquable touchant ces taches, est qu'elles ne gardent aucune figure particuliere; que la plûpart se trouvent entourées d'une Atmosphere en forme de nuage ou de fumée, où elles se font voir à peu près comme on voit le noyau dans une Comete; qu'il semble qu'elles flottent sur la surface du

Soleil, comme on voit flotter l'écume sur quelque liqueur qui commence à bouillir ; qu'elles employent pour aller d'un bord à l'autre la moitié du tems qu'elles employent pour faire une révolution entiere ; & qu'elles paroissent & disparoissent en très-peu de tems : & enfin qu'à l'endroit du Soleil où son feu a gagné & consumé quelque tache, il paroît une lumiere plus vive & plus éclatante que celle que l'on observe dans le reste de sa surface, ensorte qu'il semble qu'une flamme extraordinairement claire ait succedé à sa place, comme il arrive quand on a jetté quelque matiere combustible dans le feu.

Il dit que ces observations nous peuvent mener aux conjectures suivantes ; sçavoir, que le Soleil n'est qu'un très-grand amas du premier Element ou d'un feu presque semblable à celui que nous voyons ici-bas ; que ce feu a continuellement besoin de nourriture, qu'il prend sans cesse de l'air qui l'environne, & qui est peut-être rempli de matiere combustible, de même que celui que nous respirons ; que toute la surface du Soleil est toûjours entourée d'une espéce de fumée assez légere qui s'éloigne continuellement de son centre, par la même raison que la fumée de notre feu s'éloigne du centre de la Terre.

On se sert aussi des taches du Soleil, pour observer les Eclipses, en remarquant précisément l'heure, la minute & seconde de l'arrivée de l'ombre aux taches, comme 1e. 2e. &c.

SECTION IV.

De la construction d'un Globe céleste dont l'usage est perpetuel.

COmme le Firmament paroît se mouvoir autour des Poles de l'Ecliptique, la latitude des Etoiles est invariable, puisque leur mouvement se fait sans s'approcher ni reculer de l'Ecliptique ; mais leur longitude paroît changer selon l'ordre des Signes d'un degré en 70. ans, ou d'environ 51. secondes par an ; & cela se fait également pour toutes les Etoiles fixes. Il n'en est pas de même de leurs déclinaisons & ascensions droites, car elles changent différemment, selon leurs différentes situations dans le Ciel ; quelquefois elles augmentent, d'autres fois elles diminuent à raison de l'obliquité que fait l'Ecliptique avec l'Equateur.

Ces changemens sont cause que les anciens Globes ne marquent plus exactement le vrai lieu des Etoiles dans le Ciel, & que de tems en tems il en faut refaire de nouveaux : car un Globe céleste, où les constellations ont été placées comme elles l'étoient au tems de sa construction, ne représente plus dans la suite leurs

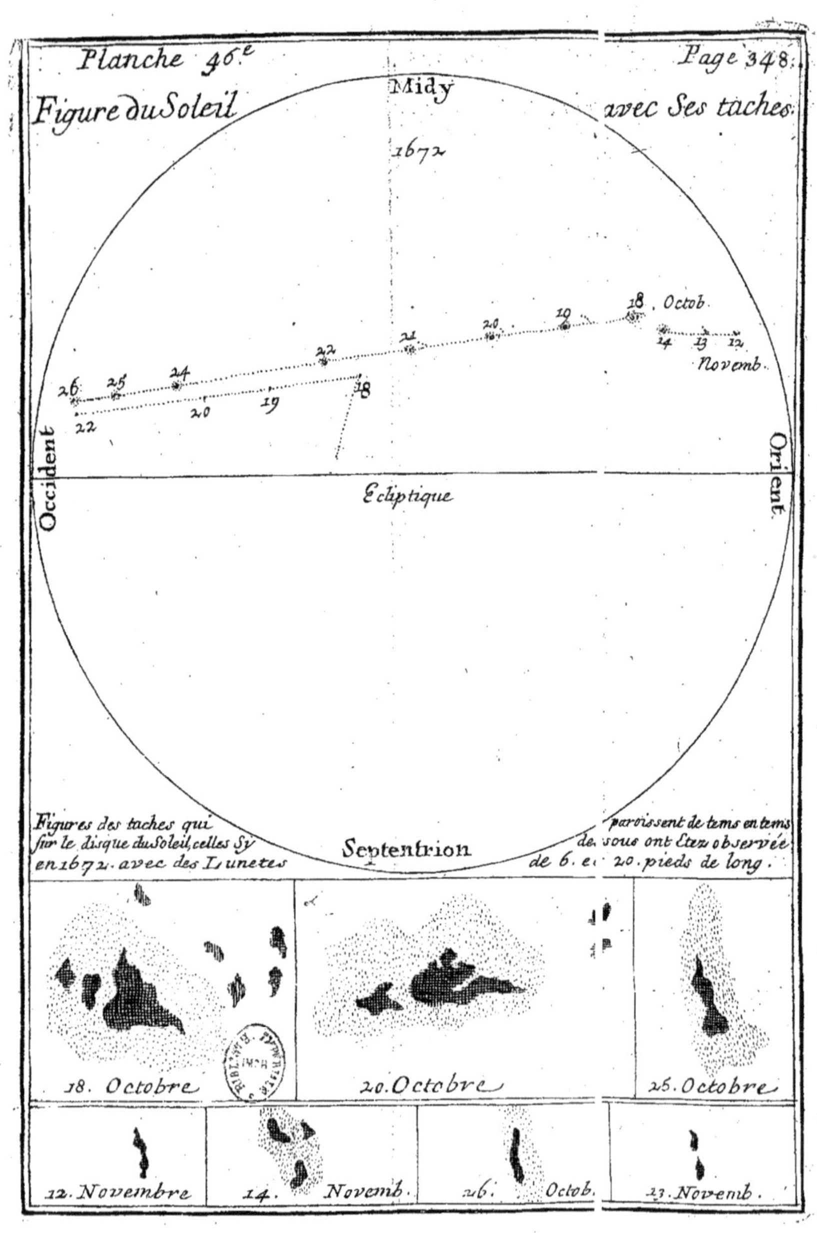
Planche 46.e
Page 348.
Figure du Soleil avec Ses taches.
Midy
1672
18. Octob.
Novemb.
Occident
Orient.
Écliptique
Septentrion
Figures des taches qui paroissent de tems en tems sur le disque du Soleil, celles sy dessous ont Étez observée en 1672. avec des Lunetes de 6. et 20. pieds de long.
18. Octobre
20. Octobre
25. Octobre
12. Novembre
14. Novemb.
26. Octob.
13. Novemb.

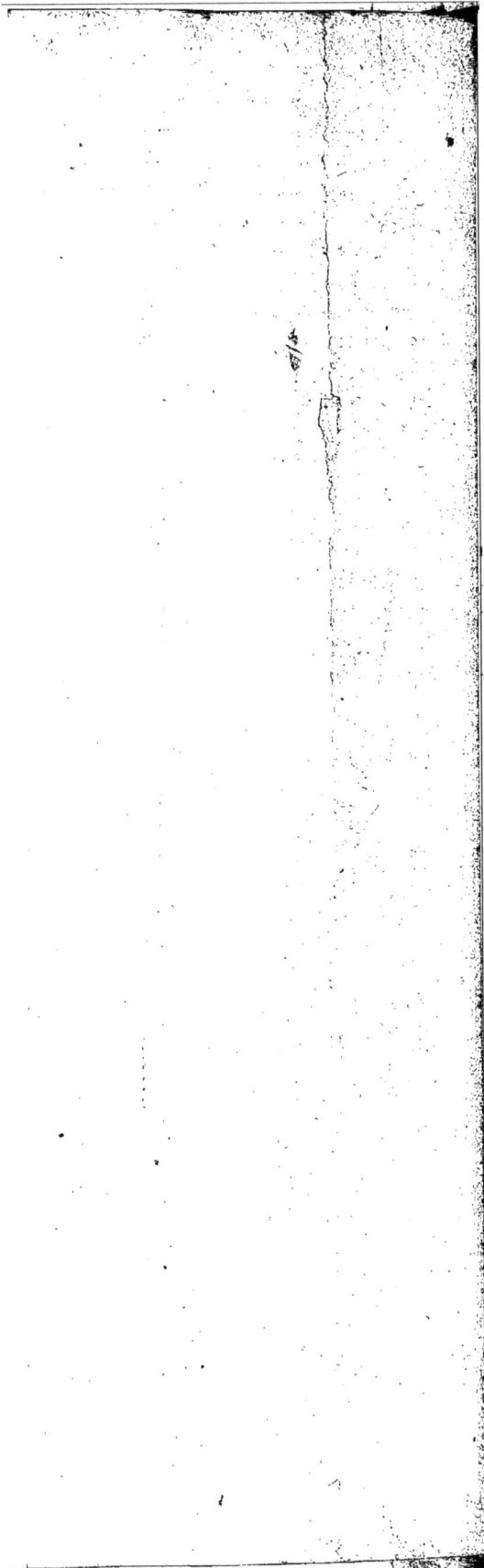

positions véritables, à moins qu'on ne les imagine changées, ainsi qu'elles le doivent être suivant le tems écoulé.

On peut cependant faire des Globes célestes dont l'usage soit perpétuel. Le premier que j'ai fait étoit pour Monsieur Cassini de l'Académie Royale des Sciences, qui m'en avoit fourni l'idée. Il est construit de cette maniére. Le Globe où sont représentées les constellations, est renfermé dans une espéce de cage composée des principaux Cercles de la Sphere, sçavoir des deux Colures de l'Equinoxial, de l'Ecliptique, des deux Tropiques & des deux Polaires. Tous ces Cercles sont de fil de métal ajustés & attachés ensemble de maniere qu'ils composent une Sphere qui joint & embrasse immédiatement le Globe, qui doit tourner dans la Sphere extérieure, & cette Sphere est attachée au Méridien par les Poles de son Equateur, de sorte que ce Globe peut tourner & sur l'axe de l'Equateur, comme font tous les autres, & sur celui de l'Ecliptique. C'est en cela que consiste la singularité de sa construction. On trace sur le Globe autour du Pole de son Ecliptique un cercle de 23. degrés & demi de rayon, que le Pole de l'Equateur doit décrire en 25200. ans; & quand pour une certaine Epoque on a placé le Pole de l'Equateur sur ce Cercle au point qu'il faut, on l'y arrête fixement, & le Globe ne tourne plus que sur l'axe de l'Equateur pour les opérations ordinaires. Alors on peut voir avec plaisir, & d'un seul coup d'œil quel étoit le Ciel de nos ayeux, & quel sera celui de la postérité.

SECTION V.

Trouver l'heure de la nuit par l'Etoile Polaire, & par quelques-unes des Etoiles fixes qui sont ici autour du Pole.

J'Ai dressé un petit Planisphere céleste que j'ai fait graver, où les principales Etoiles qui sont autour du Pole Arctique sont placées avec les Constellations: on connoît facilement l'Etoile Polaire par le moyen du grand Chariot qui est la grande Ourse; car si on imagine qu'il y ait une ligne droite menée par les deux Etoiles du devant de la grande Ourse, ou par les deux rouës du derriere du Chariot qui sont les mêmes, elle passera fort près de l'Etoile Polaire. Ces Etoiles sont de la seconde grandeur, aussi-bien que la Polaire.

Ayant reconnu dans le Ciel l'Etoile Polaire, on observera le moment auquel quelqu'une des Etoiles marquées dans la Planche 47. se rencontre à plomb au-dessous de l'Etoile Polaire. Pour déterminer cette ligne à plomb on se sert d'un fil où l'on a attaché un corps pesant, ou de l'encoigneure de quelque mur que l'on ſçait être perpendiculaire ; car lorſque l'Etoile Polaire & l'Etoile que l'on obſerve ſeront coupées par ce fil, ou par le mur, elles ſeront à plomb. Si l'on ajoûte donc à l'heure du paſſage du premier point d'Aries ou du Belier par le Méridien pour le jour & pour l'heure de l'obſervation priſe dans les Tables qui ſe trouvent dans la connoiſſance des tems ou dans l'état du Ciel, l'heure & la minute qui eſt marquée autour de la figure, vis-à-vis de l'Etoile polaire, par l'Etoile obſervée ; on aura la vraye heure ſuivant l'uſage ordinaire pour le tems de l'obſervation au parallele de Paris, & aux environs. Il pourroit y avoir pour certaines Etoiles une erreur de quelques minutes, ſi la hauteur du Pole étoit différente de pluſieurs degrés de celle de Paris.

EXEMPLE.

On veut ſçavoir le ſoir du premier Mai quelle heure il eſt, lorſque la rouë du Chariot la plus proche de l'Etoile Polaire ou les deux Etoiles du devant de la grande Ourſe, eſt dans le même vertical que cette Etoile ; on trouve dans la Table du paſſage du premier point du Belier par le Méridien pour le midi du premier Mai, 9. heures 24. minutes, & pour le midi du 2. Mai 9. heures 21. minutes. La différence pour 24. heures eſt 3. minut. Ajoutez 9. heures 24. min. à 10. heures 54. min. qui ſont marquées ſur la ligne dans la figure : la ſomme ſera 20. heures 18. minutes, deſquelles en retranchant 12. heures & une minute pour le tems qui s'eſt écoulé depuis le midi juſqu'à l'heure de l'obſervation, il reſte 8. heures 17. min. du ſoir pour l'heure cherchée.

J'ai monté ce petit Planiſphere de maniere que la plaque du milieu eſt mobile autour du centre, & par ce moyen on peut faire pluſieurs autres uſages que j'ai expliqués dans une feuille à part.

CHAPITRE VI.

De la diſtribution du Tems & du Calendrier.

CEtte admirable viciſſitude conſtante & perpetuelle de la lumiere & des ténébres, produite par le mouvement rapide du Soleil autour de la Terre, ou par la révolution du Globe terreſtre ſur ſon axe, ſuivant Copernic, détermine cette partie du tems que nous appellons jour naturel ou civil, dont nous avons ci-devant parlé.

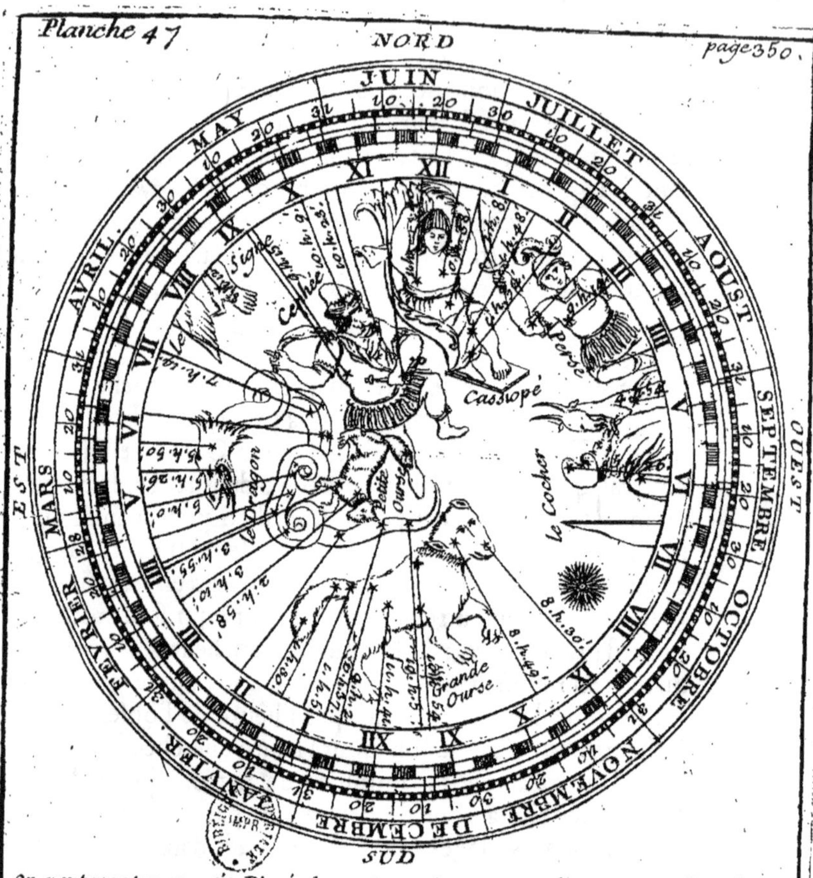

On peut monter ce petit Planisphere de maniere que la plaque du milieu où sont marquées les Constellations soit mobile autour du cercle où sont les mois et leurs quantiémes; puis on y ajuste au NORD *et* SUD *un petit fil de cuivre qui sert de Meridien, et un petit cercle aussi de fil de cuivre qui sert d'Horizon. Ce cercle doit être attaché au Meridien, et avoir de diametre de puis le point P. dans le bras de Cephée jus qu'au cercle des heures. Jen donnerai l'usage dans une feuille separée. outre ce que jen ait dit dans le Livre de lusage des globes.*

Le mouvement propre du Soleil d'Occident en Orient, ou la révolution de la Terre autour de l'Ecliptique selon l'ordre des Signes, produit l'année, & celle de la Lune autour de la Terre produit le mois, qui est la douziéme partie de l'année à-peu-près.

Les Années & les Mois se divisent en Semaines. La Semaine est une période de sept jours, dont l'institution est prise de la Création, selon ce qui est marqué dans la Genese, où il est dit que Dieu créa en six jours l'Univers avec tout ce qui y est contenu, se reposant le septiéme; institution qui fut confirmée par la Loi écrite donnée à Moyse, comme on le voit dans l'Exode & dans le Deutéronome, où Dieu ordonne que l'homme se souvienne de sanctifier le jour du Sabbat qui est le repos du Seigneur, en sorte que l'homme après avoir travaillé pendant six jours se repose le septiéme en mémoire du repos qui suivit les œuvres de la Création.

SECTION I.

Du Mois.

LE Mois est de deux sortes, sçavoir, le Civil & l'Astronomique. L'Astronomique est Solaire ou Lunaire.

Le Mois solaire est le tems que le Soleil employe à parcourir par son mouvement propre un Signe du Zodiaque, ou 30. degrés de l'Ecliptique; ce qu'il fait à-peu-près en 30. jours & demi.

Le Mois lunaire est de deux sortes, sçavoir, Périodique & Synodique.

Le Mois périodique est le tems que la Lune employe à revenir au même point du Zodiaque dont elle étoit partie le mois précédent; c'est le tems qu'elle met à faire toute la révolution de son orbite, lequel est de 27. jours 7. heures 48. minutes.

Le Mois Synodique est tout le tems compris depuis une nouvelle Lune jusqu'à l'autre, lequel doit être plus long que le mois Périodique, à cause du mouvement propre du Soleil qui parcourt environ 27. degrés du Zodiaque, pendant que la Lune fait une révolution autour de la Terre, au bout de laquelle révolution il faut qu'elle parcoure cette partie du Zodiaque, afin de pouvoir se trouver en conjonction avec le Soleil; tellement que le mois Synodique est de 29. jours 12. heures 44. minutes.

Le mois Civil ou commun est un des douze qui composent l'année solaire. Le nombre des jours de chaque mois est compris dans ces quatre petits vers :

Trente jours ont Novembre,
Avril, Juin & Septembre;
De vingt-huit il y en a un,
Tous les autres en ont trente-un.

C'est-à-dire, que les quatre mois nommés dans ces vers ont chacun trente jours : Fevrier n'en a que vingt-huit dans les années communes, & 29. dans les bissextiles ; mais les sept autres mois de l'année, qui sont Janvier, Mars, Mai, Juillet, Août, Octobre & Décembre ont chacun 31. jours.

Le mois lunaire civil est alternativement de 29. & de 30. jours; de sorte qu'au mois de Janvier on donne 30. jours à la Lune, au mois de Fevrier 29. au mois de Mars 30. au mois d'Avril 29. & ainsi de suite jusqu'à la fin de l'année ; de sorte que faisant six mois lunaires de trente jours, & les six autres de vingt-neuf, tous les jours de ces mois ajoûtés ensemble font 354. jours, qui est le nombre des jours de l'année lunaire civile. Les mois de trente jours sont appellés mois pleins, & les autres qui ne sont que de 29. jours, mois caves.

SECTION II.

De l'Année.

L'Année est ou Civile ou Astronomique. L'Année Astronomique est Tropique ou Sidérale.

L'Année Tropique est la durée exacte du tems que le Soleil employe à parcourir l'Ecliptique, laquelle n'est pas toûjours la même, à cause de l'inégalité du mouvement du Soleil. Sa durée moyenne est de 365. jours cinq heures, & environ 49. minutes.

L'Année Sidérale est le tems que le Soleil employe à faire la révolution de l'Ecliptique, en partant d'une Etoile jusqu'à son retour à la même Etoile. Ce tems est tant soit peu plus long que l'année Tropique, à cause que le Firmament avance par son mouvement propre d'environ 51. secondes en une année selon l'ordre des Signes.

L'Année Civile est différente selon la diversité des Nations, tant pour sa durée que pour ses commencemens ; les unes tâchant de suivre à-peu-près les mouvemens du Soleil, & d'autres ceux de la Lune.

L'Année dans sa premiere institution par Romulus Fondateur de Rome, n'étoit que de dix mois, & son commencement étoit au Printems. Ces dix mois étoient Mars, Avril, Mai, Juin, Quintile, Sextile, Septembre, Octobre, Novembre & Décembre, dont il y en avoit quatre de 31. jours chacun ; sçavoir, Mars, Mai, Quintile & Octobre ; & les six autres de 30. jours ; ce qui faisoit en tout 304. jours.

Numa Pompilius, qui lui succéda après une année d'interrégne, y ajoûta deux mois, sçavoir, Janvier & Fevrier, ordonnant que le mois de Janvier, qu'il fit commencer au jour de la premiere nouvelle Lune, qui se rencontra cette année-là huit jours après le solstice d'hyver, fût le premier mois de l'année, au lieu de celui de Mars qui l'étoit auparavant; & son année étoit de 355. jours, suivant en cela, à-peu-près, l'année Lunaire des Grecs, qui étoit de 354. jours, comme font encore à présent les Turcs.

SECTION III.

De la réforme du Calendrier par Jules César.

JUles César premier Empereur Romain, & leur souverain Pontife, s'étant apperçu que ce tems étoit trop court pour s'accorder avec celui que le Soleil employe à parcourir toutes les saisons de l'année, fit assembler tous les plus habiles Astronomes de son tems pour réformer le Calendrier, qui étoit pour lors si confus, que leurs Fêtes arrivoient en des saisons tout-à-fait opposées à celles de leur institution; faisant, par exemple, au Printems des Fêtes d'Automne, & celles de la moisson en hyver. L'année solaire fut pour lors réglée, suivant l'avis de Sosigenes son Mathématicien, de 365. jours & six heures, & fut nommée année Julienne.

C'est pourquoi il fut ordonné que l'année civile seroit de 365. jours, & que des six heures excédentes il en seroit fait un jour de quatre en quatre ans, lequel jour fut inséré après le vingt-quatriéme de Fevrier, que les Romains appelloient le sixiéme des Calendes de Mars, tellement qu'après avoir compté trois années de suite de 365. jours chacune, on comptoit la quatriéme de 366. jours, en donnant 29. jours au mois de Fevrier de cette quatriéme année, au lieu de 28. qu'il a dans les autres. Et parce que ce jour ainsi ajoûté immédiatement après le vingt-quatre Fevrier, qui étoit le sixiéme avant les Calendes de Mars, se comptoit *bis sexto Calendas Martii*, c'est-à-dire, le second sixiéme avant les Calendes de Mars, l'année dans laquelle il fut inséré fut nommée Bissextile, & les autres prirent le nom d'années communes.

Il ne fut rien changé dans l'ordre & la suite des douze mois, à la réserve du mois Quintile, qui étant celui de la naissance de Jules César, fut nommé *Julius* ou Juillet, & le mois Sextile fut nommé *Augustus* ou Août en l'honneur d'Auguste.

Cette réformation du Calendrier fut reçue de toutes les Nations qui étoient pour lors sujettes aux Romains.

Les François ont varié quant au commencement de l'année civile: il paroît que dans l'usage ordinaire ils suivoient d'abord la coutume des Romains en commençant au premier Janvier. Mais dans l'usage ecclésiastique ils datoient de l'Incarnation ou Passion du Sauveur, & commençoient l'année au premier Mars, comme on le voit au Concile de Vernon en 755. D'autres prenoient pour époque de l'Incarnation le jour de Noël & datoient de ce jour: c'est ce qui fait que les Historiens disent que Charlemagne fut couronné Empereur le jour de Noël de l'année 801. qui étoit 800. selon le calcul des Romains. On prit aussi pour époque de l'Incarnation le jour de l'Annonciation 25. Mars. Dans la suite on compta du jour de Pâques : & cet usage dura jusqu'en 1564. Alors Charles IX. ordonna qu'on commenceroit l'année au premier Janvier. Le Présidial & le Grand Conseil se conformerent d'abord à cette Ordonnance ; mais le Parlement ne la reçut qu'au premier Janvier 1567.

SECTION IV.

Du Cycle Lunaire.

LEs Astronomes se sont long-tems appliqués à accorder les inégalités de l'année solaire avec celles de l'année lunaire, composée de douze révolutions de la Lune autour de la Terre par son propre mouvement dans le Zodiaque, laquelle est plus courte que l'année solaire d'environ onze jours; ce qui a été heureusement fait par Meton sçavant Astronome d'Athenes, lequel a reconnu que tous les changemens qui arrivent entre les mouvemens du Soleil & de la Lune, s'accomplissent dans une période de dix-neuf années solaires, après lesquelles ces deux Astres repassent de nouveau, à-peu-près, par les mêmes dispositions où ils s'étoient rencontrés auparavant; & cette période de dix-neuf années fut nommée Cycle Lunaire, ou Nombre d'or, parce que les Atheniens la firent marquer en lettres d'or au milieu de la Place publique.

L'espace de dix-neuf années solaires contient autant de jours que dix-neuf années lunaires, entre lesquelles il y en a douze communes, c'est-à-dire, de douze mois lunaires chacune, & sept Embolismiques, c'est-à-dire, de treize mois lunaires chacune ; ce qui fait en tout 235. Lunaisons, au bout desquelles les nouvelles Lunes se retrouvent les mêmes mois & les mêmes jours qu'auparavant, mais non pas à la même heure, parce qu'au bout de dix-neuf ans la Lune se retrouve avoir précédé de près d'une heure & demie le lieu où elle se trouvoit auparavant avec le Soleil ; ce qui fait un jour entier de différence en 312. ans & demi solaires, & au bout de 625. ans les nouvelles Lunes arrivent deux jours entiers plutôt qu'elles ne devroient arriver par le Cycle de dix-neuf ans. Cette équation si heureuse & si facile est en même-tems très-juste ; &

M. Cassini

M. Cassini prouve qu'elle donne les mouvemens ou les lieux de la Lune avec la même exactitude que les meilleures Tables.

SECTION V.

De la réforme du Calendrier nommé Gregorien.

LE Calendrier Julien suivi par l'Eglise, marquoit assez précisément dans les premiers siécles les termes établis pour la célébration de la Fête de Pâques : mais les défauts, quoique petits dans ces premiers tems, commencerent à paroître dans la suite.

Au Concile de Nicée, qui fut tenu vers le commencement du quatriéme siécle, sous l'Empire & en présence du grand Constantin, il fut ordonné que la célébration de la Fête de Pâques se feroit le premier Dimanche après le quatorziéme jour de la Lune du premier mois, déclarant que ce premier mois étoit celui dont la quatorziéme Lune tomboit au jour de l'Equinoxe du Printems, ou immédiatement après. Et comme en ce tems-là l'Equinoxe arriva le vingt-uniéme de Mars, l'Eglise le fixa pour toûjours en ce jour-là, sans avoir égard au calcul Astronomique.

Mais comme l'année Julienne est plus longue que l'année Solaire d'onze minutes, ces onze minutes de différence font que l'addition d'un jour, qui a été faite régulierement de quatre en quatre ans, est trop grande d'environ $\frac{1}{134}$ partie d'un jour par an, & par conséquent d'un jour entier en 134. ans, & l'erreur s'étendit jusqu'à 10. jours entiers : car l'Equinoxe du Printems, qui du tems du Concile de Nicée étoit le 21. Mars, avoit retrogradé de 10. jours, & il se trouva le 11. dudit mois de Mars l'an 1582. Si ce mécompte eût continué, les Equinoxes & Solstices eussent été tellement déréglés, que les uns eussent pris la place des autres dans le cours de l'année.

Le second chef d'erreur dans le Calendrier Julien vient de ce que le Nombre d'or, ou Cycle lunaire de dix-neuf ans, n'est pas entierement exact, puisque, comme nous avons déja dit, les nouvelles Lunes arrivent plutôt d'une heure & demie au bout de dix-neuf ans, & d'un jour entier au bout de 312. ans & demi ; tellement que cette erreur s'étant multipliée, les nouvelles Lunes avoient changé de place de quatre jours entiers en arriere, c'est-à-dire, vers le commencement des mois : de sorte que le Nombre d'or ne marquoit plus dans le Calendrier les nouvelles Lunes, mais les cinquiémes, & les quatorziémes étoient les dix-huitiémes, &c.

Pour corriger ces erreurs, le Pape Gregoire XIII. après avoir fait consulter & examiner les sentimens des plus fameuses Universités, & des plus célebres Astronomes, ne trouva point de moyen plus expédient que celui qui suit.

Il ordonna par une Bulle qu'il fit expédier en l'an 1581. que dans l'année suivante 1582. immédiatement après le 4. d'Octobre, Fête de S. François, on retranchât 10. jours du Calendrier; de sorte que le lendemain fût compté le quinziéme d'Octobre au lieu du cinquiéme, afin de remettre par ce moyen l'Equinoxe du Printems au 21. Mars, comme il étoit au tems du Concile de Nicée. En France cette réforme a commencé le 10. Décembre 1582. par Arrêt du Parlement, qui ordonna qu'au lieu de compter le 10. on compteroit le 20. Et pour maintenir cette réforme, le Pape ordonna qu'on fît omission de trois bissextiles de 400. en 400. ans; tellement que l'année 1600. ayant été bissextile, l'année 1700. ne le fut pas; & de même 1800. & 1900. ne le seront pas: l'année 2000. sera bissextile; mais les années 2100. 2200. & 2300. ne le seront pas, & ainsi du reste; & par ce moyen il a été remédié au défaut causé par la précession des Equinoxes.

Pour corriger le second défaut causé par l'anticipation des nouvelles Lunes, au lieu de se servir des Nombres d'or, on a trouvé à propos de se servir des Epactes pour marquer dans le Calendrier les nouvelles Lunes.

On appelle Epacte les onze jours qu'il faut ajoûter à l'année lunaire pour la rendre égale à l'année solaire, & on a aussi donné le nom d'Epacte aux 30. nombres disposés par un ordre rétrograde dans le Calendrier Gregorien, parce que chacun d'eux pris pour l'Epacte d'une année, marque le nombre de jours qui a resté à la fin de l'année précédente après les 12. Lunes achevées; c'est pourquoi où le nombre, qui est l'Epacte d'une année précédente se rencontre dans tous les mois, il y dénote les nouvelles Lunes.

Cette correction a été d'abord universellement reçue de tous les Peuples qui sont sous l'obéissance du S. Siége, mais les autres n'avoient pas voulu en admettre l'usage: cependant presque tous les Protestans ayant reconnu la justesse de cette correction, s'en servent depuis le commencement de ce siécle. En Allemagne l'an 1700. Fevrier n'eut que 18. jours.

Ceux qui suivent l'ancien Calendrier différoient pendant le siécle passé de dix jours d'avec nous en leur maniere de compter; mais présentement cette différence est d'onze jours, parce que l'année 1700. n'a pas été bissextile parmi nous: tellement que quand nous comptons, par exemple, le 26. Mars, ils ne comptent que

le 15. du même mois, & ils ont coûtume de marquer la date d'un même jour en cette maniere { 26. Mars stile nouveau.
15. Mars stile ancien.

Les Anglois se proposent de se fixer au nouveau style au premier Janvier 1752.

SECTION VI.

De quelques Problêmes nécessaires pour l'intelligence du Calendrier.

LE Calendrier est une distribution politique des tems que les hommes ont ajusté à leurs usages sous certaines marques.

La maniere de partager & de compter les tems est différente selon la diversité des Nations. En cela les Chrétiens ont suivi en partie les Hébreux, & en partie les Romains.

Connoître si une année proposée est bissextile.

Par l'institution de Jules César, les années sont bissextiles, dont les nombres sont mesurés par quatre ; & comme l'année qui a précédé la premiere de l'Ere Chrétienne Vulgaire étoit bissextile, il se trouve que si en divisant par quatre le nombre d'une année proposée de l'Ere Chrétienne Vulgaire, il ne reste rien, cette année sera bissextile, ou de 366. jours ; mais elle sera commune, c'est-à-dire, de 365. jours, s'il reste quelque chose après la division : ainsi l'on connoît que l'année 1750. n'étoit pas bissextile. Et parce que le reste de la division est deux, cette année étoit la seconde après la bissextile, qui avoit été l'année 1748.

Mais depuis la correction Gregorienne entre les années séculaires, celles-là seules sont bissextiles, dont les nombres peuvent être divisés par 400. précisément sans reste, & toutes les autres sont communes, ainsi 1600. a été bissextile, mais 1700. ne l'a pas été, & de même 1800. & 1900. ne le seront pas.

Trouver le Nombre d'or ou Cycle Lunaire d'une année proposée depuis JESUS-CHRIST.

La premiere année de l'Ere Chrétienne Vulgaire avoit deux de Cycle Lunaire, & par conséquent le Cycle Lunaire dans lequel tombe l'Ere Chrétienne Vulgaire lui est antérieur d'une année : c'est pourquoi lorsqu'on veut trouver le Nombre d'or d'une année proposée de l'Ere Chrétienne Vulgaire, il faut d'abord ajouter 1 à cette année.

Soit proposée pour exemple l'année 1750. Il faut ajoûter un à ce nombre, & diviser la somme 1751. par 19. qui est, comme nous avons dit, la période du Cycle Lunaire. Le quotient 92. fait voir le nombre des révolutions de ce Cycle depuis Jesus-Christ jusqu'à présent., & le reste de la division 3. est le Nombre d'or de l'année 1750.

Quand on a une fois trouvé le Nombre d'or d'une année, on peut avoir celui de l'année suivante en y ajoûtant un; mais quand on a compté jusqu'à 19. on recommence l'année qui suit par un, & ainsi de suite jusques à dix-neuf: de sorte que l'année présente 1751. a 4. de Nombre d'or, &c.

A toutes les années qui ont un même Nombre d'or, les nouvelles Lunes arrivent les mêmes jours des mêmes mois, mais non pas à la même heure.

Dans l'ancien Calendrier, vers les premiers siécles de l'Ere Chrétienne, le Nombre d'or montroit les jours des nouvelles Lunes de chaque année; mais dans le nouveau, réformé par le Pape Gregoire XIII. il ne sert qu'à trouver les Epactes. Les années d'un siécle, qui ont un même Nombre d'or, ont aussi la même Epacte.

Trouver le Cycle solaire d'une année proposée.

Le Cycle solaire a été inventé pour indiquer dans le Calendrier quels sont les jours de Dimanche, appellés autrefois par les Payens *jours du Soleil.*

Ce Cycle est une révolution ou circulation perpétuelle des sept premieres Lettres de l'Alphabet ABCDEFG, en même nombre que les sept jours de la semaine.

Leur disposition est telle, que la lettre A marque toûjours le premier de Janvier, B le second, C le troisiéme, D le quatriéme, E le cinquiéme, F le sixiéme, G le septiéme. Puis la lettre A recommence à marquer le huitiéme, B le neuviéme, & ainsi de suite, jusqu'au dernier jour de l'année commune, qui est de 365. jours, & sous ladite lettre A.

Quand l'année est bissextile, afin qu'il n'y ait pas d'interruption, la lettre F, qui répond au vingt-quatriéme Fevrier, se répete encore au jour suivant, qui est le jour ajoûté; & ainsi, quoique cette année soit de 366. jours, les lettres se rencontrent toûjours dans le même ordre en quelque année que ce soit.

C'est une de ces lettres qui marque le jour du Dimanche dans chaque année; mais les lettres Dominicales des années qui se suivent, changent par un ordre rétrograde, dont la raison est, que l'année commune étant de 365. jours, lesquels divisés par 7. font 52. semaines & un jour de plus, qui est le commencement de la cinquante-troisiéme semaine, il s'ensuit que le dernier jour de l'an est de même nom que le premier, & que la lettre A, qui est au premier Janvier, marque le commencement de chacune des 52. semaines, & même celui de la 53. qui est le dernier Décembre;

c'est pourquoi, si le premier de Janvier est un Dimanche sous la lettre A, le premier jour de l'année qui suit, sera un Lundi sous la même lettre A, & le Dimanche suivant venant au septiéme de Janvier, sera sous la lettre G, laquelle sera la lettre Dominicale de cette année-là. La lettre F sera pour l'année suivante, & ainsi de suite toûjours en rétrogradant.

Si toutes les années étoient de 365. jours, cette révolution des sept lettres Dominicales s'acheveroit en sept ans; mais à cause du jour ajoûté de quatre ans en quatre ans, cette période du Cycle solaire ne s'acheve qu'en quatre fois sept ans, c'est-à-dire, en vingt-huit ans.

Après la révolution de vingt-huit ans, l'année civile, ajustée au cours du Soleil, recommence par le même jour de la semaine, & les mêmes lettres redeviennent Dominicales l'une après l'autre, suivant le même ordre qu'auparavant.

La premiere année de l'Ere Chrétienne Vulgaire avoit 10. de Cycle solaire, & par conséquent le Cycle solaire dans lequel tombe l'Ere Chrétienne Vulgaire lui est antérieur de 9. années. Ainsi pour sçavoir quel est le nombre du Cycle solaire dans une année proposée de l'Ere Chrétienne Vulgaire, il faut d'abord y ajoûter 9.

Par exemple, si on veut trouver le Cycle solaire de l'année 1750. il faut ajoûter 9. & diviser la somme 1759. par 28. le quotient 62. sera le nombre des révolutions de ce Cycle depuis l'Ere Chrétienne Vulgaire, & le reste 23. sera le nombre du Cycle solaire de l'année 1750. S'il ne reste rien après la division, le diviseur même 28. est le nombre du Cycle solaire.

Quand on a trouvé le nombre du Cycle solaire d'une année, on a celui de l'année suivante, en ajoûtant un. Ainsi le nombre du Cycle solaire de l'année 1750. étant 23. celui de 1751. est 24. celui de 1752. sera 25. & ainsi de suite.

Depuis la correction Gregorienne, le Cycle solaire, ou des lettres Dominicales, est de 400. ans, à cause des trois Bissextes retranchés de 400. en 400. ans. Mais comme il n'y a de changemens qu'aux années séculaires, cela n'empêche pas qu'en chaque siécle le Cycle des lettres Dominicales ne fasse sa révolution à l'ordinaire de 28. en 28. ans.

Trouver par quel jour de la semaine commence une année proposée, & par ce moyen sa lettre Dominicale.

De l'année proposée ôtez-en un, & ajoûtez au reste son quart pour le nombre des Bissextes, qui y sont contenus, puis divisez par sept la somme entiere si l'année est avant la correction Gregorienne; ou la même somme, après en avoir ôté les 10. jours retranchés par ladite correction, si l'année est avant 1700. ou la même somme après en avoir ôté 11. jours, si l'année est depuis 1700. & ainsi de suite; le reste de la division, ou le diviseur même, s'il n'y a point de reste, indiquera par quel jour de la semaine commence ladite année, d'où l'on connoîtra la lettre Dominicale : car s'il reste un, le premier jour de cette année est un Dimanche, qui est la premiere Ferie; & par conséquent la lettre A, qui est immuablement attachée au premier jour de Janvier, est Dominicale. S'il reste deux, le premier jour de l'année sera un Lundi, qui est la seconde Ferie; & le septiéme jour de l'année sera Dimanche sous la lettre G. Mais si après la division faite il ne reste rien, le diviseur sept marque que le premier jour de l'année est un Samedi sous la lettre A, & le lendemain Dimanche sous la lettre B.

On ôte un du nombre des années depuis Notre-Seigneur, à cause que la seconde année de l'Ere Chrétienne Vulgaire a commencé par un Dimanche, & par conséquent la lettre A a été Dominicale, supposé que le Cycle solaire fût en usage dès ce tems-là; & l'on y ajoûte le nombre des années bissextiles, à cause que chacune de ces années a un jour de plus que les années communes.

Soit pour exemple l'année 1750. ôtez-en un, reste 1749. ajoûtez-y le nombre des Bissextes, sçavoir 437. la somme sera 2186. dont il faut ôter 11. pour le nombre des jours retranchés en conséquence de la correction Gregorienne; reste 2175. qui étant divisés par sept, le reste de la division est cinq, qui signifie que cette année a commencé par un Jeudi, qui est le cinquiéme jour de la semaine, à commencer le compte par le Dimanche. Or la lettre A étant pour le Jeudi, B sera pour le Vendredi, & C pour le Samedi; ainsi D sera la lettre Dominicale de l'année 1750.

Si l'année est Bissextile, la lettre ainsi trouvée servira pour le commencement de l'année jusqu'au jour ajoûté en Fevrier, & la lettre qui la précéde immédiatement, sera pour le reste de la même année.

On peut encore trouver la lettre Dominicale d'une année proposée par la Table qui suit, représentée par la *Planche* 48. La circonférence circulaire de cette Table, qui contient les lettres Dominicales, est divisée en 28. cellules. Des 4. cellules B, C 1. C 2. C 3. la premiere B contient la lettre Dominicale double des années centiémes bissextiles, comme 1600. 2000. &c. les trois autres cellules sont pour les trois années centiémes communes après un centiéme Bissextile; mais des deux lettres placées dans chacune de ces

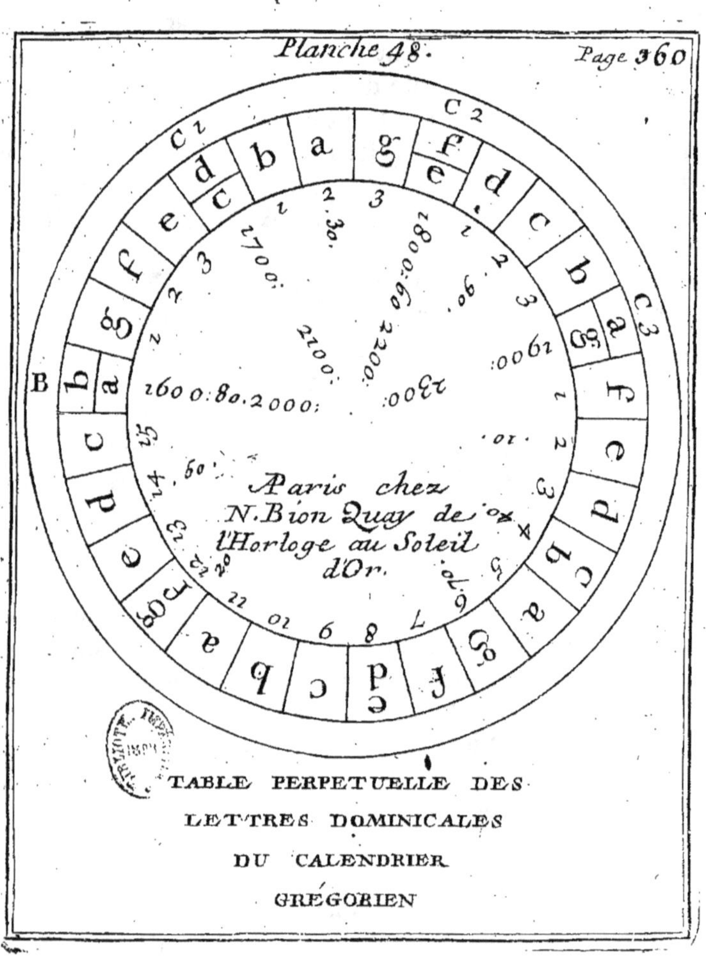

TABLE PERPETUELLE DES LETTRES DOMINICALES DU CALENDRIER GRÉGORIEN

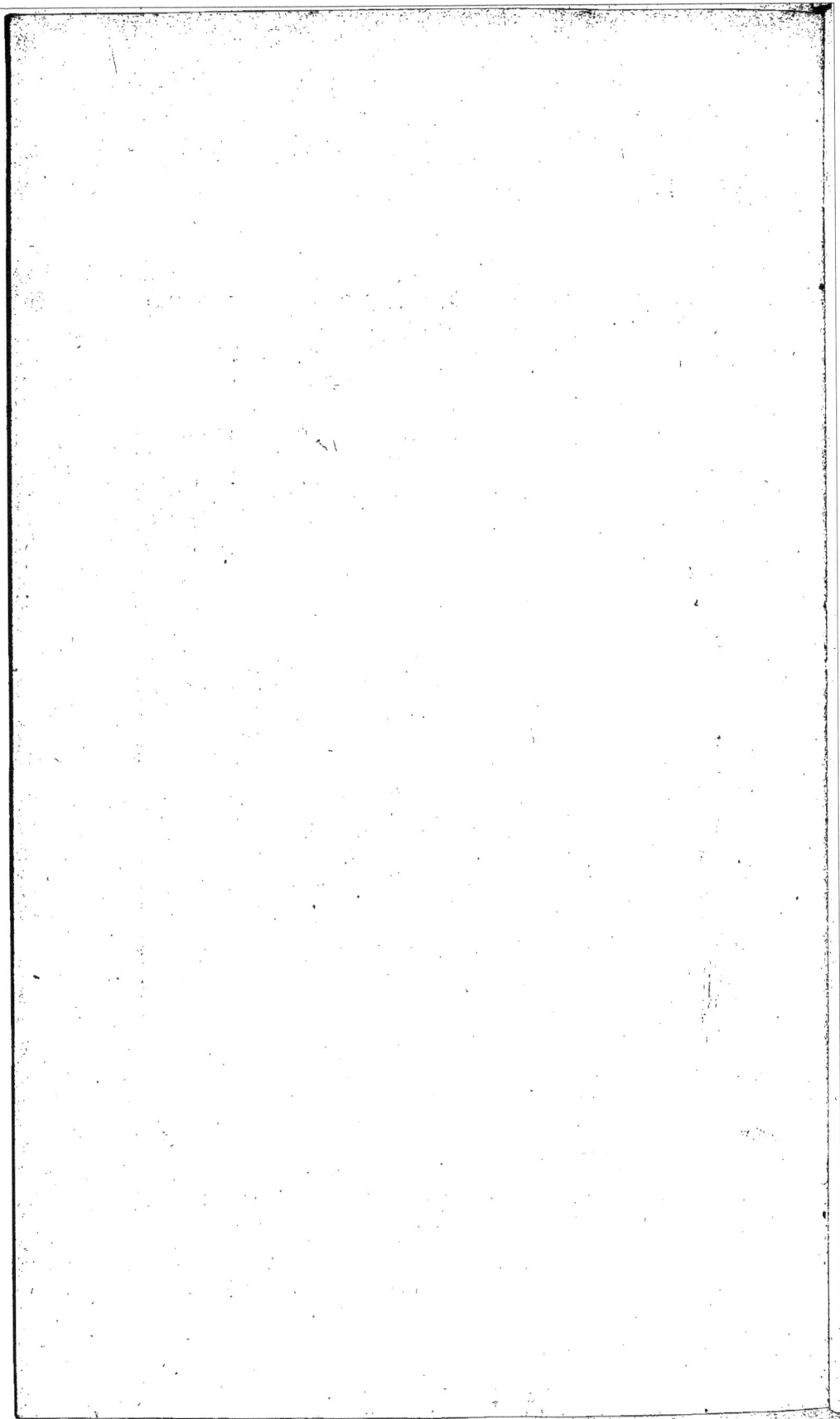

cellules, on ne prend que celle qui est dessous la ligne pour lettre Dominicale de chacune de ces trois années, comme pour l'an 1700. la lettre C, pour 1800. la lettre E, &c. Lorsqu'on veut connoître la lettre Dominicale d'une année non séculaire, on commence par la lettre Dominicale de la premiere année du siécle où se trouve l'année proposée, & la lettre écrite dans la cellule où tombe ladite année proposée est la lettre Dominicale qu'on cherche. Pour faciliter cette opération on a marqué dans l'intérieur du cercle les dixiémes années depuis 1700. jusqu'à 1800.

Ainsi pour sçavoir, par exemple, quelle sera la lettre Dominicale de l'année 1752. commencez à la cellule marquée 50. qui a pour lettre Dominicale D; comptez ensuite 51. & 52. & vous trouverez que l'année 1752. sera bissextile, & aura pour lettres Dominicales B A.

Trouver l'Epacte d'une année proposée.

L'Epacte est l'âge de la Lune au premier jour de l'an, ou plutôt au premier jour de Mars, ainsi quand on dit que l'Epacte de l'année 1750. étoit 22. cela signifie qu'au premier jour de Mars de cette année la Lune avoit déja 22. jours, la Lune ayant été nouvelle le sixiéme jour de Fevrier.

Pour trouver l'Epacte d'une année, multipliez le Nombre d'or qui convient à cette année toûjours par onze, qui est la différence entre l'année solaire & l'année lunaire, & divisez le produit toûjours par trente, qui est le nombre des jours d'un mois synodique; le reste de la division sera l'Epacte cherchée, si l'année proposée est avant la réforme Gregorienne; mais si elle est depuis, après avoir multiplié le Nombre d'or par onze, il faut ôter du produit le nombre des jours retranchés en conséquence de cette réforme, & diviser le reste par trente, s'il est assez grand, sinon ce reste sera l'Epacte.

Soit proposée l'année 1750. dont le Nombre d'or est 3. je multiplie 3. par 11. le produit est 33. duquel j'ôte 11. pour le nombre des jours retranchés, reste 22. qui étoit l'Epacte de l'année 1750.

Quand on a l'Epacte d'une année, on peut avoir celle de l'année suivante dans le même siécle, en y ajoûtant 11. que si la somme surpasse 30. il les faut soustraire, le reste sera l'Epacte. Ainsi l'Epacte de l'année 1751. est 3.

A la réserve des années qui ont 1. de Nombre d'or, comme ont été dans le siécle courant 1710. 1729. 1748. & les autres qui auront 30. ou plutôt * pour Epacte, laquelle est faite en ajoûtant 12. à l'Epacte 18. de l'année précédente, dont la raison est que toutes ces différences de 11. jours répétées 19. fois pour les 19. années du Cycle lunaire, font 209. jours, qui divisés par 30. font six lunaisons de 30. jours chacune, & restent 29. jours qui est un nombre suffisant pour une septiéme ; mais comme en ôtant toûjours 30. de la somme des Epactes, on ôte un jour de trop en 19. ans, c'est pour cela qu'on ajoûte 12. aux Epactes qui se trouvent sous le Nombre d'or 19. pour faire revenir les lunaisons aux mêmes jours du mois après les 19. ans.

L'Epacte de l'année 1700. & celles des années des deux siécles suivans jusques & y compris 1899. sont toutes moindres d'un que celles du siécle précédent, qui répondent à un même Nombre d'or : car le Cycle des Epactes étant marqué par un ordre rétrograde dans le Calendrier Gregorien, l'Epacte de chaque année doit diminuer d'un toutes les fois que se fait le retranchement d'un Bissexte, parce qu'après ce retranchement on compte un jour plus tard chaque nouvelle Lune, si ce n'est lorsque par l'équation lunaire les nouvelles Lunes remontent d'un jour vers ce commencement des mois ; ce qui doit arriver de trois en trois siécles ou environ, & c'est ce qui arrivera l'année 1800. laquelle n'étant point bissextile, son Epacte & celle de toutes les années du 19. siécle devroient être moindres d'un que celles du siécle courant ; mais comme l'équation lunaire, qui doit se faire dans ladite année 1800. feroit remonter ou augmenter d'un jour les mêmes Epactes, il se fera une compensation ; de sorte qu'il n'y aura point de changement dans le Cycle des Epactes pendant tout ce tems-là.

Table des Epactes qui se rapportent au Nombre d'or depuis l'an 1700. inclusivement, jusqu'à l'an 1900. exclusivement.

N. d'or.	10	11	12	13	14	15	16	17	18	19
Epactes.	IX	XX	I	XII	XXIII	IV	XV	XXVI	VII	XVIII
N. d'or.	1	2	3	4	5	6	7	8	9	
Epactes.	*	XI	XXII	III	XIV	XXV	VI	XVII	XXVIII	

Trouver l'âge de la Lune.

On appelle âge de la Lune l'espace de tems écoulé depuis sa conjonction au Soleil. La pratique ordinaire est d'ajoûter ensemble ces trois nombres ; sçavoir, l'Epacte de l'année courante, le nombre des jours du mois, & celui des mois depuis Mars inclusivement ; la somme de tout, ou ce qui en reste, après avoir ôté 30. autant de fois qu'ils s'y rencontrent, donne l'âge de la Lune.

On demande, par exemple, quel a été l'âge de la Lune le 30. d'Avril de l'année 1751. j'ajoûte ces trois choses, l'Epacte 3. le jour du mois 30. & le nombre 2. pour les mois de Mars & d'Avril ; la somme est 35. dont j'ôte 30. le reste 5. est l'âge de la Lune, le 30. Avril 1751.

Cette maniere de supputer n'est pas tout-à-fait exacte, & il peut y avoir erreur d'un jour, ou même de deux, parce qu'au lieu d'ôter 30. il ne faudroit ôter quelquefois que 29. les Lunes ayant alternativement 29. & 30. jours.

En cette maniere de compter l'âge de la Lune, l'Epacte ne se change qu'au premier jour du mois de Mars ; & ainsi l'Epacte de la présente année servira pour les mois de Janvier & de Fevrier de l'année prochaine.

Trouver la Fête de Pâque par le moyen de la Table suivante.

Afin de célebrer le Mystere de notre Rédemption dans le tems de l'année qu'il a été opéré, l'Eglise a fixé la célebration de la Fête de Pâques au premier Dimanche d'après la pleine Lune qui suit le 21. Mars, ou arrive ce jour-là.

Ainsi les termes des nouvelles Lunes Paschales sont le 8 de Mars & le 5. d'Avril inclusivement ; & les termes des quatorziémes jours des Lunes Paschales sont le 21. de Mars, & le 18. d'Avril aussi inclusivement.

La premiere colonne de la Table suivante contient les lettres Dominicales. La derniere à la droite marque les jours & les mois ausquels se doit célebrer la Pâque : entre ces deux colonnes sont les Epactes.

Si on veut sçavoir le jour de Pâque pour l'année 1752. dont la lettre Dominicale sera BA & l'Epacte 14. on trouvera dans la cellule de la lettre A Dominicale depuis le mois de Mars vis-à-vis l'Epacte 14. que cette Fête doit être célebrée le 2. Avril, & ainsi des autres années.

L'asterisme * est mis à la place de l'Epacte 30.

L'Epacte 25. se trouve deux fois avec la lettre Dominicale C, sçavoir une fois dans la derniere ligne, & une fois dans la penultiéme; mais celle-ci, qui est d'un caractere différent des autres Epactes, & qui ne sert que pour les années dont le Nombre d'or est plus grand que XI. ne sera d'aucun usage pendant le siécle courant & tout le suivant.

Cette Fête ne peut être célebrée plutôt que le 22. de Mars, ni plus tard que le 25. d'Avril.

Elle se trouva le 22. Mars l'an 1693. ce qui n'étoit point arrivé depuis l'an 1598. & qui n'arrivera point avant l'année 1761. car pour cela il faut que la lettre D soit Dominicale & l'Epacte 23. comme on le voit par la Table.

Elle s'est trouvée le 25. Avril l'an 1734. ce qui n'étoit point arrivé depuis l'an 1666. & qui n'arrivera point avant l'année 1886.

Trouver les Fêtes mobiles.

Ayant trouvé la Fête de Pâques par la Table ci-après, il est facile de trouver toutes les Fêtes mobiles.

Puisque quarante jours après Pâques, se célebre la Fête de l'Ascension de Notre-Seigneur. Dix jours après, ou cinquante jours après Pâques, est la Fête de la Pentecôte. Le Dimanche suivant est la Fête de la sainte Trinité ; & le Jeudi ensuite vient la Fête-Dieu.

Le neuviéme Dimanche, ou 63. jours avant Pâques est la Septuagesime ; le Dimanche suivant est la Sexagesime ; le Dimanche qui suit est la Quinquagesime, & le Mercredi suivant, qui précéde Pâques de 46. jours, est le jour des Cendres.

Pour le premier Dimanche de l'Avent, il ne dépend point de la Fête de Pâques ; c'est celui qui vient toûjours le plus proche de la Fête de S. André, ou le jour même de cette Fête, qui arrive le 30. Novembre.

Les Quatre Tems.

Le Mercredi d'après les Cendres, le Mercredi d'après la Pentecôte, le Mercredi après l'Exaltation de la Sainte Croix 14. Septembre ; & le Mercredi d'après la Sainte Luce 13. Décembre.

TABLE PASCHALE NOUVELLE ET PERPETUELLE.

	23							22 Mars.
	22	21	20	19	18	17	16	29 Mars.
D	15	14	13	12	11	10	9	5 Avril.
	8	7	6	5	4	3	2	12 Avril.
	1*	29	28	27	26	25	24	19 Avril.
	23	22						23 Mars.
	21	20	19	18	17	16	15	30 Mars.
E	14	13	12	11	10	9	8	6 Avril.
	7	6	5	4	3	2	1	13 Avril.
	*	29	28	27	26	25	24	20 Avril.
	23	22	21					24 Mars.
	20	19	18	17	16	15	14	31 Mars.
F	13	12	11	10	9	8	7	7 Avril.
	6	5	4	3	2	1	*	14 Avril.
	29	28	27	26	25	24		21 Avril.
	23	22	21	20				25 Mars.
	19	18	17	16	15	14	13	1 Avril.
G	12	11	10	9	8	7	6	8 Avril.
	5	4	3	2	1	*	29	15 Avril.
	28	27	26	25	24			22 Avril.
	23	22	21	20	19			26 Mars.
	18	17	16	15	14	13	12	2 Avril.
A	11	10	9	8	7	6	5	9 Avril.
	4	3	2	1	*	29	28	16 Avril.
	27	26	25	24				23 Avril.
	23	22	21	20	19	18		27 Mars.
	17	16	15	14	13	12	11	3 Avril.
B	10	9	8	7	6	5	4	10 Avril.
	3	2	1	*	29	28	27	17 Avril.
	26	25	24					24 Avril.
	23	22	21	20	19	18	17	28 Mars.
	16	15	14	13	12	11	10	4 Avril.
C	9	8	7	6	5	4	3	11 Avril.
	2	1*	29	28	27	26	XXV	18 Avril.
	25	24						25 Avril.

SECTION DERNIERE,

Contenant quelques Tables qui ont rapport à ce Traité.

Table de l'entrée du Soleil dans les 12. Signes du Zodiaque, pour l'an 1750.

♈ Le 20. Mars, à 5. h. 10'. du soir.	♎ Le 23. Sept. à 5. h. 21'. du matin.
♉ Le 20. Avril, à 6. h. 18'. du matin.	♏ Le 23. Octob. à 0. h. 53'. du soir.
♊ Le 21. Mai, à 7. h. 14'. du matin.	♐ Le 22. Nov. à 8. h. 46'. du matin.
♋ Le 21. Juin, à 4. h. 9'. du soir.	♑ Le 21. Dec. à 8. h. 56'. du soir.
♌ Le 23. Juillet, à 3. h. 2'. du matin.	♒ Le 20. Janvier à 7. h. 20'. du soir.
♍ Le 23. Août à 9. h. 13'. du matin.	♓ Le 18. Fev. à 10. h. 18'. du matin.

Pour avoir l'entrée du Soleil dans les Signes des années suivantes, il faut ajoûter à chaque année pour chaque Signe dont on veut sçavoir l'entrée du Soleil, 5. heures 49. minutes ; & quand ce nombre est parvenu à 24. heures & quelque chose de plus, il faut retrancher les 24. heures, & ne compter que le surplus.

Exemple.

Dans l'année 1750. l'entrée du Soleil dans le Signe ♈ est arrivée le 20. Mars à 5. heures 9. minutes du soir, en l'année 1751. il est entré dans ce même Signe le 20. Mars, à 11. heures du soir, & ainsi des autres.

La Table ci-dessous fera connoître la maniere de faire cette régle.

Années.	*Heures.*	*Minutes.*	
1750.	5.	10.	soir le 20.
1751.	10.	59.	soir le 20.
1752.	4.	48.	matin le 20.
1753.	10.	37.	matin le 20.
1754.	4.	26.	soir le 20.

TABLE DES REFRACTIONS.

Degrés de hauteurs apparentes.

M. S.	M. S.	M. S.	M. S.	M. S.	M. S.	M. S.	M. S.	M. S.	M. S.
0	1	2	3	4	5	6	7	8	9
32 20	27 56	21 4	16 6	12 48	10 32	8 55	7 44	6 47	6 4
10	11	12	13	14	15	16	17	18	19
5 28	4 58	4 32	4 12	3 54	3 36	3 24	3 11	3 0	2 49
20	21	22	23	24	25	26	27	28	29
2 39	2 31	2 25	2 18	2 12	2 6	2 0	1 55	1 51	1 46
30	31	32	33	34	35	36	37	38	39
1 42	1 38	1 34	1 30	1 27	1 23	1 20	1 18	1 15	1 12
40	41	42	43	44	45	46	47	48	49
1 10	1 7	1 5	1 3	1 1	0 59	0 58	0 56	0 54	0 52

Les chifres qui ſont dans la premiere rangée dans chaque petit carreau ſont pour les degrés de hauteur, & les autres au-deſſous ſont pour marquer l'excès ou refraction qu'on ôtera des degrés de la hauteur apparente, pour avoir la véritable hauteur.

Uſage de ladite Table.

Ayant, par exemple, obſervé un Aſtre élevé ſur l'Horiſon de ſept degrés, il en faut ſouſtraire 7. min. 44. ſec. qui eſt la refraction correſpondante à 7. deg. de hauteur. Partant la vraie hauteur de l'Aſtre ne ſera que de 6. degrés 52′. 16″. Quand la hauteur apparente eſt en degrés & minutes, on prend la partie proportionnelle d'un degré à l'autre, qui convient aux minutes.

Lorſque la hauteur excéde 45. degrés, la refraction n'eſt pas ſenſible, n'étant que de quelques ſecondes. Nous avons dit en ſon lieu ce que c'eſt que refraction.

Table du Lever du Soleil de dix en dix jours, pour l'élevation du Pole de 52, 49, 46, 43 & 40 degr. qui sont environ pour les Latitudes de

Jours.		Calais. H.	M.	Paris. H.	M.	Lyon. H.	M.	Marseille. H.	M.	Madrid. H.	M.
Janvier.	1	8	0	7	53	7	44	7	33	7	22
	11	7	50	7	45	7	35	7	25	7	15
	21	7	42	7	34	7	24	7	16	7	7
Février.	1	7	30	7	19	7	10	7	5	6	58
	11	7	0	7	13	6	55	6	50	6	46
	21	6	49	6	46	6	41	6	37	6	33
Mars.	1	6	34	6	32	6	28	6	25	6	22
	11	6	14	6	13	6	11	6	10	6	9
	21	5	55	5	55	5	55	5	55	5	55
Avril.	1	5	34	5	35	5	37	5	38	5	39
	11	5	15	5	18	5	22	5	25	5	29
	21	4	56	5	0	5	6	5	11	5	17
May.	1	4	40	4	45	4	53	5	0	5	6
	11	4	22	4	30	4	39	4	46	4	55
	21	4	9	4	17	4	27	4	36	4	45
Juin.	1	4	0	4	6	4	18	4	28	4	38
	11	3	50	4	0	4	12	4	24	4	36
	21	3	48	3	58	4	10	4	21	4	32
Juillet.	1	3	50	4	0	4	12	4	22	4	31
	11	4	0	4	6	4	18	4	28	4	37
	21	4	8	4	16	4	27	4	36	4	47
Août.	1	4	22	4	29	4	39	4	43	4	50
	11	4	36	4	44	4	54	5	0	5	4
	21	4	56	5	0	5	6	5	11	5	16
Septemb.	1	5	17	5	19	5	23	5	26	5	29
	11	5	35	5	36	5	38	5	39	5	40
	21	5	54	5	54	5	34	5	54	5	54
Octobre.	1	6	13	6	12	6	10	6	9	6	8
	11	6	33	6	30	6	26	6	23	6	20
	21	6	51	6	47	6	42	6	38	6	33
Novemb.	1	7	10	7	6	7	0	6	50	6	56
	11	7	30	7	22	7	12	7	3	7	0
	21	7	44	7	36	7	26	7	17	7	7
Decemb.	1	7	55	7	47	7	36	7	25	7	14
	11	8	0	7	54	7	40	7	30	7	18
	21	8	6	7	56	7	44	7	33	7	20

On entend par l'heure du lever du Soleil, le tems auquel le centre du Soleil doit paroître à l'Horiſon du côté de l'Orient; & par l'heure du Coucher, le tems auquel le centre de cet Aſtre doit paroître à l'Horiſon du côté de l'Occident, eu égard aux refractions.

Table du Coucher du Soleil de dix en dix jours, pour l'élévation du Pole de 52, 49, 46, 43 & 40 degr. qui sont environ pour les Latitudes de

Mois	Jours.	Calais. H.	Calais. M.	Paris. H.	Paris. M.	Lyon. H.	Lyon. M.	Marseille. H.	Marseille. M.	Madrid. H.	Madrid. M.
Janvier.	1	4	0	4	7	4	16	4	27	4	38
	11	4	10	4	15	4	25	4	35	4	45
	21	4	18	4	26	4	36	4	44	4	53
Février.	1	4	30	4	41	4	50	4	55	5	2
	11	5	0	4	57	5	5	5	10	5	15
	21	5	12	5	15	5	20	5	24	5	27
Mars.	1	5	27	5	29	5	33	5	36	5	38
	11	5	47	5	48	5	50	5	51	6	51
	21	6	6	6	6	6	6	6	6	6	5
Avril.	1	6	27	6	26	6	24	6	23	6	21
	11	6	46	6	43	6	39	6	36	6	31
	21	7	5	7	1	6	55	6	50	6	43
May.	1	7	11	7	16	7	8	7	1	6	54
	11	7	39	7	31	7	22	7	15	7	5
	21	7	52	7	44	7	34	7	25	7	15
Juin.	1	8	0	7	54	7	42	7	32	7	22
	11	8	10	8	0	7	48	7	36	7	25
	21	8	12	8	2	7	50	7	39	7	28
Juillet.	1	8	10	8	0	7	48	7	38	7	29
	11	8	0	7	54	7	42	7	32	7	23
	21	7	52	7	44	7	33	7	24	7	13
Août.	1	7	37	7	30	7	20	7	16	7	10
	11	7	23	7	15	7	5	7	0	6	56
	21	7	3	6	59	6	53	6	48	6	45
Septemb	1	6	42	6	40	6	36	6	33	6	31
	11	6	24	6	23	6	21	6	20	6	21
	21	6	5	6	5	6	5	6	5	6	6
Octobre.	1	5	46	5	47	5	49	5	50	5	52
	11	5	26	5	29	5	33	5	36	5	40
	21	5	8	5	12	5	17	5	21	5	27
Novemb	1	4	5	4	53	5	0	5	10	5	4
	11	4	30	4	37	4	48	4	57	5	0
	21	4	16	4	24	4	34	4	53	4	53
Decemb	1	3	5	4	13	4	24	4	35	4	46
	11	4	0	4	9	4	20	4	30	4	40
	21	3	54	4	4	4	16	4	27	4	41

En faisant une Régle de proportion, il sera facile de sçavoir l'heure du Lever & du Coucher du Soleil pour d'autres Latitudes & pour d'autres quantiémes de mois, que ceux marqués dans cette Table; ce qui sera fort aisé à faire.

Table du commencement & de la fin du Crépuſcule du matin & du ſoir, pour la latitude de 49 degrés.

Commencement du Crépuſcule du matin.

Jours.	Janvier. H.	M.	Février. H.	M.	Mars. H.	M.	Avril. H.	M.	Mai. H.	M.	Juin. H.	M.
1	5	55	5	28	4	46	3	44	2	31	0	58
11	5	49	5	15	4	27	3	21	2	3	7	17
21	5	40	4	59	4	8	2	57	1	34	0	0
Jours.	**Juillet.**		**Août.**		**Septembre**		**Octobre.**		**Novembre**		**Décembre**	
1	0	0	1	57	3	19	4	23	5	15	5	49
11	0	52	2	26	3	4	4	41	5	29	5	54
21	1	24	2	52	4	3	4	58	5	40	5	56

Fin du Crépuſcule du ſoir.

Jours.	Janvier. H.	M.	Février. H.	M.	Mars. H.	M.	Avril. H.	M.	Mai. H.	M.	Juin. H.	M.
1	6	6	6	32	7	15	8	17	9	31	11	5
11	6	11	6	46	7	34	8	40	9	59	11	51
2	6	20	7	2	7	53	9		10	29	12	0
Jours.	**Juillet.**		**Août.**		**Septembre**		**Octobre.**		**Novembre**		**Décembre**	
1	11	52	10	0	8	39	7	36	6	44	6	11
11	11	6	9	32	8	17	7	18	6	31	6	6
21	10	33	9	6	7	55	7	1	6	19	6	4

Pour trouver la durée du Crépuſcule du matin cherchez dans la Table l'heure du lever du Soleil, & dans la Table des Crépuſcules le commencement du Crépuſcule; ôtez le plus petit nombre du plus grand pour avoir la différence qui ſera la grandeur du Crépuſcule du matin.

On demande, par exemple, combien durera le Crépuſcule du matin le premier Janvier à Paris. Le Soleil ſe leve à 7. heures 53. min. Le Crépuſcule commence à 5. heures 55. min. La différence eſt d'une heure 58. minutes pour la durée du Crépuſcule ce jour-là à Paris.

On trouve par une ſemblable méthode la durée du Crépuſcule du ſoir en ôtant l'heure du coucher du Soleil de la fin du Crépuſcule.

Si le commencement ou la fin du Crépuſcule au jour marqué n'eſt point dans la Table, on prend la partie proportionelle convenable; ce qui eſt aiſé à faire. Nous avons expliqué ci-devant ce que c'eſt que le Crépuſcule.

Table de l'Accélération des Etoiles fixes sur le moyen mouvement du Soleil.

Révolutions des Etoiles fixes.

	Accélération.				*Accélération.*						
Jours.	Heur.	Min.	Sec.	Jours.	Heur.	Min.	Sec.	ours.	Heur.	Min.	Sec.
1	0	3	56	11	0	43	15	21	1	22	34
2	0	7	52	12	0	47	11	22	1	26	30
3	0	11	48	13	0	51	7	23	1	30	26
4	0	15	44	14	0	55	3	24	1	34	22
5	0	19	39	15	0	58	58	25	1	38	17
6	0	23	35	16	1	2	54	26	1	42	13
7	0	27	31	17	1	6	50	27	1	46	9
8	0	31	27	18	1	10	46	28	1	50	5
9	0	35	23	19	1	14	42	29	1	54	1
10	0	39	19	20	1	18	38	30	1	57	57

On appelle accéleration des fixes ſur le moyen mouvement du Soleil, le tems dont une Etoile revient plutôt à quelque point du Ciel, que le Soleil par ſon moyen mouvement, après avoir été joints enſemble. Par exemple, ſi une Etoile fixe étoit jointe au Soleil dans quelque point du Ciel à ſix heures du ſoir un certain jour, le jour ſuivant l'Etoile reviendra à ce même point plutôt que le Soleil par ſon moyen mouvement, d'une certaine quantité de tems qu'on appelle accéleration des fixes ſur le moyen mouvement du Soleil.

Dans la Table de l'accéleration on a placé à la ſeconde, à la troiſiéme & à la quatriéme Colonne le nombre des heures, des minutes, & des ſecondes qui réſultent de la multiplication de 3. minutes 56. ſecondes, par le nombre des jours ou des révolutions, qui ſont à la premiere, à la cinquiéme & à la neuviéme Colonne, qui marque le retardement de la Pendule à l'égard des Etoiles fixes.

Les Aſtronomes pour la facilité des calculs ont inventé un mouvement qu'ils appellent moyen. Ils imaginent pour cela comme un ſecond Soleil, lequel commençant & finiſſant l'année avec le vrai Soleil, & faiſant le même nombre de révolutions que lui, iroit d'un mouvement toûjours égal; ou, ce qui eſt la même choſe, le mouvement de l'éguille d'une Pendule, qui ayant été miſe ſur le Soleil un certain jour de l'année, ſe trouveroit encore avec le Soleil au bout de l'année entiere, pendant laquelle l'Horloge auroit toûjours marché fort également.

Le tems que l'on appelle vrai ou apparent eſt la meſure du mouvement vrai ou apparent du Soleil réduit à l'Equinoxiale : car en cette occaſion ces mots de vrai ou apparent ſignifient la même choſe. Le tems moyen eſt la meſure du moyen mouvement du Soleil réduit à l'Equinoxial. Les Cadrans au Soleil repréſentent le tems vrai, & les Horloges à Pendules, dont le mouvement eſt égal ou uniforme, doivent être réglées ſur le moyen mouvement du Soleil.

Le moyen mouvement du Soleil eſt fort différent du vrai mouvement, qui eſt tantôt plus promt, & tantôt plus lent pendant une même année. C'eſt pourquoi lorſqu'on veut régler une Pendule ſur le vrai mouvement, laquelle eſt déja réglée ſur le moyen, on eſt obligé d'y faire une correction chaque jour, ou du moins fort ſouvent, pour la remettre avec le Soleil. On trouve la quantité de cette correction dans une Table qu'on appelle Equation des Horloges, & qui ſe trouve dans le Livre de la Connoiſſance des Tems, avec la Table de l'Accéleration des Etoiles fixes. On régle les Horloges ſur le moyen mouvement du Soleil. On ſe ſert pour faire ces Obſervations d'une lunette à deux verres convexes, à laquelle on a placé au foyer commun des verres un filet de ſoye ou un cheveu, ou pour le mieux un fil d'argent fin bien tendu ; on place cette lunette de maniere qu'elle ſoit dirigée vers quelque Etoile aſſez grande pour être vûe facilement ; on attache cette lunette contre un mur, ou à l'oppoſite d'un clocher, pignon de maiſon, ou cheminée éloignée de la lunette de trente ou quarante toiſes ; mais au défaut de lunette on appuyera la tête contre le bord de quelque fenêtre ou autre lieu d'où l'on puiſſe obſerver l'Etoile, dans le même vertical, & l'on remarquera lorſqu'elle ſe montrera ou ſe cachera derriere l'objet élevé, l'heure qu'il eſt à la Pendule avec les minutes & ſecondes.

Ayant fait deux obſervations de la même Etoile en quelques jours différens, on cherchera dans la Table le nombre de minutes & ſecondes de l'accéleration des fixes qui convient au nombre des jours entre les deux obſervations, & on l'ôtera du tems de la premiere obſervation ; & ſi le reſte eſt l'heure marquée par la Pendule dans la ſeconde obſervation, on dira que l'Horloge eſt bien réglée ſur le moyen mouvement du Soleil ; mais ſi l'heure qui eſt reſtée de la premiere après la ſouſtraction eſt plus grande que celle qu'on a trouvée dans la ſeconde obſervation, on dira que la Pendule retarde du moyen mouvement du Soleil de la différence entre les deux tems pour le nombre des jours entre les deux obſervations : au contraire ſi l'heure qui reſte après la ſouſtraction eſt plus petite que l'heure obſervée en ſecond lieu, on dira que l'Horloge avance. Pour retarder l'Horloge, on abaiſſe le petit poids qui eſt à la branche de la pendule, & on le hauſſe pour l'avancer.

La Table ci-jointe eſt curieuſe par rapport à ce qu'elle contient; je l'ai dreſſée pour l'année 1727. & elle pourra ſervir pour pluſieurs années de ſuite ſans différence ſenſible. *Planche* 49.

Addition à la page 62. avant l'alinea, Si l'on conſidere.

POur donner une idée plus préciſe des diſtances des Planetes & des Etoiles fixes, nous rapporterons ici ce qu'en dit le même M. Hughens dans ſon Coſmotheoros : A notre égard, dit-il, nous nous ſervirons de la vîteſſe d'un boulet de canon, qui parcourt environ cent toiſes pendant une ſeconde d'heure, ou un battement d'artere, ſuivant les expériences que l'on en a faites. Je dis donc que ce boulet, continuant à marcher avec la même vîteſſe, employeroit 25. ans pour aller de la Terre au Soleil, de Jupiter au Soleil 125. ans, & de Saturne au Soleil 250. ans. Or ſi ce boulet employe 25. ans pour aller de la Terre au Soleil, il faut multiplier 27664. par 25. afin d'avoir au produit 691600. en ſorte que le boulet employera près de 700000. ans pour parvenir juſqu'aux plus proches des Etoiles fixes. Je ne parle, continue-t-il, que de celles qui ſont les plus près de nous ; car les autres étant enſoncées dans les eſpaces du Ciel, de maniere que la diſtance des plus proches aux plus éloignées, ſoit égale à la diſtance du Soleil aux premieres, *Quanta immenſitas ſupereſt!*

FIN.

TABLE DES CHAPITRES & Sections qui divisent cet Ouvrage.

LIVRE I. De la Sphere du Monde.

LIVRE II. De la Géographie.

PREMIERE PARTIE.

Application de la Sphere à la Géographie.

SECONDE PARTIE.

Description de la surface de la Terre.

TROISIEME PARTIE.

De l'Hydrographie.

Description géographique & historique plus particuliere des quatre parties du monde.

Sect. XIII.

LIVRE III. Des Usages des Spheres & des Globes céleste & terrestre.

Fin de la Table.

APPROBATION.

J'Ai lû par ordre de Monseigneur le Chancelier, deux Livres qui ont pour titres : *Traité de la Construction & des principaux usages des instrumens de Mathématique, & L'usage des Globes ;* composés par M. BION, Ingénieur pour les instrumens de Mathématique : ces ouvrages sont très-utiles, & le nombre des Editions qu'on en a faites prouve qu'ils ont été très-agréables au Public. Fait à Montpellier ce 22. Fevrier 1751. PITOT.

PRIVILEGE DU ROY.

LOUIS, par la grace de Dieu, Roi de France & de Navarre : A nos amés & féaux Conseillers, les Gens tenans nos Cours de Parlement, Maîtres des Requêtes ordinaires de notre Hôtel, grand Conseil, Prevôt de Paris, Baillifs, Sénéchaux, leurs Lieutenans Civils & autres nos Justiciers qu'il appartiendra, SALUT. Notre amé le Sr. BION, Nous a fait exposer qu'il désireroit faire réimprimer & donner au Public, des Livres qui ont pour titre : *Traité de la Construction & des principaux Usages des Instrumens de Mathématique par le Sr. Bion. Usages des Globes par le même. Traité des Astrolabes, & les Planches pour la construction des Globes & Spheres*, S'il Nous plaisoit lui accorder nos Lettres de privilége pour ce nécessaires. A CES CAUSES, voulant favorablement traiter l'Exposant, Nous lui avons permis & permettons par ces présentes, de faire réimprimer lesdits Livres en un ou plusieurs volumes, & autant de fois que bon lui semblera, & de les vendre & débiter par tout notre Royaume, pendant le tems de dix années consécutives, à compter du jour de la date des Présentes ; faisons défenses à tous Imprimeurs, Libraires, & autres personnes de quelque qualité & condition qu'elles soient d'en introduire d'impression étrangere, dans aucun lieu de notre obéissance ; comme aussi d'imprimer ou faire imprimer, vendre, faire vendre, débiter ni contrefaire lesdits Livres, ni d'en faire aucuns Extraits sous quelque prétexte que ce soit, d'augmentation, correction, changement ou autres, sans la permission expresse & par écrit dudit Exposant ou de ceux qui auront droit de lui, à peine de confiscation des exemplaires contrefaits, de trois mille livres d'amende contre chacun des contrevenans, dont un tiers à Nous, un tiers à l'Hôtel-Dieu de Paris, & l'autre tiers audit Exposant ou à celui qui aura droit de lui, & de tous dépens, dommages & intérêts. A la charge que ces présentes seront enrégistrées tout au long sur le régistre de la Communauté des Imprimeurs & Libraires de Paris dans trois mois de la date d'icelles ; que la réimpression desdits Livres, sera faite dans notre Royaume & non ailleurs, en bon papier & beaux caracteres, conformément à la feuille imprimée, attachée pour modéle, sous le contre-scel des Présentes, que l'Impétrant se conformera en tout aux réglemens de la Librairie, & notamment à celui du dix Avril 1725; & qu'avant de les exposer en vente, les imprimés qui auront servi de copie à la réimpression desdits Livres, seront remis dans le même état où l'approbation y aura été donnée, ès mains de notre très-cher & féal Chevalier Chancelier de France le Sieur DELAMOIGNON, & qu'il en sera ensuite remis deux Exemplaires de chacun dans notre Bibliothéque publique, un dans celle de notre Château du Louvre, & un dans celle de notre très-cher & féal Chevalier Chancelier de France le Sieur DELAMOIGNON, & un dans celle de notre très-cher & féal Chevalier Garde des Sceaux de France le Sieur DE MACHAULT, Commandeur de nos Ordres, le tout à peine de nullité des présentes; du contenu desquelles vous mandons & enjoignons, de faire joüir ledit Exposant & ses ayans cause, pleinement & paisiblement, sans souffrir qu'il leur soit fait aucun trouble ou empêchement; Voulons que la copie des présentes, qui sera imprimée tout au long au commencement ou à la fin desdits Livres, soit tenue pour dûment signifiée, & qu'aux copies collationnées par l'un de nos amés & féaux Conseillers-Secrétaires, foi soit ajoutée comme à l'original. Commandons au premier notre Huissier ou Sergent, sur ce requis, de faire pour l'exécution d'icelles, tous actes requis & nécessaires, sans demander autre permission, & nonobstant clameur de Haro, Charte Normande & Lettres à ce contraires. CAR tel est notre plaisir. DONNE' à Versailles le huitiéme jour du mois d'Octobre, l'an de grace mil sept cens cinquante-un, & de notre regne le trente-septiéme. Par le Roi en son Conseil.

Signé, SAINSON.

Registré sur le Registre Douze de la Chambre Royale & Syndicale des Libraires & Imprimeurs de Paris, No. 649. fol. 507. conformément au Réglement de 1723. qui fait défense art. 4. à toutes personnes de quelque qualité & condition qu'elles soient, autres que les Libraires & Imprimeurs, de vendre, débiter, & faire afficher aucuns Livres pour les vendre en leurs noms, soit qu'ils s'en disent les Auteurs, ou autrement; & à la charge de fournir à la susdite Chambre neuf Exemplaires de chacun, prescrits par l'art. 108. du même Réglement. A Paris, le 12. Octobre 1751.

LE GRAS, *Syndic.*

ERRATA.

Page 24. *ligne* 1. & 2. *lisez*, Voyez les *fig.* 1. 2. & 3. des différentes positions, *Planche* 5.
Page 34. *lig.* 7. *lisez*, & de ceux du Monde.
Page 58. *lig.* 24. *lisez*, feu M. le Chevalier de Louville.
Ibid. lig. 26. *lisez*, que nous ayons eu, a trouvé qu'en l'année 1715.
Page 79. *lig.* 28. *lisez*, *fig.* 3. & 4.
Page 82. *lig.* 8. *lisez*, le même M. le Chevalier de Louville, dont nous avons déja parlé.
Ibid. lig. 9. *effacez*, de l'Académie Royale des Sciences.
Page 83. *lig.* 35. *lisez*, pour la quatriéme fois.
Page 89. *lig.* 20. *lisez*, SLT.
Page 112. *lig.* 22. *lisez*, I. en 2.
Page 125. Les Sçavans, *lisez*, Les Curieux.
Page 138. *lig.* 9. *lisez*, Le Révérend Pere du Fesc, de la Compagnie de Jesus & Professeur Royal de Mathématique dans l'Université de Perpignan, a donné.
Ibid. lig. 12. *ajoûtez*, en l'année 1726.
Ibid. lig. 26. & 31. *lisez*, du Fesc.
Page 178. *lig.* 7. *lisez*, $\frac{28}{35}$ ou $\frac{4}{5}$
Page 182. *lig.* 35. Stines, *lisez*, Sétines.
Page 214. *lig.* 29. *après* Condom, *lisez*, Ev.
Page 237. *lig.* 26. Manat, *lisez*, Manar.
Page 240. *lig.* 21. d'Astragan, *lisez*, d'Astracan.
Page 241. *lig.* 26. gérofle, *lisez*, girofle.
Page 265. *lig.* 15. A l'égard des Polaires, *lisez*, des Cercles polaires.
Page 305. *lig.* 6. *lisez*, en la maniere qui sera expliquée ci-après.
Page 306. *lig.* 33. 52. deg. 31. min. *lisez*, 52. deg. 37. min.
Page 308. *lig.* 24. 10. degrés 15. minutes, *lisez*, 10. degrés 51. minutes.

	D. M.		D. M.
Page 311. *lig.* 3. *de la* 2e. *Table*, *colomne derniere*,	89. 10.	*lisez*,	89. 19.

Ibid, *lig.* 26. *lisez*, le Traité des Instrumens de Mathématique, qui est réimprimé cette année pour la quatriéme fois.

Page 320. *lig.* 16. qui sont l'Orient, *lisez*, à l'Orient.

Ibid *lig.* 17. *effacez* 90. & *lisez*, le quart de hauteur.

Page 324. *lig.* 9. *lisez*, ce 23. degré d'*Aquarius*.

Page 329. *lig.* 34. du 3. *lisez*, de la 3e.

Page 366. *lig.* 19. *au lieu de* 9. minutes du soir, *lisez*, 10. & *lig.* 20. *au lieu* de 11. du soir, *lisez*, 10. heures 59. minutes.

Page 368. 4e. *colomne de la Table*, *lig.* 27. *lisez*, 5. 54. au lieu de 5. 34.

Page 369. 2e *colomne de la Table*, *lig. antépénultiéme*, au lieu de 3. 5. *lisez*, 4. 5.

Page 376. *à la Table des Chapitres*, *lig.* 14. après description du Thermometre, *lisez*, page 144. *au lieu de* 143.

www.ingramcontent.com/pod-product-compliance
Lightning Source LLC
Chambersburg PA
CBHW060912220326
41599CB00020B/2939
* 9 7 8 2 0 1 9 5 3 0 0 9 9 *